CAMBRIDGE LIBRARY COLLECTION

Books of enduring scholarly value

Mathematical Sciences

From its pre-historic roots in simple counting to the algorithms powering modern desktop computers, from the genius of Archimedes to the genius of Einstein, advances in mathematical understanding and numerical techniques have been directly responsible for creating the modern world as we know it. This series will provide a library of the most influential publications and writers on mathematics in its broadest sense. As such, it will show not only the deep roots from which modern science and technology have grown, but also the astonishing breadth of application of mathematical techniques in the humanities and social sciences, and in everyday life.

Œuvres de Charles Hermite

Charles Hermite (1822–1901) was a French mathematician who made significant contributions to pure mathematics, and especially to number theory and algebra. In 1858 he solved the equation of the fifth degree by elliptic functions, and in 1873 he proved that e (the base of natural logarithms) is transcendental. The legacy of his work can be shown in the large number of mathematical terms which bear the adjective 'Hermitian'. As a teacher at the École Polytechnique, the Faculté des Sciences de Paris and the École Normale Supérieure he was influential and inspiring to a new generation of scientists in many disciplines. The four volumes of his collected papers were published between 1905 and 1908.

Cambridge University Press has long been a pioneer in the reissuing of out-of-print titles from its own backlist, producing digital reprints of books that are still sought after by scholars and students but could not be reprinted economically using traditional technology. The Cambridge Library Collection extends this activity to a wider range of books which are still of importance to researchers and professionals, either for the source material they contain, or as landmarks in the history of their academic discipline.

Drawing from the world-renowned collections in the Cambridge University Library, and guided by the advice of experts in each subject area, Cambridge University Press is using state-of-the-art scanning machines in its own Printing House to capture the content of each book selected for inclusion. The files are processed to give a consistently clear, crisp image, and the books finished to the high quality standard for which the Press is recognised around the world. The latest print-on-demand technology ensures that the books will remain available indefinitely, and that orders for single or multiple copies can quickly be supplied.

The Cambridge Library Collection will bring back to life books of enduring scholarly value (including out-of-copyright works originally issued by other publishers) across a wide range of disciplines in the humanities and social sciences and in science and technology.

Œuvres de Charles Hermite

VOLUME 4

CHARLES HERMITE

CAMBRIDGE
UNIVERSITY PRESS

CAMBRIDGE UNIVERSITY PRESS

Cambridge, New York, Melbourne, Madrid, Cape Town, Singapore,
São Paolo, Delhi, Dubai, Tokyo

Published in the United States of America by Cambridge University Press, New York

www.cambridge.org
Information on this title: www.cambridge.org/9781108003803

This edition first published 1905-17
This digitally printed version 2009

ISBN 978-1-108-00380-3 Paperback

ŒUVRES

DE

CHARLES HERMITE.

PARIS. — IMPRIMERIE GAUTHIER-VILLARS ET Cie,
50950 Quai des Grands-Augustins, 55.

CHARLES·HERMITE·DE·L'ACADEMIE·DES·SCIENCES
J.C
CHAPLAIN

A
CHARLES·HERMITE
Mbre·DE·L'INSTITUT
PROFESSEUR·D'ALGEBRE
SUPERIEURE
A·LA·FACULTE·DES·SCIENCES
SES·ELEVES·SES·ADMIRATEURS
SES·AMIS
EN·SOUVENIR
DE·SON·70me ANNIVERSAIRE
24·DECEMBRE·1892
SOUSCRIPTION
INTERNATIONALE

ŒUVRES

DE

CHARLES HERMITE

PUBLIÉES

SOUS LES AUSPICES DE L'ACADÉMIE DES SCIENCES

Par ÉMILE PICARD,

MEMBRE DE L'INSTITUT.

TOME IV.

PARIS

GAUTHIER-VILLARS ET Cie, ÉDITEURS

LIBRAIRES DU BUREAU DES LONGITUDES, DE L'ÉCOLE POLYTECHNIQUE

Quai des Grands-Augustins, 55

1917

AVERTISSEMENT.

Nous terminons avec ce Volume la publication des Œuvres d'Hermite. Les travaux reproduits vont de 1880 à 1901, année de la mort d'Hermite. Nous avons continué à suivre en général l'ordre chronologique; cependant plusieurs Mémoires oubliés et quelques articles extraits de journaux scientifiques, que nous n'avions pu nous procurer jusqu'ici, ne viennent pas à leur date.

Nous avons reproduit des notices écrites par Hermite pour rendre hommage à quelques mathématiciens, et aussi des discours prononcés dans diverses occasions. Plusieurs de ces pages sont d'un haut intérêt, non seulement au point de vue scientifique, mais parce qu'elles jettent quelque jour sur la personnalité si originale d'Hermite. Elles sont à rapprocher des lettres d'Hermite à Stieltjes publiées antérieurement, où, à côté du géomètre, apparaît souvent l'homme. On doit d'ailleurs considérer que cette correspondance, remarquable à tant de titres, fait partie des Œuvres complètes d'Hermite comme les quatre Volumes dont nous terminons aujourd'hui la publication.

Ainsi que pour les Tomes précédents, le concours dévoué de M. Henry Bourget m'a été précieux. Je lui suis extrêmement reconnaissant du soin avec lequel il a relu tous les Mémoires, me faisant part de ses judicieuses réflexions qui m'ont été très utiles.

J'ai encore le devoir de rappeler l'aide que m'a apportée

l'esquisse biographique et bibliographique écrite quelques semaines après la mort d'Hermite par M. Mansion, professeur à l'Université de Gand. Grâce à cette bibliographie si soignée, les omissions, s'il y en a, seront rares dans cette édition. Puisse mon souvenir atteindre le vénéré doyen de la science mathématique en Belgique dans la ville où il est retenu depuis près de trois ans.

Des portraits d'Hermite à différents âges ont été reproduits dans les trois Volumes précédents et dans les deux Tomes de la Correspondance. On trouvera dans le Volume actuel une photographie de la médaille, due à Chaplain, frappée à l'occasion de son soixante-dixième anniversaire. Nous donnons aussi un fac-similé de la première et de la dernière page d'une lettre adressée à Jules Tannery et imprimée dans le Tome II de ces Œuvres.

Malgré les difficultés de toutes sortes, dues aux circonstances actuelles, M. Gauthier-Villars a tenu à terminer, sans plus tarder, cette publication. Qu'il reçoive mes bien vifs remercîments.

ÉMILE PICARD.

Paris, juillet 1917.

ŒUVRES

DE

CHARLES HERMITE.

TOME IV.

EXTRAIT D'UNE LETTRE ADRESSÉE A M. H. GYLDÉN

SUR LA

DIFFÉRENTIATION DES FONCTIONS ELLIPTIQUES

PAR RAPPORT AU MODULE.

Astronomische Nachrichten, Band XCVI, n° 2301.

En différentiant par rapport à k la relation

$$\int_0^z \frac{dz}{\sqrt{(1-z^2)(1-k^2z^2)}} = x,$$

on obtient immédiatement

$$\frac{D_k z}{\sqrt{(1-z^2)(1-k^2z^2)}} + \int_0^z \frac{k z^2\, dz}{(1-k^2z^2)\sqrt{(1-z^2)(1-k^2z^2)}} = 0$$

et, par conséquent,

$$D_k \operatorname{sn} x = -k \operatorname{cn} x \operatorname{dn} x \int_0^x \frac{\operatorname{sn}^2 x}{\operatorname{dn}^2 x}\, dx.$$

ou encore

$$D_k \operatorname{sn} x = -\frac{k \operatorname{cn} x \operatorname{dn} x}{k'^2} \int_0^x \operatorname{cn}^2(x+\mathrm{K})\, dx.$$

Cela posé, l'équation de Jacobi

$$k^2 \operatorname{sn}^2 x = \frac{J}{K} - D_x \frac{\Theta'(x)}{\Theta(x)}$$

donne, si l'on change x en $x + K$,

$$k^2 \operatorname{sn}^2 (x + K) = \frac{J}{K} - D_x \frac{\Theta'_1(x)}{\Theta_1(x)},$$

puis

$$k^2 \operatorname{cn}^2 (x + K) = D_x \frac{\Theta'_1(x)}{\Theta_1(x)} + k^2 - \frac{J}{K},$$

et enfin, en intégrant à partir de $x = 0$,

$$\int_0^x k^2 \operatorname{cn}^2 (x + K)\, dx = \frac{\Theta'_1(x)}{\Theta_1(x)} + \left(k^2 - \frac{J}{K}\right) x.$$

Nous avons donc, pour la dérivée du sinus d'amplitude par rapport au module, la formule

$$D_k \operatorname{sn} x = -\frac{\operatorname{cn} x \operatorname{dn} x}{k k'^2} \left[\frac{\Theta'_1(x)}{\Theta_1(x)} + \left(k^2 - \frac{J}{K}\right) x\right].$$

et l'on en tire les suivantes :

$$D_k \operatorname{cn} x = +\frac{\operatorname{sn} x \operatorname{dn} x}{k k'^2} \left[\frac{\Theta'_1(x)}{\Theta_1(x)} + \left(k^2 - \frac{J}{K}\right) x\right].$$

$$D_k \operatorname{dn} x = -\frac{k \operatorname{sn}^2 x}{\operatorname{dn} x} + \frac{k \operatorname{sn} x \operatorname{cn} x}{k'^2} \left[\frac{\Theta'_1(x)}{\Theta_1(x)} + \left(k^2 - \frac{J}{K}\right) x\right].$$

La dernière, en employant la relation

$$\frac{H'_1(x)}{H_1(x)} - \frac{\Theta'_1(x)}{\Theta_1(x)} = -\frac{k'^2 \operatorname{sn} x}{\operatorname{cn} x \operatorname{dn} x},$$

peut s'écrire plus simplement

$$D_k \operatorname{dn} x = \frac{k \operatorname{sn} x \operatorname{cn} x}{k'^2} \left[\frac{H'_1(x)}{H_1(x)} + \left(k^2 - \frac{J}{K}\right) x\right].$$

Enfin, si l'on introduit dans ces trois expressions la fonction $\frac{\Theta'(x)}{\Theta(x)}$, ou plutôt la fonction de seconde espèce,

$$\int_0^x k^2 \operatorname{sn}^2 x\, dx = \frac{J}{K} x - \frac{\Theta'(x)}{\Theta(x)} = Z(x),$$

on parvient aux formules

$$kk'^2 D_k \operatorname{sn} x = + k^2 \operatorname{sn} x \operatorname{cn}^2 x + \operatorname{cn} x \operatorname{dn} x\,[Z(x) - k^2 x],$$
$$kk'^2 D_k \operatorname{cn} x = - k^2 \operatorname{sn}^2 x \operatorname{cn} x - \operatorname{sn} x \operatorname{dn} x\,[Z(x) - k^2 x],$$
$$kk'^2 D_k \operatorname{dn} x = - k^2 \operatorname{sn}^2 x \operatorname{dn} x - k^2 \operatorname{sn} x \operatorname{cn} x\,[Z(x) - k^2 x].$$

Je remarquerai que l'on conclut des deux premières,

$$kk'^2 \frac{D_k(\operatorname{cn} x + i \operatorname{sn} x)}{i(\operatorname{cn} x + i \operatorname{sn} x)} = k^2 \operatorname{sn} x \operatorname{cn} x + \operatorname{dn} x[Z(x) - k^2 x];$$

nous avons donc, pour la dérivée de l'amplitude de l'argument, l'expression

$$kk'^2 D_k am\, x = k^2 \operatorname{sn} x \operatorname{cn} x + \operatorname{dn} x[Z(x) - k^2 x].$$

A ces résultats je me propose maintenant de joindre la valeur de $D_k Z(x)$ dont le calcul demande un peu plus de développements, la question étant d'intégrer par rapport à x la quantité $D_k(k^2 \operatorname{sn}^2 x)$, que j'exprime ainsi

$$kk'^2 D_k(k^2 \operatorname{sn}^2 x) = 2k^2 k'^2 \operatorname{sn}^2 x + 2k^4 \operatorname{sn}^2 x \operatorname{cn}^2 x$$
$$+ 2k^2 \operatorname{sn} x \operatorname{cn} x \operatorname{dn} x[Z(x) - k^2 x].$$

A cet effet j'écris, pour abréger, Z, Z′, Z″, au lieu de $Z(x)$, $D_x Z(x)$, $D_x^2 Z(x)$, et observant qu'on a

$$k^2 \operatorname{sn}^2 x = Z',$$
$$k^2 \operatorname{cn}^2 x = k^2 - Z',$$
$$2k^2 \operatorname{sn} x \operatorname{cn} x \operatorname{dn} x = Z'',$$

je mets cette quantité sous la forme

$$kk'^2 D_k(k^2 \operatorname{sn}^2 x) = 2k'^2 Z' + 2Z'(k^2 - Z') + Z''(Z - k^2 x).$$

Enfin je remplace le dernier terme $Z''(Z - k^2 x)$ par

$$D_x Z'(Z - k^2 x) + Z'(k^2 - Z'),$$

nous obtenons ainsi

$$kk'^2 D_k(k^2 \operatorname{sn}^2 x) = 2k'^2 Z' + 3Z'(k^2 - Z') + D_x Z'(Z - k^2 x),$$

et par conséquent

$$kk'^2 D_k Z(x) = (2k'^2 + 3k^2) Z - 3\int_0^x Z'^2\, dx + Z'(Z - k^2 x),$$

de sorte que l'intégrale $\int_0^x Z'^2\,dx$ nous reste seule à évaluer. C'est ce que nous ferons en décomposant en éléments simples la fonction $Z'^2 = k^4 \operatorname{sn}^4 x$, qui a pour périodes $2K$, $2iK'$ et pour pôle unique $x = iK'$, dans le rectangle de ces périodes. Nous avons donc un seul élément simple $\dfrac{\Theta'(x)}{\Theta(x)}$ dans la formule, qui, par suite, s'obtiendra au moyen de la partie principale du développement de $k^4 \operatorname{sn}^4 x$, en posant $x = iK' + \varepsilon$.

Or on a

$$k^4 \operatorname{sn}^4(iK' + \varepsilon) = \frac{1}{\operatorname{sn}^4 \varepsilon} = \frac{1}{\varepsilon^4} + \frac{2(1+k^2)}{3}\,\frac{1}{\varepsilon^2},$$

et cette partie principale mise sous forme canonique étant

$$-\frac{1}{6} D_\varepsilon^3 \frac{1}{\varepsilon} - \frac{2(1+k^2)}{3} D_\varepsilon \frac{1}{\varepsilon},$$

nous en concluons

$$k^4 \operatorname{sn}^4 x = -\frac{1}{6} D_x^3 \frac{\Theta'(x)}{\Theta(x)} - \frac{2(1+k^2)}{3} D_x \frac{\Theta'(x)}{\Theta(x)} + C$$

ou bien

$$k^4 \operatorname{sn}^4 x = \frac{1}{6} D_x^3 Z(x) + \frac{2(1+k^2)}{3} D_x Z(x) + C,$$

La constante se détermine sur-le-champ en supposant $x = 0$. On trouve ainsi $C = -\dfrac{k^2}{3}$; cela étant, il vient pour l'intégrale cherchée la valeur

$$\begin{aligned}\int_0^x Z'^2\,dx &= \frac{1}{6} Z'' + \frac{2(1+k^2)}{3} Z - \frac{k^2 x}{3}\\ &= \frac{2(1+k^2)}{3} Z + \frac{k^2}{3}(\operatorname{sn} x \operatorname{cn} x \operatorname{dn} x - x)\end{aligned}$$

et nous tirons l'expression suivante :

$$kk'^2 D_k Z(x) = ZZ' - k^2(Z + xZ') + k^2(x - \operatorname{sn} x \operatorname{cn} x \operatorname{dn} x).$$

Je vais en indiquer une conséquence importante. Soit en désignant par m et m' des nombres entiers

$$G = 2mK + 2m'iK', \qquad H = 2mJ + 2m'iJ',$$

et posons $\xi = x + G$. On aura l'égalité

$$Z(\xi) = Z(x) + H,$$

qui donnera, en différentiant par rapport au module,

$$Z'(\xi)D_k G + D_k Z(\xi) = D_k Z(x) + D_k H.$$

Retranchant maintenant membre à membre les équations

$$kk'^2 D_k Z(\xi) = Z(\xi)\, Z'(\xi) - k^2[Z(\xi) + \xi Z'(\xi)] + k^2(\xi - \operatorname{sn}\xi \operatorname{cn} x \operatorname{dn}\xi),$$
$$kk'^2 D_k Z(x) = Z(x) Z'(x) - k^2[Z(x) + x Z'(x)] + k^2(x - \operatorname{sn} x \operatorname{cn} x \operatorname{dn} x)$$

et observant qu'on a

$$Z(\xi) = Z(x) + H, \qquad Z'(\xi) = Z'(x), \qquad \operatorname{sn}\xi \operatorname{cn}\xi \operatorname{dn}\xi = \operatorname{sn} x \operatorname{cn} x \operatorname{dn} x,$$

on trouvera, par des réductions faciles,

$$kk'^2[D_k Z(\xi) - D_k Z(x)] = (H - k^2 G) Z'(x) - k^2(H - G).$$

Nous obtenons donc, pour résultat de la différentiation par rapport au module, l'équation suivante

$$[kk'^2 D_k G + H - k^2 G] Z'(x) - kk'^2 D_k H - k^2(H - G) = 0,$$

qui se partage dans celles-ci

$$kk'^2 D_k G = k^2 G - H,$$
$$kk'^2 D_k H = k^2(G - H),$$

et les intégrales complètes de ces deux équations différentielles sont manifestement

$$G = \alpha K + \beta K',$$
$$H = \alpha J + \beta J',$$

α et β désignant deux constantes arbitraires.

Ces résultats conduisent aisément, comme on va le voir, aux dérivées prises par rapport à k des trois autres fonctions de seconde espèce analogues à $Z(x)$, à savoir

$$Z_1(x) = \frac{Jx}{K} - \frac{H'(x)}{H(x)},$$

$$Z_2(x) = \frac{Jx}{K} - \frac{H'_1(x)}{H_1(x)},$$

$$Z_3(x) = \frac{Jx}{K} - \frac{\Theta'_1(x)}{\Theta_1(x)}.$$

Je pars à cet effet des relations

$$\begin{aligned} Z_1(x) &= Z(x+iK') - iJ', \\ Z_2(x) &= Z(x+K+iK') - J - iJ', \\ Z_3(x) &= Z(x+K) - J, \end{aligned}$$

qu'on peut comprendre dans la formule

$$Z_n(x) = Z(x+A) - B,$$

en désignant par A et B les mêmes combinaisons linéaires de K et K′ d'une part, de J et J′ de l'autre, de sorte qu'on a

$$\begin{aligned} kk'^2 D_k A &= k^2 A - B, \\ kk'^2 D_k B &= k^2(A - B). \end{aligned}$$

Cela posé, et en faisant encore $\xi = x + A$, de la relation

$$D_k Z_n(x) = Z'(\xi) D_k A + D_k Z(\xi) - D_k B,$$

je tire d'abord

$$\begin{aligned} kk'^2 D_k Z_n(x) = {} & kk'^2 Z'(\xi) D_k A + Z(\xi) Z'(\xi) \\ & - k^2[Z(\xi) + \xi Z'(\xi)] + k^2(\xi - \operatorname{sn}\xi \operatorname{cn}\xi \operatorname{dn}\xi) - kk'^2 D_k B. \end{aligned}$$

Remplaçant ensuite dans le second membre $Z(\xi)$, $Z'(\xi)$ par $Z_n(x) + B$, $Z'_n(x)$ et ξ par $x + A$, j'obtiens, en groupant convenablement les termes,

$$\begin{aligned} kk'^2 D_k Z_n(x) = {} & Z_n(x) Z'_n(x) - k^2 Z_n(x) \\ & + [kk'^2 D_k A + B - k^2(x + A)] Z'_n(x) \\ & + k^2[x - \operatorname{sn}(x+A)\operatorname{cn}(x+A)\operatorname{dn}(x+A)] \\ & - kk'^2 D_k B + k^2(A - B), \end{aligned}$$

puis en réduisant

$$\begin{aligned} kk'^2 D_k Z_n(x) = {} & Z_n(x) Z'_n(x) - k^2[Z_n(x) + x Z'_n(x)] \\ & + k^2[x - \operatorname{sn}(x+A)\operatorname{cn}(x+A)\operatorname{dn}(x+A)]. \end{aligned}$$

On voit que, pour les diverses valeurs de n, les formules ne diffèrent que par un seul terme, le dernier, qui pour $n = 1, 2, 3$ doit être successivement

$$+\frac{\operatorname{cn} x \operatorname{dn} x}{k^2 \operatorname{sn}^3 x}, \quad +\frac{k'^2 \operatorname{sn} x \operatorname{dn} x}{k^2 \operatorname{cn}^3 x}, \quad -\frac{k'^2 \operatorname{sn} x \operatorname{cn} x}{\operatorname{dn}^3 x}.$$

Je remarquerai en dernier lieu que l'intégration donne, C étant une constante,

$$2kk'^2 D_k \int Z_n(x)\, dx = Z_n^2(x) - 2k^2 x Z_n(x) + k^2[x^2 - \text{sn}^2(x + A)] + C;$$

nous avons donc l'expression de la dérivée par rapport à k des fonctions de M. Weierstrass, qui sont définies par l'équation : $D_x \log \text{Al}(x)_n = - Z_n(x)$. Et comme on déduit de cette condition

$$D_x^2 \log \text{Al}(x)_n = - Z'_n(x) = - Z'(x + A) = - k^2 \text{sn}^2(x + A),$$

la relation précédente prend cette nouvelle forme

$$\begin{aligned} - 2kk'^2 D_k \log \text{Al}(x)_n = [D_x \log \text{Al}(x)_n]^2 + 2k^2 x D_x \log \text{Al}(x)_n \\ + D_x^2 \log \text{Al}(x)_n + k^2 x^2 + C, \end{aligned}$$

puis en simplifiant

$$2kk'^2 D_k \text{Al}(x)_n + D_x^2 \text{Al}(x)_n + 2k^2 x \text{Al}(x)_n + (k^2 x^2 + C)\text{Al}(x)_n = 0.$$

Dans cette équation linéaire aux différences partielles dont la découverte est due à M. Weierstrass, la constante C qui reste à obtenir varie seule avec l'indice n. Soit d'abord $x = 0$, on a, en exceptant le cas de $n = 1$, $\text{Al}(0)_n = 1$, et l'on trouve immédiatement $C = - D_x^2 \text{Al}(x)_n$; on a, ce qui est la même chose dans l'hypothèse $x = 0$,

$$D_x^2 \log \text{Al}(x)_n = - k^2 \text{sn}^2 A.$$

Nous prendrons donc successivement pour $n = 0, 2, 3$ les valeurs qui correspondent à $A = 0$, $K + iK'$, K, c'est-à-dire $C = 0, 1, k^2$. Supposant ensuite $n = 1$, on dérivera d'abord par rapport à x l'équation aux différences partielles, et en faisant ensuite $x = 0$, on obtiendra la condition

$$C + 2k^2 = - D_x^3 \text{Al}(x)_1 = 1 + k^2,$$

d'où la valeur $C = k'^2$.

Paris, 19 octobre 1879.

EXTRAIT D'UNE LETTRE DE M. CH. HERMITE A M. E. HEINE

SUR L'INTÉGRATION

DE

L'ÉQUATION DIFFÉRENTIELLE DE LAMÉ.

Journal de Crelle, t. 89, p. 9-18.

Je viens répondre à la question que vous avez bien voulu m'adresser en me demandant comment l'intégrale de l'équation de Lamé,

$$D_\xi y = [n(n+1)k^2 \operatorname{sn}^2\xi + h]y,$$

peut se déduire, dans le cas limite du module égal à l'unité, de la solution que j'ai donnée au moyen des fonctions elliptiques. Cette solution, comme vous savez, est représentée par la formule

$$y = CF(\xi) + C'F(-\xi),$$

où $F(\xi)$ est une fonction doublement périodique de seconde espèce; il s'agit donc, si l'on introduit, comme il convient de le faire, la variable $x = \operatorname{sn}\xi$, de voir quelle transformation analytique se trouve amenée par la supposition de $k = 1$. C'est cette recherche que je vais faire, mais en me plaçant à un point de vue moins particulier et en considérant en général les fonctions uniformes possédant la propriété caractéristique de $F(\xi)$, à savoir

$$F(\xi + 2K) = \mu F(\xi),$$
$$F(\xi + 2iK') = \mu' F(\xi),$$

où μ et μ' sont des facteurs constants. Voici à cet effet l'expression de $F(\xi)$ dont il faut faire usage.

Je considère la quantité $D_\xi \log F(\xi)$ qui est une fonction doublement périodique de première espèce ayant pour pôles les racines des deux équations $F(\xi) = 0$ et $\frac{1}{F(x)} = 0$. Si l'on nomme, d'une part, $\alpha_1, \alpha_2, \ldots, \alpha_m$ et de l'autre $\beta_1, \beta_2, \ldots, \beta_n$, celles de ces racines qui sont dans l'intérieur du rectangle des périodes, la décomposition en éléments simples donne la formule suivante :

$$D_\xi \log F(\xi) = \frac{H'(\xi - \alpha_1)}{H(\xi - \alpha_1)} + \frac{H'(\xi - \alpha_2)}{H(\xi - \alpha_2)} + \ldots + \frac{H'(\xi - \alpha_m)}{H(\xi - \alpha_m)}$$
$$- \frac{H'(\xi - \beta_1)}{H(\xi - \beta_1)} - \frac{H'(\xi - \beta_2)}{H(\xi - \beta_2)} - \ldots - \frac{H'(\xi - \beta_n)}{H(\xi - \beta_n)} + \lambda,$$

λ étant une constante. Cela étant, je remarque d'abord que les quantités α et β sont en même nombre et qu'il faut faire $m = n$, car la somme des résidus de la fonction envisagée qui est nulle est précisément la différence $m - n$. L'intégration conduit ensuite immédiatement à cette expression où λ_0 est une nouvelle constante

$$F(\xi) = \frac{H(\xi - \alpha_1) H(\xi - \alpha_2) \ldots H(\xi - \alpha_n)}{H(\xi - \beta_1) H(\xi - \beta_2) \ldots H(\xi - \beta_n)} e^{\lambda\xi + \lambda_0},$$

et l'on vérifie en effet bien facilement qu'on a les conditions

$$F(\xi + 2K) = \mu F(\xi),$$
$$F(\xi + 2iK') = \mu' F(\xi),$$

les multiplicateurs ayant pour valeurs

$$\mu = e^{2\lambda K},$$
$$\mu' = e^{\frac{i\pi\omega}{K} + 2\lambda i K},$$

si l'on pose pour abréger

$$\omega = \alpha_1 + \alpha_2 + \ldots + \alpha_n - \beta_1 - \beta_2 - \ldots - \beta_n.$$

Ce résultat obtenu, quelques remarques sont nécessaires avant d'introduire, comme il s'agit de le faire, l'hypothèse de $k = 1$.

J'observe qu'alors le rapport des périodes $\frac{K'}{K}$ devenant nul on a $q = e^{-\pi\frac{K'}{K}} = 1$, les séries qui représentent les fonctions Θ, H, etc. sont par conséquent divergentes. Mais les fonctions de

M. Weierstrass, définies par les équations

$$\mathrm{Al}(x) = \frac{e^{-\frac{\mathrm{J}x^2}{2\mathrm{K}}}\Theta(x)}{\Theta(0)},$$

$$\mathrm{Al}(x)_1 = \frac{e^{-\frac{\mathrm{J}x^2}{2\mathrm{K}}}\mathrm{H}(x)}{\mathrm{H}'(0)},$$

$$\mathrm{Al}(x)_2 = \frac{e^{-\frac{\mathrm{J}x^2}{2\mathrm{K}}}\mathrm{H}_1(x)}{\mathrm{H}_1(0)},$$

$$\mathrm{Al}(x)_3 = \frac{e^{-\frac{\mathrm{J}x^2}{2\mathrm{K}}}\Theta_1(x)}{\Theta_1(0)},$$

ont dans ce cas des limites entièrement déterminées, à savoir :

$$\mathrm{Al}(x) = e^{-\frac{x^2}{2}}\cos ix,$$

$$\mathrm{Al}(x)_1 = e^{-\frac{x^2}{2}}\frac{\sin ix}{i},$$

$$\mathrm{Al}(x)_2 = e^{-\frac{x^2}{2}},$$

$$\mathrm{Al}(x)_3 = e^{-\frac{x^2}{2}}.$$

Or on trouve aisément que le rapport des quantités infinies J et K est l'unité pour $k=1$. La série connue

$$\mathrm{K} = \left(1 + \frac{1}{4}k'^2 + \ldots\right)\log\frac{4}{k'} - \frac{1}{4}k'^2 - \ldots$$

donne en effet

$$\mathrm{D}_{k'}\mathrm{K} = -\frac{1}{k'}$$

en n'écrivant pas les termes qui s'annulent avec k', de sorte qu'on a $k'\mathrm{D}_{k'}\mathrm{K} = -1$ pour $k=1$. Cela étant, il suffit d'employer cette relation

$$\mathrm{J} = k^2\mathrm{K} - kk'^2\mathrm{D}_k\mathrm{K},$$

ou encore

$$\mathrm{J} = k^2\mathrm{K} + k^2k'\mathrm{D}_{k'}\mathrm{K},$$

d'où l'on tire

$$\frac{\mathrm{J}}{\mathrm{K}} = k^2 + \frac{k^2k'\mathrm{D}_{k'}\mathrm{K}}{\mathrm{K}},$$

pour voir en effet qu'on a $\frac{\mathrm{J}}{\mathrm{K}} = 1$, en supposant le module égal à l'unité. Nous avons donc les formules suivantes, qu'il fallait obtenir, à savoir :

$$\frac{\Theta(x)}{\Theta(0)} = \cos ix,$$

$$\frac{H(x)}{H'(0)} = \frac{\sin ix}{i},$$

$$\frac{H_1(x)}{H_1(0)} = \frac{\Theta_1(x)}{\Theta_1(0)} = 1.$$

Elles montrent qu'on peut écrire

$$\frac{H(\xi-\alpha)}{H(\xi-\beta)} = \frac{\sin i(\xi-\alpha)}{\sin i(\xi-\beta)},$$

et c'est de là que nous allons facilement conclure l'expression de $F(\xi)$. En effet, la relation $x = \operatorname{sn}\xi$, donnant pour $k=1$,

$$\cos i\xi = \frac{1}{\sqrt{1-x^2}}, \qquad \frac{\sin i\xi}{i} = \frac{x}{\sqrt{1-x^2}},$$

on voit que si l'on pose semblablement

$$a = \operatorname{sn}\alpha, \qquad b = \operatorname{sn}\beta,$$

on aura

$$\frac{\sin i(\xi-\alpha)}{\sin i(\xi-\beta)} = \sqrt{\frac{1-b^2}{1-a^2}}\,\frac{x-a}{x-b}.$$

Maintenant il n'y a plus qu'à employer l'expression de e^ξ en x, à savoir

$$e^\xi = \sqrt{\frac{1+x}{1-x}},$$

pour obtenir la formule

$$F(\xi) = C\,\frac{(x-\alpha_1)(x-\alpha_2)\ldots(x-\alpha_n)}{(x-\beta_1)(x-\beta_2)\ldots(x-\beta_n)}\left(\frac{1+x}{1-x}\right)^{\frac{\lambda}{2}},$$

où C est un facteur constant. Ce résultat fait bien ressortir la différence caractéristique de nature entre les deux genres de fonctions doublement périodiques de première et de seconde espèce. Les unes s'exprimant sous forme rationnelle en $\operatorname{sn}\xi$, $\operatorname{cn}\xi$ et $\operatorname{dn}\xi$, on obtient simplement, si l'on suppose $k=1$, une fonction rationnelle de $x = \operatorname{sn}\xi$ et de $\sqrt{1-x^2}$, tandis que les autres sont le produit d'une fonction rationnelle par le facteur $\left(\frac{1+x}{1-x}\right)^{\frac{\lambda}{2}}$. Enfin on doit remarquer le cas particulier important qui s'offre, lorsqu'un pôle β a pour valeur $i\mathrm{K}'$. L'équation $\cos i\beta = \frac{1}{\sqrt{1-b^2}}$ montre alors que K' devenant égal à $\frac{\pi}{2}$, lorsque $k=1$, le cosinus s'annule, de sorte que b doit être supposé infini. La forme analytique de la quantité $\frac{\mathrm{H}(\xi-\alpha)}{\mathrm{H}(\xi-\beta)}$ se modifie donc, elle devient $\frac{i(x-a)}{\sqrt{1-a^2}}$, et de là résulte qu'en supposant tous les pôles de $\mathrm{F}(\xi)$ égaux à $i\mathrm{K}'$, on aura

$$\mathrm{F}(\xi) = \mathrm{C}(x-a_1)(x-a_2)\ldots(x-a_n)\left(\frac{1+x}{1-x}\right)^{\frac{\lambda}{2}}.$$

C'est précisément la circonstance qui se présente dans l'intégrale de l'équation $\mathrm{D}_\xi^2 y = [n(n+1)k^2 \operatorname{sn}^2\xi + h]y$, où la fonction $\mathrm{F}(\xi)$ a pour seul pôle $\xi = i\mathrm{K}'$, avec l'ordre de multiplicité n. Nous en concluons que la transformée obtenue en posant $x = \operatorname{sn}\xi$,

$$(x^2-1)^2 \mathrm{D}_x^2 y + 2(x^3-x)\mathrm{D}_x y = [n(n+1)x^2 + h]y,$$

a pour intégrale générale

$$y = \mathrm{C}\left(\frac{1+x}{1-x}\right)^{\frac{\lambda}{2}} \Pi(x) + \mathrm{C}'\left(\frac{1-x}{1+x}\right)^{\frac{\lambda}{2}} \Pi(-x),$$

$\Pi(x)$ désignant un polynome entier en x du degré n, et λ une constante. Mais nous n'avons ainsi que la forme de la solution, et il reste à obtenir la constante λ et le polynome $\Pi(x)$. Je ferai cette recherche non seulement pour l'équation de Lamé, mais en considérant en même temps la suivante

$$\mathrm{D}_\xi^2 y + 2(n+1)\frac{k^2 \operatorname{sn}\xi \operatorname{cn}\xi}{\operatorname{dn}\xi}\mathrm{D}_\xi y + ay = 0,$$

dont la solution donnée par M. Picard (*Comptes rendus*, 14 juillet 1879) est encore

$$y = \mathrm{CF}(\xi) + \mathrm{C}'\mathrm{F}(-\xi),$$

si l'on désigne par $\mathrm{F}(\xi)$ une fonction doublement périodique de seconde espèce, n'ayant pour pôle que $\xi = i\mathrm{K}'$. Sans doute les deux équations sont des cas particuliers d'une autre plus générale, dont l'intégrale serait de même nature, aussi et dans cette prévision, je considérerai celle-ci

$$(x^2-1)^2 D_x^2 y + 2(\nu+1)(x^3-x) D_x y$$
$$= [(n-\nu)(n+\nu+1)(x^2-1)+\lambda^2-\nu^2]y,$$

où il suffit, en effet, de supposer successivement $\nu=0$, $\lambda^2=n(n+1)+h$, puis $\nu=-(n+1)$, $\lambda^2=(n+1)^2-a$, pour obtenir celles que j'ai en vue. Or on parvient aisément à la solution, en posant

$$y=(x+1)^{\frac{\lambda-\nu}{2}}(x-1)^{-\frac{\lambda+\nu}{2}}z;$$

nous trouvons en effet, par la substitution, cette équation très simple

$$(x^2-1)D_x^2 z + 2(x-\lambda)D_x z - n(n+1)z = 0.$$

Elle s'est offerte dans le beau travail de M. Laguerre, sur l'approximation des fonctions d'une variable au moyen des fonctions rationnelles, qui a paru dans le *Bulletin de la Société mathématique de France* (t. V, p. 78), et nous savons ainsi qu'elle admet pour solution un polynome entier $\Pi(x)$ de degré n. Si l'on se rappelle maintenant que l'expression générale

$$z=(x-1)^{-\alpha}(x+1)^{-\beta}D_x^n[(x-1)^{n+\alpha}(x+1)^{n+\beta}]$$

donne l'équation

$$(x^2-1)D_x^2 z + [\alpha(x+1)+\beta(x-1)+2x]D_x z - n(n+\alpha+\beta+1)z = 0,$$

nous en concluons facilement qu'on peut écrire

$$\Pi(x)=\left(\frac{x-1}{x+1}\right)^{\lambda} D_x^n[(x-1)^{n-\lambda}(x+1)^{n+\lambda}].$$

Cela étant, comme l'équation différentielle ne change pas quand on change x en $-x$, une première solution en donne une autre, et l'on obtient par suite pour l'intégrale générale

$$y=C(x+1)^{\frac{\lambda-\nu}{2}}(x-1)^{-\frac{\lambda+\nu}{2}}\Pi(x)+C'(x-1)^{\frac{\lambda-\nu}{2}}(x+1)^{-\frac{\lambda+\nu}{2}}\Pi(-x)$$

ou plus simplement

$$(x^2-1)^{\frac{\nu}{2}}y = C\left(\frac{x+1}{x-1}\right)^{\frac{\lambda}{2}}\Pi(x)+C'\left(\frac{x-1}{x+1}\right)^{\frac{\lambda}{2}}\Pi(-x).$$

Ce résultat fait bien voir qu'en supposant la constante ν égale à zéro, ou à un nombre entier négatif, la valeur de y appartient à l'expression limite des fonctions doublement périodiques de seconde espèce, lorsqu'elles ont pour seul pôle $i\mathrm{K}'$.

Pour $\nu = 0$, d'abord, nous avons immédiatement sous la forme prévue l'intégrale de l'équation de Lamé.

Faisons ensuite successivement $\nu = -2m$, $\nu = -(2m+1)$, et posons

$$\Pi_0(x) = (x^2-1)^m\,\Pi(x),$$
$$\Pi_1(x) = (x+1)^m(x-1)^{m+1}\,\Pi(x),$$

de sorte que $\Pi_0(x)$ et $\Pi_1(x)$ soient des polynomes entiers de degré $n-\nu$, on aura en premier lieu

$$y = \mathrm{C}\left(\frac{x+1}{x-1}\right)^{\frac{\lambda}{2}}\Pi_0(x) + \mathrm{C}'\left(\frac{x-1}{x+1}\right)^{\frac{\lambda}{2}}\Pi_0(-x),$$

puis

$$y = \mathrm{C}\left(\frac{x+1}{x-1}\right)^{\frac{\lambda+1}{2}}\Pi_1(x) + \mathrm{C}'\left(\frac{x-1}{x+1}\right)^{\frac{\lambda+1}{2}}\Pi_1(-x);$$

ces formules, si l'on prend en particulier $\nu = -(n+1)$, donnent la solution de l'équation considérée par M. Picard. Un dernier point qui est important me reste à traiter : je vais rechercher dans quels cas les deux solutions particulières dont l'une se tire de l'autre par le changement de x en $-x$, ont un rapport constant, de sorte que la formule ne représente plus l'intégrale générale. Désignons par g une constante et posons

$$\left(\frac{x+1}{x-1}\right)^{\frac{\lambda}{2}}\Pi(x) = g\left(\frac{x-1}{x+1}\right)^{\frac{\lambda}{2}}\Pi(-x),$$

on en déduit

$$\left(\frac{x+1}{x-1}\right)^{\lambda} = g\left[\frac{\Pi(-x)}{\Pi(x)}\right].$$

Cette relation montre que la fraction rationnelle du second membre, dont les termes sont des polynomes du degré n, ne pourra être identique à la fonction $\left(\frac{x+1}{x-1}\right)^{\lambda}$ qu'autant que cette fonction sera elle-même rationnelle, ce qui n'arrivera qu'en supposant λ entier et non supérieur à n. J'ajoute que cette condition qui est nécessaire est en même temps suffisante. En prenant en effet pour λ un nombre entier i au plus égal à n, on a, si l'on désigne par X_n le polynome de Legendre :

$$\Pi(x) = 2^n 1.2\ldots(n-i)(x-1)^i D_x^i X_n.$$
$$\Pi(-x) = (-2)^n 1.2\ldots(n-i)(x+1)^i D_x^i X_n,$$

de sorte qu'en supprimant le facteur $D_x^i X_n$ commun aux deux termes, la fraction devient identiquement $\left(\frac{x+1}{x-1}\right)^i$. Vous avez donné dans votre Ouvrage sur la théorie des fonctions sphériques, pour ces valeurs de λ qui sont la série des nombres entiers $\lambda = 0$, $1, 2, \ldots, n$, les expressions analytiques que ma formule cesse alors de représenter, et les beaux résultats auxquels vous êtes depuis longtemps parvenu sur ce point, contiennent la solution complète de la question qu'à votre demande bienveillante j'ai essayé de traiter.

Qu'il me soit permis, Monsieur, de vous offrir, en témoignage de la plus haute estime et d'une affection bien sincère, l'hommage de ces recherches qui ont été aidées de vos conseils et que vous avez encouragées par un intérêt dont je vous suis profondément reconnaissant.

Paris, 11 novembre 1879.

POST-SCRIPTUM.

La solution complète de l'équation

$$(x^2-1)^2 D_x y + 2(\nu+1)(x^3-x) D_x y$$
$$= [(n-\nu)(n+\nu+1)(x^2-1) + \lambda^2 - \nu^2]\, y$$

peut encore être obtenue comme il suit dans les cas singuliers. J'introduis la fonction

$$\Phi(x, \lambda) = \left(\frac{x+1}{x-1}\right)^\lambda \Pi(x) - (-1)^n \Pi(-x),$$

qui s'annule identiquement pour $\lambda = i$, et j'écris ainsi l'expression de y

$$(x^2-1)^{\frac{\nu}{2}} y = C\left(\frac{x+1}{x-1}\right)^{\frac{\lambda}{2}} \Pi(x) + C'\left(\frac{x-1}{x+1}\right)^{\frac{\lambda}{2}} \Phi(x, \lambda).$$

Cela étant, il suffit, en employant la méthode de d'Alembert, de poser $\lambda = i + \varepsilon$, $\varepsilon C' = C_1$, et de faire ε infiniment petit pour obtenir

$$(x^2-1)^{\frac{\nu}{2}} y = C\left(\frac{x+1}{x-1}\right)^{\frac{i}{2}} \Pi(x) + C_1\left(\frac{x-1}{x+1}\right)^{\frac{i}{2}} D_\lambda \Phi(x, \lambda),$$

λ devant être pris égal à i après la différentiation. Si nous désignons dans cette hypothèse $D_\lambda \Pi(x)$ par $\Pi_i(x)$, on trouve la formule

$$D_\lambda \Phi(x, \lambda) = \left(\frac{x+1}{x-1}\right)^i \Pi(x) \log \frac{x+1}{x-1} + \left(\frac{x+1}{x-1}\right)^i \Pi_i(x) - (-1)^n \Pi_i(-x),$$

où le coefficient du logarithme au moyen de la relation importante

$$\frac{1}{2n(2n-1)\ldots(n+1)}\left(\frac{x-1}{x+1}\right)^i D_x^n[(x-1)^{n-i}(x+1)^{n+i}]$$

$$= \frac{1}{2n(2n-1)\ldots(n-i+1)}(x-1)^i D_x^{i+n}(x^2-1)^n,$$

pour les valeurs $0, 1, 2, \ldots, n$ de i, se réduit au polynome entier

$$2^n 1.2\ldots(n-i)(x-1)^i D_x^i X_n.$$

Soit par exemple $n=1$, ce qui donne

$$\Pi(x) = x - \lambda \qquad \text{et} \qquad \Phi(x, \lambda) = \left(\frac{x+1}{x-1}\right)^\lambda (x-\lambda) - x - \lambda,$$

on aura successivement, pour $\lambda = 0$ et $\lambda = 1$,

$$(x^2-1)^{\frac{\nu}{2}} y = Cx + C_1\left(x \log \frac{x+1}{x-1} - 2\right),$$

$$(x^2-1)^{\frac{\nu}{2}} y = C\sqrt{x^2-1} + C_1\left(\sqrt{x^2-1} \log \frac{x+1}{x-1} - \frac{2x}{\sqrt{x^2-1}}\right).$$

Les seconds membres de ces égalités représentent, en supposant $k=1$, l'intégrale de l'équation de Lamé, dans les cas où il est possible d'y satisfaire par une fonction doublement périodique de première espèce. Ces cas sont donnés en prenant $h = -1-k^2$, -1, $-k^2$, et nous avons les solutions correspondantes :

$$C \operatorname{sn}\xi + C' \operatorname{sn}\xi\left[\frac{H'(\xi)}{H(\xi)} - \frac{J}{K}\xi\right],$$

$$C \operatorname{cn}\xi + C' \operatorname{cn}\xi\left[\frac{H_1'(\xi)}{H_1(\xi)} - \frac{J-k^2K}{K}\xi\right],$$

$$C \operatorname{dn}\xi + C' \operatorname{dn}\xi\left[\frac{\Theta_1'(\xi)}{\Theta_1(\xi)} - \frac{J-K}{K}\xi\right].$$

Or la première conduit immédiatement, si l'on fait $x = \operatorname{sn}\xi$, à l'expression que nous venons d'écrire pour $\lambda = 0$, puisqu'on a

$$\frac{H'(\xi)}{H(\xi)} = \frac{1}{x}, \qquad \xi = \frac{1}{2}\log\frac{1+x}{1-x}, \qquad \frac{J}{K} = 1.$$

Mais il n'en est plus de même des deux autres qui se réduisent à leur premier terme, et il est nécessaire, pour obtenir le résultat, de changer de constante en remplaçant C' par $\frac{C_1}{k'^2}$. Voici alors, en considérant la dernière par exemple, comment j'opérerai. Au moyen de l'expression de $D_k \operatorname{sn}\xi$, que j'ai récemment démontrée dans le n° 13 du Tome XCVI des *Astronomiche Nachrichten*, on peut écrire

$$\frac{\operatorname{dn}\xi}{kk'^2}\left[\frac{\Theta_1'(\xi)}{\Theta_1(\xi)} - \frac{J-K}{K}\xi\right] = -\frac{D_k \operatorname{sn}\xi}{\operatorname{cn}\xi} + \frac{\xi}{k}\operatorname{dn}\xi.$$

J'observe ensuite qu'en développant $\operatorname{sn}\xi$ suivant les puissances croissantes de k', on a, si l'on se borne aux deux premiers termes qui sont seuls nécessaires ([1]),

$$\operatorname{sn}\xi = x + \frac{k'^2}{4}[(x^2-1)\xi + x] + \ldots$$

([1]) Cette valeur se trouve en partant de l'équation différentielle

$$D_\xi \operatorname{sn}\xi = \operatorname{cn}\xi \operatorname{dn}\xi = \operatorname{cn}\xi[\operatorname{cn}^2\xi + k'^2\operatorname{sn}^2\xi]^{\frac{1}{2}}.$$

En développant suivant les puissances de k' on en tire

$$D_\xi \operatorname{sn}\xi = \operatorname{cn}^2\xi + \frac{1}{2}k'^2\operatorname{sn}^2\xi + \ldots$$

Cela étant, je fais $\operatorname{sn}\xi = x + k'^2 y$, où $x = \operatorname{sn}\xi$ pour $k = 1$, de sorte que

$$d\xi = \frac{dx}{1-x^2},$$

je prend x au lieu de ξ pour variable indépendante, et il vient

$$D_x[x + k'^2 y](1-x^2) = 1 - x^2 + \frac{1}{2}k'^2 x^2 + \ldots - 2k'^2 xy \ldots$$

On en conclut, pour déterminer y, la condition

$$D_x y(1-x^2) = -2xy + \frac{1}{2}x^2;$$

or l'intégrale de cette équation, si l'on détermine la constante de manière à avoir et, par conséquent,

$$D_k \operatorname{sn}\xi = -\frac{k}{2}[(x^2-1)\xi + x] + \ldots.$$

Nous en concluons la limite de l'expression considérée pour $k=1$, sous la forme suivante

$$\frac{1}{2\sqrt{1-x^2}}[(x^2-1)\xi + x] + \sqrt{1-x^2}\,\xi$$

ou plus simplement

$$\frac{1}{2}\sqrt{1-x^2}\,\xi + \frac{x}{2\sqrt{1-x^2}} = \frac{1}{4}\left(\sqrt{1-x^2}\log\frac{1+x}{1-x} + \frac{2x}{\sqrt{1-x^2}}\right),$$

ainsi qu'il fallait l'obtenir.

Je viens d'obtenir l'équation plus générale dont j'avais présumé l'existence

$$D_\xi^2 y + 2(\nu+1)\frac{k^2\operatorname{sn}\xi\operatorname{cn}\xi}{\operatorname{dn}\xi}D_\xi y = [(n-\nu)(n+\nu+1)k^2\operatorname{sn}^2\xi + h]y.$$

qui a pour solution

$$y = \mathrm{CF}(\xi) + \mathrm{C'F}(-\xi),$$

F (ξ) étant, comme pour l'équation de Lamé, une fonction uniforme, doublement périodique de seconde espèce, avec le seul pôle $\xi = i\mathrm{K}'$. Mais elle n'est pas seule, et les deux qui suivent :

$$D_\xi^2 y + 2(\nu+1)\frac{\operatorname{sn}\xi\operatorname{dn}\xi}{\operatorname{cn}\xi}D_\xi y = [(n-\nu)(n+\nu+1)k^2\operatorname{sn}^2\xi + h]y.$$

$$D_\xi^2 y - 2(\nu+1)\frac{\operatorname{cn}\xi\operatorname{dn}\xi}{\operatorname{sn}\xi}D_\xi y = [(n-\nu)(n+\nu+1)k^2\operatorname{sn}^2\xi + h]y.$$

ont une solution de même forme. On doit supposer dans ces trois équations que ν est un nombre entier positif pouvant être nul, et n un entier au moins égal à ν.

$y = 0$ pour $x = 0$, est

$$4y = (x^2-1)\int_0^x \frac{dx}{1-x^2} + x.$$

c'est-à-dire

$$4y = (x^2-1)\,\xi + x.$$

Paris, novembre 1879.

SUR UNE PROPOSITION

DE LA

THÉORIE DES FONCTIONS ELLIPTIQUES.

Comptes rendus de l'Académie des Sciences,
t. XC, 1880, p. 1096.

Supposons le module une quantité imaginaire quelconque, de sorte que l'on ait

$$k^2 = \alpha + i\beta,$$

et faisons

$$K = \int_0^{\frac{\pi}{2}} \frac{d\varphi}{\sqrt{1-(\alpha+i\beta)\sin^2\varphi}},$$

$$K' = \int_0^{\frac{\pi}{2}} \frac{d\varphi}{\sqrt{1-(1-\alpha-i\beta)\sin^2\varphi}}.$$

La proposition que j'ai en vue consiste en ce que la partie réelle du rapport $\frac{K'}{K}$ est essentiellement positive; on la démontre facilement comme il suit.

Je multiplie d'abord les deux termes de la fraction par la quantité imaginaire conjuguée du dénominateur, que j'appellerai K_0, en posant

$$K_0 = \int_0^{\frac{\pi}{2}} \frac{d\varphi}{\sqrt{1-(\alpha-i\beta)\sin^2\varphi}};$$

il suffira ainsi d'obtenir le signe de la partie réelle du produit $K'K_0$.

J'emploie, pour cela, cette expression sous forme d'intégrale double, à savoir :

$$K'K_0 = \int_0^{\frac{\pi}{2}} \int_0^{\frac{\pi}{2}} \frac{d\varphi\, d\psi}{\sqrt{[1-(1-\alpha-i\beta)\sin^2\varphi][1-(\alpha-i\beta)\sin^2\psi]}}.$$

Je mets ensuite en évidence, dans le radical carré, la partie réelle et le coefficient de i, en faisant

$$\sqrt{[1-(1-\alpha-i\beta)\sin^2\varphi][1-(\alpha-i\beta)\sin^2\psi]} = X + i\beta Y,$$

ce qui donne

$$[1-(1-\alpha)\sin^2\varphi](1-\alpha\sin^2\psi) - \beta^2\sin^2\varphi\sin^2\psi = X^2 - \beta^2 Y^2,$$
$$\sin^2\varphi(1-\alpha\sin^2\psi) + \sin^2\psi[1-(1-\alpha)\sin^2\varphi] = 2XY,$$

ou plutôt

$$\sin^2\varphi + \sin^2\psi\cos^2\varphi = 2XY.$$

Cette relation montre que les quantités X et Y sont nécessairement de même signe, et j'ajoute que X ne devient jamais nul. La condition $XY = 0$ ne peut être satisfaite en effet qu'en posant $\varphi = 0$, $\psi = 0$. Or on conclut de la première relation $1 = -\beta^2 Y^2$ pour $X = 0$; par conséquent, c'est le facteur Y qui seul peut s'évanouir. Après avoir ainsi établi que X ne change jamais de signe, nous remarquerons qu'à l'origine des intégrations la racine carrée est prise positivement; ayant donc $X = 1$ pour $\varphi = 0$ et $\psi = 0$, il en résulte nécessairement que, pour toutes les valeurs de φ et ψ, X et Y sont des quantités positives. L'expression considérée

$$K'K_0 = \int_0^{\frac{\pi}{2}} \int_0^{\frac{\pi}{2}} \frac{d\varphi\, d\psi}{X + i\beta Y} = \int_0^{\frac{\pi}{2}} \int_0^{\frac{\pi}{2}} \frac{X\, d\varphi\, d\psi}{X^2+\beta^2 Y^2} - i\beta \int_0^{\frac{\pi}{2}} \int_0^{\frac{\pi}{2}} \frac{Y\, d\varphi\, d\psi}{X^2+\beta^2 Y^2}$$

montre donc non seulement que la partie réelle de $K'K_0$, et par suite de $\frac{K'}{K}$, est positive, comme il fallait l'établir, mais encore que le coefficient de i dans ce rapport est toujours de signe contraire à β.

Le cas particulier du module réel et supérieur à l'unité échappe à la méthode précédente, qui suppose essentiellement β différent de zéro. Mais alors, k'^2 étant négatif, il est évident qu'on a les expressions suivantes :

$$K = A + iB, \qquad K' = A'.$$

où les quantités A et A' sont positives. On en conclut sur-le-champ

$$\frac{K'}{K} = \frac{A'}{A + iB} = \frac{AA'}{A^2 + B^2} - \frac{iBA'}{A^2 + B^2},$$

et notre proposition se trouve ainsi établie dans toute sa généralité.

nant d'autres classes de ces fonctions, a fait voir qu'il existe des cas où la présence de maxima et de minima en nombre infini rend inapplicable la formule de Fourier.

Mais on est allé moins loin pour les autres genres de développements, et, à l'exception de ceux où figurent les fonctions sphériques et les transcendantes de Bessel, la possibilité du développement n'a pu être encore établie d'une manière suffisamment rigoureuse.

Dans un Ouvrage que j'ai l'honneur de présenter à l'Académie (¹) au nom de l'auteur, M. Ulysse Dini, professeur à l'Université de Pise, la théorie de ces divers genres de développements est traitée, quelle que soit leur diversité, sous un seul et unique point de vue, qui donne à la fois les résultats de M. Lipschitz et de M. du Bois-Reymond pour la formule de Fourier, les développements au moyen des fonctions sphériques et des fonctions de Bessel, ceux dans lesquels figurent les racines d'une équation transcendante sous les signes trigonométriques, et enfin ces nouvelles séries dépendant des fonctions elliptiques sur lesquelles je m'étais borné à quelques aperçus dans mes Leçons de la Sorbonne. La méthode employée se fonde d'une part sur la considération des résidus des fonctions uniformes d'une variable complexe et de l'autre sur certaines intégrales définies que M. du Bois-Reymond a introduites le premier, et avec le plus grand succès, dans ses belles recherches. C'est à ce savant géomètre qu'est due la remarque importante, qu'il existe un nombre infini de fonctions $\varphi(x, h)$, telles que l'intégrale $\int_0^b \varphi(x, h)\,dx$ a pour h infini une limite déterminée, qui est $+G$ ou $-G$, suivant que b est positif ou négatif, G étant une quantité indépendante de b. On en conclut que, sous certaines conditions relatives à $f(x)$, l'intégrale plus générale $\int_0^b f(x)\varphi(x, h)\,dx$ a pour limite $Gf(+0)$ ou $-Gf(-0)$ suivant le signe de b, en admettant que les quantités $f(+0)$ ou $f(-0)$ aient une signification entièrement déterminée.

Ces considérations délicates, dues à M. du Bois-Reymond,

(¹) *Serie di Fourier e altre rappresentazioni analitiche delle funzioni di una variabile reale;* Pise, 1880.

jouent le principal rôle dans les démonstrations de la possibilité des développements, l'emploi des résidus servant à donner, comme Cauchy l'avait depuis longtemps montré, la forme même des développements. Les questions si difficiles dont je viens de parler ne sont pas les seules qui soient abordées par M. Dini. L'auteur, en suivant la voie ouverte par les beaux travaux de M. Heine, généralise des résultats obtenus par l'éminent géomètre sur la formule de Fourier : il montre aussi que tous les développements dont il a fait l'étude présentent le même degré de convergence ; il s'occupe enfin des conditions sous lesquelles on peut les différentier ou les intégrer terme à terme. Cette indication succincte suffira, je pense, pour appeler l'attention de l'Académie sur l'Ouvrage de M. Dini, où la méthode et la plus grande clarté se joignent à un talent d'analyste extrêmement distingué.

SUR UNE FORMULE D'EULER.

Journal de Mathématiques, 3e série, t. VI, 1880, p. 5-18.

Une lettre de M. Fuss, publiée dans le *Bulletin des Sciences mathématiques* de M. Darboux (mai 1879, p. 226), contient sur l'intégrale $\int \frac{\sqrt{1+x^4}}{1-x^4}\,dx$, un résultat obtenu par Euler et qui est bien digne de remarque. Il consiste dans la réduction de cette quantité à l'intégrale d'une fonction rationnelle au moyen de la substitution

$$x = \frac{\sqrt{1+p^2}+\sqrt{1-p^2}}{p\sqrt{2}},$$

et c'est, je crois, le seul exemple qui ait été donné d'une telle transformation pour une expression dépendant des intégrales elliptiques (1).

Je me suis proposé, en étudiant ce résultat d'Euler, de reconnaître s'il tient à la valeur particulière du module propre à l'intégrale $\int \frac{dx}{\sqrt{1+x^4}}$, ou si, étant d'une nature plus générale, il ne

(1) M. Raffy m'a fait autrefois remarquer qu'un autre exemple, également emprunté à Euler, se trouve dans le *Calcul intégral* de Bertrand (p. 53). La différentielle

$$\frac{(1+x^2)\,dx}{(1-x^2)\sqrt{1+x^4}}$$

prend la forme

$$\frac{1}{\sqrt{2}}\,\frac{dp}{\sqrt{1+p^2}}$$

quand on pose $x = \frac{1+\sqrt{1+2p^2}}{p\sqrt{2}}$, ou bien $p = \frac{x\sqrt{2}}{1-x^2}$.

E. P.

mettrait point sur la trace d'une catégorie de formules $\int \frac{f(x^2)\,dx}{\sqrt{Ax^4+2Bx^2+C}}$ réductibles par une substitution algébrique à l'intégrale des fonctions rationnelles. C'est en effet ce qui a lieu, comme on va le voir par l'analyse suivante, qui est très facile.

I. Je rattacherai d'abord la forme analytique de la substitution d'Euler à la relation

$$p = \frac{\sqrt{Ax^4+2Bx^2+C}}{x\sqrt{2}},$$

d'où se tire l'équation

$$Ax^4+2(B-p^2)x^2+C=0,$$

puis la valeur

$$x^2 = \frac{p^2-B+\sqrt{p^4-2Bp^2+B^2-AC}}{A},$$

et enfin, par l'application des formules connues,

$$x = \frac{\sqrt{p^2-B+\sqrt{AC}}+\sqrt{p^2-B-\sqrt{AC}}}{\sqrt{2A}}.$$

On voit en effet que, en prenant $Ax^4+2Bx^2+C=x^4+1$, il suffit de changer p en $\frac{1}{p}$ pour obtenir l'expression

$$x = \frac{\sqrt{1+p^2}+\sqrt{1-p^2}}{p\sqrt{2}}.$$

Je remarque ensuite que dans l'équation du second degré en x^2, le produit des racines étant $\frac{C}{A}$, on a en même temps

$$x^2 = \frac{p^2-B+\sqrt{p^4-2Bp^2+B^2-AC}}{A}$$

$$\frac{C}{Ax^2} = \frac{p^2-B-\sqrt{p^4-2Bp^2+B^2-AC}}{A}.$$

Par conséquent, toute fonction rationnelle $f(x^2)$ telle qu'on ait

$$f(x^2) = f\left(\frac{C}{Ax^2}\right)$$

s'exprimera rationnellement au moyen de la variable p, et, si l'on remplace cette condition par la suivante

$$f(x^2) = -f\left(\frac{C}{Ax^2}\right),$$

on aura

$$f(x^2) = \varphi(p)\sqrt{p^4 - 2Bp^2 + B^2 - AC},$$

$\varphi(p)$ étant encore rationnelle en p. Ainsi nous trouverons, par exemple,

$$Ax^2 - \frac{C}{x^2} = 2\sqrt{p^4 - 2Bp^2 + B^2 - AC},$$

de sorte que, la différentiation de l'équation

$$p = \frac{\sqrt{Ax^4 + 2Bx^2 + C}}{x\sqrt{2}},$$

donnant

$$\frac{dp}{dx} = \frac{Ax^4 - C}{x^2\sqrt{Ax^4 + 2Bx^2 + C}\sqrt{2}},$$

nous pourrons écrire

$$\frac{dp}{dx} = \frac{\sqrt{2}\sqrt{p^4 - 2Bp^2 + B^2 - AC}}{\sqrt{Ax^4 + 2Bx^2 + C}}$$

ou bien

$$\frac{dx}{\sqrt{Ax^4 + 2Bx^2 + C}} = \frac{1}{\sqrt{2}}\,\frac{dp}{\sqrt{p^4 - 2Bp^2 + B^2 - AC}}.$$

Maintenant, il suffit de multiplier membre à membre avec l'équation

$$f(x^2) = \varphi(p)\sqrt{p^4 - 2Bp^2 + B^2 - AC}$$

pour obtenir

$$\frac{f(x^2)\,dx}{\sqrt{Ax^4 + 2Bx^2 + C}} = \frac{1}{\sqrt{2}}\varphi(p)\,dp.$$

L'intégrale $\int \frac{f(x^2)\,dx}{\sqrt{Ax^4 + 2Bx^2 + C}}$, où $f(x^2)$ est telle qu'on ait

$$f(x^2) = -f\left(\frac{C}{Ax^2}\right),$$

est donc ramenée, par la substitution considérée, à celle des fonctions rationnelles. En particulier, on aura

$$\int \frac{x^4+1}{(x^4-1)\sqrt{x^4+1}}\,dx = -\frac{1}{\sqrt{2}}\int \frac{dp}{1-p^4},$$

c'est-à-dire la formule d'Euler.

II. La méthode d'intégration des fonctions doublement périodiques qu'on tire de la décomposition en éléments simples de ces fonctions conduit par une autre voie au résultat que nous venons d'obtenir.

Supposons, en effet,

$$Ax^4 + 2Bx^2 + C = (1-x^2)(1-k^2x^2),$$

et soient $x = \operatorname{sn}\xi$, puis $f(x^2) = F(\xi)$, de sorte qu'on ait

$$\int \frac{f(x^2)\,dx}{\sqrt{(1-x^2)(1-k^2x^2)}} = \int F(\xi)\,d\xi.$$

La condition que doit vérifier $f(x^2)$ devenant

$$f(x^2) = -f\left(\frac{1}{k^2x^2}\right),$$

on voit que la fonction $F(\xi)$, qui a pour périodes $2K$ et $2iK'$, satisfait à l'égalité

$$F(\xi + iK') = -F(\xi).$$

Cela étant, je dis qu'à l'égard d'une telle fonction on peut prendre pour élément simple la quantité

$$D_\xi \log \operatorname{sn}\xi = \frac{\operatorname{cn}\xi \operatorname{dn}\xi}{\operatorname{sn}\xi}.$$

Nous avons d'abord

$$D_\xi \log \operatorname{sn}(\xi + 2K) = +D_\xi \log \operatorname{sn}\xi,$$
$$D_\xi \log \operatorname{sn}(\xi + iK') = -D_\xi \log \operatorname{sn}\xi,$$

et il est aisé de voir qu'à l'intérieur d'un rectangle, renfermant l'origine des coordonnées et dont les côtés parallèles aux axes des abscisses et ordonnées sont $2K$ et K', il n'existe que le seul pôle $\xi = 0$. Tous les pôles de la fonction, étant, en effet, les racines des équations $H(\xi) = 0$, $\Theta(\xi) = 0$, ont pour expressions

$$\xi = 2mK + 2m'iK',$$
$$\xi = 2mK + (2m'+1)iK'.$$

Or il est clair que, pour les valeurs entières de m et m', ces formules, à l'exception du pôle $\xi = 0$, représentent des points extérieurs au rectangle. Cela étant, il suffit, en raisonnant comme je l'ai déjà fait ailleurs, d'égaler à zéro la somme des résidus de la fonction doublement périodique

$$F(z) D_\xi \log \operatorname{sn}(\xi - z),$$

dont les périodes sont $2K$ et iK', pour arriver à la formule suivante :

$$F(\xi) = \Sigma[\ A\ D_\xi \log \operatorname{sn}(\xi - a) \\ + A_1 D_\xi^2 \log \operatorname{sn}(\xi - a) + \ldots + A_n D_\xi^{n+1} \log \operatorname{sn}(\xi - a)].$$

Le signe Σ se rapporte à tous les pôles de la fonction $F(\xi)$ qui sont à l'intérieur du rectangle considéré, et l'on suppose, pour l'un quelconque de ces pôles, $\xi = a$, la relation

$$F(a + \varepsilon) = A \frac{1}{\varepsilon} + A_1 D_\varepsilon \frac{1}{\varepsilon} + \ldots + A_n D_\varepsilon^n \frac{1}{\varepsilon},$$

en se bornant à la partie principale du développement.

Cette expression de $F(\xi)$ donne immédiatement

$$\int F(\xi)\, d\xi = \Sigma[A \log \operatorname{sn}(\xi - a) \\ + A_1 D_\xi \log \operatorname{sn}(\xi - a) + \ldots + A_n D_\xi^n \log \operatorname{sn}(\xi - a)].$$

et il est aisé de voir que, dans le cas spécial auquel nous avons été amené, où l'on a $F(\xi) = f(\operatorname{sn}^2 \xi)$ et par conséquent $F(-\xi) = F(\xi)$, les quantités placées sous les signes logarithmiques, ainsi que les autres termes du second membre, s'expriment rationnellement par la variable $p = \frac{\sqrt{(1-x^2)(1-k^2x^2)}}{x\sqrt{2}}$ ou bien $p = \frac{\operatorname{cn}\xi \operatorname{dn}\xi}{\operatorname{sn}\xi}$, en mettant $\frac{1}{\sqrt{2}} p$ au lieu de p. En effet, l'intégrale étant une fonction impaire, nous pouvons écrire, en changeant ξ en $-\xi$,

$$-\int F(\xi)\, d\xi = \Sigma[A \log \operatorname{sn}(\xi + a) \\ - A_1 D_\xi \log \operatorname{sn}(\xi + a) + \ldots \pm A_n D_\xi^n \log \operatorname{sn}(\xi + a)],$$

et cette équation, retranchée de la précédente, donne

$$\begin{aligned}
2\int F(\xi)\,d\xi = {} & \Sigma A \quad \log\frac{\operatorname{sn}(\xi-a)}{\operatorname{sn}(\xi+a)} \\
& + \Sigma A_1 D_\xi \log \operatorname{sn}(\xi-a)\operatorname{sn}(\xi+a) \\
& + \Sigma A_2 D_\xi \log\frac{\operatorname{sn}(\xi-a)}{\operatorname{sn}(\xi+a)} \\
& + \ldots \quad \ldots\ldots\ldots\ldots\ldots\ldots\ldots
\end{aligned}$$

Dans cette nouvelle formule figurent les dérivées successives d'ordre pair de deux fonctions différentes, $\log\frac{\operatorname{sn}(\xi-a)}{\operatorname{sn}(\xi+a)}$ et $D_\xi \log \operatorname{sn}(\xi-a)\operatorname{sn}(\xi+a)$, qui l'une et l'autre d'abord s'expriment comme il suit en p. On a, en effet,

$$\begin{aligned}
\frac{\operatorname{sn}(\xi-a)}{\operatorname{sn}(\xi+a)} &= \frac{\operatorname{sn}\xi \operatorname{cn}a \operatorname{dn}a - \operatorname{sn}a \operatorname{cn}\xi \operatorname{dn}\xi}{\operatorname{sn}\xi \operatorname{cn}a \operatorname{dn}a + \operatorname{sn}a \operatorname{cn}\xi \operatorname{dn}\xi} \\
&= \frac{\operatorname{cn}a \operatorname{dn}a - p \operatorname{sn}a}{\operatorname{cn}a \operatorname{dn}a + p \operatorname{sn}a},
\end{aligned}$$

puis

$$\begin{aligned}
D_\xi \log \operatorname{sn}(\xi-a)\operatorname{sn}(\xi+a) &= \frac{2\operatorname{sn}\xi \operatorname{cn}\xi \operatorname{dn}\xi(1-k^2\operatorname{sn}^4 a)}{(1-k^2\operatorname{sn}^2 a \operatorname{sn}^2\xi)(\operatorname{sn}^2\xi - \operatorname{sn}^2 a)} \\
&= \frac{2p(1-k^2\operatorname{sn}^4 a)}{\operatorname{cn}^2 a \operatorname{dn}^2 a - p^2 \operatorname{sn}^2 a}.
\end{aligned}$$

Remarquons maintenant qu'en différentiant deux fois une relation de la forme

$$f(\xi) = \varphi(p)$$

on en tire

$$f''(\xi) = \varphi''(p)\left(\frac{dp}{d\xi}\right)^2 + \varphi'(p)\frac{d^2p}{d\xi^2},$$

et qu'on a

$$\frac{dp}{d\xi} = k^2\operatorname{sn}^2\xi - \frac{1}{\operatorname{sn}^2\xi} = \sqrt{(1+k^2+p^2)^2 - 4k^2},$$

$$\begin{aligned}
\frac{d^2p}{d\xi^2} &= 2\operatorname{cn}\xi \operatorname{dn}\xi\left(k^2\operatorname{sn}\xi + \frac{1}{\operatorname{sn}^3\xi}\right) \\
&= 2p\left(k^2\operatorname{sn}^2\xi + \frac{1}{\operatorname{sn}^2\xi}\right) = 2p(1+k^2+p^2);
\end{aligned}$$

par conséquent, $f''(\xi)$, puis, de proche en proche, toutes les dérivées d'ordre pair, seront des fonctions rationnelles de p. L'intégrale s'exprime donc rationnellement au moyen de cette variable, comme nous avons voulu le montrer.

III. La formule de décomposition en éléments simples qui vient d'être obtenue,

$$F(\xi) = \Sigma[\ \ A\, D_\xi \log \operatorname{sn}(\xi - a)$$
$$+ A_1 D_\xi^2 \log \operatorname{sn}(\xi - a) + \ldots + A_n D_\xi^{n+1} \log \operatorname{sn}(\xi - a)],$$

d'une fonction satisfaisant aux conditions

$$F(\xi + 2K\ ) = + F(\xi),$$
$$F(\xi + iK') = - F(\xi),$$

peut être regardée comme appartenant à la théorie générale des fonctions doublement périodiques. Sous ce point de vue, il est visible qu'elle constitue seulement une des trois formules d'un même système, dans lequel les quantités

$$D_\xi \log \operatorname{sn}\xi, \quad D_\xi \log \operatorname{cn}\xi, \quad D_\xi \log \operatorname{dn}\xi$$

jouent successivement le rôle d'éléments simples. Je vais établir succinctement les deux autres, qui concernent deux nouveaux types de fonctions doublement périodiques, $F_1(\xi)$ et $F_2(\xi)$, caractérisées par les conditions suivantes :

$$F_1(\xi + K + iK') = - F_1(\xi),$$
$$F_1(\xi + K - iK') = - F_1(\xi),$$

puis

$$F_2(\xi + \ \ K\ ) = - F_2(\xi),$$
$$F_2(\xi + 2iK') = + F_2(\xi).$$

Elles se lient en effet à l'étude de la substitution d'Euler, qu'elles nous conduiront, comme on le verra, à étendre et généraliser d'une nouvelle manière.

Je me fonderai, à cet effet, sur les équations élémentaires

$$\operatorname{cn}(z + K + iK') = - \frac{ik'}{k} \frac{1}{\operatorname{cn} z},$$

$$\operatorname{cn}(z + K - iK') = + \frac{ik'}{k} \frac{1}{\operatorname{cn} z}$$

et

$$\operatorname{dn}(z + K) = \frac{k'}{\operatorname{dn} z},$$
$$\operatorname{dn}(z + 2iK') = - \operatorname{dn} z,$$

qui conduisent aux formules suivantes :

$$D_z \log \operatorname{cn}(z + K + iK') = - D_z \log \operatorname{cn} z,$$
$$D_z \log \operatorname{cn}(z + K - iK') = - D_z \log \operatorname{cn} z,$$

puis

$$D_z \log \operatorname{dn}(z + K) = - D_z \log \operatorname{dn} z,$$
$$D_z \log \operatorname{dn}(z + 2iK') = + D_z \log \operatorname{dn} z.$$

Cela posé, j'observe d'abord, à l'égard de la quantité

$$D_z \log \operatorname{cn}(z + K) = + \frac{\operatorname{cn} z}{\operatorname{sn} z \operatorname{dn} z},$$

que les pôles donnés par les racines des équations

$$H(z) = 0, \qquad \Theta_1(z) = 0$$

sont

$$z = 2mK + 2m'iK',$$
$$z = (2m + 1)K + (2m' + 1)iK'.$$

Je remarque aussi que le parallélogramme ou plutôt le losange dont les sommets, ayant pour affixes

$$0, \quad K - iK', \quad 2K, \quad K + iK',$$

sont par conséquent tous des pôles ne renferme à son intérieur aucun autre de ces points. Cela posé, qu'on déplace ce losange de manière à lui faire contenir l'origine des coordonnées; les trois autres pôles, qui étaient des sommets, se trouveront en dehors de la figure, et l'on voit qu'à l'intérieur du losange la fonction $D_z \log \operatorname{cn}(z + K)$ a un seul et unique pôle $z = 0$. On verra aussi, relativement à la quantité $D_z \log \operatorname{dn}(z + K + iK')$, qu'elle n'a pareillement que le pôle $z = 0$ à l'intérieur d'un rectangle contenant l'origine et dont les côtés parallèles aux axes coordonnés sont K et $2K'$. Cela établi, nous formerons ces deux expressions

$$F_1(z) D_\xi \log \operatorname{cn}(\xi + K - z),$$
$$F_2(z) D_\xi \log \operatorname{dn}(\xi + K + iK' - z),$$

qui sont doublement périodiques, la première ayant pour périodes $K + iK'$, $K - iK'$, et la seconde K et $2iK'$.

En égalant à zéro la somme de leurs résidus correspondant aux pôles qu'elles possèdent, la première à l'intérieur du losange, la seconde à l'intérieur du rectangle des périodes, on parvient aux formules suivantes, où l'on a mis dans les premiers membres $\xi - K$ et $\xi - K - iK'$ au lieu de ξ, à savoir :

$$\begin{aligned} F_1(\xi - K) &= \Sigma[\ A' D_\xi \log \operatorname{cn}(\xi - a) \\ &\quad + A'_1 D_\xi^2 \log \operatorname{cn}(\xi - a) + \ldots + A'_n D_\xi^{n+1} \log \operatorname{cn}(\xi - a)], \\ F_2(\xi - K - iK') &= \Sigma[\ A'' D_\xi \log \operatorname{dn}(\xi - a) \\ &\quad + A''_1 D_\xi^2 \log \operatorname{dn}(\xi - a) + \ldots + A''_n D_\xi^{n+1} \log \operatorname{dn}(\xi - a)]. \end{aligned}$$

Dans ces relations, on a continué de désigner par $\xi = a$ l'un quelconque des pôles des deux fonctions ; on a supposé encore

$$F_1(a + \varepsilon) = A' \frac{1}{\varepsilon} + A'_1 D_\varepsilon \frac{1}{\varepsilon} + \ldots + A'_n D_\varepsilon^n \frac{1}{\varepsilon},$$

et de même

$$F_2(a + \varepsilon) = A'' \frac{1}{\varepsilon} + A''_1 D_\varepsilon \frac{1}{\varepsilon} + \ldots + A''_n D_\varepsilon^n \frac{1}{\varepsilon},$$

en se bornant à la partie principale des développements. Elles s'écriraient plus simplement en représentant les pôles de $F_1(\xi)$ par $a + K$ et ceux de $F_2(\xi)$ par $a + K + iK'$; nous aurions, en effet,

$$\begin{aligned} F_1(\xi) &= \Sigma[\ A' D_\xi \log \operatorname{cn}(\xi - a) \\ &\quad + A'_1 D_\xi^2 \log \operatorname{cn}(\xi - a) + \ldots + A'_n D_\xi^{n+1} \log \operatorname{cn}(\xi - a)], \\ F_2(\xi) &= \Sigma[\ A'' D_\xi \log \operatorname{dn}(\xi - a) \\ &\quad + A''_1 D_\xi^2 \log \operatorname{dn}(\xi - a) + \ldots + A''_n D_\xi^{n+1} \log \operatorname{dn}(\xi - a)]. \end{aligned}$$

On en déduit, en intégrant par rapport à ξ,

$$\begin{aligned} \int F_1(\xi)\, d\xi &= \Sigma[\ A' \log \operatorname{cn}(\xi - a) \\ &\quad + A'_1 D_\xi \log \operatorname{cn}(\xi - a) + \ldots + A'_n D_\xi^n \log \operatorname{cn}(\xi - a)], \\ \int F_2(\xi)\, d\xi &= \Sigma[\ A'' \log \operatorname{dn}(\xi - a) \\ &\quad + A''_1 D_\xi \log \operatorname{dn}(\xi - a) + \ldots + A''_n D_\xi^n \log \operatorname{dn}(\xi - a)]. \end{aligned}$$

et de ces expressions nous allons tirer des conséquences analogues à celles que nous a données la formule

$$\begin{aligned} \int F(\xi)\, d\xi &= \Sigma[\ A \log \operatorname{sn}(\xi - a) \\ &\quad + A_1 D_\xi \log \operatorname{sn}(\xi - a) + \ldots + A_n D_\xi^n \log \operatorname{sn}(\xi - a)]. \end{aligned}$$

IV. Introduisant, à cet effet les conditions

$$F_1(-\xi) = F_1(\xi),$$
$$F_2(-\xi) = F_2(\xi),$$

et posant successivement

$$p = \frac{\operatorname{sn}\xi \operatorname{dn}\xi}{\operatorname{cn}\xi},$$

$$p = \frac{\operatorname{sn}\xi \operatorname{cn}\xi}{\operatorname{dn}\xi},$$

on démontrera exactement, comme au paragraphe II, que les quantités placées sous les logarithmes, ainsi que les autres termes des seconds membres, s'expriment rationnellement au moyen des variables p. Soit donc, comme nous l'avons fait en commençant,

$$x = \operatorname{sn}\xi;$$

posons également

$$F_1(\xi) = f_1(x^2),$$
$$F_2(\xi) = f_2(x^2),$$

où f_1 et f_2 sont des fonctions rationnelles de x^2, de sorte qu'on ait

$$\int F_1(\xi)\,d\xi = \int \frac{f_1(x^2)}{\sqrt{(1-x^2)(1-k^2x^2)}}\,dx,$$

$$\int F_2(\xi)\,d\xi = \int \frac{f_2(x^2)}{\sqrt{(1-x^2)(1-k^2x^2)}}\,dx.$$

Nous nous trouvons amené à cette conséquence que les substitutions

$$p = \frac{\operatorname{sn}\xi \operatorname{dn}\xi}{\operatorname{cn}\xi} = \frac{x\sqrt{1-k^2x^2}}{\sqrt{1-x^2}},$$

$$p = \frac{\operatorname{sn}\xi \operatorname{cn}\xi}{\operatorname{dn}\xi} = \frac{x\sqrt{1-x^2}}{\sqrt{1-k^2x^2}}$$

ramènent ces intégrales à celles des fonctions rationnelles en p.

C'est ce que nous allons démontrer directement, mais auparavant nous tirerons des caractéristiques relatives à la périodicité de $F_1(\xi)$ et $F_2(\xi)$ les propriétés algébriques correspondantes des fonctions $f_1(x^2)$ et $f_2(x^2)$.

Recourant, à cet effet, aux formules

$$\operatorname{sn}(\xi + K + iK') = \frac{\operatorname{dn}\xi}{k \operatorname{cn}\xi},$$

$$\operatorname{sn}(\xi + K) = \frac{\operatorname{cn}\xi}{\operatorname{dn}\xi},$$

qui donnent

$$\operatorname{sn}^2(\xi + K + iK') = \frac{1 - k^2 x^2}{k^2(1 - x^2)},$$

$$\operatorname{sn}^2(\xi + K) = \frac{1 - x^2}{1 - k^2 x^2},$$

nous en concluons les deux équations

$$f_1(x^2) = -f_1\left[\frac{1 - k^2 x^2}{k^2(1 - x^2)}\right],$$

$$f_2(x^2) = -f_2\left(\frac{1 - x^2}{1 - k^2 x^2}\right).$$

Considérant maintenant, pour fixer les idées, la seule intégrale $\int \frac{f_1(x^2)}{\sqrt{(1 - x^2)(1 - k^2 x^2)}} dx$; je tire d'abord de la substitution qui la concerne l'équation

$$k^2 x^4 - (p^2 + 1)x^2 + p^2 = 0,$$

d'où la formule

$$x^2 = \frac{p^2 + 1 + \sqrt{p^4 - 2(2k^2 - 1)p^2 + 1}}{2k^2}.$$

Je remarque ensuite que, la seconde racine étant $\frac{p^2}{k^2 x^2}$ ou bien $\frac{1 - k^2 x^2}{k^2(1 - x^2)}$, nous pouvons écrire

$$\frac{1 - k^2 x^2}{k^2(1 - x^2)} = \frac{p^2 + 1 - \sqrt{p^4 - 2(2k^2 - 1)p^2 + 1}}{2k^2}.$$

De la propriété de la fonction $f_1(x^2)$ résulte donc qu'elle prend des valeurs égales et de signes contraires lorsqu'on y remplace x^2 par ces deux expressions, de sorte qu'on peut poser

$$f_1(x^2) = \varphi(p)\sqrt{p^4 - 2(2k^2 - 1)p^2 + 1},$$

en désignant par $\varphi(p)$ une fonction rationnelle de p. En multipliant membre à membre avec l'équation suivante

$$\frac{dx}{\sqrt{(1 - x^2)(1 - k^2 x^2)}} = -\frac{dp}{\sqrt{p^4 - 2(2k^2 - 1)p^2 + 1}},$$

qui se trouve facilement, on obtient, après avoir intégré les deux membres,

$$\int \frac{f_1(x^2)\,dx}{\sqrt{(1-x^2)(1-k^2x^2)}} = -\int \varphi(p)\,dp.$$

La proposition que nous voulions établir se trouve ainsi démontrée, et il est évident que la seconde intégrale $\int \frac{f_2(x^2)\,dx}{\sqrt{(1-x^2)(1-k^2x^2)}}$ conduirait exactement au même calcul. En résumé, on voit que les trois quantités

$$\int \frac{f(x^2)\,dx}{\sqrt{(1-x^2)(1-k^2x^2)}}, \quad \int \frac{f_1(x^2)\,dx}{\sqrt{(1-x^2)(1-k^2x^2)}},$$

$$\int \frac{f_2(x^2)\,dx}{\sqrt{(1-x^2)(1-k^2x^2)}},$$

où les fonctions rationnelles f, f_1, f_2 satisfont aux conditions

$$f(x^2) = -f\left(\frac{1}{k^2x^2}\right),$$

$$f_1(x^2) = -f_1\left[\frac{1-k^2x^2}{k^2(1-x^2)}\right],$$

$$f_2(x^2) = -f_2\left(\frac{1-x^2}{1-k^2x^2}\right),$$

se ramènent, si l'on fait successivement

$$p = \frac{\sqrt{(1-x^2)(1-k^2x^2)}}{x},$$

$$p = \frac{x\sqrt{1-k^2x^2}}{\sqrt{1-x^2}},$$

$$p = \frac{x\sqrt{1-x^2}}{\sqrt{1-k^2x^2}},$$

à l'intégration des fonctions rationnelles; et comme on tire de ces relations

$$x = \frac{\sqrt{p^2+(k+1)^2}+\sqrt{p^2+(k-1)^2}}{2k},$$

$$x = \frac{\sqrt{p^2+2kp+1}+\sqrt{p^2-2kp+1}}{2k},$$

$$x = \frac{\sqrt{k^2p^2+2p+1}+\sqrt{k^2p^2-2p+1}}{2},$$

nous voyons aussi que le type analytique de la substitution qu'Euler a découverte et appliquée à l'intégrale particulière $\int \frac{\sqrt{1+x^4}}{1-x^4}\,dx$ se conserve en ne subissant qu'une modification légère pour s'appliquer à des cas plus généraux et plus étendus.

V. Les formules de décomposition en éléments simples des fonctions doublement périodiques désignées par $F(\xi)$, $F_1(\xi)$, $F_2(\xi)$ sont susceptibles de beaucoup d'applications. Si l'on désigne par m un nombre entier, on verra facilement qu'on peut faire

$$\begin{aligned} F\,(\xi) &= \operatorname{cn}(4m+2)\xi, &\quad \operatorname{dn}(4m+2)\xi,\\ F_1(\xi) &= \operatorname{sn}(4m+2)\xi, &\quad \operatorname{dn}(4m+2)\xi,\\ F_2(\xi) &= \operatorname{sn}(4m+2)\xi, &\quad \operatorname{cn}(4m+2)\xi, \end{aligned}$$

et l'on observera que la même quantité, $\operatorname{sn}(4m+2)\xi$ par exemple, possède à la fois la périodicité de $F_1(\xi)$ et $F_2(\xi)$. Je n'entrerai point maintenant dans le détail de ces applications et je terminerai cette étude par la remarque suivante. La transformation $p = \frac{\operatorname{cn}\xi \operatorname{dn}\xi}{\operatorname{sn}\xi}$, qui ramène à l'intégrale des fonctions rationnelles, $\int F(\xi)\,d\xi$, ne contenant rien qui se rapporte à la fonction $F(\xi)$, sera donc la même par exemple pour les deux quantités $\int \operatorname{cn} 2\xi\,d\xi$ et $\int \operatorname{dn} 2\xi\,d\xi$. Or, elles deviennent $\frac{1}{2}\int\frac{dz}{\sqrt{1-k^2z^2}}$ et $\frac{1}{2}\int\frac{dz}{\sqrt{1-z^2}}$ si l'on fait $\operatorname{sn} 2\xi = z$; par conséquent, on ramènera à la fois ces deux intégrales à celles des fonctions rationnelles en exprimant z au moyen de la variable p. On trouve facilement

$$z = \frac{2p}{\sqrt{p^4+2(1+k^2)p^2+(1-k^2)^2}},$$

puis ces relations

$$\sqrt{1-z^2} = \frac{p^2-1+k^2}{\sqrt{p^4+2(1+k^2)p^2+(1-k^2)^2}},$$

$$\sqrt{1-k^2z^2} = \frac{p^2+1-k^2}{\sqrt{p^4+2(1+k^2)p^2+(1-k^2)^2}},$$

$$dz = 2\frac{(1-k^2)^2-p^4}{[p^4+2(1+k^2)p^2+(1-k^2)^2]^{\frac{3}{2}}}\,dp,$$

et l'on en tire bien les réductions annoncées :

$$\int \frac{dz}{\sqrt{1-k^2z^2}} = -2\int \frac{p^2-1+k^2}{p^4+2(1+k^2)p^2+(1-k^2)^2}\,dp,$$

$$\int \frac{dz}{\sqrt{1-z^2}} = -2\int \frac{p^2+1-k^2}{p^4+2(1+k^2)p^2+(1-k^2)^2}\,dp.$$

EXTRAIT D'UNE LETTRE DE M. CH. HERMITE A M. U. DINI

SUR UNE

REPRÉSENTATION ANALYTIQUE DES FONCTIONS

AU MOYEN DES TRANSCENDANTES ELLIPTIQUES.

Annali di Matematica, 2e série, t. X, p. 137-144.

La question du développement des fonctions en série dont les termes sont proportionnels aux quantités $\frac{H(x+a)}{\Theta(x)}$ ou $\frac{\Theta(x+b)}{\Theta(x)}$, en prenant pour les constantes a et b les racines des équations $\Theta'(x)=0$ et $H'(x)=0$, m'a beaucoup préoccupé lorsque j'ai commencé à étudier l'équation de Lamé. Mais je me suis bientôt engagé dans une autre direction et j'ai renoncé entièrement à chercher une démonstration complète et rigoureuse des nouvelles formules de développement. De mes premières tentatives il ne reste que bien peu qui puisse vous intéresser, et voici seulement ce que j'ajoute aux leçons dont M. Mittag-Leffler vous a donné le résumé au moyen des formules

$$\frac{2K}{\pi}\frac{\Theta'(x)}{\Theta(x)}=\sum\left[\cot\frac{\pi}{2K}(x+miK')+\cot\frac{\pi}{2K}(x-miK')\right]$$

$$\frac{2K}{\pi}\frac{H'(x)}{H(x)}=\cot\frac{\pi x}{2K}+\sum\left[\cot\frac{\pi}{2K}(x+niK')+\cot\frac{\pi}{2K}(x-niK')\right],$$

où l'on suppose $m=1, 3, 5, \ldots, n=2, 4, 6, \ldots$, j'établis directement que l'équation $\Theta'(x)=0$ a pour seules racines réelles des multiples de K, et pour racines imaginaires, $x=n\mathrm{K}+i\omega$, les quantités ω étant en nombre infini et comprises successivement entre deux multiples impairs consécutifs de K'. Si l'on fait abstraction des multiples pairs de K, on peut donc écrire $a = 0$, $a = K$ et $a = i\omega$. Pareillement, on trouve $b = K$, $b = i\varpi$, ϖ ayant une infinité de valeurs renfermées entre deux multiples pairs consécutifs de K'. La démonstration de ces résultats est fort simple comme vous allez voir. Faisons $x = \xi + i\omega$ dans l'expression de $\frac{\Theta'(x)}{\Theta(x)}$, afin de la mettre sous la forme $A + iB$, et considérons principalement la partie réelle A. La formule élémentaire

$$\cot(a + ib) = \frac{\sin 2a - \sin 2ib}{2\sin(a + ib)\sin(a - ib)} = \frac{\sin 2a - \sin 2ib}{2\,\text{mod}^2 \sin(a + ib)}$$

donne facilement

$$A = \sin\frac{\pi\xi}{K} \cdot S,$$

où S représente la série suivante

$$S = \frac{1}{2}\sum\left\{\frac{1}{\text{mod}^2 \sin\frac{\pi}{2K}(\xi + \omega + mK'i)} + \frac{1}{\text{mod}^2 \sin\frac{\pi}{2K}(\xi + \omega - mK'i)}\right\}$$

dont les termes sont tous positifs et qui ne sera jamais nulle.

On ne peut donc avoir $A = 0$ qu'en supposant ξ multiple de K, par conséquent les seules racines réelles sont $a = 0$, $a = K$ et les racines imaginaires sont toutes de la forme $a = i\omega$, ou $a = K + i\omega$. Mais nous avons, en posant $x = K + i\omega$,

$$\begin{aligned}\frac{2K}{\pi}\frac{\Theta'(x)}{\Theta(x)} &= -\sum\left[\tan\!g\frac{i\pi}{2K}(\omega + mK') + \tan\!g\frac{i\pi}{2K}(\omega - mK')\right]\\ &= -\sin\frac{i\pi\omega}{K}\sum\frac{1}{\cos\frac{i\pi}{2K}(\omega + mK')\cos\frac{i\pi}{2K}(\omega - mK')},\end{aligned}$$

et cette expression ne peut s'évanouir pour aucune valeur de ω, les termes de la série qui y entre étant encore tous positifs. Ayant ainsi prouvé que les racines imaginaires sont comprises dans la formule $a = i\omega$, je tire de la relation de Jacobi

$$\Theta(i\omega, k) = \sqrt{\frac{K}{K'}}\, e^{\frac{\pi\omega^2}{4KK'}}\, H_1(\omega, k')$$

l'équation suivante :

$$\frac{H'_1(\omega, k')}{H_1(\omega, k')} + \frac{\pi\omega}{2KK'} = 0.$$

De cette forme bien connue résulte immédiatement l'existence d'une infinité de racines ω, comprises chacune entre deux racines réelles consécutives de l'équation $H_1(\omega, k') = 0$, c'est-à-dire entre $(2p-1)K'$ et $(2p+1)K'$. Enfin j'ajoute qu'il n'y a dans ces limites qu'une seule et unique racine. Soit en effet $\omega = 2pK' + \upsilon$, nous aurons

$$\frac{H'_1(\upsilon, k')}{H_1(\upsilon, k')} - \frac{\pi\upsilon}{2KK'} + \frac{p\pi}{K} = 0;$$

or le premier membre de cette équation décroît continuellement lorsqu'on fait croître υ de $-K'$ à $+K'$, la dérivée par rapport à υ étant la quantité essentiellement négative $-\frac{J}{K} - \frac{k^2 \operatorname{sn}^2(\upsilon, k')}{\operatorname{cn}^2(\upsilon, k')}$. Voici pour ne rien omettre le calcul de cette dérivée. On a d'abord

$$D_\upsilon \frac{H'_1(\upsilon, k)}{H_1(\upsilon, k)} = \frac{J}{K} - \frac{1}{\operatorname{sn}^2(\upsilon + K, k)} = \frac{J}{K} - \frac{\operatorname{dn}^2(\upsilon, k)}{\operatorname{cn}^2(\upsilon, k)};$$

changeant k en k' et observant que $\frac{J}{K}$ devient par là $1 - \frac{J'}{K'}$ j'obtiens

$$D_\upsilon \frac{H'_1(\upsilon, k')}{H_1(\upsilon, k')} = 1 - \frac{J'}{K'} - \frac{\operatorname{dn}^2(\upsilon, k')}{\operatorname{cn}^2(\upsilon, k')} = -\frac{J'}{K'} - \frac{k^2 \operatorname{sn}^2(\upsilon, k')}{\operatorname{cn}^2(\upsilon, k')};$$

ajoutons enfin la quantité $\frac{\pi}{2KK'}$ et nous trouverons le résultat donné au moyen de l'équation de M. Weierstrass $\frac{J'}{K'} - \frac{J}{K} = \frac{\pi}{2KK'}$. La même méthode s'applique sans qu'il y ait rien à changer à l'équation $H'(x) = 0$ et conduit immédiatement aux conclusions que j'ai énoncées. Elle montre aussi qu'en considérant, au lieu de $\frac{\Theta'(x)}{\Theta(x)}$, l'expression plus générale, où les coefficients α_m et β_m sont supposés réels et positifs, à savoir

$$\Pi(x) = \sum \left[\alpha_m \cot \frac{\pi}{2K}(x + miK') + \beta_m \cot \frac{\pi}{2K}(x - miK')\right],$$

l'équation $\Pi(x) = 0$ aura toutes ses racines de l'une ou l'autre de ces deux formes, $x = i\omega$, $x = K + i\omega$. Et dans le cas de $\alpha_m = \beta_m$, la première forme subsiste seule, l'équation n'admettant alors d'autres racines réelles que $x = 0$ et $x = K$.

J'ai essayé de m'éclairer sur la nature des développements des fonctions donnés par les formules

$$F(x) = \sum A \frac{H(x+a)}{\Theta(x)}, \qquad \Theta'(a) = 0,$$

$$G(x) = \sum B \frac{\Theta(x+b)}{\Theta(x)}, \qquad H'(b) = 0,$$

en cherchant des cas où les coefficients A et B s'expriment sous forme explicite. En général, on a

$$A \int_0^{2K} \frac{H(x+a)H(x-a)}{\Theta^2(x)} dx = \int_0^{2K} F(x) \frac{H(x-a)}{\Theta(x)} dx,$$

$$B \int_0^{2K} \frac{\Theta(x+b)\Theta(x-b)}{\Theta^2(x)} dx = \int_0^{2K} G(x) \frac{\Theta(x-b)}{\Theta(x)} dx.$$

et j'observerai d'abord qu'au moyen des expressions suivantes

$$\frac{H(x+a)H(x-a)}{\Theta^2(x)} = \frac{\Theta^2(a)}{k\Theta^2(0)} \left[D_a \frac{\Theta'(a)}{\Theta(a)} - D_x \frac{\Theta'(x)}{\Theta(x)} \right],$$

$$\frac{\Theta(x+b)\Theta(x-b)}{\Theta^2(x)} = \frac{H^2(b)}{k\Theta^2(0)} \left[D_x \frac{\Theta'(x)}{\Theta(x)} - D_b \frac{H'(b)}{H(b)} \right],$$

et en employant les conditions $\Theta'(a) = 0$, $H'(b) = 0$, nous obtenons

$$\int_0^{2K} \frac{H(x+a)H(x-a)}{\Theta^2(x)} dx = + \frac{\pi \Theta(a)\Theta''(a)}{kk'},$$

$$\int_0^{2K} \frac{\Theta(x+b)\Theta(x-b)}{\Theta^2(x)} dx = - \frac{\pi H(b)H''(b)}{kk'}.$$

Il semble donc convenable d'écrire désormais

$$F(x) = \sum A \frac{kk' H(x+a)}{\Theta(a)\Theta''(a)\Theta(x)},$$

$$G(x) = \sum B \frac{kk' \Theta(x+b)}{H(b)H''(b)\Theta(x)},$$

afin d'avoir plus simplement

$$A = + \frac{1}{\pi} \int_0^{2K} F(x) \frac{H(x-a)}{\Theta(x)} dx,$$

$$B = - \frac{1}{\pi} \int_0^{2K} G(x) \frac{\Theta(x-b)}{\Theta(x)} dx.$$

Cela posé, je dis que ces intégrales s'obtiendront lorsque les fonctions $F(x)$ et $G(x)$, étant supposées uniformes, satisfont aux conditions

$$F(x+2K) = -F(x), \qquad F(x+2iK') = \mu F(x),$$
$$G(x+2K) = +G(x), \qquad G(x+2iK') = \mu G(x),$$

où μ est un facteur constant, et n'admettent qu'un nombre fini de pôles dans le rectangle des périodes $2K$ et $2iK'$.

On voit en effet que les produits $F(x)\dfrac{H(x-a)}{\Theta(x)}$, $G(x)\dfrac{\Theta(x-b)}{\Theta(x)}$ sont des fonctions doublement périodiques de seconde espèce pour lesquelles le multiplicateur relatif à la période $2K$ est l'unité. Par conséquent l'élément simple de ce genre de fonctions, qui est en général $\dfrac{\Theta(x+\omega)e^{\lambda x}}{\Omega\Theta(x)}$, se réduit à l'expression $\dfrac{\Theta(x+x)}{\Omega\Theta(x)}$. Remplaçant la constante Ω par sa valeur qui est le résidu de $\dfrac{\Theta(x+\omega)}{\Theta(x)}$ correspondant au pôle $x = iK'$, nous ferons

$$f(x) = \frac{H'(0)\Theta(x+\omega)}{H(\omega)\Theta(x)} e^{\frac{i\pi\omega}{2K}}.$$

En désignant alors par $\Phi(x)$ l'une ou l'autre des quantités

$$F(x)\frac{H(x-a)}{\Theta(x)}, \qquad G(x)\frac{\Theta(x-b)}{\Theta(x)},$$

on aura

$$\Phi(x) = \Sigma[Rf(x-\alpha) + R_1 f'(x-\alpha) + \ldots + R_i f^i(x-\alpha)],$$

les coefficients R du premier terme étant les résidus de $\Phi(x)$ qui correspondent à tous les pôles de cette fonction, $x = \alpha + iK'$ situés à l'intérieur du rectangle des périodes.

De cette expression résulte l'intégrale cherchée, à savoir

$$\int_0^{2K} \Phi(x)\,dx = \Sigma R \int_0^{2K} f(x-\alpha)\,dx,$$

puisque les autres termes disparaissent comme prenant la même valeur aux limites. On a d'ailleurs, à cause de la condition $f(x+2K) = f(x)$, et en admettant, comme il est nécessaire, qu'aucune des quantités $f(x-\alpha)$ ne devienne infinie lorsque x

croît de zéro à $2K$, la relation

$$\int_0^{2K} f(x-\alpha)\,dx = \int_0^{2K} f(x)\,dx.$$

Il suffit donc d'employer la formule donnée par Jacobi, à savoir

$$\frac{2K}{\pi}\,\frac{H'(o)\Theta(x+\omega)}{H(\omega)\Theta(x)} = \sum \frac{e^{\frac{i\pi n x}{K}}}{\sin\frac{\pi}{2K}(\omega+2niK')},$$

où n représente tous les nombres entiers positifs et négatifs, pour obtenir immédiatement

$$\int_0^{2K} f(x)\,dx = \frac{\pi\, e^{\frac{i\pi\omega}{2K}}}{\sin\frac{\pi\omega}{2K}},$$

et par suite

$$\frac{1}{\pi}\int_0^{2K} \Phi(x)\,dx = \frac{e^{\frac{i\pi\omega}{2K}}}{\sin\frac{\pi\omega}{2K}} \sum R.$$

Je remarque enfin que la constante ω se déduit du multiplicateur μ et des quantités a et b de la manière suivante : Posant $\mu = e^{-\frac{i\pi\xi}{K}}$, vous voyez que les multiplicateurs de $F(x)\dfrac{H(x-a)}{\Theta(x)}$ et de $G(x)\dfrac{\Theta(x-b)}{\Theta(x)}$, relatifs à la période $2iK'$, sont respectivement : $e^{-\frac{i\pi}{K}(\xi-a)}$, $e^{-\frac{i\pi}{K}(\xi-b)}$; nous avons donc, dans le premier cas, $\omega = \xi - a$ et dans le second $\omega = \xi - b$.

J'appliquerai ces résultats en supposant en particulier

$$F(x) = \frac{H(x+\xi+h)}{\Theta(x+h)},$$

$$G(x) = \frac{\Theta(x+\xi+h)}{\Theta(x+h)}.$$

Ces expressions donnent l'une et l'autre $\mu = e^{-\frac{i\pi}{K}\xi}$; cela étant, nous avons à calculer les résidus des deux fonctions

$$\frac{H(x+\xi+h)H(x-a)}{\Theta(x+h)\Theta(x)}, \qquad \frac{\Theta(x+\xi+h)\Theta(x-b)}{\Theta(x+h)\Theta(x)},$$

qui correspondent aux pôles $x = i\mathrm{K}'$, $x = i\mathrm{K}' - h$. Pour la première, ces résidus sont

$$\frac{\Theta(a)\Theta(\xi+h)}{\mathrm{H}'(0)\mathrm{H}(h)} e^{\frac{i\pi}{2\mathrm{K}}(a-\xi)}, \qquad -\frac{\Theta(\xi)\Theta(a+h)}{\mathrm{H}'(0)\mathrm{H}(h)} e^{\frac{i\pi}{2\mathrm{K}}(a-\xi)},$$

d'où

$$\sum \mathrm{R} = \frac{\Theta(a)\Theta(\xi+h) - \Theta(\xi)\Theta(a+h)}{\mathrm{H}'(0)\mathrm{H}(h)} e^{\frac{i\pi}{2\mathrm{K}}(a-\xi)}.$$

La seconde donne ensuite

$$\frac{\mathrm{H}(b)\mathrm{H}(\xi+h)}{\mathrm{H}'(0)\mathrm{H}(h)} e^{\frac{i\pi}{2\mathrm{K}}(b-\xi)}, \qquad -\frac{\mathrm{H}(\xi)\mathrm{H}(b+h)}{\mathrm{H}'(0)\mathrm{H}(h)} e^{\frac{i\pi}{2\mathrm{K}}(b-\xi)}$$

et l'on en conclut :

$$\sum \mathrm{R} = \frac{\mathrm{H}(b)\mathrm{H}(\xi+h) - \mathrm{H}(\xi)\mathrm{H}(b+h)}{\mathrm{H}'(0)\mathrm{H}(h)} e^{\frac{i\pi}{2\mathrm{K}}(b-\xi)}.$$

Au moyen de ces valeurs et en remarquant qu'on a obtenu tout à l'heure $\omega = \xi - a$ et $\omega = \xi - b$, il vient

$$\frac{1}{\pi}\int_0^{2\mathrm{K}} \mathrm{F}(x)\frac{\mathrm{H}(x-a)}{\Theta(x)}\,dx = \frac{\Theta(a)\Theta(\xi+h) - \Theta(\xi)\Theta(a+h)}{\mathrm{H}'(0)\mathrm{H}(h)\sin\frac{\pi}{2\mathrm{K}}(\xi-a)},$$

puis

$$\frac{1}{\pi}\int_0^{2\mathrm{K}} \mathrm{G}(x)\frac{\Theta(x-b)}{\Theta(x)}\,dx = \frac{\mathrm{H}(b)\mathrm{H}(\xi+h) - \mathrm{H}(\xi)\mathrm{H}(b+h)}{\mathrm{H}'(0)\mathrm{H}(h)\sin\frac{\pi}{2\mathrm{K}}(\xi-b)}.$$

Nous avons en conséquence, en posant pour abréger

$$\chi(x, a) = \frac{kk'\,\mathrm{H}(x+a)}{\Theta(x)\Theta(a)\Theta''(a)},$$

$$\varphi(x, b) = \frac{kk'\,\Theta(x+b)}{\Theta(x)\mathrm{H}(b)\mathrm{H}''(b)},$$

les formules suivantes :

$$\frac{\mathrm{H}(x+\xi+h)}{\Theta(x+h)} = \sum \frac{\Theta(a)\Theta(\xi+h) - \Theta(\xi)\Theta(a+h)}{\mathrm{H}'(0)\mathrm{H}(h)\sin\frac{\pi}{2\mathrm{K}}(\xi-a)}\chi(x, a),$$

$$\frac{\Theta(x+\xi+h)}{\Theta(x+h)} = \sum \frac{\mathrm{H}(\xi)\mathrm{H}(b+h) - \mathrm{H}(b)\mathrm{H}(\xi+h)}{\mathrm{H}'(0)\mathrm{H}(h)\sin\frac{\pi}{2\mathrm{K}}(\xi-b)}\varphi(x, b).$$

dans lesquelles x et h doivent être limitées de manière qu'en faisant $x = \alpha + i\beta$, $x + h = a + ib$, il est nécessaire et il suffit que β et b restent compris entre $+K'$ et $-K'$.

On en tire ensuite, au moyen de différentiations par rapport à h, les développements des quantités

$$D_x^n \frac{H(x+\xi+h)}{\Theta(x+h)}, \qquad D_x^n \frac{\Theta(x+\xi+h)}{\Theta(x+h)}.$$

Enfin en différentiant la seconde par rapport à ξ et faisant ensuite $\xi = 0$, nous parvenons à l'élément simple des fonctions doublement périodiques de première espèce, à savoir $\frac{\Theta'(x+h)}{\Theta(x+h)}$ et par conséquent au développement en série de ces fonctions, par les quantités $\varphi(x, b)$.

Tels sont, Monsieur, les quelques résultats que j'ai rencontrés dans une question à laquelle vous avez consacré des recherches beaucoup plus approfondies que les miennes. Me bornant à ce que j'ai trouvé, j'ai des doutes, je vous l'avoue, sur leur valeur analytique, les formules précédentes ne me paraissant guère que des identités à ajouter à tant d'autres dans la théorie des fonctions elliptiques. Aussi me permettrez-vous d'ajouter encore un mot sur ce sujet si intéressant des nouveaux modes d'expressions des fonctions par les transcendantes elliptiques. Un résultat obtenu par M. Gylden et que l'éminent géomètre a publié dans les *Comptes rendus*, consistant en ce que l'équation linéaire

$$\frac{d^2y}{dx^2} - \frac{k^2 \operatorname{sn} x \operatorname{cn} x}{\operatorname{dn} x} \frac{dy}{dx} + \mu^2 \operatorname{dn}^2 x . y = 0$$

a pour solution

$$y = C \sin \mu \operatorname{am} x + C' \cos \mu \operatorname{am} x,$$

m'a suggéré la remarque suivante : La fonction $u = \operatorname{am} x$, qui est réelle et n'admet qu'une seule et unique détermination pour toute valeur réelle de la variable, offre cette circonstance qu'elle croît constamment avec x de $-\infty$ à $+\infty$, en prenant successivement les valeurs $u = 0, \pi, 2\pi$, etc. pour $x = 0, 2K, 4K$, etc. C'est ce qui résulte en effet de l'expression de $\frac{du}{dx}$ qui est la quantité toujours positive $\Delta \operatorname{am} x$. Faisant donc la substitution $u = \operatorname{am} x$, dans les équations

$$\int_0^{\pi} \cos pu \cos qu \, du = 0, \qquad \int_0^{\pi} \cos^2 pu \, du = \frac{\pi}{2},$$

et les autres analogues, où p et q sont des entiers inégaux, on trouvera ainsi

$$\int_0^{2K} \cos p \operatorname{am} x \cos q \operatorname{am} x \, \Delta \operatorname{am} x \, dx = 0,$$

$$\int_0^{2K} \cos^2 p \operatorname{am} x \, \Delta \operatorname{am} x \, dx = \frac{\pi}{2},$$

....

N'y aurait-il point là l'origine d'une généralisation de la série de Fourier

$$F(x) = \Sigma (A_p \cos px + B_p \sin px),$$

par la formule

$$F(x) = \Sigma (A_p \cos p \operatorname{am} x + B_p \sin p \operatorname{am} x)?$$

13 septembre 1880.

EXTRAIT

D'UNE

LETTRE DE M. CH. HERMITE A M. MITTAG-LEFFLER

SUR

QUELQUES POINTS DE LA THÉORIE DES FONCTIONS.

Journal de Crelle, t. 91, p. 53-78.

L'importante proposition à laquelle est désormais attaché votre nom dans la théorie générale des fonctions a fait le sujet d'un travail de M. Weierstrass, publié dans le numéro d'août 1880 des *Monatsberichte*, et dont j'ai fait l'étude avec le plus vif intérêt. L'illustre géomètre, qui est parvenu par une voie simple et rapide à démontrer votre théorème, l'énonce comme il suit :

Soit $f_1(x), f_2(x), \ldots$ une suite indéfinie de fonctions rationnelles, telles que $f_\nu(x)$ ne devienne infinie que pour $x = a_\nu$ et supposons que, les modules des termes de la suite indéfinie $a_1, a_2, \ldots$ allant en croissant, on ait la condition limite $a_\nu = \infty$ pour ν infini. On peut alors toujours former une fonction analytique uniforme $\mathfrak{F}(x)$, avec le seul point singulier ∞, n'ayant d'autres pôles que $a_1, a_2, \ldots$ et telle que la différence $\mathfrak{F}(x) - f_\nu(x)$ soit finie pour $x = a_\nu$.

En réfléchissant à la méthode donnée par M. Weierstrass, j'ai été conduit à suivre une marche un peu différente et à quelques remarques que je vais vous communiquer succinctement. J'ai considéré d'abord la dérivée logarithmique d'une fonction $\Phi(x)$, holomorphe dans tout le plan, de sorte que les fonctions rationnelles $f_1(x), f_2(x), \ldots$ soient simplement

$$\frac{1}{x - a_1}, \quad \frac{1}{x - a_2}, \quad \ldots.$$

Deux hypothèses m'ont paru devoir être faites. Je supposerai dans la première qu'en retranchant de $\frac{1}{a_\nu - x}$ un polynome $P_\nu(x)$ dont le degré a une limite supérieure finie et indépendante de ν, que je représenterai par $n - 1$, et posant

$$F_\nu(x) = \frac{1}{a_\nu - x} - P_\nu(x);$$

la somme

$$\mathfrak{F}(x) = F_1(x) + F_2(x) + \ldots$$

remplisse les conditions de l'énoncé. Dans la seconde, j'admets au contraire qu'il soit nécessaire que le degré des polynomes $P_\nu(x)$ augmente au delà de toute limite. Ceci posé, vous voyez en premier lieu qu'à l'égard de la dérivée d'ordre n, $D_x^n \frac{\Phi'(x)}{\Phi(x)}$, les polynomes entiers $P_\nu(x)$ disparaissant, on est amené à la série $\sum \frac{1}{(a_\nu - x)^{n+1}}$, qui par conséquent doit être convergente. De cette observation fort simple découle la remarque suivante. Admettons que pour une certaine valeur du nombre entier n la série

$$\frac{1}{\operatorname{mod} a_1^{n+1}} + \frac{1}{\operatorname{mod} a_2^{n+1}} + \ldots + \frac{1}{\operatorname{mod} a_\nu^{n+1}} + \ldots$$

remplisse cette condition, et posons

$$P_\nu(x) = \frac{1}{a_\nu} + \frac{x}{a_\nu^2} + \ldots + \frac{x^{n-1}}{a_\nu^n};$$

on aura

$$\frac{1}{a_\nu - x} - P_\nu(x) = \frac{x^n}{a_\nu^n(a_\nu - x)}$$

et par conséquent

$$\mathfrak{F}(x) = \sum \frac{x^n}{a_\nu^n(a_\nu - x)}.$$

Or en exceptant seulement les pôles, je dis que cette fonction sera finie, pour toute valeur de la variable. Écrivons en effet

$$\mathfrak{F}(x) = x^n \sum \frac{1}{a_\nu^{n+1}\left(1 - \frac{x}{a_\nu}\right)}$$

et considérons la série formée avec les modules de tous les termes, à savoir

$$\sum \frac{1}{\operatorname{mod} a_\nu^{n+1} \operatorname{mod}\left(1 - \frac{x}{a_\nu}\right)}.$$

A partir d'une certaine valeur de ν, telle que le module de $\frac{x}{a_\nu}$ soit inférieur à l'unité, on aura indéfiniment

$$\operatorname{mod}\left(1 - \frac{x}{a_\nu}\right) > 1 - \operatorname{mod}\frac{x}{a_\nu}, \qquad \text{d'où} \qquad \frac{1}{\operatorname{mod}\left(1 - \frac{x}{a_\nu}\right)} < \frac{1}{1 - \operatorname{mod}\frac{x}{a_\nu}},$$

de sorte que les termes sont ceux de la série convergente $\sum \frac{1}{\operatorname{mod}_\nu^{n+1}}$ multipliés par des facteurs dont le maximum peut être rendu aussi voisin qu'on le voudra de l'unité, à partir d'une certaine valeur de ν. Ayant ainsi démontré que $\mathfrak{F}(x)$ est une fonction analytique avec l'infini pour seul point singulier, je m'arrête un moment aux séries divergentes à termes positifs Σu_ν, qu'on transforme en séries convergentes en élevant ces termes à une même puissance. Supposant comme le demande la règle de Gauss l'expression rationnelle

$$\frac{u_{\nu+1}}{u_\nu} = \frac{\nu^\lambda + a\nu^{\lambda-1} + \ldots}{\nu^\lambda + a'\nu^{\lambda-1} + \ldots},$$

admettons que $a' - a$ soit positif et non supérieur à l'unité. La série sera divergente, mais ayant

$$\frac{u_{\nu+1}^n}{u_\nu^n} = \frac{\nu^{n\lambda} + na\nu^{n\lambda-1} + \ldots}{\nu^{n\lambda} + na'\nu^{n\lambda-1} + \ldots},$$

on voit qu'il suffit de déterminer n par la condition $n(a' - a) > 1$, pour que la transformée Σu_ν^n soit certainement convergente. Il est cependant des cas où, si grand que soit n, Σu_ν^n a toujours une somme infinie. Soit, en effet, $u_\nu = \frac{1}{\log \nu}$, et prenons la somme à partir de $\nu = 2$. La fonction $\frac{1}{(\log x)^n}$ étant continuellement décroissante avec la variable, nous emploierons la règle de Cauchy qui consiste à reconnaître si l'intégrale $\int_2^\infty \frac{dx}{(\log x)^n}$ est finie ou non. Or elle devient $\int_{\log 2}^{x} \frac{e^t dt}{t^n}$, si l'on fait $\log x = t$; sous cette nouvelle forme on reconnaît immédiatement qu'elle est infinie, et nous en concluons que, quel que soit n, la série

$$\frac{1}{(\log 2)^n} + \frac{1}{(\log 3)^n} + \ldots + \frac{1}{(\log \nu)^n} + \ldots$$

est divergente. Nous justifions ainsi l'hypothèse admise et qui est maintenant à considérer, où le degré du polynome $P_\nu(x)$ doit croître indéfiniment avec le nombre ν.

Soit alors

$$P_\nu(x) = \frac{1}{a_\nu} + \frac{x}{a_\nu^2} + \ldots + \frac{x^{\nu-1}}{a_\nu^\nu},$$

on aura

$$F_\nu(x) = \frac{1}{a_\nu - x} - P_\nu(x) = \frac{x^\nu}{a_\nu^\nu(a_\nu - x)}$$

et par conséquent

$$\mathfrak{F}(x) = \frac{x}{a_1(a_1 - x)} + \frac{x^2}{a_2^2(a_2 - x)} + \ldots + \frac{x^\nu}{a_\nu^\nu(a_\nu - x)} + \ldots.$$

Or une telle série établit l'existence d'une fonction analytique, car à l'exception des pôles, elle est convergente pour toute valeur de la variable. En effet, la racine du degré ν du terme de rang ν, est la quantité $\frac{x}{a_\nu(a_\nu - x)^{\frac{1}{\nu}}}$ dont le module a pour limite zéro, lorsqu'on suppose ν infini. Votre théorème ainsi démontré dans ce cas de la dérivée logarithmique d'une fonction holomorphe conduit à la décomposition en facteurs primaires de ces fonctions holomorphes dont la découverte est due à M. Weierstrass. En effet, l'expression

$$\mathfrak{F}(x) + \frac{\Phi'(x)}{\Phi(x)},$$

n'ayant plus de pôles, est dans tout le plan une fonction holomorphe, qu'on peut représenter par $G'(x)$; et de la relation

$$\mathfrak{F}(x) + \frac{\Phi'(x)}{\Phi(x)} = G'(x),$$

je conclus, en faisant $\mathfrak{P}_k(x) = \int_0^x \mathrm{P}_k(x)\,dx$, la formule

$$\Phi(x) = e^{\mathrm{G}(x)} \left[\left(1 - \frac{x}{a_1}\right) e^{\mathfrak{P}_1(x)}\right]$$
$$\left[\left(1 - \frac{x}{a_2}\right) e^{\mathfrak{P}_2(x)}\right]$$
$$\cdots\cdots\cdots\cdots\cdots$$
$$\left[\left(1 - \frac{x}{a_\nu}\right) e^{\mathfrak{P}_\nu(x)}\right]$$
$$\cdots\cdots\cdots\cdots\cdots$$

J'aborde maintenant les fonctions uniformes non holomorphes dont les résidus sont des constantes quelconques; et je supposerai d'abord que les infinis soient tous simples, de sorte que les fractions rationnelles $f_1(x)$, $f_2(x)$, ... seront $\frac{\mathrm{R}_1}{a_1 - x}$, $\frac{\mathrm{R}_2}{a_2 - x}$, ... Comme précédemment je fais une première hypothèse en admettant que, pour une certaine valeur du nombre entier n, la série

$$\operatorname{mod} \frac{\mathrm{R}_1}{a_1^{n+1}} + \operatorname{mod} \frac{\mathrm{R}_2}{a_2^{n+1}} + \ldots + \operatorname{mod} \frac{\mathrm{R}_\nu}{a_\nu^{n+1}} + \ldots$$

soit convergente. Faisant alors

$$\mathrm{P}_\nu(x) = \frac{1}{a_\nu} + \frac{x}{a_\nu^2} + \ldots + \frac{x^{n-1}}{a_\nu^n},$$

puis

$$\mathfrak{F}(x) = \sum \mathrm{R}_\nu \left[\frac{1}{a_\nu - x} - \mathrm{P}_\nu(x)\right]$$

ou encore

$$\mathfrak{F}(x) = \sum \frac{\mathrm{R}_\nu x^n}{a_\nu^n (a_\nu - x)} = x^n \sum \frac{\mathrm{R}_\nu}{a_\nu^{n+1}\left(1 - \dfrac{x}{a_\nu}\right)},$$

il suffit de comparer les deux séries

$$\sum \operatorname{mod} \frac{\mathrm{R}_\nu}{a_\nu^{n+1}},$$
$$\sum \operatorname{mod} \frac{\mathrm{R}_\nu}{a_\nu^{n+1}} \operatorname{mod} \frac{1}{1 - \dfrac{x}{a_\nu}}$$

pour reconnaître comme précédemment que la convergence de la première entraîne celle de la seconde. Nous établissons ainsi l'existence de la fonction analytique $\mathfrak{F}(x)$ et j'ajoute qu'on doit aussi regarder comme entièrement démontrée l'existence de ses dérivées des divers ordres, attendu qu'elles sont données par des séries convergentes pour toute valeur de la variable. Désignant donc par $\mathfrak{F}_i(x)$ ce que devient $\mathfrak{F}(x)$, si l'on remplace les constantes R_ν par R_ν^i, et admettant la convergence des suites

$$\sum \operatorname{mod} \frac{R_\nu^i}{a_\nu^{n+1}},$$

on aura successivement

$$\sum R_\nu^2 \left[\frac{1}{(a_\nu - x)^2} - P'_\nu(x) \right] = \mathfrak{F}'_1(x),$$
$$\sum R_\nu^2 \left[\frac{1}{(a_\nu - x)^2} - \frac{1}{2} P''_\nu(x) \right] = \mathfrak{F}''_2(x).$$

....

Nous en tirons, en faisant pour abréger

$$\mathfrak{P}_\nu(x) = R_\nu P_\nu(x) + R_\nu^1 P'_\nu(x) + \frac{1}{2} R_\nu^2 P''_\nu(x) + \ldots,$$

la relation suivante, où je suppose expressément que le nombre des fractions simples n'augmente pas indéfiniment avec ν, restriction que n'exige pas votre méthode ni celle de M. Weierstrass, à savoir

$$\sum \left[\frac{R_\nu}{a_\nu - x} + \frac{R_\nu^1}{(a_\nu - x)^2} + \frac{R_\nu^2}{(a_\nu - x)^3} + \ldots - \mathfrak{P}_\nu(x) \right]$$
$$= \mathfrak{F}(x) + \mathfrak{F}'_1(x) + \frac{1}{2} \mathfrak{F}''_2(x) + \ldots.$$

Le second membre donne comme on voit une fonction analytique telle que si l'on retranche la somme

$$\frac{R_\nu}{a_\nu - x} + \frac{R_\nu^1}{(a_\nu - x)^2} + \frac{R_\nu^2}{(a_\nu - x)^3} + \ldots.$$

c'est-à-dire la fraction rationnelle la plus générale qui ait la quantité a_ν pour seul pôle, la différence cessera d'être infinie pour $x = a_\nu$.

C'est à ce même résultat que je dois maintenant parvenir en me plaçant dans la seconde hypothèse, où les diverses séries : $\Sigma \operatorname{mod} \frac{R_\nu}{a_\nu^{n+1}}$

sont divergentes pour toute valeur de n. J'admettrai en premier lieu que les infinis soient tous simples, de sorte qu'on ait $f_\nu(x) = \frac{R_\nu}{a_\nu - x}$; en faisant alors de la manière la plus générale

$$P_\nu(x) = \frac{1}{a_\nu} + \frac{x}{a_\nu^2} + \ldots + \frac{x^{\omega_\nu - 1}}{a_\nu^{\omega}},$$

la question est de déterminer les nombres entiers ω_ν par la condition que la série

$$\sum R_\nu \left[\frac{1}{a_\nu - x} - P_\nu(x) \right] = \sum \frac{R_\nu x^{\omega_\nu}}{a_\nu^{\omega_\nu}(a_\nu - x)}$$

soit convergente dans tout le plan. Soit à cet effet

$$\text{mod}\, R_\nu = [\text{mod}\, a_\nu]^{\rho_\nu};$$

nous ferons deux parts de cette série, en réunissant dans la première les termes où ρ_ν est négatif ou nul, la seconde comprenant les termes où ρ_ν est positif. Considérons les modules des termes et, pour ne pas multiplier les notations, représentons-les ainsi

$$\sum \frac{(\text{mod}\, x)^{\omega_\nu}}{(\text{mod}\, a_\nu)^{\omega_\nu + \rho_\nu}\, \text{mod}(a_\nu - x)} \quad \text{et} \quad \sum \frac{(\text{mod}\, x)^{\omega_\nu}}{(\text{mod}\, a_\nu)^{\omega_\nu - \rho_\nu}\, \text{mod}(a_\nu - x)},$$

en admettant, ce qui est le seul cas à envisager, qu'elles aient une infinité de termes.

Cela posé, on voit immédiatement à l'égard de la première, qu'on la rend convergente si l'on prend pour ω_ν un entier positif, tel que $\omega_\nu + \rho_\nu$ ne soit pas moindre que ν, et j'observe, à cette occasion, que la propriété de la série $\sum \frac{x^\nu}{a_\nu^\nu(a_\nu - x)}$ dont je fais usage a été déjà signalée par M. Weierstrass au commencement de son Mémoire *Sur les fonctions analytiques uniformes d'une variable*.

Passant à la seconde, je pose

$$\text{mod}\, a_\nu = (\text{mod}\, a_{\nu-1})^{\alpha},$$

de sorte que l'exposant α soit supérieur à l'unité. Le module du terme général devenant ainsi

$$\frac{(\text{mod}\, x)^{\omega_\nu}}{(\text{mod}\, a_{\nu-1})^{\alpha(\omega_\nu - \rho_\nu)}\, \text{mod}(a_\nu - x)};$$

faisons

$$\alpha(\omega_\nu - \rho_\nu) = \omega_\nu + \varepsilon_\nu,$$

ε_ν étant une quantité positive telle que ω_ν soit un nombre entier, et que cet entier ne soit pas inférieur à ν. La quantité précédente peut alors s'écrire

$$\frac{\left(\operatorname{mod}\frac{x}{a_{\nu-1}}\right)^{\omega_\nu}}{(\operatorname{mod} a_{\nu-1})^{\varepsilon_\nu}\operatorname{mod}(a_\nu - x)},$$

et l'on voit que sa racine de degré ν a zéro pour limite pour ν infini, de sorte que nous obtenons encore une série convergente qui définit une fonction analytique. La valeur de ω_ν donnée par l'expression

$$\omega_\nu = \frac{\alpha\rho_\nu}{\alpha - 1} + \frac{\varepsilon_\nu}{\alpha - 1}$$

peut se mettre sous cette autre forme

$$\omega_\nu = \frac{\log\operatorname{mod}R_\nu}{\log\operatorname{mod}a_\nu - \log\operatorname{mod}a_{\nu-1}} + \delta_\nu,$$

en prenant δ_ν de manière à obtenir un entier non inférieur à ν, et quant au premier de ces nombres correspondant à $\nu = 1$ et que ne détermine pas cette formule, il est clair qu'on peut le prendre arbitrairement, et le supposer par exemple égal à zéro. Enfin je remarque que la convergence de la série, par laquelle nous définissons la fonction $\mathfrak{F}(x)$, subsiste dans ses dérivées, de sorte que nous démontrons à la fois l'existence comme fonctions analytiques de $\mathfrak{F}(x)$, $\mathfrak{F}'(x)$, $\mathfrak{F}''(x)$, etc. Nous pouvons donc, comme plus haut, construire une fonction telle qu'en en retranchant la fraction rationnelle unipolaire la plus générale

$$\frac{R_\nu}{a_\nu - x} + \frac{R_\nu^1}{(a_\nu - x)^2} + \frac{R^2}{(a_\nu - x)^3} + \ldots$$

le reste soit fini pour $x = a_\nu$.

C'est une seconde démonstration de votre théorème que je vous offre, mon cher ami, après votre illustre maître, en témoignage de mes sentiments de sympathie et d'estime pour votre talent. De ce théorème dont M. Weierstrass a fait si justement ressortir l'importance, je vous indiquerai une conséquence pour la démonstration d'un des plus beaux résultats donnés par le grand analyste dans son Mémoire sur les fonctions analytiques uniformes d'une variable. C'est un de mes élèves, M. Bourguet, qui a exposé dans son examen de doctorat la méthode suivante pour arriver à l'expression découverte par M. Weierstrass d'une fonction $\Phi(x)$, ayant une infinité de pôles et un nombre déterminé de points singuliers essentiels.

Soit encore $\mathfrak{F}(x)$ votre fonction, et posons

$$\Phi(x) + \mathfrak{F}(x) = \Pi(x),$$

de sorte que cette nouvelle quantité n'ait plus aucun pôle, mais seulement n points singuliers essentiels $c_1, c_2, c_3, \ldots, c_n$. Considérez une circonférence de rayon R, ayant son centre à l'origine et renfermant les points c d'une part et de l'autre le point x. Autour des points c décrivons des circonférences de rayon infiniment petit ρ et représentons les intégrales de la fonction $\dfrac{\Pi(z)}{z-x}$, effectuées le long de ces circonférences par

$$\int_{(\rho)} \frac{\Pi(z)}{z-x}\,dz;$$

soit pareillement

$$\int_{(\mathrm{R})} \frac{\Pi(z)}{z-x}\,dz$$

l'intégrale relative à la circonférence de rayon R; je partirai de la relation suivante :

$$2i\pi\,\Pi(x) + \sum \int_{(\rho)} \frac{\Pi(z)}{z-x}\,dz = \int_{(\mathrm{R})} \frac{\Pi(z)}{z-x}\,dz,$$

où le signe Σ se rapporte aux divers points $c_1, c_2, \ldots, c_n$. Cela posé, soit pour obtenir les intégrales qui les concernent

$$z = c + \rho e^{it},$$

on aura

$$\int_{(\rho)} \frac{\Pi(z)}{z-x}\,dz = -i\int_0^{2\pi} \frac{\Pi(c+\rho e^{it})}{x-c-\rho e^{it}}\,\rho e^{it}\,dt.$$

Employons maintenant, dans l'hypothèse de ρ infiniment petit, la série

$$\frac{1}{x-c-\rho e^{it}} = \frac{1}{x-c} + \frac{\rho e^{it}}{(x-c)^2} + \ldots,$$

qui sera convergente en supposant x aussi voisin de c qu'on le voudra, et soit pour abréger

$$J_n = \frac{1}{2\pi}\int_0^{2\pi} \mathrm{H}(c+\rho e^{it})(\rho e^{it})^{n+1}\,dt,$$

nous aurons cette expression

$$\int_{(\rho)} \frac{\mathrm{H}(z)}{z-x}\,dz = -2i\pi\left[\frac{J_1}{x-c}+\frac{J_2}{(x-c)^2}+\ldots+\frac{J_n}{(x-c)^n}+\ldots\right].$$

Faisons donc

$$G(x) = J_1 x + J_2 x^2 + \ldots + J_n x^n + \ldots,$$

on pourra ainsi écrire

$$\int_{(\rho)} \frac{\mathrm{H}(z)}{z-x}\,dz = -2i\pi\, G\left(\frac{1}{x-c}\right);$$

or il est visible que $G\left(\frac{1}{x-c}\right)$ étant fini, pour toute valeur de x, sauf $x = c$, $G(x)$ est une fonction holomorphe ayant l'infini pour seul point singulier essentiel. Notre relation nous donne en conséquence

$$\mathrm{H}(x) - \sum G\left(\frac{1}{x-c}\right) = \frac{1}{2i\pi}\int_{(\mathrm{R})} \frac{\mathrm{H}(z)}{z-x}\,dz;$$

or l'intégrale du second membre se rapportant à une circonférence de rayon aussi grand qu'on veut, la série

$$\frac{1}{z-x} = \frac{1}{z} + \frac{x}{z^2} + \ldots + \frac{x^n}{z^{n+1}} + \ldots$$

sera convergente pour une valeur arbitraire de x. Elle donne donc naissance à une fonction holomorphe et nous parvenons bien à la formule de M. Weierstrass

$$\mathrm{H}(x) = \sum G\left(\frac{1}{x-c}\right),$$

en faisant entrer sous le signe Σ cette dernière fonction qui a pour point essentiel l'infini. De la même manière sans doute s'établirait la proposition plus générale que vous avez donnée en 1877 dans les *Mémoires de l'Académie des Sciences* de Stockholm. Mais j'aborde une autre question en vous développant davantage ce que je n'ai fait qu'indiquer dans ma dernière lettre.

La notion analytique de coupure, que Riemann a le premier introduite dans la théorie générale des fonctions, me semble avoir une origine entièrement élémentaire et s'offrir comme d'elle-même dans l'étude de l'intégrale

$$\int_{t_0}^{t_1} \frac{F(t, z)}{G(t, z)} dt$$

sous le point de vue que je vais poser.

Je suppose, en premier lieu, que dans l'intégration la variable t soit réelle et aille en croissant de t_0 à t_1 et j'admettrai aussi que les fonctions $F(t, z)$ et $G(t, z)$, pouvant être réelles ou imaginaires, soient holomorphes en t et z.

Cela étant, la fonction

$$\Phi(z) = \int_{t_0}^{t_1} \frac{F(t, z)}{G(t, z)} dt$$

aura une valeur unique et finie pour tous les points du plan, à l'exception du lieu qu'on détermine par la condition $G(t, z) = 0$. Cette équation fait correspondre à la série des valeurs réelles de t, croissant de t_0 à t_1, un nombre tantôt fini, tantôt infini de portions de courbes ou de courbes entières suivant les cas, indiquant ainsi les points du plan où l'intégrale ne donne plus la valeur de la fonction. Mais ces courbes ont une signification plus importante; elles conduisent à la notion de coupure d'une manière facile comme vous allez voir. Soit la courbe de la figure d'une d'elles

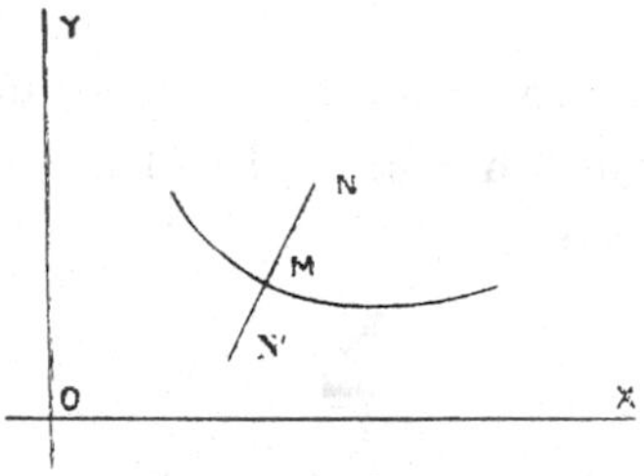

rapportée aux axes rectangulaires OX, OY et M un de ses points pour lequel on a $t = \theta$, $z = \zeta$. Je vais calculer la différence des valeurs de $\Phi(z)$, aux points N et N', pris sur la normale en M à des distances infiniment petites MN, MN′ égales entre elles, et le caractère analytique auquel je veux parvenir résultera de ce que cette différence est une quantité finie.

Formons d'abord l'équation de la normale en partant de la relation $(X - x)dx + (Y - y)dy = 0$, où X et Y désignent les coordonnées de la droite et x et y celles de la courbe, que l'on suppose fonctions de t. On peut la remplacer par les deux suivantes :

$$X - x = \lambda \frac{dy}{dt},$$

$$Y - y = -\lambda \frac{dx}{dt},$$

λ étant une indéterminée réelle ; on en tire

$$X - x + i(Y - y) = -i\lambda \frac{d(x + iy)}{dt},$$

et par conséquent

$$X + iY = z - i\lambda \frac{dz}{dt}.$$

Maintenant l'équation de la courbe étant donnée sous la forme $G(t, z) = 0$, nous en déduisons

$$\frac{dz}{dt} = -\frac{D_t G(t, z)}{D_z G(t, z)}.$$

En excluant donc les cas où l'on aurait pour certaines valeurs particulières de t et de z, $D_t G(t, z) = 0$, ou $D_z G(t, z) = 0$, l'affixe d'un point quelconque de la droite sera

$$Z = z + i\lambda \frac{D_t G(t, z)}{D_z G(t, z)}.$$

Faisons ensuite, afin de séparer les quantités réelles et imaginaires,

$$\frac{D_t G(t, z)}{D_z G(t, z)} = p + iq$$

et nous aurons pour la normale les deux équations

$$X = x - \lambda q,$$
$$Y = y + \lambda p,$$

qui donnent lieu à la remarque suivante.

Supposons d'abord p différent de zéro, je nommerai direction positive la partie de la droite qui, au delà du point de rencontre avec la courbe, s'élève indéfiniment au-dessus de l'axe des abscisses, et direction négative l'autre partie. On voit que p étant positif, la direction positive s'obtient si l'on fait croître λ de zéro à l'infini, l'autre étant donnée par les valeurs négatives de l'indéterminée, tandis que ce sera l'inverse dans l'hypothèse de p négatif. Faisons en second lieu l'hypothèse de $p=0$, de sorte que la normale soit parallèle à l'axe des abscisses. La direction positive sera alors celle de la partie positive de cet axe, et s'obtiendra en donnant à λ des valeurs de signe contraire à celui de q.

Cela établi, soit pour plus de clarté

$$D_t\,G(t,z)=P(t,z),$$
$$D_z\,G(t,z)=Q(t,z),$$

et supposons qu'en M on ait $t=\theta$, $z=\zeta$. L'affixe du point N situé sur la direction positive de la normale sera donnée, pour une valeur infiniment petite et positive de λ, par la formule

$$z=\zeta+i\varepsilon\lambda\frac{P(\theta,\zeta)}{Q(\theta,\zeta)},$$

où ε, étant l'unité en valeur absolue, a le signe de p lorsque p n'est point nul, et dans le cas de $p=0$, le signe de $-q$.

Cela posé, faisons encore

$$D_z\,F(t,z)=R(t,z);$$

en négligeant les infiniment petits du second ordre, on aura

$$F(t,z)=F(t,\zeta)+i\varepsilon\lambda\frac{P(\theta,\zeta)\,R(t,\zeta)}{Q(\theta,\zeta)},$$
$$G(t,z)=G(t,\zeta)+i\varepsilon\lambda\frac{P(\theta,\zeta)\,Q(t,\zeta)}{Q(\theta,\zeta)}.$$

Enfin mettons pour abréger P et Q au lieu de $P(\theta,\zeta)$ et $Q(\theta,\zeta)$; ces expressions donneront

$$\Phi(N)=\int_{t_0}^{t_1}\frac{Q\,F(t,\zeta)+i\varepsilon\lambda\,P\,R(t,\zeta)}{Q\,G(t,\zeta)+i\varepsilon\lambda\,P\,Q(t,\zeta)}\,dt.$$

Passant ensuite du point N à son symétrique N′, il viendra, par le changement de λ en $-\lambda$,

$$\Phi(\mathrm{N}') = \int_{t_0}^{t_1} \frac{\mathrm{Q\,F}(t,\zeta) - i\varepsilon\lambda\mathrm{P\,R}(t,\zeta)}{\mathrm{Q\,G}(t,\zeta) - i\varepsilon\lambda\mathrm{P\,Q}(t,\zeta)}\,dt,$$

et, après une réduction facile,

$$\Phi(\mathrm{N}') - \Phi(\mathrm{N}) = \int_{t_0}^{t_1} \frac{2i\varepsilon\lambda\mathrm{P\,Q}[\mathrm{F}(t,\zeta)\mathrm{Q}(t,\zeta) - \mathrm{G}(t,\zeta)\mathrm{R}(t,\zeta)]}{\mathrm{Q}^2\mathrm{G}^2(t,\zeta) + \lambda^2\mathrm{P}^2\mathrm{Q}^2(t,\zeta)}\,dt.$$

Voilà donc la quantité dont j'ai maintenant à déterminer la valeur. C'est comme vous voyez une intégrale singulière, puisque λ doit être supposé infiniment petit, et nous avons à considérer uniquement les éléments infinis donnés par les valeurs de la variable, qui annulent $\mathrm{G}(t,\zeta)$. Or, une telle valeur est $t=\theta$; j'ajoute qu'entre les limites $t=t_0$, $t=t_1$, l'équation $\mathrm{G}(t,\zeta)=0$ ne peut avoir aucune autre racine $t=\theta'$. Cette circonstance ne s'offrira en effet qu'autant que $z=\zeta$ sera un point double, et alors devront avoir lieu, comme il est très facile de le reconnaître, les conditions

$$\mathrm{G}(t,z)=0, \qquad \mathrm{D}_t\,\mathrm{G}(t,z)=0, \qquad \mathrm{D}_z\,\mathrm{G}(t,z)=0,$$

contrairement aux restrictions qui ont été faites pour obtenir l'équation de la normale. Il suit de là que nous pouvons poser, en négligeant le carré de $t-\theta$,

$$\mathrm{G}(t,\zeta) = (t-\theta)\mathrm{P},$$

puis remplacer immédiatement par θ la variable t; on trouve ainsi, en simplifiant, l'expression si connue où μ et ν sont des quantités positives infiniment petites :

$$\Phi(\mathrm{N}') - \Phi(\mathrm{N}) = \frac{2i\pi\varepsilon\,\mathrm{F}(\theta,\zeta)}{\mathrm{P}(\theta,\zeta)}\int_{\theta-\mu}^{\theta+\nu}\frac{\lambda\,dt}{(t-\theta)^2+\lambda^2} = \frac{2i\pi\varepsilon\,\mathrm{F}(\theta,\zeta)}{\mathrm{P}(\theta,\zeta)}.$$

Ce résultat met en évidence, pour les courbes telles que celle de la figure, le caractère analytique de coupures à l'égard de la fonction $\Phi(z)$. La discontinuité est même d'une nature plus complexe que celle qui joue un si grand rôle dans les travaux de Riemann, puisque la différence des valeurs de la fonction aux deux points en regard N et N' n'est plus seulement une constante, mais varie avec la position du point M. Par là se trouvent rattachées à des considérations élémentaires, qui s'offrent, je puis dire nécessairement au début du calcul intégral, les vues exposées récemment par M. Weierstrass sur le mode d'existence des fonctions de l'Analyse. [*Sur la théorie des fonctions* (*Comptes rendus de l'Académie des Sciences de Berlin*, août 1880).] J'essaierai tout à l'heure d'y revenir, mais je veux immédiatement faire une application de la formule obtenue à un exemple qui permette de vérifier le résultat.

Soit

$$\Phi(z) = \int_0^\infty \frac{t^a \sin z}{1 + 2t\cos z + t^2}\,dt;$$

on trouve sur-le-champ que les coupures sont les droites

$$x = (2k + 1)\pi,$$

k étant entier; mais il faut bien remarquer que chacune de ces droites est dans toute son étendue une coupure, pour l'une et l'autre des intégrales

$$\int_0^1 \frac{t^a \sin z}{1 + 2t\cos z + t^2}\,dt \qquad \text{et} \qquad \int_1^\infty \frac{t^a \sin z}{1 + 2t\cos z + t^2}\,dt.$$

qu'il faut par suite considérer successivement pour obtenir la variation de $\Phi(z)$. Soit en effet $\zeta = (2k + 1)\pi + i\xi$ et pour fixer les idées supposons ξ positif; à cette valeur de ξ correspondent deux valeurs de t, l'une plus petite que l'unité $\theta = e^{-\xi}$ et l'autre plus grande $\theta = e^{\xi}$. Nous avons en conséquence, pour la première intégrale, une variation que la formule générale $\frac{2i\pi\varepsilon F(\theta, \zeta)}{P(\theta, \zeta)}$, après des réductions faciles et en remarquant que $\varepsilon = -1$, donne égale à $\pi e^{-a\xi}$. Pour la seconde on obtient par un calcul semblable $\pi e^{a\xi}$; il en résulte que

$$\Phi(N') - \Phi(N) = \pi(e^{a\xi} + e^{-a\xi}).$$

C'est ce que je vais vérifier au moyen de la formule de Legendre,

$$\int_0^\infty \frac{t^a \sin z}{1 + 2t\cos z + t^2}\,dt = \frac{\pi \sin az}{\sin a\pi},$$

où l'on doit supposer la partie réelle de z comprise entre $-\pi$ et $+\pi$. Mais nous avons évidemment $\Phi(z+2\pi)=\Phi(z)$, ce qui permet d'obtenir la fonction dans tout le plan et va nous donner les valeurs de

$$\Phi(N') = \Phi[(2k+1)\pi + i\xi - \lambda],$$
$$\Phi(N) = \Phi[(2k+1)\pi + i\xi + \lambda].$$

Observant que la quantité infiniment petite λ est positive, je retrancherai de l'argument de la première $2k\pi$, et de l'argument de la seconde $2(k+1)\pi$. Cela fait, il est permis de poser $\lambda=0$, et nous trouvons immédiatement

$$\Phi(N') = \frac{\pi \sin a(\pi + i\xi)}{\sin a\pi}, \qquad \Phi(N) = \frac{\pi \sin a(-\pi + i\xi)}{\sin a\pi},$$

d'où

$$\Phi(N') - \Phi(N) = 2\pi \cos ia\xi = \pi(e^{a\xi} + e^{-a\xi}).$$

On voit ainsi, pour le dire en passant, combien une observation plus attentive de résultats de calcul intégral, depuis longtemps connus, aurait pu aisément conduire aux notions analytiques nouvelles de notre époque.

La notion de coupure se présente de la manière la plus simple dans un cas particulier que je vais maintenant considérer. Soit $f(t)$ une fonction uniforme qui ne contient pas z et ayant un nombre fini ou infini de pôles. Si l'on pose

$$\Phi(z) = \int_{t_0}^{t_1} f(t+z)\,dt.$$

vous voyez qu'à chaque pôle correspond une coupure représentée par un segment de droite parallèle à l'axe des abscisses, ou par cette parallèle tout entière si les limites sont $-\infty$ et $+\infty$. Cela étant, la formule générale

$$\Phi(N') - \Phi(N) = \frac{2i\pi\varepsilon\, F(\theta,\zeta)}{P(\theta,\zeta)}$$

s'applique seulement dans le cas des pôles simples. Désignons l'un quelconque d'entre eux par p, l'affixe ζ du point M de la coupure se détermine en posant $\theta+\zeta=p$; nous observons ensuite que si l'on fait

$$f(t) = \frac{F(t)}{G(t)},$$

on aura

$$P(t, z) = G'(t+z), \qquad Q(t, z) = G'(t+z);$$

d'où

$$\frac{P(t, z)}{Q(t, z)} = 1:$$

ainsi ε doit être supposé égal à $+1$. Nous trouvons donc en changeant les signes des deux membres

$$\Phi(N) - \Phi(N') = \frac{2i\pi F(\theta + \zeta)}{G'(\theta + \zeta)} = -\frac{2i\pi F(p)}{G'(p)},$$

où la quantité $\frac{F(p)}{G'(p)}$ est précisément le résidu de $f(t)$ correspondant au pôle p. Le résultat ainsi obtenu subsiste quel que soit l'ordre de multiplicité, on le démontre aisément comme il suit.

Considérons la fonction rationnelle, ou plutôt le groupe des fractions simples

$$\frac{R}{t-p} + \frac{R'}{(t-p)^2} + \frac{R''}{(t-p)^3} + \ldots,$$

qui est tel qu'en le retranchant de $f(t)$, la différence soit finie pour $t = p$. Il est clair qu'à l'égard de la coupure attachée au pôle p, on obtiendra la différence $\Phi(N) - \Phi(N')$, en substituant cette fonction rationnelle à $f(t)$. Or, la fraction simple $\frac{R}{t-p}$ conduit, comme nous l'avons dit, à la quantité constante $-2i\pi R$; pour les autres termes de la forme $\frac{1}{(t-p)^{n+1}}$ on a à considérer l'intégrale

$$\int_{t_0}^{t_1} \left[\frac{1}{(t-\theta+i\lambda)^{n+1}} - \frac{1}{(t-\theta-i\lambda)^{n+1}}\right] dt,$$

en faisant $z = \theta - p$, où θ est quantité complexe entre t_0 et t_1. La valeur rationnelle de l'intégrale indéfinie, à savoir

$$-\frac{1}{n}\left[\frac{1}{(t-\theta+i\lambda)^n} - \frac{1}{(t-\theta-i\lambda)^n}\right]$$

montre qu'elle s'évanouit avec λ, de sorte que nous avons simplement

$$\Phi(N) - \Phi(N') = -2i\pi R.$$

Ce résultat est susceptible de beaucoup d'applications; en premier lieu je vais en déduire, en supposant que $f(t)$ soit une fonction rationnelle, la valeur de l'intégrale définie

$$\int_{-\infty}^{+\infty} f(t)\,dt.$$

Partant pour cela de la fonction

$$\Phi(z) = \int_{-\infty}^{+\infty} f(t+z)\,dt,$$

je remarque d'abord qu'on a

$$\Phi'(z) = \int_{-\infty}^{+\infty} f'(t+z)\,dz,$$

et par conséquent $\Phi'(z) = 0$, si l'on admet, comme il est nécessaire, que $f(t)$ s'annule pour des valeurs infinies de la variable. On voit ainsi que $\Phi(z)$ est une constante indépendante de z, mais cette constante, qui reste la même entre certaines limites, change de valeur en passant d'un intervalle à un autre, comme on va voir. Nommons $a_0 + ib_0$, $a_1 + ib_1$, ..., $a_n + ib_n$ les pôles de $f(t)$, rangés suivant l'ordre croissant de grandeur des coefficients de i, et R_0, R_1, ..., R_n les résidus qui leur correspondent. Les coupures de $\Phi(z)$ seront les parallèles à l'axe des abscisses, représentées par les équations $a_0 + ib_0 = t + z$, $a_1 + ib_1 = t + z$, ... ou bien, en faisant $z = x + iy$, $y = +b_0$, $y = +b_1$, ..., et ces parallèles pourront se trouver en partie au-dessous et en partie au-dessus de l'axe des abscisses. Cela étant, dans tout l'espace situé au-dessous de la première, $y = +b_0$, la valeur de $\Phi(z)$ ne change point et peut s'obtenir par conséquent si l'on suppose $z = -\infty$. On a donc alors $\Phi(z) = 0$, la fonction $f(t)$ étant nulle pour une valeur infinie de la variable. Franchissons maintenant la première coupure, $\Phi(z)$ s'augmentant de la quantité $-2i\pi R_0$ devient égal par suite à $-2i\pi R_0$. En dépassant la seconde $y = b_1$, on trouvera pareillement $\Phi(z) = -2i\pi(R_0 + R_1)$, et, si l'on continue ainsi de manière à atteindre l'espace illimité au-dessus de la dernière coupure $y = b_n$, nous obtiendrons pour cette dernière région

$$\Phi(z) = -2i\pi(R_0 + R_1 + \ldots + R_n).$$

Mais alors, comme pour la première, la valeur de $\Phi(z)$ se trouve égale à zéro en faisant $z = +\infty$, d'où la condition bien connue $\Sigma R = 0$, qui exprime que le degré du numérateur de la fonction rationnelle est inférieur de deux unités au degré du dénominateur. Ce qu'on vient de voir donne pour tout le plan la détermination de $\Phi(z)$, et nous en concluons l'intégrale proposée sous la forme

$$\Phi(0) = -2i\pi[R_0 + R_1 + \ldots + R_k] = 2i\pi[R_{k+1} + R_{k+2} + \ldots + R_n]$$

en supposant que la dernière des coupures située au-dessous de l'axe des abscisses soit $y = b_k$. Et en même temps se trouve sous forme d'intégrale définie l'expression analytique d'une fonction qui représente dans l'intervalle de deux coupures consécutives une constante qu'on peut prendre à volonté, et dont la valeur en dehors du système des coupures est zéro. Soit, pour abréger, $p = a_0 + ib_0$, $p_1 = a_1 + ib_1$, ..., et posons

$$f(t) = \frac{C_0}{t - p_0} + \frac{C_1 - C_0}{t - p_1} + \frac{C_2 - C_1}{t - p_2} + \ldots - \frac{C_{n-1}}{t - p_n}$$

ou bien

$$f(t) = \frac{C_0(p_0 - p_1)}{(t - p_0)(t - p_1)} + \frac{C_1(p_1 - p_2)}{(t - p_1)(t - p_2)} + \ldots + \frac{C_{n-1}(p_{n-1} - p_n)}{(t - p_{n-1})(t - p_n)};$$

la fonction

$$\Phi(z) = \frac{1}{2i\pi}\int_{-\infty}^{+\infty} f(t + z)\,dt$$

aura pour valeur $-C_0$, entre la première et la seconde coupure, $-C_1$ entre la seconde et la troisième, et enfin $-C_{n-1}$ dans le dernier intervalle. Remplaçant enfin ces constantes par des fonctions arbitraires de z, à savoir $F_0(z)$, $F_1(z)$, ..., $F_{n-1}(z)$, on parviendra à l'expression suivante :

$$\begin{aligned}
2i\pi\Phi(z) = \quad & F_0(z)\int_{-\infty}^{+\infty} \frac{(p_1 - p_0)\,dt}{(t - p_0 - z)(t - p_1 - z)} \\
& + F_1(z)\int_{-\infty}^{+\infty} \frac{(p_2 - p_1)\,dt}{(t - p_1 - z)(t - p_2 - z)} \\
& + \ldots\ldots \quad \ldots\ldots\ldots\ldots\ldots\ldots \\
& + F_{n-1}(z)\int_{-\infty}^{+\infty} \frac{(p_n - p_{n-1})\,dt}{(t - p_{n-1} - z)(t - p_n - z)},
\end{aligned}$$

par laquelle n fonctions diverses sont successivement représentées dans les intervalles considérés.

Ce résultat peut se généraliser si l'on suppose que la variable t cesse d'être réelle pour suivre un chemin déterminé, les droites qui figurent les coupures ayant alors pour transformées des lignes courbes dont la nature dépend de ce chemin. De là me semblent résulter pour la conception générale des fonctions en analyse des conclusions semblables à celles qu'a obtenues M. Weierstrass en se plaçant à un point de vue bien différent, dans un travail du plus haut intérêt sur la théorie des fonctions publié par l'illustre géomètre dans les *Comptes rendus de l'Académie des Sciences de Berlin* (août 1880).

Je vais encore traiter de la même manière que précédemment la détermination dans tout le plan de la fonction

$$\Phi(z) = \int_{t_0}^{2\pi+t_0} f(t+z)\,dt,$$

où $f(t)$ est une expression rationnelle en $\sin t$ et $\cos t$ sans partie entière et qui est par suite finie pour des valeurs imaginaires infinies de la variable. On voit tout d'abord que $\Phi(z)$ est une constante, puisqu'on a

$$\Phi'(z) = \int_{t_0}^{2\pi+t_0} f'(t+z)\,dt = f(2\pi+t_0+z) - f(t_0+z)$$

et par conséquent $\Phi'(z) = 0$, la fonction $f(t)$ ayant 2π pour période. Désignons maintenant par $p_0 = a_0 + ib_0, p_1 = a_1 + ib_1, \ldots, p_n = a_n + ib_n$, les pôles de $f(t)$ qui sont compris entre l'axe des ordonnées et une parallèle à la distance 2π de cet axe. Supposons-les toujours rangés suivant l'ordre croissant de grandeur des coefficients de i, et soient $R_0, R_1, \ldots, R_n$, les résidus qui leur correspondent. L'un quelconque d'entre eux, p_k, détermine une coupure représentée par l'équation

$$t + z = p_k + 2n\pi,$$

d'où l'on conclut, en faisant $z = x + iy$,

$$t + x = a_k + 2n\pi, \qquad y = b_k.$$

La première équation donne pour x toutes les valeurs de $-\infty$

à $+\infty$, si l'on fait varier t de t_0 à $2\pi + t_0$, par conséquent les coupures sont les diverses droites $y = b_0$, $y = b_1$, ..., $y = b_n$. Ceci établi, désignons par H la valeur que prend $f(t+z)$ en faisant $z = x + y$ et iy infiniment grand négatif; nous aurons dans la région du plan située au-dessous de la première coupure $\Phi(z) = 2\pi H$, puis successivement, entre la première et la seconde coupure, la seconde et la troisième, etc.,

$$\Phi(z) = 2\pi H - 2i\pi R_0, \qquad \Phi(z) = 2\pi H - 2i\pi(R_0 + R_1), \qquad \ldots.$$

Enfin on obtient, pour la région qui s'étend à l'infini au delà de la dernière coupure

$$\Phi(z) = 2\pi H - 2i\pi(R_0 + R_1 + \ldots + R_n).$$

Cette expression, qui complète la détermination dans tout le plan de la fonction $\Phi(z)$, donne lieu à une remarque. Si l'on nomme G la valeur de $f(t+z)$ pour $z = x + iy$, et y infiniment grand positif, on a encore dans cette dernière région $\Phi(z) = 2\pi G$; or, de là résulte la relation que j'ai donnée dans mon *Cours d'Analyse* (p. 328) :

$$R_0 + R_1 + \ldots + R_n = i(G - H).$$

On en tire immédiatement, si on l'applique à l'expression $\cot\frac{t-z}{2} f(t)$, la décomposition de $f(t)$ en éléments simples.

Voici maintenant une détermination d'intégrale définie. Soit

$$J = \int_{-\infty}^{+\infty} \frac{e^{i(t-z)}}{t-z}\, dt;$$

nous aurons une seule coupure, l'axe des abscisses, et comme le résidu de $\frac{e^{it}}{t}$ est l'unité, on obtient au-dessous de cet axe $J = 0$ et au-dessus $J = 2i\pi$. Faisons ensuite $J_0 = \int_{-\infty}^{+\infty} \frac{e^{-i(t-z)}}{t-z}\, dt$, nous aurons inversement $J_0 = -2i\pi$ au-dessous de l'axe, $J_0 = 0$ au-dessus, et l'on en conclut

$$\frac{J + J_0}{2} = \int_{-\infty}^{+\infty} \frac{\cos(t-z)}{t-z}\, dt = -i\pi, \qquad \frac{J - J_0}{2i} = \int_{-\infty}^{+\infty} \frac{\sin(t-z)}{t-z}\, dt = +\pi$$

dans la région inférieure, puis

$$\int_{-\infty}^{+\infty} \frac{\cos(t-z)}{t-z}\,dt = +i\pi, \qquad \int_{-\infty}^{+\infty} \frac{\sin(t-z)}{t-z}\,dt = +\pi$$

pour la région au-dessus de l'axe. Vous voyez que dans les deux cas l'intégrale $\int_{-\infty}^{+\infty} \frac{\sin(t-z)}{t-z}\,dt$, qui n'a pas de coupure, a la même valeur, d'où se tire, en supposant $z = 0$, $\int_{-\infty}^{+\infty} \frac{\sin t}{t}\,dt = \pi$.

Les expressions de J et de J_0 donnent encore

$$\int_{-\infty}^{+\infty} \frac{e^{it}}{t-z}\,dt = 0, \qquad \int_{-\infty}^{+\infty} \frac{e^{-it}}{t-z}\,dt = -2i\pi e^{-iz}$$

ou bien

$$\int_{-\infty}^{+\infty} \frac{e^{it}}{t-z}\,dt = 2i\pi e^{iz}, \qquad \int_{-\infty}^{+\infty} \frac{e^{-it}}{t-z}\,dt = 0,$$

et l'on en conclut facilement, suivant que z est au-dessous ou au-dessus de l'axe des abscisses, dans le premier cas

$$\int_{-\infty}^{+\infty} \frac{\cos t}{t-z}\,dt = -i\pi e^{-iz}, \qquad \int_{-\infty}^{+\infty} \frac{\sin t}{t-z}\,dt = +\pi e^{-iz}.$$

et dans le second

$$\int_{-\infty}^{+\infty} \frac{\cos t}{t-z}\,dt = +i\pi e^{iz}, \qquad \int_{-\infty}^{+\infty} \frac{\sin t}{t-z}\,dt = +\pi e^{iz}.$$

Soit en dernier lieu $f(t)$ une fonction uniforme ayant pour périodes $2K$ et $2iK'$. Supposons qu'à l'intérieur du rectangle dont les sommets ont pour affixes

$$t_0, \quad t_0 + 2K, \quad t_0 + 2iK', \quad t_0 + 2K + 2iK',$$

les pôles rangés dans le même ordre que précédemment soient $p_0, p_1, \ldots, p_n$. Les coupures en nombre infini de la fonction

$$\Phi(z) = \int_{t_0}^{t_0+2K} f(t+z)\,dt$$

seront d'abord

$$y = b_0, \quad y = b_1, \quad \ldots, \quad y = b_n.$$

puis en attribuant à μ toutes les valeurs entières de $-\infty$ à $+\infty$,

$$y = b_0 + 2\mu K', \qquad y = b_1 + 2\mu K', \quad \ldots, \quad y = b_n + 2\mu K'.$$

Nommons encore R_0, R_1, ..., R_n les résidus correspondant aux pôles p_0, p_1, ..., p_n. Il est clair qu'étant donnée la valeur constante de $\Phi(z)$ entre deux coupures consécutives, on en déduira la détermination de la fonction dans tout le plan. En supposant par exemple qu'entre la coupure $y = b_0$ et celle qui la précède, $y = b_n - 2K'$, on ait $\Phi(z) = \Phi_0$, nous obtiendrons successivement, entre la première et la seconde, la seconde et la troisième, etc.,

$$\Phi(z) = \Phi_0 - 2i\pi R_0,$$
$$\Phi(z) = \Phi_0 - 2i\pi(R_0 + R_1),$$
$$\ldots\ldots\ldots\ldots\ldots\ldots\ldots,$$

puis immédiatement au-dessus de la dernière $y = b_n$,

$$\Phi(z) = \Phi_0 - 2i\pi(R_0 + R_1 + \ldots + R_n).$$

Mais les points de cette région s'obtiennent en ajoutant $2iK'$ aux points de la première, dans laquelle nous avons $\Phi(z) = \Phi_0$. On doit donc retrouver cette valeur Φ_0, ce qui donne la relation fondamentale de la théorie des fonctions doublement périodiques

$$R_0 + R_1 + \ldots + R_n = 0,$$

que la considération des coupures permet ainsi de démontrer sans recourir à la notion des intégrales curvilignes.

Post-scriptum. — Au théorème sur la somme des résidus d'une fonction doublement périodique se joint un autre dont j'ai déduit la décomposition de ces fonctions en éléments simples, et qu'on démontre encore avec facilité.

Soit $f(t)$ la même fonction que précédemment, et posons

$$F(t) = \frac{H'(\xi - t)}{H(\xi - t)} f(t);$$

il consiste en ce que la somme des résidus de $F(t)$ est indépendante de la quantité ξ.

Je partirai, pour l'établir, de la fonction

$$\Phi(z) = \int_{t_0}^{t_0 + 2K} F(t + z)\, dt$$

et des relations concernant les deux régions précédemment considérées, à savoir

$$\Phi(z) = \Phi_0,$$
$$\Phi(z + 2iK') = \Phi_0 - 2i\pi S,$$

en désignant par S la somme des résidus de $F(t)$. Cela étant, l'équation

$$\frac{H'(x - 2iK')}{H(x - 2iK')} = \frac{H'(x)}{H(x)} + \frac{i\pi}{K}$$

fait voir qu'on a

$$F(t + z + 2iK') = F(t + z) + \frac{i\pi}{K} f(t + z)$$

et par conséquent

$$\Phi(z + 2iK') = \Phi(z) + \frac{i\pi}{K} \int_{t_0}^{t_0+2K} f(t + z)\, dt.$$

Or, l'expression de S, à laquelle nous sommes ainsi amenés, à savoir

$$S = -\frac{1}{2K} \int_{t_0}^{t_0+2K} f(t + z)\, dt,$$

est bien en effet indépendante de ξ.

On donne dans les éléments, comme application des méthodes de Cauchy, les intégrales

$$\int_0^\infty \frac{x^{a-1}}{1 + x}\, dx = \frac{\pi}{\sin a\pi},$$
$$\int_0^\infty \frac{x^{a-1} - x^{b-1}}{1 - x}\, dx = \pi(\cot a\pi - \cot b\pi),$$

ou bien, si l'on pose $x = e^t$,

$$\int_{-\infty}^{+\infty} \frac{e^{at}}{1 + e^t}\, dt = \frac{\pi}{\sin a\pi},$$
$$\int_{-\infty}^{+\infty} \frac{e^{at} - e^{bt}}{1 - e^t}\, dt = \pi(\cot a\pi - \cot b\pi).$$

Elles s'obtiennent par la considération des coupures, comme vous allez voir.

Soit d'abord $f(t) = \frac{e^{at}}{1 + e^t}$; les pôles de cette fonction sont

$$t = (2\mu + 1)i\pi,$$

et en posant

$$\Phi(z) = \int_{-\infty}^{+\infty} f(t+z)\,dt,$$

nous en conclurons, pour coupures, les droites $y = (2\mu + 1)\pi$. Considérons deux points z et $z + 2i\pi$, séparés par la première coupure au-dessus de l'axe des abscisses $y = \pi$; le résidu de $f(t)$, qui correspond au pôle $t = i\pi$, a pour valeur $-e^{i\pi a}$, et nous avons par suite

$$\Phi(z + 2i\pi) = \Phi(z) + 2i\pi e^{i\pi a}.$$

Mais, d'autre part,

$$\Phi(z + 2i\pi) = \int_{-\infty}^{+\infty} f(t + z + 2i\pi)\,dt = e^{2i\pi a}\,\Phi(z),$$

d'où la relation

$$\Phi(z) + 2i\pi e^{i\pi a} = e^{2i\pi a}\,\Phi(z),$$

et par conséquent

$$\Phi(z) = -\frac{2i\pi e^{i\pi a}}{1 - e^{2i\pi a}} = \frac{\pi}{\sin a\pi}.$$

Soit, en second lieu,

$$f(t) = \frac{e^{at} - e^{bt}}{1 - e^t},$$

les pôles seront $t = 2\mu i\pi$, en exceptant la valeur $\mu = 0$, de sorte que la fonction

$$\Phi(z) = \int_{-\infty}^{+\infty} f(t + z)\,dz$$

conservera la même détermination entre les deux parallèles $y = -2\pi$ et $y = 2\pi$. Nous pourrons donc écrire, en supposant z compris entre les droites $y = -\pi$ et $y = \pi$,

$$\Phi(z) = \Phi(z + \pi),$$

et cette relation donne, pour $z = 0$,

$$\int_{-\infty}^{+\infty} \frac{e^{at} - e^{bt}}{1 - e^t}\,dt = e^{i\pi a}\int_{-\infty}^{+\infty} \frac{e^{at}}{1 + e^t}\,dt - e^{i\pi b}\int_{-\infty}^{+\infty} \frac{e^{bt}}{1 + e^t}\,dt$$

$$= \pi\left(\frac{e^{i\pi a}}{\sin a\pi} - \frac{e^{i\pi b}}{\sin b\pi}\right) = \pi(\cot a\pi - \cot b\pi).$$

Cependant, on peut désirer obtenir cette même intégrale,

directement et indépendamment de la première; on y parvient ainsi.

Faisons pour un moment

$$\alpha = e^{2i\pi a}, \qquad \beta = e^{2i\pi b},$$

de sorte que les résidus $\dfrac{e^{at}-e^{bt}}{1-e^t}$ qui correspondent aux pôles $t=2i\pi$ et $t=4i\pi$ soient

$$R_1 = \beta - \alpha, \qquad R_2 = \beta^2 - \alpha^2.$$

Si nous supposons z compris entre l'axe des abscisses et la première coupure $y = 2\pi$, nous aurons, en franchissant successivement cette coupure et la suivante, $y = 4\pi$,

$$\Phi(z+2i\pi) = \Phi(z) - 2i\pi R_1,$$
$$\Phi(z+4i\pi) = \Phi(z) - 2i\pi(R_1 + R_2).$$

Or, on trouve aisément la relation

$$\Phi(z+4i\pi) - (\alpha+\beta)\Phi(z+2i\pi) + \alpha\beta\,\Phi(z) = 0,$$

elle donne sur-le-champ

$$(1-\alpha)(1-\beta)\Phi(z) = -2i\pi[(\alpha+\beta)R_1 - R_1 - R_2],$$

puis en employant les valeurs des deux résidus,

$$\Phi(z) = 2i\pi\frac{\beta-\alpha}{(1-\alpha)(1-\beta)},$$

ou encore

$$\Phi(z) = i\pi\left(\frac{1+\beta}{1-\beta} - \frac{1+\alpha}{1-\alpha}\right).$$

Or, il suffit de remplacer α et β par leurs valeurs $e^{2i\pi a}$, $e^{2i\pi b}$ pour obtenir

$$\Phi(z) = \pi(\cot a\pi - \cot b\pi).$$

Ces quelques exemples suffisent, ce me semble, pour montrer l'utilité de la notion de coupure. J'ajoute encore qu'en supposant imaginaire les limites de l'intégrale $\int_{t_0}^{t_1} f(t+z)\,dt$, et faisant $t=\varphi(u)+i\psi(u)$, de manière que la variable décrive un chemin quelconque entre ces limites, la coupure rectiligne qui correspond au pôle $p = a + ib$ devient la courbe représentée par les équations

$$x = a - \varphi(u), \qquad y = b - \psi(u),$$

c'est-à-dire le symétrique du chemin décrit par la variable, transporté parallèlement à lui-même, de l'origine des coordonnées au pôle. L'expression entièrement élémentaire au moyen d'une intégrale définie, de fonctions présentant de telles circonstances, montre combien est nécessaire et je puis dire générale en analyse l'idée de discontinuité si longtemps limitée à ces deux faits, du passage par l'infini des fonctions fractionnaires, des sauts brusques de la formule de Fourier et de quelques autres développements analogues des fonctions en série. Mais ce ne sont pas seulement les intégrales définies qui donnent naturellement et d'elles-mêmes ces nouveaux modes de discontinuité auxquels est attachée la notion de coupure. Il y a lieu tout autant je présume, à l'égard des équations linéaires

$$G(t, z)\frac{d^n y}{dt^n} + G_1(t, z)\frac{d^{n-1} y}{dt^{n-1}} + \ldots = 0,$$

de considérer la variation de l'intégrale, aux deux bords de la courbe définie par la condition $G(t, z) = 0$. Et à l'égard d'une équation

$$G(t)\frac{d^n y}{dt^n} + G_1(t)\frac{d^{n-1} y}{dt^{n-1}} + \ldots = 0,$$

dont les coefficients ne contiennent pas z, on obtiendra des coupures rectilignes attachées aux points singuliers, en introduisant cette variable de la manière suivante :

$$G(t+z)\frac{d^n y}{dt^n} + G_1(t+z)\frac{d^{n-1} y}{dt^{n-1}} + \ldots = 0.$$

Enfin, d'autres circonstances que je ne puis qu'entrevoir obscurément seront sans doute révélées par l'étude de l'intégrale double

$$\int_{t_0}^{t_1} dt \int_{u_0}^{u_1} du \frac{F(t, u, z)}{G(t, u, z)}.$$

La condition $G(t, u, z) = 0$ ne définirait-elle pas, en faisant varier t et u entre les limites de l'intégrale, un espace pour lequel échapperait la définition de la fonction, de sorte que dans la conception générale de fonction on doive admettre, ainsi que l'a déjà dit M. Weierstrass, l'existence de lacunes comme possible ([1])?

([1]) Voici, au sujet de ces fonctions présentant des espaces lacunaires, des résultats extrêmement intéressants qui m'ont été communiqués par un de mes élèves, M. Poincaré, ingénieur des mines, professeur à la Faculté des Sciences de Caen.

Soient

$$u_1,\ u_2,\ \ldots,\ u_n$$

n quantités imaginaires de module plus petit que 1;

$$\alpha_1,\ \alpha_2,\ \ldots,\ \alpha_n$$

n quantités imaginaires quelconques, x la variable indépendante. La série

$$\sum \frac{u_1^{p_1} u_2^{p_2} \ldots u_n^{p_n}}{x - \dfrac{p_1\alpha_1 + p_2\alpha_2 + \ldots + p_n\alpha_n}{p_1 + p_2 + \ldots + p_n}},$$

où l'on donne à $p_1, p_2, \ldots, p_n$ toutes les valeurs entières positives, sera convergente si x est extérieur au polygone convexe circonscrit aux n points $\alpha_1, \alpha_2, \ldots, \alpha_n$; elle sera divergente s'il est à l'intérieur de ce polygone. Elle définit donc une fonction présentant ce polygone comme espace lacunaire. Cette fonction n'est qu'un cas particulier de la suivante.

Soit une équation aux différences partielles

$$(1) \qquad u_1 F_1 \frac{dz}{du_1} + u_2 F_2 \frac{dz}{du_2} + \ldots + u_n F_n \frac{dz}{du_n} = z,$$

où $F_1, F_2, \ldots, F_n$ sont des fonctions développées en séries suivant les puissances croissantes de $u_1, u_2, \ldots, u_n$ et d'un paramètre arbitraire x; ces fonctions sont supposées se réduire respectivement à

$$x - \alpha_1,\quad x - \alpha_2,\quad \ldots,\quad x - \alpha_n$$

pour

$$u_1 = u_2 = \ldots = u_n = 0.$$

Il existe une série ordonnée suivant les puissances des quantités u, et satisfaisant formellement à l'équation (1). Les coefficients de cette série et sa somme, quand elle est convergente, dépendent de x.

Donnons à $u_1, u_2, \ldots, u_n$ des valeurs de module suffisamment petit, la série définira une fonction présentant comme espace lacunaire le polygone convexe circonscrit à $\alpha_1, \alpha_2, \ldots, \alpha_n$.

Paris, décembre 1880.

EXTRAIT

D'UNE

LETTRE DE M. CH. HERMITE A M. SCHWARZ, DE GŒTTINGUE,

SUR

L'INTÉGRALE EULÉRIENNE DE SECONDE ESPÈCE.

Journal de Crelle, t. 90, p. 332-338.

Dans son beau travail sur la fonction $\Gamma(x)$ (t. LXXXII de ce journal, p. 165), M. Prym a obtenu l'expression de cette transcendante par la somme des deux fonctions suivantes :

$$P(x) = \frac{1}{x} - \frac{1}{x+1} + \frac{1}{1.2(x+2)} - \ldots,$$

$$Q(x) = \int_1^{\infty} \xi^{x-1} e^{-\xi}\, d\xi = c_0 + c_1 x + c_2 x^2 + \ldots.$$

qui sont uniformes et dont la seconde est holomorphe dans toute l'étendue du plan. Ce résultat si important peut se tirer immédiatement de l'équation

$$\Gamma(x) = \int_0^{\infty} \xi^{x-1} e^{-\xi}\, d\xi,$$

bien qu'elle soit restreinte au cas où la variable ou sa partie réelle est essentiellement positive.

Faisons en effet, en désignant par a une constante positive quelconque,

$$\Gamma(x) = \int_0^{a} \xi^{x-1} e^{-\xi}\, d\xi + \int_a^{\infty} \xi^{x-1} e^{-\xi}\, d\xi;$$

il est d'abord évident que la seconde intégrale possède une seule et unique détermination pour toute valeur $x = \alpha + i\beta$, qui reste finie, tant que α n'est pas infini. C'est ce qui résulte de l'expression

$$\int_a^\infty \xi^{x-1} e^{-\xi} d\xi = \int_a^\infty \xi^{\alpha-1} e^{-\xi} \cos(\log \xi^\beta) d\xi + i \int_a^\infty \xi^{\alpha-1} e^{-\xi} \sin(\log \xi^\beta) d\xi,$$

où le logarithme portant sur la quantité positive ξ^β est pris dans le sens arithmétique. Quant à la première intégrale, dans laquelle il est nécessaire de conserver la restriction relative à la variable, elle donne naissance à une fonction uniforme dans toute l'étendue du plan. Il suffit en effet de remplacer l'exponentielle par son développement en série pour en conclure

$$\int_0^a \xi^{x-1} e^{-\xi} d\xi = \left[\frac{1}{x} - \frac{a}{x+1} + \frac{a^2}{1.2(x+2)} - \ldots\right] a^x$$

et obtenir la partie fractionnaire ou méromorphe de $\Gamma(x)$, qui met en évidence les pôles $x = 0, -1, -2$, etc. On voit de plus que les numérateurs des fractions partielles se réduisent à des constantes et donnent pour les résidus les valeurs déterminées par M. Prym, si l'on fait $a = 1$. Cet exemple du passage d'une expression donnée par une intégrale définie dans une portion du plan à une fonction analytique n'est pas le seul qu'offre la théorie des intégrales eulériennes. Dans les éléments, on tire de la formule

$$D_x^2 \log \Gamma(x) = -\int_{-\infty}^0 \frac{\xi e^{\xi x}}{1 - e^\xi} d\xi,$$

où la partie réelle de la variable est essentiellement positive, la fonction uniforme

$$D_x^2 \log \Gamma(x) = \frac{1}{x^2} + \frac{1}{(x+1)^2} + \frac{1}{(x+2)^2} + \ldots,$$

en employant le développement en série

$$\frac{1}{1 - e^\xi} = 1 + e^\xi + e^{2\xi} + \ldots.$$

On sait d'ailleurs depuis Riemann que l'extension obtenue ne peut se faire que d'une seule manière. Soit maintenant

$$\mathfrak{P}(x) = \int_0^a \xi^{x-1} e^{-\xi}\, d\xi, \qquad \mathfrak{Q}(x) = \int_a^\infty \xi^{x-1} e^{-\xi}\, d\xi,$$

de sorte qu'on ait les fonctions $P(x)$ et $Q(x)$ de M. Prym, en faisant $a = 1$. Nous ne connaissons, sous forme explicite, que la première de ces deux quantités, par la formule

$$\mathfrak{P}(x) = \left[\frac{1}{x} - \frac{a}{x+1} + \frac{a^2}{1.2(x+2)} - \ldots\right] a^x;$$

j'ai essayé, comme vous allez voir, d'obtenir aussi la fonction holomorphe $\mathfrak{Q}(x)$. Soit à cet effet

$$\mathfrak{Q}_n = \int_{a+n}^{a+n+1} \xi^{x-1} e^{-\xi}\, d\xi;$$

nous aurons

$$\mathfrak{Q}(x) = \mathfrak{Q}_0 + \mathfrak{Q}_1 + \mathfrak{Q}_2 + \ldots,$$

et la convergence de la série est manifeste, l'intégrale définie $\mathfrak{Q}_n$ et le reste $\int_{a+n+1}^\infty \xi^{x-1} e^{-\xi} d\xi$ décroissant rapidement lorsque n augmente. Cela posé, la substitution $\xi = a + n + \zeta$ donnant

$$\mathfrak{Q}_n = e^{-a-n} \int_0^1 (a + n + \zeta)^{x-1} e^{-\zeta}\, d\zeta,$$

j'observe qu'entre les limites $\zeta = 0$, $\zeta = 1$, la quantité $(a + n + \zeta)^{x-1}$ sera développable pour toute valeur réelle ou imaginaire de l'exposant en série convergente, même dans le cas où $n = 0$, si l'on suppose $a > 1$. En employant la fonction $P(x)$, il vient ainsi

$$\mathfrak{Q}_n(x) = e^{-a-n}\left[P(1)(a+n)^{x-1} + \frac{x-1}{1} P(2)(a+n)^{x-2} + \frac{(x-1)(x-2)}{1.2} P(3)(a+n)^{x-3} + \ldots\right],$$

et si nous faisons pour abréger

$$R(x) = \frac{a^x}{e^a} + \frac{(a+1)^x}{e^{a+1}} + \frac{(a+2)^x}{e^{a+2}} + \ldots.$$

on en conclut l'expression suivante :

$$\mathfrak{Q}(x) = P(1)R(x-1) + \frac{x-1}{1}P(2)R(x-2) + \frac{(x-1)(x-2)}{1.2}P(3)R(x-3) + \ldots.$$

Cette suite $R(x)$, à laquelle nous nous trouvons amenés, définit une fonction holomorphe dans tout le plan. Elle met en évidence cette propriété, qu'en posant

$$F(x) = A_0 + A_1 x + A_2 x^2 + \ldots,$$

on a

$$A_0 R(x) + z A_1 R(x-1) + z^2 A_2 R(x-2) + \ldots$$
$$= \frac{a^x}{e^a} F\left(\frac{z}{a}\right) + \frac{(a+1)^x}{e^{a+1}} F\left(\frac{z}{a+1}\right) + \frac{(a+2)^x}{e^{a+2}} F\left(\frac{z}{a+2}\right) + \ldots.$$

Soit par exemple $F(x) = (1+x)^\lambda$, nous obtenons l'équation

$$R(x) + z\frac{\lambda}{1}R(x-1) + z^2\frac{\lambda(\lambda-1)}{1.2}R(x-2) + \ldots$$
$$= \frac{a^{x-\lambda}(z+a)^\lambda}{e^a} + \frac{(a+1)^{x-\lambda}(z+a+1)^\lambda}{e^{a+1}} + \ldots.$$

et en supposant en particulier $z = 1$, $\lambda = x$, celle-ci

$$R(x) + xR(x-1) + \frac{x(x-1)}{1.2}R(x-2) + \ldots$$
$$= \frac{(a+1)^x}{e^a} + \frac{(a+2)^x}{e^{a+1}} + \frac{(a+3)^x}{e^{a+3}} + \ldots$$
$$= e\left[R(x) - \frac{a^x}{e^a}\right].$$

On tire deux remarques de cette relation : elle montre, en premier lieu, que la série du premier membre ayant, pour toute valeur de x, une somme finie, il en est de même de la suite qu'on obtient en multipliant ses termes par les quantités positives et décroissantes, $P(1)$, $P(2)$, $P(3)$, etc. Mais de là résulte l'expression de $\mathfrak{Q}(x+1)$ sous forme d'une série dont la convergence est ainsi reconnue *a posteriori*.

En second lieu, nous en déduisons facilement la propriété caractéristique de la fonction $\mathfrak{Q}(x)$ donnée par l'équation

$$\mathfrak{Q}(x+1) = x\mathfrak{Q}(x) + \frac{a^x}{e^a}.$$

On a en effet

$$\mathfrak{Q}(x+1) - x\mathfrak{Q}(x) = \mathrm{P}(1)\,\mathrm{R}(x) + x[\mathrm{P}(2) - \mathrm{P}(1)]\,\mathrm{R}(x-1) \\ + \frac{x(x-1)}{1.2}[\mathrm{P}(3) - 2\mathrm{P}(2)]\,\mathrm{R}(x-2) + \ldots .$$

Maintenant l'équation de M. Prym,

$$\mathrm{P}(x+1) = x\,\mathrm{P}(x) - \frac{1}{e},$$

permet d'écrire le second membre sous cette forme

$$\mathrm{P}(1)\,\mathrm{R}(x) - \frac{1}{e}\left[x\,\mathrm{R}(x-1) + \frac{x(x-1)}{1.2}\mathrm{R}(x-2) + \ldots\right];$$

il se réduit donc à l'expression

$$\mathrm{P}(1)\,\mathrm{R}(x) - \frac{1}{e}\left[(e-1)\,\mathrm{R}(x) - \frac{a^x}{e^{a-1}}\right],$$

ce qui est précisément $\frac{a^x}{e^a}$, puisqu'on a

$$\mathrm{P}(1) = \int_0^1 e^{-\xi}\,d\xi = 1 - \frac{1}{e}.$$

Je n'ai pas été plus loin jusqu'ici dans l'étude des beaux résultats découverts par M. Prym, et il ne m'a pas été possible d'obtenir l'expression sous forme explicite de $\mathrm{Q}(x)$, autrement que par l'égalité

$$\mathrm{P}(x) + \mathrm{Q}(x) = \mathfrak{P}(x) + \mathfrak{Q}(x),$$

d'où l'on tire

$$\mathrm{Q}(x) = \mathfrak{Q}(x) + \mathfrak{P}(x) - \mathrm{P}(x),$$

c'est-à-dire

$$\mathrm{Q}(x) = \mathfrak{Q}(x) + \frac{a^x - 1}{x} - \frac{a^{x+1} - 1}{x+1} + \frac{a^{x+2} - 1}{1.2(x+2)} - \ldots .$$

Mais voici, en terminant, une démonstration immédiate qu'on peut encore tirer de la proposition de M. Weierstrass que $\frac{1}{\Gamma(x)}$ est une fonction holomorphe. C'est ce qu'a fait voir M. Bourguet dans une thèse présentée à la Faculté des Sciences de Paris, en partant de la relation

$$\Gamma(x)\,\Gamma(1-x) = \frac{\pi}{\sin \pi x}.$$

On en conclut en effet

$$\frac{1}{\Gamma(1-x)} = \frac{\sin \pi x}{\pi} \Gamma(x) = \frac{\sin \pi x}{\pi} [P(x) + Q(x)]$$

et il est manifeste que le second membre est holomorphe, tous les pôles disparaissant dans le produit $\frac{\sin \pi x}{\pi} P(x)$.

POST-SCRIPTUM.

La formule élémentaire

$$\frac{\Gamma'(x)}{\Gamma(x)} = -C + \left(1 - \frac{1}{x}\right) + \left(\frac{1}{2} - \frac{1}{x+1}\right) + \ldots$$

montre, au moyen de la méthode de Plana, que l'équation $\Gamma'(x) = 0$ n'a pas de racines imaginaires, et qu'en outre de la racine positive, déterminée par Legendre, $x = 1,4616321 \ldots$, elle en possède une infinité d'autres toutes négatives, et comprises successivement entre 0 et -1, -1 et -2, etc. Il est facile de prouver, comme vous allez voir, que les valeurs de la variable auxquelles correspondent ainsi les minima de la valeur absolue de la fonction tendent de plus à se rapprocher des pôles. Partons, à cet effet, de l'équation

$$\frac{\Gamma'(x)}{\Gamma(x)} - \frac{\Gamma'(1-x)}{\Gamma(1-x)} = -\pi \cot \pi x,$$

et soit pour une grande valeur du nombre entier n, $x = -n + \xi$, la racine de l'équation $\Gamma'(x) = 0$, comprise entre $-n+1$ et $-n$. On en tirera, pour déterminer ξ, la condition

$$\frac{\Gamma'(n+1-\xi)}{\Gamma(n+1-\xi)} = \pi \cot \pi \xi.$$

Employons maintenant l'expression approchée

$$\log \Gamma(x+1) = \left(x + \frac{1}{2}\right) \log x - x + \log \sqrt{2\pi},$$

elle deviendra

$$\log(n-\xi) + \frac{1}{2(n-\xi)} = \pi \cot \pi \xi,$$

et en négligeant les quantités de l'ordre $\frac{1}{n}$,

$$\log n = \pi \cot \pi\xi.$$

On en conclut

$$\xi = \frac{1}{\pi} \operatorname{arc\,tang} \frac{\pi}{\log n}$$

et plus simplement

$$\xi = \frac{1}{\log n},$$

de sorte que les racines de rang éloigné de l'équation $\Gamma'(x) = 0$ sont à fort peu près $x = -n + \frac{1}{\log n}$. Ce résultat jette quelque jour sur la marche de la fonction holomorphe de M. Weierstrass $\frac{1}{\Gamma(x)}$ pour les valeurs réelles de la variable. Si la loi de succession est régulière et fort simple, quand la variable croît positivement de zéro à l'infini, la fonction partant de zéro, atteignant un maximum 1,129175.... et décroissant ensuite rapidement, il n'en est plus de même lorsque l'on considère la série des valeurs négatives, et l'on observe alors des changements brusques de la fonction. Calculons en effet, au moyen de la relation

$$\Gamma(x)\Gamma(1-x) = \frac{\pi}{\sin \pi x},$$

le maximum de la valeur absolue de $\frac{1}{\Gamma(x)}$ pour $x = -n + \xi$; on trouve

$$\frac{1}{\Gamma(-n+\xi)} = \frac{(-1)^n \sin \pi\xi}{\pi} \Gamma(n+1-\xi).$$

et d'une manière approchée

$$\frac{1}{\Gamma(-n+\xi)} = \frac{(-1)^n}{\log n} \Gamma\left(n+1-\frac{1}{\log n}\right).$$

Cette expression des maxima augmente, avec n, avec une extrême rapidité, il en résulte que dans l'intervalle indéfiniment décroissant compris entre $x = -n + \xi$ et $x = -n$ la fonction passe brusquement d'une valeur de plus en plus grande, positive ou négative à zéro. Le calcul des coefficients numériques du développement de $\frac{1}{\Gamma(x)}$, suivant les puissances croissantes de la variable, que

M. Bourguet a exécuté avec le plus grand soin ([1]), a révélé des singularités signalées avec raison par l'auteur, et qu'on doit peut-être rapprocher des circonstances dont je viens de parler.

Enfin je remarque, en terminant, que si l'on pose

$$\mathfrak{Q}_n = \int_{na}^{(n+1)a} \xi^{x-1} e^{-\xi}\, d\xi, \quad \text{au lieu de} \quad \mathfrak{Q}_n = \int_{a+n}^{a+n+1} \xi^{x-1} e^{-\xi}\, d\xi,$$

comme je l'ai d'abord fait, la substitution $\xi = na + \zeta$ conduit à l'expression suivante

$$\mathfrak{Q}_n = e^{-na} \int_0^a (na+\zeta)^{x-1} e^{-\zeta}\, d\zeta,$$

et, en employant la fonction $\mathfrak{P}(x)$, on en conclut

$$\mathfrak{Q}_n = e^{-na}\left[\mathfrak{P}(1)(na)^{x-1} + \frac{x-1}{1}\mathfrak{P}(2)(na)^{x-2} + \frac{(x-1)(x-2)}{1.2}\mathfrak{P}(3)(na)^{x-3} + \ldots\right].$$

Faisant donc

$$\mathfrak{R}(x) = \frac{a^x}{e^a} + \frac{(2a)^x}{e^{2a}} + \frac{(3a)^x}{e^{3a}} + \ldots,$$

nous aurons cette nouvelle expression

$$\mathfrak{Q}(x) = \mathfrak{P}(1)\mathfrak{R}(x-1) + \frac{x-1}{1}\mathfrak{P}(2)\mathfrak{R}(x-2) + \frac{(x-1)(x-2)}{1.2}\mathfrak{P}(3)\mathfrak{R}(x-3) + \ldots.$$

Les coefficients $\mathfrak{P}(1)$, $\mathfrak{P}(2)$, ... se tirent de proche en proche au moyen de l'équation

$$\mathfrak{P}(x+1) = x\,\mathfrak{P}(x) - \frac{a^x}{e^a},$$

du premier

$$\mathfrak{P}(1) = 1 - \frac{1}{e^a},$$

([1]) *Développement en série des intégrales eulériennes.* Thèse présentée à la Faculté des Sciences de Paris. Paris, Gauthier-Villars.

et cette équation est une conséquence immédiate, il n'est pas inutile de l'observer, de la formule

$$\mathfrak{P}(x) = \left[\frac{1}{x} - \frac{a}{x+1} + \frac{a^2}{1.2(x+2)} - \ldots\right] a^x.$$

Paris, 15 janvier 1881.

EXTRAIT D'UNE LETTRE DE M. HERMITE A M. GYLDÉN

SUR LA

DÉTERMINATION DE L'INTÉGRALE $\int \frac{dn^4 u}{(\mathrm{sn}^2 a - \mathrm{sn}^2 u)} du$.

Astronomische Nachrichten, n° 2402, 11 novembre 1881.

Permettez-moi de vous exposer la détermination par mes procédés de l'intégrale $t = \gamma\varepsilon_1^2 \int \frac{\mathrm{dn}^4 u}{(1 - n\,\mathrm{sn}^2 u)^2} du$, ou plutôt de celle-ci $\int \frac{\mathrm{dn}^4 u}{(\mathrm{sn}^2 a - \mathrm{sn}^2 u)^2} du$ (a étant votre quantité σ).

J'observe que la fonction $\mathrm{F}(u) = \frac{\mathrm{dn}^4 u}{(\mathrm{sn}^2 a - \mathrm{sn}^2 u)^2}$, aux périodes $2\mathrm{K}$ et $2i\mathrm{K}'$, a les deux seuls pôles $u = a$, $u = -a$. Par conséquent, il me suffit de former la partie principale des développements suivant les puissances ascendantes de ε, de $\mathrm{F}(a + \varepsilon)$ et $\mathrm{F}(-a + \varepsilon)$ et je me bornerai au premier cas, le second en résultant par le changement de a en $-a$. Or, on a

$$\mathrm{dn}^4(a + \varepsilon) = \mathrm{dn}^4 a - 4k^2 \,\mathrm{sn}\, a \,\mathrm{cn}\, a \,\mathrm{dn}^3 a\, \varepsilon - \ldots,$$

$$\begin{aligned}[\mathrm{sn}^2 a - \mathrm{sn}^2(a + \varepsilon)]^2 = {} & 4\,\mathrm{sn}^2 a \,\mathrm{cn}^2 a \,\mathrm{dn}^2 a\, \varepsilon^2 \\ & + 4\,\mathrm{sn}\, a \,\mathrm{cn}\, a \,\mathrm{dn}\, a [1 - 2(1 + k^2)\mathrm{sn}^2 a + 3k^2 \mathrm{sn}^4 a]\varepsilon^3 + \ldots,\end{aligned}$$

ce qui donne facilement

$$\mathrm{F}(a + \varepsilon) = \frac{\mathrm{dn}^2 a}{4\,\mathrm{sn}^2 a \,\mathrm{cn}^2 a} \frac{1}{\varepsilon^2} - \frac{(1 - 2k'^2 \,\mathrm{sn}^2 a - k^2 \,\mathrm{sn}^4 a)\,\mathrm{dn}\, a}{4\,\mathrm{sn}^3 a \,\mathrm{cn}^3 a} \frac{1}{\varepsilon},$$

puis, en changeant a en $-a$,

$$\mathrm{F}(-a + \varepsilon) = \frac{\mathrm{dn}^2 a}{4\,\mathrm{sn}^2 a \,\mathrm{cn}^2 a} \frac{1}{\varepsilon^2} + \frac{(1 - 2k'^2 \,\mathrm{sn}^2 a - k^2 \,\mathrm{sn}^4 a)\,\mathrm{dn}\, a}{4\,\mathrm{sn}^3 a \,\mathrm{cn}^3 a} \frac{1}{\varepsilon};$$

cela étant, et les éléments simples qui correspondent aux deux pôles ayant pour expressions

$$\frac{H'(u-a)}{H(u-a)}, \quad \frac{H'(u+a)}{H(u+a)},$$

il suffit de mettre $\frac{1}{\varepsilon^2}$ sous la forme canonique $-D_\varepsilon \frac{1}{\varepsilon}$ pour obtenir

$$F(u) = \text{const.} + \frac{(1-2k'^2\,\text{sn}^2 a - k^2\,\text{sn}^4 a)\,\text{dn}\,a}{4\,\text{sn}^3 a\,\text{cn}^3 a}\left[\frac{H'(u+a)}{H(u+a)} - \frac{H'(u-a)}{H(u-a)}\right]$$

$$- \frac{\text{dn}^2 a}{4\,\text{sn}^2 a\,\text{cn}^2 a}\,D_u\left[\frac{H'(u+a)}{H(u+a)} + \frac{H'(a-a)}{H(u-a)}\right].$$

La constante reste aussi à déterminer; je supposerai, pour l'obtenir, $u=0$. Remarquant alors qu'on a

$$\frac{1}{\text{sn}^2 x} = \frac{J}{K} - D_x\frac{H'(x)}{H(x)}$$

et, par conséquent,

$$\frac{1}{\text{sn}^2(u+a)} + \frac{1}{\text{sn}^2(u-a)} = \frac{2J}{K} - D_u\left[\frac{H'(u+a)}{H(u+a)} + \frac{H'(u-a)}{H(u-a)}\right],$$

vous voyez qu'on obtient aisément la condition

$$\frac{1}{\text{sn}^4 a} = \text{const.} - \frac{\text{dn}^2 a}{4\,\text{sn}^2 a\,\text{cn}^2 a}\left(\frac{2J}{K} - \frac{2}{\text{sn}^2 a}\right),$$

d'où

$$\text{const.} = \frac{\text{dn}^2 a}{2\,\text{sn}^2 a\,\text{cn}^2 a}\,\frac{J}{K} + \frac{2\,\text{cn}^2 a - \text{dn}^2 a}{2\,\text{sn}^4 a\,\text{cn}^2 a}.$$

Dans les calculs de ce genre auxquels j'ai été conduit, mon attention s'est portée sur les cas particuliers où l'intégrale est une fonction uniforme, ce qui arrive ici lorsqu'on pose

$$1 - 2k'^2\,\text{sn}^2 a - k^2\,\text{sn}^4 a = 0.$$

Cette équation détermine une valeur réelle pour l'argument a, puisqu'on en tire pour $\text{sn}\,a$ une valeur comprise entre 0 et 1, car le premier membre, pour $\text{sn}\,a = 0$, $\text{sn}\,a = 1$, donne les résultats de signes contraires $+1$, $-k'^2$. Enfin vous voyez par la valeur de la constante que, quel que soit a, le terme proportionnel à u ne disparaîtra jamais de l'expression du temps.

Paris, 10 décembre 1880.

EXTRAIT D'UNE LETTRE A M. E. BELTRAMI

SUR LES

FONCTIONS $\Theta(x)$ ET $\mathrm{H}(x)$ DE JACOBI.

Collectanea Mathematica, in Memoriam Chelini; 1881.

Je n'ai point connu, personnellement, l'homme excellent et le géomètre si distingué dont vous voulez honorer la mémoire, mais j'ai recueilli l'éloge de son talent et de ses vertus de la bouche de votre éminent compatriote M. Brioschi. J'ai pu aussi apprécier, par l'étude du beau *Mémoire sur la rotation des corps*, du P. Chelini, combien il mérite vos sentiments d'estime, et c'est de tout cœur que je réponds à votre appel, en détachant d'une recherche, dont je suis en ce moment occupé, les remarques qui suivent.

A la page 187 [§ 66] des *Fundamenta*, Jacobi a donné, pour les inverses des fonctions $\Theta(x)$, $\mathrm{H}(x)$, ces formules qui subsistent dans toute l'étendue des valeurs réelles ou imaginaires de la variable, à savoir :

$$\frac{\sqrt{kk'\left(\frac{2\mathrm{K}}{\pi}\right)^3}}{\Theta\left(\frac{2\mathrm{K}x}{\pi}\right)} = \frac{2\sqrt[4]{q}(1-q^2)}{1-2q\cos 2x+q^2} - \frac{2\sqrt[4]{q^9}(1-q^6)}{1-2q^3\cos 2x+q^6} + \ldots,$$

$$\frac{\sqrt{kk'\left(\frac{2\mathrm{K}}{\pi}\right)^3}}{\mathrm{H}\left(\frac{2\mathrm{K}x}{\pi}\right)} = \frac{1}{\sin x} - \frac{4q^2(1+q^2)\sin x}{1-2q^2\cos 2x+q^4} + \frac{4q^6(1+q^4)\sin x}{1-2q^4\cos 2x+q^8} - \ldots.$$

Elles constituent donc, pour ces transcendantes, un mode

d'expression *sui generis* qui doit, d'une certaine manière, conduire à leur propriétés analytiques fondamentales, contenues dans les relations

$$\Theta(x+2iK') = -\Theta(x)\,e^{-\frac{i\pi}{K}(x+iK')},$$

$$H(x+2iK') = -H(x)\,e^{-\frac{i\pi}{K}(x+iK')},$$

ou plutôt dans celles-ci

$$\Theta(x+iK') = iH(x)\,e^{-\frac{i\pi}{4K}(2x+iK')},$$

$$H(x+iK') = i\Theta(x)\,e^{-\frac{i\pi}{4K}(2x+iK')},$$

que j'écrirai, en prenant les inverses, sous la forme suivante :

$$\frac{1}{\Theta(x+iK')} = \frac{-ie^{\frac{i\pi}{4K}(2x+iK')}}{H(x)}, \qquad \frac{1}{H(x+iK')} = \frac{-ie^{\frac{i\pi}{4K}(2x+iK')}}{\Theta(x)}.$$

Pour établir ces résultats, je mettrai d'abord les développements de Jacobi sous cette autre forme

$$\frac{i\sqrt{kk'\left(\frac{2K}{\pi}\right)^3}}{\Theta(x)} = \sum_{-\infty}^{+\infty}{}_n \frac{(-1)^n q^{\frac{m^2}{4}}}{\operatorname{tang}\frac{\pi}{2K}(x-miK')},$$

où j'ai posé, pour abréger, $m = 2n+1$, puis

$$\frac{\sqrt{kk'\left(\frac{2K}{\pi}\right)^3}}{H(x)} = \sum_{-\infty}^{+\infty}{}_n \frac{(-1)^n q^{n^2}}{\sin\frac{\pi}{2K}(x-2niK')}.$$

Multiplions maintenant par le facteur

$$-ie^{\frac{i\pi}{4K}(2x+iK')};$$

nous introduirons dans les termes généraux les expressions

$$\frac{-ie^{\frac{i\pi}{4K}(2x+iK')}}{\operatorname{tang}\frac{\pi}{2K}(x-miK')}; \qquad \frac{-ie^{\frac{i\pi}{4K}(2x+iK')}}{\sin\frac{\pi}{2K}(x-2niK')},$$

qui se transforment comme je vais l'expliquer. Toutes deux sont des fonctions rationnelles des quantités $\sin\frac{\pi x}{2K}$, $\cos\frac{\pi x}{2K}$, qu'on peut décomposer en une partie entière et en éléments simples, d'après la méthode donnée dans mon *Cours d'Analyse*, p. 321. Et, en observant que la première change de signe, tandis que la seconde se reproduit lorsqu'on change x en $x+2K$, on voit *a priori* que les éléments simples seront respectivement

$$\frac{1}{\sin\frac{\pi}{2K}(x-miK')} \quad \text{et} \quad \frac{1}{\tan g\frac{\pi}{2K}(x-2niK')}.$$

Un calcul facile donne, d'ailleurs, pour résultats

$$\frac{-ie^{\frac{i\pi}{4K}(2x+iK')}}{\tan g\frac{\pi}{2K}(x-miK')} = e^{\frac{i\pi}{4K}(2x+iK')} - \frac{iq^{\frac{2m+1}{4}}}{\sin\frac{\pi}{2K}(x-miK')},$$

$$\frac{-ie^{\frac{i\pi}{4K}(2x+iK')}}{\sin\frac{\pi}{2K}(x-2niK')} = q^{n+\frac{1}{4}} - \frac{iq^{n+\frac{1}{4}}}{\tan g\frac{\pi}{2K}(x-2niK')},$$

et voici les conséquences auxquelles ils conduisent. Nous avons d'abord

$$-ie^{\frac{i\pi}{4K}(2x+iK')}\sum\frac{(-1)^n q^{\frac{m^2}{4}}}{\tan g\frac{\pi}{2K}(x-miK')}$$

$$= e^{\frac{i\pi}{4K}(2x+iK')}\sum(-1)^n q^{\frac{m^2}{4}} - i\sum\frac{(-1)^n q^{\frac{(m+1)^2}{4}}}{\sin\frac{\pi}{2K}(x-miK')}.$$

Or, dans le second membre, la série $\Sigma(-1)^n q^{\frac{m^2}{4}}$, composée de termes deux à deux égaux et de signes contraires, disparaît et, en se rappelant qu'on a posé $m=2n+1$, on voit qu'il se réduit, par suite, à la quantité

$$-i\sum(-1)^n\frac{q^{(n+1)^2}}{\sin\frac{\pi}{2K}(x-miK')}.$$

Mais dans cette somme, qui s'étend à toutes les valeurs positives et négatives de n, nous pouvons remplacer n par $n-1$: elle devient ainsi

$$+i\sum \frac{(-1)^n q^{n^2}}{\sin\frac{\pi}{2K}(x+iK'-2niK')}.$$

De la décomposition du terme général en une partie entière et en éléments simples, on tire donc la relation

$$-ie^{\frac{i\pi}{4K}(2x+iK')}\sum \frac{(-1)^n q^{\frac{m^2}{4}}}{\operatorname{tang}\frac{\pi}{2K}(x-miK')} = i\sum \frac{(-1)^n q^{n^2}}{\sin\frac{\pi}{2K}(x+iK'-2niK')}$$

ou bien

$$\frac{-ie^{\frac{i\pi}{4K}(2x+iK')}}{\Theta(x)} = \frac{1}{H(x+iK')};$$

un calcul analogue nous donnera ensuite la seconde relation

$$\frac{-ie^{\frac{i\pi}{4K}(2x+iK')}}{H(x)} = \frac{1}{\Theta(x+iK')}$$

en partant de la formule

$$\frac{-ie^{\frac{i\pi}{4}(2x+iK')}}{\sin\frac{\pi}{2K}(x-2niK')} = q^{n+\frac{1}{4}} - \frac{iq^{n+\frac{1}{4}}}{\operatorname{tang}\frac{\pi}{2K}(x-2niK')},$$

attendu que la série $\Sigma(-1)^n q^{n^2+n+\frac{1}{4}}$ s'évanouit, comme composée de termes deux à deux égaux et de signes contraires.

Les considérations élémentaires que je viens d'employer s'appliquent encore à l'étude des séries plus générales

$$\sum_{-\infty}^{+\infty}{}_n \frac{(-1)^n q^{\frac{m^2}{4}} e^{\frac{mi\pi\omega}{2K}}}{\operatorname{tang}\frac{\pi}{2K}(x-miK')}, \qquad \sum_{-\infty}^{+\infty}{}_n \frac{(-1)^n q^{n^2} e^{\frac{ni\pi\omega}{K}}}{\sin\frac{\pi}{2K}(x-2niK')},$$

qui donnent $\frac{1}{\Theta(x)}$ et $\frac{1}{H(x)}$ en y supposant $\omega = 0$. Ainsi, en faisant

$$\varphi(x, \omega) = \sum \frac{(-1)^n q^{\frac{m^2}{4}} e^{\frac{mi\pi\omega}{2K}}}{\tang \frac{\pi}{2K}(x - miK')},$$

on démontrera, de cette manière, la relation suivante (¹)

$$\varphi(x) e^{\frac{i\pi}{K}(x + iK' + \omega)} = -\varphi(x + 2iK') + H(\omega)\left[1 - e^{\frac{i\pi}{K}(x + iK' + \omega)}\right].$$

(¹) Nous supprimons ici quelques lignes qui nous ont paru obscures.
E. P.

EXTRAIT

D'UNE

LETTRE ADRESSÉE A M. MITTAG-LEFFLER, DE STOCKHOLM,
PAR M. CH. HERMITE, DE PARIS,

SUR UNE

APPLICATION DU THÉORÈME DE M. MITTAG-LEFFLER

DANS LA THÉORIE DES FONCTIONS.

Journal de Crelle, t. 92, p. 145-155.

A M. Weierstrass est due, comme vous le savez bien, la remarque importante que l'expression analytique de la fonction $D_x \log \Gamma(1+x)$, par la formule

$$C + \left(1 - \frac{1}{1+x}\right) + \left(\frac{1}{2} - \frac{1}{2+x}\right) + \ldots + \left(\frac{1}{n} - \frac{1}{n+x}\right) + \ldots,$$

a été la première indication qui ait mis sur la voie de votre théorème général. C'est en effet le premier exemple connu, où la série des fractions simples, étant divergente, se change en une série absolument convergente, en ajoutant une constante à chacune des fractions. Les fonctions elliptiques sont venues après; et dans cette formule, qu'a donnée le premier M. Weierstrass,

$$\frac{H'(x)}{H(x)} = \sum \left[\frac{1}{x + 2mK + 2m'iK'} - \frac{1}{2mK + 2m'iK'} - \frac{x}{(2mK + 2m'iK')^2}\right],$$

c'est un binome du premier degré qu'on retranche au lieu d'une constante. Voici un cas enfin où il faut retrancher des fractions simples un polynome entier de degré limité, mais qui peut être quelconque. Considérez la fonction $F(x) = \frac{\Gamma(x)\Gamma(a)}{\Gamma(x+a)}$, dont les pôles sont $x = -n$ et les résidus correspondants

$$R_n = \frac{(-1)^n(a-1)(a-2)\ldots(a-n)}{1.2\ldots n}.$$

Si nous supposons que la constante a soit positive, la série $\sum \frac{R_n}{x+n}$ est convergente, et sans qu'il soit besoin d'ajouter une fonction holomorphe, on a l'expression

$$F(x) = \sum \frac{R_n}{x+n}.$$

C'est ce qu'on prouvera immédiatement au moyen de la formule $F(x) = \int_0^1 (1-t)^{a-1} t^{x-1}\, dt$; nous pouvons, en effet, sous le signe d'intégration, développer la puissance $(1-t)^{a-1}$, et écrire

$$F(x) = \int_0^1 \sum \frac{(-1)^n(a-1)(a-2)\ldots(a-n)}{1.2\ldots n} t^{x-1+n}\, dt,$$

puis

$$F(x) = \sum \frac{(-1)^n(a-1)(a-2)\ldots(a-n)}{1.2\ldots n} \frac{1}{x+n}.$$

Vous observerez, de plus, que x devant être supposé nécessairement positif dans l'intégrale, le résultat déduit du développement en série subsiste pour toute valeur réelle ou imaginaire de la variable. Mais admettons que a soit négatif (réel pour plus de simplicité), et soit $a = -a'$. La série précédente cesse d'être convergente, et nous avons par conséquent à chercher s'il existe une valeur entière de l'exposant i qui rende convergente la nouvelle suite

$$\sum \frac{R_n}{n^i} = \sum \frac{(a'+1)(a'+2)\ldots(a'+n)}{1.2\ldots n} \frac{1}{n^i}.$$

Or, en désignant par u_n le terme général, on a

$$\frac{u_{n+1}}{u_n} = \frac{n^i(n+1+a')}{(n+1)^{i+1}} = \frac{n^{i+1}+(1+a')n^i}{n^{i+1}+(1+i)n^i+\ldots}$$

et la règle de Gauss donne immédiatement la condition

$$1+a'-1-i+1 < 0$$

ou simplement

$$i > a' + 1.$$

La fonction considérée nous conduit donc à l'application de votre théorème dans la circonstance que j'avais en vue et qui s'offre pour la première fois, si je ne me trompe, en Analyse. Pour parvenir alors à l'expression de $F(x)$, je poserai $a = -\nu + \alpha$, ν étant un nombre entier et α positif, puis je ferai usage de la relation élémentaire

$$\Gamma(x-\nu) = \frac{\Gamma(x)}{(x-1)(x-2)\ldots(x-\nu)}$$

qui permet d'écrire

$$F(x) = \frac{\Gamma(x)\Gamma(\alpha-\nu)}{\Gamma(x+\alpha-\nu)} = G(x)\frac{\Gamma(x)\Gamma(\alpha)}{\Gamma(x+\alpha)},$$

où j'ai fait

$$G(x) = \left(1+\frac{x}{\alpha-1}\right)\left(1+\frac{x}{\alpha+2}\right)\cdot\cdot\left(1+\frac{x}{\alpha-\nu}\right).$$

Vous voyez qu'étant ramené au cas précédemment considéré, on en conclut immédiatement

$$F(x) = G(x)\sum\frac{(-1)^n(\alpha-1)(\alpha-2)\ldots(\alpha-n)}{1.2\ldots n}\,\frac{1}{x+n};$$

un calcul facile montre ensuite qu'on a

$$R_n = \frac{(-1)^n(\alpha-1)(\alpha-2)\ldots(\alpha-n)}{1.2\ldots n}\,G(-n),$$

et en désignant le polynome de degré $\nu-1$ en x, $\dfrac{G(x)-G(-n)}{x+n}$ par $G_n(x)$, nous parvenons à l'expression analytique de la fonction $F(x)$, sous la forme que donne votre théorème, à savoir :

$$F(x) = \sum\left[\frac{R_n}{x+n} + G_n(x)\right].$$

Remarquez cependant cette légère modification qui consiste en ce que $G_n(x)$ n'est point le polynome

$$-R_n\left(\frac{1}{n}+\frac{x}{n^2}+\ldots+\frac{x^{\nu-1}}{n^\nu}\right).$$

Cette circonstance a pour effet de supprimer toute partie entière dans $F(x)$, et elle suggère la considération suivante : Soit, en général, $f(x)$ une fonction uniforme, n'ayant, pour fixer les idées, que des pôles simples $x = a_n$, et soit R_n le résidu qui correspond à a_n. Désignons par $G(x)$ une fonction holomorphe, telle que l'équation $G(x) = 0$ n'ait jamais qu'un nombre fini et limité de racines $x_0, x_1, \ldots$. Cette condition pourra être remplie alors même que $G(x)$ ne serait point un polynome, mais le produit d'un polynome par l'exponentielle d'une fonction holomorphe. Cela posé, je considère, dans les cas où la série des fractions simples $\frac{R_n}{x - a_n}$ n'est point convergente, la nouvelle fonction $\frac{f(x)}{G(x)}$. Désignons par $\mathfrak{R}_n$ les résidus qui correspondent aux pôles $x = a_n$ et par $\rho_0, \rho_1, \ldots$ ceux qui correspondent aux racines $x = x_0$, $x = x_1, \ldots$ de $G(x)$. Il est clair qu'on pourra poser

$$\frac{f(x)}{G(x)} = \frac{\rho_0}{x - x_0} + \frac{\rho_1}{x - x_1} + \ldots + \sum \frac{\mathfrak{R}_n}{x - a_n} + g(x),$$

où $g(x)$ est une fonction holomorphe, lorsque la série

$$\Sigma \operatorname{mod} \frac{\mathfrak{R}_n}{a_n}$$

sera convergente, et l'on tirera évidemment de là

$$f(x) = G(x) \sum \frac{\mathfrak{R}_n}{x - a_n} + g_1(x),$$

$g_1(x)$ désignant encore une fonction holomorphe.

C'est en supposant en particulier $G(x) = x^\nu$, ce qui donne $\mathfrak{R}_n = \frac{R_n}{a_n^\nu}$, qu'on obtient la condition si simple de la convergence de la série $\Sigma \operatorname{mod} \frac{R_n}{a_n^{\nu+1}}$, mais il ne semble pas inutile d'avoir remarqué une condition d'une forme plus générale, qui serait susceptible de trouver son application dans certains cas, et peut-être même lorsque les degrés des polynomes qu'il faut joindre aux fonctions simples $\frac{R_n}{x - a_n}$ doivent être supposés indéfiniment croissants.

La fonction $\frac{\Gamma(x)\Gamma(a - x)}{\Gamma(a)}$ peut encore se traiter comme la précédente et vous allez voir qu'elle conduit à des conséquences analogues. On a alors deux séries de pôles, données par les formules

$$x = -n, \qquad x = a + n;$$

quant aux résidus qui leur correspondent, ils sont égaux et de signes contraires : nous les représenterons par R_n et $-R_n$, en faisant

$$R_n = \frac{(-1)^n a(a+1)\ldots(a+n-1)}{1.2\ldots n}.$$

Cela étant, on reconnaît, comme précédemment par la règle de Gauss, que la série $\sum \frac{R_n}{x+n}$ est convergente sous la condition $a < 1$, il en est de même par conséquent de celle-ci $\sum \frac{R_n}{x-a-n}$, qui en résulte en changeant x en $a - x$. Je recours maintenant, pour établir que la somme des deux suites représente la fonction, à la formule bien connue

$$\frac{\Gamma(x)\Gamma(a-x)}{\Gamma(a)} = \int_0^1 \frac{t^{x-1} + t^{a-x-1}}{(1+t)^a}\,dt,$$

et j'observe que le second membre, pour être une quantité finie, exige les conditions $x > 0$, $a - x > 0$, de sorte qu'il faut nécessairement supposer la constante a positive. Cela admis, l'intégrale nous donne, comme vous allez voir, l'expression de la fonction par une somme de fractions simples. J'emploierai dans ce but le développement de la puissance du binome

$$\frac{1}{(1+t)^a} = \Sigma R_n t^n$$

en m'imposant la condition qu'il soit convergent non seulement pour $t < 1$, mais pour la valeur limite $t = 1$, ce qui aura lieu ainsi qu'Abel l'a établi si l'on suppose $a < 1$. On en tire, en effet,

$$\int_0^1 \frac{t^{x-1} + t^{a-x-1}}{(1+t)^a}\,dt = \Sigma R_n \int_0^1 t^{x-1+n}\,dt + \Sigma R_n \int_0^1 t^{a-x-1+n}\,dt,$$

d'où ce résultat

$$\frac{\Gamma(x)\Gamma(a-x)}{\Gamma(a)} = \sum \frac{R_n}{x+n} - \sum \frac{R_n}{x-a-n},$$

où n'entre point de fonction holomorphe dans le second membre et qui, je le répète, suppose a positif et moindre que l'unité. Je dis qu'il subsiste sans modification pour les valeurs négatives de cette constante, de sorte que la série des fractions simples représentera la fonction dans tous les cas où elle est convergente. Soit, à cet effet, $a = -\nu + \alpha$, ν étant un nombre entier, α étant positif et moindre que l'unité, en faisant

$$G(x) = \left(1 + \frac{x}{1-\alpha}\right)\left(1 + \frac{x}{2-\alpha}\right)\cdots\left(1 + \frac{x}{\nu-\alpha}\right),$$

nous aurons

$$\frac{\Gamma(x)\Gamma(a-x)}{\Gamma(a)} = \frac{\Gamma(x)\Gamma(\alpha-x)}{\Gamma(\alpha)G(x)};$$

cela étant, j'opérerai de la manière suivante : je me fonderai sur cette remarque que, $f(x)$ étant donnée par la formule

$$f(x) = \sum \frac{R}{x-a},$$

on en tire immédiatement, sous la forme semblable d'une série de fractions simples, l'expression d'une seconde fonction, liée à la précédente par la relation

$$f_1(x) = \frac{f(x)}{x-\xi}.$$

Nommons, en effet, R_1 le résidu de $f_1(x)$, correspondant au pôle $x = a$, on aura

$$R_1 = \frac{R}{a-\xi},$$

ce qui permet d'écrire

$$f(x) = \sum \frac{R_1(a-\xi)}{x-a}$$

et, par conséquent,

$$f_1(x) = \sum \frac{R_1(a-\xi)}{(x-a)(x-\xi)}.$$

Or l'identité

$$\frac{a-\xi}{(x-a)(x-\xi)} = \frac{1}{x-a} - \frac{1}{x-\xi}$$

donne sur-le-champ l'expression

$$f_1(x) = \sum \frac{R_1}{x-a} - \frac{\Sigma R_1}{x-\xi},$$

et l'on peut remarquer qu'on a, d'après la valeur de R_1,

$$\Sigma R_1 = \sum \frac{R}{a-\xi} = -f(\xi).$$

La fonction $f_1(x)$ étant ainsi représentée par une série de fractions simples, sans addition d'une partie entière, vous voyez qu'en posant successivement

$$f_2(x) = \frac{f_1(x)}{x-\xi_1},$$

$$f_3(x) = \frac{f_2(x)}{x-\xi_2},$$

$$\cdots\cdots\cdots\cdots\cdots,$$

$$f_\nu(x) = \frac{f_{\nu-1}(x)}{x-\xi_{\nu-1}},$$

il en sera de même de proche en proche de toutes ces quantités dont la dernière a pour expression

$$f_\nu(x) = \frac{f(x)}{G(x)},$$

où l'on a fait

$$G(x) = (x-\xi)(x-\xi_1)\ldots(x-\xi_{\nu-1}).$$

Nous sommes donc assuré, par ce procédé bien facile, que le résultat obtenu pour $\frac{\Gamma(x)\Gamma(a-x)}{\Gamma(a)}$ entraîne une expression de même forme de la fonction $\frac{\Gamma(x)\Gamma(a-x)}{\Gamma(a)}$. Mais cette forme change, et l'on se trouve amené à l'application de votre théorème, lorsque la constante a devient positive et plus grande que l'unité. Faisons, en effet, $a = \nu + \alpha$, où ν est entier, α positif et moindre que 1, et posons

$$G(x) = \left(1-\frac{x}{\alpha}\right)\left(1-\frac{x}{\alpha+1}\right)\cdots\left(1-\frac{x}{\alpha+\nu-1}\right),$$

on aura

$$\frac{\Gamma(x)\Gamma(a-x)}{\Gamma(a)} = G(x)\frac{\Gamma(x)\Gamma(\alpha-x)}{\Gamma(\alpha)}.$$

Désignons encore par ρ_n ce que devient R_n quand on change a en α, la formule obtenue plus haut, à savoir

$$\frac{\Gamma(x)\Gamma(\alpha-x)}{\Gamma(\alpha)} = \sum \frac{\rho_n}{x+n} - \sum \frac{\rho_n}{x-\alpha-n},$$

nous donne

$$\frac{\Gamma(x)\Gamma(a-x)}{\Gamma(a)}=\sum\frac{G(x)\rho_n}{x+n}-\sum\frac{G(x)\rho_n}{x-\alpha-n}.$$

Or les ν premiers termes de la seconde série, dans le second membre, à savoir

$$G(x)\left(\frac{\rho_n}{x-\alpha}+\frac{\rho_n}{x-\alpha-1}+\ldots+\frac{\rho_{\nu-1}}{x-\alpha-\nu+1}\right)$$

conduisent d'après l'expression de $G(x)$ à un polynome entier de degré $\nu-1$. Il viendra donc, si on le désigne un moment par $P(x)$,

$$\sum\frac{G(x)\rho_n}{x-\alpha-n}=P(x)+\sum\frac{G(x)\rho_{\nu+n}}{x-\alpha-\nu-n},$$

les suites se rapportant aux valeurs $n=0, 1, 2, \ldots$.

En se rappelant qu'on a posé $a=\alpha+\nu$, on peut encore écrire

$$\sum\frac{G(x)\rho_n}{x-a-n}=P(x)+\sum\frac{G(x)\rho_{\nu+n}}{x-a-n}$$

et nous obtenons en conséquence la formule

$$\frac{\Gamma(x)\Gamma(a-x)}{\Gamma(a)}=\sum\frac{G(x)\rho_n}{x+n}-\sum\frac{G(x)\rho_{\nu+n}}{x-a-n}-P(x).$$

Si l'on désigne par $G_n(x)$ et $G_n^1(x)$ deux polynomes entiers de degré $\nu-1$, les termes généraux des deux séries se mettront d'ailleurs sous la forme

$$\frac{G(x)\rho_n}{x+n}=\frac{R_n}{x+n}+G_n(x),$$

$$\frac{G(x)\rho_{\nu+n}}{x-a-n}=\frac{R_n}{x-a-n}+G_n^1(x),$$

qui est celle que donne votre théorème.

P.-S. Je viens de remarquer qu'un point important de la théorie des fonctions eulériennes conduit à une application de la notion de coupure dans les intégrales définies. Considérez en effet la relation qui donne la valeur approchée de $\log\Gamma(z)$, à savoir

$$\log\Gamma(z)=\left(z-\frac{1}{2}\right)\log z-z+\log\sqrt{2\pi}+\Phi(z).$$

On a ces deux expressions découvertes par Binet pour le terme complémentaire

$$\Phi(z) = \frac{1}{2}\int_{-\infty}^{0} \frac{e^t(t-2)-t-2}{t^2(e^t-1)} e^{tz}\,dt,$$

$$\Phi(z) = \frac{1}{\pi}\int_{0}^{\infty} \log\frac{e^{2\pi t}}{e^{2\pi t}-1}\,\frac{z\,dt}{z^2+t^2},$$

dont la première suppose essentiellement positive la partie réelle de la variable, tandis que la seconde existant dans toute l'étendue du plan semble donner $\log\Gamma(z)$, pour toute valeur de z. Mais l'intégrale $\int_0^\infty \log\frac{e^{2\pi t}}{e^{2\pi t}-1}\,\frac{z\,dt}{z^2+t^2}$ admet pour coupure le lieu représenté par l'équation

$$z^2+t^2=0,$$

t variant de zéro à l'infini, c'est-à-dire l'axe des ordonnées. C'est la circonstance de cette ligne de discontinuité qui explique qu'à gauche de la coupure, l'intégrale cesse de correspondre à la fonction $\log\Gamma(z)$, de sorte que les expressions de Binet ne donnent l'une et l'autre cette quantité que pour la moitié du plan qui est à droite de l'axe des ordonnées. J'ajoute qu'une des propriétés fondamentales de $\Gamma(z)$ s'offre comme une conséquence à tirer de cette considération de la coupure. Envisageons en effet, afin d'avoir l'intégrale d'une fonction uniforme, la dérivée $\Phi'(z)$ qui a pour expression, comme on le trouve aisément,

$$\Phi'(z) = -\int_0^\infty \frac{2t\,dt}{(z^2+t^2)(1-e^{-2\pi t})}$$

et donne la relation suivante :

$$\frac{\Gamma'(z)}{\Gamma(z)} = \log z - \frac{1}{2z} + \Phi'(z).$$

Pour deux points infiniment voisins d'un point quelconque de la coupure qui correspondent aux valeurs $t=\theta$, $z=i\theta$, et ont pour affixes les quantités $\varepsilon+i\theta$, $-\varepsilon+i\theta$, où ε est infiniment petit positif, on a d'après la formule générale

$$\Phi'(\varepsilon+i\theta) - \Phi'(-\varepsilon+i\theta) = +\frac{2i\pi}{1-e^{-2\pi\theta}},$$

ou bien, si l'on introduit la quantité $z = i\theta$,

$$\Phi'(\varepsilon + z) - \Phi'(-\varepsilon + z) = -\frac{\pi e^{-i\pi z}}{\sin \pi z} = -\pi(\cot \pi z - i).$$

Mais $\Phi'(z)$ ne change pas de signe avec z, de sorte qu'on peut remplacer le terme $\Phi'(-\varepsilon + z)$ se rapportant à un point qui est à gauche de la coupure par $\Phi'(\varepsilon - z)$; il vient ainsi la relation

$$\Phi'(\varepsilon + z) - \Phi'(\varepsilon - z) = -\pi(\cot \pi z - i),$$

qui s'applique à la fonction Γ.

Ayant en effet

$$\frac{\Gamma'(z)}{\Gamma(z)} - \frac{\Gamma'(-z)}{\Gamma(-z)} = -\log(-1) - \frac{1}{z} + \Phi'(z) - \Phi'(-z),$$

on en conclut que l'expression

$$\frac{\Gamma'(z)}{\Gamma(z)} - \frac{\Gamma'(-z)}{\Gamma(-z)} + \log(-1) + \frac{1}{z}$$

coïncide pour ε infiniment petit, lorsqu'on suppose $z = i\theta$, avec la quantité

$$-\pi(\cot \pi z - i).$$

Elle lui est par conséquent identique dans tout le plan, puisqu'il s'agit de fonctions uniformes, et si l'on fait, comme il est permis, $\log(-1) = i\pi$, nous sommes amené à la relation

$$\frac{\Gamma'(z)}{\Gamma(z)} - \frac{\Gamma'(-z)}{\Gamma(-z)} = -\frac{1}{z} - \pi \cot \pi z,$$

d'où se tire facilement

$$\Gamma(z)\Gamma(-z) = -\frac{\pi}{z \sin \pi z}$$

ou encore

$$\Gamma(z)\Gamma(1 - z) = \frac{\pi}{\sin \pi z}.$$

De ce fait des deux expressions sous forme d'intégrales définies de la fonction $\Phi(z)$, l'une n'existant que dans une moitié du plan, tandis que l'autre subsiste pour toute valeur de la variable, mais avec l'axe des abscisses pour coupure, je crois pouvoir rapprocher comme analogue jusqu'à un certain point le résultat suivant qui est d'une grande importance dans la théorie des fonctions elliptiques. Considérons comme fonctions de q, ou plutôt de ω, en faisant $q = e^{i\pi\omega}$, les quantités $\operatorname{sn}\xi$, $\operatorname{cn}\xi$, $\operatorname{dn}\xi$. Si l'on pose $\omega = x + iy$, les expressions sous forme de quotients, à savoir

$$\operatorname{sn}\xi = \frac{1}{\sqrt{k}}\frac{\mathrm{H}(\xi)}{\Theta(\xi)}, \qquad \operatorname{cn}\xi = \sqrt{\frac{k'}{k}}\frac{\mathrm{H}_1(\xi)}{\Theta(\xi)}, \qquad \operatorname{dn}\xi = \sqrt{k'}\frac{\Theta_1(\xi)}{\Theta(\xi)}$$

n'auront d'existence qu'autant que y sera positif et différent de zéro, tandis que les développements en séries simples

$$\frac{2k\mathrm{K}}{\pi}\operatorname{sn}\frac{2\mathrm{K}\xi}{\pi} = \frac{4\sqrt{q}\sin\xi}{1-q} + \frac{4\sqrt{q^3}\sin 3\xi}{1-q^3} + \ldots,$$

$$\frac{2k\mathrm{K}}{\pi}\operatorname{cn}\frac{2\mathrm{K}\xi}{\pi} = \frac{4\sqrt{q}\cos\xi}{1+q} + \frac{4\sqrt{q^3}\cos 3\xi}{1+q^3} + \ldots,$$

$$\frac{2\mathrm{K}}{\pi}\operatorname{dn}\frac{2\mathrm{K}\xi}{\pi} = 1 + \frac{4q\cos 2\xi}{1+q^2} + \frac{4q^2\cos 4\xi}{1+q^4} + \ldots$$

sont convergents pour toute valeur de q, en exceptant toutefois le cas de ω réel, ou $y = 0$. Or à l'égard de ces expressions analytiques entièrement explicites, l'axe des abscisses, comme la coupure de la seconde des intégrales de Binet, joue le rôle d'une ligne de discontinuité. Dans son beau et important travail intitulé : *Ueber die Theorie die elliptischen Modul-Functionen* (t. LXXXIII du Journal de Borchardt), M. Dedekind a donné, d'après une indication de Riemann, la proposition suivante qui en montre le caractère. Si l'on suppose y infiniment petit positif, et x incommensurable, le module k est absolument indéterminé, tandis qu'en faisant $x = \frac{m}{n}$, où m et n sont des entiers premiers entre eux, on a :

$$\begin{array}{llll} k = \infty, & \text{pour} & m \equiv 1, & n \equiv 1 \pmod 2, \\ k = 1, & \text{pour} & m \equiv 0, & n \equiv 1, \\ k = 0, & \text{pour} & m \equiv 1, & n \equiv 1. \end{array}$$

En suivant l'axe des abscisses, à une distance infiniment petite au-dessus de cet axe, on voit donc se succéder, pour $\operatorname{sn}\xi$ par exemple, les quantités $\sin\xi$ et $\frac{\operatorname{tang} i\xi}{i}$, répondant aux valeurs zéro et l'unité du module, et à des intervalles aussi rapprochés qu'on le veut. Je remarquerai encore que les développements ci-dessus, sous forme de séries simples, qui étendent à tout le plan, relativement à ω, la détermination de $\operatorname{sn}\frac{2K\xi}{\pi}$, $\operatorname{cn}\frac{2K\xi}{\pi}$, $\operatorname{dn}\frac{2K\xi}{\pi}$, ne réalisent point cette extension de la même manière pour les trois fonctions. Faisons en effet $\xi = \frac{\pi}{2}$ dans $\operatorname{sn}\frac{2K\xi}{\pi}$, et $\xi = 0$ dans $\operatorname{cn}\frac{2K\xi}{\pi}$, on trouvera ces formules

$$\frac{2kK}{\pi} = \frac{4\sqrt{q}}{1-q} + \frac{4\sqrt{q^3}}{1-q^3} + \ldots,$$

$$\frac{2kK}{\pi} = \frac{4\sqrt{q}}{1+q} + \frac{4\sqrt{q^3}}{1+q^3} + \ldots,$$

dont la première change de signe, mais non la seconde, lorsqu'on change q en $\frac{1}{q}$, c'est-à-dire ω en $-\omega$. Que de choses difficiles et délicates se trouvent amenées dans l'étude d'une fonction, par la présence d'une ligne de discontinuité !

Paris, septembre 1881.

SUR

L'INTÉGRALE ELLIPTIQUE DE TROISIÈME ESPÈCE.

Comptes rendus de l'Académie des Sciences, t. XCIV, 1882, p. 901.

L'expression donnée pour la première fois par Jacobi, à savoir :

$$\int_0^x \frac{k^2 \operatorname{sn} a \operatorname{cn} a \operatorname{dn} a \operatorname{sn}^2 x}{1 - k^2 \operatorname{sn}^2 a \operatorname{sn}^2 x} dx = x \frac{\Theta'(a)}{\Theta(a)} + \frac{1}{2} \log \frac{\Theta(x-a)}{\Theta(x+a)},$$

renferme un logarithme dont les déterminations multiples répondent aux diverses valeurs que prend l'intégrale suivant le chemin décrit par la variable. Dans le cas des fonctions complètes, que je désignerai de la manière suivante,

$$\Pi(a) = \int_0^{K} \frac{k^2 \operatorname{sn} a \operatorname{cn} a \operatorname{dn} a \operatorname{sn}^2 x}{1 - k^2 \operatorname{sn}^2 a \operatorname{sn}^2 x} dx,$$

$$i\,\Pi^1(a) = \int_K^{K+iK'} \frac{k^2 \operatorname{sn} a \operatorname{cn} a \operatorname{dn} a \operatorname{sn}^2 x}{1 - k^2 \operatorname{sn}^2 a \operatorname{sn}^2 x} dx,$$

je me suis proposé, en supposant les deux intégrales rectilignes, de lever toute ambiguïté et d'obtenir une détermination précise. On y parvient, comme je vais le faire voir.

Considérons d'abord la quantité $\Pi(a)$; en vertu de la relation

$$\Theta(K-a) = \Theta(K+a),$$

la formule de Jacobi donne immédiatement

$$\Pi(a) = K \frac{\Theta'(a)}{\Theta(a)} + \mu i \pi,$$

où μ est un nombre entier qu'il s'agit de déterminer. Or, en supposant que a soit réel, l'intégrale est elle-même réelle, et, dans ce cas, on doit prendre nécessairement $\mu = 0$. J'ajoute qu'il en est encore de même si l'on a

$$a = p + iq,$$

p étant quelconque, et q compris entre $-K'$ et $+K'$, c'est-à-dire tant que le paramètre est représenté par un point compris entre deux parallèles à l'axe des abscisses, menées à la distance K′ au-dessus et au-dessous de cet axe. Dans cet intervalle, en effet, la fonction $\Pi(a)$ est finie et continue, comme le montre la formule

$$\Pi(a) = K\frac{\Theta'(a)}{\Theta(a)} + \frac{1}{2}\int_0^K \left[\frac{\Theta'(x-a)}{\Theta(x-a)} - \frac{\Theta'(x+a)}{\Theta(x+a)}\right] dx.$$

Plaçons-nous maintenant en un point quelconque du plan en changeant a en $a + 2miK'$, où m désigne un entier arbitraire. La fonction $\Pi(a)$ a pour période $2K$ et $2iK'$; le nombre μ doit donc être tel qu'on ait

$$K\frac{\Theta'(a+2miK')}{\Theta(a+2miK')} + \mu i\pi = K\frac{\Theta'(a)}{\Theta(a)}.$$

Cela étant, la relation

$$\frac{\Theta'(a+2miK')}{\Theta(a+2miK')} = \frac{\Theta'(a)}{\Theta(a)} - \frac{mi\pi}{K}$$

nous donne sur-le-champ $\mu = m$. La première des intégrales complètes de troisième espèce est ainsi une fonction doublement périodique de la variable a, continue entre les parallèles au-dessus et au-dessous de l'axe des abscisses, aux distances K', $3K'$, ..., $(2m-1)K'$ de l'origine, et qui change brusquement de valeur, en s'augmentant de la constante $i\pi$, lorsqu'on franchit une de ces droites en s'élevant au-dessus de l'axe.

Ce résultat peut être obtenu d'une autre manière, en considérant les coupures de l'intégrale

$$\Pi(a) = \int_0^K \frac{k^2 \operatorname{sn} a \operatorname{cn} a \operatorname{dn} a \operatorname{sn}^2 x}{1 - k^2 \operatorname{sn}^2 a \operatorname{sn}^2 x}\, dx.$$

Qu'on pose, à cet effet, l'équation

$$1 - k^2 \operatorname{sn}^2 a \operatorname{sn}^2 x = 0,$$

on en tire

$$a = \pm x + 2mK + (2m'+1)iK'$$

et, par conséquent, en faisant varier x de zéro à K, toutes les droites dont il vient d'être question. On trouve ensuite, par la formule que j'ai donnée ailleurs (*Journal de Mathématiques* de MM. Weierstrass et Kronecker, t. XCI, p. 65), la constante $i\pi$, pour la différence des valeurs de l'intégrale en deux points infiniment voisins au-dessus et au-dessous d'une coupure.

Nous allons arriver à des conséquences toutes semblables en considérant la seconde fonction complète, qui est donnée par l'intégrale

$$i\Pi^1(a) = \int_K^{K+iK'} \frac{k^2 \operatorname{sn} a \operatorname{cn} a \operatorname{dn} a \operatorname{sn}^2 x}{1 - k^2 \operatorname{sn}^2 a \operatorname{sn}^2 x}\, dx.$$

De la formule de Jacobi on tire d'abord, au moyen de la relation

$$\frac{\Theta(K + iK' - a)}{\Theta(K + iK' + a)} = e^{\frac{i\pi a}{K}},$$

l'expression suivante, où μ désigne encore un entier indéterminé:

$$\Pi^1(a) = K' \frac{\Theta'(a)}{\Theta(a)} + \frac{\pi a}{2K} + \mu\pi.$$

Elle montre que l'intégrale est une quantité réelle pour des valeurs réelles de a, ce qu'on voit d'ailleurs en changeant de variable et posant

$$x = K + it,$$

de sorte que t varie de zéro à K'. Au moyen de la formule

$$\operatorname{sn}(K + it) = \frac{1}{\operatorname{dn}(t, k')},$$

nous obtenons, en effet, pour transformée,

$$\Pi^1(a) = \int_0^{K'} \frac{k^2 \operatorname{sn} a \operatorname{cn} a \operatorname{dn} a}{\operatorname{dn}^2(t, k') - k^2 \operatorname{sn}^2 a}\, dt.$$

Je remarque encore que l'équation

$$a = \pm x + 2mK + (2m'+1)iK'$$

représente, lorsqu'on y fait $x = K + it$, la série des parallèles à l'axe des ordonnées, aux distances K, 3K, 5K, ... de cet axe, et qu'entre deux parallèles consécutives l'intégrale sera une fonction continue de a, sauf en des points isolés. Si l'on considère, en particulier, la portion de l'axe des abscisses comprises entre les limites $K - \varepsilon$ et $-K + \varepsilon$, où ε est aussi petit qu'on le veut, l'entier μ qui ne change pas dans cet intervalle est nul, attendu que l'intégrale s'évanouit quand on suppose $a = 0$. Nous avons, par conséquent, entre les premières parallèles, l'équation

$$\Pi^1(a) = K' \frac{\Theta'(a)}{\Theta(a)} + \frac{\pi a}{2K},$$

dont le second membre se reproduit, comme on le vérifie aisément si l'on change a en $a + 2iK'$.

Cela posé, pour tout autre point du plan dont l'affixe peut être représentée par $a + 2mK$, la partie réelle de a étant comprise entre $-K$ et $+K$, nous avons

$$\Pi^1(a + 2mK) = \Pi^1(a),$$

c'est-à-dire

$$K' \frac{\Theta'(a + 2mK)}{\Theta(a + 2mK)} + \frac{\pi(a + 2mK)}{2K} + \mu\pi = K' \frac{\Theta'(a)}{\Theta(a)} + \frac{\pi a}{2K},$$

et nous en concluons la valeur cherchée $\mu = -m$.

EXTRAIT

D'UNE

LETTRE ADRESSÉE A M. MITTAG-LEFFLER PAR M. CH. HERMITE

SUR UNE

RELATION DONNÉE PAR M. CAYLEY

DANS LA THÉORIE DES FONCTIONS ELLIPTIQUES.

Acta Mathematica, t. I, p. 368-370.

Le numéro d'octobre 1878, du *Bulletin des Sciences mathématiques* de M. Darboux, contient, à la page 215, une équation intéressante pour la théorie des fonctions elliptiques, qui a été découverte par M. Cayley, et donnée par l'illustre géomètre sous la forme suivante. Supposons les quatre quantités u, v, r, s, assujetties à la condition

$$u + v + r + s = 0,$$

on aura

$$\begin{aligned} &- k'^2 \operatorname{sn} u \operatorname{sn} v \operatorname{sn} r \operatorname{sn} s \\ &+ \quad \operatorname{cn} u \operatorname{cn} v \operatorname{cn} r \operatorname{cn} s \\ &- \frac{1}{k^2} \operatorname{dn} u \operatorname{dn} v \operatorname{dn} r \operatorname{dn} s = - \frac{k'^2}{k^2}. \end{aligned}$$

Cette équation remarquable se démontre facilement au moyen des formules dont je fais usage depuis longtemps dans mes Leçons de la Sorbonne, et qui donnent la décomposition en éléments simples, des trois quantités

$$\operatorname{sn} x \operatorname{sn}(x+a), \qquad \operatorname{cn} x \operatorname{cn}(x+a), \qquad \operatorname{dn} x \operatorname{dn}(x+a).$$

Soit

$$Z(x) = \frac{\Theta'(x)}{\Theta(x)},$$

la première de ces formules n'est autre que la relation fondamentale de Jacobi, à savoir

$$\operatorname{sn} x \operatorname{sn}(x+a) = \frac{1}{k^2 \operatorname{sn} a}[\mathrm{Z}(x) - \mathrm{Z}(x+a) + \mathrm{Z}(a)];$$

nous avons ensuite

$$\operatorname{cn} x \operatorname{cn}(x+a) = \operatorname{cn} a - \frac{\operatorname{dn} a}{k^2 \operatorname{sn} a}[\mathrm{Z}(x) - \mathrm{Z}(x+a) + \mathrm{Z}(a)],$$

$$\operatorname{dn} x \operatorname{dn}(x+a) = \operatorname{dn} a - \frac{\operatorname{cn} a}{\operatorname{sn} a}[\mathrm{Z}(x) - \mathrm{Z}(x+a) + \mathrm{Z}(a)].$$

Cela étant, si l'on fait $u = x$ et $r + s = a$, de sorte qu'on ait $v = -x - a$, la relation à établir devient

$$\begin{aligned} &k'^2 \operatorname{sn} x \operatorname{sn}(x+a) \operatorname{sn} r \operatorname{sn} s \\ +\;& \operatorname{cn} x \operatorname{cn}(x+a) \operatorname{cn} r \operatorname{cn} s \\ -\;& \frac{1}{k^2} \operatorname{dn} x \operatorname{dn}(x+a) \operatorname{dn} r \operatorname{dn} s = -\frac{k'^2}{k^2}. \end{aligned}$$

En employant maintenant les formules que je viens de rappeler et posant, pour abréger,

$$\mathrm{U} = \frac{1}{k^2 \operatorname{sn} a}[\mathrm{Z}(x) - \mathrm{Z}(x+a) - \mathrm{Z}(a)],$$

on trouve

$$\mathrm{U} k'^2 \operatorname{sn} r \operatorname{sn} s + \operatorname{cn} r \operatorname{cn} s(\operatorname{cn} a - \mathrm{U} \operatorname{dn} a) - \operatorname{dn} r \operatorname{dn} s\left(\frac{\operatorname{dn} a}{k^2} - \mathrm{U} \operatorname{cn} a\right) = -\frac{k'^2}{k^2}$$

ou bien

$$\begin{aligned} &(k'^2 \operatorname{sn} r \operatorname{sn} s - \operatorname{cn} r \operatorname{cn} s \operatorname{dn} a + \operatorname{dn} r \operatorname{dn} s \operatorname{cn} a)\mathrm{U} \\ &\qquad + \operatorname{cn} r \operatorname{cn} s \operatorname{cn} a - \frac{1}{k^2} \operatorname{dn} r \operatorname{dn} s \operatorname{dn} a = -\frac{k'^2}{k^2}. \end{aligned}$$

Il suffit donc de faire voir qu'on a

$$\begin{aligned} &k'^2 \operatorname{sn} r \operatorname{sn} s - \operatorname{cn} r \operatorname{cn} s \operatorname{dn} a + \operatorname{dn} r \operatorname{dn} s \operatorname{cn} a = 0 \\ &\qquad \operatorname{cn} r \operatorname{cn} s \operatorname{cn} a - \frac{1}{k^2} \operatorname{dn} r \operatorname{dn} s \operatorname{dn} a = -\frac{k'^2}{k^2} \end{aligned}$$

sous la condition $r + s = a$. Soit $r = -x$, et par conséquent $s = a + x$, les relations que nous obtenons ainsi, à savoir

$$\begin{aligned} &k'^2 \operatorname{sn} x \operatorname{sn}(x+a) + \operatorname{cn} x \operatorname{cn}(x+a) - \operatorname{dn} x \operatorname{dn}(x+a) \operatorname{dn} a = 0 \\ &\qquad \operatorname{cn} x \operatorname{cn}(x+a) \operatorname{cn} a - \frac{1}{k^2} \operatorname{dn} x \operatorname{dn}(x+a) \operatorname{dn} a = -\frac{k'^2}{k^2} \end{aligned}$$

reviennent exactement à celles qui résultent des formules de décomposition en éléments simples que nous venons d'appliquer, en éliminant la quantité désignée par U. On trouve ainsi en effet

$$\operatorname{cn} x \operatorname{cn}(x+a) = \operatorname{cn} a - \operatorname{sn} x \operatorname{sn}(x+a) \operatorname{dn} a,$$
$$\operatorname{dn} x \operatorname{dn}(x+a) = \operatorname{dn} a - k^2 \operatorname{sn} x \operatorname{sn}(x+a) \operatorname{cn} a;$$

or, en multipliant la première de ces égalités par $\operatorname{dn} a$, la seconde par $\operatorname{cn} a$, on en conclut, en retranchant membre à membre, la première des deux équations à établir. La suivante s'obtient par un calcul semblable, qui revient à l'élimination de la quantité $\operatorname{sn} x \operatorname{sn}(x+a)$.

REMARQUE

AU SUJET DE LA NOTE DE M. LIPSCHITZ (¹).

Comptes rendus de l'Académie des Sciences,
t. XCVII, 1883, p. 1414.

Les équations de Jacobi, qui sont l'objet de la belle analyse qu'on vient de voir,

$$\frac{d\log\frac{k^2}{k'^2}}{d\log q} = \mathfrak{S}_3^4(q), \qquad \frac{d\log\frac{1}{k'^2}}{d\log q} = \mathfrak{S}_2^4(q), \qquad \frac{d\log k^2}{d\log q} = \mathfrak{S}_0^4(q),$$

résultent aussi de la formule fondamentale du grand géomètre

$$\int_0^x k^2 \operatorname{sn}^2 x\, dx = \frac{Jx}{K} - \frac{\Theta'(x)}{\Theta(x)}.$$

Différentions et changeons successivement x en $x+K$, $x+K+iK'$; on en tire d'abord

$$k^2 \operatorname{sn}^2 x = \frac{J}{K} - \frac{\Theta''(x)}{\Theta(x)} + \frac{\Theta'^2(x)}{\Theta^2(x)},$$

$$\frac{k^2 \operatorname{cn}^2 x}{\operatorname{dn}^2 x} = \frac{J}{K} - \frac{\Theta_1''(x)}{\Theta_1(x)} + \frac{\Theta_1'^2(x)}{\Theta_1^2(x)},$$

$$\frac{\operatorname{dn}^2 x}{\operatorname{cn}^2 x} = \frac{J}{K} - \frac{H_1''(x)}{H_1(x)} + \frac{H_1'^2(x)}{H_1^2(x)}.$$

Soit maintenant $x = 0$, le développement en série

$$\Theta\left(\frac{2Kx}{\pi}\right) = 1 - 2q\cos 2x + 2q^4\cos 4x - \ldots$$

(¹) LIPSCHITZ, *Sur un point de la théorie des fonctions elliptiques* (*Comptes rendus,* t. XCVII, 1883, p. 1411).

donne immédiatement

$$\left(\frac{2K}{\pi}\right)^2 \Theta''(0) = 4(2q - 2.4q^4 + 2.9q^9 - \ldots) = -4\,\frac{d\,\mathfrak{I}_0(q)}{d\log q},$$

de sorte qu'on peut écrire

$$\Theta''(0) = -\frac{4}{\mathfrak{I}_3^4(q)}\,\frac{d\,\mathfrak{I}_0(q)}{d\log q},$$

puis semblablement

$$\Theta_1''(0) = -\frac{4}{\mathfrak{I}_3^4(q)}\,\frac{d\,\mathfrak{I}_3(q)}{d\log q},$$

$$H_2''(0) = -\frac{4}{\mathfrak{I}_3^4(q)}\,\frac{d\,\mathfrak{I}_2(q)}{d\log q}.$$

On obtient donc ainsi

$$0 = \frac{J}{K} + \frac{4}{\mathfrak{I}_3^4(q)}\,\frac{d\log\mathfrak{I}_0(q)}{d\log q},$$

$$k^2 = \frac{J}{K} + \frac{4}{\mathfrak{I}_3^4(q)}\,\frac{d\log\mathfrak{I}_3(q)}{d\log q},$$

$$1 = \frac{J}{K} + \frac{4}{\mathfrak{I}_3^4(q)}\,\frac{d\log\mathfrak{I}_2(q)}{d\log q};$$

et, en retranchant membre à membre,

$$1 - k^2 = \frac{4}{\mathfrak{I}_3^4(q)}\,\frac{d\log\dfrac{\mathfrak{I}_2(q)}{\mathfrak{I}_3(q)}}{d\log q}, \qquad k^2 = -\frac{1}{\mathfrak{I}_3^4(q)}\,\frac{d\log\dfrac{\mathfrak{I}_0(q)}{\mathfrak{I}_3(q)}}{d\log q}$$

ou bien

$$k'^2 = \frac{1}{\mathfrak{I}_3^4(q)}\,\frac{d\log\left[\dfrac{\mathfrak{I}_2(q)}{\mathfrak{I}_3(q)}\right]^4}{d\log q} = \frac{1}{\mathfrak{I}_3^4(q)}\,\frac{d\log k^2}{d\log q},$$

$$k^2 = -\frac{1}{\mathfrak{I}_3^4(q)}\,\frac{d\log\left[\dfrac{\mathfrak{I}_0(q)}{\mathfrak{I}_3(q)}\right]^4}{d\log q} = -\frac{1}{\mathfrak{I}_3^4(q)}\,\frac{d\log k'^2}{d\log q}.$$

Il suffit maintenant de chasser les dénominateurs, en employant les conditions

$$k^2\,\mathfrak{I}_3^4(q) = \mathfrak{I}_2^4(q), \qquad k'^2\,\mathfrak{I}_3^4(q) = \mathfrak{I}_0^4(q),$$

pour trouver immédiatement deux des relations différentielles cherchées

$$\frac{d\log k^2}{d\log q} = \vartheta_3^4(q), \qquad \frac{d\log k'^2}{d\log q} = -\,\vartheta_2^4(q),$$

et la troisième en résulte, comme conséquence de l'identité

$$\vartheta_3^4(q) = \vartheta_0^4(q) + \vartheta_2^4(q).$$

EXTRAIT D'UNE LETTRE DE M. CH. HERMITE A M. MITTAG-LEFFLER

SUR LA FONCTION $\text{sn}^a x$.

Acta Societatis Scientiarum Fennicæ, t. XII, 1883, p. 439.

Soit proposé de décomposer en éléments simples une puissance entière quelconque a de $\text{sn}\, x$; cette fonction n'ayant qu'un seul pôle $x = i\text{K}'$, je pose $x = i\text{K}' + \varepsilon$ et, comme vous le savez, il faudra calculer la partie principale du développement de $\left(\frac{1}{k\,\text{sn}\,\varepsilon}\right)^a$ suivant les puissances croissantes de ε. Soit donc

$$\frac{1}{\text{sn}^a \varepsilon} = \frac{1}{\varepsilon^a} + \frac{\text{A}_1}{\varepsilon^{a-2}} + \ldots + \frac{\text{A}_n}{\varepsilon^{a-2n}} + \ldots.$$

Je remarque que A_n est le coefficient de $\frac{1}{\varepsilon}$ dans le développement de la quantité $\frac{\varepsilon^{a-2n-1}}{\text{sn}^a \varepsilon}$. On peut par suite le définir comme le résidu de cette fonction qui correspond à $\varepsilon = 0$, d'où cette expression

$$\text{A}_n = \frac{1}{2i\pi} \int \frac{z^{a-2n-1}}{\text{sn}^a z}\, dz,$$

l'intégrale se rapportant à un contour infiniment petit qui comprend l'origine à son intérieur. Pour décrire un tel contour, il faut poser

$$z = \rho(\cos t + i \sin t),$$

ρ étant infiniment petit, et faire varier t de $t = 0$ à $t = 2\pi$. Or en changeant de variable et faisant $\text{sn}\, z = \zeta$, il est clair que, ayant aux infiniment petits près de troisième ordre $\zeta = z$, la nouvelle quantité ζ décrira, comme z, une circonférence infiniment petite, dont le centre est à l'origine. Par conséquent nous voici amené à la détermination du coefficient de $\frac{1}{\zeta}$, dans le développement suivant les puissances croissantes de ζ, de l'expression suivante :

$$\frac{1}{\zeta^a}\left[\int_0^\zeta \frac{dr}{\sqrt{R(\zeta)}}\right]^{a-2n-1} \times \frac{1}{\sqrt{R(\zeta)}},$$

où j'ai fait

$$R(\zeta) = (1-\zeta^2)(1-k^2\zeta^2).$$

Soit à cet effet :

$$\left[\int_0^\zeta \frac{d\zeta}{\sqrt{R(\zeta)}}\right]^{a-2n} = \zeta^{a-2n}(1 + Z_1\zeta^2 + \ldots + Z_{2n}\zeta^{2n} + \ldots),$$

on aura en prenant les dérivées

$$(a-2n)\left[\int_0^\zeta \frac{d\zeta}{\sqrt{R(\zeta)}}\right]^{a-2n-1} \times \frac{1}{\sqrt{R(\zeta)}} = \ldots a Z_{2n}\zeta^{a-1} + \ldots,$$

d'où

$$\frac{1}{\zeta^a}\left[\int_0^\zeta \frac{d\zeta}{\sqrt{R(\zeta)}}\right]^{a-2n-1} \times \frac{1}{\sqrt{R(\zeta)}} = \ldots \frac{a Z_{2n}}{a-2n}\,\frac{1}{\zeta} + \ldots.$$

Le coefficient A_n, qu'il s'agissait d'obtenir, a donc pour valeur

$$A_n = \frac{a Z_{2n}}{a-2n}$$

et s'obtient, ce qui est bien remarquable, par le développement des puissances de l'intégrale elliptique de première espèce.

C'est Jacobi qui a découvert ce résultat par une analyse extrêmement belle, au paragraphe 45 des *Fundamenta*, et je n'ai eu d'autre but que d'y parvenir en suivant la voie de la décomposition en éléments simples. Pour achever le calcul, je suppose en premier lieu que a soit impair, je mettrai sous la forme canonique la partie principale du développement de $\frac{1}{\operatorname{sn}^a \varepsilon}$, comme il suit :

$$\frac{1}{\operatorname{sn}^a \varepsilon} = \frac{D_{a-1}\frac{1}{\varepsilon}}{\Gamma(a)} + A_1\frac{D_{a-3}\frac{1}{\varepsilon}}{\Gamma(a-2)} + A_2\frac{D_{a-5}\frac{1}{\varepsilon}}{\Gamma(a-4)} + \ldots,$$

et d'après la formule concernant les fonctions de seconde espèce, ce qui est ici le cas, puisque nous avons

$$\operatorname{sn}^a(x+2K) = -\operatorname{sn}^a x.$$

nous aurons

$$(k\operatorname{sn}x)^a = \frac{D_{a-1}\operatorname{sn}x}{\Gamma(a)} + A_1\frac{D_{a-3}\operatorname{sn}x}{\Gamma(a-2)} + \ldots.$$

Admettons ensuite que a soit pair, ce qui nous conduit aux fonctions de première espèce dont l'élément simple est la quantité $\frac{\Theta'(x)}{\Theta(x)}$. Vous remarquerez d'abord que la formule

$$\int_0^x k^2\operatorname{sn}^2 x\,dx = \frac{Jx}{K} - \frac{\Theta'(x)}{\Theta(x)}$$

donne

$$k^2\operatorname{sn}^2(x) = \frac{J}{K} - D_x\frac{\Theta'(x)}{\Theta(x)},$$

puis

$$D_{2i}k^2\operatorname{sn}^2 x = -D_{2i+1}\frac{\Theta'(x)}{\Theta(x)},$$

de sorte que l'expression canonique étant

$$\frac{1}{\operatorname{sn}^a\varepsilon} = -\frac{D_{a-1}\frac{1}{\varepsilon}}{\Gamma(a)} - A_1\frac{D_{a-3}\frac{1}{\varepsilon}}{\Gamma(a-2)}, \qquad \ldots,$$

nous obtenons, en désignant par C une certaine constante,

$$(k\operatorname{sn}x)^a = C + \frac{D_{a-2}(k^2\operatorname{sn}^2 x)}{\Gamma(a)} + A_1\frac{D_{a-4}(k^2\operatorname{sn}^2 x)}{\Gamma(a-2)} + \ldots.$$

Reste à déterminer cette constante, ce qui est facile comme vous allez voir.

Soit en général $F(x)$ une fonction doublement périodique de première espèce, qui admet pour pôle unique $x = iK'$. Posons $x = iK' + \varepsilon$ et joignons le terme constant à la partie principale du développement suivant les puissances croissantes de $\frac{1}{\varepsilon}$, de sorte qu'on ait

$$F(iK'+\varepsilon) = a_0 + \frac{a}{\varepsilon^2} + \frac{a_1}{\varepsilon^3} + \frac{a_2}{\varepsilon^4} + \ldots + \frac{a_n}{\varepsilon^{n+2}},$$

le terme en $\frac{1}{\varepsilon}$ manquant dans le second nombre, comme il est nécessaire. L'expression de la fonction sera la suivante :

$$F(x) = C + ak^2 \,\mathrm{sn}^2 x - \frac{a_1 D_x(k^2 \,\mathrm{sn}^2 x)}{1.2} + \frac{a_2 D_x^2(k^2 \,\mathrm{sn}^2 x)}{1.2.3} + \ldots$$
$$+ (-1)^n \frac{a_n D_x^n(k^2 \,\mathrm{sn}^2 x)}{1.2\ldots n+1}$$

et la constante se trouvera déterminée par cette formule

$$C = a_0 - a g_0 - \frac{a_2 g_1}{3} - \frac{a_4 g_2}{5} - \ldots - \frac{a_{2i} g_i}{2i+1},$$

où les quantités $g_0, g_1, \ldots$, résultent de la série

$$\frac{1}{\mathrm{sn}^2 x} = \frac{1}{x^2} + g_0 + g_1 x^2 + g_2 x^4 + \ldots + g_i x^{2i} + \ldots,$$

le nombre i désignant $\frac{n}{2}$ ou $\frac{n-1}{2}$, suivant que n est pair ou impair.

J'en ferai une application en considérant la fonction que j'ai employée comme élément simple dans mes recherches, à savoir

$$f(x) = e^{\lambda x} \chi(x, \omega) = \frac{H'(0) H(x+\omega)}{\Theta(\omega)\Theta(x)} e^{\lambda x - \frac{\Theta'(\omega)}{\Theta(\omega)}(x - iK') + \frac{i\pi\omega}{2K}}$$

et je calculerai l'expression du produit

$$F(x) = D_x f(x) D_x f_1(x),$$

où $f_1(x)$ représente ce que devient $f(x)$ si l'on change λ et ω en $-\lambda$ et $-\omega$.

Nous aurons d'abord en faisant $x = iK' + \varepsilon$:

$$f(x) = \Big(e^{\lambda iK'} - \frac{1}{\varepsilon} + \lambda + \frac{\lambda^2 - \Omega}{2} \varepsilon$$
$$+ \frac{\lambda^3 - 3\Omega\lambda - 2\Omega_1}{6} \varepsilon^2$$
$$+ \frac{\lambda^4 - 6\Omega\lambda^2 - 8\Omega_1\lambda - 3\Omega_2}{24} \varepsilon^3$$
$$+ \ldots\ldots\ldots\ldots\ldots\ldots\ldots\ldots \Big),$$

les quantités Ω étant

$$\Omega = k^2 \,\mathrm{sn}^2 \omega - \frac{1+k^2}{3}, \qquad \Omega_1 = k^2 \,\mathrm{sn}\,\omega \,\mathrm{cn}\,\omega \,\mathrm{dn}\,\omega,$$

$$\Omega_2 = k^4 \,\mathrm{sn}^4 \omega - \frac{2k^2(1+k^2)}{3} \mathrm{sn}^2 \omega - \frac{7 - 22k^2 + 7k^4}{45}.$$

De là, on tire facilement

$$F(x) = \Omega\lambda^2 + 2\Omega_1\lambda + \frac{\Omega^2 + 3\Omega_2}{4} - \frac{\lambda^2 - \Omega}{\varepsilon^2} + \frac{1}{\varepsilon^4}.$$

Cette expression donne

$$F(x) = \frac{D_x^2(k^2 \operatorname{sn}^2 x)}{6} - (\lambda^2 - \Omega)k^2 \operatorname{sn}^2 x + C,$$

et en remplaçant la dérivée seconde par son expression

$$F(x) = k^4 \operatorname{sn}^4 x - \left(\lambda^2 - \Omega + 2\frac{1+k^2}{3}\right) k^2 \operatorname{sn}^2 x + \frac{k^2}{3} + C,$$

ou bien

$$F(x) = k^4 \operatorname{sn}^4 x - (\lambda^2 - k^2 \operatorname{sn}^2\omega + 1 + k^2)k^2 \operatorname{sn}^2 x + \frac{k^2}{3} + C.$$

Je trouve ensuite en employant les coefficients

$$g_0 = \frac{1+k^2}{3}, \quad g_1 = \frac{1 - k^2 + k^4}{15}$$

et après quelques réductions faciles

$$C = k^4 \operatorname{sn}^4\omega - k^2(1+k^2)\operatorname{sn}^2\omega + \frac{2k^2}{3} + 2k^2 \operatorname{sn}\omega \operatorname{cn}\omega \operatorname{dn}\omega.\lambda + k^2 \operatorname{sn}^2\omega.\lambda^2,$$

et de cette valeur je conclus enfin la formule suivante :

$$\begin{aligned}\frac{1}{k^2}F(x) = {} & k^2(\operatorname{sn}^4 x + \operatorname{sn}^2 x \operatorname{sn}^2\omega + \operatorname{sn}^4\omega) - (1+k^2)(\operatorname{sn}^2 x + \operatorname{sn}^2\omega) \\ & - \lambda^2(\operatorname{sn}^2 x - \operatorname{sn}^2\omega) + 2\lambda \operatorname{sn}\omega \operatorname{cn}\omega \operatorname{dn}\omega + 1.\end{aligned}$$

L'expression obtenue par le produit $D_x f(x)\, D_x f_1(x)$ peut être aisément vérifiée en la calculant par une autre méthode qui se présente facilement.

Nous avons en effet

$$\frac{D_x f(x)}{f(x)} = \lambda + \frac{H'(x+\omega)}{H(x+\omega)} - \frac{\Theta'(x)}{\Theta(x)} - \frac{\Theta'(\omega)}{\Theta(\omega)},$$

puis en employant une formule que j'ai donnée dans les *Comptes rendus*

$$\frac{D_x f(x)}{f(x)} = \lambda + \frac{\operatorname{sn} x \operatorname{cn} x \operatorname{dn} x - \operatorname{sn}\omega \operatorname{cn}\omega \operatorname{dn}\omega}{\operatorname{sn}^2 x - \operatorname{sn}^2\omega}.$$

Cela étant, la relation élémentaire

$$f(x)f_1(x) = \frac{H'^2(\omega)H(x+\omega)H(x-\omega)}{\Theta^2(\omega)\Theta^2(x)} = k^2(\operatorname{sn}^2 x - \operatorname{sn}^2\omega)$$

permet d'écrire

$$\begin{aligned}\frac{1}{k^2}D_x f(x)\, D_x f_1(x) = {} & \left(\lambda + \frac{\operatorname{sn}x \operatorname{cn}x \operatorname{dn}x - \operatorname{sn}\omega \operatorname{cn}\omega \operatorname{dn}\omega}{\operatorname{sn}^2 x - \operatorname{sn}^2\omega}\right) \\ & \left(-\lambda + \frac{\operatorname{sn}x \operatorname{cn}x \operatorname{dn}x + \operatorname{sn}\omega \operatorname{cn}\omega \operatorname{dn}\omega}{\operatorname{sn}^2 x - \operatorname{sn}^2\omega}\right) \\ & (\operatorname{sn}^2 x - \operatorname{sn}^2\omega).\end{aligned}$$

Or ayant, comme on le trouve facilement,

$$\begin{aligned}\frac{\operatorname{sn}^2 x \operatorname{cn}^2 x \operatorname{dn}^2 x - \operatorname{sn}^2\omega \operatorname{cn}^2\omega \operatorname{dn}^2\omega}{\operatorname{sn}^2 x - \operatorname{sn}^2\omega} = {} & k^2(\operatorname{sn}^4 x + \operatorname{sn}^2 x \operatorname{sn}^2\omega + \operatorname{sn}^4\omega) \\ & -(1+k^2)(\operatorname{sn}^2 x + \operatorname{sn}^2\omega) + 1,\end{aligned}$$

nous parvenons bien à la formule déjà trouvée, à savoir :

$$\begin{aligned}\frac{1}{k^2}D_x f(x)\, D_x f_1(x) = {} & k^2(\operatorname{sn}^4 x + x \operatorname{sn}^2\omega \operatorname{sn}^2\omega + \operatorname{sn}^2\omega) \\ & -(1+k^2)(\operatorname{sn}^2 x + \operatorname{sn}^2\omega) + 1 \\ & + 2\lambda \operatorname{sn}\omega \operatorname{cn}\omega \operatorname{dn}\omega - \lambda^2(\operatorname{sn}^2 x - \operatorname{sn}^2\omega).\end{aligned}$$

SUR LA

RÉDUCTION DES INTÉGRALES HYPERELLIPTIQUES

AUX FONCTIONS DE PREMIÈRE, DE SECONDE ET DE TROISIÈME ESPÈCE.

Bulletin des Sciences mathématiques, 2e série, t. VII, 1883, p. 36-42.

L'étude des intégrales hyperelliptiques de la forme $\int \frac{P\,dx}{Q\sqrt{R}}$, où P, Q et R sont des polynomes quelconques en x, dont le dernier est supposé n'avoir point de facteurs multiples, s'ouvre par la réduction à un terme algébrique et aux fonctions de première, de seconde et de troisième espèce. La méthode consiste à décomposer, en une partie entière et en fractions simples, la fraction rationnelle $\frac{P}{Q}$, ce qui ramène d'abord aux quantités $\int \frac{x^m\,dx}{\sqrt{R}}$, $\int \frac{dx}{(x-\alpha)^{p+1}\sqrt{R}}$; on fait voir ensuite que, en désignant le degré de R par r, la première peut être réduite pour toute valeur de m, aux cas où cet exposant ne surpasse pas $r-2$, tandis que la seconde se ramène, par un procédé analogue, au seul cas de $p=0$.

Dans une leçon à la Sorbonne, je me suis placé à un point de vue différent pour traiter cette question importante, et je vais l'indiquer en peu de mots.

Je partirai de la forme du dénominateur Q, que donne la méthode des racines égales, à savoir

$$Q = A^{\alpha+1} B^{\beta+1} C^{\gamma+1} \ldots,$$

A, B, C, ... n'ayant que des facteurs simples; mais, en outre, je mettrai à part, s'il y a lieu, ceux de ces facteurs qui appartiennent au polynome R. Dans ce cas, j'adopterai l'expression suivante :

$$Q = A^{\alpha+1} B^{\beta+1} C^{\gamma+1} \ldots S^{\sigma} T^{\tau} \ldots,$$

où S, T, ... sont des diviseurs de R, et il me sera permis de supposer A, B, C, ... premiers avec R.

Cela étant, nous pouvons écrire, en désignant par G, H, ..., M des polynomes entiers

$$\frac{P}{Q} = \frac{G}{A^{\alpha+1}} + \frac{H}{B^{\beta+1}} + \ldots + \frac{M}{S^{\sigma}} + \ldots,$$

et cette expression conduit à deux types d'intégrales

$$\int \frac{G\,dx}{A^{\alpha+1}\sqrt{R}} \quad \text{et} \quad \int \frac{M\,dx}{S^{\sigma}\sqrt{R}},$$

que je vais considérer successivement.

Je ferai d'abord dans la première

$$G = AX + A'RY,$$

en remarquant qu'on satisfait à cette condition, au moyen de polynomes entiers pour X et Y, attendu que A et A'R n'ont aucun facteur commun, d'après ce que nous avons supposé. Nous aurons donc

$$\int \frac{G\,dx}{A^{\alpha+1}\sqrt{R}} = \int \frac{X\,dx}{A^{\alpha}\sqrt{R}} + \int \frac{A'Y\sqrt{R}}{A^{\alpha+1}}\,dx,$$

ou encore

$$\int \frac{G\,dx}{A^{\alpha+1}\sqrt{R}} = \int \frac{X\,dx}{A^{\alpha}\sqrt{R}} - \frac{1}{\alpha} \int D_x\left(\frac{1}{A^{\alpha}}\right) Y\sqrt{R}\,dx.$$

Mais on obtient, en intégrant par parties,

$$\int D_x\left(\frac{1}{A^{\alpha}}\right) Y\sqrt{R}\,dx = \frac{Y\sqrt{R}}{A^{\alpha}} - \int \frac{D_x(Y\sqrt{R})}{A^{\alpha}}\,dx,$$

et l'on en conclut la relation

$$\int \frac{G\,dx}{A^{\alpha+1}\sqrt{R}} = \int \frac{X\,dx}{A^{\alpha}\sqrt{R}} + \int \frac{D_x(Y\sqrt{R})}{\alpha A^{\alpha}}\,dx - \frac{Y\sqrt{R}}{\alpha A^{\alpha}},$$

à laquelle je donnerai cette autre forme

$$\int \frac{G\,dx}{A^{\alpha+1}\sqrt{R}}dx = \int \frac{G_1\,dx}{A^\alpha\sqrt{R}} - \frac{Y\sqrt{R}}{\alpha A^\alpha},$$

en posant, pour abréger,

$$G_1 = X + \frac{1}{2\alpha} Y R' + \frac{1}{\alpha} Y' R.$$

On voit que, G_1 étant un polynome entier comme G, cette égalité donne une formule de réduction dont l'application répétée conduit à l'expression générale

$$\int \frac{G\,dx}{A^{\alpha+1}\sqrt{R}} = \int \frac{\Pi\,dx}{A\sqrt{R}} + \frac{\Phi\sqrt{R}}{A^\alpha},$$

où Π et Φ représentent des fonctions entières de la variable.

Considérons en second lieu l'intégrale $\int \frac{M\,dx}{S^\sigma\sqrt{R}}$, où S est supposé un diviseur de R, de sorte qu'on peut poser

$$R = SU.$$

Cela étant, je détermine deux polynomes entiers X et Y, par la condition

$$M = SX + S'UY.$$

à laquelle on peut ainsi satisfaire, puisque S et S′ U sont premiers entre eux. Nous obtiendrons par là

$$\int \frac{M\,dx}{S^\sigma\sqrt{R}} = \int \frac{X\,dx}{S^{\sigma-1}\sqrt{R}} + \int \frac{S'UY}{S^\sigma\sqrt{R}}dx,$$

puis, en remarquant qu'on peut écrire successivement

$$\begin{aligned}\int \frac{S'UY}{S^\sigma\sqrt{R}}dx &= \int \frac{S'Y\sqrt{U}}{S^{\sigma+\frac{1}{2}}}dx \\ &= -\frac{1}{\sigma-\frac{1}{2}}\int D_x\left(\frac{1}{S^{\sigma-\frac{1}{2}}}\right) Y\sqrt{U}\,dx \\ &= -\frac{Y\sqrt{U}}{\left(\sigma-\frac{1}{2}\right)S^{\sigma-\frac{1}{2}}} + \int \frac{D_x(Y\sqrt{U})}{\left(\sigma-\frac{1}{2}\right)S^{\sigma-\frac{1}{2}}}dx.\end{aligned}$$

cette égalité prend la forme

$$\int \frac{M\,dx}{S^\sigma\sqrt{R}} = \int \frac{X\,dx}{S^{\sigma-1}\sqrt{R}} + \int \frac{D_x(Y\sqrt{U})}{\left(\sigma-\frac{1}{2}\right)S^{\sigma-\frac{1}{2}}}\,dx - \frac{Y\sqrt{U}}{\left(\sigma-\frac{1}{2}\right)S^{\sigma-\frac{1}{2}}}.$$

Posons, pour abréger,

$$M_1 = X + \frac{1}{2\sigma-1}YU' + \frac{1}{\sigma-\frac{1}{2}}Y'U;$$

nous en concluons facilement

$$\int \frac{M\,dx}{S^\sigma\sqrt{R}} = \int \frac{M_1\,dx}{S^{\sigma-1}\sqrt{R}} - \frac{Y\sqrt{R}}{\left(\sigma-\frac{1}{2}\right)S^\sigma}.$$

C'est donc encore une formule de réduction, et dont l'application peut se continuer sans qu'on soit, comme précédemment, arrêté par la présence d'un logarithme. De proche en proche, nous en concluons l'expression générale

$$\int \frac{M\,dx}{S^\sigma\sqrt{R}} = \int \frac{\Theta\,dx}{\sqrt{R}} + \frac{H\sqrt{R}}{S^\sigma},$$

dans laquelle Θ et H représentent des polynomes entiers.

Revenons maintenant à l'intégrale hyperelliptique, qui a été représentée par la formule

$$\int \frac{P\,dx}{Q\sqrt{R}} = \int \frac{G\,dx}{A^{\alpha+1}\sqrt{R}} + \int \frac{H\,dx}{B^{\beta+1}\sqrt{R}} + \ldots + \int \frac{M\,dx}{S^\sigma\sqrt{R}} + \ldots.$$

Les résultats précédemment obtenus donnent la conclusion suivante :

Soit K = ABC ... le produit des facteurs simples de Q, qui n'appartiennent pas à R; si l'on pose Q = KL, on aura

$$\int \frac{P\,dx}{Q\sqrt{R}} = \int \frac{F\,dx}{K\sqrt{R}} + \frac{G\sqrt{R}}{L},$$

en désignant par F et G des polynomes entiers en x.

L'intégrale à laquelle se trouve ainsi ramenée la proposée conduit immédiatement, si l'on décompose la fonction rationnelle $\frac{F}{K}$ en fractions simples, aux fonctions que l'on nomme de troisième espèce. Mais la partie entière de $\frac{F}{K}$, que je désignerai par E, nous amène à traiter un dernier point, ayant pour objet la réduction de l'intégrale $\int \frac{E\,dx}{\sqrt{R}}$. Dans ce but, j'emploierai le développement en série, suivant les puissances descendantes de x, de l'expression suivante :

$$\frac{1}{\sqrt{R}} \int \frac{E\,dx}{\sqrt{R}},$$

qu'on obtient facilement, comme on va voir.

Désignons par r le degré de R, et supposons le module de la variable supérieur au module maximum des racines de l'équation $R = 0$; on aura d'abord

$$\frac{1}{\sqrt{R}} = x^{-\frac{r}{2}}\left(\alpha + \frac{\alpha_1}{x} + \frac{\alpha_2}{x^2} + \ldots\right).$$

Multiplions ensuite par le polynome E, dont je représente le degré par e, il viendra ainsi

$$\frac{E}{\sqrt{R}} = x^{-\frac{r}{2}}\left(\beta x^e + \beta_1 x^{e-1} + \ldots + \frac{\gamma}{x} + \ldots\right),$$

et, par conséquent,

$$\int \frac{E\,dx}{\sqrt{R}} = x^{-\frac{r}{2}}\left(\frac{\beta x^{e+1}}{e - \frac{r}{2} + 1} + \frac{\beta_1 x^e}{e - \frac{r}{2}} + \ldots\right).$$

Nous concluons de là, en multipliant de nouveau par $\frac{1}{\sqrt{R}}$, qu'on peut écrire

$$\frac{1}{\sqrt{R}} \int \frac{E\,dx}{\sqrt{R}} = M + S,$$

M étant un polynome en x de degré $e - r + 1$, S une série $\frac{A}{x} + \frac{A_1}{x^2} + \ldots$, à laquelle s'ajoute, s'il y a lieu, la quantité $\frac{\log x}{\sqrt{R}}$, multipliée par une constante. C'est le polynome M qui conduit à la réduction cherchée. Ayant en effet

$$D_x(M\sqrt{R}) = \frac{\frac{1}{2}MR' + M'R}{\sqrt{R}},$$

je considère l'égalité

$$\int \frac{E\,dx}{\sqrt{R}} - M\sqrt{R} = \int \frac{N\,dx}{\sqrt{R}},$$

où j'écris, pour abréger,

$$N = E - \frac{1}{2}MR' - M'R,$$

et je remarque que le degré de N résulte immédiatement de la relation

$$S\sqrt{R} = \int \frac{N\,dx}{\sqrt{R}}.$$

Si on le désigne par n, et qu'on développe suivant les puissances descendantes de la variable, on trouvera en effet, en égalant les exposants les plus élevés dans les deux membres, la condition

$$\frac{r}{2} - 1 = n - \frac{r}{2} + 1.$$

On a donc $n = r - 2$, et l'égalité

$$\int \frac{E\,dx}{\sqrt{R}} = \int \frac{N\,dx}{\sqrt{R}} + M\sqrt{R}$$

donne, comme nous l'avons dit, la réduction de l'intégrale proposée. Je terminerai en remarquant que l'équation générale précédemment obtenue, à savoir

$$\int \frac{P\,dx}{Q\sqrt{R}} = \int \frac{F\,dx}{K\sqrt{R}} + \frac{G\sqrt{R}}{L},$$

ne détermine pas complètement les polynomes F et G. Sans altérer la forme du second membre, on peut, en effet, lui ajouter la quantité identiquement nulle

$$\int \frac{\frac{1}{2}HR' + H'R}{\sqrt{R}}\,dx - H\sqrt{R},$$

où H est un polynome arbitraire. Mais nous voyons par là qu'on peut toujours, en disposant de ce polynome, supposer le degré de G moindre que celui de L.

Pour plus de clarté, désignons par f, g, k, l les degrés de F, G, K, L; on aura ainsi $g = l - 1$, et notre égalité montre, en développant suivant les puissances descendantes de x le terme algébrique et les deux intégrales, qu'il faut prendre $f = r + k - 2$, si l'on suppose, comme on peut le faire, le polynome P de degré moindre que Q. Cela étant, il est facile de voir que G et F se trouvent alors déterminés. Prenons en effet la dérivée de l'équation, et remarquons pour cela que le quotient $\frac{L'}{L}$ est de la forme $\frac{J}{KR}$, en désignant par J un polynome de degré $r + k - 1$. Un calcul facile nous donne

$$P = FL + G\left(\frac{1}{2}KR' - J\right) + G'KR;$$

or, le degré par rapport à x de l'identité à laquelle il faut ainsi satisfaire étant $r + k + l - 2$, on obtient $r + k + l - 1$ équations qui déterminent, par conséquent, les coefficients de G, au nombre de l, et ceux de F, au nombre de $r + k - 1$. De là résulte un second procédé que je me contenterai d'avoir indiqué en quelques mots, pour parvenir à la formule générale de réduction des intégrales hyperelliptiques.

SUR

QUELQUES POINTS DE LA THÉORIE DES NOMBRES,

PAR

CH. HERMITE ET R. LIPSCHITZ.

Acta Mathematica, t. II, p. 299-304.

I. — EXTRAIT D'UNE LETTRE DE M. HERMITE A M. LIPSCHITZ.

Vous connaissez et vous admirez, comme moi, le Mémoire de Dirichlet sur les valeurs moyennes, où il commence par donner aux quantités près de l'ordre $\sqrt{n}$, l'expression de

$$\varphi(1) + \varphi(2) + \ldots + \varphi(n) = F(n),$$

$\varphi(i)$ désignant le nombre des diviseurs de i. Dirichlet emploie d'abord l'expression connue

$$F(n) = E\left(\frac{n}{1}\right) + E\left(\frac{n}{2}\right) + E\left(\frac{n}{3}\right) + \ldots,$$

puis celle qu'il a découverte

$$F(n) = -\mu\nu + \sum_1^{\mu}{}_i\, E\left(\frac{n}{i}\right) + \sum_1^{\nu}{}_j\, E\left(\frac{n}{j}\right).$$

où il suppose $\mu\nu = n$. En voici une autre encore dont on peut conclure son résultat. Soit pour abréger

$$\nu = E(\sqrt{n}),$$

j'obtiens

$$F(n) = 2\sum_1^{\nu}{}_i\, E\left(\frac{n}{i}\right) - \nu^2.$$

Pour le démontrer, considérez la quantité $F(n+1)$, et supposez en premier lieu que $n+1$ ne soit pas un carré, de sorte qu'on ait

$$E(\sqrt{n+1}) = \nu.$$

Dans la différence

$$F(n+1) - F(n) = 2\sum_1^\nu {}_i\left[E\left(\frac{n+1}{i}\right) - E\left(\frac{n}{i}\right)\right],$$

les seuls termes qui ne seront point nuls seront évidemment ceux où $\frac{n+1}{i}$ est entier, de sorte que la quantité

$$E\left(\frac{n+1}{i}\right) - E\left(\frac{n}{i}\right)$$

devient alors égale à l'unité. Par conséquent

$$F(n+1) - F(n)$$

est le double du nombre des diviseurs de $n+1$, qui sont au-dessous de sa racine carrée ou bien le nombre total de tous ses diviseurs.

Supposons en second lieu

$$E(\sqrt{n+1}) = \nu+1,$$

je puis écrire

$$\begin{aligned} &F(n+1) - F(n) \\ &= 2\sum_1^\nu {}_i\left[E\left(\frac{n+1}{i}\right) - E\left(\frac{n}{i}\right)\right] + 2E\left(\frac{n+1}{\nu+1}\right) - (\nu+1)^2 + \nu^2. \end{aligned}$$

Or on a

$$2E\left(\frac{n+1}{\nu+1}\right) - (\nu+1)^2 + \nu^2 = 2(\nu+1) - 2\nu - 1 = 1,$$

de sorte qu'alors nous trouvons deux fois le nombre des diviseurs moindre que $\sqrt{n+1}$, plus l'unité, c'est-à-dire encore la somme de tous les diviseurs de $n+1$.

Paris, 12 mai 1883.

II. — Extrait d'une lettre de M. Lipschitz a M. Hermite (1).

... En cherchant la cause de la symétrie parfaite qui se manifeste dans la formule par laquelle vous avez exprimé la somme

$$F(n) = \sum_{t=1}^{t=n} f(t),$$

$f(t)$ dénotant le nombre des diviseurs de t, j'ai fait l'observation que l'on peut représenter d'une manière semblable la somme

$$F_s(n) = \sum_{t=1}^{t=n} f_s(t),$$

où $f_s(t)$ désigne le nombre des diviseurs de t qui sont en même temps des puissances $s^{\text{ièmes}}$ d'un nombre, et où $f_s(t)$ coïncide avec $f(t)$ pour $s = 1$. Une valeur quelconque de s étant choisie écrivons dans une première ligne horizontale les nombres naturels de 1 à n, dans une seconde ligne tous les multiples de 2^s non supérieurs à n, dans une troisième ligne tous les multiples de 3^s non supérieurs à n, et ainsi de suite jusqu'à la puissance p^s la plus grande qui ne surpasse pas n, de manière que nous ayons

$$\begin{array}{lllll} 1 & 2 & 3 & \ldots & n \\ 2^s & 2^s.2 & 2^s.3 & \ldots & \\ \ldots\ldots\ldots\ldots & & & & \\ \ldots\ldots & & & & \\ p^s & & & & \end{array}$$

Ce tableau contient tous les nombres non supérieurs à n représentés comme les produits d'un nombre quelconque et d'une puissance $s^{\text{ième}}$ d'un nombre, autant de fois qu'une telle représentation peut se faire. Donc le nombre de tous les termes du tableau doit être égal à la somme requise

$$F_s(n) = \sum_{t=1}^{t=n} f_s(t).$$

---

(1) Il nous a paru intéressant de reproduire la réponse de Lipschitz à Hermite, les deux lettres formant un seul article dans les *Acta mathematica*. E. P.

Le nombre des termes de la première ligne horizontale étant n, de la seconde ligne horizontale $\left[\frac{n}{2^s}\right]$, où l'entier le plus grand contenu dans une quantité z est désigné par $[z]$, on a pour $F_s(n)$ l'expression

$$F_s(n) = [n] + \left[\frac{n}{2^s}\right] + \left[\frac{n}{3^s}\right] + \ldots + \left[\frac{n}{p^s}\right].$$

Mais si l'on détermine le nombre des termes contenus dans les lignes verticales, on trouve pour la première le nombre

$$\left[n^{\frac{1}{s}}\right] = p,$$

pour la seconde le nombre

$$\left[\frac{n^{\frac{1}{s}}}{2^{\frac{1}{s}}}\right],$$

et ainsi de suite jusqu'à la dernière qui contient un seul terme. Cela étant, le second mode d'énumération donne pour la fonction $F_s(n)$ l'expression

$$F_s(n) = \left[n^{\frac{1}{s}}\right] + \left[\frac{n^{\frac{1}{s}}}{2^{\frac{1}{s}}}\right] + \left[\frac{n^{\frac{1}{s}}}{3^{\frac{1}{s}}}\right] + \ldots + \left[\frac{n^{\frac{1}{s}}}{n^{\frac{1}{s}}}\right],$$

qui devient identique avec la première seulement pour $s = 1$.

Comme les lignes horizontales sont construites de sorte que le nombre des termes de chaque ligne soit supérieur ou égal au nombre des termes de la suivante, et comme les lignes verticales ont la propriété correspondante, l'énumération peut aussi s'exécuter de la manière suivante. Nous déterminons le nombre des termes des lignes horizontales successives de la première jusqu'à la $\mu^{\text{ième}}$ ligne inclusivement

$$\mu^s, \quad \mu^s.2, \quad \mu^s.3, \quad \ldots, \quad \mu^s.\nu,$$

où ν a la valeur

$$\left[\frac{n}{\mu^s}\right],$$

et après cela nous déterminons le nombre des termes des lignes verticales de la première jusqu'à la $\nu^{\text{ième}}$ ligne. Alors nous avons compris tous les termes, deux fois d'une part, une fois de l'autre. Les termes compris deux fois sont évidemment ceux qui appartiennent aux μ premières lignes horizontales et en même temps aux ν premières lignes verticales, dont le nombre total est égal au produit $\mu\nu$. C'est donc ce nombre qu'il faut soustraire de la somme des deux sommes mentionnées pour avoir exactement $F_s(n)$. D'où vient la troisième expression

$$F_s(n) = -\mu\nu + \sum_{x=1}^{x=\mu}\left[\frac{n}{x^s}\right] + \sum_{y=1}^{y=\nu}\left[\frac{n^{\frac{1}{s}}}{y^{\frac{1}{s}}}\right].$$

On parviendra au même résultat si l'on fait usage, pour transformer la première expression de $F_s(n)$, de la formule générale, exposée par Dirichlet dans le Mémoire *Ueber ein die Division betreffendes Problem* (*Monatsbericht der Berliner Academie*, Januar 1851, et *Crelle's Journal f. Mathematik*, Bd 47). La même formule de Dirichlet a été appliquée pour la transformation de diverses séries arithmétiques par M. Ch. Zeller dans une Communication : *Ueber Summen von grössten Ganzen bei arithmetischen Reihen* (*Nachrichten d. k. G. d. W. von Göttingen*, mai 1879).

Dans la troisième expression de $F_s(n)$ supposons le nombre μ égal à

$$\left[n^{\frac{1}{1+s}}\right],$$

Alors on parvient à la formule

$$F_s(n) = -\mu^2 + \sum_{x=1}^{x=\mu}\left[\frac{n}{x^s}\right] + \sum_{y=1}^{y=\mu}\left[\frac{n^{\frac{1}{s}}}{y^{\frac{1}{s}}}\right]$$

qui se change dans la vôtre pour le cas $s = 1$. Actuellement on a les relations suivantes :

$$\mu^{1+s} \overline{\gtrless} n < (\mu + 1)^{1+s},$$

$$\nu \overline{\gtrless} \frac{n}{\mu^s} < \nu + 1.$$

On conclut de la première

$$\mu \lesseqgtr \frac{n}{\mu^s};$$

c'est pourquoi ν doit être égal à μ ou plus grand que μ, c'est-à-dire $\geqq \mu + 1$. Dans le premier cas, la formule en question est démontrée. Dans le second cas, on a nécessairement

$$\mu \lesseqgtr \frac{n^{\frac{1}{s}}}{\nu^{\frac{1}{s}}} \lesseqgtr \frac{n^{\frac{1}{s}}}{(\mu+1)^{\frac{1}{s}}} < \mu + 1.$$

Partant, toutes les $(\nu - \mu)$ quantités

$$\left[\frac{n^{\frac{1}{s}}}{(\mu+1)^{\frac{1}{s}}}\right], \quad \ldots, \quad \left[\frac{n^{\frac{1}{s}}}{\nu^{\frac{1}{s}}}\right]$$

ont une valeur égale à μ. Or en étendant la somme

$$\sum_{y=1}^{y=\nu}\left[\frac{n^{\frac{1}{s}}}{y^{\frac{1}{s}}}\right]$$

d'abord de 1 à μ, puis de $\mu + 1$ à ν, la seconde partie a pour valeur $(\nu - \mu)\mu$ qui, ajoutée à la quantité $-\mu\nu$, donne le résultat $-\mu^2$. Donc la troisième formule est transformée dans la quatrième, ce qu'il fallait démontrer.

Bonn, 6 juin 1883.

SUR UNE FORMULE RELATIVE

A LA

THÉORIE DES FONCTIONS D'UNE VARIABLE.

American Journal of Mathematics, t. VI, 1884, p. 60.

En restant dans la sphère des questions élémentaires, permettez-moi de vous indiquer une rectification que je viens d'exposer à mes élèves, sur un point traité dans la XIIe leçon de mon Cours. Il s'agit des applications aux fonctions $\frac{1}{\sin x}$ et $\cot x$ de la formule qui donne l'expression générale des fonctions uniformes

$$F(x) = \Sigma\left[G_n\left(\frac{1}{x-a_n}\right) + P_\nu(x)\right] + G(x).$$

C'est la détermination du terme complémentaire $G(x)$ qui présente une grande difficulté, dont on voit bien la raison, ce terme dépendant essentiellement du polynome $P_\nu(x)$ qui peut être varié d'une infinité de manières. Dans le but d'éviter cette difficulté j'ai fait la remarque que la relation

$$J = \frac{1}{2i\pi}\int_{(s)} \frac{F(z)\,dz}{z-x} = F(x) - \Sigma G_a\left(\frac{1}{x-a}\right)$$

donne $F(x) = \Sigma G_a\left(\frac{1}{x-a}\right)$ lorsqu'en agrandissant indéfiniment le contour fermé désigné par s, l'intégrale J relative à ce contour a zéro pour limite. J'ai ensuite pris une circonférence de rayon R ayant son centre à l'origine, ce qui permet d'écrire $J = \frac{\lambda R F(Re^{i\theta})}{Re^{i\theta} - x}$, l'angle θ pouvant avoir une valeur quelconque entre zéro et 2π et λ désignant toujours le facteur de M. Darboux. Il est donc nécessaire pour qu'on puisse conclure de cette expression $J = 0$ que la fonction $F(z)$ tende vers zéro *en tout point* de la circonférence considérée, et c'est ce qui n'arrivera certainement pas dans le cas de $F(z) = \frac{1}{\sin z}$, l'infini étant alors un point singulier essentiel. Et en effet, en posant $z = p + iq$, $\sin z$ croît indéfiniment avec q, mais nullement avec le module de $p + iq$, comme il serait nécessaire. L'erreur que j'ai ainsi commise s'évite aisément si l'on prend pour contour d'intégration au lieu de la circonférence un carré ayant son centre à l'origine des coordonnées. Soit $2a$ le côté de ce carré et posons $F(z) = \frac{F(z)}{z - x}$, on trouve alors

$$\begin{aligned} 2i\pi J = i &\int_{-a}^{+a} [F(a+it) - F(-a+it)]\,dt; \\ &- \int_{-a}^{+a} [F(ia+t) - F(-ia+t)]\,dt, \end{aligned}$$

c'est la formule que je vais employer en supposant en premier lieu

$$F(z) = \frac{1}{z \sin z}.$$

A cet effet, je ferai $a = 2m\pi + \alpha$, α étant fixe et m un entier qui croît indéfiniment; or je remarquerai à l'égard des quantités $\sin(a + it)$, $\sin(ia + t)$, que, pour toute valeur de t, le module de la première a pour minimum $\sin \alpha$, le module de la seconde augmentant avec a, au delà de toute limite. Les expressions suivantes

$$\int_{-a}^{+a} F(a+it)\,dt = \frac{2a\lambda}{(a+i\tau-x)(a+i\tau)\sin(a+i\tau)},$$

$$\int_{-a}^{+a} F(ia+t)\,dt = \frac{2a\lambda}{(ia+\tau-x)(ia+\tau)\sin(ia+\tau)},$$

où τ est une valeur de t comprise entre $-a$ et $+a$, λ le facteur de M. Darboux, montrent donc que les intégrales ont bien pour limite zéro lorsque a croît indéfiniment. Il en est de même évidemment des deux autres

$$\int_{-a}^{+a} F(-a+it)\,dt \quad \text{et} \quad \int_{-a}^{+a} F(-ia+t)\,dt$$

figurant dans l'expression de J; il est ainsi démontré qu'on a $J = 0$

pour a infini. Comme conséquence nous avons la formule

$$\frac{1}{x\sin x} = \frac{1}{x^2} + \sum \frac{R_n}{x - n\pi},$$

et le signe Σ s'étendant aux pôles contenus dans le contour d'intégration, on doit attribuer à n toutes les valeurs entières positives et négatives en excluant $n = 0$ qui correspond au pôle double mis à part. Cela étant, on trouve

$$R_n = \frac{(-)^n}{n\pi}$$

et nous pouvons écrire

$$\frac{1}{\sin x} = \frac{1}{x} + \sum \frac{(-1)^n x}{n\pi(x - n\pi)}$$

ou encore

$$\frac{1}{\sin x} = \frac{1}{x} - \sum (-1)^n \left(\frac{1}{x - n\pi} + \frac{1}{n\pi}\right),$$

puis enfin, en rassemblant celles qui correspondent aux valeurs de n égales et de signes contraires

$$\frac{1}{\sin x} = \frac{1}{x} + \sum_{1}^{\infty}{}_n \frac{(-1)^n 2x}{x^2 - n^2\pi^2}.$$

Je passe à la fonction $F(z) = \frac{\cot z}{z}$, et je considère comme tout à l'heure, pour une valeur quelconque de t, les modules de $\cot(a + it)$ et $\cot(ia + t)$.

Or la quantité $\operatorname{mod}^2 \cot(ia + it) = \frac{\cos 2it + \cos 2a}{\cos 2it - \cos 2a}$ a pour maximum $\frac{1 + \cos 2a}{1 - \cos 2a}$ ou bien l'unité suivant que $\cos 2a$ est positive ou négative, et quant au module de $\cot(ia + t)$, on sait qu'il est égal à 1, pour a infiniment grand. Vous voyez que ces résultats suffisent pour établir que toutes les intégrales composant la valeur de J ont encore comme précédemment zéro pour limite; on a donc rigoureusement démontré la relation

$$\frac{\cot x}{x} = \frac{1}{x^2} + \sum \frac{1}{n\pi(x - n\pi)},$$

d'où se tire l'expression ordinaire

$$\cot x = \frac{1}{x} + \sum_{1}^{\infty}{}_n \frac{2x}{x^2 - n^2\pi^2}.$$

EXTRAIT

D'UNE

LETTRE A M. SYLVESTER.

American Journal of Mathematics, t. VI, p. 173-175.

... Puisque vous êtes assez bon pour publier mon énoncé sur la fonction qui représente le nombre des décompositions d'un entier en deux carrés, j'y ajouterai quelques observations sur une question voisine en considérant la fonction $\varphi(n)$ égale à la somme des diviseurs de n.

J'ai été amené à joindre à la fonction $E(x)$ qui désigne l'entier contenu dans x les deux suivantes :

$$E_1(x) = E\left(x + \frac{1}{2}\right) - E(x) \qquad \text{et} \qquad E_2(x) = \frac{1}{2}[E^2(x) + E(x)].$$

La première qu'on peut aussi exprimer par

$$E_1(x) = E(2x) - 2E(x),$$

et dont Gauss a fait usage, a pour principale propriété que

$$E_1(x+1) = E_1(x), \qquad E_1\left(x + \frac{1}{2}\right) = 1 - E_1(x),$$

et l'on voit qu'elle est toujours égale à zéro ou à l'unité. Elle a pour valeur l'unité lorsque la différence entre x et le plus grand entier qui y est contenu égale ou surpasse $\frac{1}{2}$. Cela étant, voici une circonstance dans laquelle elle se présente.

Soit $F(n)$ le nombre des représentations de n par la forme $x^2 + y^2$, on aura

$$F(2) + F(6) + \ldots + F(4n+2)$$
$$= 4\left[E_1\left(\frac{2n+1}{2}\right) + E_1\left(\frac{2n+2}{6}\right) + E_1\left(\frac{2n+3}{10}\right) + \ldots + E_1\left(\frac{4n+1}{4n+2}\right)\right].$$

Mais c'est surtout de la seconde $E_2(x)$ que je vais m'occuper.

Soient n un entier impair et $\varphi(n)$ la somme de ses diviseurs, on aura

$$\begin{aligned}\varphi(1)+\varphi(3)+\ldots+\varphi(n) \\ = \quad & E_2\left(\frac{n+1}{2}\right)+E_2\left(\frac{n+3}{6}\right)+E_2\left(\frac{n+5}{10}\right)+\ldots \\ & +E_2\left(\frac{n-1}{2}\right)+E_2\left(\frac{n-3}{6}\right)+E_2\left(\frac{n-5}{10}\right)+\ldots,\end{aligned}$$

les deux sommes étant continuées jusqu'à ce que les quantités sous le signe E_2 deviennent moindres que l'unité.

De cette expression de $\Sigma\varphi(n)$ j'ai tiré les conclusions suivantes :

Soit $\lambda = E(\sqrt{n})$: la somme relative aux entières impaires qui sont $\equiv 3 \bmod 4$, à savoir

$$\varphi(3)+\varphi(7)+\ldots+\varphi(4n-1)$$

a pour valeur

$$2(n^2+n)+4\sum_{1}^{\lambda}{}_c\left[cE\left(\frac{n-c^2}{2c+1}\right)+E_2\left(\frac{n-c^2}{2c+1}\right)\right].$$

La même somme, en considérant les nombres $\equiv 1 \bmod 4$, c'est-à-dire

$$\varphi(1)+\varphi(5)+\ldots+\varphi(4n+1),$$

conduit à considérer deux cas. Je suppose d'abord que $4n+5$ ne soit pas un carré ; en faisant

$$\lambda = E\left(\frac{\sqrt{4n+1}+1}{2}\right),$$

j'obtiens

$$2\sum_{1}^{\lambda-1}{}_c E_2\left(\frac{n+c^2}{2c-1}\right)-\frac{2\lambda^3+6\lambda^2+\lambda}{3}.$$

Mais s'il arrive que $4n+5$ soit un carré, le terme algébrique se modifie ; la valeur de la somme étant dans ce cas ([1])

$$2\sum_{1}^{\lambda-1}{}_c E_2\left(\frac{n-c^2}{2c-1}\right)-\frac{2\lambda^3+\lambda}{3}.$$

([1]) Il semble qu'il y ait dans cet article quelques confusions d'écriture, mais nous n'avons pas cru devoir modifier le texte d'Hermite.

E. P.

SUR QUELQUES CONSÉQUENCES ARITHMÉTIQUES

DES FORMULES

DE LA THÉORIE DES FONCTIONS ELLIPTIQUES.

Bulletin de l'Académie des Sciences de Saint-Pétersbourg, t. XXIX, avril 1884, p. 325-352.

Dans les Comptes rendus de l'Académie de Berlin de 1875 ([1]), M. Kronecker a donné des propositions d'une grande importance que j'ai pour objet d'établir dans cette Note, en me plaçant à un point de vue bien différent de celui de l'illustre géomètre. Posons avec les notations de l'auteur :

$$\begin{aligned} \vartheta_0(q) &= 1 - 2q + 2q^4 - 2q^9 + \ldots, \\ \vartheta_2(q) &= 2\sqrt[4]{q} + 2\sqrt[4]{q^9} + 2\sqrt[4]{q^{25}} + \ldots, \\ \vartheta_3(q) &= 1 + 2q + 2q^4 + 2q^9 + \ldots, \end{aligned}$$

et désignons par $F(n)$ le nombre des classes de formes quadratiques de déterminant $-n$ dont un au moins des coefficients extrêmes est impair, avec la convention d'écrire $F(n) - \frac{1}{2}$, au lieu de $F(n)$, lorsque n est un carré. Les théorèmes dont je vais m'occuper consistent dans les relations suivantes :

$$\text{(A)} \qquad 4\sum_0^\infty F(4n+2)q^{n+\frac{1}{2}} = \vartheta_2^2(q)\,\vartheta_3(q),$$

$$\text{(B)} \qquad 4\sum_0^\infty F(4n+1)q^{n+\frac{1}{4}} = \vartheta_2(q)\,\vartheta_3^2(q),$$

$$\text{(C)} \qquad 8\sum_0^\infty F(8n+3)q^{2n+\frac{3}{4}} = \vartheta_2^3(q),$$

([1]) *Ueber quadratische Formen von negativer Determinante*, p. 223.

qui révèlent une liaison étroite entre la théorie arithmétique des formes quadratiques et la théorie analytique des transcendantes elliptiques. Deux voies s'offrent pour conduire à ces beaux résultats : l'une, qui les a fait découvrir, est celle de M. Kronecker ; elle part de la considération des modules singuliers qui donnent lieu à la multiplication complexe. Une seconde que j'ai indiquée succinctement dans une lettre adressée à M. Liouville [1] repose plus sur l'analyse que sur l'arithmétique, la notion de classe s'y trouvant amenée par la considération des formes réduites. Elle m'a donné déjà la démonstration de l'équation (C) ; je me propose maintenant d'en tirer d'une manière plus directe cette même relation, et aussi d'établir les théorèmes (A) et (B) qui sont du plus grand intérêt. J'exposerai ensuite, comme conséquence de cette méthode, quelques expressions des sommes

$$\sum_0^n F(4n+2), \quad \sum_0^n F(4n+1), \quad \sum_0^n F(8n+3),$$

où l'on verra une nouvelle application de la fonction $E(x)$, représentant l'entier contenu dans x, qui a été récemment l'objet de plusieurs communications importantes de M. Bouniakowsky.

I.

La représentation des différentes classes de formes de déterminant négatif s'obtient par des formes particulières auxquelles on donne le nom de *réduites*, et qui sont caractérisées de la manière suivante :

Désignons-les par (A, B, C), et soit ε une quantité du signe de B, et égale en valeur absolue à l'unité ; on aura les conditions

$$A \leqq C, \qquad 2\varepsilon B \leqq A.$$

Mais faisons pour plus de précision la distinction entre les formes non ambiguës et les formes ambiguës. Les premières seront (A, ± B, C), en supposant B positif, différent de zéro, et excluant

(1) *Sur la théorie des fonctions elliptiques et ses applications à l'arithmétique* (*Journal de Liouville*, année 1862, p. 25).

les cas d'égalité dans les conditions précédentes qui deviennent :

$$A < C, \qquad 2B < A.$$

Les autres ensuite seront de ces trois espèces :

$$\begin{array}{ll} (A,\ 0,\ C) & A < C, \\ (2B,\ B,\ C) & 2B < C, \\ (A,\ B,\ A) & 2B < A, \end{array}$$

et c'est seulement quand le déterminant changé de signe est un carré ou le triple d'un carré, qu'on doit prendre :

$$B = C \quad \text{ou bien} \quad 2B = C, \quad 2B = A.$$

Cette notion des formes réduites doit recevoir une modification légère en vue des recherches qui vont suivre, où nous considérerons exclusivement les formes dans lesquelles l'un au moins des coefficients extrêmes est impair (¹).

Convenons de désigner par a, a', a'' des nombres impairs; par b et b' des nombres pairs; ils se répartiront, pour un déterminant impair, dans ces trois catégories :

$$\text{(I)}\ (a, b, a'), \qquad \text{(II)}\ (a, a', b), \qquad \text{(III)}\ (b, a', a)$$

et pour un déterminant pair dans les suivantes :

$$\text{(I)}\ (a, a'', a'), \qquad \text{(II)}\ (a, b', b), \qquad \text{(III)}\ (b, b', a).$$

Supposons maintenant ces formes réduites et admettons que les coefficients moyens soient positifs : je les ramènerai, comme on va voir, au premier type. En raisonnant, pour fixer les idées dans le premier cas (déterminant impair), j'effectue la substitution au déterminant -1

$$x = X + Y, \qquad y = -Y$$

dans la forme (II). Elle devient :

$$(a, a - a', a - 2a' + b)$$

et par conséquent du type (I), mais le coefficient moyen qui reste

(¹) Ce sera par conséquent l'ordre proprement primitif et ses dérivés lorsque le déterminant sera impair ou le double d'un nombre impair, seuls cas qui s'offrent dans les théorèmes de M. Kronecker.

positif franchit la limite caractéristique des réduites. Il est en effet l'un des termes de la suite :

$$a-k, \quad a-k+2, \quad a-k+4, \quad \ldots, \quad a-1,$$

où k désigne le plus grand nombre impair contenu dans $\frac{a}{2}$. Toutefois le dernier coefficient ne cesse pas de satisfaire à la condition

$$a-2a'+b>a,$$

puisqu'on doit supposer : $2a'<b$. Le même résultat s'obtenant à l'égard de la forme (III), qui est improprement équivalente à

$$(a,\ a',\ b),$$

et par suite proprement équivalente à

$$(a,\ a-a',\ a-2a'+b),$$

nous avons cette conclusion, que toutes les classes de déterminant impair sont représentées par les formes du type (I), $(A, \pm B, A')$ où l'on supposera

$$B=0, 2, 4, \ldots, A-1 \qquad \text{et} \qquad A \leqq A'.$$

Quant aux formes ambiguës, deux cas sont à distinguer, suivant que le déterminant est $\equiv 1$, ou $\equiv 3 \pmod 4$. Dans le premier il n'existe que la seule espèce $(A, 0, A')$, A n'étant jamais égal à A' ; mais dans le second cas, les formes ambiguës sont d'une part $(A, 0, A')$ avec la condition $A<A'$, puis (A, B, A) en prenant

$$B=0, 2, 4, \ldots, A-1.$$

On établira de la même manière, en considérant les déterminants pairs, que les formes non ambiguës se ramènent au premier type $(A, \pm A'', A')$, où l'on doit supposer

$$A''=1, 3, 5, \ldots, A-2 \qquad \text{et} \qquad A<A' ;$$

les formes ambiguës sont ensuite

$$(A, A, A') \qquad \text{avec l'inégalité} \qquad A<A',$$

puis

$$(A, A'', A),$$

en prenant encore

$$A''=1, 3, 5, \ldots, A-2.$$

Cette seconde catégorie ne se présente d'ailleurs que lorsque le déterminant supposé pair est divisible par 8.

Nous avons exclu, dans ce qui précède, les formes de l'ordre improprement primitif, et des dérivées de cet ordre, nous ajouterons à leur égard, pour les déterminants $\equiv 5 \pmod 8$, la remarque suivante. Ces formes, pour de tels déterminants, sont du type $(2a, a'', 2a')$; en supposant a'' positif, elles sont réduites sous les conditions

$$a'' \leqq a, \qquad a \leqq a'.$$

Admettons maintenant que le coefficient moyen soit l'un des termes de la suite

$$a'' = 1, 3, 5, \ldots, 2a - 1,$$

les formes obtenues en prenant

$$a'' = a + 2, a + 4, \ldots, 2a - 1$$

ne seront plus réduites, mais elles le deviendront par la substitution précédemment employée

$$x = X + Y, \qquad y = -Y.$$

En effet dans la transformée obtenue

$$(2a, 2a - a'', 2a - 2a'' + 2a'),$$

les conditions caractéristiques

$$2a - a'' < a, \qquad 2a - a'' < a - a'' + a'$$

sont satisfaites, puisqu'elles reviennent à celles-ci :

$$a < a'', \qquad a < a'.$$

Toutefois il sera nécessaire, quand on aura

$$a - a'' + a' < a, \qquad \text{c'est-à-dire} \qquad a' < a'',$$

d'employer en outre la substitution $X = Y'$, $Y = X'$. Soit maintenant

$$a'' = a + b, \qquad a' = a + b',$$

faisons aussi

$$a - b = a_1;$$

la transformée précédente devient

$$(2a_1 + 2b, a_1, 2a_1 + 2b').$$

les nouveaux éléments a_1, b, b' étant entièrement arbitraires. On voit ainsi que cette forme donne deux fois la série complète des réduites, à savoir les réduites elles-mêmes, si l'on prend $b' > b$, puis leurs transformées par la substitution $X = Y'$, $Y = X'$, quand on suppose $b' < b$. Nous avons donc le résultat suivant dont nous ferons bientôt usage. Concevons que a, a', a'' parcourent la série des nombres impairs sous la condition

$$a < a', \qquad a'' < 2a;$$

la forme $(2a, a'', 2a')$ représentera, d'une part, les formes ambiguës, $(2a, a, 2a')$, puis celles-ci $(2a, a', 2a')$, qui se ramènent à $(2a, 2a - a', 2a)$; c'est par conséquent la suite complète et sans répétition des formes ambiguës. Il y a à excepter toutefois la supposition de $a = a'$, c'est-à-dire la forme dérivée de $(2, 1, 2)$, qui s'offre seulement lorsque N est le triple d'un carré. Elle représentera en second lieu, et répétée trois fois, la série des formes non ambiguës, équivalentes proprement ou improprement aux formes réduites dont le coefficient moyen est positif.

II.

Le théorème (A) de M. Kronecker, qui consiste dans l'égalité

$$4\sum_0^\infty F(4n+2)q^{n+\frac{1}{2}} = \mathfrak{S}_2^2(q)\,\mathfrak{S}_3(q),$$

s'obtient au moyen de ces séries, où j'écris pour abréger

$$\mathfrak{S}_0, \quad \mathfrak{S}_2, \quad \mathfrak{S}_3 \qquad \text{au lieu de} \qquad \mathfrak{S}_0(q), \quad \mathfrak{S}_2(q), \quad \mathfrak{S}_3(q):$$

$$\mathfrak{S}_2\mathfrak{S}_3\frac{H\left(\frac{2Kx}{\pi}\right)}{\Theta\left(\frac{2Kx}{\pi}\right)} = \sum_0 {}_n \frac{4q^{n+\frac{1}{2}}}{1-q^{2n+1}}\sin(2n+1)x,$$

$$\mathfrak{S}_2\frac{\Theta\left(\frac{2Kx}{\pi}\right)\Theta_1\left(\frac{2Kx}{\pi}\right)}{H\left(\frac{2Kx}{\pi}\right)}$$

$$= \frac{1}{\sin x} + 4\sum_1 {}_n q^{\left(n+\frac{1}{2}\right)^2}\left[q^{-\frac{1}{4}} + q^{-\frac{9}{4}} + \ldots + q^{-\left(n-\frac{1}{2}\right)^2}\right]\sin(2n+1)x.$$

La première est le développement de $\frac{2kK}{\pi}\sin\frac{2Kx}{\pi}$, la seconde que j'ai donnée sans démonstration (¹) a été établie, ainsi que d'autres de même nature dont je ferai usage, dans une excellente thèse de doctorat de M. Biehler (²) à laquelle je renvoie. Multiplions-les membre à membre, puis intégrons entre les limites zéro et $\frac{\pi}{2}$, en employant les formules

$$\int_0^{\frac{\pi}{2}} \Theta_1\left(\frac{2Kx}{\pi}\right) dx = \frac{\pi}{2}, \qquad \int_0^{\frac{\pi}{2}} \frac{\sin(2n+1)x}{\sin x}\, dx = \frac{\pi}{2}.$$

On trouvera ainsi

$$\mathfrak{S}_2^2\mathfrak{S}_3 = 4S + 8S_1$$

si l'on pose pour abréger

$$S = \sum_0 {}_n \frac{q^{n+\frac{1}{2}}}{1-q^{2n+1}},$$

$$S_1 = \sum_1 {}_n \frac{q^{\left(n+\frac{1}{2}\right)^2+n+\frac{1}{2}}}{1-q^{2n+1}}\left[q^{-\frac{1}{4}} + q^{-\frac{9}{4}} + \ldots + q^{-\left(n-\frac{1}{2}\right)^2}\right].$$

Je développe maintenant ces expressions suivant les puissances de q en remplaçant $\frac{1}{1-q^{2n+1}}$ par $1+q^{2n+1}+q^{2(2n+1)}+\ldots$, et j'obtiens d'abord

$$S = \sum q^{\frac{1}{2}aa'},$$

où a et a' parcourent la série entière des nombres impairs. Soit ensuite

$$a'' = 1, 3, 5, \ldots, 2a-1,$$

et l'on aura

$$S_1 = \sum q^{\frac{1}{4}(a^2+2aa'-a''^2)}.$$

Désignant donc par N un nombre impair quelconque, et par $\varphi(N)$

(¹) *Sur les théorèmes de M. Kronecker relatifs aux formes quadratiques* (*C. R. Acad. Sc.*, juillet 1862).

(²) *Sur les développements en séries des fonctions doublement périodiques de troisième espèce* (Paris, Gauthier-Villars, 1879).

le nombre de ses diviseurs, nous pouvons déjà écrire

$$S = \sum \varphi(N) q^{\frac{1}{2}N}$$

En passant à la seconde somme S_1, nous poserons

$$a^2 + 2aa' - a''^2 = 2N,$$

de sorte que $2N$ sera le déterminant changé de signe de la forme quadratique $(a, a'', a + 2a')$. Cela étant, nous établissons que nous avons ainsi obtenu le type de nos nouvelles réduites pour un déterminant impairement pair, représenté par (A, A'', A') en montrant que la différence $A - A'$ est nécessairement le double d'un nombre impair. Or on a

$$AA' - A''^2 = 2N$$

et par conséquent

$$AA' \equiv 3 \pmod 4.$$

En multipliant par le nombre impair A', nous en conclurons

$$A \equiv 3A' \pmod 4,$$

d'où

$$A - A' \equiv 2A' \pmod 4,$$

comme il fallait le faire voir. Soit donc pour un moment $f(2N)$ le nombre des classes non ambiguës de déterminant $-2N$; il est clair qu'on obtient, puisqu'on exclut les valeurs négatives de A'',

$$S_1 = \sum \frac{1}{2} f(2N) q^{\frac{1}{2}N},$$

et le développement de $\mathfrak{I}_2^2 \mathfrak{I}_3$ s'offre sous la forme suivante :

$$\mathfrak{I}_2^2 \mathfrak{I}_3 = 4 \Sigma [\varphi(N) + f(2N)] q^{\frac{1}{2}N}.$$

Mais le nombre des classes ambiguës de déterminant $-2N$ étant $\varphi(N)$, la somme $\varphi(N) + f(2N)$ est précisément la fonction $F(2N)$ de M. Kronecker, dont la proposition se trouve ainsi démontrée.

III.

Le second théorème de l'illustre géomètre se tire des séries suivantes :

$$\mathfrak{I}_2\mathfrak{I}_3 \frac{\Theta\left(\frac{2Kx}{\pi}\right)}{H\left(\frac{2Kx}{\pi}\right)} = \frac{1}{\sin x} + \sum_0 {}_n \frac{4q^{2n+1}}{1-q^{2n+1}} \sin(2n+1)x,$$

$$\mathfrak{I}_3 \frac{\Theta_1\left(\frac{2Kx}{\pi}\right) H\left(\frac{2Kx}{\pi}\right)}{\Theta\left(\frac{2Kx}{\pi}\right)} = 2\sum_0 {}_n q^{\left(n+\frac{1}{2}\right)^2} [1+2q^{-1}+\ldots+2q^{-n^2}] \sin(2n+1)x.$$

En les multipliant membre à membre, et intégrant entre les limites zéro et $\frac{\pi}{2}$, on en déduit cette expression :

$$\mathfrak{I}_2\mathfrak{I}_3^2 = 2S + 4S_1,$$

où l'on a :

$$S = \sum_0 {}_n q^{\left(n+\frac{1}{2}\right)^2} [1+2q^{-1}+\ldots+2q^{-n^2}],$$

$$S_1 = \sum_0 {}_n \frac{q^{\left(n+\frac{1}{2}\right)^2+2n+1}}{1-q^{2n+1}} [1+2q^{-1}+\ldots+2q^{-n^2}].$$

Cela posé, désignons encore par a un nombre impair quelconque, et soit $b = 0, \pm 2, \pm 4, \ldots, \pm(a-1)$; la première série prend cette nouvelle forme

$$S = \sum q^{\frac{1}{4}(a^2-b^2)},$$

et l'on en conclut facilement

$$S = \sum \varphi(N) q^{\frac{1}{4}N},$$

N parcourant la série des entiers impairs $\equiv 1 \pmod 4$. Soit en effet

$$a^2 - b^2 = \delta\delta',$$

δ et δ' étant deux diviseurs conjugués de N ; on aura nécessairement $\delta \equiv \delta' \pmod 4$, et les deux systèmes d'égalités

$$a + b = \delta, \qquad a - b = \delta',$$

ou bien

$$a - b = \delta, \qquad a + b = \delta'$$

détermineront toujours pour a un nombre impair, et pour b un nombre pair, qui change de signe en passant de l'un à l'autre ; le cas où N est un carré correspondant à $b = 0$.

La quantité S_1, développée suivant les puissances de q, donne ensuite

$$S_1 = \sum q^{\frac{1}{4}(a^2+4ac-b^2)},$$

où l'on doit faire :

$$\begin{aligned} a &= 1, 3, 5, \ldots, \\ b &= 0, \pm 2, \pm 4, \ldots, \pm (a-1), \\ c &= 1, 2, 3, \ldots. \end{aligned}$$

Soit maintenant

$$a^2 + 4ac - b^2 = N;$$

on voit que N sera $\equiv 1 \pmod 4$ et représente le déterminant changé de signe de la forme $(a, b, a+4c)$. Nous trouvons ainsi l'expression $(A, \pm B, A')$ que nous avons déjà considérée, car le produit AA' étant $\equiv 1 \pmod 4$, la différence $A' - A$ est un multiple de quatre. Or il a été établi que cette forme donne d'abord la série entière et sans répétition des réduites non ambiguës, puis les formes ambiguës de l'espèce $(A, 0, A')$, où l'on a $A < A'$. C'est donc la totalité des diverses formes, moins celles qui sont représentées par (A, B, A), en prenant

$$B = 0, 2, 4, \ldots, A-1.$$

Le nombre de ces dernières est pour une valeur donnée de N le nombre des solutions de l'équation

$$A^2 - B^2 = N,$$

avec la condition que B soit positif. On doit donc comme tout à l'heure poser, en désignant par δ et δ' deux diviseurs conjugués de $4N$,

$$A - B = \delta, \qquad A + B = \delta,$$

mais prendre maintenant $\delta' > \delta$, de sorte que le nombre cherché est $\frac{1}{2}\varphi(N)$, lorsque N n'est pas un carré. Dans ce dernier on obtient évidemment $\frac{\varphi(N)-1}{2}+1$, ou bien $\frac{\varphi(N)+1}{2}$. De ce que nous venons d'établir résulte que, si l'on désigne par $F(N)$ le nombre des classes de formes quadratiques de déterminant — N, on obtient

$$S_1 = \sum \left[F(N) - \frac{1}{2}\varphi(N) \right] q^{\frac{1}{4}N},$$

en convenant, lorsque N est un carré, de remplacer F (N) par $F(N) - \frac{1}{2}$. Or on a trouvé

$$S = \sum \varphi(N) q^{\frac{1}{4}N};$$

nous avons par conséquent

$$\mathfrak{I}_2 \mathfrak{I}_3^2 = 4(S + 2S_1) = 4\sum F(N) q^{\frac{1}{4}N},$$

comme il s'agissait de l'établir.

IV.

Le troisième théorème de M. Kronecker, exprimé par l'égalité

$$8\sum_0^\infty F(8n+3) q^{2n+\frac{3}{4}} = \mathfrak{I}_2^3(q),$$

se conclut du développement

$$\mathfrak{I}_2 \frac{\Theta\left(\frac{2Kx}{\pi}\right)\Theta_1\left(\frac{2Kx}{\pi}\right)}{H\left(\frac{2Kx}{\pi}\right)H_1\left(\frac{2Kx}{\pi}\right)} = \frac{2}{\sin 2x} + \sum \frac{8q^{2n}}{1-q^{2n}} \sin 2nx,$$

où il faut prendre

$$n = 1, 3, 5, \ldots,$$

et de celui-ci

$$\mathfrak{I}_2 \frac{H\left(\frac{2Kx}{\pi}\right)H_1\left(\frac{2Kx}{\pi}\right)}{\Theta\left(\frac{2Kx}{\pi}\right)} = 4\Sigma q^{n^2}\left[q^{-\frac{1}{4}} + q^{-\frac{9}{4}} + \ldots + q^{-\left(n-\frac{1}{2}\right)^2}\right] \sin 2nx,$$

dans lequel n parcourt la série des nombres entiers.

En opérant comme précédemment, nous trouverons d'abord

$$\mathfrak{I}_2^3 = 8(S + 2S_1),$$

où l'on a fait, en supposant $a = 1, 3, 5, \ldots$

$$S = \sum q^{a^2}\left[q^{-\frac{1}{4}} + q^{-\frac{9}{4}} + \ldots + q^{-\left(a-\frac{1}{2}\right)^2}\right],$$

$$S_1 = \sum \frac{q^{a^2+2a}}{1-q^{2a}}\left[q^{-\frac{1}{4}} + q^{-\frac{9}{4}} + \ldots + q^{-\left(a-\frac{1}{2}\right)^2}\right].$$

La première suite pouvant s'écrire

$$S = \sum q^{\frac{1}{4}(4a^2-a'^2)},$$
$$a' = 1, 3, 5, \ldots, 2a-1,$$

nous poserons $N = 4a^2 - a'^2$; ce sera un entier $\equiv 3 \pmod 8$, et nous désignerons par δ et δ' deux de ses diviseurs conjugués. Cela fait, soit

$$2a - a' = \delta, \qquad 2a + a' = \delta' ;$$

ces conditions détermineront pour a et a' des entiers impairs, puisqu'on a $\delta \equiv 3\delta' \pmod 8$, et en prenant $\delta < \delta'$, a' sera positif. Le coefficient de $q^{\frac{1}{4}N}$ sera ainsi la moitié du nombre des diviseurs de N, et nous écrirons :

$$S = \sum \frac{1}{2}\varphi(N) q^{\frac{1}{4}N}.$$

Le développement de S_1 suivant les puissances de q étant

$$S_1 = \sum q^{\frac{1}{4}(4a^2+4ab-a''^2)},$$
$$a = 1, 3, 5, \ldots; \qquad b = 2, 4, 6, \ldots; \qquad a'' = 1, 3, 5, \ldots, 2a-1$$

ou bien

$$S_1 = \sum q^{\frac{1}{4}(4aa'-a''^2)},$$

en posant

$$a' = a + b.$$

Nous ferons

$$N = 4aa' - a''^2,$$

ce sera donc encore un entier $\equiv 3 \pmod 8$, qui se présente comme le déterminant changé de signe de la forme $(2a, a'', 2a')$, et ce que nous avons établi au paragraphe I, à l'égard de ces formes, donne la conclusion suivante :

Soient pour des classes improprement primitives (N) le nombre total des formes ambiguës, $f(N)$ la moitié du nombre des classes non ambiguës, le nombre de solutions de l'équation

$$aa' - a''^2 = N$$

est $(N) + 3f(N)$, en exceptant le seul cas où N est le triple d'un carré, la quantité précédente devant être alors diminuée d'une unité.

On a ainsi

$$S_1 = \sum [(N) + 3f(N)] q^{\frac{1}{4}N};$$

or on sait que $(N) = \frac{1}{2}\varphi(N)$, de sorte qu'ayant obtenu

$$S = \sum \frac{1}{2}\varphi(N) q^{\frac{1}{4}N} = \sum (N) q^{\frac{1}{4}N},$$

nous en déduisons

$$S + 2S_1 = \sum 3[(N) + 2f(N)] q^{\frac{1}{4}N},$$

et par suite

$$\mathfrak{I}_2^3 = 24 \sum [(N) + 2f(N)] q^{\frac{1}{4}N}.$$

Le procédé que je viens d'employer conduit comme on voit au nombre total des classes improprement primitives de déterminant $-N$, représenté par $(N) + 2f(N)$, celui que j'ai donné antérieurement (*Journal de Liouville*, 1862, p. 25) fournissant, sous la forme même qu'a obtenue M. Kronecker, l'équation

$$\mathfrak{I}_2^3 = 8 \sum F(N) q^{\frac{1}{4}N},$$

où F (N) désigne le nombre des classes proprement primitives. Du rapprochement de ces deux expressions résulte donc la relation des *Disquisitiones Arithmeticæ*

$$F(N) = 3[(N) + 2f(N)]$$

et dans le cas où N est le triple d'un carré

$$F(N) = 3[(N) + 2f(N)] - 2.$$

M. Lipschitz a donné, de la même relation, une démonstration arithmétique aussi simple qu'élégante dans son beau Mémoire publié dans le *Journal de Crelle* (t. 53) : *Einige Sätze aus der Theorie der quadratischen Formen*.

V.

Il me reste à indiquer des conséquences arithmétiques des formules de la théorie des fonctions elliptiques dans lesquelles intervient la fonction $E(x)$; elles se tirent de la remarque suivante :

J'observe d'abord que, si l'on pose

$$f(x) = A_0 + A_1 x + \ldots + A_n x^n + \ldots,$$

le développement suivant les puissances croissantes de la variable du quotient $\frac{f(x)}{1-x}$ donne la relation

$$\frac{f(x)}{1-x} = A_0 + (A_0 + A_1)x + \ldots + (A_0 + A_1 + \ldots + A_n)x^n + \ldots.$$

Cherchons pareillement le coefficient de x^n dans le développement de la quantité $\frac{f(x^a)}{1-x}$, où a désigne un nombre entier quelconque. Comme on peut écrire

$$\frac{f(x^a)}{1-x} = \Sigma A_\mu x^{a\mu+\lambda},$$
$$\lambda = 0, 1, 2, \ldots,$$
$$\mu = 0, 1, 2, \ldots,$$

nous poserons la condition $a\mu + \lambda = n$, qui donne évidemment pour μ les valeurs $0, 1, 2, \ldots, E\left(\frac{n}{a}\right)$. Soit donc pour abréger l'écriture $\nu = E\left(\frac{n}{a}\right)$, il est clair qu'on aura

$$\frac{f(x^a)}{1-x} = \Sigma (A_0 + A_1 + \ldots + A_\nu) x^n;$$

c'est la relation analytique que je vais employer, et je l'appliquerai d'abord en supposant $f(x) = \frac{1}{1-x}$. Nous obtenons dans ce cas la formule suivante :

$$\frac{1}{(1-x)(1-x^a)} = \sum \left[1 + E\left(\frac{n}{a}\right)\right] x^n,$$
$$n = 0, 1, 2, \ldots.$$

Multiplions ensuite les deux membres par x^b, b désignant un entier positif, on en tire

$$\frac{x^b}{(1-x)(1-x^a)} = \sum\left[1+\mathrm{E}\left(\frac{n}{a}\right)\right]x^{n+b},$$

puis en changeant n en $n-b$,

$$\frac{x^b}{(1-x)(x-x^a)} = \sum\left[1+\mathrm{E}\left(\frac{n-b}{a}\right)\right]x^n.$$

On voit que dans cette nouvelle relation il est nécessaire de prendre $\mathrm{E}\left(\frac{n-b}{a}\right)=0$ lorsque $n-b$ est négatif ; nous ferons désormais cette convention, et en remarquant que

$$1+\mathrm{E}(x)=\mathrm{E}(x+1),$$

nous écrirons plus simplement

$$\frac{x^b}{(1-x)(1-x^a)} = \sum \mathrm{E}\left(\frac{n+a-b}{a}\right)x^n.$$

Il convient de joindre à cette formule celle qui donne le développement de la fraction $\frac{x^b}{(1-x)(1+x^a)}$, qu'on obtient par l'identité

$$\frac{x^b}{(1-x)(1+x^a)} = \frac{x^b(1-x^a)}{(1-x)(1-x^{2a})}.$$

Nous trouvons de cette manière

$$\frac{x^b}{(1-x)(1+x^a)} = \sum\left[\mathrm{E}\left(\frac{n+2a-b}{2a}\right)-\mathrm{E}\left(\frac{n+a-b}{2a}\right)\right]x^n,$$

ce qui conduit à introduire une nouvelle fonction $\mathrm{E}_1(x)$, définie par la condition

$$\mathrm{E}_1(x)=\mathrm{E}\left(x+\frac{1}{2}\right)-\mathrm{E}(x).$$

On a ainsi sous une forme plus simple

$$\frac{x^b}{(1-x)(1+x^a)} = \sum \mathrm{E}_1\left(\frac{n+a-b}{2a}\right)x^n.$$

Je me bornerai à remarquer, à l'égard de la quantité $\mathrm{E}_1(x)$, qu'elle est toujours égale à zéro lorsque la différence $x-\mathrm{E}(x)$ est moindre que $\frac{1}{2}$, et à l'unité si l'on suppose $x-\mathrm{E}(x) \overline{\gt} \frac{1}{2}$, c'est ce que montrent les relations

$$\begin{gathered}
E_1(x+1) = E_1(x),\\
E_1\left(x+\frac{1}{2}\right) = 1 - E_1(x),\\
E_1(x) = E(2x) - 2E(x).
\end{gathered}$$

J'appliquerai encore la formule

$$\frac{f(x^a)}{1-x} = \Sigma(A_0 + A_1 + \ldots + A_\nu)x^n$$

à un cas plus général en prenant $f(x) = \dfrac{1}{(1-x)^k}$, où k est un entier quelconque. Nous aurons alors

$$A_n = \frac{k(k+1)\ldots(k+n-1)}{1.2\ldots n},$$

et l'on sait d'ailleurs que la somme $A_0 + A_1 + \ldots + A_\nu$ a pour valeur

$$\frac{(k+1)(k+2)\ldots(k+\nu)}{1.2\ldots\nu} \quad \text{ou bien} \quad \frac{(\nu+1)(\nu+2)\ldots(\nu+k)}{1.2\ldots k}.$$

Il suffit donc pour obtenir le développement cherché de remplacer ν par $E\left(\dfrac{n}{a}\right)$ dans cette expression. Mais soit afin d'abréger l'écriture

$$E_k(x) = \frac{E(x)E(x+1)\ldots E(x+k-1)}{1.2\ldots k},$$

on aura ainsi

$$\frac{1}{(1-x)(1-x^a)^k} = \sum E_k\left(\frac{n+a}{a}\right)x^n,$$

puis en raisonnant comme plus haut

$$\frac{x^b}{(1-x)(1-x^a)^k} = \sum E_k\left(\frac{n+a-b}{a}\right)x^n.$$

Ce résultat établi, nous en tirons la formule relative à la fonction $\dfrac{x^b}{(1-x)(1+x^a)^k}$, en la mettant sous la forme $\dfrac{x^b(1-x^a)^k}{(1-x)(1-x^{2a})^k}$. Soit par exemple $k=2$, un calcul facile donne la relation

$$\frac{x^b}{(1-x)(1+x^a)^2} = \sum E\left(\frac{n+2a-b}{2a}\right)\left[1 - 2E_1\left(\frac{n-b}{2a}\right)\right]x^n;$$

mais on peut suivre une autre voie, et en posant

$$\frac{1}{(1+x)^k} = A_0 + A_1 x + \ldots + A_n x^n + \ldots,$$

chercher la valeur de la somme $A_0 + A_1 + \ldots + A_\nu$. Il suffit pour cela d'avoir le coefficient de x^ν dans le développement de la fraction $\frac{1}{(1-x)(1+x)^k}$, et c'est ce que donne la décomposition en fractions simples qui permet d'écrire

$$\frac{2^k}{(1-x)(1+x)^k} = \frac{1}{1-x} + \frac{1}{1+x} + \frac{2}{(1+x)^2} + \ldots + \frac{2^{k-1}}{(1+x)^k}.$$

La quantité cherchée s'offre ainsi sous la forme

$$\frac{1}{2^k} + \frac{(-1)^\nu}{2^k}\left[1 + 2(\nu+1) + 2^2\frac{(\nu+1)(\nu+2)}{1.2} + \ldots \right.$$
$$\left. + 2^{k-1}\frac{(\nu+1)(\nu+2)\ldots(\nu+k-1)}{1.2\ldots(k-1)}\right];$$

le coefficient de x^n, dans le développement de $\frac{1}{(1-x)(1+x^a)^k}$, est donc obtenu explicitement au moyen de l'élément $\nu = E\left(\frac{n}{a}\right)$, tandis qu'en partant de la fonction $\frac{(1-x^a)^k}{(1-x)(1-x^{2a})^k}$, ce même coefficient s'exprimera d'une manière toute différente, au moyen de $E\left(\frac{n}{2a}\right)$ et $E\left(\frac{n}{2a}+\frac{1}{2}\right)$. Soit $k=1$, pour considérer le cas le plus simple, nous aurons la relation

$$E\left(\frac{n+2a}{2a}\right) - E\left(\frac{n+a}{2a}\right) = \frac{1}{2}\left[1 + (-1)^{E\left(\frac{n}{a}\right)}\right]$$

ou plutôt

$$E\left(\frac{n+a}{2a}\right) - E\left(\frac{n}{2a}\right) = \frac{1}{2}\left[1 - (-1)^{E\left(\frac{n}{a}\right)}\right],$$

puis si l'on fait $\frac{n}{2a} = x$

$$E\left(x+\frac{1}{2}\right) - E(x) = \frac{1}{2}\left[1 - (-1)^{E(2x)}\right] = \sin^2\frac{\pi E(2x)}{2},$$

ce qui se vérifie immédiatement.

Je ne m'écarterai point de mon but en cherchant en ce moment à approfondir les relations de cette nature, et je me bornerai à remarquer que de ces identités forts simples

$$\frac{x^a}{(1-x)(1-x^a)} = \frac{x^a(1+x^a+x^{2a}+\ldots+x^{(m-1)a})}{(1-x)(1-x^{ma})},$$
$$\frac{x^a}{(1-x)(1-x^a)^2} = \frac{x^a(1+x^a+x^{2a}+\ldots+x^{(m-1)a})^2}{(1-x)(1-x^{ma})^2},$$

on conclut les propriétés suivantes de $E(x)$ et $E_2(x)$:

$$E(x)+E\left(x+\frac{1}{m}\right)+E\left(x+\frac{2}{m}\right)+\ldots+E\left(x+\frac{m-1}{m}\right)=E(mx),$$

$$E_2\left(x+\frac{1}{m}\right)+2E_2\left(x+\frac{2}{m}\right)+\ldots+(m-1)E_2\left(x+\frac{m-1}{m}\right)$$
$$+E_2\left(x-\frac{1}{m}\right)+2E_2\left(x-\frac{2}{m}\right)+\ldots+(m-1)E_2\left(x-\frac{m-1}{m}\right)$$
$$= E_2(mx)-mE_2(x).$$

VI.

J'appliquerai les résultats qui viennent d'être établis en premier lieu à la série d'Euler

$$\frac{x}{1-x}+\frac{x^2}{1-x^2}+\ldots+\frac{x^a}{1-x^a}+\ldots=\Sigma\,\varphi(n)x^n,$$

où $\varphi(n)$ désigne le nombre des diviseurs de n. La relation

$$\frac{x^a}{(1-x)(1-x^a)}=\sum E\left(\frac{n}{a}\right)x^n$$

donne alors, comme on voit, la proposition arithmétique bien connue

$$\varphi(1)+\varphi(2)+\ldots+\varphi(n)=\sum E\left(\frac{n}{a}\right) \qquad (a=1,2,3,\ldots).$$

Et pareillement si l'on pose

$$\frac{f(1)x}{1-x}+\frac{f(2)x^2}{1-x^2}+\ldots+\frac{f(a)x^a}{1-x^a}+\ldots=\sum F(n)x^n,$$

de sorte qu'on ait

$$F(n)=f(1)+f(d)+f(d')+\ldots;$$

en désignant par d, d', etc. tous les diviseurs de n, nous obtenons

$$\mathrm{F}(1)+\mathrm{F}(2)+\ldots+\mathrm{F}(n)=\sum \mathrm{E}\left(\frac{n}{a}\right)f(a) \qquad (a=1, 2, 3, \ldots).$$

Supposons en particulier que $f(n)$ soit un polynome quelconque de degré k, qu'on pourra écrire ainsi

$$f(n)=\mathrm{A}+\mathrm{B}n+\mathrm{C}\frac{n(n+1)}{1.2}+\ldots+\mathrm{K}\frac{n(n+1)\ldots(n+k-1)}{1.2\ldots k}.$$

Au moyen d'une transformation dont Jacobi a donné des exemples dans les formules du paragraphe 40 des *Fundamenta*, nous aurons

$$\begin{aligned}&\frac{f(1)x}{1-x}+\frac{f(2)x^2}{1-x^2}+\ldots+\frac{f(a)x^a}{1-x^a}+\ldots\\&=\sum\frac{\mathrm{A}x^a}{1-x^a}+\sum\frac{\mathrm{B}x^a}{(1-x^a)^2}+\ldots+\sum\frac{\mathrm{K}x^a}{(1-x^a)^{k+1}} \qquad (a=1, 2, 3, \ldots).\end{aligned}$$

On en conclut l'égalité

$$\sum \mathrm{E}\left(\frac{n}{a}\right)f(a)=\mathrm{A}\sum \mathrm{E}\left(\frac{n}{a}\right)+\mathrm{B}\sum \mathrm{E}_2\left(\frac{n}{a}\right)+\ldots+\mathrm{K}\sum \mathrm{E}_{k+1}\left(\frac{n}{a}\right),$$

et par conséquent celles-ci

$$\sum \mathrm{E}\left(\frac{n}{a}\right)a=\sum \mathrm{E}_2\left(\frac{n}{a}\right),$$
$$\sum \mathrm{E}\left(\frac{n}{a}\right)\frac{a(a+1)}{2}=\sum \mathrm{E}_3\left(\frac{n}{a}\right),$$
$$\ldots\ldots\ldots\ldots\ldots\ldots\ldots\ldots,$$

qui offrent autant de nouvelles propriétés de la fonction $\mathrm{E}(x)$.

Remarquons encore, au sujet de la série d'Euler, qu'elle a été mise par Clausen sous la forme suivante :

$$x\left(\frac{1+x}{1-x}\right)+x^4\left(\frac{1+x^2}{1-x^2}\right)+\ldots+x^{a^2}\left(\frac{1+x^a}{1-x^a}\right)+\ldots;$$

on a donc

$$\varphi(1)+\varphi(2)+\ldots+\varphi(n)=\sum\left[\mathrm{E}\left(\frac{n+a-a^2}{a}\right)+\mathrm{E}\left(\frac{n-a^2}{a}\right)\right],$$

et l'on voit que dans le second membre les valeurs de a ne doivent pas dépasser l'entier contenu dans $\sqrt{n}$, que je désignerai par ν, pour abréger. Remarquons maintenant qu'on peut écrire

$$E\left(\frac{n+a-a^2}{a}\right) = E\left(\frac{n}{a}\right) + 1 - a,$$

$$E\left(\frac{n-a^2}{a}\right) = E\left(\frac{n}{a}\right) - a,$$

et qu'on a

$$\sum_1^\nu (2a-1) = \nu^2,$$

nous en conclurons la formule

$$\varphi(1) + \varphi(2) + \ldots + \varphi(n) = 2\sum E\left(\frac{n}{a}\right) - \nu^2 \qquad (a = 1, 2, 3, \ldots, \nu)$$

dont j'ai donné ailleurs une démonstration arithmétique ([1]).

Après la fonction $\varphi(n)$ se présentent celles que M. Kronecker a considérées dans son célèbre travail, sur le nombre des classes de formes quadratiques de déterminant négatif (*Journal de Borchardt*, t. 57, p. 248), et qui se rapportent aux sommes des diviseurs des nombres. Elles sont désignées et définies comme il suit :

$X(n)$ somme de tous les diviseurs impairs de n,

$\Phi(n)$ somme de tous les diviseurs de n,

$\Psi(n)$ excès de la somme des diviseurs de n, supérieurs à $\sqrt{n}$, sur la somme des diviseurs moindres que $\sqrt{n}$,

$\Phi'(n)$ excès de la somme des diviseurs de n de la forme $8k \pm 1$, sur la somme des diviseurs de la forme $8k \pm 3$,

$\Psi'(n)$ cxeès de la somme des diviseurs $8k \pm 1$, supérieurs à $\sqrt{n}$, et des diviseurs $8k \pm 3$, moindres que $\sqrt{n}$, sur la somme des diviseurs $8k \pm 1$ moindres que $\sqrt{n}$ et des diviseurs $8k \pm 3$ plus grands que $\sqrt{n}$.

L'illustre géomètre donne ensuite les équations suivantes, où je suppose pour plus de clarté :

$$a = 1, 3, 5, \ldots,$$
$$b = 2, 4, 6, \ldots,$$
$$c = 1, 2, 3, \ldots,$$

([1]) *Sur quelques points de la théorie des nombres :* Extrait d'une lettre à M. Lipschitz (*Acta mathematica*, t. II, p. 299. — *Œuvres*, t. IV, p. 127).

à savoir :

$$\sum[2+(-1)^c]\,X(c)q^c=\sum\left[\frac{q^a}{(1-q^a)^2}+\frac{q^b}{(1+q^b)^2}\right],$$

$$\sum\Phi(c)q^c=\sum\frac{cq^c}{1-q^c}=\sum\frac{q^c}{(1-q^c)^2},$$

$$\sum\Psi(c)q^c=\sum\frac{q^{c^2+c}}{(1-q^c)^2},$$

$$\sum\Phi'(a)q^a=\sum(-1)^{\frac{1}{8}(a^2-1)}\frac{aq^a}{1-q^{2a}},$$

$$\sum\Psi'(a)q^a=\sum(-1)^{\frac{1}{8}(a^2+7)}\,a\,\frac{q^{a^2}(1+q^{2a})-q^a}{1-q^{2a}}.$$

Nous pouvons par conséquent exprimer, au moyen de la fonction $E(x)$, les diverses sommes

$$X(1)+X(3)+X(5)+\ldots,$$

$$X(2)+X(4)+X(6)+\ldots \quad \text{et} \quad \Phi(1)+\Phi(2)+\Phi(3)+\ldots, \quad \text{etc.}$$

Mais parmi les résultats qu'on trouve ainsi, les plus simples et les plus élégants ont été obtenus pour la première fois par M. Lipschitz, à qui j'en dois la communication. En désignant par A, B, C des nombres entiers de même nature que a, b, c, l'éminent géomètre a établi, par une méthode purement arithmétique, les formules suivantes :

$$X(1)+X(3)+\ldots+X(A)=\sum E_2\left(\frac{A+a}{2a}\right),$$

$$\Phi(1)+\Phi(2)+\ldots+\Phi(C)=\sum E_2\left(\frac{C}{c}\right),$$

$$\Psi(1)+\Psi(2)+\ldots+\Psi(C)=\sum E_2\left(\frac{C-c^2}{c}\right).$$

Et sans nul doute des procédés semblables donneraient aussi les relations d'une forme moins simple :

$$X(2)+X(4)+\ldots+X(B)=\frac{1}{3}\sum\left[a\,E\left(\frac{B}{2a}\right)+b\,E_1\left(\frac{B}{2b}\right)\right],$$

$$\Phi'(1)+\Phi'(3)+\ldots+\Phi'(A)=\sum(-1)^{\frac{1}{8}(a^2-1)}a\,E\left(\frac{A+a}{2a}\right),$$

$$\Psi'(1)+\Psi'(3)+\ldots+\Psi'(A)$$

$$=\sum(-1)^{\frac{1}{8}(a^2+7)}a\left[E\left(\frac{A+2a-a^2}{2a}\right)+E\left(\frac{A-a^2}{2a}\right)-E\left(\frac{A+a}{2a}\right)\right].$$

La dernière peut encore s'écrire :

$$\begin{aligned}
&\Psi'(1)+\Psi'(3)+\ldots+\Psi'(\mathrm{A})\\
&=\sum\left[(-1)^{\frac{1}{8}(a^2-1)}\,a\,\mathrm{E}\left(\frac{\mathrm{A}+a}{2a}\right)\right]-\Big[\sum(-1)^{\frac{1}{8}(a^2-1}\\
&\quad-2\sum\left[(-1)^{\frac{1}{8}(a^2-1)}\,a\,\mathrm{E}\left(\frac{\mathrm{A}-a^2}{2a}\right)\right],
\end{aligned}$$

et l'on devra prendre les deux dernières sommes, en s'arrêtant à la valeur de a qui est donnée par le plus grand nombre impair contenu dans $\sqrt{\mathrm{A}}$.

VII.

Une autre application, à laquelle je m'arrêterai un moment, concerne la fonction qui représente le nombre des solutions de l'équation $x^2+y^2=c$. En la désignant par $f(c)$, la théorie des fonctions elliptiques donne les relations

$$\frac{2\mathrm{K}}{\pi}=\sum_0^c f(c)q^c=1+4\sum\frac{(-1)^{\frac{a-1}{2}}q^a}{1-q^a},$$

$$\frac{2k\mathrm{K}}{\pi}=\sum_0^c f(8c+2)q^{\frac{4c+1}{2}}=4\sum\frac{(-1)^{\frac{a-1}{2}}\sqrt{q^a}}{1-q^a},$$

dont la première nous conduit immédiatement au théorème d'Eisenstein :

$$f(1)+f(2)+\ldots+f(\mathrm{C})=4\sum(-1)^{\frac{a-1}{2}}\mathrm{E}\left(\frac{\mathrm{C}}{a}\right).$$

De la seconde nous tirons ensuite

$$f(2)+f(10)+\ldots+f(8\mathrm{C}+2)=4\sum_c(-1)^c\,\mathrm{E}\left(\frac{2\mathrm{C}-c}{2c+1}\right);$$

mais ces formules ne sont pas les seules auxquelles mène la théorie des fonctions elliptiques. Jacobi a obtenu en effet, dans le dernier paragraphe des *Fundamenta,* ces développements d'une autre forme :

$$\frac{2k'\mathrm{K}}{\pi}=1+4\sum_c\frac{(-1)^c q^{\frac{c^2+c}{2}}}{1+q^c},$$

$$\frac{2k\mathrm{K}}{\pi}=4\sum(-1)^{\frac{a-1}{2}}\sqrt{q^{a^2}}\,\frac{1+q^{2a}}{1-q^{2a}},$$

et le premier devient, si l'on change q en $-q$:

$$\frac{2K}{\pi} = 1 - 4\sum_{1}^{c} \frac{(-1)^c q^{2c^2-c}}{1-q^{2c-1}} + 4\sum_{1}^{c} \frac{(-1)^c q^{2c^2+c}}{1+q^{2c}}.$$

J'en ai déduit les formules suivantes, que je me borne à énoncer, me réservant d'y revenir dans une autre occasion :

1° Soit $n = \mathrm{E}\left(\frac{\sqrt{8C+1}+1}{4}\right)$, et posons pour abréger

$$S = \mathrm{E}\left(\frac{C}{1}\right) - \mathrm{E}\left(\frac{C}{3}\right) + \ldots - (-1)^n \mathrm{E}\left(\frac{C}{2n-1}\right),$$

$$S_1 = \mathrm{E}_1\left(\frac{C+1}{4}\right) + \mathrm{E}_1\left(\frac{C+2}{8}\right) + \ldots + \mathrm{E}_1\left(\frac{C+n}{4n}\right);$$

on aura

$$f(1)+f(2)+\ldots+f(C) = 4\left(S + S_1 - n\sin^2\frac{n\pi}{2}\right).$$

2° Soit ensuite $n = \mathrm{E}\left(\frac{\sqrt{4C+1}+1}{2}\right)$, nous obtenons

$$\begin{aligned} &f(2)+f(10)+\ldots+f(8C+2) \\ &= 8\left[\mathrm{E}\left(\frac{C}{1}\right) - \mathrm{E}\left(\frac{C-1.2}{3}\right) + \mathrm{E}\left(\frac{C-2.3}{5}\right) - \ldots \right.\\ &\qquad\left. - (-1)^n \mathrm{E}\left(\frac{C-n^2+n}{2n-1}\right)\right] + 4\sin^2\frac{n\pi}{2}. \end{aligned}$$

Enfin on trouve dans le second volume des Œuvres de Gauss (*De nexu inter multitudinem classium*, etc., p. 279), la formule

$$f(1)+f(2)+\ldots+f(C) = 4\sum \mathrm{E}\left(\sqrt{C-c^2}\right) \qquad [c = 0, 1, 2, \ldots, \mathrm{E}(\sqrt{n})],$$

qui est d'une nature toute différente. La remarque suivante, que j'emploierai tout à l'heure pour un autre objet, en donne une démonstration facile.

Soit $f(x) = A_0 + A_1 x + A_2 x^4 + \ldots + A_n x^{n^2} + \ldots$; le coefficient d'un terme quelconque du développement de la fonction $\frac{f(x)}{1-x}$ se tire de l'égalité

$$\frac{f(x)}{1-x} = \sum A_\mu x^{\mu^2+\lambda} \qquad (\mu = 0, 1, 2, \ldots;\ \lambda = 0, 1, 2, \ldots),$$

en posant la condition

$$\mu^2 + \lambda = n.$$

Nous avons ainsi les valeurs $\mu = 0, 1, 2, \ldots, E(\sqrt{n})$, et en faisant, pour abréger l'écriture, $\nu = E(\sqrt{n})$, il est clair qu'on obtient

$$\frac{f(x)}{1-x} = \sum (A_0 + A_1 + \ldots + A_\nu) x^n.$$

On aurait d'une manière plus générale, si l'on désigne par c un entier quelconque, et qu'on fasse alors $\nu = E\left(\sqrt{\frac{n}{c}}\right)$:

$$\frac{f(x^c)}{1-x} = \sum (A_0 + A_1 + \ldots + A_\nu) x^n.$$

Soit encore

$$f(x) = A_1 \sqrt[4]{x} + A_2 \sqrt[4]{x^9} + \ldots + A_n \sqrt[4]{x^{(2n-1)^2}} + \ldots,$$

nous trouverons semblablement

$$\frac{f(x)}{1-x} = \sum (A_1 + A_2 + \ldots + A_\nu) x^{n+\frac{1}{4}},$$

en prenant dans ce cas $\nu = E\left(\frac{\sqrt{4n+1}+1}{2}\right)$.

En particulier on remarquera les relations suivantes :

$$\frac{x + x^4 + x^9 + \ldots}{1-x} = \sum_1^\infty E(\sqrt{n}) x^n,$$

$$\frac{\sqrt[4]{x} + \sqrt[4]{x^9} + \sqrt[4]{x^{25}} + \ldots}{1-x} = \sum_0^\infty E\left(\frac{\sqrt{4n+1}+1}{2}\right) x^{n+\frac{1}{4}},$$

puis, comme on le verra aisément, en désignant par k un entier quelconque :

$$\frac{(x + x^4 + x^9 + \ldots) x^k}{1-x} = \sum E(\sqrt{n-k}) x^n \qquad (n = k+1, k+2, k+3, \ldots),$$

$$\frac{(\sqrt[4]{x} + \sqrt[4]{x^9} + \sqrt[4]{x^{25}} + \ldots) x^k}{1-x} = \sum E\left(\frac{\sqrt{4n+1-4k}+1}{2}\right) x^{n+\frac{1}{4}}$$

$$(n = k, k+1, k+2, \ldots).$$

De ces formules résultent les suivantes :

Soit

$$F(x) = A_0 + A_1 x + \ldots + A_k x^k + \ldots,$$

nous aurons

$$\frac{(x + x^4 + x^9 + \ldots)\,F(x)}{1 - x} = \sum A_k\, E(\sqrt{n - k})\,x^n$$

$$(n = 1, 2, 3, \ldots;\ k = 0, 1, 2, \ldots, n - 1)$$

et semblablement

$$\frac{(\sqrt[4]{x} + \sqrt[4]{x^9} + \sqrt[4]{x^{25}} + \ldots)\,F(x)}{1 - x} = \sum A_k\, E\left(\frac{\sqrt{4n + 1 - 4k} + 1}{2}\right) x^{n + \frac{1}{4}}$$

$$(n = 0, 1, 2, \ldots;\ k = 0, 1, 2, \ldots, n).$$

Supposons dans la première de ces deux relations

$$F(x) = x + x^4 + x^9 + \ldots,$$

elle donne immédiatement l'égalité

$$\frac{(x + x^4 + x^9 + \ldots)^2}{1 - x} = \sum E(\sqrt{n - c^2})\,x^n$$

$$(n = 1, 2, 3, \ldots;\ c = 1, 2, \ldots, E(\sqrt{n})).$$

On en conclut le développement de la quantité

$$\frac{(1 + 2x + 2x^4 + \ldots)^2}{1 - x}$$

sous la forme suivante :

$$\sum [1 + 4E(\sqrt{n - c^2})]\,x^n \qquad (n = 0, 1, 2, 3, \ldots;\ c = 0, 1, 2, \ldots, E\sqrt{n}),$$

et par suite le théorème de Gauss :

$$f(1) + f(2) + \ldots + f(c) = 4 \sum E(\sqrt{C - c^2}).$$

Prenons de même, dans la seconde formule,

$$F(x) = \frac{\sqrt[4]{x} + \sqrt[4]{x^9} + \sqrt[4]{x^{25}} + \ldots}{\sqrt[4]{c}},$$

nous trouverons la relation

$$\frac{(\sqrt[4]{x} + \sqrt[4]{x^9} + \sqrt[4]{x^{25}} + \ldots)^2}{1 - x} = \sum E\left(\frac{\sqrt{4n + 2 - (2c - 1)^2} + 1}{2}\right) x^{n + \frac{1}{2}}$$

$$\left[n = 0, 1, 2, \ldots;\ c = 1, 2, \ldots, E\left(\frac{\sqrt{4n + 2} + 1}{2}\right)\right].$$

Le résultat suivant qui s'en tire :

$$f(2)+f(10)+\ldots+f(8C+2)=4\sum \mathrm{E}\left(\frac{\sqrt{4n+2-a^2}+1}{2}\right),$$

où la somme doit s'étendre dans le second membre aux valeurs $a=1, 3, 5, \ldots$ en s'arrêtant à la racine du plus grand carré impair contenu dans $4n+2$, a été donné par Liouville, dans une courte Note qui porte pour titre *Égalités entre des sommes qui dépendent de la fonction numérique* $\mathrm{E}(x)$ (*Journal de Mathématiques*, 2e série, t. V, 1860).

VIII.

J'arrive maintenant au point que j'avais principalement en vue, en déduisant des beaux théorèmes de M. Kronecker démontrés au commencement de ces recherches, les expressions des trois sommes

$$\begin{aligned}
A &= F(2)+F(6)+\ldots+F(4n+2),\\
B &= F(1)+F(5)+\ldots+F(4n+1),\\
C &= F(3)+F(11)+\ldots+F(8n+3).
\end{aligned}$$

Voici, parmi plusieurs autres, deux formes sous lesquelles on peut les obtenir.

Considérons d'abord le premier théorème :

$$\mathfrak{I}_2^2\mathfrak{I}_3 = 4\sum_0 F(4n+2)q^{n+\frac{1}{2}};$$

je remarque, pour former le quotient $\dfrac{\mathfrak{I}_2^2\mathfrak{I}_3}{1-q}$, qu'on a

$$\mathfrak{I}_2^2=\sum_0 f(8c+2)q^{2c+\frac{1}{2}},$$

$$\mathfrak{I}_3 = 1+2q+2q^4+\ldots.$$

Nous avons ainsi une première partie, dont le développement suivant les puissances de q est donné immédiatement par la formule

$$\frac{\mathfrak{I}_2^2}{1-q}=\sum f(8c+2)q^{n+\frac{1}{2}} \qquad (n=0, 1, 2, 3, \ldots; \ c=0, 1, 2, \ldots, n).$$

En appliquant ensuite l'égalité obtenue dans le paragraphe précédent

$$\frac{(x + x^4 + x^9 + \ldots) F(x)}{1 - x} = \sum A_k E(\sqrt{n-k}) x^n,$$

on trouve

$$\frac{(q + q^4 + q^9 + \ldots) \mathfrak{S}_2^2}{1 - q} = \sum f(8c+2) E(\sqrt{n - 2c}) q^{n+\frac{1}{2}}$$

$$\left[n = 0, 1, 2, 3, \ldots; \; c = 0, 1, 2, \ldots, E\left(\frac{n-1}{2}\right) \right].$$

La somme cherchée A, étant le coefficient de $q^{n+\frac{1}{2}}$, dans le développement que nous venons de former de $\frac{\mathfrak{S}_2^2 \mathfrak{S}_3}{1-q}$, nous sommes amenés à la formule

$$4A = \sum f(8c+2) + 2 \sum f(8c+2) E(\sqrt{n-2c}),$$

où il faut prendre dans le premier terme $c = 0, 1, 2, \ldots, n$, et dans le second $c = 0, 1, 2, \ldots, E\left(\frac{n-1}{2}\right)$.

D'une manière toute semblable, nous parvenons aux développements qui suivent :

$$\frac{\mathfrak{S}_2 \mathfrak{S}_3^2}{1-q} = 2 \sum f(c) E\left(\frac{\sqrt{4n+1-4c}+1}{2}\right) q^{n+\frac{1}{4}}$$

$$(n = 0, 1, 2, \ldots; \; c = 0, 1, 2, \ldots, n),$$

$$\frac{\mathfrak{S}_3^3}{1-q} = 2 \sum f(8c+2) E\left(\frac{\sqrt{4n+1-8c}+1}{2}\right) q^{2n+\frac{3}{4}}$$

$$\left[n = 0, 1, 2, \ldots; \; c = 0, 1, 2, \ldots, E\left(\frac{n}{2}\right) \right].$$

Cela étant, le coefficient de $q^{n+\frac{1}{4}}$ dans le premier et le coefficient de $q^{2n+\frac{3}{4}}$ dans le second donnent les expressions des sommes B et C; on trouve ainsi

$$2B = \sum f(c) E\left(\frac{\sqrt{4n+1-4c}+1}{2}\right),$$

$$4C = \sum f(8c+2) E\left(\frac{\sqrt{8n+1-8c}+1}{2}\right),$$

en prenant $c = 0, 1, 2, \ldots, n$.

Nous obtiendrons les mêmes quantités sous une autre forme, dans laquelle figure uniquement la fonction $E(x)$, au moyen de la série de Jacobi dont nous avons déjà parlé :

$$\vartheta_2^2 = 4\sqrt{q}\,\frac{1+q^2}{1-q^2} - 4\sqrt{q^9}\,\frac{1+q^6}{1-q^6} + 4\sqrt{q^{25}}\,\frac{1+q^{10}}{1-q^{10}} - \ldots,$$

et de celle qu'on en tire en changeant q en $\sqrt{q}$:

$$\vartheta_2\vartheta_3 = 2\sqrt[4]{q}\,\frac{1+q}{1-q} - 4\sqrt[4]{q^9}\,\frac{1+q^3}{1-q^3} + 4\sqrt[4]{q^{25}}\,\frac{1+q^5}{1-q^5} - \ldots.$$

Multiplions à cet effet, membre à membre, les deux égalités

$$\vartheta_2\vartheta_3 = 2\sum(-1)^{\frac{a-1}{2}}\sqrt[4]{q^{a^2}}\,\frac{1+q^a}{1-q^a},$$

$$\vartheta_2 = 2\sum\sqrt[4]{q^{a'^2}},$$

il vient ainsi

$$\vartheta_2^2\vartheta_3 = 4\sum(-1)^{\frac{a-1}{2}}\sqrt[4]{q^{a^2+a'^2}}\,\frac{1+q^a}{1-q^a} \qquad (a = 1, 3, 5, \ldots;\ a' = 1, 3, 5, \ldots),$$

et en remarquant que $\frac{a^2-1}{4}$ et $\frac{a'^2-1}{4}$ sont des entiers :

$$\vartheta_2^2\vartheta_3 = 4q^{\frac{1}{2}}\sum(-1)^{\frac{a-1}{2}}q^{\frac{a^2+a'^2-2}{4}}\,\frac{1+q^a}{1-q^a}.$$

Nous avons donc

$$\frac{\vartheta_2^2\vartheta_3}{1-q} = 4q^{\frac{1}{2}}\sum(-1)^{\frac{a-1}{2}}q^{\frac{a^2+a'^2-2}{4}}\,\frac{1+q^a}{(1-q)(1-q^a)},$$

de sorte que les formules de développement précédemment employées nous donnent :

$$\frac{\vartheta_2^2\vartheta_3}{1-q} = 4q^{\frac{1}{2}}\sum(-1)^{\frac{a-1}{2}}\left[E\left(\frac{4n+2+4a-a^2-a'^2}{4a}\right) + E\left(\frac{4n+2-a^2-a'^2}{4a}\right)\right]q^n.$$

Or le coefficient de q^n se réduit à l'expression la plus simple :

$$1 + 2E\left(\frac{4n+2-a^2-a'^2}{4a}\right),$$

et comme le premier des deux signes E se rapporte à tous les systèmes de valeurs des nombres impairs et positifs, a et a', qui satisfont à la condition

$$\frac{4n+2+4a-a^2-a'^2}{4a} \geqq 1,$$

c'est-à-dire

$$4n+2-a^2-a'^2 \geqq 0,$$

on voit qu'en posant sous cette condition

$$S = \sum (-1)^{\frac{a-1}{2}},$$

puis semblablement

$$S_1 = \sum (-1)^{\frac{a-1}{2}} \mathrm{E}\left(\frac{4n+2-a^2-a'^2}{4a}\right),$$

on obtient la quantité cherchée sous cette nouvelle forme

$$\mathrm{A} = \mathrm{S} + 2\mathrm{S}_1.$$

En second lieu, multiplions par

$$\vartheta_3 = \sum q^{c^2},$$

en supposant

$$c = 0, \pm 1, \pm 2, \ldots,$$

la même égalité

$$\vartheta_2 \vartheta_3 = 2 \sum (-1)^{\frac{a-1}{2}} \sqrt[4]{q^{a^2}} \frac{1+q^a}{1-q^a}.$$

On trouvera de cette manière

$$\vartheta_2 \vartheta_3^2 = 2q^{\frac{1}{4}} \sum (-1)^{\frac{a-1}{1}} q^{\frac{a^2+4c^2-1}{4}} \frac{1+q^a}{1-q^a},$$

et si l'on désigne par b le nombre pair $2c$, nous aurons

$$\begin{aligned} \frac{\vartheta_2 \vartheta_3^2}{1-q} &= 2q^{\frac{1}{4}} \sum (-1)^{\frac{a-1}{2}} q^{\frac{a^2+b^2-1}{4}} \frac{1+q^a}{(1-q)(1-q^a)} \\ &= 2q^{\frac{1}{4}} \sum (-1)^{\frac{a-1}{2}} \left[\mathrm{E}\left(\frac{4n+1+4a-a^2-b^2}{4a}\right)\right. \\ &\qquad \left. + \mathrm{E}\left(\frac{4n+1-a^2-b^2}{4a}\right)\right] q^n. \end{aligned}$$

Posons donc la condition

$$4n+1-a^2-b^2 \geqq 0.$$

en supposant que a soit impair et positif, b ayant des valeurs paires positives, nulles ou négatives, et soit alors

$$S = \sum (-1)^{\frac{a-1}{2}},$$

$$S_1 = \sum (-1)^{\frac{a-1}{2}} E\left(\frac{4n+1-a^2-b^2}{4a}\right),$$

la quantité B sera exprimée par la formule

$$2B = S + 2S_1.$$

En dernier lieu, nous trouverons par des considérations toutes semblables

$$C = S + 2S_1,$$

en posant

$$S = \sum (-1)^{\frac{a-1}{1}},$$

$$S_1 = \sum (-1)^{\frac{a-1}{2}} E\left(\frac{8n+3-2a^2-a'^2}{8a}\right),$$

les deux sommes se rapportant à tous les systèmes de nombres impairs et positifs a et a', satisfaisant à la condition

$$8n+3-2a^2-a'^2 \geqq 0.$$

Je ferai une application de la première des formules obtenues, qui servira en même temps de vérification, en supposant $n=6$. On trouve que la condition posée, à savoir

$$26 - a^2 - a'^2 \geqq 0,$$

est remplie pour les valeurs

$$\begin{array}{ll} a = 1, & a' = 1, 3, 5, \\ a = 3, & a' = 1, 3, \\ a = 5, & a' = 1. \end{array}$$

Le nombre a étant trois fois égal à 1, deux fois égal à 3 et une fois égal à 5, nous avons

$$S = \sum (-1)^{\frac{a-1}{2}} = 2.$$

On obtient ensuite

$$S_1 = E\left(\frac{24}{4}\right) + E\left(\frac{16}{4}\right) - E\left(\frac{14}{12}\right) = 9.$$

La somme A des nombres de classes de déterminants $D = -2$, -6, -10, -14, -18, -22, -26 est donc égale à 20; c'est en effet ce que donne la Table suivante des réduites :

$$
\begin{aligned}
D &= -2 && (1, 0, 2),\\
&= -6 && (1, 0, 6)(2, 0, 3),\\
&= -10 && (1, 0, 10)(2, 0, 5),\\
&= -14 && (1, 0, 14)(2, 0, 7)(3, \pm 1, 5),\\
&= -18 && (1, 0, 18)(3, 0, 6)(2, 0, 9),\\
&= -22 && (1, 0, 2)(2, 0, 11),\\
&= -26 && (1, 0, 26)(2, 0, 13)(3, \pm 1, 9)(5, \pm 2, 6).
\end{aligned}
$$

J'indiquerai encore en terminant la formule

$$F(3) + F(7) + \ldots + F(4n + 3) = 2 \sum E\left(\frac{n + 1 - c^2 - 2cc'}{2c + 2c' + 1}\right);$$

la somme du second membre s'étend à tous les entiers positifs c et c' satisfaisant à la condition

$$(c + 1)(2c + 2c' + 1) \gtreqless n + 1,$$

en convenant de réduire à moitié les termes qui sont donnés quand on suppose $c' = 0$. La démonstration de ce résultat sera l'objet d'un travail qui paraîtra prochainement.

EXTRAIT D'UNE LETTRE ADRESSÉE A F. GOMES TEIXEIRA.

SUR LES

POLYNOMES DE LEGENDRE.

Journal de Ciencias mathématicas e astronomicas, t. VI, 1885, p. 81-84.

... Vous connaissez cette belle proposition de M. Tchebichew que le polynome X_n de Legendre est le dénominateur de la réduite d'ordre n du développement en fraction continue de la quantité

$$\frac{1}{2}\log\frac{x+1}{x-1} = \frac{1}{x} + \frac{1}{3x^3} + \frac{1}{5x^5} + \ldots.$$

On peut y parvenir, comme vous allez le voir, au moyen du développement en série, qui a été le point de départ de Legendre et a donné la première définition de polynomes X_n, à savoir

$$\frac{1}{\sqrt{1-2zx+z^2}} = X_0 + X_1 z + \ldots + X_n z^n + \ldots.$$

Soit pour abréger

$$R(z) = 1 - 2zx + z^2;$$

je remarque d'abord qu'en changeant z en $\frac{1}{z}$, on aura

$$\frac{1}{\sqrt{R(z)}} = \frac{X_0}{z} + \frac{X_1}{z^2} + \ldots + \frac{X_n}{z^{n+1}} + \ldots.$$

Il en résulte, comme je l'ai établi page 299 de mon *Cours d'Analyse*, que l'intégrale $\int \frac{z^n\,dz}{\sqrt{R(z)}}$ s'exprime ainsi :

$$\int \frac{z^n\,dz}{\sqrt{R(z)}} = F(z)\sqrt{R(z)} + X_n \int \frac{dz}{\sqrt{R(z)}},$$

en désignant par $F(z)$ un polynome en z du degré $n-1$.

Et il est facile de voir que ce polynome est donné par le développement en série suivant les puissances descendantes de z de l'expression

$$\frac{1}{\sqrt{R(z)}}\int\frac{z^n\,dz}{\sqrt{R(z)}},$$

en n'en prenant que la partie entière. Cette partie entière s'obtient au moyen de la relation

$$\frac{z^n}{\sqrt{R(z)}} = X_0 z^{n-1} + X_1 z^{n-2} + \ldots + X_i z^{n-i-1} + \ldots,$$

d'où l'on tire, en intégrant,

$$\int\frac{z^n\,dz}{\sqrt{R(z)}} = \frac{X_0 z^n}{n} + \frac{X_1 z^{n-1}}{n-1} + \ldots + \frac{X_i z^{n-i}}{n-i} + \ldots.$$

Il suffit en effet de multiplier membre à membre avec l'équation

$$\frac{1}{\sqrt{R(z)}} = \frac{X_0}{z} + \frac{X_1}{z^2} + \ldots + \frac{X_i}{z^{i+1}} + \ldots$$

et l'on trouve immédiatement ainsi

$$F(z) = \frac{X_0^2 z^{n-1}}{n} + \frac{(2n-1)X_0 X_1 z^{n-2}}{n(n-1)} + \ldots.$$

Je remarquerai seulement le dernier terme, le terme indépendant de z, ou bien $F(0)$, qui a pour expression

$$F(0) = \sum\frac{X_i X_{n-i-1}}{i+1} \qquad (i = 0, 1, 2, \ldots, n-1).$$

Ce résultat donne en effet la valeur de l'intégrale définie

$$\int_0^\xi \frac{z^n\,dz}{\sqrt{R(z)}},$$

où ξ désigne la plus petite racine de $R(z) = 0$, c'est-à-dire

$$\xi = x - \sqrt{x^2 - 1}.$$

Si l'on emploie la formule générale

$$\int\frac{dz}{\sqrt{R(z)}} = \log\left[z - x + \sqrt{R(z)}\right],$$

on a facilement

$$\int_0^\xi \frac{dz}{\sqrt{R(z)}} = \log \frac{\sqrt{x^2-1}}{x-1} = \frac{1}{2}\log\frac{x+1}{x-1},$$

d'où, par conséquent,

$$\int_0^\xi \frac{z^n\,dz}{\sqrt{R(z)}} = -F(o) + \frac{1}{2}X_n \log\frac{x+1}{x-1},$$

et cette expression de l'intégrale définie contient la belle proposition de M. Tchebichew.

Faites, pour le voir, la substitution $z = \zeta\xi$, l'intégrale devient

$$\xi^{n+1}\int_0^1 \frac{\zeta^n\,d\zeta}{\sqrt{1-2x\zeta\xi+\zeta^2\xi^2}},$$

ou bien

$$\frac{1}{x^{n+1}}Y,$$

en posant

$$Y = (x\xi)^{n+1}\int_0^1 \frac{\zeta^n\,d\zeta}{\sqrt{1-2x\zeta\xi+\zeta^2\xi^2}},$$

quantité finie pour x infiniment grand. Effectivement

$$\xi = x - \sqrt{x^2-1} = \frac{1}{2x}+\ldots,$$

ce qui donne pour x infini

$$Y = \frac{1}{2^{n+1}}\int_0^1 \frac{\zeta^n\,d\zeta}{\sqrt{1-\zeta}} = \frac{1.2.3\ldots n}{1.3.5\ldots 2n+1}.$$

Remarquez encore que

$$F(o) = \sum \frac{X_i X_{n-i-1}}{i+1}$$

est un polynome entier en x du degré $n-1$; $\frac{F(o)}{X_n}$ est bien par conséquent la réduite d'ordre n du développement de $\frac{1}{2}\log\frac{x+1}{x-1}$ en fraction continue.

Paris, 31 mai 1885.

EXTRAIT D'UNE LETTRE ADRESSÉE A M. HERMITE PAR M. FUCHS.

SUR UN

DÉVELOPPEMENT EN FRACTION CONTINUE.

Acta mathematica, t. IV, 1884, p. 89-92.

Peut-être vous intéressera-t-il de voir la manière dont je me suis démontré votre théorème ainsi énoncé :

« Soient α et β deux exposants dont la somme $\alpha+\beta=k$, k étant entier et positif, et $\frac{B}{A}$ la réduite d'ordre n du développement en fraction continue de $(x-a)^\alpha(x-b)^\beta$. Les polynomes A et B, des degrés n et $n+k$, se déterminent, sauf un facteur constant, en posant :

$$\text{(I)}\qquad D_x^n[(x-a)^{n+\alpha}(x-b)^{n+\beta}]=(x-a)^\alpha(x-b)^\beta A,$$

$$\text{(II)}\qquad D_x^{n+k}[(x-a)^{n+k-\alpha}(x-b)^{n+k-\beta}]=(x-a)^{-\alpha}(x-b)^{-\beta}B. \text{ »}$$

D'abord, comme on peut changer l'expression $(x-a)^\alpha(x-b)^\beta$ au moyen d'une substitution linéaire et entière en $t^\alpha(1-t)^\beta$, je considère immédiatement une telle expression, ou plutôt $x^\lambda(1-x)^\mu$, en mettant λ et μ au lieu de α et β.

Je me restreindrai à la démonstration de la formule (I), parce qu'on peut procéder de la même manière pour prouver la seconde.

Il suit d'une formule donnée par Jacobi, dans un Mémoire posthume (*Journal de Borchardt*, t. 56, p. 149, § 3) qu'on a l'équation

$$(1)\qquad D_x^n[x^{n+\lambda}(1-x)^{n+\mu}]$$
$$=(1+\lambda)(2+\lambda)\ldots(n+\lambda)x^\lambda(1-x)^\mu\,F(-n,\,k+n+1,\,1+\lambda,\,x).$$

Or on peut poser

$$(2)\qquad x^{\lambda}(1-x)^{\mu} = G_k(x) + \frac{\mu(\mu-1)\ldots(\mu-k+1)}{1.2\ldots k}\, F\left(\lambda,\ 1,\ 1+k,\ \frac{1}{x}\right),$$

$G_k(x)$ étant un polynome entier du degré k. En développant

$$F\left(\lambda,\ 1,\ k+1,\ \frac{1}{x}\right)$$

en fraction continue, on voit que le dénominateur de la réduite d'ordre n est identique à la quantité A (sauf un facteur constant), et l'on déduit des formules de Heine (*Journal de Borchardt*, t. 57, p. 231, et aussi *Handbuch der Kugelfunctionen*, t. I, Chap. V), sauf un facteur constant,

$$(3)\qquad A = F(-n,\ k+n+1,\ 1+\lambda,\ x).$$

On peut donc substituer dans l'équation (1) à la fonction

$$F(-n,\ k+n+1,\ 1+\lambda,\ x),$$

la quantité A, ce qui démontre la première de vos deux formules.

Heidelberg, 17 octobre 1883.

EXTRAIT D'UNE LETTRE ADRESSÉE A M. FUCHS PAR M. HERMITE.

...Je me permets maintenant de vous communiquer une autre manière de parvenir au résultat que vous avez établi. Sous ce nouveau point de vue, je puis supposer k indifféremment positif ou négatif, j'admettrai seulement, lorsque le second cas se présente, que $n+k$ soit positif. Cela étant, je pose, en développant suivant les puissances descendantes de la variable

$$(x-a)^{n+\alpha}(x-b)^{n+\beta} = P + \frac{\varepsilon}{x} + \frac{\varepsilon'}{x^2} + \ldots,$$

P désignant la partie entière, et je prends les dérivées d'ordre n des deux membres de cette égalité.

J'obtiens ainsi

$$\begin{aligned} D_x^n[(x-a)^{n+\alpha}(x-b)^{n+\beta}] &= (x-a)^{\alpha}(x-b)^{\beta}A \\ &= D_x^n P + \frac{\eta}{x^{n+1}} + \frac{\eta'}{x^{n+2}} + \ldots \end{aligned}$$

et cette relation met immédiatement en évidence que $\frac{D_x^n P}{A}$ est la réduite d'ordre n du développement en fraction continue de la quantité

$$(x-a)^\alpha (x-b)^\beta,$$

le numérateur étant du degré $n+k$ et le dénominateur du degré n.

On parvient à la même réduite si l'on part de l'égalité suivante :

$$(x-a)^{n+k-\alpha}(x-b)^{n+k-\beta} = Q + \frac{\zeta}{x} + \frac{\zeta'}{x^2} + \ldots,$$

où la partie entière Q est du degré $2n+k$.

En prenant en effet la dérivée d'ordre $n+k$ des deux membres, nous trouvons

$$(x-a)^{-\alpha}(x-b)^{-\beta} B = D_x^{n+k} Q + \frac{\mathfrak{S}}{x^{n+k+1}} + \frac{\mathfrak{S}'}{x^{n+k+2}} + \ldots$$

et comme tout à l'heure on en conclut que $\frac{D_x^{n+k} Q}{B}$ est une réduite du développement de $(x-a)^{-\alpha}(x-b)^{-\beta}$.

La fraction inverse $\frac{B}{D_x^{n+k} Q}$ est par conséquent, d'après le degré de son dénominateur, la réduite d'ordre n de la quantité

$$(x-a)^\alpha (x-b)^\beta,$$

et vous voyez que vous pouvez écrire, sauf un facteur constant,

$$B = D_x^n P, \qquad D_x^{n+k} Q = A.$$

Ces relations mettent en évidence une liaison bien singulière et que jusqu'ici je n'ai point cherché à approfondir entre P, Q, A et B ; je me contenterai d'avoir établi par la première le résultat que j'avais en vue.

Paris, 1er février 1884.

EXTRAIT D'UNE LETTRE DE M. HERMITE A M. LIPSCHITZ.

SUR

L'USAGE DES PRODUITS INFINIS

DANS LA

THÉORIE DES FONCTIONS ELLIPTIQUES.

Acta mathematica, t. IV, 1884, p. 193.

... Une remarque à cette occasion sur les formules (7), (8), (9), (10), (11) de la page 89 des *Fundamenta;* il me paraît convenable d'introduire ces quatre produits infinis

$$\begin{aligned} A &= (1+q^2)(1+q^4)(1+q^6)\ldots \\ B &= (1-q\;)(1-q^3)(1-q^5)\ldots \\ C &= (1+q\;)(1+q^3)(1+q^5)\ldots \\ D &= (1-q^2)(1-q^4)(1-q^6)\ldots \end{aligned} \qquad (ABC = 1),$$

on a alors

$$\sqrt[4]{k} = \sqrt{2}\,\sqrt[8]{q}\,A^2 B, \qquad \sqrt[4]{k'} = B^2 A,$$

$$\sqrt{\frac{2kK}{\pi}} = 2\sqrt[4]{q}\,A^2 D, \qquad \sqrt{\frac{2k'K}{\pi}} = B^2 D, \qquad \sqrt{\frac{2K}{\pi}} = C^2 D.$$

En évitant les dénominateurs j'obtiens, comme vous voyez, plus de symétrie.

DISCOURS

PRONONCÉ AUX OBSÈQUES DE M. BOUQUET,

AU NOM DE LA FACULTÉ DES SCIENCES,

le 11 septembre 1885.

« MESSIEURS,

» Je viens adresser, au nom de la Faculté des Sciences, un dernier adieu à l'un de nos collègues les plus respectés et les plus aimés, dont les travaux mathématiques ont honoré la Science française, et qui s'est consacré avec dévouement jusque dans ces derniers mois, jusqu'à ce que la maladie eût triomphé de son zèle, à ses devoirs d'enseignement.

» En sortant de l'École Normale, M. Bouquet a été d'abord professeur au lycée de Marseille, puis à la Faculté des Sciences de Lyon, pour occuper ensuite, pendant près de vingt ans, la chaire de Mathématiques spéciales du lycée Condorcet et du lycée Louis-le-Grand. Ces deux établissements garderont toujours le souvenir des brillants succès dans les examens d'admission à l'École Polytechnique, dus autant à l'homme de cœur, qui portait à tous ses élèves intérêt et affection, qu'à l'éminent géomètre qui mettait un talent supérieur à enseigner les éléments de la Science dont ses travaux reculaient les bornes. C'est en collaboration avec Briot que M. Bouquet a donné de beaux et importants Mémoires, parmi lesquels je dois surtout mentionner celui qui concerne les équations différentielles du premier ordre, puis sur la théorie des fonctions elliptiques un Ouvrage qui compte parmi les plus importantes publications analytiques de notre époque. D'autres recherches de notre savant collègue ont pour objet la variation des intégrales doubles, les tangentes aux courbes gauches, les surfaces orthogonales, les équations aux différentielles totales, des questions difficiles et d'un haut intérêt dans la théorie des intégrales hyperelliptiques et leurs fonctions inverses. Le mérite de ces travaux, universellement reconnu, a reçu la plus haute des consécrations : l'Académie des Sciences, en 1875, a appelé M. Bouquet à occuper, dans la Section de Géométrie, la place de M. Bertrand devenu Secrétaire perpétuel.

» En ce moment, je ne dois pas entreprendre d'apprécier les recherches d'Analyse qui ont été l'œuvre principale de notre collègue, mais je ne puis omettre de rappeler qu'elles ont été inspirées par les découvertes de Cauchy. Au terme de sa glorieuse carrière, Cauchy a eu le bonheur d'avoir dans nos collègues Puiseux, Briot et Bouquet, des disciples dignes de lui, qui ont, en des points essentiels, complété ses travaux et mis dans une plus vive lumière la puissance et la fécondité de ses principes. Ces disciples ont été des amis dévoués à sa mémoire, au culte de son génie; M. Bouquet, pendant les treize années qu'il a occupé la chaire d'Analyse de la Faculté, s'est fait l'instituteur des doctrines du maître immortel, et ce n'est pas le moindre honneur de sa carrière d'avoir élevé ses leçons au niveau de la Science de notre temps et aplani, pour les élèves, le chemin qui mène à ses plus hautes régions.

» Au nom de la Faculté des Sciences, au nom de l'amitié qui nous unissait, j'adresse un suprême adieu à l'homme excellent, au collègue regretté de tous, au géomètre éminent que nous avons perdu. »

SUR

LA THÉORIE DES FRACTIONS CONTINUES.

Bulletin des Sciences mathématiques, t. IX, 1885, p. 11.

La démonstration du théorème de Lagrange, sur le développement en fraction continue de la racine d'une équation du second degré à coefficients entiers, me semble pouvoir être présentée en suivant l'analyse du grand géomètre, sous une forme assez simple, pour être donnée dans l'enseignement.

Soit l'équation proposée

$$Ax^2 + 2Bx + C = 0,$$

désignons par a et b ses racines, et en supposant que la première qu'on développe en fraction continue soit positive, représentons par $\frac{P}{Q}, \frac{P'}{Q'}$ deux réduites consécutives de rang quelconque. Soit encore λ le quotient complet correspondant à la dernière réduite, la relation

$$a = \frac{P'\lambda + P}{Q'\lambda + Q}$$

donne l'équation du second degré

$$A(P'\lambda + P)^2 + 2B(P'\lambda + P)(Q'\lambda + Q) + C(Q'\lambda + Q)^2 = 0$$

ou bien

$$G\lambda^2 + 2H\lambda + K = 0,$$

les coefficients G, H, K étant aussi des nombres entiers, assujettis, à la condition

$$H^2 - GK = (B^2 - AC)(PQ' - QP')^2 = B^2 - AC.$$

Désignons pour un instant par μ la seconde racine de cette équation qui se tire de la relation

$$b = \frac{P'\mu + P}{Q'\mu + Q},$$

elle a pour expression

$$\mu = \frac{P - Qb}{Q'b - P'};$$

et voici la remarque essentielle à laquelle elle donne lieu :

On a d'abord

$$\mu = -\frac{Q}{Q'} + \frac{PQ' - QP'}{Q'(Q'b - P')}$$

ou plutôt

$$\mu = -\frac{Q}{Q'} \pm \frac{1}{Q'(Q'b - P')}.$$

Cela étant, j'emploie la condition suivante, où ε est une quantité inférieure à l'unité en valeur absolue :

$$a - \frac{P'}{Q'} = \frac{\varepsilon}{Q'^2};$$

on en tire

$$P' = aQ' - \frac{\varepsilon}{Q'}$$

et par suite

$$\mu = -\frac{Q}{Q'} \pm \frac{1}{Q'^2(b - a) + \varepsilon}.$$

Cette expression montre que, pour des valeurs croissantes de Q', μ est représenté avec une approximation de plus en plus grande par la fraction $-\frac{Q}{Q'}$. La série des équations du second degré en λ, qui toutes ont une racine positive, supérieure à l'unité, présentent donc cette circonstance qu'à partir d'une certaine réduite et pour toutes celles qui suivront, leur seconde racine sera négative et moindre que l'unité en valeur absolue, attendu que Q est inférieur à Q' ; c'est dire que les coefficients G et K seront alors et indéfiniment de signes contraires, le coefficient moyen H étant de même signe que K.

La condition

$$H^2 - GK = B^2 - AC$$

permet ainsi de conclure immédiatement qu'ils sont limités et ne peuvent offrir qu'un nombre fini de combinaisons. L'une des équations du second degré en λ se reproduira donc nécessairement, ce qui établit la périodicité.

Dans le Tome XIX des *Annales de Gergonne*, p. 294, Galois a donné un théorème d'un grand intérêt, dont la démonstration peut encore être abrégée en la présentant comme il suit :

Soient x une fonction continue immédiatement périodique, $\frac{P}{Q}$ la fraction ordinaire irréductible représentant la période, et $\frac{P_0}{Q_0}$ la réduite qui précède $\frac{P}{Q}$; on aura l'égalité

$$x = \frac{Px + P_0}{Qx + Q_0},$$

d'où

$$Qx^2 + (Q_0 - P)x - P_0 = 0.$$

Cela étant, j'observe qu'en faisant $x = -\frac{1}{\xi}$, la transformée obtenue,

$$P_0\xi^2 + (Q_0 - P)\xi - Q = 0,$$

peut être regardée comme provenant de l'équation

$$\xi = \frac{P\xi + Q}{P_0\xi + Q_0}.$$

Or, on tire facilement de la loi élémentaire de formation des réduites, que le développement de $\frac{P}{P_0}$ en fraction continue offre, dans un ordre inverse, les mêmes quotients incomplets que la fraction $\frac{P}{Q}$, et que $\frac{Q}{Q_0}$ est la réduite qui précède $\frac{P}{P_0}$. Par conséquent la quantité ξ, ou bien l'unité divisée par la seconde racine de l'équation en x et changée de signe, donne lieu à une fraction continue immédiatement périodique, dont la période est celle de la première racine écrite dans un ordre inverse. C'est le théorème de Galois ; l'article de l'illustre géomètre sur les fractions continues a été reproduit dans le *Journal de Liouville*, t. XI, p. 385.

RÉPONSE A UNE LETTRE ADRESSÉE A M. HERMITE;
PAR M. OBRASTZOFF DE SAINT-PÉTERSBOURG.

NOTE DE M. HERMITE.

Bulletin des Sciences mathématiques, t. IX, 1885, p. 135.

Dans le Tome 76 du *Journal de Borchardt* (p. 303) ([1]), j'ai remarqué que les expressions

$$\mathrm{P}\cos x - \mathrm{Q}\sin x \quad \text{et} \quad \mathrm{P}\sin x + \mathrm{Q}\sin x$$

sont les solutions de l'équation de Bessel

$$\frac{d^2y}{dx^2} + \frac{2n}{x}\frac{dy}{dx} + y = 0.$$

C'est ce qui m'a conduit aux résultats dont M. Obrastzoff a donné une démonstration élémentaire qui annonce un beau talent d'analyste dans son jeune auteur. Qu'on fasse en effet

$$y = \frac{z}{x^n},$$

on aura, comme on sait, la nouvelle relation

$$\frac{d^2z}{dx^2} = \left[\frac{n(n-1)}{x^2} - 1\right]z,$$

à laquelle satisfait par conséquent la fonction $z = \varphi(x)$. Posant donc

$$u = \varphi(ax), \qquad v = \varphi(bx),$$

ces expressions vérifieront les expressions suivantes :

$$\frac{d^2u}{dx^2} = \left[\frac{n(n-1)}{x^2} - a^2\right]u,$$

$$\frac{d^2v}{dx^2} = \left[\frac{n(n-1)}{x^2} - b^2\right]v.$$

([1]) *Voir* aussi *Œuvres*, t. III, p. 135.

Or on en tire

$$u\frac{d^2 v}{dx^2} - v\frac{d^2 u}{dx^2} = (a^2 - b^2)uv,$$

et, par conséquent,

$$u\frac{dv}{dx} - v\frac{du}{dx} = (a^2 - b^2)\int uv\,dx,$$

ce qui donne sous forme explicite la valeur de l'intégrale

$$\int \varphi(ax)\,\varphi(bx)\,dx.$$

Supposons ensuite $a = b = 1$; nous devrons prendre, pour u et v, les deux solutions de la même équation, c'est-à-dire

$$u = \frac{P\cos x - Q\sin x}{x^n},$$

$$v = \frac{P\sin x + Q\cos x}{x^n};$$

alors de la relation

$$u\frac{dv}{dx} - v\frac{du}{dx} = C$$

on conclut immédiatement

$$C\int\frac{dx}{u^2} = \frac{v}{u}$$

ou bien

$$C\int\frac{dx}{\varphi^2(x)} = \frac{P\sin x + Q\cos x}{P\cos x - Q\sin x}.$$

Il ne nous reste donc qu'à déterminer la constante C, dans l'équation

$$z_1\frac{dz}{dx} - z\frac{dz_1}{dx} = C,$$

et à prouver qu'elle a pour valeur l'unité. Je remarque, dans ce but, que les expressions

$$z = \frac{y}{x^n}, \qquad z_1 = \frac{y_1}{x^n}$$

donnent d'abord

$$z_1\frac{dz}{dx} - z\frac{dz_1}{dx} = \frac{1}{x^{2n}}\left(y_1\frac{dy}{dx} - y\frac{dy_1}{dx}\right),$$

et ensuite qu'on a (*Journal de Borchardt*, t. 76, p. 304)

$$y = P\cos x - Q\sin x = \alpha x^{2n+1} + \alpha' x^{2n+3} + \ldots,$$
$$y_1 = P\sin x + Q\cos x = \beta + \beta' x + \ldots.$$

De ces développements résulte que, dans la quantité $y_1 \frac{dy}{dx} - y \frac{dy_1}{dx}$, le terme du degré le moins élevé, qui provient de $y_1 \frac{dy}{dx}$, est $(2n+1)\alpha\beta x^{2n}$; nous avons donc $C = (2n+1)\alpha\beta$. J'ai obtenu d'ailleurs, dans l'article cité,

$$\alpha = \frac{1}{3.5.7\ldots 2n+1};$$

quant au coefficient β, c'est précisément le terme constant dans le polygone Q, qui est égal à $3.5.7\ldots 2n-1$, ainsi qu'on le voit aisément; on a donc bien $C = 1$, comme nous nous étions proposé de l'établir.

NOTE

AU SUJET DE LA COMMUNICATION DE M. STIELTJES.

SUR UNE FONCTION UNIFORME.

Comptes rendus, t. 101, 1885, p. 112.

La proposition de Riemann se tire facilement de la formule employée par le grand géomètre

$$\xi(s) = \frac{1}{\Gamma(s)} \int_0^\infty \frac{x^{s-1}\,dx}{e^x - 1},$$

en décomposant l'intégrale définie en deux parties et écrivant

$$\xi(s) = \frac{1}{\Gamma(s)} \left(\int_0^\omega \frac{x^{s-1}\,dx}{e^x - 1} + \int_\omega^\infty \frac{x^{s-1}\,dx}{e^x - 1} \right),$$

où ω désigne une constante positive arbitraire. On met ainsi en évidence deux fonctions

$$F(s) = \int_0^\omega \frac{x^{s-1}\,dx}{e^x - 1}$$

et

$$G(s) = \int_\omega^\infty \frac{x^{s-1}\,dx}{e^x - 1},$$

qui, l'une et l'autre, seront uniformes si l'on convient d'employer, dans les intégrales, la valeur principale de x. C'est dire que, en posant $x = e^t$, ce qui donne pour t une seule et unique détermination réelle, on prendra $x^s = e^{st}$. Cela étant, il est clair que $G(s)$ est une quantité finie pour toute valeur réelle ou imaginaire de s, puisque la limite inférieure de l'intégrale est différente de zéro et représente une fonction holomorphe.

Je remarque encore que, en écrivant

$$\int_{\omega}^{\infty} \frac{x^{s-1}\,dx}{e^x - 1} = \int_{\omega}^{\infty} \frac{e^{\frac{x}{2}}}{e^x - 1} e^{-\frac{x}{2}} x^{s-1}\,dx,$$

le facteur $\frac{e^{\frac{x}{2}}}{e^x - 1}$ varie dans le même sens en décroissant entre les limites de l'intégrale ; on a donc, si l'on désigne par X une quantité comprise entre ces limites et par λ le facteur de M. Darboux dont le module ne peut dépasser l'unité,

$$G(s) = \lambda \int_{\omega}^{\infty} \frac{e^{\frac{x}{2}}\,dx}{e^x - 1} e^{-\frac{1}{2}X} X^{s-1} = \lambda \log\left(\frac{e^{\omega}+1}{e^{\omega}-1}\right)^2 e^{-\frac{1}{2}X} X^{s-1}$$

Supposons, de plus, que s soit réel, le maximum du facteur $e^{-\frac{1}{2}X} X^{s-1}$ correspondant à la valeur $X = 2(s-1)$, on en conclut que $G(s)$ a pour maximum l'expression

$$\log\left(\frac{e^{\omega}+1}{e^{\omega}-1}\right)^2 \left[\frac{2(s-1)}{e}\right]^{s-1}.$$

Ceci posé, c'est l'intégrale

$$F(s) = \int_0^{\omega} \frac{x^{s-1}\,dx}{e^x - 1}$$

dont il s'agit d'obtenir l'extension analytique. Nous supposerons, dans ce but, que ω soit moindre que 2π, ce qui permet d'employer le développement connu

$$\frac{1}{e^x - 1} = \frac{1}{x} - \frac{1}{2} + \frac{B_1 x}{1.2} - \frac{B^2 x^3}{1.2.3.4} + \ldots = \frac{1}{x} - \frac{1}{2} - \sum \frac{(-1)^n B_n x^{2n-1}}{1.2\ldots 2n};$$

d'où l'on déduit immédiatement

$$\int_0^{\omega} \frac{x^{s-1}\,dx}{e^x - 1} = \omega^{s-1}\left[\frac{1}{s-1} - \frac{\omega}{2s} - \sum \frac{(-1)^n B_n \omega^{2n}}{1.2\ldots 2n(2n+s-1)}\right].$$

Or l'expression à laquelle on est ainsi amené

$$\frac{1}{s-1} - \frac{\omega}{2s} - \sum \frac{(-1)^n B_n \omega^{2n}}{1.2\ldots 2n(2n+s-1)}$$

est une fonction analytique de s; car, ayant

$$\frac{B_n}{1.2\ldots 2n} = \frac{2\left(1+\frac{1}{2^{2n}}+\ldots\right)}{(2\pi)^{2n}},$$

le terme général prend cette forme

$$\frac{2\left(1+\frac{1}{2^{2n}}+\ldots\right)}{2n+s-1}\left(\frac{\omega}{2\pi}\right)^{2n},$$

qui met la convergence de la série en évidence pour toute valeur de s, puisqu'on a

$$\frac{\omega}{2\pi} < 1.$$

La fonction de Riemann se trouve ainsi étendue à tout le plan par la formule

$$\xi(s) = \frac{1}{\Gamma(s)}[F(s)+G(s)],$$

où l'on a

$$\frac{1}{\Gamma(s)} = e^{Cs}s\prod\left[\left(1+\frac{s}{n}\right)e^{-\frac{s}{n}}\right] \qquad (n=1,\ 2,\ \ldots,\ \infty).$$

Mais, cette fonction holomorphe s'évanouissant pour $s=0, -1, -2, \ldots$, on voit que le seul pôle $s=1$ subsiste dans le produit de $\frac{1}{\Gamma(s)}$ par la fonction

$$F(s) = \omega^{s-1}\left[\frac{1}{s-1} - \frac{\omega}{2s} - \sum\frac{(-1)^n B_n \omega^{2n}}{1.2\ldots 2n(2n+s-1)}\right].$$

Il suffit ensuite d'observer que, dans ce produit, la fraction $\frac{1}{s-1}$ est multipliée par $\frac{\omega^{s-1}}{\Gamma(s)}$, ce qui se réduit à l'unité en supposant $s=1$, pour obtenir l'expression donnée par Riemann

$$\xi(s) = \frac{1}{s-1} + \Phi(s),$$

où $\Phi(s)$ est une fonction holomorphe. Enfin, je remarque que les pôles de $F(s)$ étant les nombres $0, -1, -3, -5, \ldots$, la formule

$$\xi(s) = \frac{1}{\Gamma(s)}[F(s)+G(s)]$$

montre que $\xi(s)$ s'évanouit en faisant $s = -2, -4, -6, \ldots$ En même temps on obtient ce résultat

$$\xi(-2n+1) = \frac{(-1)^{n+1} B_n}{1.2\ldots 2n\lambda},$$

où λ est la valeur de

$$(2n+s-1)\Gamma(s),$$

quand on suppose $s = -2n+1$, c'est-à-dire $-\dfrac{1}{1.2\ldots 2n-1}$; il vient donc

$$\xi(-2n+1) = \frac{(-1)^n B_n}{2n}.$$

Mais M. Stieltjes était déjà parvenu à ces deux conséquences dont il m'a donné communication, et j'ai seulement voulu montrer comment on y est conduit sous le point de vue auquel je me suis placé.

SUR LES

FONCTIONS HOLOMORPHES.

Journal de Mathématiques, 4e série, t. I, 1885, p. 9.

MM. Briot et Bouquet ont établi, d'une manière élégante, dans leur Ouvrage *Sur la théorie des fonctions elliptiques* (p. 203), cette proposition si importante, qu'une fonction holomorphe dont le module est fini pour toute valeur de la variable est une constante. Je me propose de démontrer le théorème plus général que toute fonction holomorphe $f(z)$, telle que le rapport $\frac{f(z)}{z^n}$ soit fini pour z infiniment grand, est un polynome du degré n en z. A cet effet, je partirai de la formule de Maclaurin :

$$f(x) = f(0) + \frac{x}{1} f'(0) + \ldots + \frac{x^n}{1.2\ldots n} f^n(0) + J,$$

où l'on a

$$J = \frac{1}{2i\pi} \int \frac{x^{n+1} f(z)\, dz}{z^{n+1}(z-x)},$$

l'intégrale étant prise le long d'une circonférence de rayon r ayant son centre à l'origine, et qui contient à son intérieur le point dont l'affixe est la variable x.

J'emploierai ensuite cette expression qu'on obtient facilement de toute intégrale $\int F(z)\, dz$, effectuée le long d'une courbe de longueur σ, à savoir

$$\int F(z)\, dz = \lambda\sigma F(\zeta),$$

où ζ désigne l'affixe d'un point de la courbe, et λ le facteur de M. Darboux, dont le module a l'unité pour limite supérieure.

Nous pouvons ainsi écrire, en représentant par $\zeta = re^{i\theta}$ l'affixe d'un point de cette circonférence,

$$J = \frac{r x^{n+1} f(\zeta)}{\zeta^{n+1}(\zeta - x)} \lambda.$$

Mettons maintenant $\zeta e^{-i\theta}$ au lieu de r, et il viendra

$$J = \frac{x^{n+1} f(\zeta)}{\zeta^{n}(\zeta - x)} \lambda e^{-i\theta}.$$

Cela étant, j'observe que, la fonction $f(x)$ étant holomorphe, on peut faire croître au delà de toute limite la circonférence qui sert de contour pour l'intégration. Par là nous voyons qu'en supposant, comme nous l'avons admis, que $\frac{f(z)}{z^n}$ reste une quantité finie, lorsque le module de z augmente indéfiniment, on trouve $J = 0$; la fonction considérée est donc bien un polynome de degré n.

SUR UNE APPLICATION

DE LA

THÉORIE DES FONCTIONS DOUBLEMENT PÉRIODIQUES DE SECONDE ESPÈCE.

Annales de l'École Normale, 3e série, t. II, 1885, p. 303.

On doit à Jacobi les développements en série de sinus et de cosinus des expressions suivantes :

$$\frac{\Theta(x+a)}{\Theta(x)}, \quad \frac{\mathrm{H}(x+a)}{\Theta(x)}, \quad \frac{\Theta_1(x+a)}{\Theta(x)}, \quad \frac{\mathrm{H}_1(x+a)}{\Theta(x)},$$

qui se sont offertes dans ses recherches mémorables sur le mouvement de rotation autour d'un point fixe d'un corps qui n'est sollicité par aucune force accélératrice. Ces résultats découverts par le grand géomètre m'ont paru devoir être complétés en considérant le système complet des seize quotients qui ont pour numérateurs

$$\Theta(x+a), \quad \mathrm{H}(x+a), \quad \Theta_1(x+a), \quad \mathrm{H}_1(x+a)$$

et pour dénominateurs

$$\Theta(x), \quad \mathrm{H}(x), \quad \Theta_1(x), \quad \mathrm{H}_1(x).$$

Les quantités qu'on obtient ainsi appartiennent à la catégorie des fonctions doublement périodiques de seconde espèce, ayant un seul pôle dans le rectangle des périodes $2\mathrm{K}$, $2i\mathrm{K}'$, et elles offrent ce caractère particulier que l'un des multiplicateurs, celui qui correspond à la période $2\mathrm{K}$, est égal à ± 1.

C'est au point de vue de la théorie des fonctions doublement périodiques de seconde espèce que je me placerai dans ce qui va suivre, en me proposant de faire voir comment elle permet de démontrer facilement les formules de Jacobi et celles que j'y ai ajoutées.

I.

Considérons en premier la série

$$\sum \frac{e^{\frac{ni\pi a}{K}}}{\sin \frac{\pi}{2K}(x + 2niK')},$$

où le nombre entier n prend toutes les valeurs de $-\infty$ à $+\infty$, a étant une constante qui sera représentée par $\alpha + i\alpha'$; je dis qu'elle est convergente, quel que soit x, pourvu que α' soit en valeur absolue inférieur à K'.

En effet, le terme général étant mis sous la forme

$$\frac{2ie^{\frac{ni\pi a}{K}}}{e^{\frac{i\pi}{2K}(x+2niK')} - e^{-\frac{i\pi}{2K}(x+2niK')}},$$

on pourra, au dénominateur, négliger la première exponentielle ou la seconde, suivant que n croît positivement ou négativement, ce qui donne les quantités

$$-2ie^{\frac{ni\pi}{2K}(2a+2iK')+\frac{i\pi x}{2K}}, \quad 2ie^{\frac{ni\pi}{2K}(2a+2iK')-\frac{i\pi x}{2K}}.$$

Écrivons $-n$ au lieu de n dans la seconde et prenons la limite pour n infiniment grand de la racine $n^{\text{ième}}$ des modules, on aura pour résultat, si l'on remplace a par $\alpha + i\alpha'$,

$$e^{-\frac{\pi}{K}(\alpha'+K')}, \quad e^{\frac{\pi}{K}(\alpha'-K')}.$$

Ces deux limites seront donc inférieures à l'unité en posant

$$\alpha' + K' > 0, \qquad \alpha' - K' < 0,$$

et la série sera convergente, comme nous l'avons dit, quand la valeur absolue de α' sera moindre que K'.

Soit maintenant

$$\Phi(x) = \sum \frac{e^{\frac{ni\pi a}{K}}}{\sin \frac{\pi}{2K}(x + 2niK')};$$

j'observe que, l'indice n variant de $-\infty$ à $+\infty$, on peut changer n en $n+1$ et écrire

$$\Phi(x) = \sum \frac{e^{\frac{(n+1)i\pi a}{K}}}{\sin \frac{\pi}{2K}[x + 2(n+1)iK']}$$

$$= e^{\frac{i\pi a}{K}} \sum \frac{e^{\frac{ni\pi a}{K}}}{\sin \frac{\pi}{2K}(x + 2iK' + 2niK')}.$$

De la composition même de la série résulte donc la relation

$$\Phi(x) = e^{\frac{i\pi a}{K}} \Phi(x + 2iK')$$

ou bien

$$\Phi(x + 2iK') = e^{-\frac{i\pi a}{K}} \Phi(x).$$

On a d'ailleurs immédiatement

$$\Phi(x + 2K) = -\Phi(x);$$

ainsi $\Phi(x)$ est une fonction doublement périodique de seconde espèce aux multiplicateurs -1 et $e^{-\frac{i\pi a}{K}}$; ses pôles s'obtiennent en posant

$$\sin \frac{\pi}{2K}(x + 2niK') = 0,$$

d'où

$$x = 2mK - 2niK',$$

m désignant un entier arbitraire ; par conséquent, on n'a à l'intérieur du rectangle des périodes $2K$ et $2iK'$ que le seul pôle $x=0$, auquel correspond le résidu $\frac{2K}{\pi}$. Les propriétés que nous venons de reconnaître suffisent à la complète détermination de la fonction $\Phi(x)$, et l'on sait construire avec les transcendantes de Jacobi une expression qui les réunisse : c'est la quantité

$$\frac{2K}{\pi} \frac{H'(0)\Theta(x+a)}{H(x)\Theta(a)},$$

qui a, en effet, les mêmes multiplicateurs et le même pôle $x = 0$ avec le résidu $\frac{2K}{\pi}$; on a, par suite, la relation

$$\frac{2K}{\pi}\frac{H'(0)\Theta(x+a)}{H(x)\Theta(a)} = \sum \frac{e^{\frac{ni\pi a}{K}}}{\sin\frac{\pi}{2K}(x+2niK')},$$

et il suffit de permuter x et a pour en conclure l'une des formules de Jacobi, à savoir

$$\frac{2K}{\pi}\frac{H'(0)\Theta(x+a)}{\Theta(x)H(a)} = \sum \frac{e^{\frac{ni\pi x}{K}}}{\sin\frac{\pi}{2K}(a+2niK')}.$$

Les autres s'en déduisent de la manière suivante :

Changeons d'abord a en $a + iK'$, nous aurons

$$\frac{2K}{\pi}\frac{H'(0)H(x+a)}{\Theta(x)\Theta(a)} e^{-\frac{i\pi x}{2K}} = \sum \frac{e^{\frac{ni\pi x}{K}}}{\sin\frac{\pi}{2K}[a+(2n+1)iK']};$$

puis, en multipliant par $e^{\frac{i\pi x}{2K}}$,

$$\frac{2K}{\pi}\frac{H'(0)H(x+a)}{\Theta(x)\Theta(a)} = \sum \frac{e^{\frac{(2n+1)i\pi x}{2K}}}{\sin\frac{\pi}{2K}[a+(2n+1)iK']}.$$

Mettons enfin dans ces deux relations $a + K$ au lieu de a, on obtiendra les formules qui restaient à établir

$$\frac{2K}{\pi}\frac{H'(0)\Theta_1(x+a)}{\Theta(x)H_1(a)} = \sum \frac{e^{\frac{ni\pi x}{K}}}{\cos\frac{\pi}{2K}(a+2niK')},$$

$$\frac{2K}{\pi}\frac{H'(0)H_1(x+a)}{\Theta(x)\Theta_1(a)} = \sum \frac{e^{\frac{(2n+1)i\pi x}{2K}}}{\cos\frac{\pi}{2K}[a+(2n+1)iK']}.$$

Je joindrai immédiatement à ces expressions des quatre quotients contenant $\Theta(x)$ en dénominateur ceux dont le dénominateur est $\Theta_1(x)$, et qui s'en tirent par le changement de x en $x + K$. Les formules ainsi réunies ont un même caractère analytique essentiellement distinct de celles que nous obtiendrons ensuite; je conviendrai, afin de les écrire de la manière la plus simple, de représenter par des lettres n et m tous les entiers pairs et impairs, tant positifs que négatifs ; cela étant, on a le Tableau suivant :

$$(1)\qquad \frac{2K}{\pi}\,\frac{H'(0)\,\Theta(x+a)}{\Theta(x)\,H(a)}=\sum\frac{e^{\frac{ni\pi x}{2K}}}{\sin\frac{\pi}{2K}(a+niK')},$$

$$(2)\qquad \frac{2K}{\pi}\,\frac{H'(0)\,H(x+a)}{\Theta(x)\,\Theta(a)}=\sum\frac{e^{\frac{mi\pi x}{2K}}}{\sin\frac{\pi}{2K}(a+miK')},$$

$$(3)\qquad \frac{2K}{\pi}\,\frac{H'(0)\,\Theta_1(x+a)}{\Theta(x)\,H_1(a)}=\sum\frac{e^{\frac{ni\pi x}{2K}}}{\cos\frac{\pi}{2K}(a+niK')},$$

$$(4)\qquad \frac{2K}{\pi}\,\frac{H'(0)\,H_1(x+a)}{\Theta(x)\,\Theta_1(a)}=\sum\frac{e^{\frac{mi\pi x}{2K}}}{\cos\frac{\pi}{2K}(a+miK')},$$

$$(5)\qquad \frac{2K}{\pi}\,\frac{H'(0)\,\Theta_1(x+a)}{\Theta_1(x)\,H(a)}=\sum\frac{(-1)^{\frac{n}{2}}\,e^{\frac{ni\pi x}{2K}}}{\sin\frac{\pi}{2K}(a+niK')},$$

$$(6)\qquad \frac{2K}{\pi}\,\frac{H'(0)\,H_1(x+a)}{\Theta_1(x)\,\Theta(a)}=\sum\frac{i^m\,e^{\frac{mi\pi x}{2K}}}{\sin\frac{\pi}{2K}(a+miK')},$$

$$(7)\qquad \frac{2K}{\pi}\,\frac{H'(0)\,\Theta(x+a)}{\Theta_1(x)\,H_1(a)}=\sum\frac{(-1)^{\frac{n}{2}}\,e^{\frac{ni\pi x}{2K}}}{\cos\frac{\pi}{2K}(a+niK')},$$

$$(8)\qquad \frac{2K}{\pi}\,\frac{H'(0)\,H(x+a)}{\Theta_1(x)\,\Theta_1(a)}=\sum\frac{(-i)^m\,e^{\frac{mi\pi x}{2K}}}{\cos\frac{\pi}{2K}(a+miK')}.$$

II

Nous considérons en second lieu une série d'une forme entièrement différente de la précédente, qui est représentée ainsi :

$$\cot\frac{\pi a}{2K}+\sum e^{\frac{ni\pi a}{2K}}\left[\cot\frac{\pi}{2K}(x+niK')+\varepsilon i\right]$$
$$(n=0,\ \pm 2,\ \pm 4,\ \pm 6,\ \ldots).$$

Dans cette formule, l'entier n parcourt toute la suite des nombres pairs de $-\infty$ à $+\infty$, et la quantité désignée par ε doit être supposée nulle pour $n=0$ et égale à l'unité positive ou négative, selon que n est lui-même positif ou négatif.

On devra donc, en n'introduisant que les entiers positifs $n=2, 4, 6, \ldots$, la décomposer en deux séries partielles et l'écrire ainsi :

$$\cot\frac{\pi a}{2K}+\cot\frac{\pi x}{2K}+\sum e^{\frac{ni\pi a}{2K}}\left[\cot\frac{\pi}{2K}(x+niK')+i\right]$$
$$+\sum e^{-\frac{ni\pi a}{2K}}\left[\cot\frac{\pi}{2K}(x-niK')-i\right],$$

ou bien encore, au moyen d'une transformation facile,

$$\cot\frac{\pi a}{2K}+\cot\frac{\pi x}{2K}+\sum\frac{e^{\frac{i\pi}{2K}(na+niK'+x)}}{\sin\frac{\pi}{2K}(x+niK')}+\sum\frac{e^{-\frac{i\pi}{2K}(na-niK'+x)}}{\sin\frac{\pi}{2K}(x-niK')},$$

et c'est cette nouvelle forme qui conduit aux conditions de convergence. Remplaçons, en effet, pour de grandes valeurs de n, les deux dénominateurs $\sin\frac{\pi}{2K}(x+niK')$ et $\sin\frac{\pi}{2K}(x-niK')$ par $\frac{1}{2i}e^{-\frac{i\pi}{2K}(x+niK')}$ et $\frac{1}{2i}e^{\frac{i\pi}{K}(x-niK')}$ les termes généraux deviennent

$$2i\,e^{\frac{i\pi}{2K}(na+2niK'+2x)},\quad 2i\,e^{-\frac{i\pi}{2K}(na-2niK'+2x)}.$$

Cela étant, si l'on fait encore $a=\alpha+i\alpha'$, on obtient pour la limite de la racine $n^{\text{ième}}$ de leurs modules, en supposant n infini, les quantités

$$e^{-\frac{\pi}{2K}(\alpha'+2K')},\quad e^{\frac{\pi}{2K}(\alpha'-2K')}$$

et, par conséquent, les conditions

$$\alpha'+2K'>0,\qquad \alpha'-2K'<0.$$

Notre seconde série est donc convergente, pour toute valeur de x, lorsque le coefficient de i dans la constante a est en valeur absolue inférieur à $2K'$. J'ajoute qu'elle définit encore une fonction doublement périodique de seconde espèce, et qu'en posant

$$\Pi(x)=\cot\frac{\pi a}{2K}+\sum e^{\frac{ni\pi a}{2K}}\left[\cot\frac{\pi}{2K}(x+niK')+\varepsilon i\right],$$

on a les relations

$$\mathrm{H}(x+2\mathrm{K}) = \mathrm{H}(x), \qquad \mathrm{H}(x+2i\mathrm{K}') = e^{-\frac{i\pi a}{\mathrm{K}}}\,\mathrm{H}(x).$$

La première est évidente et la seconde résulte de l'expression du produit $e^{\frac{i\pi a}{\mathrm{K}}}\,\mathrm{H}(x+2i\mathrm{K}')$, à savoir

$$\begin{aligned} &e^{\frac{i\pi a}{\mathrm{K}}}\,\mathrm{H}(x+2i\mathrm{K}') \\ &\quad = e^{\frac{i\pi a}{\mathrm{K}}} \cot\frac{\pi a}{2\mathrm{K}} + e^{\frac{i\pi a}{\mathrm{K}}} \sum e^{\frac{ni\pi a}{2\mathrm{K}}}\left[\cot\frac{\pi}{2\mathrm{K}}(x+2i\mathrm{K}'+ni\mathrm{K}')+\varepsilon i\right]. \end{aligned}$$

On a, en effet,

$$e^{\frac{i\pi a}{\mathrm{K}}} \cot\frac{\pi a}{2\mathrm{K}} = \cot\frac{\pi a}{2\mathrm{K}} + i\left(e^{\frac{i\pi a}{\mathrm{K}}}+1\right),$$

et si nous changeons, comme il est permis, n en $n-2$ dans le terme général, il viendra

$$\begin{aligned} &e^{\frac{i\pi a}{\mathrm{K}}}\,\mathrm{H}(x+2i\mathrm{K}') \\ &\quad = \cot\frac{\pi a}{2\mathrm{K}} + i\left(e^{\frac{i\pi a}{\mathrm{K}}}+1\right) + \sum e^{\frac{ni\pi a}{2\mathrm{K}}}\left[\cot\frac{\pi}{2\mathrm{K}}(x+ni\mathrm{K}')+\varepsilon i\right]; \end{aligned}$$

mais, sous cette forme et à l'égard du nouveau nombre n, une modification est apportée à la signification de ε. On doit, en effet, prendre maintenant $\varepsilon = 1$ pour $n = 4, 6, 8$, puis $\varepsilon = -1$ pour $n = 2$, et $n = 0, -2, -4, \ldots$. Or on voit qu'en ajoutant aux termes correspondant à $n = 2$ et $n = 0$ d'une part $ie^{\frac{i\pi a}{\mathrm{K}}}$, de l'autre i, et, par conséquent, en faisant entrer dans la somme la quantité $i\left(e^{\frac{i\pi a}{\mathrm{K}}}+1\right)$, on retrouve pour ε précisément la signification qui lui a été donnée dans la fonction $\mathrm{H}(x)$. La relation à établir et, par conséquent, le caractère analytique de fonction doublement périodique de seconde espèce résulte donc encore de la composition même de la série considérée. Enfin, si l'on remarque que, dans le rectangle des périodes, il n'existe qu'un seul pôle $x=0$, auquel correspond pour résidu $\frac{2\mathrm{K}}{\pi}$, on obtient l'expression de $\mathrm{H}(x)$ au moyen des fonctions de Jacobi sous la forme $\frac{2\mathrm{K}}{\pi}\,\frac{\mathrm{H}'(0)\,\mathrm{H}(x+a)}{\mathrm{H}(x)\,\mathrm{H}(a)}$.

En permutant x et a, on a, par suite,

$$\frac{2K}{\pi}\frac{H'(o)H(x+a)}{H(x)H(a)} = \cot\frac{\pi x}{2K} + \sum e^{\frac{ni\pi x}{2K}}\left[\cot\frac{\pi}{2K}(a+niK') + \varepsilon i\right];$$

c'est le premier exemple et le type du second groupe de huit formules auxquelles nous allons parvenir.

Changeons d'abord a en $a + iK'$, on obtient, après avoir multiplié $e^{\frac{i\pi x}{2K}}$ et en désignant par m l'entier impair $n + 1$,

$$\frac{2K}{\pi}\frac{H'(o)\Theta(x+a)}{H(x)\Theta(a)} = e^{\frac{i\pi x}{2K}}\cot\frac{\pi x}{2K} + \sum e^{\frac{mi\pi x}{2K}}\left[\cot\frac{\pi}{2K}(a+miK') + \varepsilon i\right].$$

Il suffit ensuite d'employer la relation

$$e^{\frac{i\pi x}{2K}}\cot\frac{\pi x}{2K} = \frac{1}{\sin\frac{\pi x}{2K}} + i e^{\frac{i\pi x}{2K}},$$

pour avoir en définitive et en faisant entrer le terme $ie^{\frac{i\pi x}{2K}}$ sous le signe Σ,

$$\frac{2K}{\pi}\frac{H'(o)\Theta(x+a)}{H(x)\Theta(a)} = \frac{1}{\sin\frac{\pi x}{2K}} + \sum e^{\frac{mi\pi x}{2K}}\left[\cot\frac{\pi}{2K}(a+miK') + \varepsilon i\right].$$

Le nombre m représente, dans cette formule, tous les entiers impairs, et ε doit être pris égal à $+1$ ou -1, suivant que m est positif ou négatif, sans jamais passer par zéro. En y changeant, ainsi que dans la précédente, a en $a + K$, on obtient quatre relations qui, ensuite, en donnent quatre autres, lorsqu'on y remplace x par $x + K$. C'est, par conséquent, le système complet des huit formules qu'il s'agissait d'obtenir et que je groupe dans le Tableau suivant :

$$\frac{2K}{\pi}\frac{H'(o)\,H(x+a)}{H(x)H(a)} = \cot\frac{\pi x}{2K} + \sum e^{\frac{ni\pi x}{2K}}\left[\cot\frac{\pi}{2K}(a+niK') + \varepsilon i\right],$$

$$\frac{2K}{\pi}\frac{H'(o)\,\Theta(x+a)}{H(x)\Theta(a)} = \operatorname{cos\acute{e}c}\frac{\pi x}{2K} + \sum e^{\frac{mi\pi x}{2K}}\left[\cot\frac{\pi}{2K}(a+miK') + \varepsilon i\right],$$

$$\frac{2K}{\pi}\frac{H'(o)\,H_1(x+a)}{H(x)H_1(a)} = \cot\frac{\pi x}{2K} - \sum e^{\frac{ni\pi x}{2K}}\left[\operatorname{tang}\frac{\pi}{2K}(a+niK') - \varepsilon i\right]$$

et

$$(12)\quad \frac{2K}{\pi}\,\frac{H'(0)\,\Theta_1(x+a)}{H(x)\,\Theta_1(a)} = \operatorname{coséc}\frac{\pi x}{2K} - \sum e^{\frac{mi\pi x}{2K}}\left[\operatorname{tang}\frac{\pi}{2K}(a+miK') - \varepsilon i\right],$$

$$(13)\quad \frac{2K}{\pi}\,\frac{H'(0)\,H_1(x+a)}{H_1(x)\,H(a)} = -\operatorname{tang}\frac{\pi x}{2K} + \sum (-1)^{\frac{n}{2}} e^{\frac{ni\pi x}{2K}}\left[\cot\frac{\pi}{2K}(a+niK') + \varepsilon i\right],$$

$$(14)\quad \frac{2K}{\pi}\,\frac{H'(0)\,\Theta_1(x+a)}{H_1(x)\,\Theta(a)} = \operatorname{séc}\frac{\pi x}{2K} + \sum i^m e^{\frac{mi\pi x}{2K}}\left[\cot\frac{\pi}{2K}(a+miK') + \varepsilon i\right],$$

$$(15)\quad \frac{2K}{\pi}\,\frac{H'(0)\,H(x+a)}{H_1(x)\,H_1(a)} = \operatorname{tang}\frac{\pi x}{2K} + \sum (-1)^{\frac{n}{2}} e^{\frac{ni\pi x}{2K}}\left[\operatorname{tang}\frac{\pi}{2K}(a+niK') - \varepsilon i\right],$$

$$(16)\quad \frac{2K}{\pi}\,\frac{H'(0)\,\Theta(x+a)}{H_1(x)\,\Theta_1(a)} = \operatorname{séc}\frac{\pi x}{2K} - \sum i^m e^{\frac{mi\pi x}{2K}}\left[\operatorname{tang}\frac{\pi}{2K}(a+miK') - \varepsilon i\right].$$

III.

Depuis longtemps, M. Kronecker a eu l'idée de développer, suivant les puissances de q, les expressions de Jacobi, et, en 1877, l'illustre géomètre m'a donné communication des résultats extrêmement remarquables auxquels il s'est trouvé ainsi amené; en raison de leur intérêt, j'indiquerai succinctement comment on y parvient. Il est indispensable pour cela de séparer, dans les séries dont nous avons donné le Tableau, les termes qui correspondent aux valeurs positives de ceux qui correspondent aux valeurs négatives des entiers désignés par m et n. En convenant donc qu'on supposera désormais

$$m = 1, 3, 5, \ldots; \qquad n = 2, 4, 6, \ldots,$$

il suffira, pour effectuer tous les développements suivant les puissances de q, d'employer les formules suivantes ([1]), où s est une

([1]) On a aussi à employer les formules

$$\frac{1}{\cos\frac{\pi}{2K}(a \pm siK')} = 2\sum (-1)^{\frac{m-1}{2}} q^{\frac{ms}{2}} e^{\pm\frac{mi\pi a}{2K}},$$

$$\operatorname{tang}\frac{\pi}{2K}(a \pm siK') \mp i = \pm 2i\sum (-1)^{\frac{n}{2}} q^{\frac{ns}{2}} e^{\pm\frac{ni\pi a}{2K}}.$$

constante positive, qu'on prendra tour à tour égale à m ou à n :

$$\frac{1}{\sin\frac{\pi}{2K}(a+siK')} = -2i\sum q^{\frac{ms}{2}} e^{\frac{mi\pi a}{2K}},$$

$$\frac{1}{\sin\frac{\pi}{2K}(a-siK')} = +2i\sum q^{\frac{ms}{2}} e^{-\frac{mi\pi a}{2K}}$$

$$(m = 1, 3, 5, \ldots);$$

$$\cot\frac{\pi}{2K}(a+siK') + i = -2i\sum q^{\frac{ns}{2}} e^{\frac{ni\pi a}{2K}},$$

$$\cot\frac{\pi}{2K}(a-siK') - i = +2i\sum q^{\frac{ns}{2}} e^{-\frac{ni\pi a}{2K}}$$

$$(n = 2, 4, 6, \ldots).$$

Cela étant, si l'on convient encore de désigner par m' et n', comme on l'a fait plus haut pour m et n, tous les entiers impairs et tous les entiers pairs, positifs, on aura les seize formules suivantes ([1]) :

$$(1)\quad \frac{2K}{\pi}\frac{H'(0)\,\Theta(x+a)}{\Theta(x)\,H(a)} = \operatorname{cos\acute{e}c}\frac{\pi a}{2K} + 4\sum q^{\frac{mn}{2}} \sin\frac{\pi}{2K}(ma+nx),$$

$$(2)\quad \frac{2K}{\pi}\frac{H'(0)\,H(x+a)}{\Theta(x)\,\Theta(a)} = 4\sum q^{\frac{mm'}{2}} \sin\frac{\pi}{2K}(ma+m'x),$$

$$(3)\quad \frac{2K}{\pi}\frac{H'(0)\,\Theta_1(x+a)}{\Theta(x)\,H_1(a)} = \operatorname{s\acute{e}c}\frac{\pi a}{2K} + 4\sum (-1)^{\frac{m-1}{2}} q^{\frac{mn}{2}} \cos\frac{\pi}{2K}(ma+nx),$$

$$(4)\quad \frac{2K}{\pi}\frac{H'(0)\,H_1(x+a)}{\Theta(x)\,\Theta_1(a)} = 4\sum (-1)^{\frac{m-1}{2}} q^{\frac{mm'}{2}} \cos\frac{\pi}{2K}(ma+m'x);$$

$$(5)\quad \frac{2K}{\pi}\frac{H'(0)\,\Theta_1(x+a)}{\Theta_1(x)\,H(a)} = \operatorname{cos\acute{e}c}\frac{\pi a}{2K} + 4\sum (-1)^{\frac{n}{2}} q^{\frac{mn}{2}} \sin\frac{\pi}{2K}(ma+nx),$$

$$(6)\quad \frac{2K}{\pi}\frac{H'(0)\,H_1(x+a)}{\Theta_1(x)\,\Theta(a)} = 4\sum (-1)^{\frac{m'-1}{2}} q^{\frac{mm'}{2}} \cos\frac{\pi}{2K}(ma+m'x),$$

$$(7)\quad \frac{2K}{\pi}\frac{H'(0)\,\Theta(x+a)}{\Theta_1(x)\,H_1(a)} = \operatorname{s\acute{e}c}\frac{\pi a}{2K} + 4\sum (-1)^{\frac{m+n-1}{2}} q^{\frac{mn}{2}} \cos\frac{\pi}{2K}(ma+nx),$$

$$(8)\quad \frac{2K}{\pi}\frac{H'(0)\,H(x+a)}{\Theta_1(x)\,\Theta_1(a)} = 4\sum (-1)^{\frac{m+m'-2}{2}} q^{\frac{mm'}{2}} \sin\frac{\pi}{2K}(ma+m'x)$$

([1]) Un travail important de M. Scheibner, qui a paru dans les Mémoires de l'Académie royale des Sciences de Saxe, en 1883, sous le titre : *Zur Reduction elliptischer Integrale in reeller Form*, contient dans une note les développements en séries trigonométriques des mêmes fonctions que j'ai considérées. Je m'empresse de signaler ces résultats, dont je n'ai eu que récemment connaissance, en remarquant que les formules du savant auteur sont présentées sous une forme semblable à celle qu'a adoptée Jacobi, dans ses recherches sur la rotation et entièrement différente de la mienne.

et

$$(9)\quad \frac{2K}{\pi}\,\frac{H'(0)\,H(x+a)}{H(x)\,H(a)} = \cot\frac{\pi x}{2K} + \cot\frac{\pi a}{2K} + 4\sum q^{\frac{nn}{2}}\sin\frac{\pi}{2K}(na+n'x)$$

$$(10)\quad \frac{2K}{\pi}\,\frac{H'(0)\,\Theta(x+a)}{H(x)\,\Theta(a)} = \operatorname{coséc}\frac{\pi x}{2K} + 4\sum q^{\frac{mn}{2}}\sin\frac{\pi}{2K}(na+mx)$$

$$(11)\quad \frac{2K}{\pi}\,\frac{H'(0)\,H_1(x+a)}{H(x)\,H_1(a)} = \cot\frac{\pi x}{2K} - \operatorname{tang}\frac{\pi a}{2K} + 4\sum (-1)^{\frac{n}{2}} q^{\frac{nn'}{2}}\sin\frac{\pi}{2K}(na+n'x)$$

$$(12)\quad \frac{2K}{\pi}\,\frac{H'(0)\,\Theta_1(x+a)}{H(x)\,\Theta_1(a)} = \operatorname{coséc}\frac{\pi x}{2K} + 4\sum (-1)^{\frac{n}{2}} q^{\frac{mn}{2}}\sin\frac{\pi}{2K}(na+mx)$$

$$(13)\quad \frac{2K}{\pi}\,\frac{H'(0)\,H_1(x+a)}{H_1(x)\,H(a)} = -\operatorname{tang}\frac{\pi x}{2K} + \cot\frac{\pi a}{2K} + 4\sum (-1)^{\frac{n'}{2}} q^{\frac{nn'}{2}}\sin\frac{\pi}{2K}(na+n'x)$$

$$(14)\quad \frac{2K}{\pi}\,\frac{H'(0)\,\Theta_1(x+a)}{H_1(x)\,\Theta(a)} = \operatorname{séc}\frac{\pi x}{2K} + 4\sum (-1)^{\frac{m-1}{2}} q^{\frac{mn}{2}}\cos\frac{\pi}{2K}(na+mx)$$

$$(15)\quad \frac{2K}{\pi}\,\frac{H'(0)\,H(x+a)}{H_1(x)\,H_1(a)} = \operatorname{tang}\frac{\pi x}{2K} + \operatorname{tang}\frac{\pi a}{2K} + 4\sum (-1)^{\frac{n+n'}{2}} q^{\frac{nn'}{2}}\sin\frac{\pi}{2K}(na+n'x)$$

$$(16)\quad \frac{2K}{\pi}\,\frac{H'(0)\,\Theta(x+a)}{H_1(x)\,\Theta_1(a)} = \operatorname{séc}\frac{\pi x}{2K} + 4\sum (-1)^{\frac{m+n-1}{2}} q^{\frac{mn}{2}}\cos\frac{\pi}{2K}(na+mx)$$

EXTRAIT D'UNE LETTRE ADRESSÉE A M. LE PROFESSEUR CHRYSTAL

SUR

LA RÉDUCTION DES INTÉGRALES HYPERELLIPTIQUES.

Proceedings of the Royal Society of Edinburgh, t. XII, 1884, p. 642-646.

J'ai montré, dans mon *Cours d'Analyse de l'École Polytechnique*, comment le procédé élémentaire d'intégration des fractions rationnelles peut être modifié de manière à donner l'intégrale lorsqu'elle est algébrique et ne contient pas de logarithmes, sans avoir d'équations à résoudre. Une question toute semblable se pose à l'égard des intégrales de la forme $\int \frac{P\,dx}{Q\sqrt{R}}$, où P, Q, R sont des polynomes entiers en x, et j'en ai exposé la solution dans un article du *Bulletin des Sciences mathématiques* de M. Darboux (t. VII, 1883). Mais la méthode que j'ai donnée peut être présentée sous une forme plus facile et plus simple; c'est ce que je me propose de montrer, et avant d'aborder les intégrales hyperelliptiques, je considérerai d'abord celles des fractions rationnelles $\frac{P}{Q}$.

Supposons que, par la théorie élémentaire des racines égales, on ait mis le dénominateur sous la forme suivante :

$$Q = A^{a+1} B^{b+1} \ldots L^{l+1},$$

où les polynomes A, B, ..., L n'ont que des facteurs simples, et faisons

$$\frac{P}{Q} = \frac{G}{A^{a+1}} + \frac{H}{B^{b+1}} + \ldots + \frac{I}{L^{l+1}},$$

G, H, ..., I désignant encore les polynomes entiers.

Je considère l'intégrale $\int \frac{G\,dx}{A^{a+1}}$, et j'observe que A et sa dérivée A', n'ayant pas de facteurs communs, on peut poser

$$G = MA - aNA',$$

M et N étant des polynomes entiers. Cela étant, nous obtenons la formule suivante de réduction

$$\int \frac{G\,dx}{A^{a+1}} = \frac{N}{A^a} + \int \frac{(M - N')\,dx}{A^a},$$

qui se vérifie immédiatement par la différentiation et qui sera applicable tant que l'exposant a ne sera point nul.

Soit donc $F = AB, \ldots L$; $F_1 = A^a B^b, \ldots L^l$; on en conclut de proche en proche l'expression suivante, où Π et Φ désignent des polynomes entiers :

$$\int \frac{P\,dx}{Q} = \frac{\Pi}{F_1} + \int \frac{\Phi\,dx}{F},$$

et quand l'intégrale est algébrique et sans logarithmes, on a identiquement $\Phi = 0$.

Envisageons maintenant les intégrales hyperelliptiques $\int \frac{P\,dx}{Q\sqrt{R}}$; et distinguant dans le dénominateur Q les facteurs simples premiers à R, que je nomme A, B, ..., et les facteurs appartenant à R, que je nomme S, T, ..., je ferai encore

$$\frac{P}{Q} = \frac{G}{A^{a+1}} + \frac{H}{B^{b+1}} + \ldots + \frac{J}{S^s} + \frac{K}{T^t} + \ldots;$$

observant maintenant que A n'ayant que des facteurs simples, et étant premier avec R, je puis écrire

$$G = MA - aNRA'.$$

Soit encore

$$D_x(N\sqrt{R}) = \frac{N_1}{\sqrt{R}},$$

où N_1 est évidemment un polynome entier; on obtient la formule de réduction

$$\int \frac{G\,dx}{A^{a+1}\sqrt{R}} = \frac{N\sqrt{R}}{A^a} + \int \frac{(M - N_1)\,dx}{A^a\sqrt{R}}.$$

Faisons ensuite $R = SU$; en admettant, comme on le doit, que R n'ait que des facteurs simples, de sorte que S et U' soient sans diviseurs communs, j'écrirai

$$J = MS - \left(s - \frac{1}{2}\right) NUS'$$

et nous aurons

$$\int \frac{J\,dx}{S^s\sqrt{R}} = \frac{N\sqrt{R}}{S^s} + \int \frac{(M - N_1)\,dx}{S^{s-1}\sqrt{R}}.$$

Cette nouvelle formule de réduction, dans laquelle j'ai fait

$$D_x(N\sqrt{U}) = \frac{N_1}{\sqrt{U}},$$

se vérifie en différentiant comme la précédente; et si l'on remarque qu'elle ne souffre pas d'exception, qu'elle est applicable en supposant $S = 1$, on parvient à la conclusion suivante : Posons, en excluant les facteurs S, T, ..., qui appartiennent à R,

$$F = AB\ldots,$$

puis

$$F_1 = A^a B^b \ldots S^s T^t \ldots;$$

on aura cette expression de l'intégrale proposée, dans laquelle Π et Φ représentent des polynomes entiers,

$$\int \frac{P\,dx}{Q\sqrt{R}} = \frac{\Pi}{F_1} + \int \frac{\Phi\,dx}{F\sqrt{R}}.$$

Un dernier pas nous reste à faire; soit E_1 la partie entière de la fraction rationnelle $\frac{\Phi}{F}$, l'intégrale $\int \frac{E_1\,dx}{\sqrt{R}}$ se réduit en posant

$$\int \frac{E_1\,dx}{\sqrt{R}} = M\sqrt{R} + \int \frac{N\,dx}{\sqrt{R}},$$

et déterminant le polynome M de sorte que le degré de N soit le plus petit possible. On reconnaît ainsi qu'il faut prendre pour M la partie entière du développement, suivant les puissances descendantes de la variable, de l'expression

$$\frac{1}{\sqrt{R}} \int \frac{E_1\,dx}{\sqrt{R}}.$$

Nommons r le degré de R, et n le degré de N, nous aurons donc la condition

$$\frac{r}{2}-1=n-\frac{r}{2}+1;$$

d'où

$$n=r-2.$$

Les résultats que je viens d'établir succinctement conduisent à la notion importante des fonctions de première, de deuxième et de troisième espèce. Il suffit d'y joindre en effet la substitution linéaire $x=\frac{p+qt}{1+t}$, par laquelle on transforme un polynome R de degré pair, dans l'expression $\frac{R_1}{(1+t)^2}$, où R_1 est de degré impair $r-1$.

Admettant donc que R soit de degré impair, les fonctions de première espèce seront les quantités $\int\frac{x^k\,dx}{\sqrt{R}}$ où $k=0,1,\ldots,\frac{r-3}{2}$, qui sont finies pour x infini, les fonctions de deuxième espèce celles où $k=\frac{r-1}{2},\frac{r+1}{2},\ldots,r-2$, qui sont infinies avec x, et les fonctions de troisième espèce, les quantités $\int\frac{dx}{(x-a)\sqrt{R}}$.

Une remarque encore en terminant, sur la substitution $x=\frac{p+q^t}{1+t}$, qui fait disparaître les puissances impaires dans un polynome du quatrième degré :

$$R(x)=A(x-a)(x-b)(x-c)(x-d).$$

Des équations données dans mon *Cours de la Faculté* (p. 8)

$$\frac{a-p}{q-a}=\frac{b-p}{q-b},\qquad \frac{c-p}{q-c}=\frac{d-p}{q-d},$$

j'ai remarqué qu'on tire facilement celle-ci :

$$\frac{1}{p-a}+\frac{1}{p-b}-\frac{1}{p-c}-\frac{1}{p-d}=0,$$

de sorte que l'une de ces racines donne p et l'autre q. Or, on reconnaît que a, b, c, d étant des quantités réelles rangées par ordre de grandeur, cette équation aurait une racine entre a et b et une seconde entre c et d. Et si l'on suppose a et b réelles, et c et d imaginaires conjuguées, on a encore de même une racine réelle entre a et b, et par conséquent une seconde. Admettons enfin que a et b soient aussi imaginaires conjuguées et représentons par

$f(p)$ le premier nombre. Pour p très grand on aura

$$f(p) = \frac{a+b-c-d}{p^2};$$

on trouve ensuite, pour $p = \frac{a+b}{2}$,

$$f(p) = -\frac{a+b-c-d}{(p-c)(p-d)}$$

et, pour $p = \frac{c+d}{2}$,

$$f(p) = -\frac{a+b-c-d}{(p-a)(p-b)}.$$

Nous avons par conséquent encore deux racines réelles en dehors de l'intervalle compris entre $\frac{a+b}{2}$ et $\frac{c+d}{2}$.

SUR

UNE IDENTITÉ TRIGONOMÉTRIQUE.

Nouvelles Annales de Mathématiques, 3e série, t. IV, 1885, p. 57.

M. J.-W.-L. Glaisher, professeur à Cambridge, a donné sans démonstration la relation suivante, où a, b, c, f, g, h sont des quantités quelconques, à savoir (1) :

$$\begin{aligned}\frac{\sin(a-f)\sin(a-g)\sin(a-h)}{\sin(a-b)\sin(a-c)} &+ \frac{\sin(b-f)\sin(b-g)\sin(b-h)}{\sin(b-a)\sin(b-c)}\\ &+ \frac{\sin(c-f)\sin(c-g)\sin(c-h)}{\sin(c-a)\sin(c-b)}\\ &+ \frac{\sin(f-a)\sin(f-b)\sin(f-c)}{\sin(f-g)\sin(f-h)}\\ &+ \frac{\sin(g-a)\sin(g-b)\sin(g-c)}{\sin(g-f)\sin(g-h)}\\ &+ \frac{\sin(h-a)\sin(h-b)\sin(h-c)}{\sin(h-f)\sin(h-g)} = 0.\end{aligned}$$

L'éminent géomètre a de plus remarqué que la somme des trois premiers termes est égale à

$$\sin(a+b+c-f-g-h);$$

or on voit qu'en changeant a, b, c en f, g, h, et réciproquement, le sinus se reproduit sauf le signe; il suffit donc d'ajouter les deux expressions pour obtenir immédiatement la relation annoncée. Ce résultat intéressant peut se généraliser et se démontrer comme il suit.

(1) Association française pour l'avancement des Sciences, Congrès de Reims, séance du 17 août 1880.

Considérons la fonction

$$f(x) = \frac{\sin(x-f)\sin(x-g)\ldots\sin(x-s)}{\sin(x-a)\sin(x-b)\ldots\sin(x-l)},$$

où je suppose que les facteurs soient en même nombre au numérateur et au dénominateur. Désignons par A, B, ..., L les résidus correspondant aux pôles $x = a, b, \ldots, l$, de sorte qu'on ait

$$A = \frac{\sin(a-f)\sin(a-g)\ldots\sin(a-s)}{\sin(a-b)\sin(a-c)\ldots\sin(a-l)},$$

$$B = \frac{\sin(b-f)\sin(b-g)\ldots\sin(b-s)}{\sin(b-a)\sin(b-c)\ldots\sin(b-l)},$$

$$\ldots\ldots\ldots\ldots\ldots\ldots\ldots\ldots\ldots\ldots$$

J'emploierai la relation

$$A + B + \ldots + L = \frac{H - G}{2i},$$

où G et H désignent les valeurs de $f(x)$, lorsque, ayant fait $z = e^{ix}$, on suppose z nul et infini (*Cours d'Analyse de l'École Polytechnique*, p. 328).

Ces valeurs s'obtiennent facilement ; on a, en effet,

$$\frac{\sin(x-f)}{\sin(x-a)} = \frac{z^2 e^{-if} - e^{if}}{z^2 e^{-ia} - e^{ia}};$$

d'où, pour $z = 0$ et z infini, les quantités

$$e^{i(f-a)} \quad \text{et} \quad e^{-i(f-a)}.$$

Soit donc, pour un moment,

$$u = a + b + \ldots + l,$$
$$v = f + g + \ldots + s;$$

nous aurons sur-le-champ

$$G = e^{-i(u-v)}, \qquad H = e^{i(u-v)}$$

et par suite

$$A + B + \ldots + L = \sin(u-v).$$

Maintenant il suffit de permuter a et f, b et g, ..., l et s pour obtenir l'équation de M. Glaisher. Qu'on désigne en effet par F, G, ..., S ce que deviennent alors les quantités A, B, ..., L; la relation précédente donne

$$F + G + \ldots + S = -\sin(u - v),$$

et l'on en conclut l'identité

$$A + B + \ldots + L + F + G + \ldots + S = 0.$$

EXTRAIT D'UNE LETTRE ADRESSÉE A M. FUCHS

SUR

LES VALEURS ASYMPTOTIQUES

DE QUELQUES FONCTIONS NUMÉRIQUES.

Journal de Crelle, t. XC, 1885, p. 324-328.

... Je suis porté à penser qu'il faut demander à l'Arithmétique la raison des transformations analytiques qu'expriment par exemple ces relations

$$\sum \frac{q^m}{1-q^m} = \sum \frac{q^n}{1-q^{2n}} = \sum \frac{q^{\frac{1}{2}(n^2+n)}}{1-q^n},$$

où l'on prend $m = 1, 3, 5, \ldots$; $n = 1, 2, 3, \ldots$.

Si vous désignez par $F(N)$ le nombre des diviseurs impairs de N, je dis que la valeur commune des trois expressions développées suivant les puissances de q est $\Sigma F(N) q^N$. On le voit immédiatement pour les deux premières; en considérant ensuite la troisième, comme on a

$$\frac{q^{\frac{1}{2}(n^2+n)}}{1-q^n} = \sum q^{\frac{1}{2}(n^2+n)+an} \quad (a = 0, 1, 2, \ldots),$$

le coefficient de q^N exprime le nombre des solutions de l'équation $N = \frac{1}{2}(n^2+n) + an$, ou bien $p(2p+2a+1) = N$ et $(2p-1)(p+a) = N$, suivant que $n = 2p$ ou $n = 2p-1$. Je fais dans le premier cas $p = d$, $2p + 2a + 1 = d'$, alors d et d' sont deux diviseurs conjugués de N, le second est impair et nous avons la condition $d' > 2d$. Soit ensuite $p + a = d$, $2p - 1 = d'$, il vient alors $d' = 2d - 2a - 1$, donc $d' < 2d$. Le nombre des solutions est ainsi le nombre des diviseurs impairs de N, tour à tour plus petits et plus grands que le double de leurs conjugués, et, par conséquent, le nombre total désigné par F (N).

Considérons encore, afin de reconnaître leur identité, les deux expressions que Jacobi a données de $\frac{2kK}{\pi}$, à savoir :

$$\frac{2kK}{\pi} = 4\sum (-1)^{\frac{1}{2}(m-1)} \frac{\sqrt{q^m}}{1-q^m} = 4\sum (-1)^{\frac{1}{2}(m-1)} \sqrt{q^{m^2}}\left(\frac{1+q^{2m}}{1-q^{2m}}\right)$$
$$(m = 1, 3, 5, \ldots).$$

La première développée suivant les puissances de q est

$$\frac{2kK}{\pi} = \sum f(\mathrm{M})\sqrt{q^{\mathrm{M}}} \qquad (\mathrm{M} = 1, 3, 5, \ldots),$$

où l'on a, comme vous savez,

$$f(\mathrm{M}) = 4\sum (-1)^{\frac{1}{2}(d-1)},$$

la somme se rapportant à tous les diviseurs d de M. Groupons les termes de la manière suivante, $(-1)^{\frac{1}{2}(d-1)} + (-1)^{\frac{1}{2}(d'-1)}$, en désignant par d et d' deux diviseurs conjugués. On voit ainsi que $f(\mathrm{M}) = 0$ pour $\mathrm{M} \equiv 3 \pmod 4$, cette hypothèse entraînant la condition $d' \equiv -d \pmod 4$. Mais si nous supposons $\mathrm{M} \equiv 1 \pmod 4$, les deux termes s'ajoutent, car alors on a $d' \equiv d \pmod 4$. Soit donc $d' > d$ on pourra écrire

$$f(\mathrm{M}) = 8\sum (-1)^{\frac{1}{2}(d-1)}$$

en excluant les diviseurs d', et convenant de réduire à moitié le terme de la somme qui s'offrirait dans le cas de $d' = d$.

Cela posé, je développe la seconde valeur de $\frac{2kK}{\pi}$, au moyen de cette formule

$$\frac{1+q^{2m}}{1-q^{2m}} = 1 + 2q^{2m} + 2q^{4m} + \ldots$$

ou plutôt

$$\frac{1+q^{2m}}{1-q^{2m}} = 2\sum q^{2mn} \qquad (n = 0, 1, 2, \ldots),$$

en réduisant à moitié le premier terme où l'on a $n = 0$. On obtient ainsi la série

$$8\sum(-1)^{\frac{1}{2}(m-1)}\sqrt{q^{m^2}}\sqrt{q^{2mn}} \qquad (m=1, 3, 5, \ldots;\ n=0, 1, 2, \ldots)$$

ou bien

$$8\sum(-1)^{\frac{1}{2}(m-1)}\sqrt{q^{M}},$$

si nous posons $m^2+4mn=M$. Le coefficient d'une même puissance de q est donc la somme $8\Sigma(-1)^{\frac{1}{2}(m-1)}$ qui est précisément $f(M)$, m étant, d'après la relation précédente, un diviseur de M moindre que son conjugué, avec la même convention de réduire à moitié le terme pour lequel, ayant $n=0$, le diviseur coïnciderait avec son conjugué.

D'une manière toute semblable s'établirait l'identité des expressions suivantes dues également à Jacobi :

$$\frac{2k'K}{\pi}=1-4\sum(-1)^{\frac{1}{2}(m-1)}\frac{q^m}{1+q^m}=1+4\sum(-1)^n\frac{q^{\frac{1}{2}(n^2+n)}}{1+q^n}.$$
$$(m=1, 3, 5, \ldots;\ n=1, 2, 3, \ldots).$$

Mais j'arrive, sans m'y arrêter, à une conséquence de la formule précédente

$$\frac{2kK}{\pi}=4\sum(-1)^{\frac{1}{2}(m-1)}\sqrt{q^{m^2}}\left(\frac{1+q^{2m}}{1-q^{2m}}\right)=\sum f(M)\sqrt{q^{M}}$$

qui concerne la somme

$$S=f(1)+f(5)+f(9)+\ldots+f(M).$$

Partant à cet effet de la relation

$$4\sum(-1)^{\frac{1}{2}(m-1)}\sqrt{q^{m^2}}\left(\frac{1+q^{2m}}{1-q^{2m}}\right)=\sum f(M)\sqrt{q^{M}},$$

je divise les deux membres par $\sqrt{q}$ et je change q en $\sqrt{q}$; il vient ainsi :

$$4\sum(-1)^{\frac{1}{2}(m-1)}q^{\frac{1}{4}(m^2-1)}\left(\frac{1+q^m}{1-q^m}\right)=\sum f(M)q^{\frac{1}{4}(M-1)}.$$

J'opère maintenant comme je l'ai fait dans les *Acta mathema-*

tica (t. V, p. 310), et j'obtiens cette expression

$$S = 4\sum(-1)^{\frac{1}{2}(m-1)}\left[E\left(\frac{M-m^2}{4m}+1\right)+E\left(\frac{M-m^2}{4m}\right)\right],$$

où il faut prendre $m = 1, 3, 5, \ldots, \mu$, en désignant par μ le plus grand nombre impair compris dans $\sqrt{M}$. Mais on a

$$E(x+1) = E(x)+1;$$

nous pouvons donc écrire plus simplement

$$S = 4\sum(-1)^{\frac{1}{2}(m-1)} + 8\sum(-1)^{\frac{1}{2}(m-1)} E\left(\frac{M-m^2}{4m}\right),$$

puis, comme on le voit facilement,

$$S = 2\left[1+(-1)^{\frac{1}{2}(\mu-1)}\right] + 8\sum(-1)^{\frac{1}{2}(m-1)} E\left(\frac{M-m^2}{4m}\right).$$

Ce résultat conduit immédiatement à la valeur asymptotique de la somme S; il suffit, en effet, de remplacer $E\left(\frac{M-m^2}{4m}\right)$ par $\frac{M-m^2}{4m}$ pour en conclure, aux termes près de l'ordre μ,

$$S = 8\sum(-1)^{\frac{1}{2}(m-1)}\left(\frac{M-m^2}{4m}\right).$$

Mais la formule ainsi obtenue

$$S = 2M\left[1-\frac{1}{3}+\frac{1}{5}-\ldots+\frac{(-1)^{\frac{1}{2}(\mu-1)}}{\mu}\right] - 2\left[1-3+5-\ldots+(-1)^{\frac{1}{2}(\mu-1)}\mu\right]$$

se simplifie en négligeant ces termes d'ordre μ ou $\sqrt{M}$. On a d'abord

$$2\left[1-3+5-\ldots+(-1)^{\frac{1}{2}(\mu-1)}\mu\right] = (-1)^{\frac{1}{2}(\mu-1)}(\mu+1),$$

puis

$$1-\frac{1}{3}+\frac{1}{5}-\ldots+\frac{(-1)^{\frac{1}{2}(\mu-1)}}{\mu} = \frac{\pi}{4}+\frac{\theta}{\mu+2},$$

où θ est en valeur absolue moindre que l'unité, de sorte qu'il vient simplement

$$S = \frac{1}{2} M \pi.$$

Le même procédé permet de tirer de l'équation

$$\sum \frac{q^{\frac{1}{2}(n^2+n)}}{1-q^n} = \sum F(N) q^N$$

la valeur asymptotique de la somme

$$S_1 = F(1) + F(2) + \ldots + F(N).$$

On part, à cet effet, de l'expression

$$S_1 = \sum E\left[\frac{N - \frac{1}{2}(n^2 - n)}{n}\right],$$

où il faut prendre $n = 1, 2, \ldots, \nu$, ν étant l'entier contenu dans la quantité $\sqrt{2N + \frac{1}{4}} - \frac{1}{2}$, et l'on en conclut, aux termes près de l'ordre de $\sqrt{N}$,

$$S_1 = \frac{1}{2} N \log N + \left(C - \frac{1}{4}\right) N,$$

en désignant par C la constante d'Euler.

Je considère en dernier lieu la fonction numérique $\Phi(N)$ représentant le nombre des décompositions de N en deux facteurs d et d' telles qu'on ait $d' > kd$, où k est un entier arbitraire. Partant de l'équation

$$\sum \frac{q^{kn^2+n}}{1-q^n} = \sum \Phi(N) q^N$$

j'en déduis d'abord, pour la somme

$$S_2 = \Phi(1) + \Phi(2) + \ldots + \Phi(N),$$

cette valeur

$$S_2 = \sum E\left(\frac{N - kn^2}{n}\right) \qquad (n = 1, 2, 3, \ldots, \nu),$$

en faisant

$$\nu = E\left(\sqrt{\frac{N}{k}}\right).$$

Il en résulte qu'on a, avec une erreur moindre que ν,

$$S_2 = \sum \left(\frac{N - kn^2}{n} \right) = N \left[1 + \frac{1}{2} + \ldots + \frac{1}{\nu} \right] - k \frac{\nu^2 + \nu}{2};$$

puis, si l'on néglige les termes d'ordre ν,

$$S_2 = N(\log \nu + C) - \frac{k(\nu^2 + \nu)}{2},$$

et plus simplement

$$S_2 = \frac{1}{2} N \log \frac{N}{k} + \left(C - \frac{1}{2} \right) N.$$

Dans le cas de $k = 3$ on a à considérer non pas le nombre des diviseurs que j'ai nommés d et d', mais la somme $\Sigma(d' + 3d)$ que certaines formules donnent comme un élément numérique propre à exprimer le nombre des décompositions de N en cinq carrés impairs, et c'est ce qui m'a fait penser à la recherche que je viens de vous exposer....

Paris, 29 novembre 1885.

REMARQUES

SUR LES

FORMES QUADRATIQUES DE DÉTERMINANT NÉGATIF.

Bulletin des Sciences mathématiques, 2e série, t. X, 1886, p. 23.

Considérons les formes réduites qui représentent des classes non ambiguës ; elles se groupent deux à deux en formes telles que

$$(A, B, C), \quad (A, -B, C),$$

qu'on nomme *opposées*, et, si l'on suppose le coefficient moyen positif, on a les conditions

$$2B < A, \qquad A < C.$$

Nous pouvons donc les obtenir toutes, en faisant parcourir aux nombres entiers r, s, t, dans l'expression

$$(2s + r, s, 2s + r + t),$$

la suite indéfinie 1, 2, 3, ..., chacune d'elles n'étant donnée qu'une seule fois. Cela étant, considérons la série suivante

$$S = 2\sum q^{(2s+r)(2s+r+t)-s^2},$$

où la sommation s'étend aux valeurs considérées de r, s, t ; il est clair que, si on l'ordonne suivant les puissances croissantes de la variable, le coefficient de q^N sera précisément le nombre des formes réduites non ambiguës et, par conséquent, le nombre des classes de cette espèce dont le déterminant est $-N$. Observons maintenant que l'indéterminée t figurant au premier degré dans l'exposant, la sommation relative aux valeurs $t = 1, 2, 3, \ldots$

peut s'effectuer, ce qui donne

$$S = 2\sum \frac{q^{(2s+r)^2+2s+r-s^2}}{1-q^{2s+r}}$$

ou bien, en posant $2s + r = n$,

$$S = 2\sum \frac{q^{n^2+n-s^2}}{1-q^n}.$$

Dans cette expression de notre série, n n'est pas inférieur à 3, puisque r et s sont au moins égaux à l'unité, et représente tous les entiers à partir de cette limite. J'ajoute que, d'après la condition $2s + r = n$, le nombre variable s parcourt la série finie

$$s = 1, 2, 3, \ldots, \nu,$$

où ν désigne le plus grand entier contenu dans $\frac{n-1}{2}$. Ce point établi, j'ai à considérer les classes ambiguës qui demandent une attention particulière, en me plaçant à un point de vue un peu différent de celui de Gauss, à l'article 257 des *Disquisitiones arithmeticæ : De multitudine classium ancipitum*. Les formes réduites sont alors

1°	$(A, 0, C)$,	$A \leqq C$,
2°	$(2B, B, C)$,	$2B \leqq C$,
3°	$(A, 2B, A)$,	$2B < A$,

et, pour un déterminant donné $-N$, on les obtient successivement comme il suit :

Décomposons N en deux facteurs et soit

$$N = nn';$$

nous ferons, dans le premier cas, $A = n$, $C = n'$, en supposant $n \leqq n'$. Soit donc

$$n' = n + i \qquad (i = 0, 1, 2, \ldots);$$

leur nombre sera le coefficient de q^N dans la série

$$S_1 = \sum q^{n(n+i)},$$

ou bien, si l'on fait la sommation par rapport à i,

$$S_1 = \sum \frac{q^{n^2}}{1-q^n} \qquad (n = 1, 2, 3, \ldots).$$

Le deuxième cas nous conduit à l'égalité

$$2BC - B^2 = nn';$$

d'où

$$B = n, \qquad 2C - B = n' \qquad \text{et} \qquad C = \frac{n'+n}{2}.$$

Il faut donc supposer $n' \equiv n \pmod 2$, afin que C soit entier, et la condition $2B \leqq C$ nous donne ensuite

$$n' \geqq 3n.$$

Dans le troisième enfin, ayant

$$A^2 - B^2 = nn',$$

nous ferons

$$A - B = n, \qquad A + B = n',$$

d'où

$$A = \frac{n'+n}{2}, \qquad B = \frac{n'-n}{2}.$$

On doit prendre par conséquent $n' \equiv n \pmod 2$, $n < n'$, le signe $<$ excluant l'égalité, et la condition $2B < A$ devient

$$n' < 3n.$$

De là résulte que le deuxième et le troisième cas ont en commun les conditions $n \equiv n' \pmod 2$, $n' > n$, mais dans l'un il faut supposer $n' \geqq 3n$ et dans l'autre $n' < 3n$. Le nombre des formes réduites qui appartiennent aux deux cas est donc le nombre total des solutions de l'égalité

$$N = nn',$$

sous les conditions $n < n'$, $n \equiv n' \pmod 2$.

Soit

$$n' = n + 2i \qquad (i = 1, 2, 3, \ldots);$$

cette quantité sera par conséquent le coefficient de q^N dans la série

$$S_2 = \sum q^{n(n+2i)},$$

qui se met immédiatement sous la forme

$$S_2 = \sum \frac{q^{n^2+2n}}{1-q^{2n}} \qquad (n = 1, 2, 3, \ldots).$$

Les trois suites auxquelles nous venons de parvenir conduisent ainsi à une fonction explicite de la variable q, représentée par la somme

$$S + S_1 + S_2,$$

dont le développement suivant les puissances de q donne le nombre des classes des formes quadratiques de déterminant $-N$ comme coefficient de q^N (1).

L'expression qui correspond aux formes ambiguës, $S_1 + S_2$, peut encore s'écrire

$$S_1 + S_2 = \sum \frac{q^{n^2}(1+q^n)}{1-q^{2n}} + \sum \frac{q^{n^2+2n}}{1-q^{2n}} = \sum \frac{q^{n^2}(1+q^{2n})}{1-q^{2n}} + \sum \frac{q^{n^2+n}}{1-q^{2n}},$$

puis, en séparant dans le second membre la partie paire et la partie impaire,

$$S_1 + S_2 = \sum \frac{q^{m^2}(1+q^{2m})}{1-q^{2m}} + \sum \frac{q^{4n^2}(1+q^{4n})}{1-q^{4n}} + \sum \frac{q^{n^2+n}}{1-q^{2n}}.$$

Dans cette relation on suppose toujours

$$n = 1, 2, 3, \ldots,$$

mais on prend

$$m = 1, 3, 5, \ldots.$$

Sous cette nouvelle forme elle devient susceptible d'une transformation que je vais indiquer, et qu'on tire de l'équation de Clausen (2)

$$\sum \frac{q^n}{1-q^n} = \sum \frac{q^{n^2}(1+q^n)}{1-q^n}.$$

A cet effet j'observe qu'en égalant dans les deux membres les

(1) Un résultat analogue vient de m'être communiqué par M. Kronecker, sous la forme suivante :

$$6\Sigma G(n)q^n = \sum \frac{1+q^{n+n'}}{1-q^{n+n'}} q^{nn'} + 2\sum \frac{q^n}{1-q^n}$$
$$(n = 1, 2, 3, \ldots, \quad n' = 1, 2, 3, \ldots).$$

La fonction $G(n)$ qui y figure a été introduite par l'illustre géomètre dans son Mémoire célèbre sur le nombre des classes différentes des formes quadratiques de déterminant négatif (*Journal de Borchardt*, t. 57, p. 248, et *Journal de Liouville*, 1860). Elle ne diffère que par une modification légère du nombre des classes de déterminant $-n$. [*Voir* aussi sur cette même fonction les paragraphes 6 et 7 du Mémoire sur les formes bilinéaires à quatre variables (*Mémoires de l'Académie des Sciences de Berlin*, 1883), qui est l'un des plus beaux et des plus importants travaux arithmétiques de notre époque.]

(2) *Fundamenta*, p. 187, § 66.

puissances paires et impaires de q, on obtient les égalités

$$\sum \frac{q^m}{1-q^{2m}} = \sum \frac{q^{m^2}(1+q^{2m})}{1-q^{2m}}$$

et

$$\sum \frac{q^{2n}}{1-q^{4n}} + \sum \frac{q^{2n}}{1-q^{2n}} = \sum \frac{q^{4n^2}(1+q^{4n})}{1-q^{4n}} + \sum \frac{2q^{n^2+n}}{1-q^{2n}}.$$

Or l'équation même de Clausen donne, par le changement de q en q^{4n},

$$\sum \frac{q^{4n}}{1-q^{4n}} = \sum \frac{q^{4n^2}(1+q^{4n})}{1-q^{4n}};$$

et, si l'on retranche membre à membre de la relation précédente, on trouve, après une réduction facile,

$$\sum \frac{q^{2n}}{1-q^{4n}} = \sum \frac{q^{n^2+n}}{1-q^{2n}}.$$

Nous pouvons maintenant remplacer dans la valeur de $S_1 + S_2$ les trois sommes qui y figurent par les expressions auxquelles nous venons de parvenir; il vient ainsi

$$S_1 + S_2 = \sum \frac{q^m}{1-q^{2m}} + \sum \frac{q^{4n}}{1-q^{4n}} + \sum \frac{q^{2n}}{1-q^{4n}}$$

et, en simplifiant,

$$S_1 + S_2 = \sum \frac{q^m}{1-q^{2m}} + \sum \frac{q^{2n}}{1-q^{2n}}.$$

De cette transformation analytique se conclut immédiatement, sous la forme la plus simple, la détermination du nombre des classes ambiguës pour un déterminant donné $-N$.

Supposons d'abord que N soit un nombre impair M; le coefficient de q^M est donné par la première somme et, d'après sa propriété caractéristique, a pour expression le nombre des diviseurs de M, que je désigne suivant l'usage par $\varphi(M)$. Soit ensuite $N = 2^n M$; la seconde somme, qui est seule à considérer dans ce cas, fait voir que le coefficient de q^N est alors $\varphi\left(\frac{N}{2}\right)$ et, par conséquent, $n\varphi(M)$. Cette valeur si simple du nombre des classes ambiguës s'obtient également par la voie de l'Arithmétique, mais la méthode analytique est plus rapide, parce qu'elle évite d'avoir à considérer le cas particulier où N est un carré, qui est exceptionnel tant pour les formes (A, o, C) que pour celles des deux autres espèces.

Je reviens maintenant à la série $\Sigma H(n) q^n$, où $H(n)$ désigne le nombre des classes de déterminant $-n$, afin d'indiquer une conséquence de l'expression que nous avons obtenue, à savoir

$$\sum H(n) q^n = \sum \frac{q^{n^2}}{1-q^n} + \sum \frac{q^{n^2+2n}}{1-q^{2n}} + 2 \sum \frac{q^{n^2+n-s^2}}{1-q^n}.$$

Divisons, à cet effet, les deux membres par $1-q$ et développons ensuite suivant les puissances croissantes de q; on trouvera d'abord, dans le premier, pour le coefficient de q^N, la quantité

$$U = H(1) + H(2) + \ldots + H(N).$$

Si l'on fait ensuite usage de cette équation, que j'ai donnée ailleurs (*Acta mathematica*, 5 : 4, p. 311), où $E(x)$ représente l'entier contenu dans x, à savoir

$$\frac{q^b}{(1-q)(1-q^a)} = \sum E\left(\frac{N+a-b}{a}\right) q^N,$$

on obtient immédiatement

$$U = \sum E\left(\frac{N+n-n^2}{n}\right) + \sum E\left(\frac{N-n^2}{2n}\right) + 2 \sum E\left(\frac{N+s^2-n^2}{n}\right).$$

Voici une remarque à laquelle donne lieu cette forme analytique de U par le symbole arithmétique E. On remarquera que, dans les deux premières sommes, le nombre variable n a pour limite supérieure l'entier contenu dans $\sqrt{N}$, que je désignerai par ν. En négligeant une quantité qui ne peut surpasser ν, nous pouvons donc écrire

$$\sum E\left(\frac{N+n-n^2}{n}\right) = \sum \frac{N+n-n^2}{n} = N\left(1+\frac{1}{2}+\frac{1}{3}+\ldots+\frac{1}{\nu}\right) - \frac{\nu^2-\nu}{2},$$

$$\sum E\left(\frac{N-n^2}{2n}\right) = \sum \frac{N-n^2}{2n} = \frac{N}{2}\left(1+\frac{1}{2}+\frac{1}{3}+\ldots+\frac{1}{\nu}\right) - \frac{\nu^2-\nu}{4},$$

et, par conséquent, si l'on néglige les quantités de l'ordre de $\sqrt{N}$,

$$\sum E\left(\frac{N+n-n^2}{n}\right) = N\left(\frac{1}{2}\log N + C\right) - \frac{N}{2},$$

$$\sum E\left(\frac{N-n^2}{2n}\right) = \frac{N}{2}\left(\frac{1}{2}\log N + C\right) - \frac{N}{4},$$

C étant la constante d'Euler. A l'égard de la dernière somme $\sum E\left(\frac{N+s^2-n^2}{n}\right)$, où l'on doit prendre

$$s = 1, 2, 3, \ldots \quad \text{et} \quad n = 2s+1,\ 2s+2,\ 2s+3,\ \ldots,$$

je représente un moment s et n par l'abscisse et l'ordonnée x et y d'un point rapporté à des axes rectangulaires. Ayant ainsi les conditions

$$y > 2x, \qquad N + x^2 - y^2 > 0;$$

devant de plus supposer x et y positifs, on voit que les points considérés sont à l'intérieur d'un secteur hyperbolique qui a pour sommet l'origine et pour côtés les portions de l'axe transverse et de la droite $y = 2x$, comprises entre le centre et l'arc de l'hyperbole

$$N + x^2 - y^2 = 0.$$

L'aire de ce secteur qui s'obtient facilement est

$$\frac{N \log 3}{4};$$

nous en tirons cette conséquence que le nombre des points contenus à son intérieur est de l'ordre de grandeur de N; aux quantités près de cet ordre, on a donc

$$\sum E\left(\frac{N+s^2-n^2}{n}\right) = \sum \frac{n+s^2-n^2}{n}$$

et, par conséquent,

$$U = \frac{3}{4} N \log N + 2\sum \frac{N+s^2-n^2}{n}.$$

On doit prendre, comme nous l'avons vu dans la série double qui figure au second membre,

$$s = 1, 2, 3, \ldots, \qquad n = 2s+1, 2s+2, 2s+4, \ldots,$$

avec la condition

$$N + s^2 - n^2 > 0.$$

Une évaluation approchée de cette suite pour de grandes valeurs de N est donnée par l'intégrale double

$$\int\int \frac{N + x^2 - y^2}{y}\, dx\, dy,$$

où l'on suppose

$$y > 2x, \qquad N + x^2 - y^2 > 0;$$

elle est égale à $\frac{\pi N^{\frac{3}{2}}}{9}$, d'où résulte

$$U = \frac{2\pi N^{\frac{3}{2}}}{9},$$

en négligeant les termes moindres. Ce résultat ouvre une voie pour parvenir aux belles propositions sur la valeur moyenne du nombre des classes proprement primitives, énoncées par Gauss, *Disquisitiones arithmeticæ*, art. 302, et que M. Lipschitz a le premier réussi à démontrer [*Ueber die asymptotischen Gesetze von gewissen Gattungen zahlentheoretischer Functionen* (*Comptes rendus de l'Académie des Sciences de Berlin*, 1865, p. 174)].

REMARQUES ARITHMÉTIQUES SUR QUELQUES FORMULES

DE LA

THÉORIE DES FONCTIONS ELLIPTIQUES.

Journal de Crelle, t. C, 1887, p. 51-65.

La théorie des fonctions elliptiques donne les développements en séries de sinus et de cosinus de deux catégories différentes d'expressions qui conduisent à d'importantes conséquences pour l'Arithmétique. A la première appartiennent les fonctions doublement périodiques élémentaires, $\operatorname{sn} x$, $\operatorname{cn} x$, etc. que Jacobi a considérées dans le paragraphe 39 des *Fundamenta*, et c'est de leurs formules de développement que le grand géomètre a tiré ses théorèmes célèbres concernant la décomposition d'un entier en 2, 4, 6 et 8 carrés. Les autres, qui sont les quotients de produits et de puissances des quantités Θ dans lesquels le nombre des facteurs n'est pas le même au numérateur et au dénominateur, ont la période $4K$, mais se reproduisent multipliées par un facteur exponentiel, lorsque l'argument s'augmente de $2iK'$. J'ai montré (¹) que ces expressions, d'une nature plus complexe, conduisent à plusieurs des propositions extrêmement belles que M. Kronecker a découvertes sur les sommes de nombres de classes des formes quadratiques dont les déterminants sont négatifs et forment diverses progressions du second ordre telles que : $-m$, $-(m-1^2)$, $-(m-2^2)$, ... En particulier, j'ai considéré la quantité $\frac{H^2(x)\Theta_1(x)}{\Theta^2(x)}$ et l'intégrale définie suivante

$$\mathfrak{A} = \frac{H(0)}{2\pi}\int_0^K \frac{H^2(x)\Theta_1(x)}{\Theta^2(x)}\,dx,$$

(¹) *Sur la théorie des fonctions elliptiques et ses applications à l'Arithmétique* (*Journal de Liouville*, 2ᵉ série, t. VII).

dont le développement suivant les puissances de q donne la série

$$\mathfrak{A} = \sum \frac{q^{\frac{1}{4}(a^2+2a)-c^2}}{1-q^a} \qquad \begin{bmatrix} a = 1, 3, 5, \ldots, \\ c = 0, \pm 1, \pm 2, \pm 3, \ldots, \pm \frac{a-1}{2} \end{bmatrix},$$

puis sous une autre forme

$$\mathfrak{A} = \sum F(n)\, q^{\frac{1}{4}n} \qquad (n = 3, 7, 11, \ldots),$$

$F(n)$ désignant pour tous les entiers $n \equiv 3 \pmod 4$ le nombre des classes de déterminant $-n$ où l'un au moins des coefficients extrêmes est impair. C'est de ce résultat que se tire l'une des relations de M. Kronecker :

$$F(n) + 2F(n-2^2) + 2F(n-4^2) + \ldots = \frac{1}{2}\Psi_1(n),$$

où $\Psi_1(n)$ représente, d'après l'illustre géomètre, l'excès de la somme des diviseurs de n plus grands que sa racine carrée sur la somme des autres diviseurs moindres que cette racine [1].

Beaucoup d'autres fonctions doublement périodiques de troisième espèce s'appliquent de même à l'Arithmétique, et je me propose de faire voir comment, dans cette voie purement analytique, se rencontre une expression intéressante du nombre des décompositions d'un entier en 3 et en 5 carrés. Mais auparavant je reviendrai sur l'équation que je viens de rappeler

$$\sum \frac{q^{\frac{1}{4}(a^2+2a)-c^2}}{1-q^a} = \sum F(n)\, q^{\frac{1}{4}n}$$

pour indiquer une expression de la somme

$$F(3) + F(7) + \ldots + F(4m-1)$$

à laquelle elle conduit.

I. Soit, à cet effet, $a = 2c'+1$ et $n = 4m-1$; en supprimant le facteur $q^{\frac{3}{4}}$ et mettant à part les termes pour lesquels $c = 0$, je l'écrirai de cette manière :

$$\sum \frac{q^{c'^2+2c'}}{1-q^{2c'+1}} + 2\sum \frac{q^{c'^2+2c'-c^2}}{1-q^{2c'+1}} = \sum F(4m-1)\, q^{m-1}.$$

(1) *Ueber die Anzahl der verschiedenen Klassen quadratischer Formen von negativer Determinante* (*Journal de Crelle*, t. LVII).

Sous cette nouvelle forme, on devra prendre

$$c = 1, 2, 3, \ldots, c',$$
$$c' = 0, 1, 2, \ldots,$$
$$m = 1, 2, 3, \ldots;$$

cela étant, après avoir divisé les deux membres de l'égalité par $1 - q$, je les développe suivant les puissances croissantes de la variable. Si l'on emploie l'équation suivante qu'il est facile d'obtenir (¹)

$$\frac{q^k}{(1-q)(1-q^a)} = \sum \mathrm{E}\left(\frac{m-k+a}{a}\right) q^m,$$

où $\mathrm{E}(x)$ désigne l'entier contenu dans x, on trouvera pour coefficient de q^{m-1} dans le premier membre

$$\sum \mathrm{E}\left(\frac{m - c'^2}{2c'+1}\right) + 2\sum \mathrm{E}\left(\frac{m - c'^2 + c^2}{2c'+1}\right).$$

Le coefficient de la même puissance, dans le second, étant précisément la somme

$$\mathrm{S} = \mathrm{F}(3) + \mathrm{F}(7) + \ldots + \mathrm{F}(4m-1),$$

on a ainsi la formule

$$\mathrm{S} = \sum \mathrm{E}\left(\frac{m - c'^2}{2c'+1}\right) + 2\sum \mathrm{E}\left(\frac{m - c'^2 + c^2}{2c'+1}\right).$$

Voici une première remarque à laquelle elle donne lieu :

Posons $c' - c = d$, $c' + c = d'$; les entiers d et d' seront de même parité et, comme c est au plus égal à c', d qui pourra s'évanouir ne sera jamais négatif; on a d'ailleurs la condition $d' \geqq d$, et en convenant de réduire à moitié les termes pour lesquels on prend $c = 0$, c'est-à-dire $d' = d$, la formule précédente peut s'écrire plus simplement

$$\mathrm{S} = 2\sum \mathrm{E}\left(\frac{m - dd'}{d + d' + 1}\right),$$

et la limitation des nombres d et d' résulte de la condition

$$\frac{m - dd'}{d + d' + 1} \geqq 1$$

(¹) *Mélanges mathématiques et astronomiques tirés du Bulletin de l'Académie des Sciences de Saint-Pétersbourg*, t. VI, p. 264, et *Acta mathematica*, t. V, p. 311. — *Voir* aussi : *Œuvres d'Hermite*, t. IV, p. 138.

ou bien

$$m \geqq (d+1)(d'+1).$$

Soit comme application numérique $m = 10$, les valeurs à employer pour d et d' seront

$$d = 0, \qquad d' = 0, 2, 4, 6, 8,$$
$$d = 1, \qquad d' = 1, 3,$$
$$d = 2, \qquad d' = 2,$$

et l'on aura

$$\begin{aligned} S = E(10) + 2\left[E\left(\frac{10}{3}\right) + E\left(\frac{10}{5}\right) + E\left(\frac{10}{7}\right) + E\left(\frac{10}{9}\right)\right] \\ + E\left(\frac{9}{3}\right) + 2E\left(\frac{7}{5}\right) \\ + E\left(\frac{6}{5}\right), \end{aligned}$$

c'est-à-dire $S = 30$, ce qui se vérifie par le Tableau suivant des formes réduites de déterminant $-D$:

D = 3,	(1, 0, 3),			
D = 7,	(1, 0, 7),			
D = 11,	(1, 0, 11),	(3, ±1, 4),		
D = 15,	(1, 0, 15),	(3, 0, 5),		
D = 19,	(1, 0, 19),	(4, ±1, 5),		
D = 23,	(1, 0, 23),	(3, ±1, 8),		
D = 27,	(1, 0, 27),	(3, 0, 9),	(4, ±1, 7),	
D = 31,	(1, 0, 31),	(5, ±2, 7),		
D = 35,	(1, 0, 35),	(5, 0, 7),	(3, ±1, 12),	(4, ±1, 9),
D = 39,	(1, 0, 39),	(3, 0, 13).	(5, ±1, 8).	

Supposons encore $m = 13$, aux valeurs de d et d', il faudra ajouter celles-ci :

$$d = 0. \qquad d' = 10, 12,$$
$$d = 1, \qquad d' = 5,$$

et la formule devient

$$\begin{aligned} S = E(13) + 2\left[E\left(\frac{13}{3}\right) + E\left(\frac{13}{5}\right) + E\left(\frac{13}{7}\right) + E\left(\frac{13}{9}\right) + E\left(\frac{13}{11}\right) + E\left(\frac{13}{13}\right)\right] \\ + E\left(\frac{12}{3}\right) + 2\left[E\left(\frac{10}{5}\right) + E\left(\frac{8}{7}\right)\right] + E\left(\frac{9}{5}\right), \end{aligned}$$

c'est-à-dire $S = 44$. Or on trouve, en continuant le calcul des formes réduites :

$$\begin{array}{lllll}
D = 43, & (1, 0, 43), & (4, \pm 1, 11), & & \\
D = 47, & (1, 0, 47), & (3, \pm 1, 16), & (7, \pm 3, 8), & \\
D = 51, & (1, 0, 51), & (3, 0, 17), & (4, \pm 1, 13), & (5, \pm 2, 11),
\end{array}$$

et les trois nouveaux déterminants donnent en effet 14 formes.

Ces exemples numériques montrent que si nous faisons en général

$$S = S_0 + S_1 + \ldots + S_x + \ldots,$$

où S_x est la somme partielle dans laquelle on suppose

$$d = x, \qquad d' = x, \quad x + 2, \quad x + 4, \qquad \ldots,$$

c'est le premier terme, à savoir

$$S_0 = E\left(\frac{m}{1}\right) + 2E\left(\frac{m}{3}\right) + 2E\left(\frac{m}{5}\right) + \ldots$$

qui a la plus grande valeur, les autres vont en décroissant lorsque l'indice augmente.

Voici une seconde remarque qui m'a été communiquée par M. Lipschitz :

Considérons un autre groupement de termes; faisons dans les entiers $E\left(\dfrac{m - dd'}{d + d' + 1}\right)$, $d' = d + 2i$ en attribuant à i une valeur fixe, et considérons la somme $\sum E\left(\dfrac{m - d^2 - 2id}{2d + 2i + 1}\right)$, pour $d = 0, 1, 2, \ldots$ jusqu'à une limite $d = d_\iota$, telle qu'on ait $E\left(\dfrac{m - d^2 - 2id}{2d + 2i + 1}\right) = 0$. On observera qu'en posant

$$y = \frac{m - x^2 - 2ix}{2x + 2i + 1},$$

on obtient une fonction qui décroît lorsque la variable augmente, de sorte qu'on peut appliquer une formule de Dirichlet d'une grande importance, que je vais rappeler :

Soit en général $y = f(x)$ une fonction décroissante lorsque x augmente, et $x = g(y)$ la fonction inverse de $f(x)$, on a

$$\sum_{\xi+1}^{p} E[f(x)] = pq - \xi\eta + \sum_{q+1}^{\eta} E[g(y)],$$

si l'on pose

$$E[f(\xi)] = \eta,$$
$$E[f(p)] = q.$$

Cela étant, nous ferons $\xi = 0$, $p = d_i$, ce qui donne

$$\eta = E[f(0)] = E\left(\frac{m}{2i+1}\right),$$
$$q = E[f(d_i)] = 0;$$

on trouve d'ailleurs

$$g(y) = -y - i + \sqrt{y^2 - y + m + i^2};$$

il vient donc en remplaçant x par d

$$\sum_1^{d_i} E\left(\frac{m - d^2 - 2id}{2d + 2i + 1}\right) = \sum_1^{\eta} E\left(-y - i + \sqrt{y^2 - y + m + i^2}\right),$$

puis, par un calcul facile,

$$\sum_0^{d_i} E\left(\frac{m - d^2 - 2id}{2d + 2i + 1}\right) = -\frac{1}{2}[\eta^2 + (2i - 1)\eta] + \sum_1^{\eta} E\left(\sqrt{y^2 - y + m + i^2}\right).$$

J'indiquerai maintenant quelques conséquences auxquelles conduit la forme analytique de ces valeurs de S qui permet d'y remplacer par une variable continue le nombre entier m. Considérons d'abord la formule

$$S = 2\sum E\left(\frac{m - dd'}{d + d' + 1}\right),$$

on voit qu'en faisant croître cette variable, aucun changement ne se produira dans les termes qui la composent, à moins que l'une des quantités $\frac{m - dd'}{d + d' + 1}$ ne devienne un entier. Mais cette circonstance venant à se produire par suite d'une variation qu'on peut supposer infiniment petite de m, le terme pour lequel elle s'offre change alors brusquement de valeur en croissant d'une unité. Par conséquent, si nous passons de l'entier $m - 1$ à m, l'accroissement total, c'est-à-dire la quantité $F(4m - 1)$, est deux fois le nombre des solutions de l'équation

$$\frac{m - dd'}{d + d' + 1} = c,$$

ou bien, sous une autre forme,

$$D = 4(c+d)(c+d') - (2c-1)^2$$

en posant $D = 4m - 1$. On doit, dans cette relation, prendre

$$c = 1, 2, \ldots, m,$$

avec les conditions $d \equiv d' \pmod 2$, $d' > d$; enfin, pour $d' = d$, les solutions seront comptées une seule fois au lieu de deux, leur nombre étant, dans ce cas, la moitié du nombre des diviseurs de D.

Passons ensuite à la formule de M. Lipschitz, en l'écrivant ainsi :

$$S = 2\sum \left[E\left(\frac{m}{2i+1}\right) + E\left(-y - i + \sqrt{y^2 - y + m + i^2}\right)\right],$$

$$y = 1, 2, \ldots, E\left(\frac{m}{2i+1}\right),$$

$$i = 0, 1, 2, \ldots, m,$$

et avec la condition de réduire à moitié les termes dans lesquels on suppose $i = 0$. Si nous raisonnons comme tout à l'heure, on voit que le terme $E\left(\frac{m}{2i+1}\right)$ donne dans l'expression de $F(4m-1)$ une première partie qui est le nombre des diviseurs impairs de m. Le second terme conduit à considérer les entiers $y = c$ pour lesquels $y^2 - y + m + i^2$ est un carré parfait, et à poser

$$c^2 - c + m + i^2 = d^2$$

ou bien

$$D = 4(d+i)(d-i) - (2c-1)^2.$$

C'est avec des limitations différentes pour les inconnues, une équation de même forme que la précédente, mais il faut observer maintenant qu'on doit exclure, s'il s'en trouve, les solutions qui annulent la quantité sous le signe E, qu'on obtient en posant

$$y + i = \sqrt{y^2 - y + m + i^2}.$$

De là résulte $y = \frac{m}{2i+1}$ et par conséquent autant de ces solutions que de diviseurs impairs de m; mais on vient de voir que le terme $E\left(\frac{m}{2i+1}\right)$ nous a donné la même quantité, nous obtenons en définitive pour la valeur de $F(4m-1)$ deux fois le nombre total des solutions de l'équation

$$D = 4(d+i)(d-i) - (2c-1)^2,$$

sous les conditions

$$c = 1, 2, \ldots, E\left(\frac{m}{2i+1}\right),$$
$$i = 0, 1, 2, \ldots, m,$$

et en comptant une seule fois seulement celles qui correspondent à $i=0$.

Ces résultats conduisent à penser qu'on peut représenter par les formes

$$(2c+2d,\ 2c-s,\ 2c+2d')$$

ou bien

$$(2d-2i,\ 2c-s,\ 2d+2i)$$

la totalité des classes improprement primitives de déterminant $-D$, mais je laisserai de côté l'étude de cette question, et j'arrive immédiatement aux remarques que j'ai annoncées sur la décomposition des nombres en 3 et 5 carrés.

II. Deux genres sont à distinguer parmi les fonctions doublement périodiques de troisième espèce dont l'expression est en général un quotient de produits et de puissances des fonctions Θ, suivant que le nombre des facteurs de cette nature est plus élevé au numérateur ou au dénominateur. Au premier genre appartiennent les quantités $\frac{\Theta_1^2(x)}{\Theta(x)}$, $\frac{H_1^2(x)}{\Theta(x)}$, qui conduisent à des propositions sur la décomposition des nombres en 3 carrés, tandis que la décomposition en 5 carrés dépend des fonctions

$$\frac{\Theta_1(x)}{H_1^2(x)\Theta^2(x)}, \quad \frac{H_1(x)}{\Theta_1^2(x)\Theta^2(x)},$$

qui appartiennent au second. Leurs développements en séries trigonométriques dans les deux cas ont été le sujet d'une excellente thèse de M. Biehler qui a donné en particulier les formules pour les expressions

$$\frac{\Theta_1(x)}{H_1^2(x)\Theta^2(x)} \quad \text{et} \quad \frac{H_1(x)}{\Theta_1^2(x)\Theta^2(x)}$$

et a ajouté un grand nombre d'exemples remarquables à ceux que j'avais précédemment obtenus (¹). M. Appell, se plaçant ensuite à un point de vue plus général, a fait l'étude analytique complète des fonctions uniformes $F(x)$, qui satisfont aux conditions

$$F(x+4K) = F(x),$$
$$F(x+2iK') = e^{\frac{mi\pi x}{K}} F(x),$$

m étant un entier positif ou négatif (²). Ces belles recherches ont de nombreuses applications à l'Arithmétique comme j'essayerai de le montrer en considérant en premier lieu les développements des quantités

$$\frac{\Theta_1^2(x)}{\Theta(x)} \quad \text{et} \quad \frac{H_1^2(x)}{\Theta(x)}.$$

Soit, pour abréger,

$$Z\left(\frac{2Kx}{\pi}\right) = 4q\,q^{-\frac{1}{4}}\cos 2x - 4q^4\left(q^{-\frac{1}{4}} - q^{-\frac{9}{4}}\right)\cos 4x$$
$$+ 4q^9\left(q^{-\frac{1}{4}} - q^{-\frac{9}{4}} + q^{-\frac{25}{4}}\right)\cos 6x - \ldots,$$
$$U\left(\frac{2Kx}{\pi}\right) = \frac{1}{\sin x} - 4q^{\frac{9}{4}}\,q^{-\frac{1}{4}}\sin 3x + 4q^{\frac{25}{4}}\left(q^{-\frac{1}{4}} - q^{-\frac{9}{4}}\right)\sin 5x$$
$$- 4q^{\frac{49}{4}}\left(q^{-\frac{1}{4}} - q^{-\frac{9}{4}} + q^{-\frac{25}{4}}\right)\sin 7x + \ldots,$$

on a les relations suivantes (³) :

$$\frac{\Theta(0)\,\Theta_1(0)\,\Theta_1^2(x)}{\Theta(x)} = H_1(0)\,Z(x) + U(K)\,\Theta(x),$$
$$\frac{\Theta(0)\,H_1(0)\,H_1^2(x)}{\Theta(x)} = \Theta_1(0)\,Z(0) - Z(K)\,\Theta(0).$$

Elles donnent, en supposant $x = 0$,

$$\Theta_1^3(0) = H_1(0)\,Z(0) + U(K)\,\Theta(0),$$
$$H_1^3(0) = \Theta_1(0)\,Z(x) - Z(K)\,\Theta(x),$$

(¹) CH. BIEHLER, *Thèse d'Analyse, sur les développements en séries des fonctions doublement périodiques de troisième espèce.* Paris, Gauthier-Villars, 1879.

(²) Je renvoie aux Mémoires du savant géomètre qui ont paru dans les *Annales de l'École Normale supérieure : Sur les fonctions doublement périodiques de troisième espèce*, 3ᵉ série, t. I, p. 135; *Développements en séries des fonction doublement périodiques de troisième espèce*, t. II, p. 9.

(³) *Sur les théorèmes de M. Kronecker relatifs aux formes quadratiques* (*Comptes rendus*, juillet, 1862) et *Œuvres d'Hermite*, t. II, p. 241.

ce qui nous conduit à développer suivant les puissances de q les trois quantités

$$Z(0) = 4\sum(-1)^{\frac{1}{2}(2c+a+1)} q^{c^2-\frac{1}{4}a^2} \quad \left(\begin{array}{l} c = 1, 2, 3, \ldots, \\ a = 1, 3, 5, \ldots, 2c-1 \end{array}\right)$$

$$Z(K) = 4\sum(-1)^{\frac{1}{2}(a+1)} q^{c^2-\frac{1}{4}a^2}$$

et

$$U(K) = 1 + 4\sum(-1)^{\frac{1}{2}(a-1)} q^{\frac{1}{4}(a'^2-a^2)} \quad \left(\begin{array}{l} a' = 1, 3, 5, \ldots, \\ a = 1, 3, 5, \ldots, a'-2 \end{array}\right).$$

Soit, à cet effet, dans les deux premières

$$4c^2 - a^2 = n, \qquad 2c - a = d, \qquad 2c + a = d',$$

d et d' seront deux diviseurs conjugués de l'entier n qui est $\equiv 3 \pmod 4$, et l'on aura la condition $d < d'$. Observant encore que $\frac{1}{2}(2c + a + 1) = \frac{1}{2}(d' + 1)$, on voit qu'en posant

$$Z(0) = \sum f(n) q^{\frac{1}{4}n} \qquad (n = 3, 7, 11, \ldots)$$

on obtient

$$f(n) = 4\sum(-1)^{\frac{1}{2}(d'+1)},$$

où d' désigne tous les diviseurs du nombre $n \equiv 3 \pmod 4$ supérieurs à $\sqrt{n}$.

De ce premier développement se conclut aisément celui de Z(K) par le changement de q en $-q$, et nous avons ainsi

$$Z(K) = \sum(-1)^{\frac{1}{4}(n+1)} f(n) q^{\frac{1}{4}n}.$$

En considérant ensuite la quantité U(K), nous ferons

$$a'^2 - a^2 = 8n,$$

n étant entier, puis

$$a' - a = 2d, \qquad a' + a = 2d',$$

ce qui donne $d < d'$ et $dd' = 2n$, ces deux nombres d et d' étant l'un pair et l'autre impair, dans la relation $d + d' = a'$. Cela étant, soit

$$U(K) = \sum f_1(2n) q^{2n} \qquad (n = 0, 1, 2, \ldots),$$

on aura $f_1(0) = 1$, puis, pour toute valeur de n,

$$f_1(2n) = 4\sum(-1)^{\frac{1}{2}(d'-d-1)}.$$

On est ainsi amené à définir une nouvelle fonction numérique $F(n)$, en posant

$$F(n) = f(n)$$

sous la condition $n \equiv 3 \pmod 4$, puis pour les nombres pairs

$$F(2n) = f_1(2n),$$

en excluant comme on voit les entiers $\equiv 1 \pmod 4$, qui ne figureront point dans ce qui va suivre. C'est au moyen de cette fonction que nous obtenons facilement le coefficient d'une puissance quelconque q^N, du cube de $\Theta_1(0)$, en développant le second membre de l'équation

$$\Theta_1^3(0) - H_1(0)Z(0) + U(K)\Theta(0).$$

Distinguons à cet effet deux cas, et en premier lieu supposons N pair; le nombre des décompositions en 3 carrés de N est alors

$$2\sum F(4N - a^2) + 2\sum F(N - b^2).$$

On doit supposer dans cette expression

$$a = 1, 3, 5, \ldots,$$
$$b = 0, 2, 4, \ldots,$$

en convenant de réduire à moitié le terme correspondant à $b = 0$, qui devient ainsi $F(N)$.

En second lieu et dans le cas de N impair, on parvient à la formule toute semblable

$$2\sum F(4N - a^2) - 2\sum F(N - a^2)$$

en prenant

$$a = 1, 3, 5, \ldots.$$

Considérons ensuite l'équation

$$H_1^3(0) = \Theta_1(0)Z(0) - Z(K)\Theta(0);$$

le coefficient de la puissance $q^{\frac{1}{4}N}$, si l'on suppose $N \equiv 3 \pmod 8$, représentera le nombre des décompositions de N en 3 carrés qui, dans ce cas, seront impairs, et il est donné par la somme

$$4\sum F(N-b^2),$$

où nous ferons encore

$$b=0,\ 2,\ 4,\ \ldots$$

en réduisant à moitié le premier terme correspondant à $b=0$.

Soit, pour simplifier l'écriture,

$$\Phi(N)=\frac{1}{4}F(N);$$

de ce dernier résultat on conclut, pour le nombre des classes de déterminant $-N$, dont un des coefficients extrêmes est impair, l'expression fort simple

$$\Phi(N)+2\Phi(N-2^2)+2\Phi(N-4^2)+\ldots$$

que je vérifierai en posant par exemple $N=83$. On trouve alors la valeur

$$\Phi(83)+2\Phi(79)+2\Phi(67)+2\Phi(47)+2\Phi(19)=1+2+2+2+2=9$$

et le calcul des formes réduites donne en effet les neuf classes :

$$(1,\ 0,\ 83),\qquad (3,\ \pm 1,\ 28),\qquad (4,\ \pm 1,\ 21),\qquad (7,\ \pm 1,\ 12),\qquad (9,\ \pm 4,\ 11).$$

III. Les cinquièmes puissances de $\Theta_1(0)$ et $H_1(0)$ s'obtiennent sous une forme analogue à celle que nous venons de considérer pour les cubes au moyen des développements en séries trigonométriques des fonctions suivantes :

$$\Pi(x)=\frac{H_1^2(0)\,\Theta^2(0)\,\Theta_1^4(0)\,\Theta_1(x)}{H_1^2(x)\,\Theta^2(x)},$$

$$\Pi_1(x)=\frac{\Theta^2(0)\,\Theta_1^2(0)\,H_1^4(0)\,H_1(x)}{\Theta_1^2(x)\,\Theta^2(x)}.$$

Voici d'abord, en posant pour abréger

$$\omega=\frac{i\pi K'}{2K},\qquad \xi=\frac{\pi x}{2K},$$

les expressions auxquelles M. Biehler est parvenu le premier et qui sont un cas particulier des formules de M. Appell (¹).

$$\Pi(x) = \Theta(0)\sum(-1)^{\frac{1}{2}b} q^{\frac{3}{4}b^2}[D_\xi \operatorname{tang}(\xi - b\omega) - 3ib \operatorname{tang}(\xi - b\omega)]$$
$$+ H_1(0)\sum q^{\frac{3}{4}a^2}[D_\xi \cot((\xi - a\omega) - 3ia \cot(\xi - a\omega)],$$

$$H_1(x) = \Theta(0)\sum(-1)^{\frac{1}{2}(a-1)} q^{\frac{3}{4}a^2}[iD_\xi \operatorname{séc}(\xi - a\omega) + 3a \operatorname{séc}(\xi - a\omega)]$$
$$- i\,\Theta_1(0)\sum q^{\frac{3}{4}a^2}[i\,D_\xi \operatorname{coséc}(\xi - a\omega) + 3a \operatorname{coséc}(\xi - a\omega)].$$

Il faut prendre dans ces séries

$$a = \pm 1, \pm 3, \pm 5, \ldots,$$
$$b = \quad 0, \pm 2, \pm 4, \ldots$$

avec la convention de réduire à moitié le terme correspondant à $b = 0$. M. Biehler obtient ensuite

$$\Pi(x) = \Theta(0)[\operatorname{séc}^2 x + \sum 8(-1)^{c+c'+1}(3c + c')q^{3c^2+2cc'} \cos 2c'x]$$
$$+ H_1(0)\sum 4(3a + 2c)q^{\frac{1}{4}(3a^2+4ac)} \cos 2cx,$$

$$\Pi_1(x) = \Theta_1(0)\sum 4(3a + a')q^{\frac{1}{4}(3a^2+2aa')} \cos a'x$$
$$+ \Theta(0)\sum(-1)^{\frac{1}{2}(a+a'+2)} 4(3a + a')q^{\frac{1}{4}(3a^2+2aa')} \cos a'x,$$

mais maintenant on doit supposer

$$a = 1, 3, 5, \ldots,$$
$$a' = 1, 3, 5, \ldots,$$
$$c = 1, 2, 3, \ldots,$$
$$c' = 0, 1, 2, \ldots,$$

en réduisant à moitié les termes qui correspondent à $c' = 0$. Ces formules donnent, en faisant $x = 0$,

$$\Theta_1^5(0) = \Theta(0)[1 + \sum 8(-1)^{c+c'+1}(3c + c')q^{3c^2+2cc'}]$$
$$+ H_1(0)\sum 4(3a + 2c)q^{\frac{1}{4}(3a^2+4ac)}$$

(¹) *Sur les fonctions doublement périodiques de troisième espèce* (*Annales de l'École Normale*, 3ᵉ série, t. I, p. 135) et *Développements en séries des fonctions doublement périodiques de troisième espèce* (*Ibid.*, t. II, p. 9).

et

$$H_1^5(0) = \Theta_1(0)\sum 4(3a + a')\,q^{\frac{1}{4}(3a^2+4aa')}$$
$$+ \Theta(0)\sum 4(-1)^{\frac{1}{2}(a+a'+2)}\,q^{\frac{1}{4}(3a^2+2aa')},$$

ce sont les expressions dont je vais chercher les conséquences arithmétiques. On y remarque trois séries différentes conduisant à une même fonction numérique que je définirai par l'une d'elles en posant

$$1+\sum 8(-1)^{c+c'+1}(3c + c')\,q^{3c^2+2cc'} = \sum F(n)\,q^n.$$

Soit à cet effet

$$3c^2 + 2cc' = n;$$

je représente par d et d' les entiers c et $3c + 2c'$, qui seront deux diviseurs conjugués de n, de même parité et assujettis à la condition $d' \geqq 3d$. Nous aurons de cette manière

$$3c + c' = \frac{1}{2}(3d + d'),$$

cela étant, je suppose en premier lieu que n soit impair. Dans cette hypothèse c étant aussi impair, on peut écrire

$$(-1)^{c+c'+1} = (-1)^{cc'} = (-1)^{\frac{1}{2}(n+1)};$$

nous obtenons donc la fonction définie par l'égalité

$$F(n) = (-1)^{\frac{1}{2}(n+1)}\sum 4(3d + d')$$

et j'observe que, pour le cas particulier où les diviseurs conjugués de n remplissent la condition $d' = 3d$, la somme $3d + d' = 2d'$ doit être réduite à moitié et remplacée par d'.

Au moyen de la fonction $F(n)$, et en désignant pour plus de clarté par r les entiers $\equiv 3$ et s les entiers $\equiv 1 \pmod 4$, nous pouvons écrire

$$\sum 4(3a + 2c)\,q^{\frac{1}{4}(3a^2+4ac)} = \frac{1}{2}\sum F(r)\,q^{\frac{1}{4}r},$$
$$\sum 4(3a + a')\,q^{\frac{1}{4}(3a^2+2aa')} = -\frac{1}{2}\sum F(s)\,q^{\frac{1}{4}s},$$

puis, comme on le voit facilement,

$$\sum 4(-1)^{\frac{1}{2}(a+a'+2)}(3a+a')q^{\frac{1}{4}(3a^2-2aa')} = -\frac{1}{2}\sum(-1)^{\frac{1}{4}(s-5)}F(s)q^{\frac{1}{4}s}.$$

Qu'on fasse, en effet, dans la première de ces relations par exemple,

$$3a^2+4ac=r, \quad \text{puis} \quad a=d, \quad 3a+4c=d',$$

il est clair qu'on a $r\equiv 3 \pmod 4$, et que d et d' sont tous les diviseurs conjugués de r satisfaisant à la condition $d'\geqq 3d$.

Supposons en second lieu que n soit pair, l'équation

$$3c^2+2cc'=n$$

montre que, dans ce cas, c et par conséquent les diviseurs d et d' sont eux-mêmes pairs. Il faut donc que n soit divisible par 4, et alors nous avons

$$F(n)=\sum 4(-1)^{\frac{1}{4}(d'-d+2)}(3d+d'),$$

la définition de la fonction nous faisant complètement défaut pour les entiers impairement pairs.

Au moyen de ces résultats, l'expression de $\Theta_1^5(0)$ peut s'écrire ainsi

$$\Theta_1^5(0)=\Theta(0)\sum F(n)q^n+\frac{1}{2}H_1(0)\sum F(r)q^{\frac{1}{4}r}$$

et le coefficient de q^N dans le second membre est donné par l'expression

$$\sum[F(4N-a^2)-2F(N-a^2)+2F(N-b^2)]$$

en prenant

$$a=1, 3, 5, \ldots,$$
$$b=0, 2, 4, \ldots$$

et remplaçant, lorsque $b=0$, le terme $2F(N)$ par $F(N)$. Tel est donc le nombre des décompositions de N en 5 carrés quelconques; l'équation

$$H_1^5(0)=-\frac{1}{2}\Theta_1(0)\sum F(s)q^{\frac{1}{4}s}-\frac{1}{2}\Theta(0)\sum(-1)^{\frac{1}{4}(s-5)}F(s)q^{\frac{1}{4}s}$$

va ensuite nous donner le nombre des décompositions en 5 carrés impairs. Il convient alors d'introduire, au lieu de $F(s)$, la fonction égale et de signe contraire

$$F_1(s) = \sum 4(3d + d')$$

avec les mêmes conditions $dd' = s$, $d' > 3d$, et en observant qu'on ne rencontrera point le cas particulier de $d' = 3d$. De cette manière on obtient l'expression fort simple

$$F_1(N) + 2\,F_1(N - 2^2) + 2\,F_1(N - 4^2) + \ldots$$

dans laquelle N doit être supposé $\equiv 5 \pmod 8$. Prenons comme exemple $N = 21$, la formule nous donnera

$$F_1(21) + 2F_1(17) + 2F_1(5) = 4(24 + 40 + 16) = 320,$$

ce qui est effectivement le coefficient de $q^{\frac{21}{4}}$, dans la cinquième puissance de la série $2\sqrt[4]{q} + 2\sqrt[4]{q^9} + 2\sqrt[4]{q^{25}} + \ldots$.

J'espère, dans ce qui précède, avoir montré comment la considération des fonctions doublement périodiques de troisième espèce étend le champ des applications arithmétiques qui a été ouvert par Jacobi dans le paragraphe 40 des *Fundamenta*. Aux nombreuses formules que contient la Thèse de M. Biehler, et en restant dans le cadre embrassé par l'auteur, il convient encore d'ajouter les suivantes, à cause de leur élégance et de leur simplicité. Je dois à M. Appell la communication des six premières, dont voici le Tableau :

$$\frac{\Theta(0)\,\Theta_1(0)\,H_1^2(0)}{H(x)\,H_1(x)} = \sum \frac{2(-1)^{\frac{1}{2}b}\, q^{\frac{1}{2}b^2}}{\sin\dfrac{\pi}{K}(x - biK')},$$

$$\frac{\Theta(0)\,\Theta_1(0)\,H_1^2(0)}{\Theta(x)\,\Theta_1(x)} = \sum 2i(-1)^{\frac{1}{2}(a+1)}\, q^{\frac{1}{2}a^2} \cot\frac{\pi}{K}(x - aiK'),$$

$$\frac{\Theta(0)\,\Theta_1^2(0)\,H_1(0)}{H(x)\,\Theta_1(x)} = \sum \frac{(-1)^{\frac{1}{2}b}\, q^{\frac{1}{2}b^2}}{\sin\dfrac{\pi}{2K}(x - biK')} - \sum \frac{i(-1)^{\frac{1}{2}(a+1)}\, q^{\frac{1}{2}a^2}}{\cos\dfrac{\pi}{2K}(x - aiK')},$$

$$\frac{\Theta(0)\,\Theta_1^2(0)\,H_1(0)}{H_1(x)\,\Theta(x)} = \sum \frac{(-1)^{\frac{1}{2}b}\, q^{\frac{1}{2}b^2}}{\cos\dfrac{\pi}{2K}(x - biK')} + \sum \frac{i(-1)^{\frac{1}{2}(a+1)}\, q^{\frac{1}{2}a^2}}{\sin\dfrac{\pi}{2K}(x - aiK')}$$

et

$$\frac{\Theta^2(o)\,\Theta_1(o)\,H_1(o)}{H(x)\,\Theta(x)} = \sum \frac{q^{\frac{1}{2}b^2}}{\sin\frac{\pi}{2K}(x - biK')} - \sum \frac{q^{\frac{1}{2}a^2}}{\sin\frac{\pi}{2K}(x - aiK')},$$

$$\frac{\Theta^2(o)\,\Theta_1(o)\,H_1(o)}{H_1(x)\,\Theta_1(x)} = \sum \frac{q^{\frac{1}{2}b^2}}{\cos\frac{\pi}{2K}(x - biK')} - \sum \frac{q^{\frac{1}{2}a^2}}{\cos\frac{\pi}{2K}(x - aiK')}.$$

J'ai obtenu de mon côté :

$$\frac{\Theta^2(o)\,\Theta_1^2(o)\,H_1^2(o)}{\Theta^2(x)} = \sum q^{\frac{1}{2}a^2}\left(\frac{2K}{\pi}D_x - 2ia\right)\cot\frac{\pi}{2K}(x - aiK),$$

$$\frac{\Theta^2(o)\,\Theta_1^2(o)\,H_1^2(o)}{H^2(x)} = \sum q^{\frac{1}{2}b^2}\left(2ib - \frac{2K}{\pi}D_x\right)\cot\frac{\pi}{2K}(x - biK).$$

Dans ces diverses expressions, on suppose que l'entier a prend toutes les valeurs impaires et b toutes les valeurs paires de $-\infty$ à $+\infty$. Une lettre de M. Lipschitz que l'illustre géomètre a bien voulu m'autoriser à publier montre sous un point de vue nouveau et entièrement différent de celui auquel je me suis placé, l'intérêt pour l'Arithmétique des formules auxquelles conduisent les fonctions de troisième espèce.

ROSENHAIN.

Comptes rendus de l'Académie des Sciences,
t. CIV, 1887, p. 891.

M. Hermite annonce à l'Académie la perte que les Sciences mathématiques ont faite de M. *Georges Rosenhain*, décédé le 14 de ce mois, à Berlin. Au nom du savant géomètre s'attache une découverte capitale, obtenue en même temps par Göpel, qui en partage la gloire. C'est celle des fonctions quadruplement périodiques de deux variables qui donnent l'inversion des intégrales hyperelliptiques du premier ordre. Elle a été exposée dans un Mémoire auquel l'Académie a décerné, en 1850, le grand prix des Sciences mathématiques, et qui fera à jamais l'admiration des analystes.

EXTRAITS

DE

DEUX LETTRES ADRESSÉES A M. CRAIG.

American Journal of Mathematics, t. IX, 1887, p. 381-388.

SUR LA FORMULE DE FOURIER.

Je suppose qu'on ait entre les limites $x = 0$, $x = 2\pi$:

$$f(x) = \Sigma A_m e^{mix},$$

l'indice m parcourant la série des nombres entiers, $0, \pm 1, \pm 2, \ldots$. Décomposons maintenant cette série en deux autres, et soit

$$\Phi(x) = \frac{1}{2} A_0 + \Sigma A_m \; e^{mix} \qquad (m = 1, 2, 3, \ldots),$$

puis

$$\Psi(x) = \frac{1}{2} A_0 + \Sigma A_{-m} e^{-mix} \qquad (m = 1, 2, 3, \ldots),$$

de sorte qu'on aura

$$f(x) = \Phi(x) + \Psi(x).$$

Je vais établir que dans le demi-plan situé au-dessus de l'axe des abscisses, c'est-à-dire pour toutes les valeurs imaginaires, $z = x + iy$ où y est une quantité positive différente de zéro, on a cette expression

$$\Phi(z) = \frac{1}{4i\pi} \int_0^{2\pi} f(x) \cot \frac{x - z}{2} dx$$

et semblablement, si l'on suppose y négatif,

$$\Psi(z) = -\frac{1}{4i\pi} \int_0^{2\pi} f(x) \cot \frac{x - z}{2} dx$$

ce sera donc l'extension de chacune des fonctions, dans les régions considérées, qu'on obtient au moyen de $f(x)$, et en employant les seules valeurs réelles de la variable qui sont comprises entre $x = 0$ et $x = 2\pi$.

Pour cela, je fais usage des relations suivantes :

$$\int_0^{2\pi} e^{mix} \cot\frac{x-z}{2}\,dx = 4i\pi\, e^{miz},$$

$$\int_0^{2\pi} \cot\frac{x-z}{2}\,dx = 2i\pi,$$

$$\int_0^{2\pi} e^{-mix} \cot\frac{x-z}{2}\,dx = 0,$$

qui ont lieu pour m positif, la variable z représentant un point dont l'ordonnée est positive. Elles font voir que, dans l'intégrale

$$\int_0^{2\pi} f(x) \cot\frac{x-z}{2}\,dx,$$

les termes affectés des coefficients A_m, où l'indice est négatif, disparaissent, et nous en concluons immédiatement l'expression annoncée

$$\Phi(z) = \frac{1}{4i\pi}\int_0^{2\pi} f(x) \cot\frac{x-z}{2}\,dx.$$

On a ensuite, dans la région inférieure du plan, m étant toujours un entier positif,

$$\int_0^{2\pi} e^{mix} \cot\frac{x-z}{2}\,dx = 0,$$

$$\int_0^{2\pi} \cot\frac{x-z}{2}\,dx = -2i\pi,$$

$$\int_0^{2\pi} e^{-mix} \cot\frac{x-z}{2}\,dx = -4i\pi\, e^{-miz},$$

et ces relations nous donnent

$$\Psi(z) = -\frac{1}{4i\pi}\int_0^{2\pi} f(x) \cot\frac{x-z}{2}\,dx.$$

A la formule de Fourier

$$f(x) = \Sigma A_m e^{mix}$$

je joins ainsi la fonction uniforme dans tout le plan

$$\Phi(z) = \frac{1}{4i\pi}\int_0^{2\pi} f(x)\cot\frac{x-z}{2}\,dx$$

qui a l'axe des abscisses pour coupure, de sorte qu'en désignant par N et N' deux points infiniment voisins, l'un au-dessus, l'autre au-dessous de l'axe, on a la relation

$$\Phi(N) - \Phi(N') = f(x).$$

Je remarquerai encore que la considération de cette coupure donne immédiatement les intégrales définies qui viennent d'être employées. Qu'on pose, en effet,

$$J = \int_0^{2\pi} e^{mix}\cot\frac{x-z}{2}\,dx,$$

d'où

$$J\,e^{-miz} = \int_0^{2\pi} e^{mi(x-z)}\cot\frac{x-z}{2}\,dx\,;$$

on trouve d'abord

$$D_z(J\,e^{-miz}) = 0.$$

Soit donc $Je^{-miz} = C$; l'expression de cette constante par l'intégrale montre qu'elle s'évanouit pour z infiniment grand et au-dessous de l'axe des abscisses; on a par conséquent $C = 0$ dans le demi-plan au-dessous de cet axe. Franchissons la coupure, l'intégrale en passant du point N' au point N l'augmente de $4i\pi$ et, dans le demi-plan au-dessus de la coupure, on obtient

$$J\,e^{-miz} = 4i\pi,$$

d'où

$$J = 4i\pi\,e^{miz}.$$

Mais j'ai supposé l'entier m positif et différent de zéro; on trouve, quand il est nul, $\cot\frac{x-z}{2} = -i\pi$, ou $+i\pi$, pour une valeur infinie de z, au-dessous, puis au-dessus de l'axe des abscisses, et l'on en conclut alors, $J = -2i\pi$, $J = +2i\pi$ pour chacun des demi-plans. Le cas de m négatif se traiterait de même.

ADDITIONS.

En donnant communication à M. Lipschitz des résultats qui précèdent, j'ai été informé qu'ils se trouvaient établis par une autre voie, dans son Ouvrage *Lehrbuch der Analysis*, t. II, p. 724. La Note suivante expose la méthode suivie par l'illustre géomètre.

Soit $f(x+iy)$ une fonction uniforme et continue pour toutes les valeurs $x+iy$, où $x^2+y^2 \leqq 1$, et qui prend pour $x+iy=0$ une valeur réelle; en outre, si nous désignons par $g(x+iy)$ la fonction qui est conjuguée à $f(x+iy)$, alors pour chaque valeur $x+iy$ à l'intérieur du cercle $x^2+y^2<1$, on a l'expression

$$f(x+iy) = \frac{1}{2\pi}\int_{-\pi}^{\pi} [f(e^{i\alpha}) + g(e^{-i\alpha})]\left(\frac{1}{1-e^{-i\alpha}(x+iy)} - \frac{1}{2}\right) d\alpha.$$

En remplaçant la variable complexe $x+iy$ par la fonction exponentielle $e^{i\omega}$, la variable nouvelle ω doit avoir une partie imaginaire positive, et l'équation proposée prend la forme suivante :

$$f(e^{i\omega}) = \frac{1}{2\pi}\int_{-\pi}^{\pi} [f(e^{i\alpha}) + g(e^{-i\alpha})]\left(\frac{1}{1-e^{i\omega-i\alpha}} - \frac{1}{2}\right) d\alpha.$$

La démonstration est ramenée au théorème de Cauchy à l'aide de la remarque que le second facteur, qui se trouve sous le signe intégral, peut être écrit, soit

$$\frac{1}{i}\left[\frac{d(e^{i\alpha})}{e^{i\alpha}-e^{i\omega}} - \frac{1}{2}\frac{d(e^{i\alpha})}{e^{i\alpha}}\right]$$

ou

$$\frac{1}{i}\left[\frac{d(e^{-i\alpha})}{e^{-i\alpha}-e^{-i\omega}} - \frac{1}{2}\frac{d(e^{-i\alpha})}{e^{-i\alpha}}\right].$$

Cela étant, l'intégrale proposée se trouve égale à la somme des deux intégrales

$$\frac{1}{2\pi i}\int_{-\pi}^{\pi} f(e^{i\alpha})\left[\frac{d(e^{i\alpha})}{e^{i\alpha}-e^{i\omega}} - \frac{1}{2}\frac{d(e^{i\alpha})}{e^{i\alpha}}\right]$$

et

$$\frac{1}{2\pi i}\int_{-\pi}^{\pi} g(e^{-i\alpha})\left[\frac{d(e^{-i\alpha})}{e^{-i\alpha}-e^{-i\omega}} - \frac{1}{2}\frac{d(e^{-i\alpha})}{e^{-i\alpha}}\right].$$

En appliquant le théorème de Cauchy, on voit facilement que la première intégrale prend la valeur $f(e^{i\omega}) - \frac{1}{2}f(0)$, la seconde intégrale la valeur $\frac{1}{2}g(0)$. A cause de la supposition que $f(0)$ doit être une quantité réelle, la différence $-\frac{1}{2}f(0) + \frac{1}{2}g(0)$ s'évanouit. Partant, la somme des deux intégrales est égale à la valeur $f(e^{i\omega})$, ce qu'il fallait prouver. Si l'on fait usage de l'équation

$$\frac{1}{1 - e^{i\omega - i\alpha}} - \frac{1}{2} = \frac{1}{2i}\cot\left(\frac{\alpha - \omega}{2}\right),$$

le résultat en question passe dans la forme suivante :

$$f(e^{i\omega}) = \frac{1}{4\pi i}\int_{-\pi}^{\pi}[f(e^{i\alpha}) + g(e^{-i\alpha})]\cot\left(\frac{\alpha - \omega}{2}\right)d\alpha.$$

SUR UNE FORMULE DE GAUSS.

Dans le Mémoire intitulé *De nexu inter multitudinem classium*, etc. (*Œuvres de Gauss*, t. II, p. 269), on trouve l'expression suivante du nombre des valeurs entières de x et y qui satisfont à la condition $x^2 + y^2 \leqq A$:

Soient r l'entier contenu dans $\sqrt{A}$ et q l'entier contenu dans $\sqrt{\frac{1}{2}A}$; désignons aussi par $r^{(q+1)}$, $r^{(q+2)}$, ..., les entiers les plus voisins de $\sqrt{A - (q+1)^2}$, $\sqrt{A - (q+2)^2}$, ..., jusqu'à $\sqrt{A - r^2}$; le nombre cherché est

$$4q^2 + 1 + 4r + 8[r^{(q+1)} + r^{(q+2)} + \ldots + r^{(r)}].$$

Pour démontrer cette formule, je remarquerai d'abord qu'on obtient facilement le nombre des points dont les coordonnées sont des nombres entiers et qui sont à l'intérieur d'un rectangle ayant ses côtés parallèles aux axes et son centre à l'origine. Nommons la base et la hauteur $2a$ et $2b$, soient ensuite p et q les entiers contenus dans a et b, le produit $(2p+1)(2q+1)$ sera le nombre de points considérés qui sont à l'intérieur et sur le contour du rectangle.

Cela posé, inscrivons un carré dans le cercle $x^2 + y^2 = A$, on aura

$$OA = AB = \sqrt{\frac{1}{2}A}.$$

et si l'on désigne par q l'entier contenu dans $\sqrt{\frac{1}{2}A}$, le nombre des points qui sont dans le carré et sur son contour sera $(2q+1)^2$. Il faut maintenant y joindre ceux qui se trouvent dans les quatre segments égaux à BMB'; et dont voici l'énumération :

Sur AM, nous avons en premier lieu les points dont les abscisses

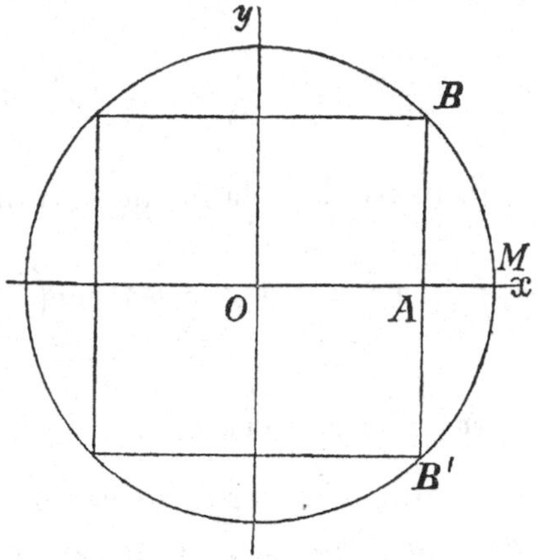

sont $q+1$, $q+2$, ... r, r désignant comme plus haut l'entier contenu dans $\sqrt{A}$; leur nombre est, par conséquent, $r-q$.

A ces diverses abscisses correspondent les ordonnées

$$\sqrt{A-(q+1)^2},\quad \sqrt{A-(q+2)^2},\quad \ldots,\quad \sqrt{A-r^2},$$

et, en employant la notation de Gauss, nous avons sur la première un nombre de points égal à $r^{(q+1)}$, sur la seconde à $r^{(q+2)}$, etc.; donc, dans le segment BMB', un nombre égal à

$$r-q+2[r^{(q+1)}+r^{(q+2)}+\ldots+r^{(r)}].$$

Quadruplons cette valeur et ajoutons à celle que nous avons obtenue pour le carré inscrit, on trouve la quantité

$$(2q+1)^2+4(r-q)+8[r^{(q+1)}+r^{(q+2)}+\ldots+r^{(r)}],$$

qui se réduit à l'expression de Gauss

$$4q^2+1+4r+8[r^{(q+1)}+r^{(q+2)}+\ldots+r^{(r)}].$$

D'une manière toute semblable s'obtient le nombre des points contenus à l'intérieur et sur le contour de l'ellipse

$$\mathrm{A}y^2 + \mathrm{B}x^2 = \mathrm{N}.$$

Soit, à cet effet, en désignant par $\mathrm{E}(x)$ l'entier contenu dans x :

$$y_\xi = \mathrm{E}\left(\sqrt{\frac{\mathrm{N}-\mathrm{B}\xi^2}{\mathrm{A}}}\right), \qquad x_\eta = \mathrm{E}\left(\sqrt{\frac{\mathrm{N}-\mathrm{A}\eta^2}{\mathrm{B}}}\right),$$

$$a = \mathrm{E}\left(\sqrt{\frac{\mathrm{N}}{\mathrm{A}}}\right), \qquad b = \mathrm{E}\left(\sqrt{\frac{\mathrm{N}}{\mathrm{B}}}\right),$$

$$\alpha = \mathrm{E}\left(\sqrt{\frac{\mathrm{N}}{2\mathrm{A}}}\right), \qquad \beta = \mathrm{E}\left(\sqrt{\frac{\mathrm{N}}{2\mathrm{B}}}\right);$$

nous avons cette formule dont celle de Gauss est un cas particulier :

$$4\alpha\beta + 1 + 2(a+b) + 2(x_{\alpha+1} + x_{\alpha+2} + \ldots + x_a)$$
$$+ 2(y_{\beta+1} + y_{\beta+2} + \ldots + y_b).$$

SUR L'EXPRESSION DU SINUS PAR UN PRODUIT DE FACTEURS PRIMAIRES.

La formule suivante, qui a été donnée pour la première fois par M. Weierstrass,

$$\sin x = x \Pi\left[\left(1 - \frac{x}{n\pi}\right)e^{\frac{x}{n}}\right] \qquad (n = \pm 1, \pm 2, \ldots)$$

conduit facilement à une expression semblable pour $\cos x$, au moyen de l'équation

$$\cos x = \frac{\sin 2x}{2 \sin x}.$$

Soit, en effet, $m = \pm 1, \pm 3, \pm 5, \ldots$, nous pouvons écrire

$$\sin x = x \Pi\left[\left(1 - \frac{x}{2n\pi}\right)e^{\frac{x}{2n\pi}}\right] \Pi\left[\left(1 - \frac{x}{m\pi}\right)e^{\frac{x}{m\pi}}\right];$$

tous les facteurs de $\sin x$ se trouveront ainsi mis en évidence dans $\sin 2x$, on en conclut

$$\cos x = \Pi\left[\left(1 - \frac{2x}{m\pi}\right)e^{\frac{2x}{m\pi}}\right].$$

Mais on pourrait désirer parvenir à cette expression, en partant de la relation $\cos x = \sin\left(\frac{\pi}{2} + x\right)$, c'est ce que je vais faire au moyen d'une remarque sur la formule générale

$$F(x) = \Pi\left[\left(1 - \frac{x}{a_n}\right) e^{P_n(x)}\right],$$

où les polynomes $P_n(x)$ sont de degrés quelconques.

Changeons x en $x + \xi$, et employons l'identité

$$1 - \frac{x+\xi}{a_n} = \left(1 - \frac{\xi}{a_n}\right)\left(1 - \frac{x}{a_n - \xi}\right);$$

on aura d'abord

$$F(x+\xi) = \Pi\left[\left(1 - \frac{\xi}{a_n}\right)\left(1 - \frac{x}{a_n - \xi}\right) e^{P_n(x+\xi)}\right];$$

divisons ensuite, membre à membre, avec l'égalité

$$F(\xi) = \Pi\left[\left(1 - \frac{\xi}{a_n}\right) e^{P_n(\xi)}\right]$$

et nous obtiendrons la formule

$$\frac{F(x+\xi)}{F(\xi)} = \Pi\left[\left(1 - \frac{x}{a_n - \xi}\right) e^{P_n(x+\xi) - P_n(\xi)}\right].$$

D'une manière semblable, et en partant de la relation

$$F(x) = x\,\Pi\left[\left(1 - \frac{x}{a_n}\right) e^{P_n(x)}\right],$$

on trouverait

$$\frac{F(x+\xi)}{F(\xi)} = \left(1 + \frac{x}{\xi}\right)\Pi\left[\left(1 - \frac{x}{a_n - \xi}\right) e^{P_n(x+\xi) - P_n(\xi)}\right].$$

Mais ce résultat appliqué à $\sin x$, en supposant $\xi = \frac{\pi}{2}$, donne l'expression suivante :

$$\cos x = \left(1 + \frac{2x}{\pi}\right)\Pi\left\{\left[1 - \frac{2x}{(2n-1)\pi}\right] e^{\frac{x}{n\pi}}\right\} \qquad (n = \pm 1, \pm 2, \ldots)$$

qui ne coïncide pas avec la formule obtenue tout à l'heure

$$\cos x = \Pi\left[\left(1 - \frac{2x}{m\pi}\right) e^{\frac{2x}{m\pi}}\right].$$

On remarque toutefois que, en posant $m = 2n - 1$, les facteurs exponentiels $e^{\frac{x}{n\pi}}$ et $e^{\frac{2x}{m\pi}}$ tendent vers la même limite, lorsque le nombre entier n augmente, mais la différence entre les deux résultats doit être expliquée; voici une considération qui lèvera toute difficulté :

Reprenons l'équation dont se tire l'expression de sinus par un produit de facteurs primaires :

$$\cot x = \frac{1}{x} + \sum \left[\frac{1}{x - n\pi} + \frac{1}{n\pi} \right] \qquad (n = \pm 1, \pm 2, \ldots),$$

et d'où l'on conclut en changeant x en $x + \xi$:

$$\cot(x + \xi) = \frac{1}{x + \xi} + \sum \left[\frac{1}{x + \xi - n\pi} + \frac{1}{n\pi} \right].$$

Retranchons membre à membre avec l'égalité

$$\cot a = \frac{1}{a} + \sum \left[\frac{1}{a - n\pi} + \frac{1}{n\pi} \right],$$

où a désigne une constante arbitraire, on aura ainsi

$$\cot(x + \xi) - \cot a = \frac{1}{x + \xi} - \frac{1}{a} + \sum \left[\frac{1}{x + \xi - n\pi} - \frac{1}{a - n\pi} \right],$$

et plus simplement

$$\cot(x + \xi) - \cot a = \sum \left[\frac{1}{x + \xi - n\pi} - \frac{1}{a - n\pi} \right],$$

en supposant maintenant $n = 0, \pm 1, \pm 2, \ldots$.

De là se tire, si nous intégrons depuis $x = 0$,

$$\log \frac{\sin(x + \xi)}{\sin \xi} - x \cot a = \sum \left[\log \left(1 - \frac{x}{n\pi - \xi} \right) + \frac{x}{n\pi - a} \right],$$

et par conséquent

$$\frac{\sin(x + \xi)}{\sin \xi} = e^{x \cot a} \prod \left[\left(1 - \frac{x}{n\pi - \xi} \right) e^{\frac{x}{n\pi - a}} \right].$$

La quantité a dans cette formule est quelconque, on peut même la prendre égale à zéro. Qu'on mette à part, en effet, le facteur correspondant à $n = 0$ qui est seul à considérer dans ce cas $\left(1 + \frac{x}{\xi}\right) e^{-\frac{x}{a}}$; on observera que, pour $a = 0$, la différence $\cot a - \frac{1}{a}$ s'évanouit, de sorte qu'on obtient alors

$$\frac{\sin(x + \xi)}{\sin \xi} = \left(1 + \frac{x}{\xi} \right) \prod \left[\left(1 - \frac{x}{n\pi - \xi} \right) e^{\frac{x}{n\pi}} \right].$$

Ce résultat conduit, en supposant $\xi = \frac{\pi}{2}$, à l'expression considérée plus haut :

$$\cos x = \left(1 - \frac{2x}{\pi}\right) \Pi \left\{ \left[1 - \frac{2x}{(2n-1)\pi}\right] e^{\frac{x}{n\pi}} \right\}.$$

Je change ensuite ξ en $\xi + \frac{\pi}{2}$ et a en $a + \frac{\pi}{2}$; on trouve ainsi, en posant $m = 2n - 1$,

$$\frac{\cos(x+\xi)}{\cos\xi} = e^{-x \operatorname{tang} a} \Pi \left[\left(1 - \frac{2x}{m\pi - \xi}\right) e^{\frac{2x}{m\pi - a}} \right]$$

$$(m = \pm 1, \pm 3, \pm 5, \ldots);$$

d'où, pour $\xi = 0$ et $a = 0$,

$$\cos x = \Pi \left[\left(1 - \frac{2x}{m\pi}\right) e^{\frac{2x}{m\pi}} \right].$$

On voit donc que les deux expressions différentes que nous avions rencontrées s'accordent, puisqu'elles ne sont que des cas particuliers d'une formule plus générale.

SUR UN MÉMOIRE DE LAGUERRE

CONCERNANT

LES ÉQUATIONS ALGÉBRIQUES

Mémoires de l'Académie pontificale des Nuovi Lincei, t. III, 1888, p. 155-164, et *Œuvres de Laguerre*, t. I. p. 461.

Les amis d'Edmond Laguerre qu'une mort prématurée a enlevé l'année dernière aux Sciences mathématiques ont décidé de publier une édition complète de ses œuvres, pour rendre à sa mémoire un hommage bien justement mérité par une vie d'honneur entièrement vouée à l'étude et à l'accomplissement de ses devoirs. Cette édition paraîtra sous les auspices des membres de la Section de Géométrie de l'Académie des Sciences de Paris, qui ont ainsi voulu témoigner leur profonde sympathie pour celui qui avait été leur confrère, et dont les découvertes ont honoré la science française. M. Eugène Rouché, lié d'une étroite amitié avec Laguerre et qui a publié sur ses travaux une Notice savante et approfondie (1), a pris la tâche de réunir, de classer ses Mémoires et d'en diriger l'impression. Je partage les soins de M. Rouché, et je viens ainsi d'avoir sous les yeux le beau Mémoire qui a paru dans les *Nouvelles Annales de Mathématiques*, 2e série, t. XIX, 1880, sous le titre : *Sur une méthode pour obtenir par approximation les racines d'une équation algébrique qui a toutes les racines réelles*. Les résultats auxquels Laguerre est parvenu sur ce sujet important sont extrêmement dignes d'attention, en les étudiant avec l'intérêt qu'ils commandent, j'ai été amené à les établir par

(1) *Edmond Laguerre, sa vie et ses travaux*, par M. Eugène Rouché, examinateur de sortie à l'École Polytechnique, professeur au Conservatoire des Arts et Métiers (*Journal de l'École Polytechnique*, 15e Cahier, 1886).

une méthode différente de la sienne et plus directe. C'est l'objet des considérations qui vont suivre.

I. Soit $f(x) = 0$ une équation de degré n dont les racines a, b, ..., l soient toutes réelles. J'envisage la somme symétrique

$$S = \frac{(\xi - a)(\xi' - a)}{(x - a)^2} + \frac{(\xi - b)(\xi' - b)}{(x - b)^2} + \ldots + \frac{(\xi - l)(\xi' - l)}{(x - l)^2},$$

où ξ et ξ' sont également des quantités réelles, et je remarque qu'on en obtient facilement l'expression, si l'on décompose chacun de ses termes en fractions simples, par rapport à la quantité a, en écrivant, par exemple,

$$\frac{(\xi - a)(\xi' - a)}{(x - a)^2} = \frac{(\xi - x)(\xi' - x)}{(x - a)^2} + \frac{\xi + \xi' - 2x}{x - a} + 1.$$

Il suffit, en effet, de recourir aux relations

$$\frac{f'}{f} = \frac{1}{x - a} + \frac{1}{x - b} + \ldots + \frac{1}{x - l},$$
$$\frac{f'^2 - ff''}{f^2} = \frac{1}{(x - a)^2} + \frac{1}{(x - b)^2} + \ldots + \frac{1}{(x - l)^2}$$

pour trouver la valeur suivante :

$$S = \frac{(\xi - x)(\xi' - x)(f'^2 - ff'') + (\xi + \xi' - 2x)ff' + nf^2}{f^2}.$$

Cela étant, j'observe qu'on ne peut avoir $S = 0$, qu'autant que les numérateurs $(\xi - a)(\xi' - a)$, $(\xi - b)(\xi' - b)$, etc. ne seront pas tous de même signe. Il est donc nécessaire, d'après les propriétés des trinomes du second degré, qu'une partie des racines, a, b, etc. se trouve dans l'intervalle compris entre ξ et ξ', et les autres en dehors de cet intervalle. Par là est établie la proposition ainsi énoncée par Laguerre :

Si l'on désigne par x une quantité réelle quelconque, les nombres ξ et ξ' qui satisfont à la relation

$$(\xi - x)(\xi' - x)(f'^2 - ff'') + (\xi + \xi' - 2x)ff' + nf^2 = 0,$$

et dont l'un est arbitraire, séparent les racines de l'équation $f(X) = 0$.

Je suppose maintenant qu'on fasse $\xi = \xi'$ dans la somme S qui devient ainsi

$$S = \left(\frac{\xi - a}{x - a}\right)^2 + \left(\frac{\xi - b}{x - b}\right)^2 + \ldots + \left(\frac{\xi - l}{x - l}\right)^2$$

et je considère l'équation suivante du second degré en X :

$$S - \left(\frac{\xi - X}{x - X}\right)^2 = 0.$$

Il est clair que le premier membre est positif pour $X = a, b, \ldots, l$ et prend une valeur négative très grande pour X voisin de x. Admettant donc que x tombe dans l'intervalle de deux racines consécutives, que je désigne par a et b en supposant $a < b$, le premier membre de l'équation considérée ayant des valeurs de signes contraires quand on fait successivement $X = a$, $X = x$, puis $X = x$, $X = b$, on voit que les racines X', X'' sont comprises, l'une entre a et x, l'autre entre x et b.

Ce point établi Laguerre recherche, en disposant de la quantité ξ qui est arbitraire, les valeurs de X' et X'' qui se rapprocheront le plus de a et b; voici comment il procède :

II. Reprenons l'équation

$$S - \left(\frac{\xi - X}{x - X}\right)^2 = 0;$$

en employant l'expression de S lorsqu'on y suppose $\xi = \xi'$, à savoir

$$S = \frac{(\xi - x)^2(f'^2 - ff'') + 2(\xi - x)ff' + nf^2}{f^2},$$

elle peut s'écrire ainsi :

$$(\xi - x)^2(f'^2 - ff'') + 2(\xi - x)ff' + nf^2 - \left(\frac{\xi - X}{x - X}f\right)^2 = 0.$$

Cela étant, Laguerre se borne à dire succinctement que *les valeurs extrêmes* de X s'obtiendront en exprimant que le trinome du second degré en ξ, qui forme le premier membre, a ses racines égales. On regrettera sans doute que l'éminent géomètre ne se soit pas étendu davantage sur ce point essentiel et qu'on n'ait pas suffisamment la trace des idées qui l'ont conduit à la découverte d'un résultat important dont il a fait des applications nombreuses et extrêmement remarquables. Mais l'équation en X à laquelle il parvient peut être étudiée en elle-même, indépendamment du procédé qui y a conduit : c'est ce que je vais faire en me proposant ainsi d'établir directement sa propriété caractéristique.

Soit pour un moment $\xi - x = \zeta$; le premier membre de l'équation précédente devient

$$(f'^2 - ff'')\zeta^2 + 2ff'\zeta + nf^2 - \left(\frac{\zeta f}{x - X} + f\right)^2;$$

c'est une expression du second degré en ζ, de la forme

$$A\zeta^2 + 2B\zeta + C - (m\zeta + n)^2,$$

et la condition d'égalité des racines est

$$B^2 - AC + An^2 - 2Bmn + Cm^2 = 0;$$

de là résulte l'équation que nous avons à considérer

$$[(n-2)f'^2 - (n-1)ff''](X - x)^2 - 2ff'(X - x) - nf^2 = 0.$$

Cela étant, je dis que son premier membre prend une valeur positive lorsqu'on y remplace X par une quelconque des racines de l'équation $f(x) = 0$. Soit a cette racine, je divise par le facteur positif $\frac{1}{(x-a)^2 f^2}$, ce qui donne l'expression

$$\frac{(n-2)f'^2}{f^2} - \frac{(n-1)f''}{f} + \frac{2f'}{(x-a)f} - \frac{n}{(x-a)^2};$$

cela étant, je mets en évidence les quantités

$$A = \frac{1}{x-a}, \qquad B = \frac{1}{x-b}, \qquad \ldots, \qquad L = \frac{1}{x-l},$$

en employant les relations

$$\frac{f'}{f} = A + B + \ldots + L,$$
$$\frac{f''}{f} = 2(AB + AC + \ldots).$$

Désignons, dans ce but, par U, V, W la somme des $n-1$ quantités B, C, ..., L, la somme de leurs carrés et celle de leurs produits deux à deux. On aura ainsi

$$\frac{f'}{f} = A + U,$$
$$\frac{f''}{f} = 2AU + 2W,$$
$$\frac{f'^2}{f^2} = A^2 + V + 2AU + 2W,$$

et en substituant nous trouverons

$$(n-2)(A^2 + V + 2AU + 2W)$$
$$-2(n-1)(AU + W) + 2(A^2 + AU) - nA^2 = (n-2)V - 2W.$$

C'est bien une quantité positive représentée, comme on le voit facilement, par la somme des carrés des différences deux à deux des $n-1$ quantités B, C, ..., L. Je remarque ensuite qu'en supposant $X = x$ on a un résultat négatif, nous avons donc cette conclusion que, si l'on désigne par a et b deux racines consécutives, qui comprennent x dans leur intervalle, une racine X' de l'équation de Laguerre est entre a et x, et l'autre X'' entre x et b.

Or on trouve, en résolvant, la formule

$$\frac{1}{X - x} = \frac{-f' \pm \sqrt{(n-1)[(n-1)f'^2 - nff'']}}{nf},$$

et puisque, dans l'hypothèse admise, les deux solutions sont de signes contraires, la racine positive qui donne $X'' - x$ s'obtiendra en prenant le radical avec le signe de f.

Le résultat que nous venons de démontrer a conduit Laguerre à de nombreuses conséquences parmi lesquelles je signalerai cette formule

$$\cos\frac{\pi x}{2} = 1 - \frac{x^3}{x + (x-1)\sqrt{\frac{2-x}{3}}},$$

qui représente avec une grande approximation, au moyen d'une expression algébrique, la transcendante $\cos\frac{\pi x}{2}$, quand la variable est positive et inférieure à l'unité. Voici maintenant une considération nouvelle que suggère l'analyse précédente.

III. Je reprends l'équation du second degré

$$[(n-2)f'^2-(n-1)ff''](X-x)^2-2ff'(X-x)-nf^2=0$$

et je la généralise de la manière suivante :

$$(\alpha f'^2-\beta ff'')(X-x)^2-2\gamma ff'(X-x)-\delta f^2=0,$$

en désignant par α, β, γ, δ des constantes dont la dernière devra être positive, afin que le premier membre soit négatif pour $X=x$. Cela étant, je cherche sous quelles conditions il sera positif lorsqu'on remplace X par l'une quelconque des racines de l'équation $f(x)=0$, ou bien en faisant comme plus haut $X=a$. On est ainsi conduit si l'on conserve les notations précédemment employées, à la forme quadratique :

$$\begin{aligned}\alpha(A^2+V+2AU+2W)-2\beta(AU+W)+2\gamma(A^2+AU)-\delta A^2\\=(\alpha+2\gamma-\delta)A^2+2(\alpha-\beta+\gamma)AU+\alpha V+2(\alpha-\beta)W,\end{aligned}$$

représentant le résultat de la substitution, qui devra être définie et positive. Un cas facile s'offre si l'on a $\alpha-\beta+\gamma=0$, il suffira alors de poser $\alpha+2\gamma-\delta>0$, et d'exprimer que la forme à $n-1$ indéterminée $\alpha V+2(\alpha-\beta)W$ est elle-même définie et positive. Les conditions à remplir sont alors que α et la suite des déterminants

$$\begin{vmatrix}\alpha & \alpha-\beta\\ \alpha-\beta & \alpha\end{vmatrix},\quad \begin{vmatrix}\alpha & \alpha-\beta & \alpha-\beta\\ \alpha-\beta & \alpha & \alpha-\beta\\ \alpha-\beta & \alpha-\beta & \alpha\end{vmatrix},\quad \ldots$$

soient tous positifs. Au moyen des transformations élémentaires on trouve facilement les expressions explicites de ces déterminants et l'on obtient les inégalités

$$\alpha>0,\quad \beta(2\alpha-\beta)>0,\quad \beta^2(3\alpha-2\beta)>0,\quad \ldots,$$
$$\beta^{n-1}[(n-1)\alpha-(n-2)\beta]>0.$$

On en conclut que α et β doivent être positifs et assujettis à cette seule et unique condition

$$(n-1)\alpha-(n-2)\beta>0,$$

c'est-à-dire

$$\beta<\left(\frac{n-1}{n-2}\right)\alpha.$$

Nous voyons ainsi que, dans la méthode d'approximation de Laguerre, l'équation dont il fait usage,

$$[(n-1)f'^2-(n-2)ff''](X-x)^2-2ff'(X-x)-nf^2=0,$$

peut être remplacée par cette autre

$$(\alpha f'^2-\beta ff'')(X-x)^2+2(\alpha-\beta)ff'(X-x)-\delta f^2=0,$$

α, β et δ étant des quantités positives, telles qu'on ait

$$\beta<\left(\frac{n-1}{n-2}\right)\alpha, \qquad \delta<\alpha+2\gamma$$

ou encore

$$\delta<2\beta-\alpha,$$

puisqu'on a supposé $\alpha-\beta+\gamma=0$.

Voici maintenant quelques remarques au sujet de cette équation.

Je ferai d'abord, afin de la réduire à sa forme la plus simple, la supposition de $\gamma=0$, qui donne $\alpha=\beta$; on aura aussi la condition $\delta<\alpha$; cela étant, nous trouvons la formule suivante :

$$x-X=\sqrt{\frac{\delta}{\alpha}}\,\frac{f}{\sqrt{f'^2-ff''}}.$$

C'est précisément, pour le cas limité de $\delta=\alpha$, le résultat remarqué par Laguerre au début de son Mémoire et qui a été le point de départ de tout son travail.

Proposons-nous ensuite cette question, qui se présente d'elle-même, de disposer de α et β, en supposant comme on le peut $\delta=1$, de manière que les quantités X′ et X″ approchent autant que possible des deux racines consécutives a et b de l'équation proposée $f(x)=0$. On y parviendra évidemment en rendant *maximum* la différence

$$X'-X''=2\frac{\sqrt{(\alpha-\beta)^2f'^2+\alpha f'^2-\beta ff''}}{\alpha f'^2-\beta ff''},$$

lorsque α et β prennent toutes les valeurs positives sous les conditions

$$\beta<\left(\frac{n-1}{n-2}\right)\alpha, \qquad 1<2\beta-\alpha.$$

Il convient, pour traiter la question, de représenter géométriquement ces conditions en considérant α et β comme l'abscisse et l'ordonnée x et y d'un point rapporté à des coordonnées rectangulaires. Cela étant, je construis les droites

$$y = \left(\frac{n-1}{n-2}\right)x, \qquad 1 = 2y - x,$$

qui se coupent en un point ayant pour coordonnées

$$x = \frac{n-2}{n}, \qquad y = \frac{n-1}{n}.$$

Soient A ce point, AM et AN les portions indéfinies des deux lignes, dirigées dans le sens des abscisses positives; on voit facilement qu'on doit considérer tous les points renfermés dans l'angle MAN, dont les coordonnées sont positives et vérifient les égalités proposées.

Soit maintenant

$$\frac{\sqrt{(x-y)^2 f'^2 + x f'^2 - y f f''}}{x f'^2 - y f f''} = m,$$

m étant une constante que nous ferons varier afin d'en obtenir le *maximum*. Pour chaque valeur de m, on obtient une hyperbole dont l'équation peut s'écrire de la manière suivante, si l'on pose $a = \frac{ff''}{f'^2}$:

$$m^2(x - ay)^2 - (x-y)^2 - x + ay = 0.$$

Je remarquerai maintenant que nos deux droites sont des sécantes réelles, la première comme passant par l'origine qui est un point de la courbe; la seconde, parce que l'équation qui détermine les ordonnées des points de rencontre, où je fais, pour abréger, $b = a - 2$:

$$(m^2 b^2 - 1)y^2 + (2m^2 b + a)y + m^2 = 0,$$

a pour discriminant la quantité positive

$$4(a-1)^2 m^2 + a^2.$$

Ceci posé, considérons la suite des hyperboles qu'on obtient en faisant varier m. Le *maximum* de cette constante correspondra à une valeur telle qu'un changement infiniment petit donne une courbe extérieure à l'angle MAN, et cette circonstance ne peut se produire qu'à l'égard d'une hyperbole tangente à l'un des côtés de l'angle ou passant par son sommet. Or la droite $y = \left(\frac{n-1}{n-2}\right) x$ ne peut avoir pour point de contact que l'origine des coordonnées, et ce point ne se trouve pas sur AM. Quant à l'autre côté, l'équation en y que nous venons de former montre qu'il ne peut devenir tangent à l'hyperbole, puisqu'il est impossible que le discriminant de l'équation s'annule. La valeur de m s'obtiendra donc en admettant que la courbe passe par le point A, et les valeurs cherchées de α et β seront les coordonnées de ce point, à savoir

$$\alpha = \frac{n-2}{n}, \qquad \beta = \frac{n-1}{n}.$$

Nous sommes ainsi conduit à l'équation

$$[(n-2)f'^2 - (n-1)ff''](x-X)^2 + 2ff'(x-X) - nf^2 = 0$$

par des considérations entièrement différentes de celle de Laguerre, ce qui donne une confirmation complète du beau résultat découvert par l'éminent géomètre.

EXTRAIT D'UNE LETTRE ADRESSÉE A M. LERCH.

DÉMONSTRATION NOUVELLE

D'UNE

FORMULE RELATIVE AUX INTÉGRALES EULÉRIENNES

DE SECONDE ESPÈCE.

Sitzungsberichte der Bömischen Gesellschaft der Wissenschaften, 7ᵉ série, t. II, 1888, p. 365-366.

L'importance que j'attache à l'intégrale de Raabe, j'essaierai de la justifier par la remarque suivante : l'expression bien connue de Cauchy,

$$\log \Gamma(a) = \int_{-\infty}^{0} \left[\frac{e^{at} - e^{t}}{e^{t} - 1} - (a-1)\, e^{t}\right] \frac{dt}{t},$$

étant intégrée entre les limites a et $a + 1$, on a immédiatement, au moyen des formules

$$\int_{a}^{a+1} \frac{e^{at}}{e^{t} - 1}\, da = \frac{e^{at}}{t}, \qquad \int_{a}^{a+1} (a-1)\, da = a - \frac{1}{2},$$

cette expression de l'intégrale de Raabe, que je désigne par J,

$$J = \int_{-\infty}^{a} \left[\frac{e^{at}}{t} - \frac{e^{t}}{e^{t} - 1} - \left(a - \frac{1}{2}\right) e^{t}\right] \frac{dt}{t}.$$

En retranchant de $\log \Gamma(a)$, on en conclut

$$\log \Gamma(a) - J = \int_{-\infty}^{0} \left[\frac{e^{at}}{e^{t} - 1} - \frac{e^{at}}{t} + \frac{1}{2} e^{t}\right] \frac{dt}{t};$$

j'ajoute membre à membre avec l'équation suivante :

$$\frac{1}{2} \log a = \int_{-\infty}^{0} \frac{e^{at} - e^{t}}{2t} \cdot dt$$

et j'obtiens immédiatement

$$\log \Gamma(a) - J + \frac{1}{2}\log a = \int_{-\infty}^{0}\left(\frac{e^{at}}{e^t - 1} - \frac{e^{at}}{t} + \frac{e^{at}}{2}\right)\frac{dt}{t};$$

d'où, par conséquent,

$$\log \Gamma(a) = J - \frac{1}{2}\log a + \int_{-\infty}^{0}\left(\frac{1}{e^t - 1} - \frac{1}{t} + \frac{1}{2}\right)\frac{e^{at}\,dt}{t}.$$

C'est la valeur approchée de $\log \Gamma(a)$ pour a très grand qui est trouvée rapidement, comme vous le voyez.

REMARQUES

SUR LA

DÉCOMPOSITION EN ÉLÉMENTS SIMPLES

DES FONCTIONS DOUBLEMENT PÉRIODIQUES.

Ann. de la Faculté des Sciences de Toulouse, t. II, 1888, p. C,1-12.

En désignant par $F(x)$ une fonction uniforme aux périodes $2K$ et $2iK'$, et par $a, b, \ldots, l$ ses pôles situés à l'intérieur du rectangle des périodes, on a l'expression suivante :

$$\begin{aligned}F(x) = C &+ A\frac{H'(x-a)}{H(x-a)} + B\frac{H'(x-b)}{H(x-b)} + \ldots + L\frac{H'(x-l)}{H(x-l)}\\ &+ D_x\left[A'\frac{H'(x-a)}{H(x-a)} + B'\frac{H'(x-b)}{H(x-b)} + \ldots + L'\frac{H'(x-l)}{H(x-l)}\right]\\ &+ D'_x\left[A''\frac{H'(x-a)}{H(x-a)} + B''\frac{H'(x-b)}{H(x-b)} + \ldots + L''\frac{H'(x-l)}{H(x-l)}\right]\\ &+ \ldots\ldots\ldots\ldots\ldots\ldots\end{aligned}$$

ou bien, pour abréger,

$$\begin{aligned}F(x) = C &+ \sum A\frac{H'(x-a)}{H(x-a)} + \sum D_x A'\frac{H'(x-a)}{H(x-a)} + \sum D_x^2 A''\frac{H'(x-a)}{H(x-a)}\\ &+ \ldots\ldots\ldots\ldots\ldots\ldots\end{aligned}$$

La quantité $\frac{H'(x)}{H(x)}$, qui joue le rôle d'élément simple dans cette formule, n'est pas doublement périodique, mais ses dérivées le sont, comme le montre la relation

$$D_x\frac{H'(x)}{H(x)} = \frac{J}{K} - \frac{1}{\operatorname{sn}^2 x}.$$

Il en résulte que les termes de la première somme sont d'une autre nature que les autres, mais la condition $A + B + \ldots + L = 0$ permet de la mettre aussi sous la forme doublement périodique; c'est le premier point dont je vais m'occuper.

I. J'emploierai, dans ce but, la relation suivante :

$$\frac{\operatorname{sn} x \operatorname{cn} x \operatorname{dn} x - \operatorname{sn} a \operatorname{cn} a \operatorname{dn} a}{\operatorname{sn}^2 x - \operatorname{sn}^2 a} = \frac{H'(x+a)}{H(x+a)} - \frac{\Theta'(x)}{\Theta(x)} - \frac{\Theta'(a)}{\Theta(a)},$$

qui est une conséquence de l'égalité fondamentale

$$-k^2 \operatorname{sn} x \operatorname{sn} a \operatorname{sn}(x+a) = \frac{\Theta'(x+a)}{\Theta(x+a)} - \frac{\Theta'(x)}{\Theta(x)} - \frac{H'(a)}{H(a)}.$$

Changeons, en effet, a en $a + iK'$; on aura d'abord

$$-\frac{\operatorname{sn} x}{\operatorname{sn} a \operatorname{sn}(x+a)} = \frac{H'(x+a)}{H(x+a)} - \frac{\Theta'(x)}{\Theta(x)} - \frac{H'(a)}{H(a)};$$

prenons ensuite la dérivée logarithmique des deux membres de l'équation

$$\operatorname{sn} a = \frac{1}{\sqrt{k}} \frac{H(a)}{\Theta(a)},$$

ce qui donne

$$\frac{\operatorname{cn} a \operatorname{dn} a}{\operatorname{sn} a} = \frac{H'(a)}{H(a)} - \frac{\Theta'(a)}{\Theta(a)},$$

et ajoutons membre à membre. Au moyen de la formule

$$\frac{1}{\operatorname{sn}(x+a)} = \frac{\operatorname{sn} x \operatorname{cn} a \operatorname{dn} a - \operatorname{sn} a \operatorname{cn} x \operatorname{dn} x}{\operatorname{sn}^2 x - \operatorname{sn}^2 a}$$

on trouvera, après une réduction facile, la relation à établir.

D'une autre manière, en partant de la décomposition en éléments simples de la quantité $\frac{1}{\operatorname{sn}^2 x - \operatorname{sn}^2 a}$ qui a pour périodes $2K$ et $2iK'$, nous opérerons comme il suit. Les pôles étant $x = a$, $x = 2K - a$, et les résidus correspondants $\frac{1}{2 \operatorname{sn} a \operatorname{cn} a \operatorname{dn} a}$, $-\frac{1}{2 \operatorname{sn} a \operatorname{cn} a \operatorname{dn} a}$, nous avons d'abord

$$\frac{1}{\operatorname{sn}^2 x - \operatorname{sn}^2 a} = C + \frac{1}{2 \operatorname{sn} a \operatorname{cn} a \operatorname{dn} a} \left[\frac{H'(x-a)}{H(x-a)} - \frac{H'(x+a)}{H(x+a)} \right]$$

ou plutôt

$$\frac{2 \operatorname{sn} a \operatorname{cn} a \operatorname{dn} a}{\operatorname{sn}^2 x - \operatorname{sn}^2 a} = C' + \frac{H'(x-a)}{H(x-a)} - \frac{H'(x+a)}{H(x+a)}.$$

Pour déterminer la constante, je fais $x = 0$, ce qui donne

$$-\frac{2\,\mathrm{cn}\,a\,\mathrm{dn}\,a}{\mathrm{sn}\,a} = C' - 2\frac{H'(a)}{H(a)}$$

et, par conséquent,

$$C' = 2\left[\frac{H'(a)}{H(a)} - \frac{\mathrm{cn}\,a\,\mathrm{dn}\,a}{\mathrm{sn}\,a}\right] = 2\frac{\Theta'(a)}{\Theta(a)}.$$

Nous avons ainsi l'égalité

$$\frac{2\,\mathrm{sn}\,a\,\mathrm{cn}\,a\,\mathrm{dn}\,a}{\mathrm{sn}^2 x - \mathrm{sn}^2 a} = \frac{H'(x-a)}{H(x-a)} - \frac{H'(x+a)}{H(x+a)} + 2\frac{\Theta'(a)}{\Theta(a)};$$

permutant x et a, on en conclut

$$\frac{2\,\mathrm{sn}\,x\,\mathrm{cn}\,x\,\mathrm{dn}\,x}{\mathrm{sn}^2 x - \mathrm{sn}^2 a} = \frac{H'(x-a)}{H(x-a)} + \frac{H'(x+a)}{H(x+a)} - 2\frac{\Theta'(x)}{\Theta(x)}$$

et enfin, en retranchant membre à membre,

$$\frac{\mathrm{sn}\,x\,\mathrm{cn}\,x\,\mathrm{dn}\,x - \mathrm{sn}\,a\,\mathrm{cn}\,a\,\mathrm{dn}\,a}{\mathrm{sn}^2 x - \mathrm{sn}^2 a} = \frac{H'(x+a)}{H(x+a)} - \frac{\Theta'(x)}{\Theta(x)} - \frac{\Theta'(a)}{\Theta(a)}.$$

Cela posé, l'élément simple $\frac{H'(x-a)}{H(x-a)}$ s'obtient en changeant a en $-a$, sous la forme suivante :

$$\frac{H'(x-a)}{H(x-a)} = \frac{\mathrm{sn}\,x\,\mathrm{cn}\,x\,\mathrm{dn}\,x + \mathrm{sn}\,a\,\mathrm{cn}\,a\,\mathrm{dn}\,a}{\mathrm{sn}^2 x - \mathrm{sn}^2 a} + \frac{\Theta'(x)}{\Theta(x)} - \frac{\Theta'(a)}{\Theta(a)}$$

et voici la nouvelle expression des fonctions doublement périodiques qui en résulte. En premier lieu et dans la somme $\sum A\frac{H'(x-a)}{H(x-a)}$, le terme $\frac{\Theta'(x)}{\Theta(x)}$ disparaît en vertu de la condition $\sum A = 0$; on a donc simplement

$$\sum A\frac{H'(x-a)}{H(x-a)} = \sum A\frac{\mathrm{sn}\,x\,\mathrm{cn}\,x\,\mathrm{dn}\,x + \mathrm{sn}\,a\,\mathrm{cn}\,a\,\mathrm{dn}\,a}{\mathrm{sn}^2 x - \mathrm{sn}^2 a} + \text{const.}$$

Soient ensuite, pour simplifier l'écriture,

$$S' = \sum A', \qquad S'' = \sum A'', \qquad \ldots;$$

en faisant usage de l'égalité de Jacobi

$$D_x\frac{\Theta'(x)}{\Theta(x)} = \frac{J}{K} - k^2\,\mathrm{sn}^2 x,$$

nous trouvons successivement

$$\sum A' \frac{H'(x-a)}{H(x-a)} = \sum A' D_x \frac{\operatorname{sn} x \operatorname{cn} x \operatorname{dn} x + \operatorname{sn} a \operatorname{cn} a \operatorname{dn} a}{\operatorname{sn}^2 x - \operatorname{sn}^2 a} - S' k^2 \operatorname{sn}^2 x + \text{const.},$$

$$\sum A'' \frac{H'(x-a)}{H(x-a)} = \sum A'' D_x^2 \frac{\operatorname{sn} x \operatorname{cn} x \operatorname{dn} x + \operatorname{sn} a \operatorname{cn} a \operatorname{dn} a}{\operatorname{sn}^2 x - \operatorname{sn}^2 a} - S'' D_x k^2 \operatorname{sn}^2 x,$$

....

La nouvelle expression des fonctions doublement périodiques, où n'entrent plus que des éléments doublement périodiques, à savoir $\operatorname{sn}^2 x$ et sa dérivée, est donc

$$\begin{aligned} F(x) = C &+ \sum A \frac{\operatorname{sn} x \operatorname{cn} x \operatorname{dn} x + \operatorname{sn} a \operatorname{cn} a \operatorname{dn} a}{\operatorname{sn}^2 x - \operatorname{sn}^2 a} \\ &+ \sum A' D_x \frac{\operatorname{sn} x \operatorname{cn} x \operatorname{dn} x + \operatorname{sn} a \operatorname{cn} a \operatorname{dn} a}{\operatorname{sn}^2 x - \operatorname{sn}^2 a} - S' k^2 \operatorname{sn}^2 x \\ &+ \sum A'' D_x^2 \frac{\operatorname{sn} x \operatorname{cn} x \operatorname{dn} x + \operatorname{sn} a \operatorname{cn} a \operatorname{dn} a}{\operatorname{sn}^2 x - \operatorname{sn}^2 a} - S'' D_x k^2 \operatorname{sn}^2 x \\ &+ \ldots\ldots\ldots\ldots\ldots\ldots\ldots\ldots, \end{aligned}$$

et l'on en conclut facilement qu'on a

$$F(x) = \varphi(\operatorname{sn}^2 x) + \psi(\operatorname{sn}^2 x) \operatorname{sn} x \operatorname{cn} x \operatorname{dn} x,$$

en désignant par $\varphi(\operatorname{sn}^2 x)$ et $\psi(\operatorname{sn}^2 x)$ des fonctions rationnelles en $\operatorname{sn}^2 x$.

Une remarque à laquelle elle donne lieu immédiatement, c'est que le second membre contient un point singulier apparent, $x = iK'$, qui se trouve dans la formule

$$\frac{H'(x-a)}{H(x-a)} = \frac{\operatorname{sn} x \operatorname{cn} x \operatorname{dn} x + \operatorname{sn} a \operatorname{cn} a \operatorname{dn} a}{\operatorname{sn}^2 x - \operatorname{sn}^2 a} + \frac{\Theta'(x)}{\Theta(x)} - \frac{\Theta'(a)}{\Theta(a)}.$$

C'est, sous ce rapport, une imperfection qui est évitée avec les éléments simples $\dfrac{H'(x-a)}{H(x-a)}$; nous observerons toutefois qu'il n'y a point de pôle apparent dans le cas particulier où, la fonction doublement périodique étant paire, tous les pôles sont simples, puisque alors on obtient

$$F(x) = C + \sum \frac{A \operatorname{sn} a \operatorname{cn} a \operatorname{dn} a}{\operatorname{sn}^2 x - \operatorname{sn}^2 a}.$$

Ce cas n'est pas le seul; il en est encore de même dans d'autres circonstances où l'expression des fonctions doublement périodiques s'offre sous des formes nouvelles que nous allons indiquer.

II. A cet effet, je distingue parmi les fonctions aux périodes $2K$ et $2iK'$ celles qui se reproduisent au signe près lorsqu'on ajoute à la variable l'une des demi-périodes iK, $K+iK'$, K; je les désignerai par $F_1(x)$, $F_2(x)$, $F_3(x)$, de sorte qu'on aura ces conditions caractéristiques

$$F_1(x+iK') = -F_1(x),$$
$$F_2(x+K+iK') = -F_2(x),$$
$$F_3(x+K) = -F_3(x).$$

Considérons d'abord la première; nous pourrons écrire

$$2F_1(x) = F_1(x) - F_1(x+iK'),$$

et, en observant qu'on a

$$\frac{H'(x+iK')}{H(x+iK')} = \frac{\Theta'(x)}{\Theta(x)} - \frac{i\pi}{2K},$$

la première formule de décomposition en éléments simples donne immédiatement

$$\begin{aligned} 2F_1(x) = & \sum A\left[\frac{H'(x-a)}{H(x-a)} - \frac{\Theta'(x-a)}{\Theta(x-a)}\right] \\ & + \sum A' D_x\left[\frac{H'(x-a)}{H(x-a)} - \frac{\Theta'(x-a)}{\Theta(x-a)}\right] \\ & + \ldots\ldots\ldots\ldots\ldots\ldots\ldots\ldots\ldots \end{aligned}$$

et, par conséquent,

$$2F_1(x) = \sum AD_x \log \operatorname{sn}(x-a) + \sum A' D_x^2 \log \operatorname{sn}(x-a) + \ldots$$

ou, plus simplement,

$$F_1(x) = \sum AD_x \log \operatorname{sn}(x-a) + \sum A' D_x^2 \log \operatorname{sn}(x-a) + \ldots$$

si l'on n'emploie que les pôles contenus dans le rectangle ayant pour côtés $2K$ et K'.

De la même manière, en faisant usage des équations

$$\frac{H'(x+K+iK')}{H(x+K+iK')} = \frac{\Theta_1'(x)}{\Theta_1(x)} - \frac{i\pi}{2K},$$
$$\frac{H'(x+K)}{H(x+K)} = \frac{H_1'(x)}{H_1(x)},$$

nous trouverons ensuite

$$2\,F_2(x) = \sum A_1 D_x \log \frac{\operatorname{sn}(x-a')}{\operatorname{dn}(x-a')} + \sum A'_1 D_x^2 \log \frac{\operatorname{sn}(x-a')}{\operatorname{dn}(x-a')} + \ldots,$$

$$2\,F_3(x) = \sum A_2 D_x \log \frac{\operatorname{sn}(x-a'')}{\operatorname{cn}(x-a'')} + \sum A'_2 D_x^2 \log \frac{\operatorname{sn}(x-a'')}{\operatorname{cn}(x-a'')} + \ldots.$$

Ces quantités prennent une forme plus simple, si l'on change dans la première x en $x+K$, et dans la seconde x en $x+K+iK'$. Nous avons, en effet,

$$\frac{\operatorname{sn}(x+K)}{\operatorname{dn}(x+K)} = \frac{1}{k'}\operatorname{cn} x,$$

$$\frac{\operatorname{sn}(x+K+iK')}{\operatorname{cn}(x+K+iK')} = \frac{i}{k'}\operatorname{dn} x;$$

en écrivant donc

$$F_2(x) \quad \text{et} \quad F_3(x),$$

au lieu de

$$2\,F_2(x+K) \quad \text{et} \quad 2\,F_3(x+K+iK'),$$

on obtient ainsi les formules

$$F_2(x) = \sum A_1 D_x \log \operatorname{cn}(x-a') + \sum A'_1 D_x^2 \log \operatorname{cn}(x-a') + \ldots,$$

$$F_3(x) = \sum A_2 D_x \log \operatorname{dn}(x-a'') + \sum A'_2 D_x^2 \log \operatorname{dn}(x-a'') + \ldots.$$

Les expressions des fonctions $F_1(x)$, $F_2(x)$, $F_3(x)$, auxquelles nous venons de parvenir, ont pour éléments simples les fonctions doublement périodiques

$$D_x \log \operatorname{sn} x = \frac{\operatorname{cn} x \operatorname{dn} x}{\operatorname{sn} x},$$

$$D_x \log \operatorname{cn} x = -\frac{\operatorname{sn} x \operatorname{dn} x}{\operatorname{cn} x},$$

$$D_x \log \operatorname{dn} x = -k^2 \frac{\operatorname{sn} x \operatorname{cn} x}{\operatorname{dn} x},$$

et ne présentent pas de pôle apparent; voici quelques remarques auxquelles elles donnent lieu ([1]).

III. L'expression, par une somme d'éléments simples, des fonctions rationnelles et des fonctions doublement périodiques,

([1]) Dans une Note du *Journal de Liouville*, sur une formule d'Euler; année 1880, je suis arrivé, par une autre méthode, à ces mêmes formules.
Voir aussi : *Œuvres d'Hermite*, t. IV, p. 25.

donne immédiatement leurs intégrales; on obtient ainsi pour les fonctions doublement périodiques les plus générales, désignées précédemment par $F(x)$,

$$\int F(x)\,dx = Cx + \sum A \log H(x-a) + \sum A' \frac{H'(x-a)}{H(x-a)} + \ldots,$$

puis les formules, auxquelles je m'arrêterai un instant,

$$\int F_1(x)\,dx = \sum A \log \operatorname{sn}(x-a) + \sum A' D_x \log \operatorname{sn}(x-a) + \ldots,$$
$$\int F_2(x)\,dx = \sum A_1 \log \operatorname{cn}(x-a') + \sum A'_1 D_x \log \operatorname{cn}(x-a') + \ldots,$$
$$\int F_3(x)\,dx = \sum A_2 \log \operatorname{dn}(x-a'') + \sum A'_2 D_x \log \operatorname{dn}(x-a'') + \ldots.$$

Soit pour un instant $\operatorname{sn} x = \xi$ et $R(\xi) = (1-\xi^2)(1-k^2\xi^2)$, on aura

$$F_1(x) = f_1\left[\xi, \sqrt{R(\xi)}\right],$$
$$F_2(x) = f_2\left[\xi, \sqrt{R(\xi)}\right],$$
$$F_3(x) = f_3\left[\xi, \sqrt{R(\xi)}\right],$$

en représentant par f_1, f_2, f_3 des expressions rationnelles en ξ et $\sqrt{R(\xi)}$; cela étant, on voit que les intégrales

$$\int \frac{f_1\left[\xi, \sqrt{R(\xi)}\right]}{\sqrt{R(\xi)}}\,d\xi, \qquad \int \frac{f_2\left[\xi, \sqrt{R(\xi)}\right]}{\sqrt{R(\xi)}}\,d\xi, \qquad \int \frac{f_3\left[\xi, \sqrt{R(\xi)}\right]}{\sqrt{R(\xi)}}\,d\xi$$

s'expriment sous forme finie explicite, par les fonctions élémentaires. Soit, de plus,

$$f\left[\xi, \sqrt{R(\xi)}\right] = f_1\left[\xi, \sqrt{R(\xi)}\right] + f_2\left[\xi, \sqrt{R(\xi)}\right] + f_3\left[\xi, \sqrt{R(\xi)}\right],$$

il en sera de même de la quantité

$$J = \int \frac{f\left[\xi, \sqrt{R(\xi)}\right]}{\sqrt{R(\xi)}}\,d\xi,$$

de sorte qu'on a ainsi un type des intégrales qui ont été nommées *pseudo-elliptiques*. Revenons maintenant à la variable x et posons, pour abréger,

$$F(x) = F_1(x) + F_2(x) + F_3(x),$$

ce qui permet d'écrire

$$J = \int F(x)\,dx;$$

il est facile d'établir la relation

$$F(x) + F(x + iK') + F(x + K + iK') + F(x + K) = 0.$$

Considérons, en effet, les quatre termes qui dépendent de la même fonction, par exemple $F_1(x)$: ils donnent la somme

$$F_1(x) + F_1(x + iK') + F_1(x + K + iK') + F_1(x + K);$$

or on voit immédiatement qu'elle est nulle en vertu de l'égalité

$$F_1(x) + F_1(x + iK') = 0,$$

et il est clair qu'on a de même

$$F_2(x) + F_2(x + iK') + F_2(x + K + iK') + F_2(x + K) = 0,$$
$$F_3(x) + F_3(x + iK') + F_3(x + K + iK') + F_3(x + K) = 0.$$

J'ajoute maintenant que toute fonction doublement périodique $F(x)$ qui satisfait à cette condition, pouvant s'écrire de la manière suivante

$$\begin{aligned} 4\,F(x) = {} & F(x) - F(x + iK') \\ & + F(x) - F(x + K + iK') \\ & + F(x) - F(x + K), \end{aligned}$$

on en conclut cette expression

$$F(x) = F_1(x) + F_2(x) + F_3(x).$$

Effectivement, les différences

$$F(x) - F(x + iK'), \quad F(x) - F(x + K + iK') \quad \text{et} \quad F(x) - F(x + K)$$

offrent les propriétés caractéristiques de $F_1(x)$, $F_2(x)$, $F_3(x)$; elles se reproduisent changées de signe, en y remplaçant successivement x par $x + iK'$, $x + K + iK'$ et $x + K$. Il en résulte que la transformée par la substitution $\operatorname{sn} x = \xi$ de l'intégrale $\int F(x)\,dx$, c'est-à-dire $J = \int \frac{f[\xi, \sqrt{R(\xi)}]}{\sqrt{R(\xi)}}\,d\xi$, s'obtient sous une forme finie explicite au moyen des fonctions élémentaires, et représente une intégrale pseudo-elliptique. Je remarque encore qu'ayant pour la fonction doublement périodique $F(x)$ cette expression

$$F(x) = \varphi(\operatorname{sn}^2 x) + \psi(\operatorname{sn}^2 x) \operatorname{sn} x \operatorname{cn} x \operatorname{dn} x,$$

où φ et ψ désignent des fonctions rationnelles, on en conclut

$$f[\xi, \sqrt{R(\xi)}] = \varphi(\xi^2) + \psi(\xi^2)\xi\sqrt{R(\xi)},$$

de sorte que l'intégrale J se décompose en deux parties, dont la première $\int \frac{\varphi(\xi^2)\,d\xi}{\sqrt{R(\xi)}}$ est seule à considérer. Cela étant, je dis que la fonction $\varphi(\xi^2)$ vérifie la relation

$$\varphi(\xi^2) + \varphi\left(\frac{1}{k^2\xi^2}\right) + \varphi\left(\frac{1-k^2\xi^2}{k^2-k^2\xi^2}\right) + \varphi\left(\frac{1-\xi^2}{1-k^2\xi^2}\right) = 0.$$

Changeons, en effet, x en $-x$, dans l'égalité

$$F(x) + F(x+iK') + F(x+K-iK') + F(x+K) = 0;$$

on obtiendra, eu égard à la périodicité, l'équation

$$F(-x) + F(-x-iK') + F(-x-K-iK') + F(-x-K) = 0,$$

et, en ajoutant membre à membre, on conclut que la partie paire de $F(x)$, c'est-à-dire $\varphi(\operatorname{sn}^2 x)$, satisfait à la même condition que la fonction elle-même. Cela étant, la proposition énoncée est la conséquence des relations élémentaires

$$\operatorname{sn}^2(x+iK') = \frac{1}{k^2 \operatorname{sn}^2 x},$$

$$\operatorname{sn}^2(x+K+iK') = \frac{\operatorname{dn}^2 x}{k^2 \operatorname{cn}^2 x},$$

$$\operatorname{sn}^2(x+K) = \frac{\operatorname{cn}^2 x}{\operatorname{dn}^2 x}.$$

C'est M. Goursat qui a donné ce résultat, dans un beau travail intitulé *Note sur quelques intégrales pseudo-elliptiques*, dans le *Bulletin de la Société mathématique de France*, t. XV, 1887. Je renvoie aussi sur la même question à d'excellentes recherches qu'a publiées M. Raffy dans le même Recueil, t. XII, p. 51; la méthode des deux auteurs, qui n'empruntent rien à la théorie des fonctions doublement périodiques, étant entièrement différente de celle que j'ai suivie.

IV. Je considérerai maintenant les fonctions $\Phi(x)$ aux périodes $4K$ et $4iK'$, pour montrer succinctement comment elles se décomposent en éléments simples, qui sont encore formés au moyen des quantités $\operatorname{sn} x$, $\operatorname{cn} x$, $\operatorname{dn} x$; voici, dans ce but, une première remarque.

Soient, pour un moment,

$$2\Pi(x) = \Phi(x) + \Phi(x + 2iK'),$$
$$2\Pi_1(x) = \Phi(x) + \Phi(x + 2iK');$$

on aura les égalités

$$\Pi(x + 2iK') = + \Pi(x),$$
$$\Pi(x + 2iK') = - \Pi(x),$$

et l'on en conclut que la fonction proposée $\Phi(x)$ s'exprime par la somme de deux autres dont la première se reproduit et la seconde change de signe quand on ajoute $2iK'$ à la variable.

Posons ensuite

$$2\Phi_0(x) = \Pi(x) + \Pi(x + 2K),$$
$$2\Phi_1(x) = \Pi(x) - \Pi(x + 2K)$$

et semblablement

$$2\Phi_2(x) = \Pi_1(x) - \Pi_1(x + 2K),$$
$$2\Phi_3(x) = \Pi_1(x) + \Pi_1(x + 2K);$$

nous en déduirons cette expression

$$\Phi(x) = \Phi_0(x) + \Phi_1(x) + \Phi_2(x) + \Phi_3(x),$$

où les termes du second membre satisfont aux conditions suivantes :

$$\Phi_0(x + 2K) = + \Phi_0(x), \qquad \Phi_0(x + 2iK') = + \Phi_0(x),$$
$$\Phi_1(x + 2K) = - \Phi_1(x), \qquad \Phi_1(x + 2iK') = + \Phi_1(x),$$
$$\Phi_2(x + 2K) = - \Phi_2(x), \qquad \Phi_2(x + 2iK') = - \Phi_2(x),$$
$$\Phi_3(x + 2K) = + \Phi_3(x), \qquad \Phi_3(x + 2iK') = - \Phi_3(x).$$

Elles montrent que $\Phi_0(x)$ revient à $F(x)$; on voit aussi que $\Phi_1(x)$, $\Phi_2(x)$, $\Phi_3(x)$ peuvent être considérées comme des fonctions doublement périodiques de seconde espèce, ayant respectivement les mêmes multiplicateurs que $\operatorname{sn} x$, $\operatorname{cn} x$, $\operatorname{dn} x$, qui leur serviront d'éléments simples. Nous avons donc, en premier lieu,

$$\begin{aligned}\Phi_0(x) = C &+ \sum A \frac{\operatorname{sn} x \operatorname{cn} x \operatorname{dn} x + \operatorname{sn} a \operatorname{cn} a \operatorname{dn} a}{\operatorname{sn}^2 x - \operatorname{sn}^2 a} \\ &+ \sum A' D_x \frac{\operatorname{sn} x \operatorname{cn} x \operatorname{dn} x + \operatorname{sn} a \operatorname{cn} a \operatorname{dn} a}{\operatorname{sn}^2 x - \operatorname{sn}^2 a} - S' k^2 \operatorname{sn}^2 x \\ &+ \sum A'' D_x^2 \frac{\operatorname{sn} x \operatorname{cn} x \operatorname{dn} x + \operatorname{sn} a \operatorname{cn} a \operatorname{dn} a}{\operatorname{sn}^2 x - \operatorname{sn}^2 a} - S'' D_x k^2 \operatorname{sn}^2 x \\ &+ \ldots\ldots\ldots\ldots\ldots\ldots\ldots\ldots\ldots;\end{aligned}$$

puis, en représentant les pôles par $a' + iK'$, $a'' + iK'$, $a''' + iK'$, ...,

$$\Phi_1(x) = \sum A_1 \operatorname{sn}(x - a') + \sum A'_1 D_x \operatorname{sn}(x - a') + \ldots,$$

$$\Phi_2(x) = \sum A_2 \operatorname{cn}(x - a'') + \sum A'_2 D_x \operatorname{cn}(x - a'') + \ldots,$$

$$\Phi_3(x) = \sum A_3 \operatorname{dn}(x - a''') + \sum A'_3 D_x \operatorname{dn}(x - a''') + \ldots.$$

Cela posé, à la formule précédemment donnée pour $\Phi_0(x)$, à savoir

$$\Phi_0(x) = \varphi(\operatorname{sn}^2 x) + \psi(\operatorname{sn}^2 x) \operatorname{sn} x \operatorname{cn} x \operatorname{dn} x,$$

nous ajouterons les suivantes, dans lesquelles les lettres φ et ψ désignent des fonctions rationnelles :

$$\Phi_1(x) = \varphi_1(\operatorname{sn}^2 x) \operatorname{sn} x + \psi_1(\operatorname{sn}^2 x) \operatorname{cn} x \operatorname{dn} x,$$

$$\Phi_2(x) = \varphi_2(\operatorname{sn}^2 x) \operatorname{cn} x + \psi_2(\operatorname{sn}^2 x) \operatorname{sn} x \operatorname{dn} x,$$

$$\Phi_3(x) = \varphi_3(\operatorname{sn}^2 x) \operatorname{dn} x + \psi_3(\operatorname{sn}^2 x) \operatorname{sn} x \operatorname{cn} x.$$

On les obtient au moyen des relations élémentaires pour l'addition des arguments dans les éléments simples $\operatorname{sn} x$, $\operatorname{cn} x$, $\operatorname{dn} x$, ou encore en remarquant que les produits $\Phi_1(x) \operatorname{sn} x$, $\Phi_2(x) \operatorname{cn} x$, $\Phi_3(x) \operatorname{dn} x$ ont pour périodes $2K$ et $2iK'$, et rentrent, par conséquent, dans le type analytique de $\Phi_0(x)$.

Ces résultats montrent que $\Phi(x)$, c'est-à-dire toute fonction uniforme dont les périodes sont $4K$ et $4iK'$, s'exprime en fonction rationnelle de $\operatorname{sn} x$, $\operatorname{cn} x$ et $\operatorname{dn} x$. J'indiquerai comme exemple les formules suivantes :

$$\operatorname{sn}^2 \frac{x}{2} = \frac{1 - \operatorname{cn} x}{1 + \operatorname{dn} x}, \qquad \operatorname{sn}^2 \left(\frac{x}{2} + K\right) = \frac{1 + \operatorname{cn} x}{1 + \operatorname{dn} x},$$

$$\operatorname{sn}^2 \left(\frac{x}{2} + iK'\right) = \frac{1 + \operatorname{cn} x}{1 - \operatorname{dn} x}, \qquad \operatorname{sn}^2 \left(\frac{x}{2} + K + iK'\right) = \frac{1 - \operatorname{cn} x}{1 - \operatorname{dn} x}.$$

Je remarquerai aussi que, en posant

$$\Psi(x) = \Phi_1(x) + \Phi_2(x) + \Phi_3(x),$$

ce qui donne

$$\Phi(x) = \Phi_0(x) + \Psi(x),$$

on a la relation

$$\Psi(x) + \Psi(x + 2iK') + \Psi(x + 2K + 2iK') + \Psi(x + 2K) = 0,$$

et qu'on peut en conclure l'expression de la fonction $\Psi(x)$.

Soient, en effet, pour un moment,

$$2\Psi_1(x) = \Psi(x) + \Psi(x + 2iK'),$$
$$2\Psi_2(x) = \Psi(x) + \Psi(x + 2K + 2iK'),$$
$$2\Psi_3(x) = \Psi(x) + \Psi(x + 2K);$$

nous obtenons d'abord, d'après l'égalité admise,

$$\Psi(x) = \Psi_1(x) + \Psi_2(x) + \Psi_3(x).$$

Cela étant, on trouve ensuite, en ayant égard à cette même relation ainsi qu'à la périodicité de $\Psi(x)$,

$$\Psi_1(x + 2K) = -\Psi_1(x),$$
$$\Psi_2(x + 2K) = -\Psi_2(x),$$
$$\Psi_3(x + 2K) = +\Psi_3(x),$$

et pareillement

$$\Psi_1(x + 2iK') = +\Psi_1(x),$$
$$\Psi_2(x + 2iK') = +\Psi_2(x),$$
$$\Psi_3(x + 2iK') = -\Psi_3(x).$$

On voit donc que les fonctions $\Psi_1(x)$, $\Psi_2(x)$, $\Psi_3(x)$ possèdent les propriétés caractéristiques de $\Phi_1(x)$, $\Phi_2(x)$, $\Phi_3(x)$, ce qui démontre le résultat annoncé.

EXTRAIT D'UNE LETTRE ADRESSÉE A M. MATYAS LERCH.

SUR LA

TRANSFORMATION DE L'INTÉGRALE ELLIPTIQUE

DE SECONDE ESPÈCE.

Annales de la Faculté des Sciences de Toulouse, t. II, 1888, p. G.1-6, et *Mémoires de la Société royale de Bohême*, 7e série, t. II, 1888.

En modifiant un peu le procédé ordinaire de réduction des intégrales hyperelliptiques, j'ai considéré, dans mes Leçons (¹), les expressions de la forme suivante :

$$\int \frac{G\,dx}{A^{a+1}\sqrt{R}},$$

où G, A et R sont des polynomes entiers en x, A et R n'ayant que des facteurs simples et étant supposés premiers entre eux. J'ai montré qu'elles se ramènent facilement à un terme algébrique et à une expression semblable où l'exposant a est diminué d'une unité. Dans le cas, par exemple, de $a = 1$ que je vais employer, on détermine deux polynomes P et Q par la condition

$$G = AP - A'RQ,$$

et, en posant

$$Q_1 = P - RQ' - \frac{1}{2}R'Q,$$

on a cette égalité, qui se vérifie immédiatement par la différentiation,

$$\int \frac{G\,dx}{A^2\sqrt{R}} = \frac{Q\sqrt{R}}{A} + \int \frac{Q_1\,dx}{A\sqrt{R}}.$$

(¹) *Cours d'Analyse de la Faculté des Sciences de Paris*, 3e édit., p. 28.

Je vais l'appliquer à la recherche de l'expression de l'intégrale elliptique

$$\int \frac{\lambda^2 y^2\, dy}{\sqrt{(1-y^2)(1-\lambda^2 y^2)}},$$

où $y = \frac{U}{V}$ est la formule de transformation de Jacobi qui satisfait à l'équation

$$\frac{dy}{\sqrt{(1-y^2)(1-\lambda^2 y^2)}} = \frac{1}{M}\frac{dx}{\sqrt{(1-x^2)(1-k^2x^2)}}.$$

Je remarque d'abord qu'on peut écrire

$$\int \frac{\lambda^2 y^2\, dy}{\sqrt{(1-y^2)(1-\lambda^2 y^2)}} = \frac{1}{M}\int \frac{\lambda^2 U^2\, dx}{V^2\sqrt{(1-x^2)(1-k^2x^2)}},$$

de sorte qu'en prenant

$$R = (1-x^2)(1-k^2x^2), \qquad G = \lambda^2 U^2, \qquad A = V,$$

la relation précédente nous donne

$$\int \frac{\lambda^2 U^2\, dx}{V^2\sqrt{R}} = \frac{Q\sqrt{R}}{V} + \int \frac{Q_1\, dx}{V\sqrt{R}}.$$

Cela étant, je dis que Q_1 est divisible par V, c'est-à-dire que le second membre ne contient pas d'intégrales de troisième espèce qui admettent des infinis logarithmiques. M. Fuchs obtient, *a priori* et sans calcul, ce résultat important que j'établirai ensuite algébriquement de la manière suivante. L'illustre géomètre m'a fait observer que, l'intégrale

$$\int \frac{\lambda^2 y^2\, dy}{\sqrt{(1-y^2)(1-\lambda^2 y^2)}}$$

n'ayant point d'infini logarithmique, il en est de même nécessairement de la transformée en x obtenue en faisant $y = \frac{U}{V}$, puisque la nouvelle variable est une fonction algébrique de y. Il ne nous reste plus, par conséquent, qu'à obtenir le polynome Q et le quotient entier $\frac{Q_1}{V}$. Pour cela, j'emploie l'équation différentielle

$$\frac{dy}{\sqrt{(1-y^2)(1-\lambda^2 y^2)}} = \frac{1}{M}\frac{dx}{\sqrt{R}};$$

après avoir substitué la valeur $y = \frac{U}{V}$, j'élève au carré, ce qui donne l'égalité

$$M^2 R(U'V - UV')^2 = V^4 - (1+\lambda^2) U^2 V^2 + \lambda^2 U^4,$$

ou, sous une autre forme,

$$U^2(M^2 R V'^2 - \lambda^2 U^2) = V^4 - (1+\lambda^2) U^2 V^2 - M^2 R(U'^2 V^2 - 2UU'VV').$$

On montre ainsi que $M^2 R V'^2 - \lambda^2 U^2$ est divisible par V qui, étant premier avec U, et par conséquent avec U^2, entre dans le second membre comme facteur. Soit donc, en désignant par H un polynome entier,

$$M^2 R V'^2 - \lambda^2 U^2 = VH;$$

nous aurons

$$\lambda^2 U^2 = - VH + HRV'^2,$$

or la relation par laquelle se déterminent les quantités désignées plus haut par P et Q, étant maintenant

$$\lambda^2 U^2 = - VP - V'RQ,$$

on voit immédiatement qu'on peut prendre $P = -H$ et $Q = - M^2 V'$.

Soit ensuite S le quotient entier $\frac{Q_1}{V}$ que nous avons encore à obtenir, et qui donne l'égalité

$$\int \frac{\lambda^2 U^2\, dx}{V^2 \sqrt{R}} = - \frac{M^2 V' \sqrt{R}}{V} + \int \frac{S\, dx}{\sqrt{R}}.$$

On trouve, par la différentiation, l'expression suivante :

$$S = \frac{\lambda^2 U^2}{V^2} + M^2 \sqrt{R}\, D_x \left(\frac{V' \sqrt{R}}{V} \right),$$

et il en résulte facilement que S est un simple binome $gx^2 + h$.

Je cherche, en effet, la limite de $\frac{S}{x^2}$ pour x infiniment grand; en faisant, avec Jacobi,

$$U = \frac{x}{M}[1 + A'x^2 + A''x^4 + \ldots + A^{(m)} x^{2m}],$$
$$V = 1 + B'x^2 + B''x^4 + \ldots + B^{(m)} x^{2m},$$

de sorte que l'ordre de la transformation soit $n = 2m+1$, on obtient la quantité finie

$$\left[\frac{\lambda A^{(m)}}{MB^{(m)}}\right]^2 + 2mk^2M^2,$$

qui représente, par conséquent, la constante g.

Cette valeur se simplifie au moyen des relations établies à la fin du paragraphe XII des *Fundamenta*. Si l'on emploie les suivantes :

$$\frac{A^{(m)}}{M} = \sqrt{\frac{k}{\lambda}}k^m, \qquad \frac{1}{M} = \sqrt{\frac{k}{\lambda}}\frac{B^{(m)}}{k^m},$$

on en tire aisément

$$\frac{\lambda A^{(m)}}{MB^{(m)}} = kM,$$

ce qui donne

$$g = k^2M^2 + 2mk^2M^2 \qquad \text{ou bien} \qquad g = nk^2M^2.$$

En supposant ensuite $x = 0$, dans l'expression de S, il vient $h = 2B'M^2$, et nous avons, en conséquence, le résultat important contenu dans la relation

$$\int \frac{\lambda^2 U^2\,dx}{V^2\sqrt{R}} = -\frac{M^2V'\sqrt{R}}{V} + M^2\int\frac{(nk^2x^2 + 2B')\,dx}{\sqrt{R}},$$

ou encore, si l'on revient à la variable y, après avoir divisé les deux membres par M^2,

$$\frac{1}{M}\int\frac{\lambda^2y^2\,dy}{\sqrt{(1-y^2)(1-\lambda^2y^2)}}$$
$$= -\frac{V'\sqrt{(1-x^2)(1-k^2x^2)}}{V} + \int\frac{(nk^2x^2+2B')\,dx}{\sqrt{(1-x^2)(1-k^2x^2)}}.$$

C'est la relation qu'a donnée Jacobi, en remplaçant l'intégrale de seconde espèce de Legendre par celle de M. Weierstrass.

Je reviens maintenant au polynome Q_1, afin d'établir, par une voie purement algébrique, qu'il est divisible par V. A cet effet, je reprends la formule générale de réduction, dans laquelle R est un polynome de degré quelconque,

$$\int\frac{G\,dx}{A^2\sqrt{R}} = \frac{Q\sqrt{R}}{A} + \int\frac{Q_1\,dx}{A\sqrt{R}},$$

en me proposant d'exprimer, au moyen de G, A et R, la condition pour que Q_1 soit divisible par A. Ainsi qu'on l'a vu plus haut, on a

$$Q_1 = P - RQ' - \frac{1}{2} R'Q,$$

et, par conséquent, si l'on fait $Q_1 = AS$, il vient

$$P = AS + RQ' + \frac{1}{2} R'Q.$$

Cela étant, en différentiant l'équation

$$G = AP - A'RQ,$$

nous obtenons

$$G' = AP' + A'(P - RQ' - R'Q) - A''RQ,$$

puis, au moyen de la valeur de P,

$$G' = A(P' + A'S) - Q\left(RA'' + \frac{1}{2} R'A'\right).$$

Prenons maintenant, suivant le module A, les valeurs de G et de G'; on aura

$$G \equiv - A'RQ,$$
$$G' \equiv - Q\left(RA'' - \frac{1}{2} R'A'\right);$$

et l'on en conclut immédiatement que le polynome

$$RA'G' - G\left(RA'' + \frac{1}{2} R'A'\right)$$

est divisible par A : c'est le résultat auquel il s'agissait de parvenir et que je vais appliquer en supposant $R = (1 - x^2)(1 - k^2x^2)$, $G = U^2$ et $A = V$.

Nous obtenons alors l'expression suivante :

$$U\left[2RU'V' - U\left(RV'' + \frac{1}{2} R'V'\right)\right],$$

ou bien, en multipliant par 2,

$$U[4RU'V' - U(2RV'' + R'V')],$$

et il s'agit de prouver qu'elle est divisible par V. C'est ce qu'on établit au moyen de l'équation

$$M^2 R(U'V - UV')^2 = V^4 - (1+\lambda^2)U^2V^2 + \lambda^2 U^4$$

et de sa dérivée, dans lesquelles je ferai, pour un moment, $U'V - UV' = W$.

On a ainsi

$$M^2 RW^2 = V^4 - (1+\lambda^2)U^2V^2 + \lambda^2U^4,$$
$$M^2 W(2RW' + R'W) = 4V^3V' - 2(1+\lambda^2)UV(U'V + UV') + 4\lambda^2U^3U'.$$

Multiplions la première par $4U'$, la seconde par U, et retranchons membre à membre, après avoir supprimé le facteur W, nous aurons

$$M^2[4RU'W - U(2RW' + R'W)] = 4V^3 - 2(1+\lambda^2)U^2V.$$

Cela étant, on obtient facilement, au moyen de la valeur de W,

$$\begin{aligned}&4RU'W - U(2RW' + R'W)\\ &\quad = V[4RU'^2 - U(2RU'' + R'U')] - U[4RU'V' - U(2RV'' + R'V')];\end{aligned}$$

le premier membre de l'équation contenant en facteur V, il est donc démontré que la quantité considérée

$$U[4RU'V' - U(2RV'' + R'V')]$$

est elle-même divisible par V, comme je l'ai annoncé. Je remarquerai en outre qu'on peut joindre les égalités suivantes à celles qui viennent d'être employées :

$$M^2[4RV'W - V(2RW' + R'W)] = 2(1+\lambda^2)UV^2 - 4\lambda^2U^3,$$
$$\begin{aligned}&4RV'W - V(2RW' + R'W)\\ &\quad = V[4RU'V' - V(2RU'' + R'U')] - U[4RV'^2 - V(2RV'' + R'V')];\end{aligned}$$

elles montrent que l'expression

$$V[4RU'V' - V(2RU'' + R'U')]$$

est divisible par U et, comme U et V sont premiers entre eux, on en conclut ces relations, qu'il ne m'a pas paru inutile d'indiquer :

$$4RU'V' - U(2RV'' + R'V') \equiv 0 \pmod{V},$$
$$4RU'V' - V(2RU'' + R'U') \equiv 0 \pmod{U}.$$

DISCOURS

PRONONCÉ PAR M. HERMITE

AUX FUNÉRAILLES DE M. HALPHEN,

LE 23 MAI 1889.

Comptes rendus de l'Académie des Sciences, t. CVIII, 1889, p. 1079.

La vie si courte de M. Halphen a été remplie par des travaux d'une importance capitale, qui ont honoré la Science française. Je viens rendre hommage à sa mémoire en indiquant en peu de mots les recherches et les découvertes qui l'ont placé parmi les plus éminents géomètres de notre époque.

Le talent de notre Confrère s'est d'abord révélé par des travaux de Géométrie supérieure; il a obtenu un premier et grand succès sur la question des caractéristiques des sections coniques. La théorie de Chasles reposait sur un principe admis par induction, mais non démontré, qui tombait en défaut dans certains cas particuliers. M. Halphen, après avoir obtenu en même temps que Clebsch la démonstration de ce principe en général, a le premier trouvé la raison de ces exceptions et expliqué avec précision dans quels cas il s'applique; il a ensuite découvert, pour l'ensemble des problèmes que Chasles avait en vue, une solution complète et indépendante des caractéristiques. Je signale ce début de M. Halphen parce qu'il fait ressortir le mérite qui se retrouve dans tous ses travaux de ne rien laisser d'incomplet et d'inachevé, et de donner, au prix d'efforts persévérants, la solution définitive de toutes les questions qu'il aborde.

On sait les rapports intimes que l'Analyse de notre époque a établis depuis Riemann entre la théorie générale des courbes algébriques et celle des transcendantes représentées par les intégrales des fonctions algébriques. C'est à cet ordre d'idées que se rapporte un Mémoire d'une importance considérable de notre Confrère, *Sur la théorie des points singuliers des courbes algébriques*, où il parvient, en liant ses recherches à celles de l'éminent géomètre M. Noether, à des résultats du plus haut intérêt. Un travail extrêmement remarquable et d'une grande étendue, *Sur les courbes gauches algébriques*, succède à ce Mémoire; l'Académie des Sciences de Berlin lui accorde le prix Steiner, qui est doublé pour être partagé entre notre Confrère et M. Noether. Les découvertes en Analyse suivent les recherches sur les points les plus élevés de la Géométrie supérieure; M. Halphen expose dans une Thèse de doctorat l'idée originale et féconde des invariants différentiels : il s'ouvre ainsi la voie pour traiter la question proposée par l'Académie comme sujet du grand prix des Sciences mathématiques de 1880 : Perfectionner en quelque point important la théorie des équations différentielles linéaires à une variable indépendante. L'Académie couronne son Mémoire, mais l'ardent travailleur ne se repose pas sur ce succès; ses publications se multiplient avec leur caractère d'invention et de profondeur sur cette même théorie des équations linéaires, où la notion des invariants différentiels a ouvert un champ si étendu de recherches, sur la théorie des nombres, sur la théorie des séries. Ce n'est point le lieu ni le moment d'apprécier tant de travaux, tant de découvertes qu'attendait une éclatante récompense. M. Halphen entrait en 1886 à l'Académie des Sciences, dans la plénitude de son talent et de sa puissance de travail. La même année paraissait le premier Volume d'un *Traité des fonctions elliptiques et de leurs applications*, qui a été lu et admiré par tous les analystes. Le Volume suivant a mis le sceau à sa réputation; il contient les applications à la Mécanique, à la Physique, à la Géodésie, à la Géométrie et au Calcul intégral, et sera l'honneur du nom de notre Confrère. La mort l'a surpris lorsqu'il travaillait avec la plus grande ardeur à la rédaction d'un troisième Volume qui devait exposer les applications des fonctions elliptiques à la théorie des nombres.

Mais, devant cette tombe et en parlant des œuvres du savant, nous nous rappelons le Confrère, l'ami que nous avons perdu. Halphen avait autant de simplicité et de modestie que de génie; il était bon et affectueux, il était dévoué à tous ses devoirs. Tout jeune officier et envoyé à l'armée du Nord, il est fait capitaine et décoré sur le champ de bataille, à Pont-Noyelles, puis il assiste à la bataille de Bapaume. Le profond géomètre était un soldat; qu'il reçoive le suprême hommage de notre admiration pour ses travaux, des regrets qu'il nous laisse, du souvenir affectueux que nous garderons à jamais de lui !

DISCOURS

PRONONCÉ DEVANT LE PRÉSIDENT DE LA RÉPUBLIQUE LE 5 AOUT,

A L'INAUGURATION DE LA NOUVELLE SORBONNE,

PAR M. CH. HERMITE,

Professeur à la Faculté des Sciences, Membre de l'Institut.

Bulletin des Sciences mathématiques, 2e série, t. XIV, 1890, p. 6-36.

MONSIEUR LE PRÉSIDENT,

MESSIEURS,

L'enseignement mathématique de la Sorbonne s'ouvre en 1809 avec Lacroix, Poisson, Biot, Francœur et Hachette, qui occupent les chaires de Calcul différentiel et de Calcul intégral, de Mécanique, d'Astronomie, d'Algèbre supérieure et de Géométrie descriptive. Poisson est l'un des grands géomètres de ce siècle, Biot a parcouru avec éclat une longue carrière, remplie de travaux importants sur l'Astronomie et la Physique. Lacroix et Francœur ont, par d'excellents Ouvrages, enseigné à leur temps toutes les parties des Mathématiques, depuis l'Arithmétique élémentaire jusqu'au Calcul intégral. Nous évoquons le souvenir de ces hommes éminents qui ont honoré la Faculté des Sciences à son origine; nous voulons rendre l'hommage qui est dû à leur mémoire, et dans cette circonstance rappeler leurs titres à la reconnaissance du pays.

I. L'œuvre capitale de Lacroix est un Traité, en trois volumes in-4°, de Calcul différentiel et de Calcul intégral, dont la première édition a paru en 1798 et la seconde en 1814. Cet Ouvrage consciencieux et savant donne le complet résumé de la Science de son époque. La rédaction en est claire et facile; les écrits concernant chaque point traité sont énumérés avec le plus grand soin dans un sommaire des articles qui a conservé toute son importance et qu'on consultera toujours avec le plus grand fruit. La constante préoccupation de l'auteur a été d'établir entre tant de théories qu'il expose, sur des matières si diverses, une succession naturelle, un enchaînement qui en facilite l'étude et contribue à l'intelligence générale de l'Analyse. En prenant pour épigraphe de son Traité ce vers de l'*Art poétique*, d'Horace :

Tantum series rerum juncturaque pollet,

Lacroix indique la pensée à laquelle il est resté fidèle dans ses autres publications, et qui donne la raison de leur succès.

Le *Traité élémentaire d'Arithmétique* a eu 20 éditions; les *Éléments de Géométrie*, 22; les *Éléments d'Algèbre*, 24. Ce dernier Ouvrage a été suivi d'un complément où, sous la même forme, claire et facile, sont abordées, dans la mesure qui convient aux commençants, des questions intéressantes et plus élevées d'Algèbre supérieure.

Le rare mérite des Ouvrages de Lacroix n'a pas été perdu avec lui. Lefébure de Fourcy, son successeur à la chaire de Calcul différentiel et de Calcul intégral, a publié un Traité de Géométrie descriptive, des Leçons de Géométrie analytique et d'Algèbre, qui ont une réputation bien méritée par la clarté et la précision de leur rédaction. Les Leçons d'Algèbre possèdent à cet égard une incontestable supériorité et sont encore un des meilleurs Ouvrages élémentaires pour l'étude de cette science.

II. Francœur a occupé la chaire d'Algèbre supérieure jusqu'en 1847, en consacrant ses Leçons à la résolution des équations de degrés supérieurs, à la théorie des suites, puis à diverses reprises aux éléments du Calcul des probabilités et de la Géodésie. Parmi les Ouvrages qu'il a publiés, nous mentionnerons tout d'abord un Cours complet de Mathématiques pures, en deux volumes in-8°, qui a eu quatre éditions. Le premier Volume renferme l'Arithmétique, l'Algèbre élémentaire, la Géométrie et la Géométrie analytique à deux dimensions; le second comprend l'Algèbre supérieure, la Géométrie analytique à trois dimensions, le Calcul différentiel, le Calcul intégral et le Calcul des différences. La concision que s'est imposée l'auteur pour réunir tant de matières dans un court espace ne porte jamais atteinte à la clarté. Nous remarquerons qu'une part est même faite à la théorie des nombres ; dans un Chapitre de l'Algèbre supérieure, on trouve une excellente démonstration du théorème célèbre de Lagrange sur la périodicité du développement en fraction continue des irrationnelles du second degré dont les Traités actuels ne donnent que l'énoncé.

Francœur a aussi publié un Traité de Géodésie qui a eu sept éditions, un Traité de Mécanique, des éléments de Statique, des éléments de Technologie, une Astronomie pratique. Son principal Ouvrage, celui qui mérite surtout d'être rappelé à l'attention, a pour titre : *Uranographie* ou *Traité élémentaire d'Astronomie ;* voici le jugement qu'en porte notre éminent collègue M. Tisserand :

« L'*Uranographie* est un Ouvrage excellent qui ne se borne pas à la description complète du Ciel, mais cherche à mettre à la portée du lecteur les résultats les plus importants de la Mécanique céleste. L'auteur s'est inspiré dans ce but de l'*Exposition du système du monde* de Laplace et du beau Traité d'Astronomie de L. Herschel. Il a pu ainsi donner en langage ordinaire une explication des perturbations planétaires les plus importantes. Il a reproduit aussi un grand nombre d'aperçus intéressants sur l'Astronomie physique, d'après Arago, le fondateur de cette science qui a pris de nos jours un si grand développement. Francœur donne en outre des renseignements curieux sur l'origine mythologique des constellations et sur l'art de vérifier les dates historiques. »

III. C'est en 1809 que Biot a été appelé à la chaire d'Astronomie de la Faculté des Sciences, dont il est resté titulaire jusqu'en 1846. Les premiers Ouvrages qui ont inauguré sa longue et brillante carrière sont un essai de Géométrie analytique, appliquée aux courbes et aux surfaces du second ordre, un Traité d'Astronomie physique, et une traduction de la *Physique mécanique* de Fischer, augmentée de Notes sur les anneaux colorés, la double réfraction et la polarisation de la lumière. Le Traité de Géométrie analytique, fort remarquable par la simplicité et la clarté de l'exposition, n'a pas été le seul travail mathématique de l'illustre savant; on lui doit encore des notions élémentaires de Statique et des recherches sur l'intégration des équations aux différences partielles et sur les vibrations des surfaces, publiées dans les *Mémoires de l'Institut*. Mais c'est à la Physique et à l'Astronomie qu'il devait entièrement consacrer son activité scientifique, et, de 1810 à 1826, nous le voyons quitter la chaire d'Astronomie pour professer, à la demande de ses collègues, la partie de la Physique relative à l'acoustique, au magnétisme et à la lumière. C'est en 1815 qu'il reconnut la polarisation rotatoire dans l'essence de térébenthine, découverte d'une importance capitale et qui a été jusqu'à la fin de sa vie l'objet de ses recherches. Le Traité d'Astronomie physique en cinq volumes, dont la troisième édition a été publiée avec le concours de M. Lefort, est continuellement employé par les astronomes, auxquels il rend les plus grands services ([1]). D'autres travaux d'une nature bien différente ont aussi contribué à son illustration.

Biot était un érudit et un écrivain; il a appartenu à l'Académie des Inscriptions et Belles-Lettres et à l'Académie française. Il a publié des *Mélanges scientifiques et littéraires* en trois volumes, un précis de l'histoire de l'Astronomie chinoise, des études sur l'Astronomie indienne, des recherches sur l'Astronomie égyptienne. Le mérite de ces Ouvrages le place, avec ses travaux de Physique et d'Astronomie, parmi les hommes de science les plus considérables et les plus renommés de notre époque.

IV. Les Sciences mathématiques ont été représentées avec éclat, au commencement de ce siècle, par d'illustres géomètres; Poisson figure parmi eux à côté de Laplace, de Lagrange et de Fourier. C'est surtout de l'auteur de la *Mécanique céleste* qu'il se rapproche par la nature de ses travaux, son génie analytique, sa puissance pour mettre en œuvre toutes les ressources du calcul. Lagrange, à qui l'on doit la *Mécanique analytique* et de grandes découvertes dans la théorie du son et la mécanique céleste, avait consacré une part importante de ses efforts aux mathématiques

([1]) On trouvera à la fin une Note sur cet important Ouvrage, que notre savant collègue, M. Wolf, a bien voulu écrire, à ma demande.

abstraites; après avoir fondé le calcul des variations, il a laissé la trace de son génie dans l'Algèbre et la théorie des nombres. Pour Laplace et Poisson, l'analyse pure n'est point le but, mais l'instrument, les applications aux phénomènes physiques sont leur objet essentiel, et Fourier, en annonçant à l'Académie des Sciences les travaux de Jacobi, a exprimé le sentiment qui dominait à son époque dans ces termes que nous reproduisons :

« Les questions de la Philosophie naturelle qui ont pour but l'étude mathématique de tous les grands phénomènes sont aussi un digne et principal objet des méditations des géomètres. On doit désirer que les personnes les plus propres à perfectionner la science du calcul dirigent leurs travaux vers ces hautes applications, si nécessaires aux progrès de l'intelligence humaine. »

Mais, en ayant un autre but, Poisson et Fourier contribuent au développement de l'Analyse, qu'ils enrichissent de méthodes, de résultats nouveaux, de notions fondamentales. Nous allons essayer de montrer l'importance des découvertes de Poisson dans le domaine de la Physique mathématique, en jetant un coup d'œil rapide sur quelques-uns de ses Mémoires.

Le premier des travaux du grand géomètre sur lequel nous appellerons l'attention se rapporte à la théorie de l'attraction. Laplace avait obtenu une équation célèbre, de la plus grande importance, à laquelle satisfait le potentiel de l'attraction de masses attirantes sur un point extérieur. Poisson a donné la nouvelle relation qui convient à un point intérieur, en supposant la densité de la masse attirante constante, et Gauss a étendu ensuite son résultat au cas où la densité varie suivant une loi quelconque.

Un autre Mémoire des plus justement renommés est relatif à la distribution de l'électricité à la surface des corps conducteurs. Poisson se propose, en partant des lois de Coulomb, de déterminer analytiquement la distribution de l'électricité à la surface de ces corps et de comparer le résultat des calculs aux observations. Il expose au début de son Mémoire les bases de sa théorie, et ces généralités, maintenant classiques, nous sont devenues si familières qu'on néglige souvent d'y associer le nom de leur auteur. Son principe est de ramener le problème de l'équilibre électrique sur un corps à trouver quelle doit être l'épaisseur de la couche fluide en chaque point de la surface, pour que l'action de la couche entière soit nulle à l'intérieur du corps électrisé ; il établit aussi que la pression électrostatique en chaque point est proportionnelle au carré de l'épaisseur. Cela étant, et en se fondant sur la condition donnée par Laplace dans le Tome III de la *Mécanique céleste*, pour que l'attraction d'une couche limitée par deux surfaces à peu près sphériques soit nulle sur les points intérieurs, Poisson en conclut la distribution de l'électricité à la surface d'un sphéroïde peu différent d'une sphère. De ses formules il tire une conclusion bien importante : c'est que, pour ces sphéroïdes, l'épaisseur électrique en chaque point est proportionnelle à la force répulsive du fluide. L'illustre auteur ajoute : « Il est naturel de supposer ce résultat général » ; mais la démonstration lui échappe, c'est Laplace qui la lui donne en complétant en un point essentiel le beau Mémoire dont nous faisons l'analyse. Poisson étudie particulièrement le problème de deux sphères parfaitement conductrices, à une distance quelconque l'une de l'autre. La solution très simple qu'il obtient par des intégrales définies, dans le cas où elles se touchent, montre qu'au point de contact l'épaisseur est nulle. Si les sphères viennent à être séparées, chacune emporte la quantité totale d'électricité dont elle était couverte, et, dès qu'elles sont soustraites à leur influence réciproque, cette électricité se distribue uniformément sur chaque sphère. L'analyse de Poisson fait connaître le rapport des épaisseurs moyennes en fonction du rapport des deux rayons ; elle montre, en particulier, qu'après la séparation l'épaisseur est toujours plus grande dans le plus petit des deux globes. Les résultats du calcul sont comparés aux nombres trouvés par Coulomb, au moyen du plan d'épreuve, et l'accord est aussi satisfaisant que possible, l'erreur ne dépassant jamais un trentième de la grandeur mesurée.

La théorie mathématique de l'électricité statique est peut-être le Chapitre le plus parfait de la *Physique mathématique*, et, nous venons de le voir, c'est à Poisson que revient la gloire d'en avoir posé les principes, et par conséquent ouvert la voie aux géomètres illustres qui ont porté cette théorie au plus haut point de perfection.

Nous abordons maintenant un autre ordre de phénomènes dans l'étude desquels le grand analyste a encore été un initiateur : je veux parler du magnétisme. Partant de l'hypothèse de Coulomb qu'un corps aimanté est composé d'un nombre immense d'aimants élémentaires, Poisson développe la théorie du potentiel magnétique et démontre ce résultat remarquable que, dans le calcul de l'action d'un corps aimanté sur un point extérieur, on peut substituer à l'aimant réel une double distribution fictive de matière magnétique, l'une superficielle relative à la surface du corps, l'autre relative à son volume. Ces vues, aujourd'hui classiques, se présentaient sans doute assez facilement; mais Poisson eut ensuite la hardiesse d'aborder le problème du magnétisme induit. On sait qu'une masse de fer doux s'aimante en présence de corps magnétiques, et il s'agit de trouver la distribution du magnétisme dans cette masse. Dans ce but, Poisson fait l'hypothèse que le corps est composé de particules magnétiques, séparées par des intervalles où ne pénètre pas le magnétisme, de sorte que la séparation des deux fluides se fait dans chaque élément sans obstacle. Il suppose ensuite, pour pouvoir mettre le problème en équation, que les molécules sont sphériques; il est encore obligé de faire diverses hypothèses, d'ordre analytique cette fois, sur des intégrales multiples indéterminées, auxquelles le conduit son analyse. Quoi qu'il en soit de ces hypothèses et du manque de rigueur de certaines déductions, la forme des équations auxquelles arrive le grand géomètre n'a pas été modifiée par les travaux ultérieurs; il est seulement impossible de conserver à certaines constantes la signification qu'il croyait pouvoir leur donner. Citons, entre autres résultats, cette belle proposition que, quand un aimant est produit par influence, il n'y a de magnétisme libre qu'à sa surface. Poisson applique ses savantes formules à la solution complète du problème de l'induction d'une masse de fer doux, limitée par deux sphères concentriques, sous l'action du magnétisme terrestre, et en conclut une solution aussi simple qu'élégante. N'oublions pas non plus que ses Mémoires servent de base à toutes les études sur le magnétisme des navires; la pratique vient donc ainsi apporter sa consécration à une œuvre qui, malgré les difficultés qu'elle présente encore, est assurée de ne pas périr.

Nous quitterons les travaux de Physique mathématique en nous bornant à indiquer, dans l'œuvre si considérable de Poisson, ses recherches sur la capillarité, la théorie de la chaleur, les lois de l'équilibre des surfaces élastiques, la propagation du mouvement dans les fluides élastiques. Nous nous contenterons aussi de mentionner ses Mémoires sur le calcul des variations, le calcul des probabilités, l'invariabilité du jour sidéral, la libration et le mouvement de la Lune autour de la Terre, l'invariabilité des grands axes des orbites des planètes, et enfin son Traité de Mécanique qu'aucun Ouvrage sur cette science n'a encore surpassé et qui est entre les mains de tous les géomètres. Dans un grand nombre de ses belles et profondes recherches, Poisson a été un continuateur de Laplace et a suivi, en s'inspirant de ses travaux et de son génie, l'illustre auteur de la *Mécanique céleste*. Mais il se rattache aussi à l'analyse de notre temps dans une question de la plus grande importance et qui présente un intérêt singulier au point de vue de l'invention mathématique. On en jugera par la lettre suivante que Jacobi a adressée au Président de l'Académie des Sciences, en 1850 :

« M. de Humboldt vient de me communiquer un fragment d'une Notice biographique sur M. Poisson, dont la lecture m'a donné envie d'adresser, à vous, Monsieur, et à votre illustre Académie, quelques remarques sur la plus profonde découverte de M. Poisson; mais qui, je crois, n'a bien été comprise ni par M. Lagrange, ni par les nombreux géomètres qui l'ont citée, ni par son auteur lui-même. Le théorème dont je parle me semble être le plus important de la Mécanique et de cette partie du Calcul intégral qui s'attache à l'intégration d'un système d'équations différentielles ordinaires; toutefois on ne le trouve ni dans les Traités de Calcul intégral, ni dans la *Mécanique analytique*. Comme ce théorème ne servait qu'à établir une autre proposition dont Lagrange avait donné une démonstration plus simple, celui-ci n'en parlait dans sa *Mécanique analytique* que comme d'une preuve d'une grande force analytique, sans trouver nécessaire de le faire entrer dans cet Ouvrage. Et depuis, tout le monde ne le regardant que comme un théorème auxiliaire remarquable par la difficulté de le prouver, et personne ne l'examinant en lui-même, ce théorème vraiment prodigieux et jusqu'ici sans exemple est resté en même temps découvert et caché.

» Le théorème en question, énoncé convenablement, est le suivant :

« Un nombre quelconque de points matériels étant tirés par des » forces et soumis à des conditions telles que le principe de la » conservation des forces vives ait lieu, si l'on connaît, outre l'in- » tégrale fournie par ce principe, deux autres intégrales, on en » peut déduire une troisième, d'une manière directe, et sans même » employer des quadratures, etc. »

Poisson a été l'honneur de la Faculté des Sciences; il est mort prématurément, en laissant d'admirables travaux et ayant donné l'exemple d'une activité scientifique extraordinaire. Jacobi aussi est mort avant le temps, et c'est après lui qu'a été publié le Mémoire célèbre intitulé : *Nova methodus æquationes differentiales primi ordinis inter numerum variabilium quemcumque propositas integrandi.* Le grand analyste, en rappelant la découverte de Poisson dont nous venons de parler, découverte donnée sous la forme la plus explicite dans le Mémoire sur la variation des constantes, s'exprime ainsi : *Habemus hic præclarum exemplum, nisi animo præformata sint problemata, fieri posse ut vel ante oculos posita gravissima inventa non videamus.*

V. Sturm a succédé à Poisson dans la chaire de Mécanique rationnelle de la Faculté des Sciences. Le nom de l'éminent géomètre est attaché à un théorème qui est l'une des plus importantes propositions de la théorie des équations algébriques, et à de savants Mémoires d'Analyse sur les équations différentielles linéaires du second ordre, sur une classe d'équations aux dérivées partielles, sur l'optique, etc. Le théorème de Sturm a eu le bonheur de devenir immédiatement classique et de prendre dans l'enseignement une place qu'il conservera toujours. Sa démonstration, où n'entrent que les considérations les plus élémentaires, est un rare exemple de simplicité et d'élégance. Elle intéresse et frappe vivement les élèves en présentant, sous une forme à la fois mystérieuse et facile, la solution, qui avait longtemps éludé tous les efforts, de cette question capitale : « Déterminer le nombre des racines d'une équation qui sont comprises entre des limites données ». Au début de leurs études, elle leur permet de goûter le plaisir délicat et élevé que les œuvres du génie n'accordent ordinairement qu'à de grands efforts; aussi le nom de l'inventeur devint-il rapidement populaire en France, en Angleterre où la Société royale de Londres lui décernait la médaille de Copley, et dans toute l'Europe. Le théorème de Cauchy, qui a suivi de près celui de Sturm, l'a dépassé en donnant une méthode de même nature pour déterminer le nombre des racines imaginaires d'une équation qui sont à l'intérieur d'un contour. C'était par la voie ardue du Calcul intégral que le grand géomètre avait obtenu sa merveilleuse découverte; Sturm, en collaboration avec Liouville, puis seul dans un autre Mémoire, est parvenu à une démonstration entièrement élémentaire de la proposition de Cauchy. Plus tard, le théorème de Sturm s'est présenté sous un point de vue bien différent de celui de l'inventeur, et a été déduit, indépendamment de toute considération de continuité, des propriétés des formes quadratiques. Cette voie nouvelle, où l'on trouve le nom de Jacobi, a été ouverte par M. Sylvester, et Sturm a tenu à honneur de démontrer le premier les résultats extrêmement remarquables dont l'illustre analyste anglais n'avait donné que l'énoncé. Nous mentionnerons enfin son Cours de Mécanique, publié par M. Prouhet, son Cours d'Analyse de l'École Polytechnique, Ouvrages d'enseignement qui se recommandent par les qualités de clarté et de précision qui se joignaient, dans Sturm, au don de l'invention.

VI. La Faculté des Sciences s'est augmentée en 1838 d'une chaire de Mécanique physique et expérimentale. Elle avait été créée pour Poncelet, qui s'est illustré dans la Science pure et dans les Mathématiques appliquées par de grandes et belles découvertes dont nous présentons une rapide esquisse.

L'œuvre capitale du savant illustre est le Traité des propriétés projectives des figures qui a paru en 1822 et dont une seconde édition a été publiée en 1865. Voici le jugement qu'en porte M. Bertrand dans son bel éloge historique de Poncelet, lu à la séance publique de l'Académie des Sciences en 1875 :

« L'étude de toutes les parties du Traité des propriétés projectives peut seule faire apprécier au lecteur géomètre l'art merveilleux qui les fait naître les unes des autres, en conduisant par une voie singulière et nouvelle jusqu'aux vérités les moins prévues au départ. Les formules algébriques sont strictement bannies des démonstrations; mais l'Algèbre, depuis Descartes, embrasse trop étroitement la Géométrie pour que rien puisse les désunir; et les conceptions les plus subtiles, en guidant, sans se montrer, l'application des principes, en justifient la hardiesse. »

Cette appréciation profonde et si exacte de l'éminent Secrétaire perpétuel de l'Académie des Sciences, Poncelet en a donné les éléments et l'a préparée par l'Ouvrage qui a pour titre : *Applications d'Analyse et de Géométrie qui ont servi de principal fondement au Traité des propriétés projectives des figures.*

Je m'arrêterai un moment à cette partie des travaux de l'éminent auteur pour montrer qu'en se livrant à son inspiration géométrique, il se trouve conduit aux plus hautes théories de l'Analyse.

Je remarque tout d'abord qu'une question extrêmement intéressante traitée dans l'article intitulé : *Exposé géométrique des propositions sur les polygones inscrits ou circonscrits d'ordre pair et impair*, s'est présentée à Göpel dont le nom est attaché à l'une des plus grandes découvertes de notre époque, celle des fonctions de deux variables qui sont les inverses des intégrales hyperelliptiques du premier ordre. Elle a fait le sujet du Mémoire du grand géomètre qui a été publié après sa mort : *Ueber Projectivät der Kegelschnitte, als krummer Gebilde* (*Journal de Crelle*, t. 36).

J'appelle ensuite l'attention sur les recherches géométriques et analytiques relatives à la projection d'un système de courbes du second degré suivant des circonférences de cercle. Les résultats exposés dans le Traité des propriétés projectives donnent, comme Jacobi l'a montré, la solution complète d'une question analytique importante et difficile : la réduction à la forme la plus simple d'une intégrale double, à laquelle l'illustre analyste a consacré un de ses Mémoires (*Journal de Crelle*, t. 13).

Je signalerai enfin les théorèmes généraux sur les polygones mobiles inscrits à une courbe du second degré, et circonscrits à une ou plusieurs autres. Une belle découverte de Jacobi a révélé le lien intime de cette étude avec la théorie des fonctions elliptiques, et les formules de cette théorie qui concernent la multiplication de l'argument par un nombre entier.

Les travaux de Géométrie pure n'ont occupé qu'une partie de la vie de Poncelet. L'illustre savant est aussi l'inventeur d'une roue hydraulique dont les effets dépassent tout ce qui avait été obtenu avant lui, et d'un système nouveau de pont-levis qui a rendu son nom populaire. Avant d'être appelé à la Sorbonne, il avait été chargé, comme officier du Génie, de l'enseignement de la Mécanique pratique à l'École d'application de Metz; ses Leçons ont eu un éclatant succès et ont encore ajouté à sa célébrité. Réunies et complétées par de nombreuses additions, elles forment maintenant deux Ouvrages d'une haute importance, l'*Introduction à la Mécanique industrielle* et le *Cours de Mécanique appliquée aux machines*, qui ont été publiés, après la mort de l'auteur, par les soins dévoués de M. Kretz. Le géomètre inventeur se retrouve dans cet ordre d'études; les questions de pratique le conduisent à des recherches qui appartiennent aux régions élevées de l'Analyse. C'est ainsi qu'il donne au *Journal de Crelle* un Mémoire excellent sur l'application de la méthode des moyennes à la transformation, au calcul numérique et à la détermination des limites du reste des séries. Un autre travail, ayant pour objet la valeur approchée sous forme linéaire de la racine carrée de la somme ou de la différence de deux carrés, a ouvert la voie aux recherches originales et profondes qui ont illustré le nom de M. Tchebicheff.

VII. La carrière scientifique de Delaunay, qui a occupé en 1851, après Poncelet, la chaire de Mécanique physique et expérimentale, s'est ouverte par des travaux d'Analyse. Nous signalerons en premier lieu sa Thèse de doctorat sur la distinction des maxima et des minima dans les questions qui dépendent du calcul des variations, puis une étude sur la surface de révolution dont la courbure moyenne est constante, qui l'a conduit à un résultat très digne d'attention. Delaunay montre que, en faisant rouler une ellipse ou une hyperbole sur l'axe, le foyer décrit la courbe méridienne de cette surface. Il s'est ensuite proposé d'obtenir, parmi les diverses courbes isopérimètres tracées sur une surface quelconque, celle qui renferme une aire maximum. Une telle courbe est une circonférence de cercle, lorsque la surface est plane; Delaunay établit, par une analyse habile, ce théorème qu'en tout point de la courbe de longueur donnée qui renferme une aire maximum sur une surface quelconque, la sphère qui contient le cercle osculateur de la courbe, et dont le centre est sur le plan tangent, a un rayon constant.

Je signalerai encore un Mémoire sur la théorie des marées qui inaugure ses travaux de Mécanique céleste, un Traité de Mécanique rationnelle, un Cours élémentaire de Mécanique théorique appliquée, Ouvrages excellents, qui étaient le fruit de son enseignement à la Faculté des Sciences et à l'École Polytechnique. Mais c'est à l'Astronomie que Delaunay devait surtout consacrer sa puissance de travail et son beau talent de géomètre. Une question aussi difficile qu'importante, la théorie de la Lune, a été l'objet constant de ses efforts; voici sur la méthode qu'il a suivie, et à laquelle son nom restera toujours attaché, l'appréciation que notre Collègue M. Tisserand a bien voulu me communiquer :

« Le Verrier a fait une œuvre magistrale en revisant les théories de toutes les planètes et les contrôlant rigoureusement par les observations. Le domaine de Delaunay est plus restreint ; on peut dire en effet qu'il s'est occupé presque exclusivement de la Lune. Mais il faut ajouter que la théorie de notre satellite présente des difficultés considérables, en raison de la grandeur de ses perturbations et de la rapidité de son mouvement, qui nous montre le cycle complet des inégalités séculaires et ne permet pas d'employer les mêmes méthodes que dans le cas des planètes. A ce point de vue, la théorie de la Lune se rapproche plus de celles des satellites de Jupiter que des théories des planètes.

» On peut dire que Delaunay a donné une théorie à très peu près complète des perturbations causées par le Soleil dans le mouvement de la Lune, en négligeant toutefois l'action des planètes. Il a résolu ainsi d'une manière très satisfaisante, au point de vue des approximations, le problème des trois corps, dans le cas où la masse de l'un d'eux peut être considérée comme évanouissante. La méthode qu'il a suivie est remarquable au point de vue analytique; elle diffère entièrement de celles que l'on avait employées jusqu'alors. Elle exige, il est vrai, des calculs considérables qui remplissent deux énormes volumes in-4°; mais le travail est divisé nettement en un grand nombre de parties dont chacune se prête à des vérifications faciles. Un astronome américain distingué, M. Hill, qui a beaucoup pratiqué la méthode de Delaunay, en fait le plus grand éloge. Il reste toutefois à étudier la convergence des séries employées; les beaux travaux de M. Poincaré paraissent devoir projeter une vive lumière sur ce point délicat. Quoi qu'il en soit, on peut affirmer que le travail de Delaunay est le plus satisfaisant et le plus complet de tous ceux qui traitent du même sujet. Delaunay a fait aussi un pas important dans la détermination des inégalités à longue période du mouvement de la Lune qui proviennent de l'action des planètes; mais la question ne semble pas complètement élucidée, et les recherches de Delaunay ne suffisent pas à expliquer complètement toutes les petites irrégularités de la Lune qui causent encore de cruels soucis aux astronomes. »

VIII. La découverte de Neptune a illustré à jamais le nom de Le Verrier : elle a été accueillie par une admiration unanime, que le temps a consacrée; elle a été le plus éclatant témoignage de la puissance de l'Analyse mathématique dans ses applications aux phénomènes célestes. De nombreux et importants travaux l'avaient précédée, mais ceux qui l'ont suivie sont d'un tel prix, qu'on peut assurer que Le Verrier serait, sans son immortelle découverte, le premier astronome de notre époque.

Sa carrière scientifique s'ouvre par des Mémoires concernant les inclinaisons respectives des orbites de Jupiter, Saturne, Uranus, et les mouvements des intersections de ces orbites; les variations séculaires des éléments elliptiques des sept planètes principales; les recherches sur l'orbite de Mercure et sur ses perturbations; la détermination de la masse de Vénus et du diamètre du Soleil. Tous contiennent les plus importants résultats et montrent le travail consciencieux et approfondi d'un savant géomètre. Le second de ces Mémoires, auquel je m'arrêterai un moment, a pour objet principal l'étude d'une équation du septième degré, qui joue le plus grand rôle dans la question de l'équilibre du système du monde, et dont la forme a l'avantage singulier de faire immédiatement reconnaître la réalité des racines en permettant d'évaluer l'influence de petites variations des coefficients sur leurs valeurs numériques. Le beau travail de Le Verrier a appelé l'attention de Jacobi, qui a repris la question afin de la traiter par une méthode plus rigoureuse et en poussant plus loin les approximations; il a été aussi l'origine du Mémoire célèbre que Borchardt a consacré à une équation de même nature plus générale et d'un degré quelconque.

C'est dans les *Annales de l'Observatoire de Paris* que le grand astronome a réuni et coordonné son œuvre qui comprend les théories du Soleil et des huit planètes principales, exposées sous le point de vue du calcul, des observations, de la comparaison de la théorie avec les observations et de la formation des Tables. On demeure confondu devant la perfection et l'immensité d'un tel travail, où la patience et la conscience la plus scrupuleuse se joignent à la plus profonde intelligence des méthodes de la Mécanique céleste. Ces méthodes, qui sont essentiellement celles de Laplace, sont exposées dans une Introduction dont le premier Chapitre résume les connaissances analytiques suffisantes au lecteur; on remarquera qu'elles se réduisent à un petit nombre de points, la trigonométrie rectiligne et sphérique, le développement des fonctions en séries, l'interpolation des suites, le calcul des intégrales par les quadratures et la résolution d'un système d'équations de condition en nombre supérieur au nombre des inconnues. Il a été donné à l'illustre auteur de ne point laisser son œuvre inachevée; Le Verrier a corrigé sur son lit de mort les dernières feuilles de la théorie de Neptune, léguant à l'Astronomie un monument impérissable qui sera l'honneur de son nom et de la Science de notre pays.

IX. Lamé est un des plus beaux génies mathématiques de notre temps. Des découvertes capitales qui ont ouvert de nouvelles voies dans la théorie de la chaleur, la théorie de l'élasticité, l'analyse générale, le placent au nombre des grands géomètres dont la trace reste à jamais dans la Science.

Le Mémoire sur les surfaces isothermes dans les corps solides homogènes en équilibre de température, dont nous parlons en premier lieu, est un chef-d'œuvre d'invention. Au début, il donne cette découverte capitale que, lorsqu'on entretient à des températures constantes les parois d'une enveloppe solide, limitée par des surfaces du second ordre, les surfaces d'égale température, dans l'intérieur de cette enveloppe, sont encore des surfaces du second ordre ayant les mêmes foyers que les précédentes. Vient ensuite l'idée originale, et qui devait être si féconde, des coordonnées elliptiques, consistant à déterminer un point de l'espace par l'intersection d'un ellipsoïde et de deux hyperboloïdes, l'un à une nappe et l'autre à deux nappes, ayant tous trois les mêmes foyers. Lamé démontre que ces surfaces homofocales sont orthogonales et se coupent suivant leurs lignes de courbure, en ouvrant ainsi la voie à de belles et importantes recherches de Géométrie pure, où il s'est rencontré avec Binet et Dupin. Puis il applique à l'intégration de l'équation aux dérivées partielles de la théorie de la chaleur les nouvelles variables, qui sont les paramètres de ces surfaces; sa méthode et les résultats qu'il obtient font l'admiration des analystes. Dans quatre Ouvrages ayant pour titres : *Leçons sur les fonctions inverses des transcendantes et les surfaces isothermes; Sur les coordonnées curvilignes et leurs diverses applications; Sur la théorie analytique de la chaleur; Sur la théorie mathématique de l'élasticité,* le grand géomètre a complètement et admirablement développé les conséquences des théories qui étaient en germe dans son premier Mémoire. Les Leçons sur l'élasticité, où sont traités les points les plus élevés et les plus difficiles de la théorie de la lumière, servent aussi de fondement à un grand nombre d'applications pratiques; Lamé était un ingénieur et un physicien. Les Leçons sur les fonctions inverses des transcendantes et les surfaces isothermes contiennent une exposition des découvertes de Jacobi sur la transformation des fonctions elliptiques. L'illustre auteur, après s'être engagé, au début de ses travaux, dans les voies ouvertes par Fourier et Poisson, apportait son concours aux grandes questions de l'Analyse de notre temps. Il a donné un Mémoire extrêmement remarquable sur l'un des plus difficiles sujets de l'Arithmétique, en démontrant ce qu'on nomme le *dernier théorème de Fermat*, dans le cas où l'exposant est égal au nombre sept. On lui doit un Ouvrage de Physique en trois volumes, un examen des différentes méthodes employées pour résoudre les problèmes de Géométrie, où l'on reconnaît son beau talent, puis divers Opuscules, parmi lesquels un plan d'écoles générales et spéciales, pour l'agriculture, l'industrie manufacturière, le commerce et l'administration, publié en collaboration avec Clapeyron.

Lamé a consacré sa vie entière à la Science, avec un désintéressement et un dévouement dont le souvenir se joint à notre admiration pour son génie et les découvertes qui ont rendu son nom impérissable.

X. Les travaux mathématiques de Liouville embrassent les diverses parties de l'Analyse, la Mécanique céleste et la Physique mathématique, le Calcul intégral, la Géométrie et l'Algèbre, la théorie des fonctions elliptiques et la théorie des nombres; tous sont le témoignage d'un talent de premier ordre et d'une activité scientifique qui ne s'est jamais interrompue.

Les premiers Mémoires du savant géomètre, publiés dans le *Journal de l'École Polytechnique*, ont pour objet le calcul des différentielles à indices quelconques, entrevu par Leibnitz; des recherches intéressantes sur les équations aux dérivées partielles de la théorie de la chaleur, et la détermination sous forme explicite des intégrales de différentielles algébriques. Sur ce point, Liouville a obtenu un résultat important, qui est devenu classique, en démontrant avec simplicité et élégance la proposition énoncée par Abel, que, dans l'expression de l'intégrale, les logarithmes et les intégrales elliptiques ne peuvent entrer que sous forme linéaire. Ces recherches ont pour conséquence d'établir en toute rigueur que les premières transcendantes de l'Analyse ne peuvent s'exprimer par les éléments algébriques, que les intégrales elliptiques ne peuvent être représentées par des combinaisons, en nombre fini, de fonctions algébriques, de logarithmes et d'exponentielles. La même conclusion est aussi obtenue, dans un cas plus difficile, pour les intégrales elliptiques, de première et de seconde espèce, considérées comme fonction du module. Ces questions, comme le remarque Liouville, ont quelque rapport avec la théorie des nombres; c'est en effet dans le même ordre d'idées qu'il aborde plus tard les transcendantes numériques. Il démontre, le premier, que la base des logarithmes hyperboliques ne peut être la racine d'une équation du second degré ou même d'une équation bicarrée à coefficients entiers; il obtient ensuite un résultat extrêmement digne de remarque, en établissant que des séries numériques d'une loi simple, qui assurent une convergence suffisamment rapide, ne peuvent satisfaire à aucune équation algébrique à coefficients entiers. Le Mémoire sur quelques propositions générales de

Géométrie et sur la théorie de l'élimination dans les équations algébriques contient des propositions d'un haut intérêt, établies par une méthode facile et élégante; on y remarque entre autres une démonstration très simple des théorèmes donnés par Jacobi dans le Mémoire célèbre qui est intitulé : *Theoremata nova algebrica circa systema duarum equationum, inter duas variabiles propositarum* (*Journal de Crelle*, t. 14).

Les travaux de Physique mathématique montrent avec éclat le talent de l'illustre analyste; le problème de l'équilibre de la chaleur dans un ellipsoïde homogène, le problème de Gauss sur la distribution à la surface de l'ellipsoïde d'une manière attractive ou répulsive, de manière qu'en chaque point le potentiel ait une valeur donnée, sont traités par une méthode qui est un chef-d'œuvre de clarté et de simplicité. Deux lettres adressées à la même époque à M. Blanchet, sur diverses questions d'Analyse et de Physique mathématique, sont un travail admirable qui jette la plus vive lumière sur les découvertes de Lamé, en y ajoutant des résultats entièrement nouveaux et de la plus grande importance.

Liouville a abordé le premier la théorie des fonctions uniformes doublement périodiques, et établi cette importante proposition que, dans le cas où elles n'ont qu'un nombre fini de pôles à l'intérieur du parallélogramme des périodes, elles s'expriment par une fonction rationnelle du sinus d'amplitude et de sa dérivée.

Ses recherches arithmétiques contiennent une foule de beaux théorèmes dont il s'est contenté de donner les énoncés, et qui ont été démontrés après lui, sur les fonctions numériques relatives aux diviseurs des nombres, sur les questions les plus difficiles de la théorie des formes quadratiques à deux et à un plus grand nombre d'indéterminées; elles ont montré sous un nouveau point de vue le rôle des identités analytiques dans la théorie des nombres et contribueront au progrès de cette branche de la Science.

A tant de beaux travaux qui ont illustré sa carrière, le savant géomètre a joint la publication du *Journal de Mathématiques pures et appliquées*, depuis 1836 jusqu'à 1874; c'est, avec le *Journal de Crelle*, le Recueil le plus important pour la Science à cette époque.

M. Serret a occupé les chaires d'Algèbre supérieure et d'Astronomie, à titre de suppléant de Francœur et de Le Verrier, avant de succéder à Lefébure de Fourcy dans l'enseignement du Calcul différentiel et du Calcul intégral. Ses Leçons, claires et substantielles, ont eu le plus grand succès, et il a laissé à la Faculté des Sciences le souvenir d'un éminent professeur. C'était aussi un beau talent mathématique; son Cours d'Algèbre supérieure est un excellent Ouvrage, le meilleur qu'on possède sur cette Science et qui se trouve entre les mains de tous les géomètres. Ses Mémoires sur la représentation des intégrales elliptiques par des arcs de courbe offrent, avec une analyse ingénieuse et élégante, des résultats très intéressants, dont Liouville a fait ressortir le mérite et auxquels il a ajouté des remarques importantes. D'autres Mémoires ont pour objet la surface réglée dont les rayons de courbure principaux sont égaux et dirigés en sens contraire, les surfaces dont les lignes de courbure sont planes ou sphériques, la théorie des intégrales eulériennes, la théorie des courbes à double courbure, l'équation de Képler et les séries qui se présentent dans la théorie du mouvement elliptique des corps célestes, la théorie du mouvement de la Terre autour de son centre de gravité. Ce dernier travail a paru dans les *Annales de l'Observatoire de Paris;* il simplifie et complète en des points essentiels les recherches de Poisson sur cette grande et difficile question; c'est l'œuvre mathématique la plus importante de Serret. En Algèbre, on lui doit encore des recherches sur le nombre de valeurs que peut prendre une fonction quand on y permute les lettres qu'elle renferme, et sur les équations abéliennes, dans le cas où la relation qui lie deux racines est linéaire par rapport à chacune d'elles. Il faut aussi mentionner une Note sur une question arithmétique à laquelle est attaché le nom célèbre de Dirichlet, et qui présente beaucoup d'intérêt. Serret établit de la manière la plus ingénieuse, au moyen des principes élémentaires, ces cas particuliers de la proposition du grand géomètre allemand : qu'il existe une infinité de nombres premiers dans les progressions arithmétiques dont la raison est 8 ou 12. Notre Collègue a couronné sa carrière scientifique par une œuvre considérable qui lui mérite la reconnaissance du monde mathématique. Il s'est consacré avec les soins les plus consciencieux à l'édition, publiée sous les auspices du Ministre de l'Instruction publique, des Œuvres de Lagrange. Une mort prématurée ne lui a pas permis de conduire à sa fin ce grand travail; l'entreprise a été recueillie et continuée par M. Darboux, membre de l'Académie des Sciences, avec le même zèle, le même dévouement pour la mémoire de l'immortel géomètre.

XII. Duhamel a été pendant vingt années, de 1849 à 1869, professeur d'Algèbre supérieure; voici l'appréciation de sa carrière scientifique dont je suis redevable à M. Bertrand :

« Duhamel, élève et ami de Fourier et d'Ampère, aimait surtout dans les Mathématiques les applications à la Physique. La beauté des problèmes et l'élégance des méthodes d'Analyse l'intéressaient moins que les résultats. C'est par là surtout qu'il différait de Lamé, son condisciple de l'École Polytechnique et son ami.

» La théorie de la chaleur, celle de l'élasticité et l'étude des cordes vibrantes lui devaient des travaux de premier ordre. Il a le premier, dans l'étude de la propagation de la chaleur, substitué au corps homogène considéré par Fourier un cristal dont la conductibilité n'est pas la même dans toutes les directions. De belles expériences de de Sénarmont ont vérifié les conclusions du calcul. Dans l'étude des cordes vibrantes, Duhamel a été plus heureux encore, et sur ce sujet tant étudié il a su donner des principes nouveaux. Le Mémoire de Duhamel a été admiré et loué par Cauchy, il est devenu classique.

» Duhamel, indépendamment des applications, voyait surtout dans les théories mathématiques un utile exercice de logique. La dialectique dans ses Leçons a souvent tenu une grande place. Sa maxime était qu'il importe moins d'étendre le champ des études que de plier les esprits à une discipline sévère. Il aimait la clarté, mais exigeait la rigueur. Il reprenait parfois, pour se donner le plaisir de les réfuter, les vieilles objections des sophistes grecs. L'Histoire de la Science ajoutait souvent à l'intérêt de ses Leçons. Chez les plus grands génies qu'il mettait en scène, la méthode surtout le préoccupait. Depuis Archimède jusqu'à Lagrange, il aimait à montrer le progrès, la transformation et souvent l'équivalence des principes. Parmi les beaux Mémoires qu'il a composés et les Ouvrages classiques que la Science lui doit, aucun n'a été écrit avec plus de plaisir et de soin, avec un sentiment plus vif du service rendu à ses successeurs, que son dernier écrit sur les méthodes d'enseignement de la Science.

» Peu de savants aussi éminents ont appliqué avec autant de force un esprit créateur à la perfection de l'art d'enseigner. »

XIII. Chasles est l'une des plus grandes illustrations de la Faculté; ses découvertes en Géométrie, les Ouvrages qu'il a publiés sur cette Science l'ont placé au premier rang parmi les savants de l'Europe et rendu son nom à jamais célèbre. Pendant un demi-siècle, les travaux de notre Collègue se sont succédé sans relâche, accueillis avec admiration, élevant la Géométrie à cette hauteur où elle se rejoint aux théories profondes du Calcul intégral, et contribuant pour la plus importante part à son développement et à ses progrès à notre époque. De grandes et belles découvertes en Mécanique se sont ajoutées à son œuvre principale, ainsi que des recherches d'érudition sur les Mathématiques et l'Astronomie des Indiens et des Arabes; nous indiquerons succinctement ces travaux qui ont jeté tant d'éclat et sont présents à toutes les mémoires.

C'est dans la question célèbre de l'attraction des ellipsoïdes que Chasles a donné un mémorable exemple de sa puissance d'invention par les méthodes de la Géométrie pure. Maclaurin était parvenu par la voie géométrique à cette belle proposition, que deux ellipsoïdes homogènes homofocaux exercent sur un point d'un de leurs axes principaux des actions dirigées suivant la même droite et proportionnelles à leurs masses. Laplace et Legendre avaient ensuite, par deux méthodes analytiques différentes, étendu ce résultat au cas d'un point quelconque. Chasles réussit à établir la généralisation du théorème de Maclaurin, et par suite à fonder uniquement sur de simples considérations géométriques cette théorie difficile de l'attraction des ellipsoïdes, qui avait demandé tant d'efforts aux plus illustres analystes : Laplace, Legendre, Gauss, Ivory, Poisson et Dirichlet.

Peu après, l'illustre géomètre découvre sur les surfaces de niveau l'une des plus générales et des plus importantes propositions de la théorie de l'attraction, qui s'applique à l'électricité statique et à la chaleur. Si l'on considère une surface de niveau relative à l'action d'un corps limité quelconque qui lui est intérieur, comme recouvrant une couche homogène infiniment mince, dont les épaisseurs en chaque point soient en raison inverse de leur distance à la surface de niveau infiniment voisine, on aura ces deux propriétés : 1° cette couche n'exercera aucune action sur un point intérieur; 2° l'attraction sur un point extérieur aura la même direction que l'attraction exercée par le corps lui-même, et les intensités des deux attractions seront proportionnelles aux masses attirantes.

Des recherches d'un autre genre se joignent à ces admirables découvertes; l'infatigable savant semble se distraire et se délasser en s'occupant des Ouvrages mathématiques des Hindous et de l'origine de notre système de numération. Il établit qu'un passage célèbre de la Géométrie de Boëce, la Lettre de Gerbert à Constantin et les autres écrits du xe et du xie siècle sur l'abacus sont des Traités d'Arithmétique décimale, et qu'ils ont servi comme d'introduction, dans les écoles du moyen âge, aux quatres parties du quadrivium, et notamment à la Géométrie. Mais les travaux d'érudition ne portent point préjudice à l'invention mathématique; Chasles découvre les théorèmes, devenus classiques, sur les propriétés géométriques relatives au mouvement infiniment petit d'un corps solide libre dans l'espace, puis les propriétés générales des arcs d'une section conique dont la différence est rectifiable, qui appartiennent autant à la théorie des fonctions elliptiques qu'à la Géométrie. Parmi bien d'autres, je cite seulement ces théorèmes qui se lient à ceux de Poncelet :

Quand un polygone d'un nombre quelconque de côtés est inscrit à une ellipse et circonscrit à une seconde ellipse homofocale, son périmètre est un maximum par rapport à la première courbe et un minimum par rapport à la seconde, et ses côtés déterminent sur l'ellipse inscrite des arcs ayant, deux à deux, des différences rectifiables. Les polygones, en nombre infini, inscrits dans la première courbe et circonscrits à la seconde, ont le même périmètre.

C'est l'époque la plus féconde de la vie scientifique si remplie de l'illustre inventeur; des fonctions elliptiques son génie géométrique l'a conduit aux transcendantes plus complexes, qu'on nomme *intégrales hyperelliptiques de premier ordre*. Jacobi, en employant les méthodes de Lamé, auquel il a rendu un éclatant hommage, venait d'obtenir, au moyen de ces intégrales, l'équation des lignes géodésiques à la surface de l'ellipsoïde. Chasles fait voir que les résultats du grand analyste, déduits des plus profonds calculs, se démontrent par la seule Géométrie, et il y ajoute des théorèmes, extrêmement remarquables, sur la description des lignes de courbure des surfaces du second degré. Je dois maintenant me contenter d'indiquer, dans une succession de Mémoires qui sont des chefs-d'œuvre, les recherches sur les courbes planes et à double courbure du troisième ordre; la théorie analytique des courbes à double courbure tracées sur l'hyperboloïde à une nappe; les propriétés générales des courbes gauches tracées sur l'hyperboloïde; les propriétés des surfaces développables circonscrites à deux surfaces du second ordre; le principe de correspondance entre deux objets variables, qui peut être d'un grand usage en Géométrie; la théorie des caractéristiques.

Il faut aussi me borner à mentionner la restitution des trois Livres des Porismes d'Euclide, d'après la Notice et les Lemmes de Pappus; l'histoire des Mathématiques, ainsi que des recherches sur l'Astronomie des Arabes. A tant de beaux et importants travaux l'illustre géomètre a joint un Ouvrage capital, écrit avec une admirable clarté, où l'érudition se joint à la plus haute science: l'*Aperçu historique sur l'origine et le développement des méthodes en Géométrie, particulièrement celles qui se rapportent à la Géométrie moderne*. Le *Traité de Géométrie supérieure*, le *Traité des sections coniques*, le *Rapport sur les progrès de la Géométrie* sont aussi des Œuvres d'une haute importance.

Nous venons de jeter un coup d'œil rapide sur les découvertes et les travaux qui ont à jamais illustré le nom de Chasles : il nous reste à dire que ses amis et tous ceux qui ont connu notre cher et vénéré Collègue gardent l'inaltérable souvenir de la bonté qui, chez le grand géomètre, était la compagne du génie.

XIV. Les Œuvres de Cauchy occupent une place immense dans la Science. Toutes les parties des Mathématiques, la Géométrie, l'Algèbre, la Théorie des nombres, le Calcul intégral, la Mécanique, l'Astronomie, la Physique mathématique, lui doivent les plus grandes découvertes. Plus de sept cents Mémoires, qui ont été publiés soit à part, soit dans les *Comptes rendus*, les Mémoires de l'Académie des Sciences et les principaux Recueils du temps; puis des Ouvrages d'une importance capitale : *Les anciens et les nouveaux Exercices de Mathématiques*, l'*Analyse algébrique*, le *Cours d'Analyse de l'École Polytechnique*, etc., sont le témoignage de sa prodigieuse activité scientifique et de la fécondité de son génie. Il faut renoncer à énumérer tant de travaux, à faire l'appréciation de tant de découvertes, à dire leur rôle dans la Science et leur influence sur ses progrès. Mais, dans l'œuvre si étendue de Cauchy, une part principale doit être donnée à l'idée fondamentale d'étendre la notion première de l'intégrale définie, en faisant passer la variable, d'une limite à l'autre, par une succession de valeurs imaginaires, par un chemin arbitraire. La Science n'a point d'exemple d'une conception plus féconde : elle a été la source des plus belles découvertes de son auteur; elle est entrée dans les éléments et son usage est continuel en Analyse. Elle a donné naissance au Calcul des résidus que le grand géomètre applique à la détermination des intégrales définies, à l'intégration des équations linéaires et des systèmes d'équations linéaires à coefficients constants, à l'intégration des équations aux différences partielles, en satisfaisant aux conditions imposées dans les problèmes de Physique mathématique et, en Astronomie, au développement de la fonction perturbatrice. Elle l'a conduit à la résolution, au moyen d'intégrales définies, des équations algébriques et transcendantes, et à la découverte admirable d'une méthode analogue à celle du théorème de Sturm, pour obtenir le nombre des racines imaginaires d'une équation algébrique dans un contour. Elle donne l'explication des valeurs multiples du logarithme, de l'arc sinus, des intégrales des fonctions rationnelles et algébriques; elle conduit à considérer la valeur d'une fonction en un point comme pouvant dépendre du chemin suivi pour parvenir à ce point.

Ces résultats ont levé des difficultés dont l'histoire de la Science conserve la trace, et qui ont longtemps arrêté les géomètres; ils ont ouvert la voie à la théorie générale des fonctions, l'œuvre analytique importante de notre temps. A cette œuvre Cauchy a donné la première impulsion ; ceux qui la poursuivent aujourd'hui sont ses continuateurs ; les découvertes mémorables de Riemann et de M. Weierstrass dans cette voie, le théorème célèbre de M. Mittag-Leffler ont été préparés par les travaux du grand géomètre français. C'est à Cauchy qu'est due l'expression d'une fonction, en tous les points d'une aire, par une intégrale relative au contour de cette aire, qui est un élément analytique fondamental, et dont se tirent si facilement les séries de Maclaurin et de Taylor, celles de Lagrange, de Fourier, et les plus importantes propositions de la théorie des fonctions uniformes. Nous ne pouvons omettre, non plus, de rapporter à la notion de l'intégrale prise le long d'une courbe la méthode la plus facile pour établir les propriétés des fonctions doublement périodiques. L'Analyse, en étendant son domaine, aplanit la voie souvent si laborieuse, si pénible à suivre, des premiers inventeurs; ses principes gagnent en puissance et deviennent d'un accès plus facile, les méthodes prennent une complète rigueur, et Cauchy a la plus grande part à ces importants progrès. Parmi tant d'exemples, je citerai, dans la théorie du mouvement des planètes, la détermination de la valeur limite que ne doit pas dépasser l'excentricité, pour que l'anomalie excentrique et le rayon vecteur soient développables en séries convergentes. Le résultat qu'a découvert Laplace au prix des plus grands efforts et par une analyse d'une étonnante hardiesse, Cauchy l'obtient au moyen d'une méthode absolument rigoureuse, et si facile qu'elle est entrée dans l'enseignement. L'illustre géomètre laisse à jamais l'empreinte de son génie dans ces grandes et belles questions que j'ai indiquées rapidement. En Géométrie élémentaire, je mentionnerai comme présentant un caractère unique la démonstration de cette proposition, qu'un polyèdre convexe quelconque ne peut être changé en un autre polyèdre convexe qui serait compris sous les mêmes plans polygonaux et disposés dans le même ordre les uns à l'égard des autres. En Arithmétique, Cauchy donne la démonstration, vainement cherchée jusqu'à lui, du théorème énoncé par Fermat, que tout entier est décomposable en trois nombres triangulaires, en quatre carrés, ou cinq nombres pentagones, etc. Ses autres travaux, sur les sommes alternées et la représentation des nombres premiers ou de leurs puissances par les formes quadratiques de déterminant négatif que Gauss a nommées *principales*, sont du plus haut intérêt. Les recherches algébriques concernent surtout la théorie des substitutions, la détermination du nombre de valeurs qu'une fonction peut recevoir lorsqu'on y permute de toutes les manières possibles les lettres qui y entrent ; elles ont conduit à des théorèmes connus de tous les géomètres et ont servi de base aux beaux travaux de M. Camille Jordan sur cette question aussi importante que difficile.

En Mécanique, il faut mentionner le Mémoire sur la théorie des ondes, couronné par l'Académie des Sciences; ceux qui ont pour objet l'équilibre et le mouvement d'une lame solide, les vibrations longitudinales d'une verge cylindrique ou prismatique à base quelconque; la question, déjà traitée par Navier, de l'équilibre et du mouvement d'un système de points matériels, sollicités par des forces d'attraction ou de répulsion mutuelles; les vibrations d'un double système de molécules et de l'éther dans un corps cristallisé; les systèmes isotropes de points matériels; la pression et la tension dans un corps solide; les dilatations, les condensations et les rotations produites par un changement de forme dans un système de points matériels, etc. Une autre série de travaux non moins beaux et importants ont pour objet la réflexion et la réfraction de la lumière, la polarisation, la diffraction et la dispersion; je me borne à indiquer ce résultat capital, que l'indice de réfraction s'exprime par une fonction simple de la longueur d'onde.

La Mécanique céleste a été aussi l'objet de Mémoires nombreux et célèbres. Cauchy parvient, en employant le Calcul des résidus, à une nouvelle forme de développement en série pour la fonction perturbatrice, qui présente ces propriétés caractéristiques bien dignes d'attention. Chacun des termes séculaires indépendants des anomalies s'exprime sous une forme finie, par une fonction des éléments des orbites, simplement algébrique à l'égard des grands axes et des excentricités. Dans chaque terme périodique, les sinus et cosinus des multiples des anomalies moyennes ont pour coefficients des séries simples dont les termes s'expriment également sous forme finie et sont encore algébriques par rapport aux grands axes, mais deviennent transcendants par rapport aux excentricités. C'est au moyen de ses nouvelles méthodes astronomiques, tirées de la plus profonde analyse, que Cauchy a pu vérifier en peu de jours les résultats numériques d'un travail considérable auquel

Le Verrier avait consacré plusieurs années, sur le mouvement de la planète Pallas, et spécialement sur la grande inégalité due à l'influence de Jupiter.

La vie du grand géomètre, remplie par des découvertes immortelles qui sont l'honneur de la Science française, l'a été aussi par les œuvres de la charité chrétienne et une inépuisable bienfaisance. Le jour de ses obsèques, en parlant à l'assemblée d'élite, aux représentants des corps savants réunis devant sa tombe, le Maire de la ville de Sceaux a rappelé la générosité de l'homme de bien, et cette réponse de Cauchy aux observations qu'il s'était cru obligé de faire sur l'étendue de ses sacrifices pécuniaires : « Ne vous effrayez pas tant, Monsieur le Maire, ce n'est que mon traitement de la Faculté, c'est l'État qui paye.

La Faculté a recueilli l'héritage scientifique du plus grand des géomètres français ; nos Collègues Puiseux, Briot et Bouquet, morts il y a peu d'années et dont nous gardons si affectueusement le souvenir, se sont inspirés de son génie et ont consacré des travaux de premier ordre à poursuivre dans le domaine de l'Analyse les conséquences de ses découvertes ; nous indiquerons en peu de mots les principaux résultats auxquels ils sont parvenus.

XV. Les diverses déterminations d'un radical portant sur un polynome ont été longtemps considérées comme des fonctions distinctes ayant chacune le caractère de fonction uniforme, et cette manière de voir a été étendue aux racines des équations algébriques dont les coefficients contiennent une variable, lors même qu'on ne peut la résoudre par radicaux. C'est à Puiseux que revient le mérite d'avoir montré que ces quantités sont d'une autre nature analytique, et donné l'idée précise du mode d'existence des fonctions non uniformes. Dans un Mémoire d'une grande importance sur les fonctions algébriques, il a reconnu le premier le rôle capital des valeurs particulières de la variable qui annulent le discriminant de l'équation et lui font acquérir des racines égales. Il leur donne le nom de *points critiques* et établit que c'est seulement dans une aire ne contenant aucun de ces points que les diverses racines peuvent être assimilées à autant de fonctions uniformes. Il montre ensuite que la présence de tels points à l'intérieur d'un contour a pour effet qu'en le décrivant en entier et une seule fois, les valeurs des racines ne se retrouvent point les mêmes, à l'arrivée et au départ; elles reviennent dans un autre ordre. Il en résulte que le système des racines correspondant à un contour fermé décrit par la variable donne une figure qui se modifie avec ce contour, en présentant des anneaux distincts en nombre égal au degré de l'équation ou en nombre moindre. De là Puiseux a tiré l'importante conséquence que les intégrales de fonctions algébriques sont susceptibles, comme celles des fonctions rationnelles, de déterminations multiples, suivant le chemin décrit par la variable, et a révélé ainsi l'origine de la périodicité dans les fonctions inverses de ces intégrales. Ce beau Mémoire qui a jeté la plus vive lumière sur des questions capitales en Analyse, n'est point le seul que la Science doive au savant géomètre. Puiseux a publié d'intéressantes recherches sur les développées et les développantes des courbes planes, sur le théorème de Gauss concernant le produit des deux rayons de courbure en chaque point d'une surface, sur le mouvement d'un solide de révolution posé sur un plan horizontal, etc. Nous mentionnerons surtout son travail sur l'accélération séculaire du moyen mouvement de la Lune et un Mémoire sur les inégalités à longues périodes du mouvement des planètes, dans lequel l'auteur expose, avec la plus grande clarté et tous les développements nécessaires, la belle méthode qui avait permis à Cauchy de retrouver si aisément les résultats du grand travail de Le Verrier sur la planète Pallas. C'est à la demande de l'illustre astronome que Puiseux a composé cet excellent Mémoire, qui a paru dans le septième Volume des *Annales de l'Observatoire de Paris*.

XVI. Dans les Mathématiques pures, les noms de Briot et Bouquet sont inséparables; c'est en collaboration qu'ils ont écrit les Mémoires importants où se trouvent admirablement mises en lumière la fécondité et la puissance des idées de Cauchy. Leurs recherches sur les propriétés des fonctions définies par des équations différentielles sont devenues classiques. Après avoir démontré autrement que Cauchy le théorème fondamental relatif à l'existence des intégrales, Briot et Bouquet étudient les circonstances singulières qui peuvent se présenter dans une équation du premier ordre, lorsque le coefficient différentiel devient infini ou indéterminé. Pour bien juger ce Mémoire, il faut se reporter à plus de trente ans en arrière, à une époque où l'attention n'était pas portée, comme aujourd'hui, sur le rôle des points singuliers dans l'étude des fonctions. Ce rôle capital, le Mémoire dont nous parlons le met en évidence, et le mérite d'avoir introduit pour la première fois une idée si féconde assure à ses auteurs une place importante dans l'histoire de la Science. Dans un autre travail, ayant pour objet les équations différentielles algébriques du premier ordre, où la variable ne figure pas explicitement, Briot et Bouquet ont donné un nouvel exemple de l'importance des singularités, en faisant voir qu'on en tire les conditions pour que l'intégrale soit une fonction uniforme. Ces beaux et savants Mémoires, qui ont paru dans le *Journal de l'École Polytechnique*, contribuaient puissamment au progrès de la Science. Mais Briot et Bouquet ne regardent pas leur tâche comme terminée. Dévoués à l'enseignement, ils ont voulu, dans un travail didactique, exposer les principes généraux de la théorie des fonctions, et en faire l'application à l'étude des transcendantes elliptiques. Cet Ouvrage a eu deux éditions, dont la seconde, parue en 1875, et qui a été beaucoup augmentée, ne comprend pas moins de sept cents pages. Les auteurs semblent modestement, dans leur préface, avoir pour seul but de rendre à Cauchy la justice qui lui est due, et qui, disent-ils, ne lui est pas toujours rendue. Le lecteur attentif ne tarde pas à reconnaître l'admirable unité de ce savant Ouvrage, où tout est préparé pour montrer la fécondité des propositions générales de la théorie des fonctions. En présence d'un plan si bien ordonné, on risque d'oublier les détails; ce serait injuste, car en bien des points les auteurs font preuve d'une grande habileté dans l'art des transformations analytiques. Les derniers Chapitres du *Traité des fonctions elliptiques* sont consacrés à l'étude des intégrales abéliennes. Briot a exposé plus tard, en se bornant au problème de l'inversion, la théorie de ces transcendantes célèbres. Son excellent Ouvrage peut être considéré comme une traduction, dans le langage familier aux disciples de Cauchy, des idées de Riemann, liées à des questions de géométrie de situation qui ont été développées par l'illustre analyste dans son Mémoire *Sur les fonctions abéliennes*.

Je ne ferai que mentionner, malgré leur intérêt, les Mémoires que Bouquet a publiés séparément. Je rappellerai un théorème devenu classique sur les systèmes de droites dans l'espace, un travail qui a ouvert un nouveau champ d'études dans la théorie des surfaces orthogonales, la démonstration des relations linéaires entre des intégrales définies hyperelliptiques du premier ordre, que Legendre avait obtenues par la voie du calcul numérique, et enfin une méthode savante pour établir que les fonctions de plusieurs variables introduites par Jacobi, comme inverses des intégrales hyperelliptiques d'ordre, sont uniformes. Mais je m'arrêterai un instant aux travaux de Physique mathématique de Briot.

XVII. Dans un Ouvrage publié sous le titre d'*Essais sur la théorie mathématique de la lumière*, Briot, en prenant pour point de départ les idées de Cauchy sur la constitution de l'éther, applique une critique pénétrante à quelques-unes des théories développées à ce sujet par le grand géomètre et propose de nouvelles explications de la dispersion. On sait que ce phénomène consiste en une inégale vitesse de propagation des différents rayons lumineux, suivant la longueur de l'onde. En admettant que la distance des molécules d'éther soit négligeable par rapport à la longueur d'onde, les équations différentielles du mouvement vibratoire de l'éther montrent qu'il n'y a pas de dispersion ; c'est le cas du vide. Dans les corps transparents, Cauchy explique la dispersion en supposant que cette distance et même son carré ne sont pas négligeables. Briot reprend cette question et développe une idée plus générale, en faisant intervenir l'action des molécules pondérables sur les molécules d'éther. Cette influence peut se manifester, soit par leur action directe sur l'éther pendant sa vibration, soit indirectement par des inégalités périodiques dans sa distribution. La première hypothèse doit être écartée comme conduisant à une formule incompatible avec l'expérience ; mais la seconde offre un grand intérêt, tant au point de vue physique qu'au point de vue mathématique. Le mouvement vibratoire dépend alors d'équations différentielles linéaires à coefficients périodiques, et, en s'appuyant sur les travaux de Cauchy relatifs à ce genre d'équations, Briot parvient à exprimer l'indice de réfraction en fonction de la longueur d'onde par une formule analogue à celle de l'illustre géomètre. Les inégalités périodiques de l'éther ont encore servi à Briot pour l'explication de la polarisation circulaire et de la polarisation elliptique.

Dans les dernières années de sa vie, notre Collègue est revenu à plusieurs reprises sur la théorie mécanique de la chaleur. Ses leçons ont été réunies dans un Volume où l'on retrouve la clarté et la précision qui distinguaient à un si haut degré son enseignement. Le même Ouvrage contient aussi l'exposition, sous une forme extrêmement simple, des principes fondamentaux de l'Électrodynamique et de l'Électromagnétisme.

Nous venons d'évoquer le souvenir de nos prédécesseurs, nous avons voulu rendre hommage à leur mémoire, rappeler leurs travaux, leurs découvertes, les grands exemples qu'ils nous ont laissés. Notre mission est de continuer leur œuvre et d'ajouter à leur glorieux héritage; ce devoir nous est rendu plus sacré par le don magnifique que nous tenons du pays, par sa généreuse assistance pour notre enseignement et nos travaux. Tous, maîtres de conférences et professeurs, nous y consacrerons notre dévouement, nos efforts : nous avons la confiance que, pour l'honneur de la Science et de la France, nous saurons fidèlement le remplir.

SUR

LES POLYNOMES DE LEGENDRE.

Rendiconti del Circolo matematico di Palermo, t. IV, 1890, p. 146-152.

Les propriétés fondamentales exprimées par les relations

$$\int_{-1}^{+1} X_m X_n \, dx = 0, \qquad \int_{-1}^{+1} X_n^2 \, dx = \frac{2}{2n+1}$$

peuvent facilement s'établir au moyen de l'intégrale

$$J = \int_{-1}^{+1} \frac{x^p \, dx}{\sqrt{1 - 2\alpha x + \alpha^2}},$$

dont le développement en série suivant les puissances de α a pour terme général

$$\alpha^n \int_{-1}^{+1} x^p X_n \, dx.$$

En posant $\sqrt{1 - 2\alpha x + \alpha^2} = 1 - \alpha y$, on a en effet la transformée

$$J = \int_{-1}^{+1} \left[y + \frac{\alpha}{2}(1 - y^2) \right]^p dy,$$

qui est un polynome en α du degré p, ce qui donne immédiatement, pour $n > p$, l'équation

$$\int_{-1}^{+1} x^p X_n \, dx = 0.$$

Employons ensuite le développement par la formule du binome

$$\left[y + \frac{\alpha}{2}(1 - y^2) \right]^p = \sum \frac{\alpha^n}{2^n} p_n y^{p-n} (1 - y^2)^n \qquad (n = 0, 1, 2, \ldots, p),$$

on aura, pour toutes les valeurs de n non supérieures à p, l'égalité

$$\int_{-1}^{+1} x^p X_n\,dx = \frac{p_n}{2^n}\int_{-1}^{+1} y^{p-n}(1-y^2)^n\,dy,$$

où j'écris, pour abréger,

$$p_n = \frac{p(p-1)\ldots(p-n+1)}{1.2\ldots n}.$$

L'intégrale du second membre est nulle lorsque $p-n$ est impair, dans le cas contraire elle s'exprime par la quantité

$$\frac{\Gamma\left(\frac{p-n+1}{2}\right)\Gamma(n+1)}{\Gamma\left(\frac{p+n+1}{2}+1\right)},$$

et en supposant en particulier $p=n$, nous aurons :

$$\int_{-1}^{+1} x^n X_n\,dx = \frac{\Gamma\left(\frac{1}{2}\right)\Gamma(n+1)}{2^n\,\Gamma\left(\frac{2n+1}{2}+1\right)}.$$

On va voir que cè résultat conduit facilement à l'égalité

$$\int_{-1}^{+1} X_n^2\,dx = \frac{2}{2n+1}.$$

Soit, en effet,

$$X_n = A x^n + B x^{n-2} + \ldots,$$

la relation suivante

$$\int_{-1}^{+1} X_n^2\,dx = A\int_{-1}^{+1} x^n X_n\,dx$$

montre qu'il suffit d'avoir la constante A. Elle s'obtient en remarquant qu'elle représente la limite de $\frac{X_n}{x^n}$ pour n infini, et cette limite se tire de l'équation fondamentale

$$\frac{1}{\sqrt{1-2\alpha x+\alpha^2}} = \sum \alpha^n X_n,$$

en y remplaçant α par $\frac{\alpha}{x}$. Ayant, en effet,

$$\frac{1}{\sqrt{1-2\alpha+\frac{\alpha^2}{x^2}}} = \sum \frac{\alpha^n X_n}{x^n},$$

la supposition de x infini montre que A est le coefficient de α^n, dans le développement de $\frac{1}{\sqrt{1-2\alpha}}$, d'où la valeur cherchée :

$$A = \frac{1.3\ldots 2n-1}{1.2\ldots n}.$$

On peut, au moyen de la relation

$$\Gamma\left(\frac{2n+1}{2}\right) = \frac{1.3\ldots 2n-1}{2^n}\Gamma\left(\frac{1}{2}\right),$$

l'écrire de cette manière :

$$A = \frac{2^n\Gamma\left(\frac{2n+1}{2}\right)}{\Gamma(n+1)\Gamma\left(\frac{1}{2}\right)},$$

de sorte qu'on trouve, après réduction,

$$\int_{-1}^{+1} X_n^2\,dx = \frac{\Gamma\left(\frac{2n+1}{2}\right)}{\Gamma\left(\frac{2n+1}{2}+1\right)} = \frac{2}{2n+1}.$$

Voici maintenant une remarque au sujet de la discontinuité remarquable qu'offre la formule de Laplace :

$$X_n = \frac{\varepsilon}{\pi}\int_0^{\pi} \frac{d\varphi}{(x+\sqrt{x^2-1}\cos\varphi)^{n+1}},$$

où il faut prendre ε égal à $+1$ ou à -1, suivant que la partie réelle de la variable x est positive ou négative. Ce résultat important découle de la relation élémentaire

$$\int_{-\infty}^{+\infty} \frac{dt}{At^2+2Bt+C} = \frac{\varepsilon i\pi}{\sqrt{B^2-AC}},$$

dans laquelle ε est l'unité en valeur absolue et a le signe du coefficient de i dans la quantité $\frac{\sqrt{B^2 - AC}}{A}$ (*Cours d'Analyse de l'École Polytechnique*, p. 290). Supposons $B = 0$, ce qui donne l'intégrale

$$\int_{-\infty}^{+\infty} \frac{dt}{At^2 + C} = 2\int_0^{\infty} \frac{dt}{At^2 + C},$$

et posons $t = \tang\frac{\varphi}{2}$; nous aurons cette égalité :

$$2\int_0^{\pi} \frac{d\varphi}{A + C - (A - C)\cos\varphi} = \frac{\varepsilon\pi}{\sqrt{AC}},$$

ε étant $+1$ ou -1, suivant que le coefficient de i dans $\frac{i\sqrt{AC}}{A}$, et par conséquent suivant que le terme réel dans $\frac{\sqrt{AC}}{A}$ est positif ou négatif. J'emploierai cette formule en faisant

$$A = x - \alpha - \sqrt{x^2 - 1}, \qquad C = x - \alpha + \sqrt{x^2 - 1},$$

d'où

$$AC = 1 - 2\alpha x + \alpha^2;$$

je supposerai que x ait une valeur imaginaire quelconque, mais j'admettrai que α soit infiniment petit. Le signe du terme réel de $\frac{\sqrt{AC}}{A}$ sera donc celui de la partie réelle de l'expression $\frac{1}{x - \sqrt{x^2 - 1}}$, ou bien $x + \sqrt{x^2 - 1}$, qu'on obtient en posant avec Heine

$$x + \sqrt{x^2 - 1} = X + iY.$$

Nous trouvons en effet

$$2x = \frac{X(1 + X^2 + Y^2)}{X^2 + Y^2} + i\frac{Y(1 - X^2 - Y^2)}{X^2 + Y^2},$$

par où l'on voit que X a le signe de la partie réelle de la variable x, et qu'on doit prendre

$$\int_0^{\pi} \frac{d\varphi}{x - \alpha - \sqrt{x^2 - 1}\cos\varphi} = \frac{\varepsilon\pi}{\sqrt{1 - 2\alpha x + \alpha^2}},$$

ε étant égal à $+1$ ou -1, suivant que cette partie réelle est positive ou négative. Cette égalité conduit à la formule de Laplace, en développant les deux membres suivant les puissances croissantes de α, et égalant les coefficients des termes en α^n.

Faisons en second lieu

$$A = 1 - \alpha(x + \sqrt{x^2 - 1}), \qquad C = 1 - \alpha(x - \sqrt{x^2 - 1}),$$

ce qui donnera encore

$$AC = 1 - 2\alpha x + \alpha^2;$$

on remarquera que pour α infiniment petit le signe de la partie réelle de

$$\frac{\sqrt{1 - 2\alpha x + \alpha^2}}{1 - \alpha(x + \sqrt{x^2 - 1})}$$

ne dépend plus de x, de sorte que l'on a toujours, quelle que soit la valeur de cette variable

$$\int_0^{\pi} \frac{d\varphi}{1 - \alpha(x + \sqrt{x^2 - 1})} = \frac{\pi}{\sqrt{1 - 2\alpha x + \alpha^2}},$$

en prenant le second membre avec le signe $+$. L'expression de Jacobi

$$X_n = \frac{1}{\pi} \int_0^{\pi} (x + \sqrt{x^2 - 1} \cos\varphi)^n,$$

qui est la conséquence de cette formule, n'offre donc aucune discontinuité.

On peut encore se rendre compte fort simplement de la particularité qu'offre l'intégrale de Laplace, en l'écrivant sous cette forme :

$$\frac{1}{2\pi} \int_{-\pi}^{+\pi} \frac{d\varphi}{(x + \sqrt{x^2 - 1} \cos\varphi)^{n+1}}$$

et remarquant qu'elle représente alors l'intégrale curviligne

$$\frac{1}{2i\pi} \int \frac{dz}{z\left(x + \dfrac{z^2 + 1}{2z}\sqrt{x^2 - 1}\right)^{n+1}}$$

prise le long d'une circonférence de rayon égal à l'unité, $z = e^{i\varphi}$.

Cette intégrale a ainsi pour valeur le résidu de la fonction rationnelle

$$\frac{1}{z\left(x+\frac{z^2+1}{2z}\sqrt{x^2-1}\right)^{n+1}}$$

ou bien

$$\frac{2^{n+1}z^n}{\left[2zx+(z^2+1)\sqrt{x^2-1}\right]^{n+1}},$$

correspondant à celle des deux racines du dénominateur à savoir :

$$z'=-\sqrt{\frac{x-1}{x+1}},\qquad z''=-\sqrt{\frac{x+1}{x-1}}$$

dont le module est moindre que l'unité. Mais les résidus relatifs à ces racines ont une somme nulle; ayant donc obtenu une détermination de l'intégrale dans l'hypothèse

$$\operatorname{mod} z'<1,$$

on doit dans l'hypothèse contraire, lorsqu'on a par conséquent

$$\operatorname{mod} z''<1,$$

prendre le résidu relatif à z'', qui est le précédent changé de signe.

Maintenant il est aisé de voir, en remplaçant la variable x par $x+iy$, que le module de z' sera plus petit ou plus grand que l'unité, suivant que la partie réelle x sera positive ou négative. C'est ce qui résulte en effet de la relation

$$\operatorname{mod}^2\frac{x+iy-1}{x+iy+1}=\frac{(x-1)^2+y^2}{(x+1)^2+y^2}=1-\frac{4x}{(x+1)^2+y^2}.$$

En dernier lieu, je remarquerai que le résidu correspond à z' de la quantité

$$\frac{2^{n+1}z^n}{\left[2zx+(z^2+1)\sqrt{x^2-1}\right]^{n+1}},$$

calculé d'après la règle ordinaire, donne l'expression de X_n, développée suivant les puissances de $x - 1$, à savoir :

$$\begin{aligned} X_n = (2n)_n\left(\frac{x-1}{2}\right)^n &+ n_1(2n-1)_{n-1}\left(\frac{x-1}{2}\right)^{n-1} \\ &+ n_2(2n-2)_{n-2}\left(\frac{x-1}{2}\right)^{n-2} \\ &+ \ldots\ldots\ldots\ldots\ldots\ldots\ldots\ldots, \end{aligned}$$

en écrivant pour abréger

$$(m)_n = \frac{m(m-1)\ldots(m-n+1)}{1.2\ldots n}.$$

Paris, 17 mars 1890.

EXTRAIT D'UNE LETTRE ADRESSÉE A M. F. CASPARY.

SUR

LES POLYNOMES DE LEGENDRE.

Journal de Crelle, t. 107, 1891, p. 80-83.

L'intégrale définie

$$\int_0^\pi \frac{d\omega}{A + B - (A - B)\cos\omega} = \frac{\pi}{2\sqrt{AB}}$$

conduit aisément aux expressions de Laplace et de Jacobi :

$$P^n(x) = \frac{1}{\pi}\int_0^\pi (x + \cos\omega\sqrt{x^2 - 1})^n\, d\omega,$$

$$P^n(x) = \frac{1}{\pi}\int_0^\pi \frac{d\omega}{(x + \cos\omega\sqrt{x^2 - 1})^{n+1}},$$

en prenant d'abord

$$A = 1 - \alpha(x - \sqrt{x^2 - 1}), \qquad B = 1 - \alpha(x + \sqrt{x^2 - 1})$$

et développant suivant les puissances croissantes de α, puis

$$A = x - \alpha - \sqrt{x^2 - 1}, \qquad B = x - \alpha + \sqrt{x^2 - 1}$$

et en développant suivant les puissances descendantes.

Mais j'ai remarqué qu'on peut encore en tirer les formules importantes de M. Mehler, que j'écrirai ainsi :

$$P^n(x) = \frac{2}{\pi}\int_0^{\operatorname{arc}\cos x} \frac{\cos\left(n + \frac{1}{2}\right)\varphi}{\sqrt{2(\cos\varphi - x)}}\, d\varphi,$$

$$P^n(x) = \frac{2}{\pi}\int_{\operatorname{arc}\cos x}^{\pi} \frac{\sin\left(n + \frac{1}{2}\right)\varphi}{\sqrt{2(x - \cos\varphi)}}\, d\varphi.$$

Soit, à cet effet,

$$A = 1 - 2\alpha x + \alpha^2, \qquad B = 1 - 2\alpha y + \alpha^2;$$

en posant, pour abréger,

$$2\xi = x + y - (x - y)\cos\omega,$$

nous aurons d'abord

$$\int_0^\pi \frac{d\omega}{1 - 2\alpha\xi + \alpha^2} = \frac{\pi}{\sqrt{(1 - 2\alpha x + \alpha^2)(1 - 2\alpha y + \alpha^2)}}.$$

Prenons pour variable indépendante la quantité ξ, ce qui se fait au moyen de la relation

$$(y - x)\sin\omega = 2\sqrt{(y - \xi)(\xi - x)};$$

nous en déduirons cette nouvelle égalité, où je suppose $y > x$, à savoir :

$$\int_x^y \frac{d\xi}{(1 - 2\alpha\xi + \alpha^2)\sqrt{(y - \xi)(\xi - x)}} = \frac{\pi}{\sqrt{(1 - 2\alpha x + \alpha^2)(1 - 2\alpha y + \alpha^2)}}.$$

Cela étant, soit $y = 1$, on aura, après avoir multiplié par $1 - \alpha$,

$$\int_x^1 \frac{(1 - \alpha)\,d\xi}{(1 - 2\alpha\xi + \alpha^2)\sqrt{(1 - \xi)(\xi - x)}} = \frac{\pi}{\sqrt{1 - 2\alpha x + \alpha^2}};$$

puis, en posant $\xi = \cos\varphi$,

$$\int_0^{\operatorname{arc}\cos x} \frac{(1 - \alpha)\cos\frac{1}{2}\varphi\,d\varphi}{(1 - 2\alpha\cos\varphi + \alpha^2)\sqrt{2(\cos\varphi - x)}} = \frac{\pi}{2\sqrt{1 - 2\alpha x + \alpha^2}}.$$

L'intégrale du premier membre se développe suivant les puissances de α, au moyen de la relation

$$\frac{(1 - \alpha)\cos\frac{1}{2}\varphi}{1 - 2\alpha\cos\varphi + \alpha^2} = \sum \alpha^n \cos\left(n + \frac{1}{2}\right)\varphi \qquad (n = 0, 1, 2, \ldots),$$

on parvient ainsi à la formule

$$P^n(x) = \frac{2}{\pi}\int_0^{\operatorname{arc}\cos x} \frac{\cos\left(n + \frac{1}{2}\right)\varphi\,d\varphi}{\sqrt{2(\cos\varphi - x)}}.$$

Faisons, en second lieu, $x = -1$, nous aurons d'abord

$$\int_{-1}^{y} \frac{(1+\alpha)\,d\xi}{(1-2\alpha\xi+\alpha^2)\sqrt{(y-\xi)(\xi+1)}} = \frac{\pi}{\sqrt{1-2\alpha y+\alpha^2}};$$

en employant la substitution précédente, $\xi = \cos\varphi$, il viendra ensuite

$$\int_{\text{arc}\cos y}^{\pi} \frac{(1+\alpha)\sin\frac{1}{2}\varphi\,d\varphi}{(1-2\alpha\cos\varphi+\alpha^2)\sqrt{2(y-\cos\varphi)}} = \frac{\pi}{2\sqrt{1-2\alpha y+\alpha^2}},$$

et le développement

$$\frac{(1+\alpha)\sin\frac{1}{2}\varphi}{1-2\alpha\cos\varphi+\alpha^2} = \sum \alpha^n \sin\left(n+\frac{1}{2}\right)\varphi$$

donnera la seconde des formules de M. Mehler,

$$P^n(y) = \frac{2}{\pi}\int_{\text{arc}\cos y}^{\pi} \frac{\sin\left(n+\frac{1}{2}\right)\varphi\,d\varphi}{\sqrt{2(y-\cos\varphi)}}.$$

Sans m'arrêter au résultat exprimé par cette relation

$$\sum P^k(x)\,P^{n-k}(y) = \int_{\text{arc}\cos y}^{\text{arc}\cos x} \frac{\sin(n+1)\varphi\,d\varphi}{\sqrt{(y-\cos\varphi)(\cos\varphi-x)}} \qquad (k = 0, 1, 2, \ldots),$$

qui est la conséquence des égalités

$$\int_{\text{arc}\cos y}^{\text{arc}\cos x} \frac{\sin\varphi\,d\varphi}{(1-2\alpha\cos\varphi+\alpha^2)\sqrt{(y-\cos\varphi)(\cos\varphi-x)}}$$
$$= \frac{\pi}{\sqrt{(1-2\alpha x+\alpha^2)(1-2\alpha y+\alpha^2)}},$$

$$\frac{\sin\varphi}{1-2\alpha\cos\varphi+\alpha^2} = \sum \alpha^n \sin(n+1)\varphi \qquad (n = 0, 1, 2, \ldots),$$

parce que je n'en vois pas maintenant l'utilité, je passe à un autre point, en me proposant de rattacher à la théorie de fractions continues algébriques l'équation de Jacobi,

$$\frac{1}{2^n.1.2\ldots n}\,\frac{D_x^{n-\nu}(x^2-1)^n}{1.2\ldots(n-\nu)} = \frac{(x^2-1)^\nu\,D_x^\nu\,P^n(x)}{1.2\ldots(n+\nu)}.$$

Considérons le développement de $(x^2-1)^n \log\frac{x+1}{x-1}$ suivant les puissances descendantes de la variable, que je représente ainsi,

$$(x^2-1)^n \log\frac{x+1}{x-1} = \Pi(x) + \frac{\alpha}{x} + \frac{\alpha'}{x^2} + \ldots,$$

$\Pi(x)$ désignant la partie entière. Je remarque d'abord qu'on en tire facilement la propriété caractéristique de $D_x^n(x^2-1)^n$ ou $P^n(x)$, d'être le dénominateur de la réduite d'ordre n du développement en fraction continue de $\log\frac{x+1}{x-1}$. Qu'on prenne, en effet, la dérivée d'ordre n des deux membres, tous les termes en $\frac{1}{x}, \frac{1}{x^2}, \ldots, \frac{1}{x^n}$ disparaîtront, et il suffit d'observer que les expressions

$$D_x^{n-k}(x^2-1)^n D_x^k \log\frac{x+1}{x-1}$$

sont entières en x, pour parvenir à l'égalité suivante

$$D_x^n(x^2-1)^n \log\frac{x+1}{x-1} = \Phi(x) + \frac{\beta}{x^{k+1}} + \frac{\beta'}{x^{k+2}} + \ldots,$$

où $\Phi(x)$ est un polynome de degré $n-1$, ce qui met en évidence la propriété annoncée. Formons maintenant la dérivée d'ordre $n-\nu$, ν étant un entier moindre que n. L'expression de $D_x^{n-\nu}(x^2-1)^n$ sera le produit de la puissance $(x^2-1)^\nu$ par un polynome P, de degré $n-\nu$, et nous pouvons écrire la relation

$$P(x^2-1)^\nu . \log\frac{x+1}{x-1} = \Phi_1(x) + \frac{\gamma}{x^{n-\nu+1}} + \frac{\gamma'}{x^{n-\nu+2}} + \ldots.$$

Elle montre que P est le dénominateur de la réduite d'ordre $n-\nu$, dans le développement en fraction continue, de la fonction $(x^2-1)^\nu \log\frac{x+1}{x-1}$. Ceci posé, je reviens à l'équation

$$D_x^n(x^2-1)^n \log\frac{x+1}{x-1} = \Phi(x) + \frac{\beta}{x^{n+1}} + \frac{\beta'}{x^{n+2}} + \ldots,$$

et je prends les dérivées d'ordre ν des deux membres. Il est aisé de voir qu'en remplaçant $D_x^n(x^2-1)^n$ par $P^n(x)$, on trouvera pour résultat une égalité de cette forme

$$D_x^\nu P^n(x) \log\frac{x+1}{x-1} = \frac{\Pi(x)}{(x^2-1)^\nu} + \frac{\beta_1}{x^{n+\nu+1}} + \frac{\beta'_1}{x^{n+\nu+2}} + \ldots;$$

$\Pi(x)$ étant entier en x. Nous aurons donc

$$D_x^\nu P^n(x)(x^2-1)^\nu \log\frac{x+1}{x-1} = \Pi(x) + (x^2-1)^\nu\left(\frac{\beta_1}{x^{n+\nu+1}} + \frac{\beta_1'}{x^{n+\nu+2}} + \ldots\right),$$

de sorte qu'on obtient, en développant la quantité

$$(x^2-1)^\nu\left(\frac{\beta_1}{x^{n+\nu+1}} + \frac{\beta_1'}{x^{n+\nu+2}} + \ldots\right),$$

suivant les puissances descendantes de la variable

$$D_n^\nu P^n(x)(x^2-1)^\nu \log\frac{x+1}{x-1} = \Pi(x) + \frac{\gamma}{x^{n-\nu+1}} + \frac{\gamma'}{x^{n-\nu+2}} + \ldots.$$

Cette équation fait voir que le polynome $D_x^\nu P^n(x)$ est aussi le dénominateur de la réduite d'ordre $n-\nu$ de la quantité $(x^2-1)^\nu \log\frac{x+1}{x-1}$; il ne peut donc différer de $D_x^{n-\nu}(x^2-1)^n$ que par un facteur constant facile à obtenir, ce qui donne l'équation de Jacobi.

En voici une application qui m'a été suggérée par un théorème élégant dont je dois la communication à M. Beltrami. Il consiste dans la relation suivante

$$\frac{2n+1}{n(n+1)}(x^2-1)\,D_x P^n(x) = P^{n+1}(x) - P^{n-1}(x),$$

que l'illustre géomètre a aussi obtenue pour l'intégrale de seconde espèce, de sorte qu'on a pareillement

$$\frac{2n+1}{n(n+1)}(x^2-1)\,D_x Q^n(x) = Q^{n+1}(x) - Q^{n-1}(x).$$

En me bornant aux fonctions $P^n(x)$, je poserai en général,

$$(x^2-1)^\nu D_x^\nu P^n(x) = A\,P^{n+\nu}(x) + A_1 P^{n+\nu-2}(x) + \ldots + A_\varkappa P^{n+\nu-2\varkappa}(x) + \ldots,$$

et les coefficients $A_\varkappa$ seront déterminés par la formule

$$\frac{2A_\varkappa}{2(n+\nu-2\varkappa)+1} = \int_{-1}^{+1}(x^2-1)^\nu D_x^\nu P^n(x)\,P^{n+\nu-2\varkappa}(x)\,dx.$$

Sauf un facteur constant, la relation de Jacobi permet de remplacer l'intégrale par cette autre,

$$\int_{-1}^{+1} D_x^{n-\nu}(x^2-1)^n P^{n+\nu-2\varkappa}(x)\,dx,$$

à laquelle, d'après sa forme, s'applique la méthode d'intégration par parties. On la ramène ainsi à une quantité explicite, qui est nulle aux limites, et à l'expression

$$\int_{-1}^{+1} (x^2-1)^n D_x^{n-\nu} P^{n+\nu-2\varkappa}(x)\,dx,$$

qui est pareillement nulle, lorsqu'on a $n-\nu > n+\nu-2\varkappa$, c'est-à-dire $\varkappa > \nu$; nous avons donc cette relation

$$(x^2-1)^\nu D_x^\nu P^n(x) = A\,P^{n+\nu}(x) + A_1\,P^{n+\nu-2}(x) + \ldots + A_\nu\,P^{n-\nu}(x),$$

d'où se tire facilement, pour $\nu = 1$, le théorème de M. Beltrami. Dans le cas de $\nu = 2$, elle donne le résultat suivant

$$\begin{aligned}&\frac{(2n-1)(2n+1)(2n+3)}{n(n-1)(n+1)(n+2)}(x^2-1)^2 D_x^2 P^n(x)\\ &\quad = (2n-1)P^{n+2}(x) - 2(2n+1)P^n(x) + (2n+3)P^{n-2}(x).\end{aligned}$$

EXTRAIT D'UNE LETTRE ADRESSÉE A M. LERCH.

SUR LES RACINES

DE LA

FONCTION SPHÉRIQUE DE SECONDE ESPÈCE.

Ann. de la Fac. des Sc. de Toulouse, t. IV, 1890, p. I.1-10.

Soient $X_n = F(x)$ le polynome de Legendre du degré n, et $R(x)$ la partie entière du produit

$$F(x)\left(\frac{1}{x} + \frac{1}{3x^3} + \frac{1}{5x^5} + \ldots\right);$$

je poserai, sous la condition que le module de la variable soit supérieur à l'unité,

$$Q^n(x) = \frac{1}{2} F(x) \log \frac{x+1}{x-1} - R(x)$$

et, dans le cas contraire,

$$Q^n(x) = \frac{1}{2} F(x) \log \frac{1+x}{1-x} - R(x).$$

Ces expressions vérifient l'équation différentielle

$$(x^2-1)\frac{d^2y}{dx^2} + 2x\frac{dy}{dx} = n(n+1)y$$

et représentent dans tout le plan, sauf sur la circonférence de rayon égal à l'unité et dont le centre est à l'origine, ce que Heine nomme la *fonction sphérique de seconde espèce*. L'Ouvrage classique de l'illustre géomètre en expose les propriétés fondamentales qui sont d'une grande importance, mais il n'aborde pas l'étude de l'équation $Q^n(x) = 0$, la recherche de ses racines réelles ou imaginaires. J'ai essayé de traiter la question en employant le théorème de Cauchy dont je rappelle l'énoncé.

Soit $f(z)=0$ une équation ayant pour premier membre une fonction holomorphe quelconque ; si l'on pose

$$f(x+iy)=P+iQ,$$

l'excès du nombre de fois que le rapport $\frac{Q}{P}$ passe du positif au négatif, sur le nombre de fois qu'il passe du négatif au positif en devenant infini, lorsque la variable $z=x+iy$ décrit dans le sens direct un contour fermé, est égal au double du nombre des racines contenues à l'intérieur de contour.

La fonction $Q^n(x)$ que nous avons à considérer n'est pas holomorphe, mais elle le devient par un changement de variable, et lorsqu'il s'agit de la première de ses deux expressions, à savoir

$$Q^n(x)=\frac{1}{2}F(x)\log\frac{x+1}{x-1}-R(x);$$

je ferai

$$\frac{x+1}{x-1}=e^z,$$

d'où

$$x=\frac{e^z+1}{e^z-1}.$$

En posant alors, pour abréger,

$$\Phi(e^z)=\frac{1}{2}(e^z-1)^n F\left(\frac{e^z+1}{e^z-1}\right), \qquad \Pi(e^z)=(e^z-1)^n R\left(\frac{e^z+1}{e^z-1}\right),$$

j'aurai deux fonctions entières du degré n en e^z et par conséquent, sous la forme voulue, l'équation

$$z\Phi(e^z)-\Pi(e^z)=0.$$

Une première remarque permettra de chercher seulement les racines qui sont dans le demi-plan au-dessus de l'axe des abscisses. Soit, en effet,

$$f(z)=z\Phi(e^z)-\Pi(e^z);$$

les égalités

$$F(-x)=(-1)^n F(x), \qquad R(-x)=(-1)^{n-1}R(x)$$

donnent immédiatement

$$f(-z)=-\frac{f(z)}{e^{nz}},$$

et l'on voit que les racines étant deux à deux égales et de signes contraires sont placées symétriquement par rapport à l'origine. Ce point établi, je ferai usage, pour mon objet, de contours qui seront des rectangles ayant leurs côtés parallèles aux axes coordonnés. Les côtés parallèles à l'axe des abscisses seront représentés par les équations

$$z = ki\pi + t, \qquad z = (k+1)i\pi + t,$$

où k est entier, en faisant croître t de $-a$ à $+a$; les autres seront

$$z = ki\pi + a + it, \qquad z = ki\pi - a + it,$$

t variant alors de zéro à π.

J'ai maintenant à obtenir, dans ces divers cas, le premier membre de l'équation sous la forme $P + iQ$, puis à calculer pour chacun d'eux ce que Cauchy nomme l'indice de $\frac{Q}{P}$. Supposons d'abord que k soit pair, on aura

$$f(ki\pi + t) = (ki\pi + t)\Phi(e^t) - \Pi(e^t)$$

et, par conséquent,

$$P = t\Phi(e^t) - \Pi(e^t), \qquad Q = k\pi\Phi(e^t),$$

en observant que les coefficients des fonctions $\Phi(e^t)$ et $\Pi(e^t)$ sont réels. Pour obtenir ensuite l'indice de $\frac{Q}{P}$ entre les limites $t = -a$, $t = +a$, j'aurai recours à la relation

$$\operatorname{Ind}\frac{Q}{P} + \operatorname{Ind}\frac{P}{Q} = \varepsilon,$$

où ε se déterminera par la règle de Cauchy. Je remarque à cet effet que, si nous attribuons à t une valeur considérable, l'expression

$$\frac{P}{Q} = \frac{1}{k\pi}\left[t - \frac{\Pi(e^t)}{\Phi(e^t)}\right]$$

se réduit sensiblement à $\frac{t}{k\pi}$, le second terme étant fini, puisque l'exponentielle entre au même degré dans le numérateur et le dénominateur de la fraction. En supposant la quantité a très grande, nous aurons donc aux limites pour $t = -a$, $t = +a$, les signes $-$ et $+$, par conséquent $\varepsilon = -1$.

Ce résultat obtenu, écrivons successivement

$$\operatorname{Ind}\frac{P}{Q} = \operatorname{Ind}\left[t - \frac{\Pi(e^t)}{\Phi(e^t)}\right] = \operatorname{Ind}\left[-\frac{\Pi(e^t)}{\Phi(e^t)}\right] = -\operatorname{Ind}\frac{\Pi(e^t)}{\Phi(e^t)},$$

puis revenons à la variable

$$x = \frac{e^t + 1}{e^t - 1},$$

ce qui donne

$$\frac{\Pi(e^t)}{\Phi(e^t)} = \frac{2R(x)}{F(x)}.$$

On remarquera que la quantité x reste toujours en dehors des limites -1 et $+1$, de sorte que $F(x)$ ne peut s'annuler, ni la fraction devenir infinie. L'indice est donc nul et il en résulte qu'entre les limites considérées $t = -a$, $t = +a$, on a

$$\operatorname{Ind}\frac{Q}{P} = -1.$$

Passons maintenant au cas où l'entier k est impair, et soit alors

$$f(ki\pi + t) = P_1 + iQ_1,$$

en posant

$$P_1 = t\Phi(-e^t) - \Pi(-e^t), \qquad Q_1 = k\pi\Phi(-e^t).$$

On trouvera, comme tout à l'heure, $\varepsilon = -1$ et il faudra obtenir l'indice de l'expression

$$\frac{\Pi(-e^t)}{\Phi(-e^t)}$$

que la substitution suivante

$$\xi = \frac{e^t - 1}{e^t + 1}$$

ramène à $\frac{2R(\xi)}{F(\xi)}$. Mais cette variable ξ parcourt maintenant l'intervalle compris entre -1 et $+1$, lorsque t croît de $-\infty$ à $+\infty$: il y a donc n passages par l'infini qui correspondent aux diverses racines $a, b, \ldots, l$ du polynome de Legendre. Cela étant, l'égalité

$$\frac{R(\xi)}{F(\xi)} = \frac{1}{(1-a^2)F'^2(a)(\xi - a)}$$
$$+ \frac{1}{(1-b^2)F'^2(b)(\xi - b)} + \ldots + \frac{1}{(1-l^2)F'^2(l)(\xi - l)}$$

fait voir que ces passages ont lieu du négatif au positif ; on a donc

$$\operatorname{Ind} \frac{\Pi(-e^t)}{\Phi(-e^t)} = -n,$$

et nous en concluons cette seconde relation

$$\operatorname{Ind} \frac{Q_1}{P_1} = -n - 1.$$

Les côtés du rectangle qui nous restent à considérer conduisent aux expressions

$$f(ki\pi + a + it) = (ki\pi + a + it)\Phi[(-1)^k e^{a+it}] - \Pi[(-1)^k e^{a+it}]$$

et

$$f(ki\pi - a + it) = (ki\pi - a + it)\Phi[(-1)^k e^{-a+it}] - \Pi[(-1)^k e^{-a+it}],$$

qui prennent pour de grandes valeurs de la constante a une forme extrêmement simple.

Soit d'abord, en développant suivant les puissances descendantes de l'exponentielle,

$$\Phi(e^t) = \alpha e^{nt} + \ldots;$$

la première se réduit au seul terme

$$a\alpha(-1)^{nk} e^{na}(\cos nt + i \sin nt),$$

et le rapport $\frac{Q}{P}$ à la quantité $\frac{\sin nt}{\cos nt}$ qui devient infinie n fois en passant du positif au négatif lorsque t croît de zéro à π. Pour obtenir la seconde, on emploiera les développements de $\Pi(e^t)$ et de $\Phi(e^t)$ suivant les puissances ascendantes de e^t. En négligeant l'exponentielle e^{-a+it}, la partie réelle P est une constante, de sorte que l'indice relatif au quatrième côté du rectangle est nul.

Les résultats que nous venons d'établir donnent immédiatement l'indice relatif au contour total du rectangle ; en observant que l'indice du côté parallèle à la base doit être changé de signe afin d'avoir égard au sens dans lequel il est parcouru, on obtient les conclusions suivantes :

1° Lorsque l'entier k auquel correspond la base est un nombre pair $2l$, la somme des indices -1, n, $n+1$ est égale à $2n$; l'équation $Q^n(x) = 0$ a donc n racines comprises entre les deux parallèles $y = 2l\pi$, $y = (2l+1)\pi$.

2° Mais si la base correspond à un entier impair $k = 2l+1$, les indices étant $-n$, -1, n, 1, leur somme est nulle, et il n'existe aucune racine entre les droites $y = (2l+1)\pi$ et $y = (2l+2)\pi$.

L'analyse précédente doit être légèrement modifiée lorsqu'il s'agit de la portion du plan limitée par l'axe des abscisses et la droite $y = \pi$; le long de l'axe, en effet, la fonction $f(x)$ est réelle et n'a pas la forme $P + iQ$. Nous considérerons une parallèle infiniment voisine représentée par l'équation $z = t + i\delta$, en supposant que δ soit infiniment petit et positif. Ayant ainsi

$$f(z) = f(t) + i\delta f'(t),$$

l'indice de $\frac{Q}{P}$ sera celui de la quantité $\frac{f'(t)}{f(t)}$, qui est égal à $-\mu$, si l'on désigne par μ le nombre des racines réelles de l'équation $f(t) = 0$. L'indice du contour du rectangle est donc

$$-\mu + n + n + 1$$

et sera connu lorsque nous aurons obtenu le nombre μ. J'emploierai dans ce but cette expression de $Q^n(x)$, la première qui se soit offerte, à savoir

$$Q^n(x) = \frac{1}{2} F(x) \int_x^\infty \frac{dx}{(x^2-1)F^2(x)}.$$

Elle montre que cette fonction reste toujours de même signe et positive, lorsque la variable est en valeur absolue supérieure à l'unité. On voit aussi que $Q^n(x)$ s'évanouit pour x infini, le développement de l'intégrale suivant les puissances descendantes de la variable commençant par un terme $\frac{1}{x^{n+1}}$. Par conséquent, à l'égard de t qui est lié à x par la relation

$$x = \frac{e^t+1}{e^t-1},$$

on n'a que la racine $t = 0$ avec l'ordre de multiplicité $n+1$. Mais l'indice de $\frac{f'(t)}{f(t)}$ représente le nombre des racines réelles qui sont distinctes, sans avoir égard à l'ordre de multiplicité; le nombre μ

est donc égal à l'unité, et il est établi que la portion du plan que nous venons de considérer contient n racines comme toutes celles qui sont comprises entre les droites $y = 2l\pi$, $y = (2l+1)\pi$.

Une dernière remarque nous reste à faire.

L'équation qui vient de nous occuper a ses racines imaginaires conjuguées puisqu'elle est à coefficients réels, et ces racines sont deux à deux égales et de signes contraires. Elles se trouvent donc en nombre pair et représentées par les quantités $g + ih$, $-g + ih$, dans la région où nous venons de démontrer que leur nombre est n, à moins que l'on n'ait $g = 0$. De là résulte, lorsque n est impair, l'existence d'un nombre impair de racines telles que $z = ih$, où la quantité h est comprise entre les limites $2l\pi$ et $(2l+1)\pi$. C'est ce qu'il s'agit de reconnaître.

J'observe, dans ce but, qu'en posant $z = i\zeta$ dans l'expression

$$x = \frac{e^z + 1}{e^z - 1},$$

on en tire

$$x = \frac{1}{i}\cot\frac{\zeta}{2}.$$

La transformée en ζ de l'équation $f(z) = 0$ est donc

$$\frac{i\zeta}{2}\mathrm{F}\left(\frac{1}{i}\cot\frac{\zeta}{2}\right) - \mathrm{R}\left(\frac{1}{i}\cot\frac{\zeta}{2}\right) = 0,$$

et, si l'on écrit pour un moment

$$\tfrac{1}{2}\mathrm{F}(x) = \alpha x^n + \beta x^{n-2} + \ldots + \omega x, \qquad \mathrm{R}(x) = a x^{n-1} + b x^{n-3} + \ldots + p,$$

on l'obtient ainsi sous forme entière

$$i\zeta\left[\alpha\left(\frac{1}{i}\cos\frac{\zeta}{2}\right)^n + \beta\sin^2\frac{\zeta}{2}\left(\frac{1}{i}\cos\frac{\zeta}{2}\right)^{n-2} + \ldots\right]$$
$$- \sin\frac{\zeta}{2}\left[a\left(\frac{1}{i}\cos\frac{\zeta}{2}\right)^{n-1} + b\sin^2\frac{\zeta}{2}\left(\frac{1}{i}\cos\frac{\zeta}{2}\right)^{n-3} + \ldots + p\sin^{n-1}\frac{\zeta}{2}\right] = 0.$$

Faisons maintenant dans le premier membre les substitutions $\zeta = 2l\pi$, $\zeta = (2l+1)\pi$; en se servant de la condition que n est impair, les résultats seront

$$2l\pi\alpha(-1)^{\frac{n-1}{2}+ln} \qquad -p(-1)^{ln},$$

et il faut établir qu'ils sont de signes contraires. Remarquant, à cet effet, que p est la valeur de $R(x)$ pour $x = 0$, on est amené à recourir à l'expression de M. Christoffel

$$R(x) = \frac{2n-1}{1.n} X_{n-1} + \frac{2n-5}{3(n-1)} X_{n-3} + \frac{2n-9}{5(n-2)} X_{n-5} + \ldots.$$

Mais cette formule ne conduit pas au but, les polynomes d'indices pairs X_0, X_2, X_4, ... présentant la succession des signes $+$, $-$, $+$, ..., lorsqu'on suppose $x = 0$. Nous emploierons un autre résultat de l'illustre géomètre; je ferai usage de l'équation suivante

$$R_n X_v - X_n R_v = \sum \frac{X_s X_{n-v-s-1}}{v+s+1}, \qquad (s = 0, 1, 2, \ldots, n-v-1)$$

dans le cas particulier de $v = 0$. Elle donne cette expression

$$R(x) = \frac{X_0 X_{n-1}}{1} + \frac{X_1 X_{n-2}}{2} + \ldots + \frac{X_{n-1} X_0}{n},$$

dont tous les termes ont pour $x = 0$ le signe de $(-1)^{\frac{n-1}{2}}$; le coefficient α étant positif, il est prouvé que les substitutions $\zeta = 2l\pi$, $\zeta = (2l+1)\pi$ conduisent, comme nous voulions l'établir, à des résultats de signes contraires.

La fonction sphérique de seconde espèce définie à l'intérieur de la circonférence de rayon égal à l'unité, dont le centre est à l'origine, par la formule

$$Q^n(x) = \frac{1}{2} F(x) \log \frac{1+x}{1-x} - R(x),$$

se traite de la même manière et par le même procédé.

Ainsi, en posant $\frac{1+x}{1-x} = e^z$, nous obtenons une fonction holomorphe de z

$$f(z) = z\Phi(e^z) - \Pi(e^z),$$

où l'on a

$$\Phi(e^z) = \frac{1}{2}(e^z+1)^n F\left(\frac{e^z-1}{e^z+1}\right), \qquad \Pi(e^z) = (e^z+1)^n R\left(\frac{e^z-1}{e^z+1}\right).$$

Soit ensuite,

$$z = ki\pi + t, \qquad z = ki\pi + a + it,$$

et faisons successivement $f(z) = P + iQ$. On trouvera en premier lieu, suivant que k est pair ou impair, $\operatorname{Ind} \frac{Q}{P} = -n-1$, ou

$\operatorname{Ind}\frac{Q}{P} = -1$; puis, suivant que la constante a supposée très grande est positive ou négative, $\operatorname{Ind}\frac{Q}{P} = n$. ou bien $\operatorname{Ind}\frac{Q}{P} = 0$. A l'égard du nombre μ des racines réelles, je dois à M. Stieltjes la remarque qu'il résulte d'un théorème général de Sturm sur les solutions d'une équation différentielle linéaire du second ordre, que l'on a $\mu = n + 1$, deux racines consécutives comprenant toujours une racine de $X_n = 0$. C'est ce qui résulte aussi de l'expression déjà employée

$$\frac{R(x)}{F(x)} = \frac{A}{x-a} + \frac{B}{x-b} + \ldots + \frac{L}{x-l}$$

où les numérateurs des fractions simples sont tous positifs.

Supposons que l'on ait $a < b < c < \ldots < l$, et écrivons le premier membre sous la forme

$$\frac{1}{2}\log\frac{1+x}{1-x} - \sum\frac{A}{x-a}.$$

On voit que la dérivée

$$\frac{1}{1-x^2} + \sum\frac{A}{(x-a)^2}$$

étant continue et positive, lorque la variable croît de a à b par exemple, l'équation ne peut avoir qu'une seule et unique racine dans cet intervalle; il en est de même entre les limites -1 et a d'une part, l et 1 de l'autre. Et comme, en faisant dans l'expression considérée les substitutions $x = a + \delta$, $x = b - \delta$, ou δ est infiniment petit et positif, on obtient des résultats de signes contraires, $\frac{A}{\delta}$ et $-\frac{B}{\delta}$; qu'il en est de même si l'on suppose $x = -1 + \delta$, $x = a - \delta$, et enfin $x = l + \delta$, $x = 1 - \delta$, on a ainsi démontré l'existence de $n + 1$ racines, placées chacune entre deux termes consécutifs de la suite

$$-1, a, b, c, \ldots, l, +1.$$

Ce point établi et après avoir remarqué la relation

$$f(-z) = \frac{f(z)}{e^{nz}},$$

il suffira d'énoncer les conclusions suivantes :

L'équation $f(z) = 0$ admet n racines qui sont comprises dans l'intervalle des parallèles $y = (2l - 1)\pi$, $y = 2l\pi$, et il n'y en a aucune entre les droites $y = 2l\pi$, $y = (2l + 1)\pi$, pour $l = 1, 2, \ldots$.

Il n'y a de même aucune racine dans la région comprise entre une parallèle à l'axe des abscisses, à une distance infiniment petite au-dessus de cet axe, et la droite $y = \pi$.

Enfin, et dans le cas de n impair, il existe, représentées par la forme $\xi = ih$, un nombre impair de racines où h est renfermé entre les limites $(2l + 1)\pi$ et $2l\pi$.

EXTRAIT D'UNE LETTRE ADRESSÉE A M. S. PINCHERLE.

SUR

LA TRANSFORMATION DES FONCTIONS ELLIPTIQUES.

Rendiconti del Circolo matematico di Palermo, t. V, 1891, p. 155-157.

. . . .

Soit $y = \frac{U}{V}$ la formule de Jacobi pour la transformation d'ordre n, qui donne l'équation

$$\frac{dy}{\sqrt{(1-y^2)(1-\lambda^2 y^2)}} = \frac{dx}{M\sqrt{(1-x^2)(1-k^2x^2)}}.$$

Je dis qu'en posant

$$\varphi(x) = A_0 x^{n+1} + A_1 x^{n-1} + A_2 x^{n-3} + \ldots + A_{\frac{n+1}{2}},$$
$$\psi(x) = B_1 x^{n-2} + B_2 x^{n-4} + \ldots + B_{\frac{n-1}{2}} x,$$

on peut disposer des $n+1$ coefficients A_0, A_1, $A_2, \ldots$, B_0, B_1, $B_2, \ldots$ de manière que le polynome entier en x

$$\varphi^2(x) - \psi^2(x)(1-x^2)(1-k^2x^2)$$

admette le facteur $U - Vy$. Remplaçons, en effet, dans l'expression

$$\varphi(x) - \psi(x)\sqrt{(1-x^2)(1-k^2x^2)},$$

le radical par la valeur rationnelle en x, qu'on tire de l'équation différentielle, et qui est affectée du facteur $\sqrt{(1-y^2)(1-\lambda^2y^2)}$, les $n+1$ coefficients qui entrent sous forme homogène se déterminent, en fonction rationnelle de x, en écrivant que les n racines de l'équation $U - Vy = 0$ satisfont à l'égalité

$$\varphi(x) - \psi(x)\sqrt{(1-x^2)(1-k^2x^2)} = 0.$$

Vous voyez en même temps que les quantités B_0, B_1, ..., d'une part, et $A_0\sqrt{(1-y^2)(1-\lambda^2y^2)}$, $A_1\sqrt{(1-y^2)(1-\lambda^2y^2)}$, ... sont rationnelles en x et y.

Ceci posé, j'observe que la relation

$$\varphi^2(x) - \psi^2(x)(1-x^2)(1-k^2x^2) = 0,$$

ne contenant que des puissances paires de x, admettra, avec le facteur $U - Vy$, un autre qui en résulte en changeant x en $-x$, c'est-à-dire $U + Vy$. Mais elle est du degré $n+1$ par rapport à x^2 et a, par conséquent, cette forme

$$A(U^2 - V^2y^2)[x^2 - \theta^2(y)] = 0,$$

où il est aisé de voir que $\theta(y)$ est une fonction rationnelle de y: on l'obtient immédiatement au moyen du théorème d'Abel.

Soit, en effet, $y = \operatorname{sn}\left(\frac{u}{M}, \lambda\right)$; nous aurons, comme on sait,

$$U^2 - V^2y^2 = g[x^2 - \operatorname{sn}^2 u]\left[x^2 - \operatorname{sn}^2\left(u + \frac{4\omega}{n}\right)\right]\cdots$$
$$\times\left[x^2 - \operatorname{sn}^2\left(u + \frac{4(n-1)\omega}{n}\right)\right],$$

ω ayant la signification donnée au paragraphe 20 des *Fundamenta*. La somme des divers arguments

$$u, \quad u + \frac{4\omega}{n}, \quad \ldots, \quad u + \frac{4(n-1)\omega}{n},$$

est, par suite, nu, en négligeant les périodes; d'où cette conclusion bien facile que, pour

$$y = \operatorname{sn}\left(\frac{u}{M}, \lambda\right),$$

on a

$$\theta(y) = \operatorname{sn}(nu).$$

Revenons à la variable x, et soit $y = \frac{U}{V} = \lambda(x)$; la fonction rationnelle $\theta(y)$ est donc telle que $\theta[\lambda(x)]$ représente la formule de substitution qui donne la multiplication de l'argument par n;

$\theta(x)$ est, par conséquent, l'expression correspondante à ce que Jacobi a nommé *la substitution supplémentaire* $y = \theta(x)$.

Enfin, je remarque qu'en faisant

$$\theta(x) = \frac{U_1(x)}{V_1(x)}, \qquad \lambda(x) = \frac{U(x)}{V(x)},$$

on a la relation suivante

$$\begin{aligned}[U^2(x) - y^2 V^2(x)]\,[U_1^2(y) - x^2 V_1^2(y)] \\ = \varphi^2(x,y)(1-y^2)(1-\lambda^2 y^2) - \psi^2(x,y)(1-x^2)(1-k^2x^2),\end{aligned}$$

où $\varphi(x,y)$ et $\psi(x,y)$ sont des quantités rationnelles et entières en x et y. C'est ce polynome

$$F(x,y) = \varphi^2(x,y)(1-y^2)(1-\lambda^2 y^2) - \psi^2(x,y)(1-x^2)(1-k^2x^2)$$

dont il serait bien important d'obtenir un mode de formation purement algébrique; j'ai seulement fait la remarque qu'en posant les équations

$$F(z,x) = 0, \qquad F(z,y) = 0,$$

l'élimination de z conduit à une expression de y en x qui est la formule pour la multiplication.

Paris, 20 avril 1891.

NOTE SUR M. KRONECKER.

Comptes rendus de l'Académie des Sciences, t. CXIV, 1892, p. 19-21.

La Science mathématique et l'Académie viennent de faire une grande, une irréparable perte : notre illustre Correspondant, M. Kronecker, est mort à Berlin, le 29 décembre dernier, après une courte maladie.

Notre Confrère s'est mis au rang des grands géomètres par d'éclatantes découvertes dans la théorie des nombres, qui lui assurent une gloire impérissable en associant son nom à ceux de Gauss, de Dirichlet et d'Eisenstein. Son génie s'est aussi montré dans un grand nombre de travaux concernant l'Algèbre pure, la haute Analyse, la Physique mathématique ; je rappellerai seulement, et en peu de mots, ceux qui ont pour objet l'Arithmétique et la théorie des fonctions elliptiques.

Les *Fundamenta* de Jacobi avaient ouvert pour la théorie des nombres un nouveau point de vue, en faisant connaître des propositions extrêmement intéressantes sur la décomposition des entiers en carrés, établies par d'autres méthodes que celles de Gauss, au moyen d'identités qui les mettaient immédiatement en évidence. L'œuvre capitale de M. Kronecker est d'avoir trouvé, dans la théorie de la transformation et l'étude des modules singuliers donnant lieu à la multiplication complexe, une source d'un accès plus difficile, mais infiniment plus féconde pour l'Arithmétique. Dès ses premiers pas dans cette voie, qu'il devait suivre avec tant de succès, notre Confrère découvre sur le nombre des classes de formes quadratiques, de déterminant négatif, des théorèmes d'un caractère tout nouveau, qui ont été accueillis avec une admiration unanime. C'était continuer, après Dirichlet, qui, le premier, a obtenu l'expression du nombre des classes, la marche en avant dans la grande théorie fondée par le génie de Gauss. De nouveaux efforts le conduisent ensuite à une autre découverte plus profonde et plus difficile, où intervient la distribution en genres de l'ensemble des classes de même déterminant.

M. Kronecker établit qu'à chaque classe de forme quadratique correspond un module singulier qui permet la multiplication complexe; à l'ensemble des classes de même déterminant, une équation algébrique à coefficients rationnels dont il parvient à démontrer l'irréductibilité, et à la distribution en genres, une décomposition en facteurs s'obtenant par l'adjonction des racines carrées des diviseurs premiers du déterminant, qui donnent les caractères des genres.

Je m'arrêterai un instant à ces résultats, dont la place est à jamais marquée dans la Science.

La théorie des formes quadratiques est la plus importante partie de *Disquisitiones arithmeticæ* de Gauss : elle commence avec les énoncés célèbres de Fermat, elle se poursuit, pendant un siècle et demi de travaux isolés, avec les découvertes d'Euler, de Lagrange, de Legendre, celles de Gauss lui-même, pour arriver à cette profonde unité qu'on admire dans son Ouvrage. Mais ces illustres géomètres, en n'ayant en vue et pour but de leurs efforts que les propriétés des nombres entiers, tendaient, à leur insu, vers un autre objet. M. Kronecker a mis en complète évidence que la théorie des formes quadratiques, de déterminant négatif, a été une anticipation de la théorie des fonctions elliptiques, de telle sorte que les notions de classes et de genres, celle des déterminants réguliers et de l'exposant d'irrégularité, auraient pu s'obtenir par l'étude analytique et l'examen des propriétés de la transcendante. Cette correspondance que rien ne pouvait faire prévoir, entre deux ordres si distincts, si éloignés de connaissances mathématiques est une surprise pour l'esprit; elle appelle l'attention sur la marche de la Science qui nous est, en partie, cachée, et sur une secrète coordination de nos travaux qui seconde nos efforts et concourt à son développement. La voie féconde que s'était ouverte M. Kronecker a été suivie, avec succès, par d'éminents géomètres; M. Weber a publié récemment un Ouvrage du plus grand mérite, où sont approfondies ces difficiles questions; elles ont été aussi le sujet des recherches de M. Kiepert, de M. Greenhill, et notre bien regretté

Confrère Halphen y a consacré les derniers efforts de son beau talent.

Mais la trace impérissable, laissée dans la Science par M. Kronecker, ne se borne pas à ces découvertes qui suffiraient seules à son illustration. Sans quitter le domaine des fonctions elliptiques, je dois rappeler encore la résolution de l'équation générale du cinquième degré, qu'il a obtenue au moyen des relations données par Jacobi entre le module et le multiplicateur, dans la théorie de la transformation.

Notre illustre Correspondant aimait l'Académie, où il avait été appelé en 1868, et plusieurs fois il est venu prendre place parmi ses Confrères; il avait été décoré de la Légion d'honneur, en 1882, sur la proposition de M. de Freycinet. Ses dernières pensées, avant la maladie qui devait l'emporter, avaient pour objet une question fondamentale d'Analyse : l'expression, au moyen d'intégrales multiples, du nombre des solutions d'un système d'équations à plusieurs inconnues. Nous les avons recueillies dans une lettre communiquée, à notre précédente séance, par M. Picard; elle n'a paru qu'après sa mort.

La louange se tait devant le deuil de la Science et l'émotion causée, dans tout le monde mathématique, par la perte cruelle du grand Géomètre; à ces regrets douloureux, à ces souvenirs d'une vie remplie par tant de travaux et de découvertes, je joins ceux d'une amitié qui a été, pendant trente années, l'honneur de ma vie scientifique et que je ne retrouverai plus.

SUR

LA TRANSFORMATION DES FONCTIONS ELLIPTIQUES.

Mémoire de l'Académie tchèque de Prague, 1892
et *Ann. de la Fac. des Sc. de Toulouse*, t. VI, 1892, p. L.1-13.

Dans le paragraphe 32 des *Fundamenta* Jacobi a fait la remarque que si l'on désigne par λ l'un des modules relatifs à la transformation d'ordre impair n, par λ' son complément, on a, entre les fonctions complètes Λ, Λ' analogues à K et K', et le multiplicateur M, les relations suivantes

$$\alpha\,\Lambda + i\beta\,\Lambda' = \frac{a\,K + ib\,K'}{nM},$$

$$\alpha'\Lambda' + i\beta'\Lambda = \frac{a'K + ib'K'}{nM},$$

où a, a', α, α' sont des nombres impairs, b, b', β, β' des nombres pairs, satisfaisant aux conditions $aa' + bb' = n$, $\alpha\alpha' + \beta\beta' = 1$. Puis il ajoute en note : « *Accuratior numerorum a, a', b, b', etc. determinatio pro singulis ejusdem ordinis transformationibus gravibus laborare difficultatibus videtur. Immo haec determinatio, nisi egregie fallimur, maxime a limitibus pendet, inter quos modulus k versatur, ita ut pro limitibus diversis plane alia evadat : quod quam intricatam reddat questionem, expertus cognoscet, etc.* ». C'est dans le but d'éviter ces difficultés que j'ai modifié le point de vue du grand géomètre dans la théorie de la transformation ; j'ai suivi une marche inverse, je me suis donné *a priori* les relations entre K, K', Λ, Λ', pour en conclure les formules analytiques de la transformation, que Jacobi, au contraire, établit en premier lieu, et, j'ai posé la question comme il suit (1).

(1) *Cours de la Faculté des Sciences de Paris*. 4e édit., p. 265.

Soient, avec une légère modification des notations employées dans les *Fundamenta*,

$$L = \int_0^{\frac{\pi}{2}} \frac{d\varphi}{\sqrt{1 - l^2 \sin^2\varphi}}, \qquad L' = \int_0^{\frac{\pi}{2}} \frac{d\varphi}{\sqrt{1 - l'^2 \sin^2\varphi}},$$

les mêmes quantités que K et K', relatives à un autre module l, et à son complément $l' = \sqrt{1 - l^2}$. On propose de déterminer ce module ainsi que la constante M, de telle sorte que $\operatorname{sn}\left(\frac{x}{M}, l\right)$, $\operatorname{cn}\left(\frac{x}{M}, l\right)$, $\operatorname{dn}\left(\frac{x}{M}, l\right)$ admettent pour périodes $2K$ et $2iK'$, et s'expriment, par conséquent, au moyen des fonctions doublement périodiques de module k.

Nous ferons pour cela

$$(\text{A}) \qquad \begin{cases} \dfrac{K}{M} = aL + ibL', \\ \dfrac{iK'}{M} = cL + idL', \end{cases}$$

a, b, c, d étant des nombres entiers quelconques, avec la condition que le déterminant $ad - bc$ soit positif, afin que la partie réelle du quotient $\frac{L'}{L}$ soit positive. On aura ainsi les égalités

$$\operatorname{sn}\left(\frac{x+2K}{M}, l\right) = (-1)^a \operatorname{sn}\left(\frac{x}{M}, l\right),$$
$$\operatorname{cn}\left(\frac{x+2K}{M}, l\right) = (-1)^{a+b} \operatorname{cn}\left(\frac{x}{M}, l\right),$$
$$\operatorname{dn}\left(\frac{x+2K}{M}, l\right) = (-1)^b \operatorname{dn}\left(\frac{x}{M}, l\right),$$

puis

$$\operatorname{sn}\left(\frac{x+2iK'}{M}, l\right) = (-1)^c \operatorname{sn}\left(\frac{x}{M}, l\right),$$
$$\operatorname{cn}\left(\frac{x+2iK'}{M}, l\right) = (-1)^{c+d} \operatorname{cn}\left(\frac{x}{M}, l\right),$$
$$\operatorname{dn}\left(\frac{x+2iK'}{M}, l\right) = (-1)^d \operatorname{dn}\left(\frac{x}{M}, l\right).$$

Cela étant, la recherche des formules de transformation repose en entier sur les propriétés de la fonction

$$\Phi(x) = \Theta\left(\frac{x}{M}, l\right) e^{\frac{i\pi b x^2}{4KLM}},$$

qui consistent dans les relations suivantes :

$$\Phi(x + 2K) = (-1)^{(a+1)b}\Phi(x),$$
$$\Phi(x + 2iK') = (-1)^{(c+1)d}\Phi(x)e^{-\frac{in\pi(x+iK')}{K}}.$$

Ce sont aussi ces égalités dont je ferai usage pour l'objet de cette Note, et j'indiquerai d'abord une méthode facile pour y parvenir.

Je remarque, à cet effet, qu'ayant

$$\Theta\left(\frac{x}{M}, l\right) = \sum (-1)^m e^{\frac{i\pi m x}{LM} - \frac{\pi m^2 L'}{L}} \qquad (m = 0, \pm 1, \pm 2, \ldots),$$

nous pouvons écrire

$$\Phi(x) = \sum (-1)^m e^{i\pi\varphi(x, m)},$$

si l'on pose, pour abréger,

$$\varphi(x, m) = \frac{bx^2}{4KLM} + \frac{mx}{LM} + \frac{im^2 L'}{L}.$$

Remplaçons maintenant, dans le dernier terme, iL' par la valeur tirée de la première des équations (A), on obtient ainsi

$$\varphi(x, m) = \frac{bx^2}{4KLM} + \frac{mx}{LM} + \frac{m^2(K - aLM)}{bLM}$$

ou bien

$$\varphi(x, m) = \frac{(bx + 2mK)^2}{4bKLM} - \frac{m^2 a}{b}.$$

De cette nouvelle expression résulte immédiatement que l'on a

$$\varphi(x + 2K, m) = \varphi(x, m + b) + (2m + b)a,$$

le changement de x en $x + 2K$ se trouve donc ramené à celui de m en $m + b$ qui peut toujours se faire dans une série s'étendant à toutes les valeurs de l'entier m. Nous parvenons de cette manière, en ayant égard au facteur $(-1)^m$, à la première des égalités à démontrer.

La seconde découle de l'identité

$$\varphi(x, m) + \frac{nx^2}{4iKK'} = \frac{(dx + 2imK')^2}{4idK'LM} - \frac{m^2 c}{d};$$

on l'établit en transformant comme il suit la quantité

$$\varphi(x, m) + \frac{nx^2}{4iKK'} = \frac{ibK' + nLM}{4iKK'LM}x^2 + \frac{mx}{LM} + \frac{im^2L'}{L}.$$

Je tire d'abord des équations (A), par l'élimination de L', cette expression

$$ibK' + nLM = dK$$

au moyen de laquelle le premier terme devient $\frac{dx^2}{4iK'LM}$; je remplace ensuite, dans le dernier terme, iL' par la valeur tirée de la seconde de ces égalités. Nous obtenons ainsi

$$\varphi(x, m) + \frac{nx^2}{4iKK'} = \frac{dx^2}{4iK'LM} + \frac{mx}{LM} + \frac{m^2(iK' - cLM)}{dLM},$$

ce qui démontre le résultat annoncé. On en conclut comme tout à l'heure

$$\Phi(x + 2iK')\, e^{\frac{n(x+2iK')^2}{4iKK'}} = (-1)^{(c+1)d}\, \Phi(x)\, e^{\frac{nx^2}{4iKK'}},$$

et en simplifiant

$$\Phi(x + 2iK') = (-1)^{(c+1)d}\, \Phi(x)\, e^{-\frac{ni\pi(x+iK')}{K}};$$

c'est la relation qu'il s'agissait de démontrer.

On en déduit immédiatement que si l'on pose

$$\operatorname{sn}\left(\frac{x}{M}, l\right) = \frac{\Pi(x)}{\Phi(x)},$$

$$\operatorname{cn}\left(\frac{x}{M}, l\right) = \frac{\Pi_1(x)}{\Phi(x)},$$

$$\operatorname{dn}\left(\frac{x}{M}, l\right) = \frac{\Phi_1(x)}{\Phi(x)},$$

les fonctions holomorphes $\Pi(x)$, $\Pi_1(x)$, $\Phi_1(x)$ satisfont à des relations analogues, et il en résulte que les quatre quotients

$$P(x) = \frac{\Pi(x)}{\Theta^n(x)},$$

$$Q(x) = \frac{\Pi_1(x)}{\Theta^n(x)},$$

$$R(x) = \frac{\Phi_1(x)}{\Theta^n(x)},$$

$$S(x) = \frac{\Phi(x)}{\Theta^n(x)}$$

vérifient les égalités suivantes, qui sont d'une grande importance :

$$\begin{aligned}
P(x+2K) &= (-1)^{ab+a+b} & P(x),\\
P(x+2iK') &= (-1)^{cd+c+d+n} & P(x),\\
Q(x+2K) &= (-1)^{ab+a} & Q(x),\\
Q(x+2iK') &= (-1)^{cd+c+n} & Q(x),\\
R(x+2K) &= (-1)^{ab} & R(x),\\
R(x+2iK') &= (-1)^{cd+n} & R(x),\\
S(x+2K) &= (-1)^{ab+b} & S(x),\\
S(x+2iK') &= (-1)^{cd+d+n} & S(x).
\end{aligned}$$

Ces quantités sont donc des fonctions doublement périodiques, ayant un pôle unique, $x = iK'$, et, sauf un facteur constant qui reste indéterminé, elles s'expriment sous forme entière au moyen de $\operatorname{sn} x$, $\operatorname{cn} x$, $\operatorname{dn} x$ (¹). Nous en donnerons une expression différente qui s'obtient en introduisant les fonctions de Weierstrass, définies par les relations

$$\begin{aligned}
\mathrm{Al}(x) &= \frac{\Theta(x)}{\Theta(0)} e^{-\frac{Jx^2}{2K}},\\
\mathrm{Al}(x)_1 &= \frac{H(x)}{H'(0)} e^{-\frac{Jx^2}{2K}},\\
\mathrm{Al}(x)_2 &= \frac{H_1(x)}{H_1(0)} e^{-\frac{Jx^2}{2K}},\\
\mathrm{Al}(x)_3 &= \frac{\Theta_1(x)}{\Theta_1(0)} e^{-\frac{Jx^2}{2K}}.
\end{aligned}$$

La constante J désigne dans ces formules l'intégrale complète de seconde espèce, et l'on a, comme on sait,

$$J = \int_0^K k^2 \operatorname{sn}^2 x \, dx.$$

Posons, afin de passer au module l,

$$J_1 = \int_0^L l^2 \operatorname{sn}^2(x, l)\, dx:$$

nous pourrons écrire

$$\mathrm{Al}\left(\frac{x}{M}, l\right) = \frac{\Theta\left(\frac{x}{M}, l\right)}{\Theta(0, l)} e^{-\frac{J_1 x^2}{2LM^2}}.$$

(¹) *Cours d'Analyse*, p. 281.

Soit enfin

$$\text{(B)} \qquad N = \frac{J_1}{LM^2} - \frac{nJ}{K} + \frac{i\pi b}{2KLM},$$

au lieu du quotient $\frac{\Phi(x)}{\Theta^n(x)}$, on sera amené, en déterminant par la condition $S(o) = 1$ le facteur arbitraire qui entre dans $S(x)$, à la nouvelle formule

$$S(x) = \frac{Al\left(\frac{x}{M}, l\right)}{Al^n(x)} e^{\frac{Nx^2}{2}},$$

et les relations

$$\operatorname{sn} x = \frac{Al(x)_1}{Al(x)},$$
$$\operatorname{cn} x = \frac{Al(x)_2}{Al(x)},$$
$$\operatorname{dn} x = \frac{Al(x)_3}{Al(x)}$$

nous donnerons pareillement

$$P(x) = \frac{Al\left(\frac{x}{M}, l\right)_1}{Al^n(x)} e^{\frac{Nx^2}{2}},$$

$$Q(x) = \frac{Al\left(\frac{x}{M}, l\right)_2}{Al^n(x)} e^{\frac{Nx^2}{2}},$$

$$R(x) = \frac{Al\left(\frac{x}{M}, l\right)_3}{Al^n(x)} e^{\frac{Nx^2}{2}}.$$

La quantité N qui est mise en évidence dans ces expressions me semble appeler l'attention et avoir, dans la théorie de la transformation, un rôle important. Aux équations algébriques entre k et l, entre le multiplicateur M et le module doivent, en effet, s'ajouter celles qu'on peut former entre N et k; j'ai essayé d'ouvrir la voie à ces nouvelles recherches par les remarques qui vont suivre.

En premier lieu, j'établirai les relations entre les deux fonctions complètes de seconde espèce, qui correspondent aux égalités

$$\frac{K}{M} = aL + ibL',$$

$$\frac{iK'}{M} = cL + idL'.$$

Je remarque d'abord que, si l'on pose $ad - bc = n$, on en déduit

$$nL = \frac{dK - ibK'}{M},$$
$$inL' = \frac{-cK + iaK'}{M},$$

de sorte qu'en tirant de l'équation (B)

$$\frac{J_1}{M} = \frac{nJLM}{K} - \frac{i\pi b}{2K} + LMN$$

nous trouvons

$$\frac{J_1}{M} = \left(d - \frac{ibK'}{K}\right)J - \frac{i\pi b}{2K} + (dK - ibK')\frac{N}{n}.$$

J'introduis maintenant la seconde fonction complète de seconde espèce en employant la relation

$$J'K - JK' = \frac{\pi}{2},$$

je remplace, à cet effet, $\frac{\pi}{2K}$ par $J' - \frac{JK'}{K}$, et il vient après une réduction facile

$$\frac{J_1}{M} = dJ - ibJ' + (dK - ibK')\frac{N}{n}.$$

C'est la première relation que je voulais obtenir; une autre semblable, qui concerne $\frac{J'_1}{M}$, se conclut de l'égalité

$$J'_1 L - J_1 L' = \frac{\pi}{2},$$

d'où l'on tire

$$\frac{J'_1}{M} = \frac{J_1 L'}{LM} + \frac{\pi}{2LM},$$

en éliminant J_1 au moyen de l'équation (B). Nous substituerons donc la valeur

$$\frac{J_1}{LM} = \frac{nJM}{K} + MN - \frac{i\pi b}{2KL},$$

ce qui donne

$$\frac{J'_1}{M} = \frac{nL'JM}{K} + L'MN + \frac{\pi}{2LM} - \frac{i\pi b L'}{2KL}.$$

Cela étant, si l'on écrit d'abord

$$\frac{\pi}{2LM} - \frac{i\pi b L'}{2KL} = \frac{\pi(K - ibL'M)}{2KLM},$$

et qu'ensuite on remplace $K - ibL'M$ par aLM, et $L'M$ par

$$\frac{-cK + iaK'}{in},$$

cette expression devient

$$\begin{aligned}\frac{iJ'_1}{M} &= \left(-c + \frac{iaK'}{K}\right)J + (-cK + iaK')\frac{N}{n} + \frac{ia\pi}{2K}\\ &= -cJ + ia\left(\frac{JK'}{K} + \frac{\pi}{2K}\right) + (-cK + iaK')\frac{N}{n},\end{aligned}$$

et, par conséquent,

$$\frac{iJ'_1}{M} = -cJ + iaJ' + (-cK + iaK')\frac{N}{n}.$$

Il importe d'observer que dans ces résultats la quantité N, comme nous allons l'établir, est une fonction algébrique du module. Considérons, pour en donner un exemple, le cas simple de la transformation du second ordre; au théorème II du paragraphe 37 des *Fundamenta*, en remplaçant q par q^2, les quantités k, K et K' deviennent

$$\frac{1-k'}{1+k'}, \quad \frac{1+k'}{2}K, \quad (1+k')K';$$

nous ajouterons que J et J' se changent en

$$\frac{1}{1+k'}\left(J - \frac{1}{2}k^2K\right) \quad \text{et} \quad \frac{1}{1+k'}(2J' - k^2K).$$

On remarquera encore que les relations auxquelles nous venons de parvenir peuvent être présentées sous une forme plus simple; en se rappelant qu'on a posé $ad - bc = n$, on en déduit aisément les égalités

$$(\mathrm{C})\qquad \left\{\begin{aligned}\frac{aJ_1 + ibJ'_1}{M} &= nJ + KN,\\ \frac{cJ_1 + idJ'_1}{M} &= inJ' + iK'N;\end{aligned}\right.$$

dont nous allons montrer les conséquences.

Multiplions la première par J', la seconde par J, et retranchons membre à membre, on obtiendra d'abord cette nouvelle expression de N, à savoir

$$\frac{\pi}{2}N = \frac{1}{M}[J'(aJ_1 + ibJ'_1) + iJ(cJ_1 + idJ'_1)]$$

$$= \frac{1}{M}[aJ'J_1 - dJJ'_1 + i(bJ'J'_1 + cJJ_1)],$$

où n'entrent que les intégrales complètes de seconde espèce.

Soient ensuite

$$U = aL + ibL',$$
$$V = aJ_1 + ibJ'_1,$$

on a ces deux relations

$$ll'^2\frac{dU}{dl} = l^2\,U - V,$$

$$ll'^2\frac{dV}{dl} = l^2(U - V),$$

que je vais employer pour différentier par rapport à k l'égalité

$$\frac{K}{M} = aL + ibL' \qquad \text{ou bien} \qquad K = MU.$$

Nous trouvons ainsi

$$(k^2K - J)\frac{dk}{kk'^2} = U\,dM + M(l^2U - V)\frac{dl}{ll'^2};$$

cela étant, j'exprime en J et K le second membre, en remplaçant U et V par les valeurs

$$U = \frac{K}{M},$$
$$V = M(nJ + KN).$$

Ce calcul nous donne

$$(k^2K - J)\frac{dk}{kk'^2} = \frac{K\,dM}{M} + [l^2K - M^2(nJ + KN)]\frac{dl}{ll'^2},$$

ce qui est une relation linéaire homogène entre J et K. On aurait évidemment le même résultat en J' et K', en posant

$$U = cL + idL',$$
$$V = cJ + idJ',$$

pour différentier l'égalité $iK' = M(cL + idL')$; il faut donc que les coefficients de J et K soient séparément nuls, le déterminant $J'K - JK'$ étant différent de zéro. Nous avons, par conséquent,

$$\frac{dk}{kk'^2} = n\,M^2 \frac{dl}{ll'^2},$$

$$\frac{k\,dk}{k'^2} = \frac{dM}{M} + \frac{l\,dl}{l'^2} - M^2 N \frac{dl}{ll'^2}.$$

La première de ces relations a été découverte par Jacobi et donnée dans le paragraphe 32 des *Fundamenta;* on sait qu'elle est d'une importance capitale dans la théorie de la transformation. Elle permet d'écrire la seconde sous la forme

$$\frac{k\,dk}{k'^2} = \frac{dM}{M} + \frac{l\,dl}{l'^2} - \frac{N\,dk}{nkk'^2},$$

et nous en tirons l'expression suivante qui est purement algébrique, comme nous l'avons annoncé,

$$N = nkk'^2 D_k \log \frac{Mk'}{l'};$$

je vais en faire quelques applications.

Je considère d'abord le cas de la transformation du second ordre où l'on a

$$l = \frac{2\sqrt{k}}{1+k},$$

$$M = \frac{1}{1+k}.$$

On en conclut aisément

$$\left(\frac{Mk'}{l'}\right)^2 = \frac{1+k}{1-k};$$

nous avons donc

$$D_k \log \frac{Mk'}{l'} = \frac{1}{k'^2},$$

ce qui donne immédiatement

$$N = 2k.$$

En passant au cas de $n = 3$, j'emploierai les expressions des deux modules et du multiplicateur qui ont été données par Jacobi dans le paragraphe 13 des *Fundamenta*, à savoir

$$k^2 = \frac{(2+\alpha)\alpha^3}{1+2\alpha},$$

$$l^2 = \frac{(2+\alpha)^3\alpha}{(1+2\alpha)^3},$$

$$M = \frac{1}{1+2\alpha}.$$

On en tire d'abord, par un calcul facile,

$$k'^2 = \frac{(1-\alpha^2)(1+\alpha)^2}{1+2\alpha},$$

$$l'^2 = \frac{(1-\alpha^2)(1-\alpha)^2}{(1+2\alpha)^3},$$

d'où

$$\frac{k'}{l'} = \frac{(1+\alpha)(1+2\alpha)}{1-\alpha}$$

et, par conséquent,

$$\frac{Mk'}{l'} = \frac{1+\alpha}{1-\alpha}.$$

Ayant ainsi la formule

$$N = 3kk'^2 \frac{d\log\frac{1+\alpha}{1-\alpha}}{dk},$$

nous écrirons d'abord

$$N = 6kk'^2 \frac{d\alpha}{dk}\frac{1}{1-\alpha^2}.$$

En remarquant ensuite que l'on a

$$3kk'^2\frac{d\alpha}{dk} = (1-\alpha^2)(2\alpha+\alpha^2),$$

nous parvenons à l'expression suivante

$$N = 2(2\alpha+\alpha^2).$$

On en conclut, si l'on résout par rapport à α,

$$\alpha = -1+\sqrt{1+\frac{1}{2}N},$$

et, en substituant dans la valeur de k^2, on trouve l'équation entre N et k^2, à laquelle nous voulions parvenir, à savoir

$$\left(\frac{N}{2}\right)^4 - 6k^2\left(\frac{N}{2}\right)^2 - (4k^2+4k^4)\frac{N}{2} - 3k^4 = 0.$$

Nous rapprocherons ce résultat de la formule

$$\operatorname{sn} 3x = \frac{3 - (4 + 4k^2)\operatorname{sn}^2 x + 6k^2 \operatorname{sn}^4 x - k^4 \operatorname{sn}^8 x}{1 - 6k^2 \operatorname{sn}^4 x + (4k^2 + 4k^4)\operatorname{sn}^6 x - 3k^4 \operatorname{sn}^8 x},$$

en considérant le numérateur elle fait voir sur-le-champ que l'on a

$$N = -2k^2 \operatorname{sn}^2 \frac{2mK + 2niK'}{3},$$

m et n étant deux entiers quelconques.

NOTICE

SUR

LES TRAVAUX DE M. KUMMER.

Comptes rendus de l'Académie des Sciences, t. CXVI, 1893, p. 1163-1164.

La vie scientifique de l'illustre géomètre a été remplie par des travaux qui laisseront dans la Science une trace impérissable.

En Analyse, on lui doit des recherches approfondies sur la série hypergéométrique, les intégrales définies, la fonction eulérienne et l'évaluation numérique des séries lentement convergentes.

En Géométrie, M. Kummer a le premier considéré une surface de quatrième ordre extrêmement intéressante à laquelle son nom est attaché et qui a été le sujet de nombreux et importants travaux.

En Algèbre, il a obtenu, sous la forme d'une somme de sept carrés, le discriminant de l'équation du troisième degré qui donne les axes principaux des surfaces du second ordre. Ce résultat, on ne peut plus remarquable, a été le point de départ du célèbre Mémoire de Borchardt sur l'équation analogue et plus générale dont dépendent les inégalités séculaires du mouvement des planètes.

D'autres écrits concernent la théorie des systèmes de rayons rectilignes et la réfraction atmosphérique, mais c'est l'Arithmétique supérieure qui a la part la plus grande dans l'œuvre mathématique de notre Confrère.

Les Mémoires sur les nombres complexes formés avec les racines de l'unité, la notion originale et profonde des facteurs idéaux, celle des classes non équivalentes, la détermination du nombre de ces classes par une extension des méthodes de Dirichlet, la découverte éclatante de la démonstration du théorème de Fermat pour tous les exposants premiers qui ont une certaine relation avec les nombres de Bernoulli, ont été accueillis par une admiration unanime. Ces recherches se placent avec celles de Dirichlet au premier rang, par leur importance et leur fécondité, dans la Science arithmétique de notre époque. L'Académie les a récompensées par le Grand Prix des Sciences mathématiques; peu d'années après, M. Kummer devenait Correspondant dans la Section de Géométrie; il a été élu Associé étranger en 1868.

La perte de l'illustre géomètre sera vivement ressentie dans tout le monde mathématique, et la sympathie de l'Académie se joindra aux regrets de ses amis et des admirateurs de ses travaux.

EXTRAIT D'UNE LETTRE A M. PINCHERLE.

SUR LA GÉNÉRALISATION

DES

FRACTIONS CONTINUES ALGÉBRIQUES.

Annali di Matematica, t. XXI, 2e série, 1893, p. 289-308.

... Le problème que j'ai en vue est le suivant : *Étant données n séries S_1, S_2 ..., S_n procédant suivant les puissances d'une variable x, déterminer les polynomes X_1, X_2, ..., X_n des degrés μ_1, μ_2, ..., μ_n de manière à avoir*

$$S_1 X_1 + S_2 X_2 + \ldots + S_n X_n = S\, x^{\mu_1+\mu_2+\ldots+\mu_n+n-1},$$

où S est une série de même nature que S_1, S_2, ... La question ainsi posée est entièrement déterminée, et une remarque de calcul intégral en donne la complète solution dans le cas particulier où les séries sont de simples exponentielles. C'est ce que je vais montrer; je me proposerai ensuite de faire sortir, en vue du cas général, les enseignements que contient cette solution.

Soit

$$J = \frac{1}{2\pi i}\int_C \frac{e^{zx}\,dz}{(z-\zeta_1)^{\mu_1+1}(z-\zeta_2)^{\mu_2+1}\ldots(z-\zeta_n)^{\mu_n+1}},$$

l'intégrale étant prise le long d'une ligne fermée C qui comprend à son intérieur toutes les constantes ζ_1, ζ_2, ..., ζ_n. Cette quantité s'obtient, d'après le théorème de Cauchy, au moyen des résidus de la fonction placée sous le signe d'intégration dont le calcul est facile. En considérant le pôle $z = \zeta_1$, pour fixer les idées, je pose $z = \zeta_1 + \varepsilon$, puis en développant suivant les puissances croissantes de ε,

$$\frac{1}{(\zeta_1-\zeta_2+\varepsilon)^{\mu_2+1}\ldots(\zeta_1-\zeta_n+\varepsilon)^{\mu_n+1}} = A + A_1\varepsilon + \ldots + A_{\mu_1}\varepsilon^{\mu_1} + \ldots.$$

On a aussi

$$e^{(\zeta_1+\varepsilon)x} = e^{\zeta_1 x}\left(1 + \frac{\varepsilon x}{1} + \ldots + \frac{\varepsilon^{\mu_1} x^{\mu_1}}{1.2\ldots\mu_1} + \ldots\right),$$

cela étant, la valeur cherchée, abstraction faite du facteur $2i\pi$, sera le coefficient de ε^{μ_1} dans le produit des deux séries. C'est un polynome entier en x de degré μ_1; je le désigne par X_1, en posant

$$X_1 = A + A_1\frac{x}{1} + A_2\frac{x^2}{1.2} + \ldots + A_{\mu_1}\frac{x^{\mu_1}}{1.2\ldots\mu_1}.$$

Les autres résidus s'obtiennent de même, et l'on conclut l'expression suivante,

$$J = X_1 e^{\zeta_1 x} + X_2 e^{\zeta_2 x} + \ldots + X_n e^{\zeta_n x},$$

où X_i est du degré μ_i en x. Développons maintenant l'intégrale suivant les puissances croissantes de x, et soit

$$J = J_0 + J_1\frac{x}{1} + J_2\frac{x^2}{1.2} + \ldots + J_p\frac{x^p}{1.2\ldots p} + \ldots;$$

on aura

$$J_\mu = \frac{1}{2i\pi}\int_C \frac{z^\mu\,dz}{(z-\zeta_1)^{\mu_1+1}\ldots(z-\zeta_n)^{\mu_n+1}}.$$

L'intégrale d'une fraction rationnelle prise le long d'un contour qui renferme tous les pôles est nulle lorsque le degré du dénominateur surpasse le degré du numérateur de deux unités; nous pourrons donc écrire, en désignant par S une série entière en x,

$$J = S x^{\mu_1+\mu_2+\ldots+\mu_n+n-1}.$$

Ce résultat établit la propriété caractéristique des polynomes X_1, X_2, ..., X_n qui est l'objet de notre attention; leur étude, en faisant connaître les relations qui les lient pour diverses valeurs des exposants μ_1, μ_2, ..., μ_n, ouvre la voie à la généralisation de la théorie des fractions continues algébriques; voici, à cet égard, un premier point.

Je considère les cas particuliers où l'un des exposants est nul; pour fixer les idées, je suppose $\mu_1 = 0$ et j'écris

$$J_1 = \frac{1}{2i\pi}\int_C \frac{e^{zx}\,dz}{(z-\zeta_1)(z-\zeta_2)^{\mu_2+1}\ldots(z-\zeta_n)^{\mu_n+1}}.$$

En désignant par ζ l'une quelconque des quantités ζ_2, ζ_3, ..., ζ_n, et par $\mu+1$ l'exposant du facteur $z-\zeta$, je remarque qu'au moyen de la décomposition en fractions simples, on obtient facilement l'égalité

$$\frac{1}{(z-\zeta_1)(z-\zeta)^{\mu+1}} = \frac{M}{(z-\zeta_1)(z-\zeta)} - \frac{M_1}{(z-\zeta)^2} - \ldots - \frac{M_\mu}{(z-\zeta)^{\mu+1}},$$

où l'on a

$$M = M_1 = \frac{1}{(\zeta_1-\zeta)^{\mu}}, \qquad M_2 = \frac{1}{(\zeta_1-\zeta)^{\mu-1}}, \qquad \ldots, \qquad M_\mu = \frac{1}{\zeta_1-\zeta}.$$

Soit encore

$$G(z) = (z-\zeta_2)^{\mu_2+1}\ldots(z-\zeta_n)^{\mu_n+1},$$

en omettant le facteur $(z-\zeta)^{\mu+1}$, on en conclut l'expression suivante

$$J_1 = \frac{1}{2i\pi}\int_C \frac{M e^{zx}\,dz}{(z-\zeta_1)(z-\zeta)G(z)} - \frac{1}{2i\pi}\int_C \frac{M_1 e^{zx}\,dz}{(z-\zeta)^2 G(z)} - \ldots$$
$$- \frac{1}{2i\pi}\int_C \frac{M_\mu e^{zx}\,dz}{(z-\zeta)^{\mu+1} G(z)}.$$

C'est une formule de réduction qui donne de proche en proche la valeur cherchée. Le premier terme, en effet, est une intégrale J_2 dans laquelle μ et μ_1 sont nuls, et les suivants ne contiennent plus ζ_1. Ils s'expriment au moyen de polynomes X'_i, en nombre de $n-2$, qui se rapportent à l'approximation maximum de la quantité

$$X'_2 e^{\zeta_2 x} + X'_3 e^{\zeta_3 x} + \ldots + X'_n e^{\zeta_n x}.$$

En regardant comme des éléments connus ces polynomes, ainsi que ceux qui concernent les fonctions linéaires d'un nombre moindre d'exponentielles, l'application répétée de la formule conduira en dernier lieu à l'intégrale

$$J_{n-1} = \frac{1}{2i\pi}\int_C \frac{e^{zx}\,dz}{(z-\zeta_1)(z-\zeta_2)\ldots(z-\zeta_n)^{\mu_n+1}}.$$

Soit, pour un moment,

$$F(z) = (z-\zeta_1)(z-\zeta_2)\ldots(z-\zeta_n),$$

nous aurons

$$J_{n-1} = \frac{e^{\zeta_1 x}}{(\zeta_1-\zeta_n)^{\mu_n} F'(\zeta_1)} + \frac{e^{\zeta_2 x}}{(\zeta_2-\zeta_n)^{\mu_n} F'(\zeta_2)} + \ldots + X_n e^{\zeta_n x},$$

où X_n est le résidu correspondant au pôle $z=\zeta_n$ de la fonction $\frac{e^{zx}}{(z-\zeta_n)^{\mu_n+1}F(z)}$. Mais on obtient une expression plus explicite en remarquant que J_n contient en facteur x^{μ_n+n-1}; il en résulte qu'après avoir multiplié les deux membres de cette égalité par $e^{-\zeta_n x}$, on peut négliger le produit $J_{1-n}e^{-\zeta_n x}$ et omettre aussi, dans le développement des exponentielles, les puissances dont l'exposant est supérieur à μ_n, ce qui donne

$$\begin{aligned} X_n = &-\frac{1}{(\zeta_1-\zeta_n)^{\mu_n}F'(\zeta_1)}\left[1+\frac{(\zeta_1-\zeta_n)x}{1}+\ldots+\frac{(\zeta_1-\zeta_n)^{\mu_n}x^{\mu_n}}{1.2\ldots\mu_n}\right] \\ &-\frac{1}{(\zeta_2-\zeta_n)^{\mu_n}F'(\zeta_2)}\left[1+\frac{(\zeta_2-\zeta_n)x}{1}+\ldots+\frac{(\zeta_2-\zeta_n)^{\mu_n}x^{\mu_n}}{1.2\ldots\mu_n}\right] \\ &-\ldots\ldots\ldots\ldots\ldots\ldots\ldots\ldots\ldots\ldots\ldots\ldots \\ &-\frac{1}{(\zeta_{n-1}-\zeta_n)^{\mu_n}F'(\zeta_n)}\left[1+\frac{(\zeta_{n-1}-\zeta_n)x}{1}+\ldots+\frac{(\zeta_{n-1}-\zeta_n)^{\mu_n}x^{\mu_n}}{1.2\ldots\mu_n}\right]. \end{aligned}$$

J'arrive maintenant à un second point dans l'étude de la fonction

$$X_1 e^{\zeta_1 x}+X_2 e^{\zeta_2 x}+\ldots+X_n e^{\zeta_n x},$$

qui nous conduira à des relations récurrentes entre les polynomes X_i.

Soit, comme tout à l'heure,

$$F(z)=(z-\zeta_1)(z-\zeta_2)\ldots(z-\zeta_n),$$

puis

$$f(z)=(z-\zeta_1)^{\mu_1}(z-\zeta_2)^{\mu_2}\ldots(z-\zeta_n)^{\mu_n},$$

de sorte qu'on ait

$$J=\frac{1}{2i\pi}\int_C \frac{e^{zx}\,dx}{f(z)F(z)}.$$

Comme remarque préliminaire, j'établirai qu'en désignant encore par ζ l'une quelconque des quantités $\zeta_1, \zeta_2, \ldots, \zeta_n$, on peut déterminer un polynome $\Phi(z)$ de degré $n-1$ et une constante c, de manière à avoir

$$\int\frac{e^{zx}\,dz}{(z-\zeta)f(z)F(z)}=\int\frac{e^{zx}\Phi(z)\,dz}{f(z)F(z)}-\frac{c\,e^{zx}}{(z-\zeta)f(z)}.$$

La différentiation nous donne en effet, après avoir chassé le dénominateur ainsi que le facteur exponentiel, l'égalité suivante

$$1=(z-\zeta)\Phi(z)-cxF(z)+c\left[\frac{F(z)}{z-\zeta}+\frac{f'(z)F(z)}{f(z)}\right].$$

Les termes $\frac{F(z)}{z-\zeta}$ et $\frac{f'(z)F(z)}{f(z)}$ sont entiers en z, le second membre est donc un polynome de degré n, et nous avons donc avec les n coefficients de $\Phi(z)$ et la constante c, le nombre nécessaire d'indéterminées égal à $n+1$, pour rendre la relation identique.

Posons, pour abréger, $F_1(z)=\frac{f'(z)F(z)}{f(z)}$, et soit d'abord $z=\zeta$, on trouve facilement

$$F_1(\zeta)=\mu F'(\zeta),$$

où μ désigne l'exposant de $z-\zeta$ dans $f(z)$; nous en concluons immédiatement

$$c=\frac{1}{(\mu+1)F'(\zeta)}.$$

Je fais ensuite $z=\zeta_i$, ζ_i étant différent de ζ; il vient ainsi

$$1=(\zeta_i-\zeta)\Phi(\zeta_i)+c\mu_i F'(\zeta_i),$$

d'où l'on tire, en écrivant pour plus de clarté $\Phi(z,\zeta)$ au lieu de $\Phi(z)$ afin de mettre en évidence la quantité ζ,

$$\Phi(\zeta_i-\zeta)=\frac{1}{\zeta_i-\zeta}[1-c\mu_i F'(\zeta_i)]=\frac{1}{\zeta_i-\zeta}\left[1-\frac{\mu_i F'(\zeta_i)}{(\mu+1)F'(\zeta)}\right].$$

On remarquera que cette valeur est indépendante de x, mais il n'en est pas de même de $\Phi(\zeta,\zeta)$ qui nous reste à obtenir. Prenons pour cela la dérivée de l'équation

$$1=(z-\zeta)\Phi(z,\zeta)-cx\,F(z)+c\left[\frac{F(z)}{z-\zeta}+F_1(z)\right]$$

et supposons $z=\zeta$, on a ainsi

$$0=\Phi(\zeta,\zeta)-cx\,F'(\zeta)+c\left[\frac{1}{2}F''(\zeta)+F'_1(\zeta)\right],$$

ce qui donne l'expression du premier degré en x,

$$\Phi(\zeta,\zeta)=\frac{x}{\mu+1}-\frac{F''(\zeta)+2F'_1(\zeta)}{2(\mu+1)F'(\zeta)}.$$

Après avoir ainsi déterminé le polynome $\Phi(z,\zeta)$, de manière à satisfaire à la relation considérée, nous en concluons en intégrant le long de contour C,

$$\int_C \frac{e^{zx}\,dz}{(z-\zeta)f(z)\,F(z)} = \int_C \frac{e^{zx}\,\Phi(z,\zeta)\,dz}{f(z)\,F(z)};$$

voici les conséquences de ce résultat :

Désignons par J_{ζ_i} et $J^1_{\zeta_i}$ les intégrales

$$\frac{1}{2\pi i}\int_C \frac{e^{zx}\,dz}{(z-\zeta_i)f(z)}, \qquad \frac{1}{2\pi i}\int_C \frac{e^{zx}\,dz}{(z-\zeta_i)f(z)\,F(z)},$$

qui sont de formes semblables, la première donnant la seconde en augmentant d'une unité les nombres $\mu_1, \mu_2, \ldots, \mu_n$. En décomposant $\frac{\Phi(z,\zeta)}{F(z)}$ en fractions simples, la formule élémentaire

$$\frac{\Phi(z,\zeta)}{F(z)} = \sum \frac{\Phi(\zeta_i,\zeta)}{(z-\zeta_i)\,F'(\zeta_i)} \qquad (i=1, 2, \ldots, n)$$

conduit à l'égalité

$$J^1_\zeta = \sum \frac{\Phi(\zeta_i,\zeta)}{F'(\zeta_i)} J_{\zeta_i}.$$

Attribuons maintenant à ζ les valeurs $\zeta_1, \zeta_2, \ldots, \zeta_n$; on en tire les relations de récurrence auxquelles je me suis proposé de parvenir, qui expriment $J^1_{\zeta_1}, J^1_{\zeta_2}, \ldots, J^1_{\zeta_n}$ en fonction linéaire des quantités analogues $J_{\zeta_1}, J_{\zeta_2}, \ldots, J_{\zeta_n}$. Qu'on change ensuite dans ces relations les nombres $\mu_1, \mu_2, \ldots, \mu_n$, en les augmentant d'une unité, et l'on aura pareillement, au moyen de $J^1_{\zeta_1}, J^1_{\zeta_2}, \ldots, J^1_{\zeta_n}$, les n intégrales

$$J^2_\zeta = \frac{1}{2i\pi}\int_C \frac{e^{zx}\,dz}{(z-\zeta)f(z)\,F^2(z)}.$$

Et il est clair qu'en continuant ainsi de proche en proche, on arrivera à la détermination, pour une valeur quelconque de l'entier ν, de

$$J^\nu_\zeta = \frac{1}{2i\pi}\int_C \frac{e^{zx}\,dz}{(z-\zeta)f(z)\,F^\nu(z)}.$$

Enfin, nous remarquerons la formule

$$\frac{1}{2i\pi}\int_C \frac{e^{zx}\,dz}{f(z)\,F^{\nu+1}(z)} = \sum \frac{1}{F'(z)} J_\zeta \qquad (\zeta = \zeta_1, \zeta_2, \ldots, \zeta_n).$$

Supposons, en particulier, les nombres $\mu_1, \mu_2, \ldots, \mu_n$ égaux à zéro, on a alors

$$J_{\zeta_i} = e^{\zeta_i x}, \qquad f(z) = 1,$$

et nous obtenons, par un algorithme régulier, l'expression de l'intégrale

$$J = \frac{1}{2i\pi}\int \frac{e^{zx}\,dz}{F^{\nu+1}(z)},$$

où les polynomes multiplicateurs des exponentielles sont tous de même degré, égal à ν.

L'exemple le plus simple de nos relations récurrentes s'offre pour $n = 2$; un calcul facile nous donne, dans ce cas,

$$(\mu_1 + 1)(\zeta_1 - \zeta_2)^2 J^1_{\zeta_1} = [(\zeta_1 - \zeta_2)x - \mu_1 - \mu_2 - 1]J_{\zeta_1} + (\mu_1 + \mu_2 + 1)J_{\zeta_2}.$$
$$(\mu_2 + 1)(\zeta_1 - \zeta_2)^2 J^1_{\zeta_2} = (\mu_1 + \mu_2 + 1)J_{\zeta_1} - [(\zeta_1 - \zeta_2)x + \mu_1 + \mu_2 + 1]J_{\zeta_2}.$$

On est ainsi amené à un nouveau mode de calcul, entièrement différent de l'algorithme élémentaire de la théorie des fractions continues, pour obtenir les polynomes entiers qui donnent l'approximation maximum de l'expression $X_1 e^{\zeta_1 x} + X_2 e^{\zeta_2 x}$, lorsque leurs degrés diffèrent d'une unité. Nous allons montrer que le nouveau système d'opérations ne s'applique pas seulement aux exponentielles $e^{\zeta_1 x}$, $e^{\zeta_2 x}$, et qu'il s'étend de lui-même à deux séries quelconques ordonnées suivant les puissances d'une variable.

Posons

$$S = \alpha + \beta\, x + \gamma\, x^2 + \ldots,$$
$$S' = \alpha' + \beta' x + \gamma' x^2 + \ldots,$$

nous déterminerons deux binomes de premier degré A et B, et deux constantes a, b, de manière à avoir

$$SA + S'a = S_1\, x^2,$$
$$Sb + S'B = S'_1\, x^2,$$

en représentant par S_1 et S'_1 deux nouvelles séries de même forme que les proposées. Soit ensuite

$$S_1 A_1 + S'_1 a_1 = S_2\, x^2,$$
$$S_1 b_1 + S'_1 B_1 = S'_2\, x^2,$$

et continuons le même système de relations, de manière à déduire de S et S' successivement les séries

$$S_1, \quad S_2, \quad \ldots, \quad S_{n+1},$$
$$S'_1, \quad S'_2, \quad \ldots, \quad S'_{n+1}.$$

On aura, en dernier lieu,

$$S_n A_n + S'_n a_n = S_{n+1} x^2,$$
$$S_n b_n + S'_n B_n = S'_{n+1} x^2,$$

les quantités A_i, B_i étant des binomes du premier degré, a_i et b_i des constantes. Éliminons S_1, S'_1, S_2, S'_2, ..., S_n, S'_n, on obtient facilement les relations suivantes,

$$SP + S'P' = S_{n+1} x^{2n+2},$$
$$SQ + S'Q' = S'_{n+1} x^{2n+2},$$

où P, P', Q, Q' sont des polynomes entiers en x, des degrés $n+1$, n, n, $n+1$. Ajoutons-les après les avoir multipliées par des constantes p, q choisies de manière à faire disparaître le terme indépendant de x dans la série $pS_{n+1} + qS'_{n+1}$, et soit

$$Pp + Qq = X, \qquad P'p + Q'q = X_1.$$

On voit que le développement de la fonction linéaire $SX + S'X_1$ commencera par un terme en x^{2n+3}; nous avons donc, au moyen des polynomes X et X_1, de même degré égal à $n+1$, l'ordre d'approximation le plus élevé de cette fonction, tel que le donnerait la théorie des fractions continues.

Nous pouvons aller plus loin et chercher encore les polynomes de degrés inégaux μ et μ_1, pour lesquels l'ordre d'approximation est représenté par la puissance $x^{\mu+\mu_1+1}$. Je supposerai le degré de X supérieur de m unités au degré de X_1. En désignant alors par E la partie entière arrêtée au terme en x^{m-1} du développement de $\frac{S'}{S}$, de sorte qu'on ait

$$SE - S' = S_0 x^m,$$

j'appliquerai l'algorithme qu'on vient de voir à S_0 et S. On formera ainsi les égalités

$$SP + S_0 P' = S_{n+1} x^{2n+2},$$
$$SQ + S_0 Q' = S'_{n+1} x^{2n+2},$$

et nous en conclurons, en introduisant S au lieu de S_0,

$$S(Px^m + P'E) - S'P' = S_{n+1}x^{m+2n+2},$$
$$S(Qx^m + Q'E) - S'Q' = S'_{n+1}x^{m+2n+2}.$$

Ajoutons encore membre à membre, après avoir multiplié par des constantes p et q de manière à introduire le facteur x dans la série $S_{n+1}p + S'_{n+1}q$, et posons

$$X = (Pp + Qq)x^m + (P'p + Q'q)E,$$
$$X_1 = -P'p - Q'q,$$
$$S'_{n+1}x = S_{n+1}p + S'_{n+1}q.$$

Ces polynomes sont, le premier du degré $\mu = m + n + 1$, le second du degré $\mu_1 = n + 1$, et la relation

$$SX + S'X_1 = S'_{n+1}x^{m+2n+3} = S'_{n+1}x^{\mu+\mu_1+1}$$

montre qu'ils donnent l'ordre voulu d'approximation maximum. Je remarquerai encore que, si l'on élimine successivement S et S' entre les deux égalités précédentes, on en tire

$$S(PQ' - QP') = (S_{n+1}Q' - S'_{n+1}Q)x^{2n+2},$$
$$S'(PQ' - QP') = (S'_{n+1}P - S_{n+1}P')x^{2n+2}.$$

Il en résulte que le déterminant $PQ' - QP'$ est divisible par x^{2n+2}, sous la condition qu'on doit admettre, que S et S' ne contiennent pas en même temps le facteur x. Nous avons, par suite,

$$PQ' - QP' = cx^{2n+2},$$

en désignant par c une constante, puisque le premier membre est du degré $2n + 2$. Ces polynomes ont déjà été considérés par M. Padé, qui les a introduits dans la théorie des fractions continues algébriques, et en a fait une étude approfondie dans une Thèse de doctorat présentée à la Faculté des Sciences de Paris. Nous allons bientôt en trouver une application en cherchant à étendre cette théorie à la fonction linéaire.

$$SX + S'X_1 + S''X_2,$$

question difficile dont j'essaierai de donner la solution.

Il s'agit alors de trouver pour X, X_1, X_2 des polynomes de degrés μ, μ_1, μ_2, tels qu'on ait, en représentant par S_1 une série entière en x, comme S, S′ et S″,

$$SX + S'X_1 + S''X_2 = S_1 x^{\mu+\mu_1+\mu_2+2}.$$

Cette condition fait dépendre leurs coefficients de la résolution d'un système d'équations homogènes du premier degré au nombre de $\mu + \mu_1 + \mu_2 + 2$, qui les déterminent sauf un facteur commun. Mon but est de donner un algorithme qui conduise au résultat cherché, sans avoir d'équations à résoudre.

Je me fonderai pour cela sur la première remarque que j'ai faite en considérant le cas où les trois séries sont des exponentielles. Elle conduit à supposer d'abord que l'un des polynomes multiplicateurs se réduit à une constante. Nous avons vu, en effet, qu'en prenant pour auxiliaires les éléments de la théorie des fractions continues, on est ramené au cas fort simple et dont là solution est immédiate, où deux de ces polynomes sont indépendants de la variable.

Supposons X_2 constant, X et X_1 devant être des degrés m et n. J'emploierai la partie entière, que je désigne par E, du développement de $\frac{S''}{S}$ jusqu'au terme en x^m, puis parmi les fractions convergentes qui se tirent de $\frac{S'}{S}$, le groupe de celles où les dénominateurs sont de même degré, égal à m, les degrés des numérateurs étant la série des entiers de zéro à n. Représentons-les par $\frac{N_i}{D_i}$, N_i étant de degré i et D_i de degré m pour $i = 0, 1, 2, \ldots, n$; on aura les relations suivantes, où $s_0, s_1, \ldots, s_n$ sont des séries entières; en premier lieu

$$SE - S'' = S_1 x^{m+1},$$

puis

$$SD_0 - S'N_0 = s_0 x^{m+1},$$
$$SD_1 - S'N_1 = s_1 x^{m+2},$$
$$\cdots\cdots\cdots\cdots\cdots\cdots$$
$$SD_n - S'N_n = s_n x^{m+n+1}.$$

Cela posé, déterminons la constante α_0, de manière à faire disparaître le terme constant dans $S_1 - s_0\alpha_0$, et soit, en conséquence,

$$S_1 - s_0\alpha_0 = S_2 x.$$

Opérons de même sur S_2 et s_1 et posons

$$S_2 - s_1\alpha_1 = S_3 x,$$

nous continuerons pareillement jusqu'à parvenir à l'égalité

$$S_{n+1} - s_n \alpha_n = S_{n+2} x,$$

et l'on verra facilement qu'on a ainsi

$$S_1 - s_0 \alpha_0 - s_1 \alpha_1 x - \ldots - s_n \alpha_n x^n = S_{n+2} x^{n+1}.$$

Posons ensuite

$$X = E - D_0 \alpha_0 - D_1 \alpha_1 - \ldots - D_n \alpha_n,$$
$$X_1 = N_0 \alpha_0 + N_1 \alpha_1 + \ldots + N_n \alpha_n,$$

ces deux polynomes, dont le premier est du degré m et le second du degré n, donnent le résultat cherché, comme le montre la relation

$$SX + S'X_1 - S'' = S_{n+2} x^{m+n+2},$$

qui découle immédiatement des égalités précédentes (¹).

Ce point obtenu, je reviens encore au cas où les séries sont des exponentielles, et en supposant $n = 3$, aux relations récurrentes qui donnent les quantités désignées par J'_{ζ_1}, J'_{ζ_2}, J'_{ζ_3} au moyen de J_{ζ_1}, J_{ζ_2}, J_{ζ_3}. Posons, pour simplifier,

$$\alpha = \zeta_2 - \zeta_3, \qquad \beta = \zeta_3 - \zeta_1, \qquad \gamma = \zeta_1 - \zeta_2;$$

on conclut aisément, des formules générales,

$$\begin{aligned}
(\mu_1 + 1)\alpha\beta^2\gamma^2 J'_{\zeta_1} = {} & [(\mu_2 + \mu_3 + 1)\beta - (\mu_1 + \mu_3 + 1)\gamma - \beta\gamma x] J_{\zeta_1} \\
& + [(\mu_1 + 1)\beta^2 - \mu_2 \alpha\beta] J_{\zeta_2} \\
& + [(\mu_1 + 1)\gamma^2 - \mu_3 \alpha\gamma] J_{\zeta_3}, \\
(\mu_2 + 1)\alpha^2\beta\gamma^2 J'_{\zeta_2} = {} & [(\mu_2 + 1)\alpha^2 - \mu_1 \alpha\beta] J_{\zeta_1} \\
& + [(\mu_2 + \mu_3 + 1)\gamma - (\mu_1 + \mu_2 + 1)\alpha - \alpha\gamma x] J_{\zeta_2} \\
& + [(\mu_2 + 1)\gamma^2 - \mu_3 \beta\gamma] J_{\zeta_3}, \\
(\mu_3 + 1)\alpha^2\beta^2\gamma J'_{\zeta_3} = {} & [(\mu_3 + 1)\alpha^2 - \mu_1 \alpha\gamma] J_{\zeta_1} \\
& + [(\mu_3 + 1)\beta^2 - \mu_2 \beta\gamma] J_{\zeta_2} \\
& + [(\mu_1 + \mu_3 + 1)\alpha - (\mu_2 + \mu_3 + 1)\beta - \alpha\beta x] J_{\zeta_3}.
\end{aligned}$$

La principale remarque à faire sur ces résultats, c'est que les quantités J_{ζ_1}, J_{ζ_2}, J_{ζ_3} y représentent de trois manières, pour trois

(¹) Cette question a été le sujet des recherches de M. Tchebichef qui en a donné la solution par une méthode entièrement différente de celle que j'ai suivie dans le Tome XXX des *Mémoires de l'Académie des Sciences de Saint-Pétersbourg*; une traduction française du travail de l'illustre géomètre, *Sur les expressions approchées, linéaires par rapport à deux polynomes*, a paru dans le *Bulletin des Sciences mathématiques*, t. I, 1877, p. 289.

systèmes différents de polynomes, le même ordre d'approximation maximum de la fonction

$$X_1 e^{\zeta_1 x} + X_2 e^{\zeta_2 x} + X_3 e^{\zeta_3 x}$$

et qu'il en est de même pour J'_{ζ_1}, J'_{ζ_2}, J'_{ζ_3}, l'ordre se trouvant alors augmenté de trois unités. D'après cela, je considère pareillement pour le cas général les trois relations

$$\begin{aligned} SP + S'P' + S''P'' &= S_1 x^n, \\ SQ + S'Q' + S''Q'' &= S'_1 x^n, \\ SR + S'R' + S''R'' &= S''_1 x^n, \end{aligned}$$

où les degrés des polynomes multiplicateurs étant donnés dans le Tableau suivant,

$$\begin{array}{ccc} m, & m'-1, & m''-1, \\ m-1, & m', & m''-1, \\ m-1, & m'-1, & m'', \end{array}$$

on a

$$n = m + m' + m''.$$

Nous obtiendrons donc, dans chaque égalité, l'approximation maximum, et je conviendrai de donner au système des coefficients la désignation de *polynomes associés d'ordres* (m, m', m''). Déterminons maintenant trois binomes de premier degré A, B, C et six constantes a, a_1, b, b_1, c, c_1, de manière à avoir

$$\begin{aligned} S_1 A + S'_1 a + S''_1 a_1 &= S_2 x^3, \\ S_1 b + S'_1 B + S''_1 b_1 &= S'_2 x^3, \\ S_1 c + S'_1 c_1 + S''_1 C &= S''_2 x^3, \end{aligned}$$

en indiquant par S_2, S'_2, S''_2 des séries entières en x. Il est évidemment possible de satisfaire à de telles conditions, chaque égalité renfermant, sous forme homogène, quatre indéterminées qui permettent d'annuler le terme indépendant ainsi que les coefficients de x et x^2. Cela étant, on trouve, en éliminant S_1, S'_1, S''_1, les équations suivantes :

$$\begin{aligned} S(PA + Qa + Ra_1) &+ S'(P'A + Q'a + R'a_1) \\ &+ S''(P''A + Q''a + R''a_1) = S_2 x^{n+3}, \\ S(Pb + QB + Rb_1) &+ S'(P'b + Q'B + R'b_1) \\ &+ S''(P''b + Q''B + R''b_1) = S'_2 x^{n+3}, \\ S(Pc + Qc_1 + RC) &+ S'(P'c + Q'c_1 + R'C) \\ &+ S''(P''c + Q''c_1 + R''C) = S''_2 x^{n+3}, \end{aligned}$$

où les degrés des coefficients de S, S', S'' sont

$$\begin{matrix} m+1, & m', & m'', \\ m, & m'+1, & m'', \\ m, & m', & m''+1. \end{matrix}$$

Nous avons obtenu, par conséquent, les polynomes associés d'ordres $(m+1, m'+1, m''+1)$ au moyen des polynomes associés d'ordres (m, m', m''), par une loi de formation que nous continuerons en posant les nouvelles égalités

$$\begin{aligned} S_2 A' + S'_2 a' + S''_2 a'_1 &= S_3 x^3, \\ S_2 b' + S'_2 B' + S''_2 b'_1 &= S'_3 x^3, \\ S_2 c' + S'_2 c'_1 + S''_2 C' &= S''_3 x^3. \end{aligned}$$

On en conclura les polynomes d'ordres $(m+2, m'+2, m''+2)$ et, de proche en proche, en poursuivant les mêmes calculs, nous parviendrons, par un algorithme régulier, aux polynomes associés des ordres $(m+p, m'+p, m''+p)$ où p est un entier arbitraire.

Nous avons maintenant les éléments nécessaires pour la solution de la question générale de l'approximation maximum de la fonction

$$SX + S'X_1 + S''X_2,$$

en admettant que X, X_1, X_2 soient de degrés μ, μ_1, μ_2. Je suppose, pour fixer les idées, que μ_2 soit le plus petit de ces trois nombres; je ferai

$$\mu - \mu_2 = m, \qquad \mu_1 - \mu_2 = m',$$

m et m' étant positifs et pouvant être nuls, et j'appliquerai l'algorithme précédent aux quantités que je vais définir.

Soient $\frac{P}{P'}$ et $\frac{Q}{Q'}$ des fractions convergentes tirées de $\frac{S'}{S}$ et telles que les degrés de P et Q soient $m+1$ et m; ceux de P' et Q', m' et $m'+1$. Les deux premières S_1 et S'_1 résulteront des égalités suivantes :

$$\begin{aligned} SP - S'P' &= S_1 x^{m+m'+2}, \\ SQ - S'Q' &= S'_1 x^{m+m'+2}, \end{aligned}$$

et la troisième S''_1 sera donnée par la relation que nous savons former, où R et R' sont des polynomes de degrés m et m', à savoir

$$SR + S'R' - S'' = S''_1 x^{m+m'+2}.$$

Cela étant, nous obtiendrons les polynomes associés d'ordres $(m+2, m'+2, 1)$, $(m+3, m'+3, 2)$, ..., par le calcul de S_2, S'_2, S''_2; S_3, S'_3, S''_3, ..., et ces mêmes opérations continuées jusqu'à ce qu'on parvienne à S_{μ_2}, S'_{μ_2}, S''_{μ_2} donneront, en dernier lieu, les polynomes d'ordres $(m+\mu_2, m'+\mu_2, \mu_2)$, c'est-à-dire (μ, μ_1, μ_2); c'est le résultat auquel il s'agissait d'arriver.

La méthode que je viens d'esquisser repose principalement sur l'emploi des polynomes associés; j'ajouterai à leur égard les remarques suivantes, qui se tirent des équations de définition

$$\begin{aligned} SP + S'P' + S''P'' &= S_1 x^n, \\ SQ + S'Q' + S''Q'' &= S'_1 x^n, \\ SR + S'R' + S''R'' &= S''_2 x^n. \end{aligned}$$

En les résolvant par rapport à S, S', S'' et désignant par D le déterminant

$$\begin{vmatrix} P & P' & P'' \\ Q & Q' & Q'' \\ R & R' & R'' \end{vmatrix},$$

on obtient d'abord la relation

$$D = cx^n,$$

où c est une constante.

Je les ajoute après les avoir multipliées par des indéterminées p, q, r, dont je dispose de manière à avoir

$$S_1 p + S'_1 q + S''_1 r = sx^2,$$

et je pose

$$\begin{aligned} X &= Pp + Qq + Rr, \\ X_1 &= P'p + Q'q + R'r, \\ X_3 &= P''p + Q''q + R''r, \end{aligned}$$

ce qui nous donne

$$SX + S'X_1 + S''X_2 = sx^{m+2},$$

et, par conséquent, l'ordre d'approximation maximum, avec les degrés m, m', m'' des trois polynomes.

La recherche de cette approximation maximum peut encore être considérée sous un second point de vue bien distinct de celui auquel je me suis placé jusqu'ici. Au lieu de séries ordonnées, suivant les puissances croissantes d'une variable, j'envisagerai

n développements de la forme

$$\frac{\alpha}{x} + \frac{\beta}{x^2} + \frac{\gamma}{x^3} + \ldots,$$

et en les désignant par $S_1, S_2, \ldots, S_n$, je me proposerai d'obtenir des polynomes $X_1, X_2, \ldots, X_n$ de degrés $\mu_1, \mu_2, \ldots, \mu_n$ tels que la fonction linéaire

$$S_1 X_1 + S_2 X_2 + \ldots + S_n X_n$$

ne contienne aucun des termes en

$$\frac{1}{x}, \quad \frac{1}{x^2}, \quad \ldots, \quad \frac{1}{x^{\mu_1+\mu_2+\ldots+\mu_n+n}}.$$

Soit, pour abréger,

$$m = \mu_1 + \mu_2 + \ldots + \mu_n;$$

représentons aussi par E le groupe des termes entiers en x dans cette fonction, on aura l'égalité suivante,

$$S_1 X_1 + S_2 X_2 + \ldots + S_n X_n - E = \frac{\varepsilon}{x^{m+n}} + \frac{\varepsilon'}{x^{m+n+1}} + \ldots,$$

et nous remarquerons que les polynomes multiplicateurs, ainsi que la partie entière E, se trouvent, d'après la condition posée, complètement déterminés, sauf une constante qui entre en facteur commun. Le calcul intégral offre un exemple intéressant de ce mode nouveau d'approximation, que j'ai déjà indiqué (*Journal de Crelle*, t. 79) et que je rappellerai succinctement. Il se tire de cette nouvelle expression, semblable à celle que j'ai considérée en commençant,

$$J = \int_x^\infty \frac{(z-x)^\nu \, dz}{(z-\zeta_1)^{\mu_1+1}(z+\zeta_2)^{\mu_2+1}\ldots(z-\zeta_n)^{\mu_n+1}},$$

mais où l'intégrale est rectiligne lorsque les exposants μ_1, $\mu_2, \ldots, \mu_n$, ayant pour valeur commune μ, on a

$$\nu = \mu.$$

Si nous posons encore

$$F(z) = (z-\zeta_1)(z-\zeta_2)\ldots(z-\zeta_n),$$

on aura plus simplement

$$J = \int_x^\infty \frac{(z-x)^\mu\, dz}{F^{\mu+1}(z)},$$

c'est l'intégrale d'une fonction rationnelle, et l'on trouve facilement

$$J = X_1 \log\frac{x-\zeta_1}{x-\zeta_n} + X_2 \log\frac{x-\zeta_2}{x-\zeta_n} + \ldots + X_{n-1} \log\frac{x-\zeta_{n-1}}{x-\zeta_n} - E.$$

Dans cette formule, $X_1, X_2, \ldots, X_{n-1}$ sont des polynomes du degré μ, l'un quelconque d'entre eux X_i étant le résidu de la fraction rationnelle $\frac{(z-x)^\mu}{F^{\mu+1}(z)}$ qui correspond au pôle ζ_i. Soit enfin, en développant suivant les puissances décroissantes de z,

$$\frac{(z-x)^\mu}{F^{\mu+1}(z)} = \frac{\alpha}{z^{(n-1)\mu+n}} + \frac{\beta}{z^{(n-1)\mu+n+1}} + \ldots,$$

on en tire la série

$$J = \frac{\alpha'}{x^{(n-1)\mu+n-1}} + \frac{\beta'}{x^{(n-1)\mu+n}} + \ldots,$$

dont le premier terme montre que le système de ces $n-1$ polynomes conduit en effet à l'approximation maximum.

Ce résultat m'avait donné l'espoir que la considération des deux intégrales

$$\int_C \frac{e^{zx}\, dz}{f(z)\, F(z)}, \qquad \int_x^\infty \frac{(z-x)^\nu\, dz}{f(z)\, F(z)},$$

où j'ai posé

$$f(z) = (z-\zeta_1)^{\mu_1}(z-\zeta_2)^{\mu_2}\ldots(z-\zeta_n)^{\mu_n},$$

me servirait également pour éclairer la question des deux modes d'approximation que j'avais en vue. Mais si l'étude en est toute semblable, les conclusions à en tirer sont bien différentes, ainsi qu'on va le voir.

En employant les dénominations dont j'ai déjà fait usage, j'ai d'abord remarqué qu'on peut déterminer le polynome $\Phi(z)$ du degré $n-1$ et une constante c, de manière à avoir

$$\int \frac{(z-x)^\nu\, dz}{(z-\zeta)\, f(z)\, F(z)} = \int \frac{(z-x)^{\nu-1}\, \Phi(z)\, dz}{f(z)\, F(z)} - \frac{c(z-x)^\nu}{(z-\zeta)\, f(z)}.$$

Nous en tirons, en effet, cette égalité

$$z - x = (z-\zeta)\,\Phi(z) - \nu c\, F(z) + c(z-x)\left[\frac{F(z)}{z-\zeta} + F_1(z)\right],$$

et, en raisonnant comme nous l'avons déjà fait, on en conclut d'abord

$$c = \frac{1}{(\mu+1)\,F'(\zeta)},$$

puis, si l'on écrit $\Phi(z, \zeta)$ au lieu de $\Phi(z)$, les valeurs suivantes :

$$\Phi(\zeta_i, \zeta) = \frac{\zeta_i - x}{\zeta_i - \zeta}\left[1 - \frac{\mu_i\,F'(\zeta_i)}{(\mu+1)\,F'(\zeta)}\right],$$

$$\Phi(\zeta, \zeta) = \frac{\nu}{\mu+1} - \frac{\zeta_i - x}{(\mu+1)\,F'(\zeta)}\left[\frac{1}{2}F''(\zeta) + F'(\zeta)\right],$$

qui contiennent l'une et l'autre la variable x au premier degré. Cela posé, l'intégration nous donne, en admettant que l'exposant ν soit inférieur au degré de $(z-\zeta)f(z)$,

$$\int_x^\infty \frac{(z-x)^\nu\,dz}{(z-\zeta)\,f(z)\,F(z)} = \int_x^\infty \frac{(z-x)^{\nu-1}\,\Phi(z)\,dz}{f(z)\,F(z)}.$$

Remplaçons maintenant $\dfrac{\Phi(z)}{F(z)}$ par la somme

$$\sum \frac{\Phi(\zeta_i, \zeta)}{(z-\zeta_i)\,F'(\zeta_i)}$$

et posons

$$J_\zeta = \int_x^\infty \frac{(z-x)^{\nu-1}\,dz}{(z-\zeta)\,f(z)}, \qquad J'_\zeta = \int_x^\infty \frac{(z-x)^\nu\,dz}{(z-\zeta)\,f(z)\,F(z)};$$

on obtient, pour les valeurs $\zeta = \zeta_1, \zeta_2, \ldots, \zeta_n$, les relations

$$J'_\zeta = \sum \frac{\Phi(\zeta_i, \zeta)}{F'(\zeta_i)}\,J_{\zeta_i} \qquad (i = 1, 2, 3, \ldots, n).$$

Après avoir remarqué qu'on a encore, en général,

$$\int_x^\infty \frac{(z-x)^{\nu-1}\,dz}{f(z)\,F(z)} = \sum \frac{1}{F'(\zeta_i)}\,J_{\zeta_i} \qquad (i = 1, 2, \ldots, n),$$

je vais considérer le cas particulier où $\mu_1, \mu_2, \ldots, \mu_n$ sont égaux à μ et ν à $\mu+1$, ce qui donne

$$J_\zeta = \int_x^\infty \frac{(z-x)^\mu\,dz}{(z-\zeta)\,F^\mu(z)}, \qquad J'_\zeta = \int_x^\infty \frac{(z-x)^{\mu+1}\,dz}{(z-\zeta)\,F^{\mu+1}(z)}.$$

On passe de la première intégrale à la seconde par le changement de μ en $\mu+1$; nous voyons, par suite, qu'en supposant en premier lieu $\mu = 1$, les relations trouvées conduisent par un algorithme régulier à la détermination pour toute valeur entière de μ des quantités J_ζ et, par conséquent, des polynomes $X_1, X_2, \ldots, X_{n-1}$ dans l'égalité

$$\int_x^\infty \frac{(z-x)^\mu\, dz}{F^{\mu+1}(z)} = X_1 \log \frac{x-\zeta_1}{x-\zeta_n} + \ldots + X_{n-1} \log \frac{x-\zeta_{n-1}}{\zeta_{n-1}-\zeta_n} - E.$$

Pour ne pas trop m'étendre, je ne jetterai qu'un rapide coup d'œil sur cet algorithme; je me contenterai de remarquer que la partie transcendante de J_ζ se présente sous la forme suivante

$$X'_1(x-\zeta_1)\log\frac{x-\zeta_1}{x-\zeta} + X'_2(x-\zeta_2)\log\frac{x-\zeta_2}{x-\zeta} + \ldots$$
$$+ X'_n(x-\zeta_n)\log\frac{x-\zeta_n}{x-\zeta},$$

où $X'_1, X'_2, \ldots, X'_n$ sont des polynomes de degré $\mu - 1$. J'observerai encore qu'en développant suivant les puissances descendantes de x, nous trouvons

$$J_\zeta = \frac{\alpha}{x^{(n-1)\mu}} + \ldots.$$

On est donc encore amené, avec le système de ces coefficients, à une approximation maximum, mais qui se rapporte à une autre expression que la proposée. Les polynomes auxiliaires, auxquels donne naissance le nouvel algorithme, sont ainsi d'une nature toute différente de ceux auxquels nous avons précédemment donné le nom d'*associés*. Devant les grandes difficultés qui s'offrent maintenant pour saisir, dans ces circonstances, le moyen de passer du cas particulier que nous venons de considérer au cas général où les logarithmes sont remplacés par des séries quelconques, j'ai dû poursuivre dans une autre direction la recherche que j'ai entreprise; voici, en peu de mots, ce que j'ai obtenu :

Soient S et S' deux séries de la forme $\frac{g}{x} + \frac{g'}{x^2} + \frac{g''}{x^3} + \ldots$, je désignerai par P, P'; Q, Q'; R, R' des polynomes dont les degrés sont donnés par ce Tableau,

$$\begin{array}{cc} m, & m', \\ m+1, & m', \\ m, & m'+1, \end{array}$$

et tels qu'en posant $n = m + m' + 2$ on ait les égalités suivantes, qui sont caractéristiques de l'approximation maximum, à savoir

$$SP + S'P' - E = \frac{\alpha}{x^n} + \frac{\alpha'}{x^{n+1}} + \ldots,$$

$$SQ + S'Q' - E' = \frac{\beta}{x^{n+1}} + \frac{\beta'}{x^{n+2}} + \ldots,$$

$$SR + S'R' - E'' = \frac{\gamma}{x^{n+1}} + \frac{\gamma'}{x^{n+2}} + \ldots.$$

Cela posé, je forme ces combinaisons linéaires où A et B sont des binomes du premier degré, a, a', b, b' des constantes

$$(SP + S'P' - E)A + (SQ + S'Q' - E')a + (SR + S'R' - E'')a'$$
$$= \left(\frac{\alpha}{x^n} + \frac{\alpha'}{x^{n+1}} + \ldots\right)A + \left(\frac{\beta}{x^{n+1}} + \frac{\beta'}{x^{n+2}} + \ldots\right)a + \left(\frac{\gamma}{x^{n+1}} + \frac{\gamma'}{x^{n+2}} + \ldots\right)a'$$

$$(SP + S'P' - E)b + (SQ + S'Q' - E')B + (SR + S'R' - E'')b'$$
$$= \left(\frac{\alpha}{x^n} + \frac{\alpha'}{x^{n+1}} + \ldots\right)b + \left(\frac{\beta}{x^{n+1}} + \frac{\beta'}{x^{n+2}} + \ldots\right)B + \left(\frac{\gamma}{x^{n+1}} + \frac{\gamma'}{x^{n+2}} + \ldots\right)b'$$

$$(SQ + S'Q' - E')c + (SR + S'R' - E'')c'$$
$$= \left(\frac{\beta}{x^{n+1}} + \frac{\beta'}{x^{n+2}} + \ldots\right)c + \left(\frac{\gamma}{x^{n+1}} + \frac{\gamma'}{x^{n+2}} + \ldots\right)c'.$$

J'observe maintenant qu'au moyen des coefficients indéterminés contenus dans A, B et des constantes a, a', b, b', on peut faire disparaître dans les seconds membres des deux premières égalités les termes en $\frac{1}{x^n}$, $\frac{1}{x^{n+1}}$, $\frac{1}{x^{n+2}}$, et enfin, au moyen de c et c' dans la troisième, le seul terme en $\frac{1}{x^{n+1}}$. Soient donc

$$P_1 = PA + Qa + Ra', \qquad P'_1 = P'A + Q'a + R'a',$$
$$Q_1 = Pb + QB + Rb', \qquad Q'_1 = P'b + Q'B + R'b',$$
$$R_1 = Pc + Qc', \qquad R'_1 = P'c + Q'c',$$

nous aurons les nouvelles égalités, toutes semblables aux précédentes,

$$SP_1 + S'P'_1 - E_1 = \frac{\alpha_1}{x^{n+3}} + \frac{\alpha'_1}{x^{n+4}} + \ldots,$$

$$SQ_1 + S'Q'_1 - E'_1 = \frac{\beta_1}{x^{n+3}} + \frac{\beta'_1}{x^{n+4}} + \ldots,$$

$$SR_1 + S'R'_1 - E'_1 = \frac{\gamma_1}{x^{n+2}} + \frac{\gamma'_1}{x^{n+3}} + \ldots.$$

Chacune d'elles correspond encore à un ordre d'approximation maximum, les degrés des coefficients étant

$$\begin{aligned} &m+1, \quad m'+1,\\ &m+2, \quad m'+1,\\ &m+1, \quad m'+2,\end{aligned}$$

et l'on voit que, par la relation de récurrence, on parviendra, de proche en proche, à trois fonctions linéaires dont l'ordre d'approximation sera de même le plus élevé possible, avec des coefficients des degrés

$$\begin{aligned} &m+n, \qquad m'+n,\\ &m+n+1, \quad m'+n,\\ &m+n, \qquad m'+n+1,\end{aligned}$$

n étant un entier quelconque. Supposons, en particulier, $m=0$, $m'=0$, nous aurons la solution de la question que nous avions vue dans les trois cas où les degrés des polynomes facteurs de S et S' seront

$$\begin{aligned} &n, \qquad n,\\ &n+1, \quad n,\\ &n, \qquad n+1,\end{aligned}$$

Voici un autre résultat. Je pars des relations

$$\begin{aligned} SP+S'P'-E &= \frac{\alpha}{x^n}+\frac{\alpha'}{x^{n+1}}+\ldots,\\ SP_1+S'P'_1-E_1 &= \frac{\alpha_1}{x^{n+1}}+\frac{\alpha'_1}{x^{n+2}}+\ldots,\\ SP_2+S'P'_2-E_2 &= \frac{\alpha_2}{x^{n+2}}+\frac{\alpha'_2}{x^{n+3}}+\ldots,\end{aligned}$$

dans lesquelles P, P_1, P_2 sont des degrés m, $m+1$, $m+2$, P', P'_1, P'_2 du même degré m' et où j'ai fait $n=m+m'$. Ajoutons-les membre à membre après avoir multiplié la première par une constante c, les deux autres par des binomes du premier degré A_1 et A_2. Posons maintenant cette première condition que, dans le coefficient de S', c'est-à-dire $P'c+P'_1A_1+P'_2A_2$, le terme du degré le plus élevé disparaisse. Il restera encore quatre arbitraires et il sera possible d'annuler dans l'expression

$$\left(\frac{\alpha}{x^n}+\frac{\alpha'}{x^{n+1}}+\ldots\right)c+\left(\frac{\alpha_1}{x^{n+1}}+\frac{\alpha'_1}{x^{n+2}}+\ldots\right)A_1 \\ +\left(\frac{\alpha^2}{x^{n+2}}+\frac{\alpha'_2}{x^{n+3}}+\ldots\right)A_2,$$

les coefficients des termes en $\frac{1}{x^n}$, $\frac{1}{x^{n+1}}$, $\frac{1}{x^{n+2}}$. Soit donc

$$\begin{aligned}
P_3 &= Pc + P_1 A_1 + P_2 A_2,\\
P'_3 &= P'c + P'_1 A_1 + P'_2 A_2,\\
E_3 &= Ec + E_1 A_1 + E_2 A_2;
\end{aligned}$$

nous pourrons écrire

$$SP'_3 + S'P_3 - E_3 = \frac{\alpha_3}{x^{n+3}} + \frac{\alpha'_3}{x^{n+4}} + \ldots,$$

P_3 étant de degré $m+3$ et P'_3 du degré m'. C'est une nouvelle relation de même forme que les précédentes, et nous avons ainsi une relation de récurrence semblable à celle de la théorie des fractions continues pour obtenir, de proche en proche, l'approximation maximum pour le cas où les coefficients de S et S' sont des degrés $m+p$ et m', p étant un entier arbitraire. Supposons en particulier $m' = 0$, le premier sera du degré p, le second une constante, en admettant qu'on sache obtenir ce polynome et cette constante, l'algorithme donnera les multiplicateurs de S et S' qui sont de degrés $n+p$ et p.

SUR UNE

EXTENSION DE LA FORMULE DE STIRLING.

Mathematische Annalen, t. XLI, 1893, p. 581-590.

Je me propose de montrer que l'intégrale de Raabe

$$\int_a^{a+1} \log \Gamma(x)\, dx = a \log a - a + \log \sqrt{2\pi}$$

donne une méthode facile pour obtenir l'expression de la quantité

$$\log[\Gamma(a+\xi)\,\Gamma(a+1-\xi)],$$

en supposant ξ compris entre zéro et l'unité, lorsque a est un grand nombre. Nous retrouverons ainsi, par une nouvelle voie, dans les cas particuliers de $\xi = 0$ et $\xi = \frac{1}{2}$, les séries

$$\log \Gamma(a) = \left(a - \frac{1}{2}\right) \log a - a + \log \sqrt{2\pi} + \sum \frac{(-1)^{n-1} B_n}{2n(2n-1)a^{2n-1}},$$

$$\log \Gamma\left(a + \frac{1}{2}\right) = a \log a - a + \log \sqrt{2\pi} + \sum \frac{(-1)^n (2^{2n-1} - 1) B_n}{2n(2n-1)(2a)^{2n-1}}$$

découvertes par Stirling et par Gauss, où B_1, B_2, ... désignent les nombres de Bernoulli, $\frac{1}{6}$, $\frac{1}{30}$, ... avec leurs termes complémentaires.

Je remarquerai, en premier lieu, qu'on tire aisément de la formule

$$\log \Gamma(a) = \int_{-\infty}^{0} \left[\frac{e^{ax} - e^x}{e^x - 1} - (a-1)\, e^x\right] \frac{dx}{x},$$

cette expression nouvelle de l'intégrale de Raabe, à savoir

$$\int_a^{a+1} \log \Gamma(x)\, dx = \int_{-\infty}^{0} \left[\frac{e^{ax}}{x} - \left(a - \frac{1}{2}\right) e^x - \frac{e^x}{e^x - 1}\right] \frac{dx}{x}.$$

Nous concluons aussi de la même relation

$$\log[\Gamma(a+\xi)\Gamma(a+1-\xi)] = \int_{-\infty}^{0}\left[\frac{e^{(a+\xi)x}+e^{(a+1-\xi)x}-2e^{x}}{e^{x}-1}-(2a-1)e^{x}\right]\frac{dx}{x}.$$

Cela étant, il suffit de retrancher membre à membre, avec l'égalité

$$2(a\log a - a + \log\sqrt{2\pi}) = \int_{-\infty}^{0}\left[\frac{2e^{ax}}{x}-(2a-1)e^{x}-\frac{2e^{x}}{e^{x}-1}\right]\frac{dx}{x}$$

pour parvenir à ce résultat

$$\log[\Gamma(a+\xi)\Gamma(a+1-\xi)] - 2(a\log a - a + \log\sqrt{2\pi}) = \int_{-\infty}^{0}\left[\frac{e^{\xi x}+e^{(1-\xi)x}}{e^{x}-1}-\frac{2}{x}\right]\frac{e^{ax}\,dx}{x}.$$

On voit que l'intégrale du second membre ne contient la quantité a que dans l'exponentielle e^{ax}; c'est cette circonstance qui permet de la développer suivant les puissances descendantes de a. Mais avant de nous occuper de ce développement, nous remarquons qu'on obtient sur-le-champ la valeur asymptotique pour a infini de

$$\log[\Gamma(a+\xi)\Gamma(a+1-\xi)].$$

Soit, pour abréger,

$$F(x) = \left[\frac{e^{\xi x}+e^{(1-\xi)x}}{e^{x}-1}-\frac{2}{x}\right]\frac{1}{x};$$

cette fonction est paire, car on peut remplacer $\dfrac{e^{\xi x}+e^{(1-\xi)x}}{e^{x}-1}$ par l'expression $\dfrac{e^{\left(\xi-\frac{1}{2}\right)x}+e^{-\left(\xi-\frac{1}{2}\right)x}}{e^{\frac{x}{2}}-e^{-\frac{x}{2}}}$, qui change de signe avec x. Elle est nulle pour x infini, en supposant ξ moindre que l'unité, comme nous l'avons admis; elle est égale pour $x=0$ à $\dfrac{1-6\xi+6\xi^2}{6}$, et reste toujours finie lorsque la variable croît de $-\infty$ à zéro. Si nous représentons par M sa plus grande valeur absolue, et par $\mathfrak{S}$ un nombre compris entre -1 et $+1$, on peut donc écrire

$$\int_{-\infty}^{0} F(x)\,e^{ax}\,dx = \frac{M\mathfrak{S}}{a},$$

ce qui nous donne

$$\frac{1}{2}\log[\Gamma(a+\xi)\Gamma(a+1-\xi)] = a\log a - a + \log\sqrt{2\pi} + \frac{M\mathfrak{S}}{2a}.$$

Soit $\xi = \frac{1}{2}$; la fonction

$$F(x) = \left(\frac{2e^{\frac{x}{2}}}{e^x - 1} - \frac{2}{x}\right)\frac{1}{x},$$

est alors toujours négative, son maximum absolu correspond à $x = 0$ et a pour valeur $\frac{1}{12}$, nous obtenons donc, en désignant par ε un nombre positif inférieur à l'unité,

$$\log\Gamma\left(a+\frac{1}{2}\right) = a\log a - a + \log\sqrt{2\pi} - \frac{\varepsilon}{24a}.$$

En faisant ensuite $\xi = 0$, on trouve

$$F(x) = \left(\frac{e^x + 1}{e^x - 1} - \frac{2}{x}\right)\frac{1}{x},$$

expression toujours positive, dont le maximum $\frac{1}{6}$ est encore donné pour $x = 0$. Cela étant, on conclut de l'égalité $\Gamma(a+1) = a\Gamma(a)$

$$\log\Gamma(a) = \left(a - \frac{1}{2}\right)\log a - a + \log\sqrt{2\pi} + \frac{\varepsilon}{12a},$$

ε étant positif et moindre que l'unité.

J'arrive maintenant à l'étude de la fonction $F(x)$, et je chercherai d'abord les coefficients de son développement suivant les puissances croissantes de la variable. Employons, à cet effet, l'égalité

$$\frac{e^{\xi x} - 1}{e^x - 1} = \xi + \sum S_n(\xi)\frac{x^n}{1.2\ldots n} \qquad (n = 1, 2, 3, \ldots),$$

où $S_n(\xi)$ est un polynome de degré $n+1$, qui représente, pour ξ entier, la somme

$$1^{n+1} + 2^{n+1} + \ldots + (\xi - 1)^{n+1}.$$

Ce polynome satisfait à la condition

$$S_n(1-\xi) = (-1)^{n+1}S_n(\xi),$$

on a donc

$$\frac{e^{(1-\xi)x}-1}{e^x-1}=1-\xi+\sum(-1)^{n+1}S_n(\xi)\frac{x^n}{1.2\ldots n}.$$

Joignons à ces deux relations la suivante

$$\frac{2}{e^x-1}=\frac{2}{x}-1+2\sum(-1)^{n-1}B_n\frac{x^{2n-1}}{1.2\ldots 2n},$$

en observant que

$$\frac{e^{\xi x}+e^{(1-\xi)x}}{e^x-1}=\frac{e^{\xi x}-1}{e^x-1}+\frac{e^{(1-\xi)x}-1}{e^x-1}+\frac{2}{e^x-1},$$

on trouve aisément

$$\frac{e^{\xi x}+e^{(1-\xi)x}}{e^x-1}=\frac{2}{x}+\sum[2nS_{2n-1}(\xi)+(-1)^{n-1}B_n]\frac{x^{2n-1}}{1.2\ldots 2n}$$
$$(n=1,\ 2,\ 3,\ \ldots),$$

et, par suite,

$$F(x)=2\sum[2nS_{2n-1}(\xi)+(-1)^{n-1}B_n]\frac{x^{2n-1}}{1.2\ldots 2n}.$$

Ce développement, s'il était permis de l'employer dans toute l'étendue des valeurs de la variable, donnerait l'expression suivante

$$\int_{-\infty}^{0}F(x)e^{ax}\,dx=\sum\frac{2nS_{2n-1}(\xi)+(-1)^{n-1}B_n}{n(2n-1)a^{2n-1}},$$

mais il n'a lieu qu'en supposant le module de x inférieur à 2π, la série que nous venons d'obtenir est divergente, il est donc nécessaire de la limiter à un nombre fini de termes et de donner l'expression du reste. Nous traiterons ce point important au moyen de la formule qu'on tire du théorème de M. Mittag-Leffler, et qui subsiste pour toutes les valeurs de la variable

$$F(x)=\sum\frac{4\cos 2m\pi\xi}{x^2+4m^2\pi^2}\qquad(m=1,\ 2,\ 3,\ \ldots).$$

Elle s'obtient encore par une autre méthode que j'indiquerai à cause de sa simplicité, en cherchant, au moyen du théorème de Fourier, le développement trigonométrique de $F(x)$, considéré par rapport à ξ.

Envisageons, à cet effet, la quantité $e^{\zeta x}+e^{-\zeta x}$, et posons entre les limites -1 et $+1$ de ζ

$$e^{\zeta x}+e^{-\zeta x}=\sum \mathrm{A}_m \cos m\pi\zeta \qquad (m=0,\ 1,\ 2,\ \ldots).$$

Sans mettre dans le second membre le sinus qui change de signe avec ζ, on aura, sous la condition de réduire l'intégrale à moitié pour $m=0$,

$$\mathrm{A}_m=\int_{-1}^{+1}(e^{\zeta x}+e^{-\zeta x})\cos m\pi\zeta\, d\zeta.$$

Cela étant, je remplace $e^{\zeta x}+e^{-\zeta x}$ par $2\cos i\zeta x$, ce qui permet d'écrire

$$\begin{aligned}(e^{\zeta x}+e^{-\zeta x})\cos m\pi\zeta &= 2\cos i\zeta x\cos m\pi\zeta\\ &= \cos(ix+m\pi)\zeta+\cos(ix-m\pi)\zeta.\end{aligned}$$

La valeur cherchée s'obtient immédiatement au moyen de cette transformation; on trouve ainsi

$$\begin{aligned}\mathrm{A}_m &= -\frac{4ix\cos m\pi\sin ix}{x^2+m^2\pi^2}\\ &= (-1)^m\frac{2x(e^x-e^{-x})}{x^2+m^2\pi^2}\end{aligned}$$

et, par conséquent,

$$\frac{e^{\zeta x}+e^{-\zeta x}}{e^x-e^{-x}}=\frac{1}{x}+\sum\frac{(-1)^m 2x\cos m\pi\zeta}{x^2+m^2\pi^2} \qquad (m=1,\ 2,\ 3,\ \ldots).$$

L'expression de $\mathrm{F}(x)$ découle de ce résultat en posant $\zeta=2\xi-1$, de sorte que ξ a pour limites zéro et l'unité, et changeant x en $\frac{x}{2}$; voici maintenant la conséquence à en tirer.

Développons, suivant les puissances croissantes de la variable, la fraction $\frac{1}{x^2+4m^2\pi^2}$, on aura, pour le coefficient de x^{2n-2} dans $\mathrm{F}(x)$, la série

$$\frac{1}{(2\pi)^{2n}}\left(\cos 2\pi\xi+\frac{\cos 4\pi\xi}{2^{2n}}+\frac{\cos 6\pi\xi}{3^{2n}}+\ldots\right),$$

d'où l'égalité suivante

$$\frac{2n\,\mathrm{S}_{2n-1}(\xi)+(-1)^{n-1}\mathrm{B}_n}{1.2\ldots 2n}=\frac{2}{(2\pi)^{2n}}\left(\cos 2\pi\xi+\frac{\cos 4\pi\xi}{2^{2n}}+\ldots\right).$$

On voit que, en supposant n un grand nombre, le second membre se réduit sensiblement à l'expression fort simple, $\frac{2\cos 2\pi\xi}{(2\pi)^{2n}}$. De là résulte la divergence du développement suivant les puissances descendantes de a par lequel nous avons représenté l'intégrale

$$\int_{-\infty}^{0} F(x)\, e^{ax}\, dx;$$

il s'agit donc d'obtenir une série limitée à un nombre fini de termes avec l'expression du reste, c'est l'objet des considérations qui vont suivre.

Remplaçons dans l'intégrale la fonction $F(x)$ par son développement trigonométrique

$$\sum \frac{4\cos 2m\pi\xi}{x^2+4m^2\pi^2};$$

on a la suite

$$\sum 4\int_{-\infty}^{0} \frac{\cos 2m\pi\xi\, e^{ax}}{x^2+4m^2\pi^2}\, dx.$$

En changeant x en $\frac{2m\pi x}{a}$, elle prend une autre forme et devient

$$\sum \frac{2}{\pi}\int_{-\infty}^{0} \frac{a\cos 2m\pi\xi\, e^{2m\pi x}}{m(x^2+a^2)}\, dx.$$

La sommation s'effectue alors au moyen de la formule

$$-\frac{1}{2}\log(1-2\cos 2\pi\xi\, e^{-2\pi x}+e^{4\pi x}) = \sum \frac{1}{m}\cos 2m\pi\xi\, e^{2m\pi x}$$

et l'on obtient pour l'intégrale $\int_{-\infty}^{0} F(x)\, e^{ax}\, dx$, qui contient en exponentielle la quantité a, l'expression suivante

$$-\frac{1}{\pi}\int_{-\infty}^{0} \frac{a\log(1-2\cos 2\pi\xi\, e^{2\pi x}+e^{4\pi x})}{x^2+a^2}\, dx,$$

où cette constante entre sous forme rationnelle. Employons maintenant l'identité

$$\frac{a}{x^2+a^2} = \frac{1}{a}-\frac{x^2}{a^3}+\ldots+\frac{(-1)^{n-1}x^{2n-2}}{a^{2n-1}}+\frac{(-1)^n x^{2n}}{a^{2n-1}(x^2+a^2)};$$

la partie entière donnera le développement suivant les puissances descendantes de a, limité à un nombre fini de termes, et les coefficients de cette série, les polynomes en ξ que nous avons précédemment obtenus, s'exprimeront par la formule

$$\frac{2n\,S_{2n-1}(\xi)+(-1)^{n-1}B_n}{n(2n-1)} = \frac{(-1)^n}{\pi}\int_{-\infty}^{0} x^{2n-1}\log(1-2\cos 2\pi\xi\, e^{2\pi x}+e^{4\pi x})\,dx.$$

Nous trouvons, en même, temps que le reste, en s'arrêtant au terme en $\frac{1}{a^{2n-1}}$, est représenté par l'intégrale

$$\frac{(-1)^n}{\pi}\int_{-\infty}^{0}\frac{x^{2n}\log(1-2\cos 2\pi\xi\, e^{2\pi x}+e^{4\pi x})}{a^{2n-1}(x^2+a^2)}\,dx,$$

c'est le résultat auquel je voulais parvenir, je vais y ajouter quelques remarques.

La quantité $1-2\cos 2\pi\xi\, e^{2\pi x}+e^{4\pi x}$ est inférieure à l'unité pour toutes les valeurs négatives de x, c'est-à-dire dans l'étendue de l'intégrale, lorsqu'on a $2\cos 2\pi\xi>1$, et, par conséquent, $\xi<\frac{1}{6}$; elle est, au contraire, supérieure à l'unité si le cosinus est négatif, ce qui suppose ξ compris entre $\frac{1}{4}$ et $\frac{3}{4}$. Mais, en dehors de ces deux intervalles, elle peut prendre des valeurs plus grandes ou moindres que cette limite, et son logarithme passer du positif au négatif. C'est seulement dans les cas où le signe de

$$\log(1-a\cos 2\pi\xi\, e^{2\pi x}+e^{4\pi x})$$

ne change pas qu'on parvient, pour le reste, à cette expression simple où ε désigne un nombre positif plus petit que l'unité

$$\frac{(-1)^n\varepsilon}{\pi}\int_{-\infty}^{0}\frac{x^{2n}\log(1-2\cos 2\pi\xi\, e^{2\pi x}+e^{4\pi x})}{a^{2n+1}}\,dx.$$

Le développement que nous avons donné du logarithme de

$$\Gamma(a+\xi)\,\Gamma(a+1-\xi)$$

possède alors exactement les mêmes propriétés et a le même caractère analytique que la série de Stirling, un terme de rang quelconque étant une limite supérieure du reste lorsqu'on s'arrête au terme précédent. Tel est le cas de la formule de Gauss où la valeur $\xi = \frac{1}{2}$ est comprise entre $\frac{1}{4}$ et $\frac{3}{4}$; on a alors

$$F(x) = \left(\frac{2}{e^{\frac{x}{2}} - e^{-\frac{x}{2}}} - \frac{2}{x}\right)\frac{1}{x},$$

de sorte que les coefficients résultent de l'expression connue

$$\frac{1}{e^{\frac{x}{2}} - e^{-\frac{x}{2}}} = \frac{1}{x} + \Sigma(-1)^n(2^{2n-1}-1)\,B_n \frac{x^{2n-1}}{1.2\ldots 2n.2^{2n-1}} \quad (n = 1, 2, 3, \ldots).$$

J'étais parvenu aux résultats qu'on vient de voir lorsque j'ai remarqué qu'ils pouvaient se tirer d'une relation donnée par M. Stieltjes dans son Mémoire *Sur le développement de* $\log \Gamma(x)$ (*Journal de Mathématiques* de M. Jordan, t, V, p. 425). L'éminent géomètre établit cette proposition générale, d'un grand intérêt, qu'en désignant par $f(x)$ une fonction uniforme et continue dans le demi-plan, à droite de l'axe des ordonnées, on a

$$f(x) = \frac{1}{\pi}\int_{-\infty}^{+\infty} \frac{a f(iu)}{u^2 + a^2}\,du.$$

En supposant ensuite

$$f(x) = \frac{1}{2}\log\frac{\Gamma(z+\xi)\Gamma(z+1-\xi)}{\Gamma^2(z)} - \frac{1}{2}\log z,$$

il obtient l'égalité

$$\frac{1}{2}\log\frac{\Gamma(a+\xi)\Gamma(a+1-\xi)}{\Gamma^2(a)}$$
$$= \frac{1}{2}\log a - \frac{1}{2\pi}\int_0^{\infty} \frac{a\,du}{u^2+a^2}\log\left[\frac{e^{2\pi u} + e^{-2\pi u} - 2\cos 2\pi\xi}{(e^{\pi u} - e^{-\pi u})^2}\right],$$

et il suffit de la joindre à la relation

$$\log\Gamma(a) = \left(a - \frac{1}{2}\right)\log a - a + \log\sqrt{2\pi} + \frac{1}{\pi}\int_0^{\infty}\frac{a\,du}{u^2+a^2}\log\left(\frac{1}{1-e^{-2\pi u}}\right)$$

pour arriver à l'expression dont j'ai fait usage et que j'ai déduite de considérations toutes différentes. Je saisis encore l'occasion de rappeler, à propos de ce beau et important travail, qu'en posant

$$\log\Gamma(a) = \left(a - \frac{1}{2}\right)\log a - a + \log\sqrt{2\pi} + J(a),$$

l'auteur parvient à la formule suivante

$$J(a) = \sum \int_0^{\frac{1}{2}} \frac{2\left(\frac{1}{2} - x\right)^2 dx}{(a + n + x)(a + n + 1 - x)} \qquad (n = 0, 1, 2, 3, \ldots),$$

en se fondant sur un résultat fort remarquable, découvert précédemment par M. Bourguet, à savoir

$$J(a) = \sum \int_0^{\infty} \frac{dx}{x + a} \frac{\sin 2n\pi x}{n\pi} \qquad (n = 1, 2, 3, \ldots).$$

L'expression de M. Stieltjes peut s'établir facilement et se généraliser en considérant l'équation

$$\frac{1}{2} \log[\Gamma(a + \xi)\Gamma(a + 1 - \xi)] = a \log a - a + \log\sqrt{2\pi} + J(a),$$

où l'on a

$$J(a) = \frac{1}{2} \int_{-\infty}^{0} F(x)\, e^{ax}\, dx.$$

Voici d'abord un développement en série de l'intégrale qui s'obtient en mettant la fonction $F(x)$ sous cette forme

$$F(x) = \frac{2(e^x - 1) - x[e^{\xi x} + e^{(1-\xi)x}]}{x^2(1 - e^x)}.$$

et employant l'identité

$$\frac{1}{1 - e^x} = 1 + e^x + \ldots + e^{(n-1)x} + \frac{e^{nx}}{1 - e^x}.$$

De là résulte en effet, d'une part, une somme finie qui s'obtient explicitement

$$\sum \int_{-\infty}^{0} \frac{2(e^x - 1) - x[e^{\xi x} + e^{(1-\xi)x}]}{x^2} e^{(a+m)}\, dx$$

$$(m = 0, 1, 2, \ldots, n - 1).$$

et un terme complémentaire

$$\int_{-\infty}^{0} F(x)\, e^{(a+n)x}\, dx = 2\, J(a + n),$$

qui s'annule pour n infini. Cela étant, soit afin d'abréger $a + m = \alpha$, au moyen de la relation

$$\frac{e^{gx}}{x^2} = \frac{g\, e^{gx}}{x} - D_x \frac{e^{gx}}{x},$$

où g est une constante, on trouve aisément

$$\int_{-\infty}^{0} \frac{2(e^x - 1) - x[e^{\xi x} + e^{(1-\xi)x}]}{x^2} e^{\alpha x}\, dx$$

$$= \int_{-\infty}^{0} \frac{2(\alpha+1)\, e^{(\alpha+1)x} - 2\alpha\, e^{\alpha x} - e^{(\alpha+\xi)x} - e^{(\alpha+1-\xi)x}}{x}\, dx - 2$$

$$= 2\alpha \log \frac{\alpha+1}{\alpha} + \log \frac{\alpha+1}{\alpha+\xi} + \log \frac{\alpha+1}{\alpha+1-\xi} - 2.$$

Nous parvenons donc, en posant

$$\varphi(a) = a \log \frac{a+1}{a} + \frac{1}{2} \log \frac{a+1}{a+\xi} + \frac{1}{2} \log \frac{a+1}{a+1-\xi} - 1,$$

à cette expression qui renferme, comme cas particulier pour $\xi = 0$, la série de Gudermann, à savoir

$$J(a) = \Sigma\, \varphi(a+n) \qquad (n = 0,\ 1,\ 2,\ \ldots).$$

On en déduit ensuite une autre formule, au moyen de l'égalité suivante, qu'il est aisé de vérifier :

$$\varphi(a) = \frac{1}{2} \int_{0}^{\xi} \frac{x(2x-1)\, dx}{(a+x)(a+1-x)} + \frac{1}{2} \int_{0}^{1-\xi} \frac{x(2x-1)\, dx}{(a+x)(a+1-x)}.$$

Nous avons, en effet,

$$\int_{0}^{\xi} \frac{x(2x-1)\, dx}{(a+x)(a+1-x)} = a \log \frac{a+\xi}{a} - (a+1) \log \frac{a+1-\xi}{a+1} - 2\xi,$$

$$\int_{0}^{1-\xi} \frac{x(2x-1)\, dx}{(a+x)(a+1-x)} = a \log \frac{a+1-\xi}{a} - (a+1) \log \frac{a+\xi}{a+1} - 2(1-\xi)$$

et en ajoutant membre à membre on trouve bien, après réduction, la quantité

$$2a \log \frac{a+1}{a} + \log \frac{a+1}{a+\xi} + \log \frac{a+1}{a+1-\xi} - 2,$$

c'est-à-dire $2\varphi(a)$.

Soit, en particulier, $\xi = 0$, il vient alors

$$J(a) = \sum \frac{1}{2} \int_{0}^{1} \frac{x(2x-1)\, dx}{(a+n+x)(a+n+1-x)} \qquad (n = 0,\ 1,\ 2,\ \ldots);$$

écrivons ensuite

$$\int_0^1 \frac{x(2x-1)\,dx}{(a+n+x)(a+n+1-x)} = \int_0^{\frac{1}{2}} \frac{x(2x-1)\,dx}{(a+n+x)(a+n+1-x)} + \int_{\frac{1}{2}}^1 \frac{x(2x-1)\,dx}{(a+n+x)(a+n+1-x)}$$

et remarquons que, en changeant x en $1-x$, on a

$$\int_{\frac{1}{2}}^1 \frac{x(2x-1)\,dx}{(a+n)(a+n+1-x)} = \int_1^{\frac{1}{2}} \frac{(1-x)(1-2x)\,dx}{(a+n)(a+n+1-x)},$$

on sera ainsi amené à la formule de M. Stieltjes

$$J(a) = \sum \int_1^{\frac{1}{2}} \frac{2\left(\frac{1}{2}-x\right)^2 dx}{(a+n+x)(a+n+1-x)}.$$

Posons enfin

$$f(a) = \sum \frac{x(2x-1)}{(a+n+x)(a+n+1-x)} \qquad (n = 0, 1, 2, \ldots$$

la fonction uniforme définie par cette série permet d'écrire

$$J(a) = \frac{1}{2}\int_0^{\xi} f(x)\,dx + \frac{1}{2}\int_0^{1-\xi} f(x)\,dx.$$

Et, dans cette expression, celle des deux intégrales dont la limite supérieure est plus grande que $\frac{1}{2}$ a pour coupure toute la portion négative de l'axe des abscisses, tandis que, pour l'autre, les coupures sont des segments non contigus de cet axe, de longueur 2ξ, ayant leur milieu aux distances $-1, -2, -3, \ldots$ de l'origine.

EXTRAIT D'UNE LETTRE A M. MITTAG-LEFFLER.

SUR LES

POLYNOMES ENTIERS A UNE VARIABLE.

Nyt Tidskrift for Mathematik, t. V, B, 1894, p. 1-4.

Soient a et b deux racines réelles consécutives d'une équation $F(x)=0$, je me propose de montrer qu'on peut mettre le polynome $F(x)$ sous une forme faisant reconnaître immédiatement qu'il ne change pas de signe pour les valeurs de la variable comprises entre deux limites x_0 et x_1, telles qu'on ait $x_0 > a$ et $x_1 < b$.

Partons, à cet effet, de l'expression par un produit de facteurs du premier degré

$$F(x) = (x-a)(x-b)\ldots(x-l),$$

et supposons d'abord que les racines $a, b, \ldots, l$ soient toutes réelles.

J'emploierai les égalités suivantes

$$\begin{aligned} x-a &= A(x-x_0)+A_1(x_1-x), \\ x-b &= B(x-x_0)+B_1(x_1-x), \\ &\ldots\ldots\ldots\ldots\ldots\ldots, \\ x-l &= L(x-x_0)+L_1(x_1-x), \end{aligned}$$

où j'ai fait

$$\begin{aligned} A &= \frac{x_1-a}{x_1-x_0}, & A_1 &= \frac{x_0-a}{x_1-x_0}, \\ B &= \frac{x_1-b}{x_1-x_0}, & B_1 &= \frac{x_0-b}{x_1-x_0}, \\ &\ldots\ldots, & &\ldots\ldots\ldots, \\ L &= \frac{x_1-l}{x_1-x_0}, & L_1 &= \frac{x_0-l}{x_1-x_0}. \end{aligned}$$

On observera que les produits AA_1, BB_1, ..., LL_1 étant les valeurs que prend le trinome du second degré

$$\frac{(x_0-\xi)(x_1-\xi)}{(x_1-x_0)^2}, \quad \text{pour} \quad \xi = a, b, \ldots, l,$$

sont tous positifs. On voit encore que les facteurs A et A_1 sont positifs, ainsi que tous ceux qui correspondent aux racines moindres que a, les autres, où entrent les racines supérieures à a, étant négatifs. Nous obtenons donc, pour $F(x)$, une fonction homogène des quantités $x-x_0$ et x_1-x, dont les coefficients sont du signe de $(-1)^n$, en désignant par n le nombre de ces racines supérieures à a. C'est la transformation au moyen de laquelle on met en évidence que le polynome $F(x)$ ne change pas de signe pour les valeurs de la variable comprises entre x_0 et x_1.

Soit ensuite, sous forme homogène,

$$\begin{aligned} F(x, y) = \; & [A(x-x_0y)+A_1(x_1y-x)] \\ & \times [B(x-x_0y)+B_1(x_1y-x)] \\ & \times \ldots\ldots\ldots\ldots\ldots\ldots \\ & \times [L(x-x_0y)+L_1(x_1y-x)], \end{aligned}$$

nous faisons

$$x-x_0y = X, \qquad x_1y-x = Y,$$

d'où

$$x = \frac{x_1X+x_0Y}{x_1-x_0}, \qquad y = \frac{X+Y}{x_1-x_0}.$$

On aura ainsi

$$\begin{aligned} & F\left(\frac{x_1X+x_0Y}{x_1-x_0}, \frac{X+Y}{x_1-x_0}\right) \\ & = (AX+A_1Y)(BX+B_1Y)\ldots(LX+L_1Y), \end{aligned}$$

ce qui donne le moyen de parvenir directement à cette transformation.

Ce résultat s'étend sous certaines conditions au cas où $F(x)$ ayant des racines imaginaires contient des facteurs de la forme

$$(x-\alpha)^2+\beta^2.$$

Faisons, en effet,

$$(x-\alpha)^2+\beta^2 = G(x-x_0)^2+2H(x-x_0)(x_1-x)+K(x_1-x)^2,$$

ou, sous forme homogène,

$$\begin{aligned} & (x-\alpha y)^2+\beta^2y^2 \\ & = G(x-x_0y)^2+2H(x-x_0y)(x_1y-x)+K(x_1y-x)^2. \end{aligned}$$

Au moyen de la substitution précédente on aura

$$\left[\frac{(x_1-\alpha)X+(x_0-\alpha)Y}{x_1-x_0}\right]^2+\beta^2\left(\frac{X+Y}{x_1-x_0}\right)^2=GX^2+2HXY+KY^2,$$

ce qui donne les valeurs suivantes :

$$\begin{aligned}(x_1-x_0)^2G&=\qquad\qquad(x_1-\alpha)^2+\beta^2,\\(x_1-x_0)^2H&=(x_0-\alpha)(x_1-\alpha)+\beta^2,\\(x_1-x_0)^2K&=(x_0-\alpha)^2\qquad\qquad+\beta^2.\end{aligned}$$

Elles montrent que les coefficients G et K sont positifs, et il en sera de même de H sous la condition

$$(x_0-\alpha)(x_1-\alpha)+\beta^2>0,$$

dont voici la signification.

Ayant tracé deux axes rectangulaires dans un plan, construisons la circonférence

$$(x_0-x)(x_1-x)+y^2=0$$

ayant son centre sur l'axe des abscisses et coupant cet axe aux deux points qui ont pour abscisses x_0 et x_1. On voit que H sera positif si les racines imaginaires $\alpha\pm i\beta$ se trouvent en dehors de cette circonférence. Cela étant, il est clair que la multiplication par le facteur

$$G(x-x_0)^2+2H(x-x_0)(x_1-x)+K(x_1-x)^2$$

conduira ainsi à une expression homogène en $x-x_0$ et x_1-x dont les coefficients seront positifs. Nous obtenons donc la forme caractéristique qui a été trouvée dans le cas des racines réelles, sous cette condition que les racines tant réelles qu'imaginaires du polynome $F(x)$ soient extérieures à la circonférence dont il vient d'être question.

A ce qui précède j'ajouterai la remarque que, en considérant l'équation du second degré

$$G(x-x_0)^2+2H(x-x_0)(x_1-x)+K(x_1-x)^2=L$$

et posant, dans le cas où les racines sont imaginaires,

$$\lambda[(x-\alpha)^2+\beta^2]=G(x-x_0)^2+2H(x-x_0)(x_1-x)+K(x_1-x)^2-L,$$

nous aurons les égalités

$$\begin{aligned}
G - 2H + K &= \lambda, \\
(x_1 - x_0)^2 G - L &= \lambda[\qquad\qquad (x_1 - \alpha)^2 + \beta^2], \\
(x_1 - x_0)^2 H - L &= \lambda[(x_0 - \alpha)(x_1 - \alpha) + \beta^2], \\
(x_1 - x_0)^2 K - L &= \lambda[(x_0 - \alpha)^2 \qquad\qquad + \beta^2].
\end{aligned}$$

On en tire cette conclusion que les deux racines seront à l'extérieur ou à l'intérieur du cercle

$$(x_0 - x)(x_1 - x) + y^2 = 0,$$

suivant que la quantité $\dfrac{(x_1 - x_0)^2 H - L}{G - 2H + L}$ sera positive ou négative.

EXTRAIT DE DEUX LETTRES A M. ED. WEYR.

REMARQUE

SUR LES

NOMBRES DE BERNOULLI ET LES NOMBRES D'EULER.

Bulletin de la Société royale des Sciences de Bohême, 2e classe, 1894.

Ce sont des relations entre les nombres de Bernoulli, d'un genre entièrement nouveau, données à la page 285 du Mémoire de M. Franz Rogel, sur les développements trigonométriques [*Trigonometrische Entwickelungen* (*Bulletin de la Société royale des Sciences de Bohême*, 1892)] qui ont excité vivement mon attention. L'auteur parvient à ce résultat fort remarquable que les nombres B_{2n} et B_{2n+1} forment deux groupes qui se déterminent séparément par des relations de récurrence d'une forme simple et élégante. Je me suis mis à l'œuvre immédiatement pour en trouver une démonstration directe et j'y ai réussi pour quatre d'entre elles portant les numéros (37), (38), (39) et (40). Mais en m'occupant ensuite de l'équation (35), j'ai reconnu une inexactitude, tenant à une faute de calcul, comme il m'arrive d'en faire souvent, et qui a échappé au savant géomètre. Soit en effet $n = 5$, dans la formule, on devra prendre $r = 2$, ce qui donne

$$2 \times \frac{2^3 - 1}{4} \times 10\, B_2 = \frac{1}{2} - \frac{2^5}{6},$$

et vous voyez que le second membre est négatif.

Voici les résultats que j'ai obtenus : supposons, en premier lieu, $n \equiv 1 \pmod 4$, on aura, si l'on pose pour abréger

$$n_k = \frac{n(n-1)\ldots(n-k+1)}{1.2\ldots k},$$

l'égalité suivante

$$n_1(2^2-1)B_1 - n_5 2^2(2^6-1)\frac{B_3}{3} + n_9 2^4(2^{10}-1)\frac{B_5}{5} - \ldots = \frac{1}{2}.$$

Soit ensuite $n \equiv 3 \pmod 4$, il vient alors

$$n_3(2^4-1)B_2 - n_7 2^2(2^8-1)\frac{B_4}{2} + n_{11} 2^4(2^{12}-1)\frac{B_6}{3} - \ldots = \frac{1}{2}.$$

La composition analytique des premiers membres est bien celle qu'a obtenue M. Rogel, mais, dans les deux cas, je trouve le même second membre, au lieu des quantités $\frac{1}{2}$ et $\frac{1}{2} - \frac{2^n}{n+1}$, suivant qu'on a $n \equiv 1$ ou $\equiv 3 \bmod 4$, qu'on voit dans l'équation (35).

. . . .

En cherchant la démonstration des relations de M. Rogel qui permettent de calculer séparément les nombres de Bernoulli d'indices pairs et d'indices impairs, j'ai rencontré les identités suivantes que je viens vous communiquer pour les joindre, si vous le jugez à propos, à ma précédente lettre dont vous avez bien voulu me demander la publication.

On a, quel que soit x,

1°
$$\begin{aligned}\frac{1-x^n}{1-x} = \;& B_1 n_1(2^2-1)(1+x^{n-1}) \\ &- \frac{1}{2}B_2 n_3(2^4-1)(1-x)^2(1+x^{n-3}) \\ &+ \frac{1}{3}B_3 n_5(2^6-1)(1-x)^4(1+x^{n-5}) \\ &- \ldots\ldots\ldots\ldots;\end{aligned}$$

2°
$$\begin{aligned}\frac{1}{2}n\frac{1-x^{n-1}}{1-x} = \;& B_1 n_2(2^2-1)(1+x^{n-2}) \\ &- B_2 n_4(2^4-1)(1-x)^2(1+x^{n-4}) \\ &+ B_3 n_6(2^6-1)(1-x)^4(1+x^{n-6}) \\ &- \ldots\ldots\ldots\ldots;\end{aligned}$$

3°
$$\begin{aligned}&\frac{1}{2}n(1-x)(1+x^{n-1}) \\ &\quad = 1 - x^n + B_1 n_2(1-x)^2(1-x^{n-2}) \\ &\qquad - B_2 n_4(1-x)^4(1-x^{n-4}) \\ &\qquad + \ldots\ldots\ldots\ldots\end{aligned}$$

Les résultats de M. Rogel s'en déduisent en faisant $x = i$ et distinguant, dans la première, les cas de $n \equiv 1$, $n \equiv 3 \pmod 4$, puis dans les deux autres les cas de $n \equiv 0$, $n \equiv 2 \pmod 4$. Elles se démontrent d'ailleurs immédiatement comme M. Stieltjes me l'a fait voir au moyen des formules d'Euler et de Boole, à savoir :

$$\begin{aligned}\frac{1}{2}(b-a)[f'(b)+f'(a)] \\ = f(b)-f(a) &+ \frac{1}{1.2}\mathrm{B}_1(b-a)^2[f''(b)-f''(a)] \\ &- \frac{1}{1.2.3.4}\mathrm{B}_2(b-a)^4[f^{\mathrm{IV}}(b)-f^{\mathrm{IV}}(a)] \\ &+ \ldots\ldots\ldots\ldots\ldots\ldots\ldots\ldots,\end{aligned}$$

$$\begin{aligned}\frac{1}{2}\,\frac{f(b)-f(a)}{b-a} = &\ \frac{1}{1.2}\mathrm{B}_1[f'(b)+f'(a)] \\ &- \frac{1}{1.2.3.4}\mathrm{B}_2(b-a)^2[f'''(b)+f'''(a)] \\ &+ \ldots\ldots\ldots\ldots\ldots\ldots\ldots\ldots\end{aligned}$$

Je ferai pour cela $a = x$, $b = x$, et il suffira de poser

$$f(x) = x^n$$

dans la première, puis successivement,

$$f(x) = x^n \qquad \text{et} \qquad f(x) = n\,x^{n-1}$$

dans la seconde.

En suivant une autre voie pour y parvenir, j'ai été amené aux nombres d'Euler

$$\mathrm{E}_0 = 1, \qquad \mathrm{E}_1 = 1, \qquad \mathrm{E}_2 = 5, \qquad \mathrm{E}_3 = 61, \qquad \ldots,$$

qui sont définis par l'identité

$$\frac{1}{\cos x} = \mathrm{E}_0 + \mathrm{E}_1\frac{x^2}{1.2} + \ldots + \mathrm{E}_n\frac{x^{2n}}{1.2\ldots2n} + \ldots.$$

Ils se déterminent, de proche en proche, au moyen de la relation

$$1 - \mathrm{E}_1(2n)_2 + \mathrm{E}_2(2n)_4 - \mathrm{E}_3(2n)_6 + \ldots + (-1)^n\mathrm{E}_n = 0,$$

et l'on voit immédiatement qu'ils sont tous entiers, le coefficient de E_n étant l'unité en valeur absolue. Ces nombres donnent lieu ensuite à l'identité

$$\left(\frac{1+x}{2}\right)^n = \frac{1}{2}(1+x^n) - \frac{1}{2^3}E_1 n_2 (1-x)^2 (1+x^{n-2})$$
$$+ \frac{1}{2^5}E_2 n_4 (1-x)^4 (1+x^{n-4})$$
$$- \frac{1}{2^7}E_3 n_6 (1-x)^6 (1+x^{n-6})$$
$$+ \ldots\ldots\ldots\ldots\ldots\ldots\ldots\ldots$$

Supposons $x = i$ comme précédemment, en faisant successivement $n = 4m$ et $n = 4m+2$; on en conclut ces relations

$$\frac{(-1)^m}{2^{2m}} = 1 - \frac{1}{2^2}E_2 n_4 + \frac{1}{2^4}E_4 n_8 - \frac{1}{2^6}E_6 n_{12} + \ldots$$

et

$$\frac{(-1)^m}{2^{2m}} = E_1 n_2 - \frac{1}{2^2}E_3 n_6 + \frac{1}{2^4}E_5 n_{10} - \ldots.$$

Ces formules sont à joindre aux relations extrêmement intéressantes où les nombres d'Euler entrent de six en six qu'a données M. Rogel dans son beau Mémoire intitulé : *Theorie der Euler'schen Functionen*, année 1893 de ce recueil, page 39.

EXTRAIT D'UNE LETTRE A M. ED. WEYR.

SUR LA FONCTION EULÉRIENNE.

Časopis pro pěstování mathematiky a fysiky, t. XXIV, 1894, p. 65.

La fonction holomorphe $\frac{1}{\Gamma(x)}$ introduite en Analyse par M. Weierstrass est, à tous les égards, d'une nature entièrement différente des transcendantes élémentaires comme l'exponentielle et les fonctions trigonométriques. En considérant son développement en série, suivant les puissances croissantes de la variable, on obtient pour les coefficients, au lieu de nombres rationnels, des transcendantes numériques d'une grande complication. On observe aussi, comme M. Bourguet l'a signalé dans sa belle Thèse de doctorat, que leurs valeurs ne décroissent pas régulièrement; ils présentent des variations brusques et leurs signes se succèdent sans loi apparente. L'étude de la courbe $y = \frac{1}{\Gamma(x)}$ met en évidence, comme je vais le montrer, des circonstances qui révèlent le caractère singulier de cette fonction.

En premier lieu, et pour des valeurs positives croissantes de l'abscisse, l'ordonnée décroît avec une extrême rapidité; la courbe ensuite coupe l'axe aux points $x = 0, -1, -2, -3, \ldots$, et nous allons faire le calcul des ordonnées dans le voisinage de ces points d'intersection.

J'emploie, à cet effet, la relation

$$\Gamma(x)\Gamma(1-x) = \frac{\pi}{\sin \pi x},$$

où je pose $x = -n - \xi$, ξ étant positif et très petit.

On obtient ainsi

$$\frac{1}{\Gamma(-n-\xi)} = (-1)^{n+1}\frac{1}{\pi}\sin\pi\xi\,\Gamma(n+1+\xi),$$

puis en changeant ξ en $-1-\xi$,

$$\frac{1}{\Gamma(-n-1+\xi)} = (-1)^{n+1}\frac{1}{\pi}\sin\pi\xi\,\Gamma(n+2-\xi).$$

Cela étant, j'observe qu'on a, de $\xi = 0$ à $\xi = \frac{\pi}{3}$, la condition

$$\cos\xi > \frac{1}{2};$$

nous en concluons

$$\sin\xi > \frac{\xi}{2}$$

et, par conséquent,

$$\sin\pi\xi > \frac{\pi\xi}{2}, \qquad \text{d'où} \qquad \frac{\sin\pi\xi}{\pi} > \frac{\xi}{2}.$$

Les ordonnées voisines de deux points consécutifs d'intersection sont donc en valeur absolue plus grandes que

$$\frac{\xi}{2}\Gamma(n+1+\xi) \qquad \text{et} \qquad \frac{\xi}{2}\Gamma(n+2-\xi),$$

et, à plus forte raison, que

$$\frac{\xi}{2}\Gamma(n+1).$$

Soit maintenant $\xi = \frac{1}{n}$, cette limite inférieure devient $\frac{1}{2}\Gamma(n)$; on voit ainsi que, à une distance infiniment décroissante du point où elle coupe l'axe des abscisses, la courbe s'élève à une hauteur qui dépasse toute quantité. En la construisant sur une feuille rectangulaire illimitée dans le sens de cet axe, on aurait, du côté des abscisses négatives à partir d'un certain point, l'image d'une série indéfinie de droites équidistantes perpendiculaires à l'axe. On peut donc regarder la fonction $\frac{1}{\Gamma(x)}$ comme discontinue à l'infini, tandis que $\sin x$ et $\cos x$ sont indéterminés.

EXTRAIT D'UNE LETTRE A M. ED. WEYR.

SUR UNE INTÉGRALE DÉFINIE.

Časopis pro pěstování mathematiky a fysiky, t. XXIII, 1893, p. 273-274.

Soit $f(x)$ une fonction rationnelle sans partie entière égale à l'unité pour $x = 0$ et qui reste constamment positive lorsque la variable croît à partir de zéro jusqu'à l'infini. Je vais montrer qu'on peut obtenir l'intégrale suivante

$$J = \int_0^\infty [f(x) - e^{-ax}]\, dx,$$

où a désigne une quantité positive, au moyen de la constante d'Euler. Cette constante étant définie par l'égalité

$$C = \int_0^\infty \left(\frac{1}{1+x} - e^{-x}\right)\frac{dx}{x},$$

je remplace x par ax, ce qui donne

$$C = \int_0^\infty \left(\frac{1}{1+ax} - e^{-ax}\right)\frac{dx}{x}.$$

Nous avons, par conséquent,

$$J - C = \int_0^\infty \left[f(x) - \frac{1}{1+ax}\right]\frac{dx}{x},$$

où le second membre est l'intégrale d'une fonction rationnelle.

Soit, en particulier,

$$f(x) = \frac{A}{x+\alpha} + \frac{B}{x+\beta} + \ldots + \frac{L}{x+\lambda},$$

$\alpha, \beta, \ldots, \lambda$ étant réels et positifs, on aura la condition

$$\frac{A}{\alpha}+\frac{B}{\beta}+\ldots+\frac{L}{\lambda}=1,$$

et un calcul facile conduit à la valeur suivante

$$J = C + \log a + \frac{A\log\alpha}{\alpha}+\frac{B\log\beta}{\beta}+\ldots+\frac{L\log\lambda}{\lambda}.$$

NOTICE SUR M. CAYLEY.

Comptes rendus de l'Académie des Sciences, t. CXX, 1895, p. 233-234.

L'illustre géomètre dont la perte est annoncée à l'Académie laisse dans l'Analyse une trace impérissable.

L'œuvre mathémathique de M. Cayley est immense ; la Géométrie, l'Algèbre, la Théorie des nombres, le Calcul intégral et la Théorie des fonctions elliptiques, la Mécanique céleste lui doivent des résultats d'une importance capitale qui honorent à jamais sa mémoire. Pendant plus d'un demi-siècle, les travaux de notre Confrère se sont succédé sans interruption sur toutes les questions qui, dans ce long intervalle de temps, ont appelé l'attention et les efforts des géomètres. Avec M. Sylvester il a fondé la théorie des formes et donné à l'art analytique ces notions d'invariants et de covariants qui ont franchi les bornes de l'Algèbre et jouent maintenant un rôle considérable dans la Théorie des équations différentielles. L'étude des coniques, des courbes planes de degré quelconque, de leurs tangentes doubles, de leurs points multiples ; celle des courbes gauches, l'extension des propositions célèbres de Plucker à ces courbes, celle des surfaces réglées et de leurs lignes doubles, puis des surfaces gauches et des surfaces réciproques, ont été le sujet d'un grand nombre de profondes recherches, qui ont jeté la lumière sur les questions les plus ardues et contribué avec éclat au progrès de la Géométrie. D'autres travaux se rapportent à la Mécanique céleste, aux Théories lunaires de Plana, de Hansen, de Delaunay, au développement en série de la fonction perturbatrice, à l'accélération du moyen mouvement de notre satellite : il suffit de dire qu'ils ont mérité à leur auteur d'être élu Correspondant dans notre Section d'Astronomie à laquelle il a appartenu depuis 1863. Tous sont le témoignage d'un talent mathématique de l'ordre le plus élevé ; ce talent avait pour caractères la clarté et l'extrême élégance de la forme analytique ; il était secondé par une incomparable puissance de travail qui a fait comparer l'illustre savant à Cauchy.

La mort l'a enlevé aux universelles sympathies et à l'admiration du monde mathématique, lorsqu'il s'occupait de publier la collection de ses Mémoires dont sept Volumes ont paru, contenant plus de deux mille articles. On doit espérer que cette magnifique édition des travaux du grand géomètre ne restera pas inachevée, qu'elle comprendra le *Traité des fonctions elliptiques* et donnera son œuvre entière, pour l'éternel honneur de l'Université de Cambridge et de la Science anglaise.

J'ai eu une part dans quelques-unes des recherches de M. Cayley ; les mêmes questions nous avaient rapprochés au commencement de notre carrière, et le souvenir me restera à jamais de sa bonté, de sa grande simplicité, de son entier dévouement à la Science. Je joins ce souvenir, qui m'est bien cher, à mes douloureux regrets, à l'hommage que j'adresse à sa mémoire.

EXTRAIT D'UNE LETTRE DE M. HERMITE.

SUR L'ÉQUATION BICARRÉE.

Mathesis, 2e série, t. V, 1895.

Sur l'équation bicarrée. — Permettez-moi de vous communiquer une remarque d'enseignement élémentaire pour les jeunes lecteurs de *Mathesis*, si vous pensez qu'elle leur soit utile. Il s'agit de l'équation bicarrée

$$x^4 + px^2 + q = 0,$$

elle se résout en posant $x^2 = y$, et l'on se contente de donner l'expression des racines par la formule

$$x = \sqrt{-\frac{p}{2} + \sqrt{\frac{p^2}{4} - q}}.$$

Il me semble nécessaire d'y joindre la suivante

$$x = \frac{1}{2}\left[\sqrt{-p + 2\sqrt{q}} + \sqrt{-p - 2\sqrt{q}}\right],$$

afin d'avoir, lorsque q est un carré, deux radicaux séparés au lieu de radicaux superposés. Dans le cas de l'équation $x^4 + 4 = 0$, par exemple, la quantité $\sqrt{2\sqrt{-1}}$ est remplacée par $1 + i$ $(i = \sqrt{-1})$ qui est beaucoup plus simple, ou bien $\varepsilon + \varepsilon' i$, en supposant ε et ε' égaux à $+1$ ou -1, afin de mettre les quatre racines en évidence.

Pour l'obtenir, je désigne pour un moment par a, $-a$, b, $-b$, les racines de l'équation proposée, et j'emploie les relations

$$a^2 + b^2 = -p, \qquad a^2 b^2 = q \qquad \text{ou bien} \qquad ab = \sqrt{q}.$$

On en tire immédiatement

$$(a+b)^2 = -p + 2\sqrt{q}, \qquad (a-b)^2 = -p - 2\sqrt{q},$$

d'où

$$a + b = \sqrt{-p + 2\sqrt{q}}, \qquad a - b = \sqrt{-p - 2\sqrt{q}},$$

et, par conséquent, la seconde expression des racines.

SUR LES NOMBRES DE BERNOULLI.

Mathesis, 2e série, t. V, supplément II, 1895, p. 1-7
(Congrès scientifique international des catholiques).

Dans son Mémoire célèbre sur la formule sommatoire d'Euler, Malmsten établit deux relations entre les nombres de Bernoulli par la voie du calcul intégral en partant des expressions

$$\int_0^\infty \frac{x^{2m-1}\,dx}{e^{2\pi x}-1} = \frac{B_m}{4m},$$

$$\int_0^\infty \frac{x^{2m-1}\,dx}{e^{\pi x}-1} = \frac{2^{2m-2}B_m}{m}.$$

L'éminent géomètre en conclut qu'en faisant pour un instant

$$F(x) = \frac{(1+ix)^{2m-1}-(1+ix)^{2m-1}}{i},$$

on a

$$\int_0^\infty \frac{F(x)\,dx}{e^{2\pi x}-1} = \frac{m-1}{m} + \frac{(-1)^{m-1}B_m}{2m}$$

et

$$\int_0^\infty \frac{F(x)\,dx}{e^{\pi x}-1} = \frac{2m-1}{2m} + \frac{(2^{2m}-1)(-1)^m B_m}{m}.$$

Cela étant, il suffit d'employer le développement du polynome $F(x)$, suivant les puissances croissantes de la variable, à savoir

$$F(x) = 2(2m-1)_1 x - 2(2m-1)_3 x^3 + 2(2m-1)_5 x^5 \ldots,$$

pour obtenir les égalités

$$(2m-1)_1 B_1 - (2m-1)_3 \frac{B_2}{2} + (2m-1)_5 \frac{B_3}{3} - \ldots = \frac{m-1}{m},$$

$$(2m-1)_1 2 B_1 - (2m-1)_3 2^3 \frac{B_2}{2} + (2m-1)_5 2^5 \frac{B_3}{3} - \ldots$$
$$= \frac{2m-1}{2m} + \frac{(2^{2m-1}-1)(-1)^m B_m}{m}.$$

Ce sont ces résultats que je me propose de démontrer par une méthode élémentaire et purement algébrique qui donne également les relations antérieurement connues entre les nombres de Bernoulli, d'une manière simple et facile comme on va voir.

Je rappelle d'abord que les quantités B_1, B_2, ... sont définies par l'identité

$$\frac{1}{e^x - 1} = \frac{1}{x} - \frac{1}{2} + \sum \frac{(-1)^{n-1} B_n x^{2n-1}}{1.2\ldots 2n} \qquad (n = 1, 2, 3, \ldots),$$

où il importe de remarquer que, à l'exception du terme constant, le second membre ne contient que des puissances de degré impair. On le reconnaît immédiatement au moyen de l'expression

$$D_x \frac{1}{e^x - 1} = \frac{1}{2 - e^x - e^{-x}},$$

dont le développement renferme uniquement des puissances paires de la variable. Je rappelle encore qu'après avoir écrit sous forme entière

$$\frac{x}{e^x - 1} = 1 - \frac{x}{2} + \sum \frac{(-1)^{n-1} B_n x^{2n}}{1.2\ldots 2n},$$

les relations de récurrence entre B_1, B_2, ... s'obtiennent en multipliant par $e^x - 1$ et identifiant les deux membres. Il faut, pour cela, former le coefficient d'une puissance quelconque dans le produit d'une série infinie par l'expression

$$e^x - 1 = \frac{x}{1} + \frac{x^2}{1.2} + \ldots.$$

Voici, à cet effet, une remarque fort simple qui a d'importantes conséquences. Considérons, en général, une série quelconque que je représenterai par

$$S = \lambda_0 + \frac{\lambda_1 x}{1} + \frac{\lambda_2 x^2}{1.2} + \ldots + \frac{\lambda_n x^n}{1.2\ldots n} + \ldots;$$

le coefficient de x^n dans la quantité $S(e^x - 1)$ est une fonction linéaire de $\lambda_0, \lambda_1, \ldots, \lambda_{n-1}$, dont la valeur s'obtient immédiatement lorsqu'on y remplace λ_i par λ^i. C'est en effet le polynome entier en λ du degré $n-1$, qui résulte du développement de $e^{\lambda x}(e^x - 1)$, c'est-à-dire $e^{(\lambda+1)x} - e^{\lambda x}$ et qui a pour expression

$$\frac{(\lambda+1)^n - \lambda^n}{1.2\ldots n}.$$

Inversement, on conclut la fonction linéaire de ce polynome par le changement de λ^i en λ_i, nous avons ainsi une expression symbolique que j'appliquerai à la série proposée en faisant

$$\lambda_0 = 1, \qquad \lambda_1 = -\frac{1}{2},$$

puis, en général,

$$\lambda_{2i} = (-1)^{i-1} B_i, \qquad \lambda_{2i+1} = 0.$$

Les équations qui résultent de l'identification s'offrent donc sous cette forme extrêmement simple

$$(\lambda + 1)^n - \lambda^n = 0,$$

en exceptant le cas de $n = 1$, où le second membre doit être supposé égal à l'unité. On en conclut l'égalité suivante

$$1 - \frac{1}{2} n + n_2 B_1 - n_4 B_2 + \ldots - (-1)^i n_{2i} B_i + \ldots = 0,$$

en prenant pour le dernier terme $2i = n - 2$ ou $2i = n - 1$, suivant que n est pair ou impair. L'expression symbolique de cette relation a déjà été signalée par Lucas dans les *Comptes rendus*, t. LXXXIII, p. 539, et par M. E. Cesáro qui en a fait des applications d'un grand intérêt à d'importantes questions d'Analyse. Je renverrai au travail du savant géomètre publié dans les *Nouvelles Annales de Mathématiques*, et je poursuivrai sous un autre point de vue les conséquences de l'équation

$$\frac{1}{e^x - 1} = e^{\lambda x}$$

lorsque l'on convient de remplacer λ^{2i} par $(-1)^{i-1} B_i$ et λ^{2i+1} par zéro, dans le développement en série du second membre. J'observe, à cet effet, qu'elle subsiste si l'on change x en $2x$, et qu'on peut aussi multiplier les deux membres par e^x ou même par une série quelconque dans laquelle n'entre pas la quantité λ. Nous avons donc à la fois

$$\frac{x}{e^x - 1} = e^{\lambda x},$$

$$\frac{2x}{e^{2x} - 1} = e^{2\lambda x},$$

$$\frac{2x\, e^x}{e^{2x} - 1} = e^{(2\lambda + 1) x},$$

et une simple combinaison linéaire nous donne la nouvelle identité

$$e^{(2\lambda+1)x} - 2e^{\lambda x} + e^{2\lambda x} = 0.$$

On en tire la relation

$$(2\lambda+1)^n + (2^n - 2)\lambda^n = 0,$$

que je vais écrire sous forme explicite en distinguant les cas de n pair ou impair. Soit d'abord $n = 2m$, nous aurons

$$(2m)_2 2^2 B_1 - (2m)_4 2^4 B_2 + \ldots + (2^{2m+1} - 2)(-1)^{m-1} B_m = 2m - 1,$$

en observant que le dernier terme doit être seul employé pour $m=1$. On trouve ensuite, si l'on suppose $n = 2m-1$,

$$\begin{aligned}(2m-1)_2 2^2 B_1 + (2m-1)_4 2^4 B_2 + \ldots \\ + (2m-1)_{2m-2}(-1)^m B_{m-1} = 2m-2.\end{aligned}$$

J'arrive maintenant aux résultats obtenus par Malmsten; le mode de démonstration restera le même, mais c'est à une expression symbolique différente que nous serons conduits.

En partant de l'équation fondamentale

$$\frac{1}{e^x - 1} = \frac{1}{x} - \frac{1}{2} + \sum \frac{(-1)^{n-1} B_n x^{2n-1}}{1.2\ldots 2n},$$

je la mettrai sous la forme

$$\frac{1}{e^x - 1} = \frac{1}{x} - \frac{1}{2} S,$$

de sorte que si l'on fait, comme précédemment,

$$S = \lambda_0 + \frac{\lambda_1 x}{1} + \frac{\lambda_2 x^2}{1.2} + \ldots,$$

on ait les conditions

$$\lambda_0 = 1, \qquad \lambda_1 = -B_1,$$

et, en général,

$$\lambda_{2i} = 0, \qquad \lambda_{2i-1} = \frac{(-1)^{i-1} B_i}{i}.$$

Cela étant, il vient, après avoir chassé le dénominateur,

$$1 = \frac{e^x - 1}{x} - \frac{1}{2} S(e^x - 1),$$

et l'on trouvera pour le coefficient de x^n, dans le second membre, la quantité

$$\frac{1}{1.2\ldots n+1} - \frac{1}{2}\,\frac{(\lambda+1)^n-\lambda^n}{1.2\ldots n},$$

avec la convention de remplacer λ^i par λ_i. Nous avons, par conséquent, cette égalité

$$(\lambda+1)^n-\lambda^n = \frac{2}{n+1},$$

dont le caractère symbolique n'est plus le même que précédemment d'après les nouvelles conditions relatives aux éléments λ^i. Nous passerons encore aux relations effectives en distinguant les cas de $n=2m$ et $n=2m-1$, on aura ainsi

$$(2m)_1\,B_1-(2m)_3\frac{B_2}{2}+(2m)_5\frac{B_3}{3}+\ldots+(2m)_{2m-1}\frac{(-1)^{m-1}B_m}{m}=\frac{2m-1}{2m+1},$$

$$(2m-1)_1\,B_1-(2m-1)_3\frac{B_2}{2}+(2m-1)_5\frac{B_3}{3}-\ldots$$
$$+(2m-1)_{2m-3}\frac{(-1)^m B_{m-1}}{m-1}=\frac{m-1}{m}.$$

La seconde de ces égalités est précisément l'une de celles qu'a obtenues Malmsten.

Nous aurons l'autre comme conséquence de la relation

$$(2\lambda+1)^n+(2^n-1)\lambda^n=\frac{1}{n+1}$$

que je vais établir.

A cet effet, je joins comme précédemment, à l'équation fondamentale

$$\frac{1}{e^x-1}=\frac{1}{x}-\frac{1}{2}e^{\lambda x},$$

celle qu'on en tire en changeant x en $2x$,

$$\frac{1}{e^{2x}-1}=\frac{1}{2x}-\frac{1}{2}e^{2\lambda x};$$

je multiplie ensuite par e^x, ce qui donne

$$\frac{e^x}{e^{2x}-1}=\frac{e^x}{2x}-\frac{1}{2}e^{(2\lambda+1)x},$$

et, par une combinaison linéaire simple, j'en conclus l'identité

$$e^{(2\lambda+1)x}-e^{\lambda x}+e^{2\lambda x}=\frac{e^x-1}{x}.$$

La relation annoncée en résulte en égalant dans les deux membres les coefficients de x^n; elle conduit aux égalités suivantes

$$(2m)_1 B_1-(2m)_3 2^2\frac{B_2}{2}+(2m)_5 2^4\frac{B_3}{3}-\ldots$$
$$+(2m-1)_{2m-2}2^{2m-2}\frac{(-1)^m B_m}{m}=\frac{m}{2m+1},$$
$$(2m-1)_1 B_1-(2m-1)_3 2^2\frac{B_2}{2}+(2m-1)_5 2^4\frac{B_3}{3}-\ldots$$
$$+\frac{(2^{2m}-1)(-1)^m B^m}{2m}=\frac{2m-1}{4m};$$

la seconde ne diffère pas de celle de Malmsten, comme il est aisé de le reconnaître.

Je terminerai en indiquant une conséquence du second mode de représentation symbolique, qui a conduit à la relation

$$(\lambda+1)^n-\lambda^n=\frac{2}{n+1}.$$

Elle montre immédiatement qu'en désignant par $F(x)$ un polynome entier quelconque, on a

$$F(\lambda+1)-F(\lambda)=2\int_0^1 F(x)\,dx.$$

Cela posé soit

$$F(x)=x^n(x-1)^n,$$

de sorte qu'on ait

$$\int_0^1 x^n(1-x)^n\,dx=\frac{1.2\ldots n}{(n+1)(n+2)\ldots(2n+1)}.$$

L'expression suivante

$$F(\lambda+1)-F(\lambda)=\lambda^n[(\lambda+1)^n-(\lambda-1)^n],$$

étant développée suivant les puissances croissantes de λ, donne successivement, pour n pair et pour n impair, les quantités

$$2\lambda^n(n_1\lambda+n_3\lambda^3+\ldots+n_{n-1}\lambda^{n-1})$$

et

$$2\lambda^n(1+n_2\lambda^2+n_4\lambda^4+\ldots+n_{n-1}\lambda^{n-1}).$$

Nous en concluons ces nouvelles relations

$$(2m)_1 \frac{B_{m+1}}{m+1} - (2m)_3 \frac{B_{m+2}}{m+2} + (2m)_5 \frac{B_{m+3}}{m+3} - \ldots - (2m)_{2m-1} \frac{B_{2m}}{2m}$$
$$= \frac{1.2\ldots 2m}{(2m+1)(2m+2)\ldots(4m+1)},$$

$$\frac{B_{m+1}}{m+1} - (2m+1)_2 \frac{B_{m+2}}{m+2} + (2m+1)_4 \frac{B_{m+3}}{m+3} - \ldots + (2m+1)_{2m} \frac{B_{2m+1}}{2m+1}$$
$$= \frac{1.2\ldots 2m+1}{(2m+2)(2m+3)\ldots(4m+3)}.$$

Elles offrent cette circonstance digne de remarque de contenir $m-1$ ou m nombres de Bernoulli consécutifs à partir du $m^{\text{ième}}$.

EXTRAIT D'UNE LETTRE A M. K. HENSEL.

SUR LA FONCTION $\log \Gamma(a)$.

Journal de Crelle, t. 115, 1895, p. 201-208.

....

Je me permets de vous faire part de quelques remarques, dont l'objet est d'étendre le champ de la question du développement en série de la fonction $\log \Gamma(a)$, comme je l'ai déjà essayé dans un article des *Mathematische Annalen*, volume LXI, page 581 où a été envisagée l'expression plus générale

$$\log[\Gamma(a+\xi)\,\Gamma(a+1-\xi)],$$

en supposant $0 < \xi < 1$. On peut, sous cette condition, traiter de même la quantité $\log \Gamma(a+\xi)$, la développer suivant les puissances descendantes de a et reconnaître que la série obtenue doit être employée comme celle de Stirling.

Je désigne par J, afin d'abréger, l'intégrale de Raabe, de sorte qu'on ait

$$J = \int_0^1 \log \Gamma(a+x)\,dx = a \log a - a + \log\sqrt{2\pi};$$

cela étant, on démontre aisément la relation suivante

$$\log \Gamma(a+\xi) - J - \left(\xi - \frac{1}{2}\right)\log a = \int_{-\infty}^{0} F(x)\, e^{ax}\, dx,$$

où j'ai posé

$$F(x) = \left[\frac{e^{\xi x}-1}{e^x-1} - \xi + \frac{1}{e^x-1} - \frac{1}{x} + \frac{1}{2}\right]\frac{1}{x}.$$

La formule de Cauchy

$$\log \Gamma(a) = \int_{-\infty}^{0} \left[\frac{e^{ax} - e^{x}}{e^{x} - 1} - (a-1)e^{x} \right] \frac{dx}{x}$$

donne en effet

$$\log \Gamma(a+\xi) = \int_{-\infty}^{0} \left[\frac{e^{(a+\xi)x} - e^{x}}{e^{x} - 1} - (a+\xi-1)e^{x} \right] \frac{dx}{x},$$

et l'on en tire

$$\int_{0}^{1} \log \Gamma(a+x)\,dx = \int_{-\infty}^{0} \left[\frac{e^{ax}}{x} - \frac{e^{x}}{e^{x}-1} - \left(a - \frac{1}{2}\right) e^{x} \right] \frac{dx}{x};$$

cela étant, l'égalité

$$\left(\xi - \frac{1}{2}\right) \log a = \int_{-\infty}^{0} \left(\xi - \frac{1}{2}\right) (e^{ax} - e^{x}) \frac{dx}{x}$$

conduit immédiatement au résultat énoncé.

Soit ensuite

$$F_1(x) = \left[\frac{e^{\xi x} - 1}{e^{x} - 1} - \xi \right] \frac{1}{x},$$

nous aurons pareillement

$$\log \frac{\Gamma(a+\xi)}{\Gamma(a)} - \xi \log a = \int_{-\infty}^{0} F_1(x)\, e^{ax}\, dx.$$

Les intégrales qui s'offrent dans ces deux relations,

$$\int_{-\infty}^{0} F(x)\, e^{ax}\, dx \quad \text{et} \quad \int_{-\infty}^{0} F_1(x)\, e^{ax}\, dx,$$

présentent l'une et l'autre la même circonstance que la quantité a n'y figure que dans le facteur e^{ax}. Elles sont finies sous la condition que nous avons admise, $\xi < 1$, elles s'évanouissent pour une valeur infinie de a, et, par là, il est immédiatement établi qu'on a asymptotiquement

$$\log \Gamma(a+\xi) = J + \left(\xi - \frac{1}{2}\right) \log a = \left(a + \xi - \frac{1}{2}\right) \log a - a + \log \sqrt{2\pi},$$

$$\log \frac{\Gamma(a+\xi)}{\Gamma(a)} = \xi \log a.$$

Je me propose maintenant de tirer de ces intégrales des développements en série suivant les puissances décroissantes de a, en obtenant les valeurs des coefficients et l'expression des restes lorsqu'on les limite à un nombre fini de termes.

Soit $S_n(\xi)$ la fonction de Jacob Bernoulli, le polynome de degré $n+1$ qui est égal, pour ξ entier, à la somme $1^n+2^n+\ldots+(\xi-1)^n$, on a d'abord

$$\frac{e^{\xi x}-1}{e^x-1}=\xi+\sum\frac{S_n(\xi)x^n}{1.2\ldots n}\qquad (n=1, 2, 3, \ldots)$$

et, par conséquent,

$$\left[\frac{e^{\xi x}-1}{e^x-1}-\xi\right]\frac{1}{x}=\sum\frac{S_n(\xi)x^{n-1}}{1.2\ldots n}.$$

J'emploie ensuite l'identité

$$\left[\frac{1}{e^x-1}-\frac{1}{x}+\frac{1}{2}\right]\frac{1}{x}=\sum\frac{(-1)^{n-1}B_n x^{2n-2}}{1.2\ldots 2n}\qquad (n=1, 2, 3, \ldots),$$

où B_1, B_2, ... désignent les nombres de Bernoulli, $\frac{1}{6}$, $\frac{1}{30}$, ...; nous aurons d'abord en ajoutant membre à membre

$$F(x)=\sum\frac{S_n(\xi)x^{n-1}}{1.2\ldots n}+\sum\frac{(-1)^{n-1}B_n x^{2n-2}}{1.2\ldots 2n},$$

et, en second lieu,

$$F_1(x)=\sum\frac{S_n(\xi)x^{n-1}}{1.2\ldots n}.$$

Cela étant, il suffit de recourir à la formule

$$\int_{-\infty}^{0} x^m e^{ax}\,dx=(-1)^m\frac{1.2\ldots m}{a^{m+1}}$$

pour obtenir les expressions suivantes

$$\int_{-\infty}^{0} F(x)e^{ax}\,dx=\sum\frac{(-1)^{n-1}S_n(\xi)}{na^n}+\sum\frac{(-1)^{n-1}B_n}{2n(2n-1)a^{2n-1}},$$

$$\int_{-\infty}^{0} F_1(x)e^{ax}\,dx=\sum\frac{(-1)^{n-1}S_n(\xi)}{na^n}\qquad (n=1, 2, 3, \ldots).$$

Mais les développements de $F(x)$ et $F_1(x)$ supposent le module de la variable inférieur à 2π. On ne peut donc les employer dans les intégrales, les séries qu'on en tire sont divergentes, B_n et $S_n(\xi)$ croissent rapidement lorsque n augmente. Pour obtenir l'extension que j'ai en vue de la formule de Stirling, je vais y parvenir par une autre voie afin de les limiter, comme il est nécessaire, à un nombre fini de termes.

J'emploie dans ce but les expressions de $F(x)$ et $F_1(x)$ qu'on obtient par l'application du théorème de M. Mittag-Leffler. Les pôles de ces fonctions sont, en excluant $x=0$, qui est un pôle apparent, les racines $x = 2mi\pi$ de l'équation $e^x = 1$. Réunissons les fractions simples, qui correspondent aux entiers m et $-m$ on aura, en désignant par $G(x)$ une fonction holomorphe,

$$F(x) = G(x) + \sum \frac{x \sin 2m\pi\xi}{m\pi(4m^2\pi^2 + x^2)}$$
$$- \sum \frac{4\sin^2 m\pi\xi}{4m^2\pi^2 + x^2} + \sum \frac{2}{4m^2\pi^2 + x^2} \qquad (m = 1, 2, 3, \ldots).$$

Si nous supposons ξ compris entre zéro et l'unité, cette fonction est nulle et l'on trouvera pareillement, pour $F_1(x)$, la formule

$$F_1(x) = \sum \frac{x \sin 2m\pi\xi}{m\pi(4m^2\pi^2 + x^2)} - \sum \frac{4\sin^2 m\pi\xi}{4m^2\pi^2 + x^2} \qquad (m = 1, 2, 3, \ldots).$$

Au moyen de ces expressions, les intégrales

$$\int_{-\infty}^{0} F(x)\, e^{ax}\, dx \qquad \text{et} \qquad \int_{-\infty}^{0} F_1(x)\, e^{ax}\, dx$$

prennent les formes suivantes. Remarquons d'abord qu'il vient, en changeant x en $\dfrac{2m\pi x}{a}$,

$$\int_{-\infty}^{0} \frac{x\, e^{ax}\, dx}{4m^2\pi^2 + x^2} = \int_{-\infty}^{0} \frac{x\, e^{2m\pi x}\, dx}{a^2 + x^2},$$
$$\int_{-\infty}^{0} \frac{e^{ax}\, dx}{4m^2\pi^2 + x^2} = \int_{-\infty}^{0} \frac{a\, e^{2m\pi x}\, dx}{2m\pi(a^2 + x^2)};$$

posons donc pour abréger

$$\varphi(x) = \sum \frac{e^{2m\pi x} \sin 2m\pi\xi}{m},$$
$$\psi(x) = \sum \frac{e^{2m\pi x} \sin^2 m\pi\xi}{m} \qquad (m = 1, 2, 3, \ldots),$$
$$\chi(x) = \sum \frac{e^{2m\pi x}}{m}$$

et l'on aura

$$\int_{-\infty}^{0} \mathrm{F}(x)\, e^{ax}\, dx = \frac{1}{\pi}\int_{-\infty}^{0} \frac{x\,\varphi(x)\,dx}{a^2+x^2} - \frac{2}{\pi}\int_{-\infty}^{0} \frac{a\,\psi(x)\,dx}{a^2+x^2} + \frac{1}{\pi}\int_{-\infty}^{0} \frac{a\,\chi(x)\,dx}{a^2+x^2},$$

$$\int_{-\infty}^{0} \mathrm{F}_1(x)\, e^{ax}\, dx = \frac{1}{\pi}\int_{-\infty}^{0} \frac{x\,\varphi(x)\,dx}{a^2+x^2} - \frac{\pi}{2}\int_{-\infty}^{0} \frac{a\,\psi(x)\,dx}{a^2+x^2}.$$

Voici les conséquences à tirer de ces nouvelles expressions. Je remarque en premier lieu que la variable x étant négative dans les intégrales, l'exponentielle e^x est moindre que l'unité, et l'on a

$$\varphi(x) = \operatorname{arc\,tang} \frac{e^{2\pi x}\sin 2\pi\xi}{1 - e^{2\pi x}\cos 2\pi\xi},$$

$$\psi(x) = \frac{1}{4}\log[1 - 2\,e^{2\pi x}\cos 2\pi\xi + e^{4\pi x}] - \frac{1}{2}\log(1 - e^{2\pi x}),$$

$$\chi(x) = -\log(1 - e^{2\pi x}).$$

Dans la première égalité, l'arc tangent doit être pris entre les limites $-\frac{\pi}{2}$ et $+\frac{\pi}{2}$, $\varphi(x)$ est donc, quel que soit x, du même signe que $\sin 2\pi\xi$; quant aux deux autres fonctions, les développements montrent qu'elles sont positives pour toutes les valeurs considérées de la variable. C'est là ce qui va nous permettre de remplacer par des séries finies les développements illimités précédemment obtenus, à savoir

$$\int_{-\infty}^{0} \mathrm{F}(x)\, e^{ax}\, dx = \sum \frac{(-1)^{n-1}\,\mathrm{S}_n(\xi)}{n a^n} + \sum \frac{(-1)^{n-1}\,\mathrm{B}_n}{2n(2n-1)a^{2n-1}},$$

$$\int_{-\infty}^{0} \mathrm{F}_1(x)\, e^{ax}\, dx = \sum \frac{(-1)^{n-1}\,\mathrm{S}_n(\xi)}{n a^n}$$

$$(n = 1, 2, 3, \ldots).$$

A cet effet j'observe que l'ensemble des puissances paires de $\frac{1}{a}$, qui est le même dans les seconds membres des deux égalités, est représenté par $-\sum \frac{\mathrm{S}_{2n}(\xi)}{2n\,a^{2n}}$ et provient par conséquent de l'intégrale

$$\frac{1}{\pi}\int_{-\infty}^{0} \frac{x\,\varphi(x)\,dx}{a^2+x^2}.$$

En employant l'identité

$$\frac{x}{a^2+x^2} = \frac{x}{a^2} - \frac{x^3}{a^4} + \ldots + \frac{(-1)^{n-1}x^{2n-1}}{a^{2n}} + \frac{(-1)^n x^{2n+1}}{a^{2n}(a^2+x^2)},$$

et égalant les termes en $\frac{1}{a^{2n}}$, nous parvenons donc à cette expression digne de remarque

$$\frac{1}{\pi}\int_{-\infty}^{0} x^{2n-1}\,\varphi(x)\,dx = \frac{(-1)^n\,S_{2n}(\xi)}{2n}.$$

Elle montre que la fonction d'indice pair $S_{2n}(\xi)$ a le même signe que $(-1)^{n-1}\sin 2\pi\xi$, propriété importante bien connue, et qui suppose ξ compris entre zéro et l'unité. En même temps nous voyons qu'on peut écrire

$$\int_{-\infty}^{0} \frac{x\,\varphi(x)\,dx}{a^2+x^2} = -\frac{S_2(\xi)}{2a^2} - \frac{S_4(\xi)}{4a^4} - \ldots - \frac{S_{2n}(\xi)}{2n\,a^{2n}} + \frac{(-1)^n}{\pi}\int_{-\infty}^{0} \frac{x^{2n+1}\,\varphi(x)\,dx}{a^{2n}(a^2+x^2)},$$

il est donc facile d'obtenir une limite de l'intégrale qui représente le terme complémentaire. La fonction $\varphi(x)$ ne changeant pas de signe, on a en effet

$$\int_{-\infty}^{0} \frac{x^{2n+1}\,\varphi(x)\,dx}{a^{2n}(a^2+x^2)} = \theta\int_{-\infty}^{0} \frac{x^{2n+1}\,\varphi(x)\,dx}{a^{2n+2}},$$

θ étant un nombre positif inférieur à l'unité, et de là se tire le résultat auquel je voulais parvenir

$$\int_{-\infty}^{0} \frac{x\,\varphi(x)\,dx}{a^2+x^2} = -\frac{S_2(\xi)}{2a^2} - \frac{S_4(\xi)}{4a^4} - \ldots - \frac{S_{2n}(\xi)}{2n\,a^{2n}} - \frac{\theta\,S_{2n+2}(\xi)}{(2n+2)a^{2n+2}}.$$

Considérons en second lieu les puissances impaires de $\frac{1}{a}$, amenées par les intégrales

$$\frac{1}{\pi}\int_{-\infty}^{0} \frac{a\,\psi(x)\,dx}{a^2+x^2} \quad \text{et} \quad \frac{1}{\pi}\int_{-\infty}^{0} \frac{a\,\chi(x)\,dx}{a^2+x^2}.$$

La seconde est connue par la série de Stirling, et nous avons immédiatement, en désignant par θ_2 une quantité plus petite que l'unité

$$\frac{1}{\pi}\int_{-\infty}^{0} \frac{a\,\chi(x)\,dx}{a^2+x^2} = \frac{B_1}{2a} - \frac{B_2}{3.4a^3} + \ldots + \frac{(-1)^{n-1}B_n}{2n(2n-1)a^{2n-1}} + \frac{(-1)^n\theta_2 B_{n+1}}{(2n+2)(2n+1)a^{2n+1}}.$$

C'est, par conséquent, de la première que vient l'ensemble des termes représenté par $\sum \frac{S_{2n-1}(\xi)}{(2n-1)a^{2n-1}}$ en faisant, $n=1, 2, 3, \ldots$. Opérons comme tout à l'heure et employons l'identité

$$\frac{a}{a^2+x^2} = \frac{1}{a} - \frac{x^2}{a^3} + \ldots + \frac{(-1)^{n-1}x^{2n-2}}{a^{2n-1}} + \frac{(-1)^n x^{2n}}{a^{2n-1}(a^2+x^2)},$$

nous obtenons d'abord la formule

$$\frac{2}{\pi}\int_{-\infty}^{0} x^{2n-2}\psi(x)\,dx = \frac{(-1)^n S_{2n-1}(\xi)}{2n-1},$$

d'où se tire la proposition que $S_{2n-1}(\xi)$ est constamment du signe de $(-1)^n$, lorsque ξ varie de zéro à l'unité, l'intégrale du premier membre étant positive. Nous avons ensuite l'égalité

$$\frac{2}{\pi}\int_{-\infty}^{0}\frac{a\psi(x)\,dx}{a^2+x^2} = -\frac{S_1(\xi)}{a} - \frac{S_3(\xi)}{3a^3} - \ldots - \frac{S_{2n-1}(\xi)}{(2n-1)a^{2n-1}} + \frac{2(-1)^n}{\pi}\int_{-\infty}^{0}\frac{x^{2n}\psi(x)\,dx}{a^{2n-1}(a^2+x^2)},$$

où l'on peut écrire, en désignant par θ_1 un nombre inférieur à un,

$$\int_{-\infty}^{0}\frac{x^{2n}\psi(x)\,dx}{a^{2n-1}(a^2+x^2)} = \theta_1\int_{-\infty}^{0}\frac{x^{2n}\psi(x)\,dx}{a^{2n+1}}.$$

On en conclut comme précédemment cette expression finie avec un terme complémentaire

$$\frac{2}{\pi}\int_{-\infty}^{0}\frac{a\psi(x)\,dx}{a^2+x^2} = -\frac{S_1(\xi)}{a} - \frac{S_3(\xi)}{3a^3} - \ldots - \frac{S_{2n-1}(\xi)}{(2n-1)a^{2n-1}} - \frac{\theta_1 S_{2n+1}(\xi)}{(2n+1)a^{2n+1}},$$

et nous obtenons, en définitive, les séries suivantes :

$$\begin{aligned}\log\Gamma(a+\xi) = {} & \left(a+\xi-\frac{1}{2}\right)\log a - a + \log\sqrt{2\pi} \\ & -\frac{S_2(\xi)}{2a^2} - \frac{S_4(\xi)}{4a^4} - \ldots - \frac{S_{2n}(\xi)}{2na^{2n}} - \frac{\theta S_{2n+2}(\xi)}{(2n+2)a^{2n+2}} \\ & +\frac{S_1(\xi)}{a} + \frac{S_3(\xi)}{3a^3} + \ldots + \frac{S_{2n-1}(\xi)}{(2n-1)a^{2n-1}} + \frac{\theta_1 S_{2n+1}(\xi)}{(2n+1)a^{2n+1}} \\ & +\frac{B_1}{2a} - \frac{B_2}{3.4a^3} + \ldots + \frac{(-1)^{n-1}B_n}{2n(2n-1)a^{2n-1}} + \frac{(-1)^n\theta_2 B_{n+1}}{(2n+2)(2n+1)a^{2n+1}},\end{aligned}$$

$$\begin{aligned}\log\frac{\Gamma(a+\xi)}{\Gamma(a)} = {} & \xi\log a - \frac{S_2(\xi)}{2a^2} - \frac{S_4(\xi)}{4a^4} - \ldots - \frac{S_{2n}(\xi)}{2na^{2n}} - \frac{\theta S_{2n+2}(\xi)}{(2n+2)a^{2n+2}} \\ & + \frac{S_1(\xi)}{a} + \frac{S_3(\xi)}{3a^3} + \ldots + \frac{S_{2n-1}(\xi)}{(2n-1)a^{2n-1}} + \frac{\theta_1 S_{2n+1}(\xi)}{(2n+1)a^{2n+1}}.\end{aligned}$$

Elles ont la propriété caractéristique de la formule de Stirling, qu'en s'arrêtant à un terme de rang quelconque, l'erreur a pour limite supérieure le terme suivant.

Si l'on suppose $\xi = \frac{1}{2}$, la seconde égalité donne ce résultat

$$\log \frac{\Gamma\left(a+\frac{1}{2}\right)}{\Gamma(a)}$$
$$= \frac{1}{2}\log a - \frac{1}{2^3 a} + \frac{1}{3.2^6 a^3} - \frac{1}{5.2^7 a^5} + \ldots + \frac{(-1)^n (2^{2n}-1) B_n}{(2n-1)n.2^{2n} a^{2n-1}} + \ldots$$

qui est la conséquence des relations

$$S_{2n}\left(\frac{1}{2}\right) = 0, \quad S_{2n-1}\left(\frac{1}{2}\right) = \frac{(-1)^n (2^{2n}-1) B_n}{n.2^{2n}}.$$

Post-scriptum. — Je m'aperçois qu'on peut obtenir les expressions des intégrales

$$\int_{-\infty}^{0} F(x)\, e^{ax}\, dx, \quad \int_{-\infty}^{0} F_1(x)\, e^{ax}\, dx$$

par une méthode plus facile et plus simple ; la voici en peu de mots.

Je pars de cette identité, qui se vérifie en différentiant,

$$\int F(x)\, e^{ax}\, dx = \left[\frac{F(x)}{a} - \frac{F'(x)}{a^2} + \ldots - \frac{F^{2n-1}(x)}{a^{2n-1}}\right] e^{ax} + \int \frac{F^{2n}(x)\, e^{ax}}{a^{2n}}\, dx,$$

et d'où l'on conclut

$$\int_{-\infty}^{0} F(x)\, e^{ax}\, dx = \frac{F(0)}{a} - \frac{F'(0)}{a^2} + \ldots - \frac{F^{2n-1}(0)}{a^{2n-1}} + \int_{-\infty}^{0} \frac{F^{2n}(x)\, e^{ax}}{a^{2n}}\, dx.$$

Cela étant, les quantités $F(0)$, $F'(0)$, ... se déterminent au moyen de la relation

$$F(x) = \sum \frac{S_n(\xi)\, x^{n-1}}{1.2\ldots n} + \sum \frac{(-1)^{n-1} B_n x^{2n-2}}{1.2\ldots 2n},$$

ou bien en séparant dans la première somme les puissances paires et impaires

$$F(x) = \sum \frac{S_{2n}(\xi)\, x^{2n-1}}{1.2\ldots 2n} + \sum \frac{S_{2n-1}(\xi)\, x^{2n-2}}{1.2\ldots 2n-1} + \sum \frac{(-1)^{n-1} B_n x^{2n-2}}{1.2\ldots 2n}.$$

On en tire immédiatement

$$F^{2n-1}(0) = \frac{S_{2n}(\xi)}{2n}, \qquad F^{2n-2}(0) = \frac{S_{2n-1}(\xi)}{2n-1} + \frac{(-1)^{n-1}B_n}{2n(2n-1)},$$

d'où résulte par conséquent la série finie qui a été précédemment trouvée; mais le point le plus important concerne le terme complémentaire représenté par l'intégrale

$$\int_{-\infty}^{0} \frac{F^{2n}(x)\,e^{ax}}{a^{2n}}\,dx.$$

Revenant à cet effet à l'égalité

$$F(x) = \sum \frac{x \sin 2m\pi\xi}{m\pi(4m^2\pi^2+x^2)} - \sum \frac{4\sin^2 m\pi\xi}{4m^2\pi^2+x^2} + \sum \frac{2}{4m^2\pi^2+x^2},$$

j'observe que les formules connues

$$\frac{x}{4m^2\pi^2+x^2} = -\int_{-\infty}^{0} e^{2m\pi y}\sin xy\,dy,$$

$$\frac{1}{4m^2\pi^2+x^2} = \int_{-\infty}^{0} \frac{1}{2m\pi}\,e^{2m\pi y}\cos xy\,dy$$

permettent d'écrire

$$\begin{aligned} F(x) = &-\sum \int_{-\infty}^{0} \frac{1}{m\pi}\,e^{2m\pi y}\sin 2m\pi\xi \sin xy\,dy \\ &-\sum \int_{-\infty}^{0} \frac{2}{m\pi}\,e^{2m\pi y}\sin^2 m\pi\xi \cos xy\,dy \\ &+\sum \int_{-\infty}^{0} \frac{1}{m\pi}\,e^{2m\pi y}\cos xy\,dy. \end{aligned}$$

Les fonctions, désignées précédemment par $\varphi(x)$, $\psi(x)$, $\chi(x)$, s'introduisent alors d'elles-mêmes et l'on trouve ainsi

$$\begin{aligned} F(x) = &-\frac{1}{\pi}\int_{-\infty}^{0} \varphi(y)\sin xy\,dy \\ &-\frac{2}{\pi}\int_{-\infty}^{0} \psi(y)\cos xy\,dy \\ &+\frac{1}{\pi}\int_{-\infty}^{0} \chi(y)\cos xy\,dy. \end{aligned}$$

La variable x, par suite de cette transformation, n'entre plus que dans les quantités $\sin xy$ et $\cos xy$, nous avons donc

$$
\begin{aligned}
(-1)^n F^{2n}(x) = &-\frac{1}{\pi}\int_{-\infty}^{0} \varphi(y)\sin xy . y^{2n}\,dy \\
&-\frac{2}{\pi}\int_{-\infty}^{0} \psi(y)\cos xy . y^{2n}\,dy \\
&+\frac{1}{\pi}\int_{-\infty}^{0} \chi(y)\cos xy . y^{2n}\,dy
\end{aligned}
$$

et, par conséquent,

$$
\begin{aligned}
(-1)^n \int_{-\infty}^{0} F^{2n}(x)e^{ax}\,dy = &-\frac{1}{\pi}\int_{-\infty}^{0}\int_{-\infty}^{0} \varphi(y)\sin xy . y^{2n} e^{ax}\,dx\,dy \\
&-\frac{2}{\pi}\int_{-\infty}^{0}\int_{-\infty}^{0} \psi(y)\cos xy . y^{2n} e^{ax}\,dx\,dy \\
&+\frac{1}{\pi}\int_{-\infty}^{0}\int_{-\infty}^{0} \chi(y)\cos xy . y^{2n} e^{ax}\,dx\,dy.
\end{aligned}
$$

On peut effectuer les intégrations par rapport à cette variable x, ce qui donne, après avoir divisé par a^{2n} l'expression du terme complémentaire à laquelle j'étais parvenu,

$$
\begin{aligned}
(-1)^n \int_{-\infty}^{0} \frac{F^{2n}(x)e^{ax}}{a^{2n}}\,dx = &\ \frac{1}{\pi}\int_{-\infty}^{0} \frac{y^{2n+1}\varphi(y)}{a^{2n}(a^2+y^2)}\,dy \\
&-\frac{2}{\pi}\int_{-\infty}^{0} \frac{y^{2n}\psi(y)}{a^{2n-1}(a^2+y^2)}\,dy \\
&+\frac{1}{\pi}\int_{-\infty}^{0} \frac{\chi(y)y^{2n}}{a^{2n-1}(a^2+y^2)}\,dy,
\end{aligned}
$$

et nous aurons pareillement pour le reste de la seconde série

$$
\begin{aligned}
(-1)^n \int_{-\infty}^{0} \frac{F_1^{2n}(x)e^{ax}}{a^{2n}}\,dx = &\ \frac{1}{\pi}\int_{-\infty}^{0} \frac{y^{2n+1}\varphi(y)}{a^{2n}(a^2+y^2)}\,dy \\
&-\frac{2}{\pi}\int_{-\infty}^{0} \frac{y^{2n}\psi(y)}{a^{2n-1}(a^2+y^2)}\,dy.
\end{aligned}
$$

J'ajoute enfin en considérant l'une quelconque des trois intégrales, la première par exemple, que si l'on pose

$$
R_n = \frac{1}{\pi}\int_{-\infty}^{0} \frac{y^{2n+1}\varphi(y)}{a^{2n}(a^2+y^2)}\,dy, \qquad U_n = \frac{1}{\pi}\int_{-\infty}^{0} \frac{y^{2n-1}\varphi(y)}{a^{2n}}\,dy,
$$

avec la série correspondante

$$\frac{1}{\pi}\int_{-\infty}^{0}\frac{y\,\varphi(y)}{a^2+y^2}\,dy = U_0 - U_1 + \ldots + (-1)^{n-1}U_n + (-1)^n R_n,$$

la relation

$$R_{n-1} + R_n = U_n,$$

où R_n, R_{n-1} et U_n sont positifs, donne immédiatement

$$R_n < U_n \qquad \text{et} \qquad R_n > \frac{1}{2}U_n,$$

lorsqu'on a $R_{n-1} < R_n$. Ces deux limitations, du reste, ont été indiquées à l'égard de la série de Stirling par M. Bourguet dans sa belle Thèse de doctorat *Sur le développement en séries des intégrales eulériennes* (*Annales de l'École Normale supérieure*, année 1880).

SUR

LE LOGARITHME DE LA FONCTION GAMMA.

American Journal of Mathematics, t. XVII, 1895, p. 111-116.

Je vais revenir encore à l'intégrale de Raabe pour présenter son rôle sous un nouveau jour, en considérant l'expression plus générale,

$$\frac{1}{2}\log[\Gamma(a+\xi)\Gamma(a+1-\xi)],$$

et montrant qu'elle en donne la valeur asymptotique, sous la condition que ξ soit positif et moindre que l'unité. Ce résultat a été déjà établi dans un article sur l'extension de la formule de Stirling (*Mathematischen Annalen*, t. XLI, p. 581); on va voir qu'on y parvient plus facilement par la nouvelle méthode que je vais indiquer.

Soit $F(x)$ une fonction qui ne change pas lorsqu'on y remplace x par $1-x$; je partirai de l'égalité suivante

$$\int_0^\xi x\,F'(x)\,dx + \int_0^{1-\xi} x\,F'(x)\,dx = F(\xi) - \int_0^1 F(x)\,dx,$$

qui se vérifie immédiatement en observant qu'on a

$$\int_0^\xi x\,F'(x)\,dx = \xi\,F(\xi) - \int_0 F(x)\,dx,$$

puis

$$\int_0^\xi F(x)\,dx + \int_0^{1-\xi} F(x)\,dx = \int_0^1 F(x)\,dx,$$

sous la condition admise à l'égard de $F(x)$.

Prenons maintenant

$$F(x) = \log[\Gamma(a+x)\Gamma(a+1-x)],$$

en désignant par J l'intégrale de Raabe, on aura évidemment

$$2J = \int_0^1 \log[\Gamma(a+x)\Gamma(a+1-x)]\,dx.$$

Soit ensuite

$$J_1(a) = \frac{1}{2}\int_0^{\xi} x\,D_x \log[\Gamma(a+x)\Gamma(a+1-x)]\,dx$$
$$+ \frac{1}{2}\int_0^{1-\xi} x\,D_x \log[\Gamma(a+x)\Gamma(a+1-x)]\,dx,$$

nous en conclurons cette relation

$$\frac{1}{2}\log[\Gamma(a+x)\Gamma(a+1-x)] = J + J_1(a),$$

et le résultat annoncé sera mis en évidence au moyen d'une expression de $J_1(a)$ que je vais obtenir.

J'observe, à cet effet, que de la formule

$$D_x \log\Gamma(x) = \int_{-\infty}^{0}\left(\frac{e^{xy}}{e^y-1} - \frac{e^y}{y}\right)dy$$

on tire aisément

$$D_x \log[\Gamma(a+x)\Gamma(a+1-x)]\,dx = \int_{-\infty}^{0}\frac{(e^{xy}-e^{(1-x)y})e^{ay}}{e^y-1}\,dy,$$

il en résulte qu'on peut écrire, en désignant par y_0 une certaine valeur de la variable qui dépend de a,

$$\int_{-\infty}^{0}\frac{(e^{xy}-e^{(1-x)y})e^{ay}}{e^y-1}\,dy = \frac{e^{xy_0}-e^{(1-x)y_0}}{e^{y_0}-1}\int_{-\infty}^{0} e^{ay}\,dy = \frac{e^{xy_0}-e^{(1-x)y_0}}{(e^{y_0}-1)a}.$$

Cela posé, cherchons une limite supérieure de la fonction $\frac{e^{xy}-e^{(1-x)y}}{e^y-1}$, et, dans ce but, mettons-la sous la forme

$$\frac{e^{(2x-1)\frac{y}{2}} - e^{-(2x-1)\frac{y}{2}}}{e^{\frac{y}{2}} - e^{-\frac{y}{2}}}.$$

En développant en série, elle devient

$$\frac{(2x-1)y+\frac{1}{2.3.2^2}[(2x-1)y]^3+\frac{1}{2.3.4.5.2^4}[(2x-1)y]^5+\dots}{y+\frac{1}{2.3.2^2}y^3+\frac{1}{2.3.4.5.2^4}y^5+\dots},$$

c'est-à-dire

$$(2x-1)\frac{1+\frac{1}{2.3.2^2}[(2x-1)y]^2+\frac{1}{2.3.4.5.2^4}[(2x-1)y]^4+\dots}{1+\frac{1}{2.3.2^2}y^2+\frac{1}{2.3.4.5.2^4}y^4+\dots}.$$

On voit que, si l'on suppose x compris entre zéro et l'unité, le numérateur de la quantité qui multiplie $2x-1$ est toujours moindre que le dénominateur; il en résulte qu'en faisant

$$\frac{e^{xy}-e^{(1-x)y}}{e^y-1}=(2x-1)\Phi(x),$$

la fonction $\Phi(x)$ sera positive, moindre que l'unité pour toutes les valeurs réelles de la variable y et, par conséquent, de a; on aura aussi la condition

$$\Phi(x)=\Phi(1-x).$$

Cela étant, l'expression de $J_1(a)$ prend cette nouvelle forme

$$J_1(a)=\frac{1}{2a}\int_0^\xi x(2x-1)\Phi(x)\,dx+\frac{1}{2a}\int_0^{1-\xi} x(2x-1)\Phi(x)\,dx,$$

ou bien

$$J_1(a)=\frac{M}{2a},$$

qui suffit à notre objet, la quantité

$$M=\int_0^\xi x(2x-1)\Phi(x)\,dx+\int_0^{1-\xi} x(2x-1)\Phi(x)\,dx$$

étant finie évidemment quel que soit a. Mais nous irons plus loin, en obtenant les limites indépendantes de a entre lesquelles elle reste toujours comprise.

J'emploie pour cela la relation générale

$$\int_0^\xi f(x)\,dx+\int_0^{1-\xi} f(x)\,dx=\int_0^\xi [f(x)-f(1-x)]\,dx+\int_0^1 f(x)\,dx,$$

qui se vérifie en remarquant que, par le changement de x en $1-x$, on trouve

$$\int_0^{1-\xi} f(x)\,dx = \int_0^1 f(x)\,dx - \int_0^{\xi} f(1-x)\,dx,$$

ou plutôt encore celle-ci

$$\int_0^{\xi} f(x)\,dx + \int_0^{1-\xi} f(x)\,dx$$

$$= \int_0^{\xi} [f(x) - f(1-x)]\,dx + \frac{1}{2}\int_0^1 [f(x) + f(1-x)]\,dx.$$

Cela étant, soit

$$f(x) = x(2x-1)\,\Phi(x);$$

de la propriété qui a été indiquée tout à l'heure de la fonction $\Phi(x)$, on tire

$$f(x) - f(1-x) = -(1-2x)\;\Phi(x),$$
$$f(x) + f(1-x) = \;\;(1-2x)^2\,\Phi(x),$$

et nous avons, en conséquence,

$$\mathrm{M} = \frac{1}{2}\int_0^1 (1-2x)^2\,\Phi(x)\,dx - \int_0^{\xi} (1-2x)\,\Phi(x)\,dx.$$

La première intégrale, en se rappelant qu'on a $\Phi(x) < 1$, s'exprime par

$$\frac{\theta}{2}\int_0^1 (1-2x)^2\,dx = \frac{\theta}{6},$$

θ étant moindre que l'unité; la seconde, si l'on suppose, comme on peut le faire, $\xi < \frac{1}{2}$, aura pour valeur

$$\theta'\int_0^{\xi} (1-2x)\,dx = (\xi - \xi^2)\,\theta',$$

θ' étant aussi compris entre zéro et un, nous avons donc ce résultat qu'il s'agissait d'obtenir,

$$\mathrm{M} = \frac{\theta}{6} - (\xi - \xi^2)\,\theta'.$$

Soit, en particulier, $\xi = 1$, ce qui donne

$$M = \frac{\theta}{6};$$

on trouve alors la relation

$$\frac{1}{2}\log[\Gamma(a+1)\Gamma(a)] = J + \frac{\theta}{12a},$$

d'où l'on conclut

$$\log\Gamma(a) = J - \frac{1}{2}\log a + \frac{\theta}{12a}.$$

C'est l'expression asymptotique à laquelle j'étais parvenu précédemment par une autre méthode. La quantité $J_1(a)$, représentée par l'intégrale

$$\frac{1}{2}\int_0^1 x\, D_x \log[\Gamma(a+x)\Gamma(a+1-x)]\, dx.$$

coïncide, dans ce cas, avec

$$J(a) = \frac{1}{2}\int_0^1 (x-x^2)\, D_x^2 \log\Gamma(a+x)\, dx;$$

voici comment on passe de la première forme à la seconde : changeons x en $1-x$, nous aurons d'abord

$$J_1(a) = -\frac{1}{2}\int_0^1 (1-x)\, D_x \log[\Gamma(a+x)\Gamma(a+1-x)]\, dx.$$

en ajoutant membre à membre avec la valeur précédente, il vient

$$J_1(a) = \frac{1}{2}\int_0^1 (2x-1)\, D_x \log[\Gamma(a+x)\Gamma(a+1-x)]\, dx.$$

Le facteur $2x-1$ étant la dérivée de x^2-x, une intégration par parties donne facilement, si l'on observe que $x-x^2$ ne change pas lorsqu'on remplace x par $1-x$,

$$2J_1(a) = \frac{1}{2}\int_0^1 (x-x^2)\, D_x^2 \log[\Gamma(a+x)\Gamma(a+1-x)]\, dx$$

$$= \int_0^1 (x-x^2)\, D_x^2 \log\Gamma(a+x)\, dx.$$

Soit ensuite $\xi = \frac{1}{2}$, on trouve

$$M = \frac{\theta}{6} - \frac{\theta'}{4};$$

il est nécessaire alors, pour avoir une limite plus précise, de recourir à l'expression générale

$$M = \int_0^{\xi} x(2x-1)\,\Phi(x)\,dx + \int_0^{1-\xi} x(2x-1)\,\Phi(x)\,dx,$$

d'où l'on tire

$$\begin{aligned} M &= 2\int_0^{\frac{1}{2}} x(2x-1)\,\Phi(x)\,dx \\ &= -2\int_0^{\frac{1}{2}} x(1-2x)\,\Phi(x)\,dx. \end{aligned}$$

Le facteur $x(1-2x)$ étant positif entre les limites de l'intégrale et $\Phi(x)$ étant moindre que l'unité, nous avons cette valeur

$$\begin{aligned} M &= -2\theta\int_0^{\frac{1}{2}} x(1-2x)\,dx \\ &= -\frac{\theta}{12}, \end{aligned}$$

et l'on en conclut l'expression asymptotique

$$\log\Gamma\left(a+\frac{1}{2}\right) = J - \frac{\theta}{24a}.$$

Je reviens maintenant à la formule générale

$$\begin{aligned} J_1(a) = {} & \frac{1}{2}\int_0^{\xi} x\,D_x \log[\Gamma(a+x)\,\Gamma(a+1-x)]\,dx \\ & + \frac{1}{2}\int_0^{1-\xi} x\,D_x \log[\Gamma(a+x)\,\Gamma(a+1-x)]\,dx, \end{aligned}$$

afin d'en tirer une autre expression de $J_1(a)$ qui permet d'obtenir son développement en série, suivant les puissances descendantes de a. Ce résultat important se déduit aisément de l'égalité

$$D_x \log[\Gamma(a+x)\,\Gamma(a+1-x)] = \int_{-\infty}^{0} \frac{(e^{xy} - e^{(1-x)y})\,e^{ay}}{e^y - 1}\,dy,$$

au moyen des intégrales suivantes,

$$\int_0^{\xi} (e^{xy} - e^{(1-x)y})x\,dx = e^{\xi y}\left(\frac{\xi}{y} - \frac{1}{y^2}\right) + e^{(1-\xi)y}\left(\frac{\xi}{y} + \frac{1}{y^2}\right) - \frac{e^y - 1}{y^2},$$

$$\int_0^{1-\xi} (e^{xy} - e^{(1-x)y})x\,dx = e^{(1-\xi)y}\left(\frac{1-\xi}{y} - \frac{1}{y^2}\right) + e^{\xi y}\left(\frac{1-\xi}{y} + \frac{1}{y^2}\right) - \frac{e^y - 1}{y^2}.$$

En les ajoutant, on trouve la quantité

$$\frac{e^{\xi y} + e^{(1-\xi)y}}{y} - 2\,\frac{e^y - 1}{y^2},$$

ce qui donne immédiatement

$$J_1(a) = \int_{-\infty}^{0} \left[\frac{e^{\xi y} + e^{(1-\xi)y}}{2y(e^y - 1)} - \frac{1}{y^2}\right] e^{ay}\,dy.$$

Supposons $\xi = 1$, on en tire la formule de Stirling,

$$J_1(a) = \frac{B_1}{1.2.a} - \frac{B_2}{3.4.a^3} + \frac{B_3}{5.6.a^5} - \ldots,$$

où B_1, B_2, ... désignent, suivant l'usage, les nombres de Bernoulli. En faisant $\xi = \frac{1}{2}$, on en conclut la série de Gauss,

$$J_1(a) = -\frac{B_1}{1.2.2.a} + \frac{(2^3 - 1)B_2}{3.4.2^3.a^3} - \frac{(2^5 - 1)B_3}{5.6.2^5.a^5} + \ldots,$$

ce second développement pouvant se déduire du premier au moyen de la relation

$$J_1(a) = J(2a) - J(a),$$

qui découle facilement des expressions

$$J(a) = \int_{-\infty}^{0} \left[\frac{e^y + 1}{2y(e^y - 1)} - \frac{1}{y^2}\right] e^{ay}\,dy,$$

$$J(2a) = \int_{-\infty}^{0} \left[\frac{e^y + 1}{2y(e^y - 1)} - \frac{1}{y^2}\right] e^{2ay}\,dy.$$

Remplaçons, en effet, dans la seconde y par $\frac{y}{2}$ et retranchons membre à membre; il vient, après une réduction évidente,

$$J(2a) - J(a) = \int_{-\infty}^{0} \left[\frac{e^{\frac{1}{2}y}}{y(e^y - 1)} - \frac{1}{y^2}\right] e^{ay}\,dy,$$

c'est-à-dire la valeur de $J_1(a)$ pour $\xi = \frac{1}{2}$. Dans le cas général où ξ est quelconque, je rappelle, en terminant, que si l'on désigne par $S_n(\xi)$ le polynome de degré $n+1$ de Jacob Bernoulli, égal, lorsque ξ est entier, à la somme $1^n + 2^n + \ldots + (\xi - 1)^n$, on a la série suivante :

$$J_1(a) = \sum \left[\frac{(-1)^{n-1} B_n}{n(2n-1)} + \frac{2 S_{2n-1}(\xi)}{2n-1} \right] \frac{1}{a^{2n-1}} \qquad (n = 1, 2, 3, \ldots).$$

On trouvera, dans l'article des *Mathematischen Annalen* qui a été cité plus haut, la démonstration de cette formule et les conditions de son emploi.

EXTRAIT D'UNE LETTRE ADRESSÉE A M. L. FUCHS

SUR UNE

EXTENSION DU THÉORÈME DE LAURENT.

Journal de Crelle, t. 116, 1896, p. 85-89.

... En considérant les racines d'une équation algébrique quelconque et leurs discontinuités, points critiques ou pôles, j'envisage l'ensemble des circonférences qui ont leurs centres à l'origine et pour rayons les modules de ces discontinuités. Elles décomposent le plan en couronnes circulaires auxquelles succède un espace infini, et les racines sont à l'intérieur de chacune de ces régions, des fonctions finies et continues mais non uniformes. Leurs valeurs s'échangent d'une certaine manière, si l'on fait décrire à la variable un contour fermé comprenant l'une des circonférences limites et, par conséquent, des points critiques à son intérieur. La différence de nature avec les fonctions uniformes se manifeste par cette circonstance, qu'il est nécessaire de décrire plusieurs fois le même contour pour obtenir, au départ et à l'arrivée, les mêmes valeurs. Désignons ce nombre par p, pour l'une des racines, représentons la variable par x et posons

$$\xi = x^{\frac{1}{p}}.$$

L'image fournie par cette substitution est une courbe fermée, décrite une seule et unique fois, au lieu du contour répété p fois successivement. La quantité considérée devient, par suite, une fonction uniforme de ξ, dans l'espace limité par deux nouvelles circonférences, transformées des précédentes, ayant comme elles leurs centres à l'origine. On peut donc faire l'application du théorème de Laurent et en conclure que la racine s'exprime par une série de puissances entières positives et négatives de ξ ou de $x^{\frac{1}{p}}$. Pour le cas où la variable est supposée dans la dernière région, on la considérera comme une couronne circulaire limitée par la circonférence relative à la plus grande des discontinuités et une autre dont on fera croître indéfiniment le rayon. Cette seconde circonférence, lorsqu'il s'agit d'une fonction uniforme $f(x)$, étant prise pour contour de l'intégrale $\frac{1}{2i\pi}\int\frac{f(z)\,dz}{x-z}$, dont se tire le théorème de Laurent, conduit à une fonction holomorphe dans son intérieur, et qui devient, en faisant croître le rayon, holomorphe dans tout le plan. Nous en concluons alors, comme précédemment, les expressions analytiques des racines dans cette région, mais il faut observer, ce qui est le côté imparfait de cette méthode, que les ayant obtenues dans le plan tout entier, on doit exclure de la représentation les circonférences sur lesquelles se trouvent les points de discontinuités.

Pour donner un exemple dans un cas facile, je vais chercher l'expression de la quantité $\frac{1}{\sqrt{(x-a)(b-x)}}$, en supposant

$$|a|<|x|<|b|,$$

de sorte que la variable sera dans la couronne limitée par les circonférences de rayon $|a|$ et $|b|$.

Soit, pour abréger,

$$(m)=\frac{1.3.5\ldots(2m-1)}{2.4.6\ldots 2m};$$

nous aurons les deux séries

$$\left.\begin{aligned}\frac{1}{\sqrt{x-a}}&=\frac{1}{\sqrt{x}}\sum\frac{(m)a^m}{x^m}\\ \frac{1}{\sqrt{b-x}}&=\frac{1}{\sqrt{b}}\sum\frac{(n)x^n}{b^n}\end{aligned}\right\}\qquad(m,\ n=0,1,2,\ldots),$$

puis, en multipliant membre à membre,

$$\frac{1}{\sqrt{(x-a)(b-x)}}=\frac{1}{\sqrt{bx}}\sum\frac{(m)(n)a^m}{b^n x^{m-n}}.$$

Soit maintenant $m - n = p$; supposons p positif et différent de zéro, le terme en $\frac{1}{x^p}$ sera donné par la somme

$$\frac{a^p}{x^p}\sum\frac{(n)(n+p)a^n}{b^n},$$

qui se rapporte aux valeurs $n = 0, 1, 2, \ldots$.

Faisant donc

$$S_p = \sum\frac{(n)(n+p)a^n}{b^n};$$

nous obtenons, pour l'ensemble des termes en $\frac{1}{x}$, la série suivante :

$$\sum S_p \frac{a^p}{x^p} \qquad (p = 1, 2, 3, \ldots).$$

De la même manière, se trouve ensuite la seconde série,

$$\sum S_p \frac{x^p}{b^p},$$

où entrent les puissances positives de la variable; en écrivant, pour simplifier, S au lieu de S_0, on en conclut le résultat cherché, à savoir

$$\frac{1}{\sqrt{(x-a)(b-x)}} = \frac{1}{\sqrt{bx}}S + \frac{1}{\sqrt{bx}}\sum S_p\left(\frac{a^p}{x^p} + \frac{x^p}{b^p}\right) \quad (p = 1, 2, 3, \ldots).$$

On peut, comme je vais le faire voir, le démontrer *a posteriori*. Soit pour cela $a = bk^2$, puis

$$R(y) = (1 - y^2)(1 - k^2y^2);$$

j'emploierai la relation suivante

$$\int_0^1 \frac{y^{2p}\,dy}{\sqrt{R(y)}} = \frac{\pi}{2}S_p,$$

qui résulte du développement

$$\frac{1}{\sqrt{1 - k^2y^2}} = \sum (n)k^{2n}y^{2n}$$

et de la formule élémentaire

$$\int_0^1 \frac{y^{2(n+p)}\,dy}{\sqrt{1-y^2}} = \frac{\pi}{2}(n+p).$$

J'observe ensuite que les progressions géométriques $\sum\left(\frac{ay^2}{x}\right)^p$ et $\sum\left(\frac{xy^2}{b}\right)^p$ ont pour sommes $\frac{ay^2}{x-ay^2}$ et $\frac{xy^2}{b-xy^2}$, on est donc amené à l'égalité

$$S+\sum S_p\left(\frac{a^p}{x^p}+\frac{x^p}{b^p}\right)=\frac{2}{\pi}\int_0^1\left[1+\frac{ay^2}{x-ay^2}+\frac{xy^2}{b-xy^2}\right]\frac{dy}{\sqrt{R(y)}},$$

et à chercher l'intégrale définie qui figure dans le second membre. Je fais, à cet effet, $y=\operatorname{sn}\xi$, je pose aussi $\frac{a}{x}=k^2\operatorname{sn}^2\alpha$, ce qui donne

$$\frac{x}{b}=k^2\operatorname{sn}^2(\alpha+iK'),$$

d'après la condition admise

$$a=bk^2.$$

L'intégrale relative à la nouvelle variable étant représentée par

$$J=\int_0^K\left[1+\frac{k^2\operatorname{sn}^2\alpha\operatorname{sn}^2\xi}{1-k^2\operatorname{sn}^2\alpha\operatorname{sn}^2\xi}+\frac{k^2\operatorname{sn}^2(\alpha+iK')\operatorname{sn}^2\xi}{1-k^2\operatorname{sn}^2(\alpha+iK')\operatorname{sn}^2\xi}\right]d\xi$$

s'exprime au moyen des fonctions complètes de troisième espèce. Multiplions par $\frac{\operatorname{cn}\alpha\operatorname{dn}\alpha}{\operatorname{sn}\alpha}$ et remarquons que cette quantité se reproduit, changée de signe, quand on remplace α par $\alpha+iK'$; on aura, en effet,

$$\frac{\operatorname{cn}\alpha\operatorname{dn}\alpha}{\operatorname{sn}\alpha}J=\frac{\operatorname{cn}\alpha\operatorname{dn}\alpha}{\operatorname{sn}\alpha}K+\prod(K,\alpha)-\prod(K,\alpha+iK').$$

Cela étant, la formule des *Fundamenta*,

$$\prod(K,\alpha)=K\,D_\alpha\log\Theta(\alpha),$$

nous donne

$$\prod(K,\alpha)-\prod(K,\alpha+iK')=K\,D_\alpha\log\frac{\Theta(\alpha)}{\Theta(\alpha+iK')}.$$

En recourant à l'égalité

$$\Theta(\alpha+iK')=i\,H(\alpha)\,e^{-\frac{i\pi}{4K}(2\alpha+iK')},$$

on a ensuite

$$D_\alpha\log\frac{\Theta(\alpha)}{\Theta(\alpha+iK')}=\frac{i\pi}{2K}-D_\alpha\log\frac{H(\alpha)}{\Theta(\alpha)}=\frac{i\pi}{2K}-\frac{\operatorname{cn}\alpha\operatorname{dn}\alpha}{\operatorname{sn}\alpha},$$

et une réduction évidente conduit à la valeur cherchée

$$J = \frac{i\pi}{2} \frac{\operatorname{sn} \alpha}{\operatorname{cn} \alpha \operatorname{dn} \alpha} \quad \text{ou bien} \quad J = \frac{\pi}{2} \frac{\sqrt{bx}}{\sqrt{(x-a)(b-x)}},$$

puisqu'on a

$$\operatorname{sn} \alpha = \sqrt{\frac{b}{x}}, \qquad \operatorname{cn} \alpha = i\sqrt{\frac{b-x}{x}} \qquad \text{et} \qquad \operatorname{dn} \alpha = \sqrt{\frac{x-a}{x}}.$$

L'expression du radical $\frac{1}{\sqrt{(x-a)(x-b)}}$ est d'une autre nature dans les deux régions où l'on suppose

$$|x| < |a| \qquad \text{et} \qquad |x| > |b|.$$

En désignant par $P^{(n)}(x)$ le polynome de Legendre du degré n, on obtient alors les séries

$$\frac{1}{\sqrt{ab}} \sum P^{(n)}\left(\frac{a+b}{2\sqrt{ab}}\right)\left(\frac{x}{\sqrt{ab}}\right)^n \qquad (n = 0, 1, 2, \ldots)$$

et

$$\frac{1}{\sqrt{ab}} \sum P^{(n)}\left(\frac{a+b}{2\sqrt{ab}}\right)\left(\frac{\sqrt{ab}}{x}\right)^n \qquad (n = 1, 2, 3, \ldots).$$

Une application des résultats que nous venons d'obtenir s'offre d'elle-même à l'intégrale elliptique, en prenant $a = 1$, $b = k^2$, et changeant x en x^2; elle est, je crois, à remarquer dans le cas où l'on suppose

$$1 < |x| < \left|\frac{1}{k}\right|,$$

je l'indiquerai succinctement. Nous avons alors la formule

$$\frac{1}{\sqrt{(x^2-1)(1-k^2x^2)}} = \frac{1}{x} S + \frac{1}{x} \sum S_p \left(\frac{1}{x^{2p}} + k^{2p}x^{2p}\right) \quad (p = 1, 2, 3, \ldots),$$

et l'on en tire, en désignant par C une constante,

$$\int_1^x \frac{dx}{\sqrt{(x^2-1)(1-k^2x^2)}} = C + S \log x - \sum \frac{S_p}{2p}\left(\frac{1}{x^{2p}} - k^{2p}x^{2p}\right).$$

Faisons successivement

$$x = 1 \qquad \text{et} \qquad x = \frac{1}{k},$$

on aura les égalités

$$0 = C - \sum \frac{S_p}{2p}(1 - k^{2p}),$$

$$K' = C + S \log \frac{1}{k} - \sum \frac{S_p}{2p}(k^{2p} - 1);$$

en les ajoutant, les séries infinies se détruisent, on obtient

$$K' = 2C + S \log \frac{1}{k},$$

d'où

$$C = S \log \sqrt{k} + \frac{1}{2} K'$$

et, par conséquent,

$$\int_1^x \frac{dx}{\sqrt{(x^2-1)(1-k^2x^2)}} = S \log(x\sqrt{k}) + \frac{1}{2}K' - \sum \frac{S_p}{2p}\left(\frac{1}{x^{2p}} - k^{2p}x^{2p}\right).$$

Employons ensuite l'expression de K′, qui a été donnée par Legendre, le logarithme de k disparaît dans le second membre, et l'on parvient à la formule suivante

$$\int_1^x \frac{dx}{\sqrt{(x^2-1)(1-k^2x^2)}} = S \log(2x) - \sum \frac{S_p}{2p}\left(\frac{1}{x^{2p}} - k^{2p}x^{2p}\right)$$
$$- \frac{1}{1.2}(S-1) - \frac{1}{3.4}\left(S - 1 - \frac{1}{2^2}k^2\right) - \ldots,$$

où n'entre plus, comme il le faut, que le carré du module.

EXTRAIT D'UNE LETTRE
DE M. HERMITE A M. SONIN, A SAINT-PÉTERSBOURG.

SUR

LES POLYNOMES DE BERNOULLI.

Journal de Crelle, t. 116, 1896, p. 133-156.

RÉPONSE DE M. HERMITE.

La lettre, que vous m'avez fait l'honneur de m'adresser, m'a intéressé au plus haut point ainsi que ce que j'ai pu saisir de votre Mémoire *Sur les nombres de Bernoulli*, qui est écrit en russe, et où il ne m'a été permis de comprendre qu'au moyen des formules les résultats auxquels vous êtes parvenu. Je me suis empressé d'informer M. Fuchs de mon devoir de reconnaître que vous aviez déjà publié les séries finies qui représentent avec leurs termes complémentaires les quantités

$$\log \frac{\Gamma\left(y+\frac{1}{2}\right)}{\Gamma(y)} \quad \text{et} \quad \log \Gamma(y+x) - \log \Gamma(y),$$

en les tirant comme conséquence d'un théorème général de développement des fonctions suivant les polynomes de Bernoulli. Mais nos recherches se sont si étroitement liées que, après vous, j'ai aussi obtenu cette formule de développement dont j'ai donné communication à M. Lerch dans le mois d'août dernier; voici comment j'y suis arrivé :

J'ai employé d'abord, au lieu de vos polynomes $\varphi_n(x)$, la fonction de Jacob Bernoulli $S_n(x) = \frac{\varphi_{n+1}(x)}{n+1}$, qui est définie par l'égalité

$$(1) \qquad \frac{e^{xy}-1}{e^y-1} = \sum \frac{S_n(x)}{[n]} y^n,$$

où j'ai posé $[n] = 1.2 \ldots n$. Soit ensuite symboliquement

$$\frac{y}{e^y - 1} = e^{\lambda y},$$

avec la convention de faire dans la série exponentielle

$$\lambda = -\frac{1}{2}, \qquad \lambda^{2i} = (-1)^{i-1} B_i, \qquad \lambda^{2i+1} = 0;$$

je remarque qu'on peut alors écrire

$$\begin{aligned} \frac{e^{xy} - 1}{e^y - 1} &= \frac{e^{\lambda y}(e^{xy} - 1)}{y} \\ &= \frac{e^{(x+\lambda)y} - e^{\lambda y}}{y} \\ &= \sum \frac{(x + \lambda)^{n+1} - \lambda^{n+1}}{[n+1]} y^n, \end{aligned}$$

d'où, par conséquent, cette formule

$$S_n(x) = \frac{(x + \lambda)^{n+1} - \lambda^{n+1}}{n+1}.$$

Cela étant, je considère l'expression

$$\begin{aligned} F(y) &= f(y + x + \lambda) - f(y + \lambda) \\ &= \sum \frac{(x + \lambda)^c - \lambda^c}{[c]} f^c(y) \qquad (c = 1, 2, 3, \ldots), \end{aligned}$$

$f(y)$ désignant une fonction quelconque, et j'opère symboliquement, comme tout à l'heure sur λ. Le développement de $f(y + \lambda)$ donne, par suite, la série d'Euler; on a ainsi

$$f(y + 1 + \lambda) - f(y + \lambda) = f'(y);$$

cela étant, il vient, en changeant y en $y + x$,

$$f(y + x + 1 + \lambda) - f(y + x + \lambda) = f'(y + x)$$

et, en retranchant membre à membre, nous parvenons, au moyen de l'expression de $F(y)$, à la relation

$$F(y + 1) - F(y) = f'(y + x) - f'(y).$$

Mais, en même temps, $\dfrac{(x + \lambda)^c - \lambda^c}{c}$ devient le polynome de Bernoulli, $S_{c-1}(x)$, nous obtenons donc la formule générale de développement

$$f'(y+x)-f'(y)=\sum \frac{f^c(y+1)-f^c(y)}{[c-1]} S_{c-1}(x) \qquad (c=1, 2, 3, \ldots),$$

ou bien, si l'on remplace $f'(y)$ par $f(y)$ et c par $c+1$,

$$f(y+x)-f(y)=\sum \frac{f^c(y+1)-f^c(y)}{[c]} S_c(x) \qquad (c=0, 1, 2, \ldots).$$

La série ainsi trouvée se démontre immédiatement sans l'emploi des symboles. En faisant, en effet, $f(y)=A e^{ay}$, où A et a sont des constantes, il vient, après avoir divisé par $A e^{ay}(e^a-1)$,

$$\frac{e^{ax}-1}{e^a-1}=\sum \frac{S_c(x)}{[c]} a^c,$$

ce qui reproduit l'égalité (1). La même vérification a lieu pour une somme d'un nombre quelconque de termes, $A e^{ax}+B e^{by}+\ldots$ et, par conséquent, pour une fonction quelconque.

Mais il s'agit d'avoir cette formule avec un nombre fini de termes; la méthode donnée par Jacobi dans le célèbre Mémoire : *De usu legitimo formulæ summatoriæ Maclaurinianæ* pour obtenir l'expression du reste de la série d'Euler et de Maclaurin, conduit facilement au but. A cet effet, je ferai usage d'une remarque qui se tire de l'identité

$$\begin{aligned}\frac{e^{xy}-1}{e^y-1} e^{yz} &= \frac{e^{(x+z)y}-e^{yz}}{e^y-1}\\ &= \frac{e^{(x+z)y}-1}{e^y-1}-\frac{e^{yz}-1}{e^y-1}.\end{aligned}$$

Le premier membre étant le produit des séries

$$\sum \frac{S_c(x)}{[c]} y^c \quad \text{et} \quad \sum \frac{(yz)^c}{[c]},$$

le coefficient de y^n est donné par la somme

$$\sum \frac{S_c(x) z^{n-c}}{[c]};$$

en prenant $c=0, 1, 2, \ldots, n$, on a donc cette relation

(2) $$\frac{S_n(x+z)-S_n(x)}{[n]}=\sum \frac{S_c(x) z^{n-c}}{[c][n-c]}.$$

J'observe encore que si nous égalons les termes en y^n dans l'identité

$$e^{xy}-1=(e^y-1)\sum \frac{S_c(x)}{[c]}y^c,$$

il vient

$$\frac{x^n}{[n]}=\sum \frac{S_c(x)}{[c][n-c]}, \tag{3}$$

mais alors la somme se rapporte aux valeurs $c=0, 1, 2, \ldots, n-1$.

Soit maintenant, avec un nombre fini de termes,

$$\left\{ \begin{aligned} & f(y+x)-f(y)=\sum \frac{f^c(y+1)-f^c(y)}{[c]} S_c(x)-\frac{R_n}{[n]} \\ & (c=0, 1, 2, \ldots, n); \end{aligned} \right. \tag{4}$$

j'emploie, en suivant l'analyse de Jacobi, la série de Taylor

$$f(y+x)-f(y)=\sum \frac{f^c(y)}{[c]}x^c+\frac{1}{[n]}\int_0^x (x-z)^n f^{n+1}(y+z)\,dz$$
$$(c=0, 1, 2, \ldots, n).$$

Je pose aussi

$$f^c(y+1)-f^c(y)=\sum \frac{f^i(y)}{[i-c]}+\frac{1}{[n-c]}\int_0^1 (1-z)^{n-c} f^{n+1}(y+z)\,dz.$$

Dans cette égalité, l'entier i prend les valeurs $c+1, c+2, \ldots, n$ et, pour $i=n$, on a

$$f^n(y+1)-f^n(y)=\int_0^1 f^{n+1}(y+z)\,dz;$$

cela étant, la relation précédente devient

$$\sum \frac{f^c(y)}{[c]}x^c+\frac{1}{[n]}\int_0^x (x-z)^n f^{n+1}(y+z)\,dz-\frac{R_n}{[n]}$$
$$=\sum \frac{S_c(x)f^i(y)}{[c][i-c]}+\frac{1}{[n]}\sum \int_0^1 \frac{S_c(x)(1-z)^{n-c}}{[c][n-c]} f^{n+1}(y+z)\,dz,$$

et l'on voit immédiatement que les termes qui contiennent $f^i(y)$ se détruisent. Nous devons faire, en effet, $c=0, 1, 2, \ldots, i-1$ dans le second membre, la réduction résulte, par suite, de l'égalité qui vient d'être obtenue

$$\frac{x^i}{[i]}=\sum \frac{S_c(x)}{[c][i-c]}.$$

L'équation (2) nous donne aussi, en changeant z en $1-z$,

$$\frac{S_n(x+1-z)-S_n(z)}{[n]}=\sum\frac{S_c(x)(1-z)^{n-c}}{[c][n-c]},$$

et l'on en conclut l'expression cherchée

$$\begin{aligned}R_n = &\int_0^x (x-z)^n f^{n+1}(y+z)\,dz\\ &-\int_0^1 [S_n(x+1-z)-S_n(z)]f^{n+1}(y+z)\,dz.\end{aligned}$$

Une autre forme du reste s'obtient en décomposant la seconde intégrale en deux parties, comprises entre les limites o et x, x et 1; cela étant, au moyen de la relation

$$S_n(x+1-z)=(x-z)^n-S_n(x-z),$$

on trouve ainsi

$$\begin{aligned}R_n = &\int_0^x [S_n(z)-S_n(x-z)]f^{n+1}(x+z)\,dz\\ &+\int_x^1 [S_n(z)-S_n(x+1-z)]f^{n+1}(x+z)\,dz.\end{aligned}$$

Ce sont vos résultats, Monsieur; ces formules ne diffèrent pas, au fond, de celles que vous avez données à la page 29 de votre Mémoire, lorsqu'on suppose, en particulier, $h=1$. Les relations dont je viens de faire usage, vous les avez aussi obtenues, ce sont les équations des pages 13 et 14,

$$(n+1)x^n=\sum(n+1)_i\,\varphi_i(x),$$

$$\varphi_n(x+z)-\varphi_n(z)=\sum n_i\,\varphi_i(x)z^{n-i}.$$

Mais vous m'avez bien dépassé dans les applications que vous avez faites au produit $\varphi_p(x)\varphi_q(x)$, les conséquences que vous en avez tirées pour les nombres de Bernoulli (p. 5), la relation si intéressante

$$\varphi_{2p}(x)=\varphi_p^2(x)-\frac{p^2}{2.[3]}\varphi_{p-1}^2(x)+\frac{p^2(p-1)(3p-4)}{3.[5]}\varphi_{p-2}^2(x)+\ldots$$

et beaucoup d'autres choses encore. J'attache surtout un grand prix à la seconde partie de votre Mémoire où vous traitez des importantes et difficiles questions sur la sommation des séries. Malheureusement, je n'ai guère pu la lire, je me trouve arrêté à chaque pas, il ne m'a pas été possible de comprendre le sens d'un certain symbole que vous employez continuellement.

Cependant une note de la page 55 ne m'a demandé aucun effort, et j'ai vu, une fois de plus, combien nos recherches ont été voisines. Comme vous, j'ai étudié avec soin la fonction

$$\sigma(x) = \frac{1}{e^x - 1} - \frac{1}{x} + \frac{1}{2},$$

et aussi l'expression

$$\frac{\sigma(x)}{x} = \frac{e^x(x-2) + x + 2}{2x^2(e^x - 1)},$$

qui s'offre dans la relation

$$\log\Gamma(a) = \left(a - \frac{1}{2}\right)\log a - a + \log\sqrt{2\pi} + \int_{-\infty}^{0} \frac{e^{ax}\sigma(x)}{x}\,dx.$$

Je démontre qu'elle atteint son maximum, qui est $\frac{1}{12}$, de la manière suivante. Changeons, pour avoir une expression plus simple, x en $2x$; divisons haut et bas par e^x, et soit alors

$$f(x) = \frac{x(e^x + e^{-x}) - (e^x - e^{-x})}{4x^2(e^x - e^{-x})}.$$

On prouve que la différence

$$f(x) - \frac{1}{12} = \frac{3x(e^x + e^{-x}) - (x^2 + 3)(e^x - e^{-x})}{12x^2(e^x - e^{-x})},$$

qui est nulle pour $x = 0$, est toujours négative, au moyen de la fraction continue

$$\frac{e^x - e^{-x}}{e^x + e^{-x}} = \cfrac{x}{1 + \cfrac{x^2}{3 + \ldots}}.$$

La seconde réduite étant $\frac{3x}{x^2+3}$, nous avons, en effet, si l'on suppose x positif comme il est permis, car $f(x)$ est une fonction paire,

$$\frac{e^x - e^{-x}}{e^x + e^{-x}} > \frac{3x}{x^2 + 3};$$

c'est-à-dire

$$3x(e^x + e^{-x}) - (x^2+3)(e^x - e^{-x}) < 0.$$

Nous pouvons donc écrire $f(x) = \frac{\theta}{12}$ avec la condition $0 < \theta < 1$ et, de là, résulte l'expression asymptotique précise

$$\log\Gamma(a) = \left(a - \frac{1}{2}\right)\log a - a + \log\sqrt{2\pi} + \frac{\theta}{12a}.$$

Au point de vue de la sommation des suites, je me suis borné aux formules générales : en premier lieu, à celle qu'on tire de la relation (4) en prenant la dérivée par rapport à x, et remplaçant ensuite $f'(y)$ par $f(y)$. On trouve ainsi

$$\begin{aligned} f(y+x) = \int_x^{x+1} f(z)\,dz + \sum \frac{f^c(x+1) - f^c(x)}{[c]} D_x S_c(x) \\ + \frac{f^n(x+1) - f^n(x)}{[n]} S_n(x) \\ - \frac{1}{[n]}\int_0^x S_n(x-z) f^{n+1}(y+z)\,dz \\ - \frac{1}{[n]}\int_x^1 S_n(x+1-z) f^{n+1}(y+z)\,dz. \end{aligned}$$

En voici une autre qui se tire des polynomes $\chi_n(x)$ définis par l'égalité

$$\frac{e^{xy}}{e^y+1} = \sum \frac{\chi_n(x)}{[n]} y^n \qquad (n = 0, 1, 2, \ldots),$$

et dont je vais indiquer les propriétés les plus simples. Nous avons d'abord les relations

$$\begin{gathered} \chi_n(x) + \chi_n(1+x) = x^n, \\ (-1)^n \chi_n(1-x) = \chi_n(x), \\ 2^n\left[S_n\left(\frac{x+1}{2}\right) - S_n\left(\frac{x}{2}\right)\right] = \chi_n(x). \end{gathered}$$

On démontre encore que $(-1)^n \chi_{2n}(x)$ et $\frac{(-1)^n \chi_{2n-1}(x)}{1-2x}$ sont positifs en supposant $0 < x < 1$; on a même, pour la seconde quantité, la condition plus large $(2x-1)^2 < 3$. J'indique encore les séries

$$\left.\begin{aligned} (-1)^n \chi_{2n}(x) &= 2\,\Gamma(2n+1)\sum \frac{\sin d\pi x}{(d\pi)^{2n+1}} \\ (-1)^n \chi_{2n-1}(x) &= 2\,\Gamma(2n)\sum \frac{\cos d\pi x}{(d\pi)^{2n}} \end{aligned}\right\} \quad (d = 1, 3, 5, \ldots),$$

lorsqu'on a $0 < x < 1$. Ces polynomes conduisent à la formule suivante

$$f(y+x) = \sum \frac{f^c(y) + f^c(y+1)}{[c]} \chi_c(x)$$
$$+ \frac{1}{[n]} \int_0^x \chi_n(x-z) f^{n+1}(y+z)\, dz$$
$$- \frac{1}{[n]} \int_x^1 \chi_n(x+1-z) f^{n+1}(y-z)\, dz$$

et voici la conséquence à en tirer pour la sommation des séries. Soit

$$F(x) = f(x) - f(x+1) + f(x+2) - \ldots + (-1)^p f(x+p);$$

on obtient l'égalité

$$F(y-x) = \sum \frac{f^c(y) + (-1)^p f^c(y+p+1)}{[c]} \chi_c(x)$$
$$+ \frac{1}{[n]} \int_0^x \chi_n(x \quad -z) F^{n+1}(y+z)\, dz$$
$$- \frac{1}{[n]} \int_x^1 \chi_n(x+1-z) F^{n+1}(y-z)\, dz$$
$$(c = 0, 1, 2, \ldots, n).$$

Elle montre que les sommes à termes alternativement positifs et négatifs peuvent s'obtenir directement, au lieu de les conclure de la différence de deux autres, à termes de même signe.

J'ai aussi considéré des polynomes plus généraux et analogues à ceux de Bernoulli en employant la fonction

$$\Phi(x) = A\, e^{ax} + B\, e^{bx} + \ldots + L\, e^{lx}$$

et le développement de $\dfrac{e^{xy}}{\Phi(y)}$ suivant les puissances de y. Je les désignerai, pour ne pas multiplier les notations par $\varphi_n(x)$, de sorte qu'ils sont définis par l'égalité

$$\frac{e^{xy}}{\Phi(y)} = \sum \frac{\varphi_n(x)}{[n]} y^n$$

Ces polynomes sont du degré n en x, ils satisfont à la condition caractéristique

$$A\, \varphi_n(x+a) + B\, \varphi_n(x+b) + \ldots + L\, \varphi_n(x+l) = x^n,$$

et ils conduisent encore à une formule générale de développement en série; je vais indiquer en peu de mots mes résultats.

Soit $f(x)$ une fonction quelconque, et posons pour abréger,

$$A\,f(x+a)+B\,f(x+b)+\ldots+L\,f(x+l)=F(x),$$

on a cette expression qui procède suivant les polynomes $\varphi_n(x)$ et dont les coefficients sont les dérivées successives de la fonction $F(y)$, à savoir

$$f(y+x)=\sum F^c(y)\frac{\varphi_c(x)}{[c]}+\frac{R_n}{[n]} \qquad (c=0,\ 1,\ 2,\ \ldots,\ n),$$

le terme complémentaire étant

$$\begin{aligned}R_n = &\int_a^x A\,\varphi_n(a+x-z)\,f^{n+1}(y+z)\,dz\\ &+\int_b^x B\,\varphi_n(b+x-z)\,f^{n+1}(y+z)\,dz\\ &+\ldots\ldots\ldots\ldots\ldots\ldots\ldots\ldots\ldots\ldots\\ &+\int_l^x L\,\varphi_n(l+x-z)\,f^{n+1}(y+z)\,dz.\end{aligned}$$

Mais cette formule n'a lieu qu'autant que $\Phi(x)$ ne s'annule pas avec x; supposons maintenant que la fonction contienne le facteur x^s, on posera

$$(5)\qquad \frac{y^s e^{xy}}{\Phi(y)}=\sum\frac{\varphi_n(x)}{[n]}y^n,$$

en désignant encore par $\varphi_n(x)$ un polynome de degré n en x qui donne lieu aux relations

$$A\,\varphi_{s+n}(x+a)+B\,\varphi_{s+n}(x+b)+\ldots+L\,\varphi_{s+n}(x+l)=\frac{[s+n]}{[n]}x^n,$$
$$A\,\varphi_c\ \ (x+a)+B\,\varphi_c\ \ (x+b)+\ldots+L\,\varphi_c\ \ (x+l)=0$$
$$(c=0,\ 1,\ 2,\ \ldots,\ s-1).$$

Intégrons maintenant s fois de suite par rapport à x, à partir de $x=0$, les deux membres de l'égalité (5), et posons

$$\frac{1}{\Phi(y)}\left[e^{xy}-1-\frac{xy}{1}-\ldots-\frac{(xy)^{c-1}}{[c-1]}\right]=\sum\frac{\theta_n(x)}{[n]}y^n.$$

Le polynome $\theta_n(x)$ est du degré $s+n$ et contient x^s comme facteur; il satisfait à la condition

$$A\,\theta_n(x+a) + B\,\theta_n(x+b) + \ldots + L\,\theta_n(x+l) = x^n$$

et s'exprime, au moyen de $\varphi_n(x)$, par la formule

$$\frac{\theta_n(x)}{[n]} = \frac{\varphi_{s+n}(x)}{[s+n]},$$

en convenant de supprimer dans le second membre les puissances de x dont l'exposant est inférieur à s. Cela étant, on parvient au développement que voici

$$\begin{aligned} f(y+x) - f(y) - f'(y)\frac{x}{1} - \ldots \\ - f^{s-1}(y)\frac{x^{s-1}}{[s-1]} = \sum F^c(y)\frac{\theta_c(x)}{[c]} - \frac{R_n}{[n]} \\ (c = 0, 1, 2, \ldots, n) \end{aligned}$$

avec cette expression, du reste,

$$\begin{aligned} R_n = & \int_0^x (x-z)^n f^{n+1}(y+z)\,dz \\ & - \int_0^a A[\theta_n(a+x-z) - S_a] f^{n+1}(y+z)\,dz \\ & - \int_0^b B[\theta_n(b+x-z) - S_b] f^{n+1}(y+z)\,dz \\ & - \ldots\ldots\ldots\ldots\ldots\ldots \\ & - \int_0^l L[\theta_n(l+x-z) - S_l] f^{n+1}(y+z)\,dz, \end{aligned}$$

où l'on a

$$S_a = \theta(a-z) + \theta'_n(a+z)\frac{x}{1} + \ldots + \theta_n^{s-1}(a-z)\frac{x^{s-1}}{[s-1]},$$

et semblablement pour S_b, S_c, ...

Ces généralisations, Monsieur, ne me font pas perdre de vue les belles et importantes applications de la formule sommatoire d'Euler et de Maclaurin que vous avez traitées, dans votre Mémoire, avec une entière rigueur; et, sans être entré jusqu'ici dans cet ordre de questions, je ne puis m'empêcher de vous exprimer encore tout l'intérêt que j'y ai pris. En particulier, j'attache un grand prix à l'expression asymptotique, pour h très petit, de la série

$$\frac{e^{-h^2}}{h}+\frac{e^{-4h^2}}{2h}+\frac{e^{-9h^2}}{3h}+\ldots$$

que vous avez donnée sous la forme

$$\frac{C}{2h}-\frac{\log h}{h},$$

où C est la constante d'Euler. Elle se place à côté de l'expression qu'a obtenue M. Schlömilch pour la série de Lambert, et d'autres semblables s'offriraient encore dans la théorie des fonctions elliptiques.

Paris, 11 novembre 1895.

SUR

UNE FORMULE DE M. G. FONTENÉ.

Bulletin des Sciences mathématiques, 2e série, t. XX, 1896, p. 218-220.

En désignant par $f(x)$ une fonction doublement périodique, ayant deux pôles simples p et p', et par R le résidu qui correspond à p, M. Fontené a donné dans les *Comptes rendus*, t. CXXII, p. 172, la formule suivante

$$2f(x+y) = f(p-y) + f(p'-y) + \mathrm{R}(\mathrm{D}_x + \mathrm{D}_y)\log\frac{f(x)-f(p-y)}{f(x)-f(p'-y)}.$$

Ce résultat intéressant, dont l'auteur tire comme conséquence immédiate les expressions des quantités $\mathrm{sn}(x+y)$, $\mathrm{cn}(x+y)$ et $\mathrm{dn}(x+y)$, peut s'obtenir par une autre voie qu'il ne me paraît pas inutile d'indiquer.

Si l'on désigne par $\xi = \varphi(x)$, la fonction inverse de l'intégrale $\int \frac{d\xi}{\sqrt{(\xi)}} = x$, où $\mathrm{R}(\xi)$ est un polynome quelconque du quatrième degré en ξ, on établit, au moyen de la seule définition de cette fonction, cette égalité (1)

$$\begin{aligned}\frac{2\varphi'(a)}{\varphi(x+y)-\varphi(a)} = {} & \frac{\varphi'(a+y)+\varphi'(a)}{\varphi(a+y)-\varphi(a)} + \frac{\varphi'(a-y)+\varphi'(a)}{\varphi(a-y)-\varphi(a)},\\ & - \frac{\varphi'(a+y)-\varphi'(x)}{\varphi(a+y)-\varphi(x)} - \frac{\varphi'(a-y)+\varphi'(x)}{\varphi(a-y)-\varphi(x)},\end{aligned}$$

que nous pourrons encore écrire sous une autre forme, en chan-

(1) Note ajoutée au *Cours de Calcul différentiel et intégral* de J.-R. Serret, t. II, p. 874; *Œuvres*, t. II, p. 125.

geant les deux membres de signe, à savoir :

$$\begin{aligned} 2\,\mathrm{D}_a \log[\varphi(a) - \varphi(x - y)] = {} & (\mathrm{D}_a - 2\,\mathrm{D}_y) \log[\varphi(a) - \varphi(a + y)] \\ & + (\mathrm{D}_a + 2\,\mathrm{D}_y) \log[\varphi(a) - \varphi(a - y)] \\ & + (\mathrm{D}_x + \mathrm{D}_y) \log \frac{\varphi(x) - \varphi(a + y)}{\varphi(x) - \varphi(a - y)}. \end{aligned}$$

Cela étant, soit $a = p + \varepsilon$, p désignant un pôle simple de $\varphi(x)$ et ε une quantité infiniment petite. Nous développerons suivant les puissances croissantes de ε, et nous remarquerons que, si l'on néglige les termes en $\varepsilon, \varepsilon^2, \ldots$, on a simplement $\varphi(a) = \frac{\mathrm{R}}{\varepsilon} + \mathrm{C}$, R étant le résidu, C une constante, puis $\varphi(a + y) = \varphi(p + y)$. De là résulte pour le premier membre d'abord

$$\begin{aligned} \log[\varphi(a) - \varphi(x + y)] &= \log\left[\frac{\mathrm{R}}{\varepsilon} + \mathrm{C} - \varphi(x + y)\right], \\ &= \log \frac{\mathrm{R}}{\varepsilon} + \frac{\mathrm{C} - \varphi(x + y)}{\mathrm{R}}\,\varepsilon, \end{aligned}$$

et, en prenant la dérivée par rapport à ε qui est la même que par rapport à a,

$$\mathrm{D}_a \log[\varphi(a) - \varphi(x + y)] = -\frac{1}{\varepsilon} + \frac{\mathrm{C} - \varphi(x + y)}{\mathrm{R}}.$$

On trouve ensuite dans le second membre

$$\begin{aligned} \log[\varphi(a) - \varphi(x + y)] &= \log\left[\frac{\mathrm{R}}{\varepsilon} + \mathrm{C} - \varphi(p + y)\right], \\ &= \log \frac{\mathrm{R}}{\varepsilon} + \frac{\mathrm{C} - \varphi(p + y)}{\mathrm{R}}\,\varepsilon. \end{aligned}$$

La dérivée par rapport à y donnant un terme en ε peut être négligée, de sorte qu'il vient immédiatement

$$(\mathrm{D}_a - 2\,\mathrm{D}_y) \log[\varphi(a) - \varphi(a + y)] = -\frac{1}{\varepsilon} + \frac{\mathrm{C} - \varphi(p + y)}{\mathrm{R}},$$

puis par le même calcul

$$(\mathrm{D}_a + 2\,\mathrm{D}_y) \log[\varphi(a) - \varphi(a - y)] = -\frac{1}{\varepsilon} + \frac{\mathrm{C} - \varphi(p - y)}{\mathrm{R}}.$$

Si l'on substitue maintenant dans la relation considérée, on voit que les termes en $\frac{1}{\varepsilon}$ disparaissent ainsi que la constante C, et l'on parvient à cette égalité

$$2\varphi(x+y) = \varphi(p+y) + \varphi(p-y) - R(D_x + D_y)\log\frac{\varphi(x)-\varphi(p+y)}{\varphi(x)-\varphi(p-y)}.$$

Cela étant, j'observe que si l'on fait $x = p' + \varepsilon$, en désignant par p' le second pôle de $\varphi(x)$ et R' le résidu correspondant, on a pour ε infiniment petit, d'après ce qui précède,

$$(D_x + D_y)\log\frac{\varphi(x)-\varphi(p+y)}{\varphi(x)-\varphi(p-y)} = \frac{\varphi(p-y)-\varphi(p+y)}{R'},$$

mais $R' = -R$; cette relation devient donc

$$2\varphi(p'+y) = \varphi(p+y) + \varphi(p-y) - \varphi(p+y) + \varphi(p-y),$$

ou bien

$$\varphi(p'+y) = \varphi(p-y).$$

Nous pouvons, par conséquent, écrire sous une forme plus symétrique, en introduisant le pôle p',

$$2\varphi(x+y) = \varphi(p+y) + \varphi(p'+y) - R(D_x + D_y)\log\frac{\varphi(x)-\varphi(p+y)}{\varphi(x)-\varphi(p'+y)},$$

ce qui donne le résultat obtenu par M. Fontené en remplaçant $\varphi(p+y)$ et $\varphi(p'+y)$ par $\varphi(p'-y)$ et $\varphi(p-y)$. J'ajouterai encore une remarque : on en tire, si l'on change y en $-y$,

$$2\varphi(x-y) = \varphi(p-y) + \varphi(p'-y) - R(D_x - D_y)\log\frac{\varphi(x)-\varphi(p-y)}{\varphi(x)-\varphi(p'-y)},$$

ou bien

$$2\varphi(x-y) = \varphi(p+y) + \varphi(p'+y) - R(D_x - D_y)\log\frac{\varphi(x)-\varphi(p'+y)}{\varphi(x)-\varphi(p+y)}.$$

En retranchant membre à membre avec l'égalité précédente, nous aurons donc la relation fort simple

$$\varphi(x+y) - \varphi(x-y) = RD_x\log\frac{\varphi(x)-\varphi(p'+y)}{\varphi(x)-\varphi(p+y)},$$

et l'on en conclut cette intégrale définie

$$\int_p^x [\varphi(x+y) - \varphi(x-y)]\,dx = R\log\frac{\varphi(x)-\varphi(p'+y)}{\varphi(x)-\varphi(p+y)}.$$

SUR QUELQUES PROPOSITIONS FONDAMENTALES

DE LA

THÉORIE DES FONCTIONS ELLIPTIQUES.

From the Congress Mathematical Papers
(*American Mathematical Society*, 1896, t. I, p. 105-115)

Soit, en général,

$$R(x) = Ax^4 + Bx^3 + Cx^2 + Dx + E \qquad \text{et} \qquad \xi = \varphi(x)$$

la fonction définie par l'égalité

$$x = \int \frac{d\xi}{\sqrt{R(\xi)}},$$

où je laisse la limite inférieure entièrement arbitraire. Je me propose de montrer comment on peut obtenir le théorème de l'addition des arguments dans cette fonction, sous une forme simple, où n'apparaissent pas explicitement les coefficients du polynome $R(x)$, et qui conduit aisément aux formules concernant

$$\operatorname{sn} x, \quad \operatorname{cn} x, \quad \operatorname{dn} x \quad \text{et} \quad p(x).$$

En désignant par a une constante quelconque, je pose $\alpha = \varphi(a)$, et je considère l'expression

$$y = \log(\xi - \alpha),$$

que je différentie deux fois par rapport à x. Il vient ainsi

$$\frac{d^2y}{dx^2} = \frac{(\xi - \alpha)\,R'(\xi) - 2\,R(\xi)}{2(\xi - \alpha)^2},$$

et l'on aurait pareillement

$$\frac{d^2y}{da^2} = \frac{(\alpha - \xi)\,R'(\alpha) - 2\,R(\alpha)}{2(\xi - \alpha)^2}.$$

Retranchons membre à membre, on obtient

$$\frac{d^2y}{dx^2} - \frac{d^2y}{da^2} = \frac{(\xi - \alpha)\,[R'(\xi) + R'(\alpha)] - 2[R(\xi) - R(\alpha)]}{2(\xi - \alpha)^2},$$

d'où, après une réduction facile, l'équation suivante

$$\frac{d^2y}{dx^2} - \frac{d^2y}{da^2} = A\xi^2 + \frac{1}{2}B\xi - A\alpha^2 - \frac{1}{2}B\alpha,$$

dont je vais écrire l'intégrale.

Soit, à cet effet,

$$\psi(x) = \int_{x_0}^{x} \left(A\xi^2 + \frac{1}{2}B\xi\right) dx,$$

on aura cette expression, où $f(x)$ et $f_1(x)$ sont deux fonctions arbitraires

$$y = f(x - a) + f_1(x + a) + \int_{x_0}^{x} \psi(x)\,dx + \int_{x_0}^{a} \psi(a)\,da.$$

Différentions maintenant par rapport à x et par rapport à a; en posant, pour simplifier l'écriture,

$$f'(x) = F(x), \qquad f_1'(x) = F_1(x),$$

on parvient à ces relations

$$\frac{\varphi'(x)}{\varphi(x) - \varphi(a)} = F(x - a) + F_1(x + a) + \psi(x),$$

$$\frac{\varphi'(a)}{\varphi(x) - \varphi(a)} = F(x - a) - F_1(x + a) - \psi(a).$$

Elles montrent, en permutant x et a, que la fonction $F(x)$ change de signe avec la variable, et de là découle une conséquence importante.

Soit, pour abréger,

$$\Phi(x, a) = \frac{\varphi'(a)}{\varphi(x) - \varphi(a)},$$

on forme aisément l'égalité

$$\begin{aligned}\Phi(x+y,a)-\Phi(x-y,a)= &\ \mathrm{F}\,(x+y-a)-\mathrm{F}\,(x-y-a)\\ &+\mathrm{F}_1(x-y+a)-\mathrm{F}_1(x+y+a),\end{aligned}$$

dont le second membre se trouve, d'après cette remarque, symétrique en x et a; il en résulte que nous pouvons écrire

$$\Phi(x+y.\,a)-\Phi(x-y,a)=\Phi(a+y,x)-\Phi(a-y,x).$$

Changeons maintenant dans la relation

$$\Phi(x,a)=\mathrm{F}(x-a)-\mathrm{F}_1(x+a)-\psi(a),$$

a en $a+y$, puis en $a-y$ et ajoutons membre à membre, on trouve ainsi

$$\begin{aligned}\Phi(x,a+y)+\Phi(x,a-y)= &\ \mathrm{F}(x-y-a)-\mathrm{F}_1(x+y+a)\\ &+\mathrm{F}(x+y-a)-\mathrm{F}_1(x-y+a)\\ &-\psi(a+y)-\psi(a-y).\end{aligned}$$

Nous aurons encore, en remplaçant x successivement par $x+y$ et $x-y$ et ajoutant,

$$\begin{aligned}\Phi(x+y,a)+\Phi(x-y,a)= &\ \mathrm{F}(x+y-a)-\mathrm{F}_1(x+y+a)\\ &+\mathrm{F}(x-y-a)-\mathrm{F}_1(x-y+a)\\ &-2\psi(a).\end{aligned}$$

Ces deux égalités conduisent à une troisième où n'entrent plus les fonctions F et F_1, à savoir

$$\begin{aligned}\Phi(x+y,a)+\Phi(x-y,a)= &\ \Phi(x,a+y)+\Phi(x,a-y)\\ &+\psi(a+y)\quad+\psi(a-y)\\ &-2\psi(a).\end{aligned}$$

C'est un théorème sur l'addition des arguments dans l'intégrale de seconde espèce, qui est représentée par la fonction $\psi(y)$. Éliminons cette quantité, en supposant $x=a$, et retranchant les deux égalités membre à membre, nous obtenons ainsi

$$\begin{aligned}\Phi(x+y,a)+\Phi(x-y,a)= &\ \Phi(x,a+y)+\Phi(x,a-y)\\ &+\Phi(a+y,a)+\Phi(a-y,a)\\ &-\Phi(a,a+y)-\Phi(a,a-y).\end{aligned}$$

Ayant donc déjà l'expression de la différence

$$\Phi(x+y, a) - \Phi(x-y, a),$$

nous en concluons la relation que nous nous sommes proposé d'établir, à savoir

$$\begin{aligned} 2\Phi(x+y, a) = {} & \Phi(x, a+y) + \Phi(x, a-y) \\ & + \Phi(a+y, x) - \Phi(a-y, x) \\ & + \Phi(a+y, a) + \Phi(a-y, a) \\ & - \Phi(a, a+y) - \Phi(a, a-y), \end{aligned}$$

et, sous une forme entièrement explicite,

$$\begin{aligned} \frac{2\varphi'(a)}{\varphi(x+y)-\varphi(a)} = {} & \frac{\varphi'(a+y)+\varphi'(a)}{\varphi(a+y)-\varphi(a)} + \frac{\varphi'(a-y)+\varphi'(a)}{\varphi(a-y)-\varphi(a)} \\ & - \frac{\varphi'(a+y)-\varphi'(x)}{\varphi(a+y)-\varphi(x)} - \frac{\varphi'(a-y)-\varphi'(x)}{\varphi(a-y)-\varphi(x)}. \end{aligned}$$

C'est l'expression nouvelle que j'ai annoncée du théorème pour l'addition des arguments dans la fonction $\varphi(x)$, qui est l'inverse de l'intégrale elliptique la plus générale; j'en ferai, en premier lieu, l'application aux quantités

$$\operatorname{sn} x, \quad \operatorname{cn} x, \quad \operatorname{dn} x.$$

Remarquons, à cet effet, qu'en admettant la condition

$$\varphi(-x) = -\varphi(x),$$

et prenant $a = 0$, les deux premiers termes se détruisent, il vient donc

$$\begin{aligned} \frac{2\varphi'(0)}{\varphi(x+y)} & = -\frac{\varphi'(y)-\varphi'(x)}{\varphi(y)-\varphi(x)} + \frac{\varphi'(y)+\varphi'(x)}{\varphi(y)+\varphi(x)} \\ & = 2\,\frac{\varphi(x)\varphi'(y)-\varphi'(x)\varphi(y)}{\varphi^2(x)-\varphi^2(y)}. \end{aligned}$$

On a encore la formule suivante

$$\frac{2\varphi'(0)}{\varphi(x+y)} = \mathrm{D}_x \log\frac{\varphi(x)+\varphi(y)}{\varphi(x)-\varphi(y)} + \mathrm{D}_y \log\frac{\varphi(x)+\varphi(y)}{\varphi(x)-\varphi(y)},$$

mais, sans m'y arrêter, je vais supposer successivement

$$\varphi(x) = \operatorname{sn} x, \quad \frac{\operatorname{sn} x}{\operatorname{cn} x}, \quad \frac{\operatorname{sn} x}{\operatorname{dn} x},$$

quantités pour lesquelles on a les relations

$$\left(\frac{d\xi}{dx}\right)^2 = (1-\xi^2)(1-k^2\xi^2),$$

$$\left(\frac{d\xi}{dx}\right)^2 = (1+\xi^2)(1+k'^2\xi^2),$$

$$\left(\frac{d\xi}{dx}\right)^2 = (1+k^2\xi^2)(1-k'^2\xi^2).$$

Ceci étant, un calcul facile nous donne

$$\operatorname{sn}(x+y) = \frac{\operatorname{sn}^2 x - \operatorname{sn}^2 y}{\operatorname{sn} x \operatorname{cn} y \operatorname{dn} y - \operatorname{sn} y \operatorname{cn} x \operatorname{dn} x},$$

$$\frac{\operatorname{sn}(x+y)}{\operatorname{cn}(x+y)} = \frac{\operatorname{sn}^2 x - \operatorname{sn}^2 y}{\operatorname{sn} x \operatorname{cn} x \operatorname{dn} y - \operatorname{sn} y \operatorname{cn} y \operatorname{dn} x},$$

$$\frac{\operatorname{sn}(x+y)}{\operatorname{dn}(x+y)} = \frac{\operatorname{sn}^2 x - \operatorname{sn}^2 y}{\operatorname{sn} x \operatorname{dn} x \operatorname{cn} y - \operatorname{sn} y \operatorname{dn} y \operatorname{cn} x},$$

et l'on en déduit immédiatement

$$\operatorname{cn}(x+y) = \frac{\operatorname{sn} x \operatorname{cn} x \operatorname{dn} y - \operatorname{sn} y \operatorname{cn} y \operatorname{dn} x}{\operatorname{sn} x \operatorname{cn} y \operatorname{dn} y - \operatorname{sn} y \operatorname{cn} x \operatorname{dn} x},$$

$$\operatorname{dn}(x+y) = \frac{\operatorname{sn} x \operatorname{dn} x \operatorname{cn} y - \operatorname{sn} y \operatorname{dn} y \operatorname{cn} x}{\operatorname{sn} x \operatorname{cn} y \operatorname{dn} y - \operatorname{sn} y \operatorname{cn} x \operatorname{dn} x}.$$

Qu'on multiplie ensuite les deux termes de chaque fraction par

$$\operatorname{sn} x \operatorname{cn} y \operatorname{dn} y + \operatorname{sn} y \operatorname{cn} x \operatorname{dn} x,$$

on obtiendra les expressions habituelles après avoir supprimé, dans les numérateurs et le dénominateur commun, le facteur

$$\operatorname{sn}^2 x - \operatorname{sn}^2 y.$$

En passant maintenant à la fonction $p(x)$ de M. Weiertrass, je supposerai la constante a non plus nulle, mais infiniment petite, et je développerai les divers termes qui entrent dans le théorème général d'addition, suivant les puissances croissantes de cette quantité, en négligeant les infiniment petits du second ordre. A cet effet, j'observe qu'on peut écrire

$$\Phi(x, a) = \frac{\varphi'(a)}{\varphi(x) - \varphi(a)}$$

sous la forme suivante

$$\Phi(x, a) = - D_a \log[p(a) - p(x)],$$

et l'on obtient, de même,

$$\Phi(a+y, x) = -D_x \log[\mathrm{p}(x) - \mathrm{p}(a+y)],$$
$$\Phi(x, a+y) = -D_y \log[\mathrm{p}(x) - \mathrm{p}(a+y)],$$
$$\Phi(a, a+y) = -D_y \log[\mathrm{p}(a) - \mathrm{p}(a+y)].$$

Cela étant, nous savons qu'en négligeant le carré et les puissances supérieures de a, on a

$$\mathrm{p}(a) = \frac{1}{a^2};$$

il vient, par conséquent,

$$\Phi(x, a) = -D_a \log \frac{1 - a^2 \mathrm{p}(x)}{a^2} = \frac{2}{a} - D_a \log[1 - a^2 \mathrm{p}(x)].$$

Prenons seulement le premier terme du développement en série du logarithme et l'on trouve

$$\Phi(x, a) = \frac{2}{a} + 2a\,\mathrm{p}(x).$$

J'emploierai, dans les deux équations suivantes, le développement borné à ses deux premiers termes de

$$\log[\mathrm{p}(x) - \mathrm{p}(a+y)];$$

j'aurai ainsi

$$\Phi(a+y, x) = -D_x \log[\mathrm{p}(x) - \mathrm{p}(y)] - a\, D^2_{xy} \log[\mathrm{p}(x) - \mathrm{p}(y)],$$
$$\Phi(x, a+y) = -D_y \log[\mathrm{p}(x) - \mathrm{p}(y)] - a\, D^2_y \log[\mathrm{p}(x) - \mathrm{p}(y)].$$

J'écris, pour la troisième,

$$\Phi(a, a+y) = -D_y \log\left[\frac{1}{a^2} - \mathrm{p}(a+y)\right] = -D_y \log[1 - a^2\,\mathrm{p}(a+y)],$$

et l'on voit qu'en négligeant a^2 on obtient

$$\Phi(a, a+y) = 0.$$

Nous avons enfin

$$\Phi(a+y, a) = \frac{\mathrm{p}'(a)}{\mathrm{p}(a+y) - \mathrm{p}(a)} = \frac{\dfrac{2}{a^3}}{\dfrac{1}{a^2} - \mathrm{p}(a+y)} = \frac{2}{a} + 2a\,\mathrm{p}(y).$$

Changeons maintenant y en $-y$, et observant que $\mathrm{p}(y)$ est une fonction paire de la variable, on trouve immédiatement

$$\Phi(a-y, x) = -D_x \log[p(x)-p(y)] + a D_{xy}^2 \log[p(x)-p(y)],$$
$$\Phi(x, a-y) = +D_y \log[p(x)-p(y)] - a D_y^2 \log[p(x)-p(y)],$$
$$\Phi(a, a+y) = 0,$$
$$\Phi(a-y, a) = \frac{2}{a} + 2a\,p(y).$$

Le théorème d'addition nous donne, au moyen de ces résultats, l'égalité suivante

$$\frac{a}{4} + 4a\,p(x+y) = -2a D_y^2 \log[p(x)-p(y)] - 2a D_{xy}^2 \log[p(x)-p(y)] + 4a\,p(y) + \frac{4}{a},$$

d'où nous tirons

$$p(x+y) = -\frac{1}{2} D_y^2 \log[p(x)-p(y)] - \frac{1}{2} D_{xy}^2 \log[p(x)-p(y)] + p(y),$$

puis, en permutant x et y,

$$p(x+y) = -\frac{1}{2} D_x^2 \log[p(x)-p(y)] - \frac{1}{2} D_{xy}^2 \log[p(x)-p(y)] + p(x).$$

Ajoutons membre à membre et divisons par 2, on aura la relation

$$p(x+y) = -\frac{1}{4} D_x^2 \log[p(x)-p(y)] - \frac{1}{2} D_{xy}^2 \log[p(x)-p(y)] - \frac{1}{4} D_y^2 \log[p(x)-p(y)] + \frac{1}{2} p(x) + \frac{1}{2} p(y),$$

qu'on peut mettre sous cette forme symbolique

$$p(x+y) = -\frac{1}{4}(D_x + D_y)^2 \log[p(x)-p(y)] + \frac{1}{2} p(x) + \frac{1}{2} p(y).$$

Elle se ramène, comme il suit, à l'expression qu'a obtenue M. Weierstrass. Nous avons, en différentiant,

$$D_x^2 \log[p(x)-p(y)] + D_y^2 \log[p(x)-p(y)] = \frac{[p''(x)-p''(y)][p(x)-p(y)] - p'^2(x) - p'^2(y)}{[p(x)-p(y)]^2};$$

on tire ensuite de l'équation différentielle

$$p'^2(x) = 4p^3(x) - g_2 p(x) - g_3$$

la relation

$$p''(x) - p''(y) = 6[p^2(x) - p^2(y)];$$

il vient, par conséquent,

$$\begin{aligned} &D_y^2 \log[p(x) - p(y)] + D_y^2 \log[p(x) - p(y)] \\ &\quad = 6[p(x) + p(y)] - \frac{p'^2(x) + p'^2(y)}{[p(x) + p(y)]^2}. \end{aligned}$$

En ajoutant membre à membre avec l'égalité

$$2 D_{xy}^2 \log[p(x) - p(y)] = \frac{2 p'(x) p'(y)}{[p(x) - p(y)]^2},$$

nous trouvons

$$\begin{aligned} &D_x^2 \log[p(x) - p(y)] + 2 D_{xy}^2 \log[p(x) - p(y)] + D_y^2 \log[p(x) - p(y)] \\ &\quad = 6[p(x) + p(y)] - \frac{[p'(x) - p'(y)]^2}{[p(x) - p(y)]^2}, \end{aligned}$$

et c'est de là que résulte immédiatement la formule

$$p(x+y) = \frac{1}{4}\left[\frac{p'(x) - p'(y)}{p(x) - p(y)}\right]^2 - p(x) - p(y),$$

qu'il s'agissait d'établir.

Aux résultats qui précèdent j'ajouterai encore le théorème sur l'addition des arguments dans l'intégrale de troisième espèce, que Jacobi a définie dans les *Fundamenta*, en posant

$$\Pi(x, a) = \int_0^x \frac{k^2 \operatorname{sn} a \operatorname{cn} a \operatorname{dn} a \operatorname{sn}^2 x}{1 - k^2 \operatorname{sn}^2 a \operatorname{sn}^2 x}\, dx.$$

On y parvient, comme conséquence de la relation établie plus haut,

$$\begin{aligned} &\frac{\varphi'(a)}{\varphi(x+y) - \varphi(a)} - \frac{\varphi'(a)}{\varphi(x-y) - \varphi(a)} \\ &\quad = \frac{\varphi'(x)}{\varphi(a+y) - \varphi(x)} - \frac{\varphi'(x)}{\varphi(a-y) - \varphi(x)} = D_x \log \frac{\varphi(x) - \varphi(a-y)}{\varphi(x) - \varphi(a+y)}, \end{aligned}$$

où je supposerai $\varphi(x) = \operatorname{sn} x$.

Nous avons ainsi

$$\frac{\operatorname{cn} a \operatorname{dn} a}{\operatorname{sn}(x+y) - \operatorname{sn} a} - \frac{\operatorname{cn} a \operatorname{dn} a}{\operatorname{sn}(x-y) - \operatorname{sn} a} = D_x \log \frac{\operatorname{sn} x - \operatorname{sn}(a-y)}{\operatorname{sn} x - \operatorname{sn}(a+y)},$$

et nous en tirons, en remplaçant x par $x+i\mathrm{K}'$,

$$\frac{k \operatorname{cn} a \operatorname{dn} a \operatorname{sn}(x+y)}{1-k \operatorname{sn} a \operatorname{sn}(x+y)} - \frac{k \operatorname{cn} a \operatorname{dn} a \operatorname{sn}(x-y)}{1-k \operatorname{sn} a \operatorname{sn}(x-y)}$$
$$= \mathrm{D}_x \log \frac{1-k \operatorname{sn} x \operatorname{sn}(a-y)}{1-k \operatorname{sn} x \operatorname{sn}(a+y)}.$$

Changeons a en $-a$, on aura, par suite,

$$\frac{k \operatorname{cn} a \operatorname{dn} a \operatorname{sn}(x+y)}{1+k \operatorname{sn} a \operatorname{sn}(x+y)} - \frac{k \operatorname{cn} a \operatorname{dn} a \operatorname{sn}(x-y)}{1+k \operatorname{sn} a \operatorname{sn}(x-y)}$$
$$= \mathrm{D}_x \log \frac{1+k \operatorname{sn} x \operatorname{sn}(a+y)}{1+k \operatorname{sn} x \operatorname{sn}(a-y)};$$

j'ajoute membre à membre ces deux égalités, et l'on trouvera, après avoir divisé par 2,

$$\frac{k^2 \operatorname{sn} a \operatorname{cn} a \operatorname{dn} a \operatorname{sn}^2(x+y)}{1-k^2 \operatorname{sn}^2 a \operatorname{sn}^2(x+y)} - \frac{k^2 \operatorname{sn} a \operatorname{cn} a \operatorname{dn} a \operatorname{sn}^2(x-y)}{1-k^2 \operatorname{sn}^2 a \operatorname{sn}^2(x-y)}$$
$$= \frac{1}{2} \mathrm{D}_x \log \frac{1-k^2 \operatorname{sn}^2 x \operatorname{sn}^2(a-y)}{1-k^2 \operatorname{sn}^2 x \operatorname{sn}^2(a+y)}.$$

Cela étant, l'intégration nous donne

$$\int_0^x \frac{k^2 \operatorname{sn} a \operatorname{cn} a \operatorname{dn} a \operatorname{sn}^2(x+y)}{1-k^2 \operatorname{sn}^2 a \operatorname{sn}^2(x+y)}\, dx = \prod(x+y, a) - \prod(y, a);$$

puis, si l'on observe que

$$\prod(-y, a) = -\prod(y, a),$$

$$\int_0^x \frac{k^2 \operatorname{sn} a \operatorname{cn} a \operatorname{sn}^2(x-y)}{1-k^2 \operatorname{sn}^2 a \operatorname{sn}^2(x-y)}\, dx = \prod(x-y, a) + \prod(y, a).$$

Nous avons donc la relation

$$\prod(x+y, a) - \prod(x-y, a) - 2\prod(y, a) = \frac{1}{2} \log \frac{1-k^2 \operatorname{sn}^2 x \operatorname{sn}^2(a-y)}{1-k^2 \operatorname{sn}^2 x \operatorname{sn}^2(a+y)};$$

en permutant x et y, on en tire

$$\prod(x+y, a) + \prod(x-y, a) - 2\prod(x, a) = \frac{1}{2} \log \frac{1-k^2 \operatorname{sn}^2 y \operatorname{sn}^2(a-x)}{1-k^2 \operatorname{sn}^2 y \operatorname{sn}^2(a+x)},$$

et il suffit d'ajouter membre à membre pour obtenir, après avoir divisé par 2, l'égalité cherchée

$$\prod(x+y,a)-\prod(x,a)-\prod(y,a)$$
$$=\frac{1}{4}\log\frac{[1-k^2\,\mathrm{sn}^2x\,\mathrm{sn}^2(a-y)][1-k^2\,\mathrm{sn}^2y\,\mathrm{sn}^2(a-x)]}{[1-k^2\,\mathrm{sn}^2x\,\mathrm{sn}^2(a+y)][1-k^2\,\mathrm{sn}^2y\,\mathrm{sn}^2(a+x)]}.$$

On remarquera que le second membre se présente sous une forme bien différente de l'expression donnée par Legendre, à savoir

$$\frac{1}{2}\log\frac{1+k^2\,\mathrm{sn}\,a\,\mathrm{sn}\,x\,\mathrm{sn}\,y\,\mathrm{sn}(x+y+a)}{1-k^2\,\mathrm{sn}\,a\,\mathrm{sn}\,x\,\mathrm{sn}\,y\,\mathrm{sn}(x+y-a)},$$

et de celles qu'a ensuite obtenues Jacobi, dans le paragraphe 55 des *Fundamenta*,

$$\frac{1}{2}\log\frac{\left[1-k^2\,\mathrm{sn}^2\frac{1}{2}(x-y)\,\mathrm{sn}^2\frac{1}{2}(x+y+2a)\right]\left[1-k^2\,\mathrm{sn}^2\frac{1}{2}(x+y)\,\mathrm{sn}^2\frac{1}{2}(x+y-2a)\right]}{\left[1-k^2\,\mathrm{sn}^2\frac{1}{2}(x-y)\,\mathrm{sn}^2\frac{1}{2}(x+y-2a)\right]\left[1-k^2\,\mathrm{sn}^2\frac{1}{2}(x+y)\,\mathrm{sn}^2\frac{1}{2}(x+y+2a)\right]}$$

et

$$\frac{1}{4}\log\frac{[1-k^2\,\mathrm{sn}^2(x-a)\,\mathrm{sn}^2(y-a)][1-k^2\,\mathrm{sn}^2a\,\mathrm{sn}^2(x+y+a)]}{[1-k^2\,\mathrm{sn}^2(x+a)\,\mathrm{sn}^2(y+a)][1-k^2\,\mathrm{sn}^2a\,\mathrm{sn}^2(x+y-a)]}.$$

Sans m'arrêter à leur comparaison, je reviens à l'égalité

$$\frac{\varphi'(a)}{\varphi(x)-\varphi(a)}=\mathrm{F}(x-a)-\mathrm{F}_1(x+a)-\psi(a),$$

pour en indiquer encore une conséquence.

Supposons comme tout à l'heure $\varphi(x)=\mathrm{sn}\,x$ et prenons

$$\psi(x)=\int_0^x k^2\,\mathrm{sn}^2x\,dx,$$

on en conclura, après avoir mis $x+i\mathrm{K}'$ au lieu de x,

$$\frac{k\,\mathrm{cn}\,a\,\mathrm{dn}\,a\,\mathrm{sn}\,x}{1-k\,\mathrm{sn}\,a\,\mathrm{sn}\,x}=\mathrm{F}(x-a+i\mathrm{K}')-\mathrm{F}_1(x+a+i\mathrm{K}')-\psi(a);$$

puis, en changeant a en $-a$,

$$\frac{k\,\mathrm{cn}\,a\,\mathrm{dn}\,a\,\mathrm{sn}\,x}{1+k\,\mathrm{sn}\,a\,\mathrm{sn}\,x}=\mathrm{F}(x+a+i\mathrm{K}')-\mathrm{F}_1(x-a+i\mathrm{K}')-\psi(a).$$

Retranchons ces deux égalités membre à membre et posons,

pour un moment,

$$F_0(x) = F(x + iK') + F_1(x + iK'),$$

on aura cette relation

$$\frac{2k^2 \operatorname{sn} a \operatorname{cn} a \operatorname{dn} a \operatorname{sn}^2 x}{1 - k^2 \operatorname{sn}^2 a \operatorname{sn}^2 x} = F_0(x - a) - F_0(x + a) - 2\psi(a),$$

où il est aisé de déterminer la fonction $F_0(x)$.

La supposition de $x = 0$ nous donne, en effet,

$$F_0(-a) - F_0(a) = 2\psi(a);$$

on trouve ensuite, en prenant la dérivée par rapport à x et faisant encore $x = 0$, la condition

$$F'_0(-a) = F'_0(a).$$

Nous avons donc

$$F_0(-a) = C - F_0(a),$$

C désignant une constante et, par conséquent,

$$F_0(a) = \frac{1}{2}C - \psi(a),$$

ce qui conduit à l'égalité

$$\frac{2k^2 \operatorname{sn} a \operatorname{cn} a \operatorname{dn} a \operatorname{sn}^2 x}{1 - k^2 \operatorname{sn}^2 a \operatorname{sn}^2 x} = \psi(x + a) - \psi(x - a) - 2\psi(a);$$

on en conclut, en permutant x et a, si l'on observe que $\psi(x)$ change de signe avec x,

$$\frac{2k^2 \operatorname{sn} x \operatorname{cn} x \operatorname{dn} x \operatorname{sn}^2 a}{1 - k^2 \operatorname{sn}^2 a \operatorname{sn}^2 x} = \psi(x + a) + \psi(x - a) - 2\psi(x);$$

puis, en ajoutant membre à membre et divisant par 2,

$$2k^2 \operatorname{sn} a \operatorname{sn} x \frac{\operatorname{cn} a \operatorname{dn} a \operatorname{sn} x + \operatorname{sn} a \operatorname{cn} x \operatorname{dn} x}{1 - k^2 \operatorname{sn}^2 a \operatorname{sn}^2 x} = \psi(x + a) - \psi(x) - \psi(a).$$

C'est le théorème pour l'addition des arguments dans la fonction de seconde espèce, qu'on peut écrire plus simplement sous cette forme,

$$k^2 \operatorname{sn} a \operatorname{sn} x \operatorname{sn}(x + a) = \psi(x + a) - \psi(x) - \psi(a).$$

Enfin, je remarque que la réduction à des fonctions d'un seul argument de l'intégrale de troisième espèce est immédiatement mise en évidence. Qu'on intègre, en effet, par rapport à x, depuis la limite $x = 0$, les deux membres de la relation

$$\frac{2k^2 \operatorname{sn} a \operatorname{cn} a \operatorname{dn} a \operatorname{sn}^2 x}{1 - k^2 \operatorname{sn}^2 a \operatorname{sn}^2 x} = \psi(x+a) - \psi(x-a) - 2\psi(a),$$

on trouvera, en posant

$$\chi(x) = \int_0^x \psi(x)\,dx,$$

$$\prod(x, a) = \frac{1}{2}\chi(x+a) - \frac{1}{2}\chi(x-a) - x\psi(a).$$

NOTICE SUR M. WEIERSTRASS.

Comptes rendus de l'Académie des Sciences,
t. 124, 1897, p. 430-433.

Le savant illustre, dont l'Académie déplore la perte, partage avec Riemann et Cauchy la gloire d'avoir découvert des principes fondamentaux qui ont engagé l'Analyse dans des voies nouvelles et sont devenus l'origine des grands progrès de cette science à notre époque. Le monde mathématique réunit dans le même sentiment d'admiration ces génies créateurs dont la trace restera à jamais dans la Science. Leurs noms se trouvent dans tous les écrits. Leurs disciples s'inspirent de leurs travaux et ne cessent d'accroître le domaine de l'Analyse en poursuivant leur œuvre ; aucun d'eux n'a eu une plus grande, une plus féconde influence que Weierstrass. Le grand géomètre a exercé une part considérable de cette influence par son enseignement où il a prodigué les trésors de son invention à une foule d'auditeurs venus de tous les points de l'Europe. Ses leçons donnaient les prémisses de ses découvertes ; elles avaient pour sujet le calcul des variations, la théorie des équations différentielles, la théorie des fonctions abéliennes, et il y répandait libéralement de précieuses indications servant de préparation à d'autres travaux que les siens ; elles ont été l'honneur de l'Université de Berlin. Je ne chercherai pas en ce moment à apprécier dans toute son étendue l'œuvre mathématique si grande de Weierstrass ; je veux seulement rappeler, parmi tant de sujets qui ont occupé notre Confrère, ceux qui ont eu la plus grande part dans ses travaux : la théorie des fonctions et la théorie des transcendantes elliptiques et abéliennes, où une éclatante découverte a marqué son début dans la Science.

Weierstrass a donné une théorie complète, définitive et

maintenant classique des fonctions uniformes. Leurs expressions analytiques, leurs divers genres de discontinuités, ces notions absolument fondamentales inconnues à Abel, à Jacobi, aux grands géomètres de la première moitié de ce siècle, sont maintenant familières aux commençants ; ils savent aussi qu'une fonction continue peut ne pas avoir de dérivée, leur horizon s'est agrandi sans qu'il leur en ait coûté d'efforts.

Après la théorie des fonctions uniformes, les découvertes de Riemann sur les fonctions algébriques ont ouvert un champ d'études beaucoup plus ardues, que remplissent, à notre époque, un grand nombre de beaux et importants travaux. Dans une lettre adressée à M. Schwarz, Weierstrass expose à quel point de vue entièrement nouveau il s'est placé dans ces profondes et difficiles questions. L'analyse qu'il communique à notre éminent Correspondant est un chef-d'œuvre d'invention. Elle jette jusque dans son origine élémentaire une vive lumière sur la question, en représentant les variables, qui satisfont à une équation algébrique par un nombre fini d'expressions qui contiennent une indéterminée auxiliaire et se déduisent toutes d'une seule d'entre elles. Elle conduit à la notion du genre par un chemin bien différent de celui du premier inventeur, en employant seulement les considérations algébriques, en excluant absolument les considérations du Calcul intégral ; elle donne un exemple de plus de cette évolution des théories mathématiques qui se perfectionnent en multipliant les voies d'accès aux vérités nouvelles, et, par là, rendent de plus en plus abordables les résultats cachés qu'on ne pouvait atteindre qu'au prix de grands efforts.

Cette circonstance se remarque aussi dans la théorie des intégrales eulériennes dont Weierstrass a, le premier, fait connaître la véritable nature, qui était restée inconnue après les grands travaux de Legendre, en démontrant que l'intégrale de seconde espèce est l'inverse d'une fonction holomorphe. De nombreuses méthodes permettent maintenant d'établir cette importante proposition dont la découverte a été comme le prélude des recherches de notre Confrère sur la théorie générale des fonctions uniformes.

Mais aucune théorie n'a présenté une succession de points de vue différents et de méthodes variées, qui donne l'idée de la richesse en Analyse, comme la théorie des fonctions elliptiques.

En premier lieu, les méthodes d'Abel et de Jacobi, puis, sous des formes variées, les procédés où les fonctions Θ servent de point de départ, enfin, la théorie des fonctions doublement périodiques. Ce n'est pas encore à un pareil degré de développement que l'Analyse est parvenue dans cet ordre de questions aussi difficiles qu'importantes, qui se lient étroitement aux fonctions elliptiques, et que Jacobi a ouvert en posant le problème de l'inversion des intégrales hyperelliptiques. Göpel et Rosenhain ont donné de ce problème une solution admirée des analystes dans le cas le plus simple des intégrales de première classe. Elle est fondée sur la considération de fonctions de deux variables analogues aux fonctions Θ ; mais on rencontre dans cette voie, à partir des intégrales de seconde classe, des difficultés insurmontables, qui montrent que la même méthode ne leur est pas applicable. La découverte de la solution générale appartient en entier à Weierstrass ; elle est l'une des plus importantes et des plus belles qui aient été faites en Analyse ; je m'y arrêterai un moment.

Les transcendantes dont il s'agissait d'obtenir l'expression pour résoudre le problème de Jacobi sont des fonctions de plusieurs variables. La nature propre de ce genre de quantités est extrêmement cachée ; à tous les points de vue, elles diffèrent essentiellement des fonctions d'une seule variable ; les analogies qui les rapprochent parfois échappent le plus souvent ; elles offrent, dans nos connaissances analytiques, une lacune qui ne sera peut-être jamais comblée. C'est alors cependant que, en procédant comme pour les fonctions elliptiques, Weierstrass établit que les quantités cherchées sont à sens unique, qu'elles appartiennent à la catégorie des fonctions auxquelles on donne maintenant la dénomination d'*uniformes*. Au point de vue de la doctrine, ce résultat est extrêmement remarquable ; il anticipait sur notre époque, il dégageait en Analyse une de ces idées fondamentales préparées par une lente élaboration, qui contiennent en germe les progrès de la Science. Une méthode profonde, des calculs rappelant la perfection et l'élégance de Gauss et de Jacobi conduisent ensuite au quotient de deux fonctions holomorphes, généralisation de la transcendante Θ. Les beaux résultats de Göpel et Rosenhain sont retrouvés et dépassés, sous un point de vue nouveau, avec une plus grande puissance d'invention avec la découverte de l'expression logarithmique des intégrales de troisième espèce. « Je ne crois pas, dit justement Weierstrass, qu'on puisse traiter, par les méthodes de ces deux géomètres, des fonctions abéliennes d'un ordre supérieur au premier. » Nous avons vu de nos jours une voie toute différente ouverte par Riemann, fondée sur les principes propres au grand géomètre pour résoudre le problème de l'inversion des intégrales de fonctions algébriques quelconques, pour obtenir aussi l'expression générale des fonctions d'un nombre quelconque de variables, à un nombre double de périodes simultanées, et Weierstrass poursuivre par d'admirables travaux la marche en avant dans ces questions les plus élevées et les plus difficiles de l'Analyse.

La vie de notre illustre Confrère a été en entier consacrée à la Science qu'il a servie avec un absolu dévouement. Elle a été longue et comblée d'honneurs ; mais devant une tombe qui vient de se fermer, nous ne rappelons que son génie et cette universelle sympathie qui s'accorde à la noblesse du caractère. Weierstrass a été droit et bon ; qu'il reçoive le suprême hommage plein de regrets et de respect que nous adressons à sa mémoire ! Elle vivra aussi longtemps que des esprits avides de vérités consacreront leurs efforts aux recherches de l'Analyse, au progrès de la science du Calcul.

NOTICE SUR M. F. BRIOSCHI.

Comptes rendus de l'Académie des Sciences,
t. 125, 1897, p. 1139-1141.

La carrière de notre illustre Correspondant, dont la perte cause des regrets si profonds, si unanimes, a été l'une des plus remplies et des plus honorées dans la Science de notre époque. Pendant plus de quarante années, ses travaux se sont succédé sans interruption, embrassant les diverses branches de l'Analyse, la Géométrie supérieure, l'Algèbre, la théorie des équations différentielles, des fonctions elliptiques et abéliennes, la Mécanique, la Physique mathématique, et laissant partout la trace ineffaçable de son beau talent. A son début, lorsque les études mathématiques, peu cultivées en Italie, n'avaient d'organe que le journal de l'abbé Tortolini à Rome, Brioschi publie dans ce recueil des Mémoires qui révèlent un géomètre de premier ordre. Ils ont pour objet le problème des trois corps, la variation des constantes arbitraires dans les problèmes de Mécanique, un important travail de Dirichlet sur l'Hydrodynamique, la question des intégrales communes à plusieurs problèmes de Mécanique, sur laquelle notre Confrère, M. Bertrand, avait appelé l'attention dans un de ses plus beaux Mémoires. Ces premières publications lui ont obtenu le privilège, le rare honneur de donner une puissante impulsion à la Sciences mathématique de son pays. Sous son influence, l'Analyse prend sa part dans le mouvement des esprits, un nouveau recueil remplace le journal de Rome : les *Annali di Matematica* secondent avec le plus grand succès cette activité et, sous la direction de notre Confrère, se placent au niveau des plus importantes publications périodiques de la France, de l'Allemagne et de l'Angleterre.

La vie scientifique de Brioschi devient dès lors un exemple pour ses disciples, et l'estime universelle qui s'attache à son nom est un encouragement pour ceux qui suivent ses traces; il mérite que l'Italie lui attribue avec reconnaissance l'illustration qu'elle doit maintenant à ses géomètres.

Je rappelle succinctement, parmi tant de travaux qui honoreront sa mémoire : en Géométrie supérieure, ceux qui concernent la théorie des lignes de courbures, les propriétés des surfaces dont les lignes de courbures sont planes ou sphériques, l'intégration de l'équation des lignes géodésiques, les tangentes doubles des lignes du quatrième ordre qui ont un point double; puis, dans le Calcul intégral, un travail sur les équations aux dérivées partielles du second ordre, un autre sur la distinction des maxima et des minima dans le calcul des variations, un Mémoire sur une propriété des équations aux dérivées partielles du premier ordre, qui a été traduit par Boole et inséré dans le *Traité des équations différentielles* du célèbre géomètre anglais. L'Algèbre a aussi une part considérable dans l'activité scientifique de notre Confrère; je citerai les travaux sur les déterminants gauches, l'élimination, la généralisation des propriétés de ces déterminants particuliers sur lesquels se fonde la transformation des fonctions abéliennes de premier ordre, l'interpolation, les fonctions de Sturm.

Brioschi a été le collaborateur de Sylvester et de Cayley dans la longue élaboration de la théorie des formes à deux ou un nombre quelconque d'indéterminées qui a été l'une des œuvres mathématiques principales de notre temps. Il serait trop long d'énumérer tous ses écrits sur cette partie importante de l'Analyse, où l'on est frappé par une puissance singulière de calcul et qui se distinguent également par la clarté et l'élégance des méthodes. Mais je ne puis omettre de rappeler cette partie si importante des recherches de notre Confrère, où l'Algèbre se joint à la Théorie des fonctions elliptiques et abéliennes, et qui conduisent à la résolution des équations du cinquième et du sixième degré. Son talent s'y montre avec éclat, il jette une complète lumière sur les propriétés cachées de l'équation de Jacobi qui détermine le multiplicateur au moyen du module dans la transformation du cinquième ordre; il donne le secret de la résolution de l'équation du cinquième degré qu'en a tirée Kronecker, et que l'illustre géomètre avait communiquée à notre Académie, sans démontrer son beau résultat.

Pour l'équation du sixième degré, la voie suivie est tout autre. On sort du domaine des fonctions elliptiques et il est fait appel aux transcendantes plus élevées qui naissent de l'inversion des intégrales hyperelliptiques de première classe. On emploie les fonctions de deux variables analogues à la transcendante Θ de Jacobi, et parmi elles les dix expressions qui, étant des fonctions paires, ne s'évanouissent pas pour des valeurs nulles des arguments. Ce sont les quantités au moyen desquelles sont représentées les racines et qui donnent la résolution de l'équation du sixième degré, grande et belle découverte qui a été le couronnement de la carrière mathématique de Brioschi.

Le premier géomètre de l'Italie a été Sous-Secrétaire d'État et Sénateur du royaume. Il a pris, au Sénat, une grande part dans le travail des Commissions du budget; il a été l'organisateur des chemins de fer de la péninsule; il a été délégué, par le Gouvernement italien, à la Commission internationale du Mètre, à Paris. Notre illustre Confrère appartenait à la plupart des Académies et Sociétés savantes de l'Europe et de l'Amérique, il était Président de l'Académie royale des Lincei; les plus hautes distinctions, les honneurs dont il a été comblé, les grandes situations qu'il a occupées l'ont toujours laissé simple et modeste.

J'ai été associé aux travaux de Brioschi; nous avons souvent mis en commun nos efforts; j'ai suivi sa carrière qui a été si belle, remplie par l'étude et de grands services rendus à son pays. Nul ne ressent plus que moi la perte du grand géomètre et de l'homme d'honneur, le souvenir de son amitié, d'une étroite liaison remontant à notre jeunesse me restera à jamais comme l'un des meilleurs et des plus chers de toute ma vie.

SUR QUELQUES DÉVELOPPEMENTS EN SÉRIE

DE LA

THÉORIE DES FONCTIONS ELLIPTIQUES.

Bulletin de la Société physico-mathématique de Kasan, 2e série, t. VI, 1897, p. 1-21.

La transformation du second ordre est d'une grande importance dans la théorie des fonctions elliptiques, elle a été le fondement du théorème célèbre de Landen qui exprime un arc d'hyperbole par deux arcs d'ellipse. Elle a été aussi l'origine de la méthode d'approximation de l'intégrale définie représentée par la quantité K, que les travaux de Gauss et de Borchardt ont rendue célèbre sous le nom de *moyenne arithmético-géométrique*, Dirichlet a montré encore dans ses Leçons qu'elle ouvre une voie ayant sa place marquée à côté des autres méthodes, pour parvenir aux nouvelles transcendantes de l'analyse qui donnent l'inversion de l'intégrale de première espèce. A ces beaux résultats s'ajoute, sous un point de vue beaucoup plus particulier, une détermination directe du coefficient d'une puissance quelconque de la variable dans le développement de $\operatorname{cn} x$, que j'ai sommairement indiquée dans les *Comptes rendus* et qui a été exposée en détail par Briot et Bouquet dans leur Traité des fonctions elliptiques. C'est une nouvelle application de la transformation du second ordre qui sera l'objet de cette Note, je me propose d'en tirer ces développements :

$$\frac{\pi K'}{K} = \log\frac{16}{k^2} - \frac{1}{2}k^2 - \frac{13}{2^6}k^4 - \frac{23}{2^6 \cdot 3}k^6 - \ldots,$$

$$q = \frac{1}{2^6}k^2 + \frac{1}{2^5}k^4 + \frac{21}{2^{10}}k^6 + \ldots,$$

puis, en faisant $l = \frac{1-\sqrt{k'}}{1+\sqrt{k'}}$, l'égalité

$$q = \frac{1}{2}l + 2\left(\frac{1}{2}l\right)^5 + 15\left(\frac{1}{2}l\right)^9 + \ldots$$

donnés dans l'Ouvrage célèbre de M. Schwarz : *Formules et propositions pour l'emploi des fonctions elliptiques, d'après les Leçons et les Notes manuscrites de M. Weierstrass*, traduit par M. Padé, et que je ferai suivre de quelques remarques.

En considérant d'abord la première série, je me fonderai sur cette proposition que, si l'on remplace le module k par $k_2 = \frac{1-k'}{1+k'}$, le rapport $\frac{K'}{K}$ devient $\frac{2K'}{K}$. Il en résulte qu'en l'écrivant sous cette forme

$$\frac{\pi K'}{K} = \log\frac{16}{k^2} - F_n(k) - k^{2n+2}S(k),$$

où $S(k)$ désigne une série entière et $F_n(k)$ un polynome de degré $2n$ en k, on aura

$$\frac{2\pi K'}{K} = = \log\frac{16}{k_2^2} - F_n(k_2) - k_2^{2n+2}S(k_2).$$

Cela étant, je divise par 2, j'ajoute et je retranche $\log\frac{16}{k^2}$ dans le second membre, je remplace ensuite $\log\frac{16}{k^2} - \log\frac{1}{k_2}$ par $\log\frac{4k_2}{k^2}$, cette égalité devient ainsi

$$\frac{\pi K'}{K} = \log\frac{16}{k^2} - \frac{1}{2}F_n(k_2) - \log\frac{4k_2}{k^2} - \frac{1}{2}k_2^{2n+2}S(k_2).$$

Je la comparerai maintenant avec la relation dont elle a été déduite, et dans ce but, je remplacerai k_2 par son expression en k. Il est nécessaire pour cela d'avoir les développements en série des puissances de k_2 et de $\log\frac{4k_2}{k^2}$, qu'on obtient facilement. Il suffit de remarquer d'abord que, si l'on pose $p = \frac{1}{k}$, on a

$$\begin{aligned} k_2 &= \frac{p-\sqrt{p^2-1}}{p+\sqrt{p^2-1}} \\ &= (p-\sqrt{p^2-1})^2, \end{aligned}$$

et par suite d'employer la formule suivante, donnée par Lagrange dans ses Leçons sur le calcul des fonctions,

$$(p-\sqrt{p^2-1})^m = \frac{1}{(2p)^m} + m\frac{1}{(2p)^{m+2}} + \frac{m(m+3)}{1.2}\frac{1}{(2p)^{m+4}} + \frac{m(m+4)(m+5)}{1.2.3}\frac{1}{(2p)^{m+6}} + \ldots.$$

On en conclut, en changeant m en $2m$,

$$k_2^m = \left(\frac{1}{2}k\right)^{2m} + 2m\left(\frac{1}{2}k\right)^{2m+2} + \frac{2m(2m+3)}{1.2}\left(\frac{1}{2}k\right)^{2m+4} + \frac{2m(2m+4)(2m+5)}{1.2.3}\left(\frac{1}{2}k\right)^{2m+6} + \ldots.$$

Soit ensuite $k^2 = x$, ce qui donne

$$\frac{k_2}{k^2} = \left(\frac{1-\sqrt{1-x}}{x}\right)^2$$

et posons, pour un moment,

$$y = \log 4\left(\frac{1-\sqrt{1-x}}{x}\right)^2.$$

Il vient, en prenant la dérivée

$$y' = \frac{1}{x}\left[(1-x)^{-\frac{1}{2}} - 1\right] = \sum \frac{1.3\ldots 2n-1}{2.4\ldots 2n}x^{n-1} \quad (n = 1, 2, 3, \ldots),$$

puis en observant que y est nul pour $x = 0$,

$$y = \sum \frac{1.3\ldots 2n-1}{2.4\ldots 2n}\frac{x^n}{n}$$

et, par conséquent,

$$\log\frac{4k_2}{k^2} = \sum \frac{1.3\ldots 2n-1}{2.4\ldots 2n}\frac{k^{2n}}{n} = \frac{1}{2}k^2 + \frac{3}{2^4}k^4 + \frac{5}{2^4.3}k^6 + \ldots.$$

La première conséquence à tirer de cette substitution de la valeur de k_2 en fonction de k concerne le terme $\frac{1}{2}k_2^{2n+2}S(k_2)$, qui devient le produit de k^{4n+4} par une série entière en k. Cela étant, convenons d'arrêter à la puissance k^{4n+2} les développements de $F_n(k_2)$ et $\log \frac{4k_2}{k^2}$. En posant, comme le fait Kronecker,

$$\begin{aligned} \Phi(k) &\equiv F_n(k_2) \\ \Omega(k) &\equiv \log \frac{4k_2}{k^2} \end{aligned} \qquad (\operatorname{mod} k^{4n+4}),$$

on obtiendra d'une part un polynome de degré $4n+2$ représenté par

$$\frac{1}{2}\Phi(k) + \Omega(k)$$

et de l'autre une série que nous réunirons à la précédente puisqu'elle contient en facteur k^{4n+4}. Nous pouvons donc écrire

$$\frac{\pi K'}{K} = \log \frac{16}{k^2} - \frac{1}{2}\Phi(k) - \Omega(k) - k^{4n+4} S_1(k),$$

et l'on voit que cette relation reproduit, en y changeant n en $2n+1$, celle qui a été notre point de départ, puisque $S_1(k)$ y désigne une série entière. Elle met en évidence le résultat auquel je voulais parvenir, à savoir

$$F_{2n+1}(k) = \frac{1}{2}\Phi(k) + \Omega(k).$$

C'est une loi de récurrence qui permet, en partant du cas le plus simple ou $n = 1$, d'obtenir de proche en proche pour toute valeur de n le polynome $F_n(k)$, et par conséquent la série qui entre dans l'expression de $\frac{\pi K'}{K}$, et l'on remarquera que c'est aux termes près en k^4, k^8, k^{16}, ... qu'on la conclut de ces approximations successives. Ayant ainsi

$$F_1(k) = \frac{1}{2}k^2,$$

on trouvera, en remplaçant k par k_2,

$$\Phi(k) = \frac{1}{2^5}k^4 + \frac{1}{2^5}k^6;$$

nous prendrons ensuite

$$\Omega(k) = \frac{1}{2}k^2 + \frac{3}{2^4}k^4 + \frac{5}{2^4.3}k^6.$$

et la relation

$$F_3(k) = \frac{1}{2} F_1(k_2) + \Omega(k)$$

donnera sur-le-champ

$$F_3(k) = \frac{1}{2} k^2 + \frac{13}{2^6} k^4 + \frac{23}{2^6 . 3} k^6.$$

Voici maintenant le calcul de la troisième approximation, on a d'abord, suivant le module k^{16},

$$k_2^2 \equiv \frac{1}{2^4} k^4 + \frac{1}{2^4} k^6 + \frac{7}{2^7} k^8 + \frac{3}{2^6} k^{10} + \frac{165}{2^{12}} k^{12} + \frac{143}{2^{12}} k^{14},$$

$$k_2^4 \equiv \frac{1}{2^8} k^8 + \frac{1}{2^7} k^{10} + \frac{11}{2^{10}} k^{12} + \frac{13}{2^{10}} k^{14},$$

$$k_2^6 \equiv \frac{1}{2^{12}} k^{12} + \frac{3}{2^{12}} k^{14}$$

et de là nous conclurons

$$\Phi(k) = \frac{1}{2^5} k^4 + \frac{1}{2^9} k^6 + \frac{461}{2^{14}} k^8 + \frac{205}{2^{13}} k^{10} + \frac{17579}{2^{18} . 3} k^{12} + \frac{5275}{2^{18}} k^{14}.$$

En employant ensuite le polynome

$$\Omega(k) = \frac{1}{2} k^2 + \frac{3}{2^4} k^4 + \frac{5}{2^4 . 3} k^6 + \frac{35}{2^9} k^8 + \frac{63}{2^8 . 5} k^{10} + \frac{77}{2^{11}} k^{12} + \frac{429}{2^{11} . 7} k^{14},$$

on obtient, au moyen de l'égalité

$$F_7(k) = \frac{1}{2} \Phi(k) + \Omega(k),$$

l'expression suivante :

$$F_7(k) = \frac{1}{2} k^2 + \frac{13}{2^6} k^4 + \frac{23}{2^6 . 3} k^6 + \frac{2701}{2^{15}} k^8 + \frac{5057}{2^{14} . 5} k^{10}$$
$$+ \frac{76715}{2^{19} . 3} k^{12} + \frac{146749}{2^{19} . 7} k^{14}.$$

Une conséquence de la méthode précédente est de mettre immédiatement en évidence le résultat énoncé dans l'Ouvrage de M. Schwarz, que, si l'on pose

$$\frac{\pi K'}{K} = \log \frac{16}{k^2} - \sum A_n k^{2n},$$

les coefficients A_n sont des nombres rationnels positifs. Je m'y arrête un moment pour en déduire une limite supérieure du reste

$$R_n = A_{n+1} k^{2n+2} + A_{n+2} k^{2n+4} + \ldots$$

sous la forme donnée au paragraphe 40 de cet Ouvrage. On y parvient facilement en observant d'abord que le module étant inférieur à l'unité, on a

$$R_n < k^{2n+1} (A_{n+1} + A_{n+2} + \ldots).$$

Cela étant, posons dans l'égalité ci-dessus $k = 1$; on trouve ainsi

$$\Sigma A_n = \log 16,$$

d'où l'on tire

$$A_{n+1} + A_{n+2} + \ldots = \log 16 - A_1 - A_2 - \ldots - A_n$$

et, par conséquent,

$$R_n < k^{2n+1} (\log 16 - A_1 - A_2 - \ldots - A_n).$$

J'arrive maintenant à l'expression de q qui est d'une grande importance pour les applications de la théorie des fonctions elliptiques à plusieurs questions de Mécanique céleste. Elle pourrait se conclure de la série que nous venons d'obtenir; la formule $q = e^{-\frac{\pi K'}{K}}$ donne en effet

$$\begin{aligned} q &= e^{\log \frac{k^2}{16} + \Sigma A_n k^{2n}} \\ &= \frac{k^2}{16} e^{\Sigma A_n k^{2n}}, \end{aligned}$$

de sorte qu'on est ramené au développement de l'exponentielle suivant les puissances de k. Ce procédé fait reconnaître qu'en posant

$$q = \Sigma a_n k^{2n}$$

les coefficients a_n sont encore des nombres rationnels positifs et l'on voit aussi que de la condition $\Sigma a_n = 1$, qui se trouve en posant $k = 1$, on conclut pour le reste

$$r_n = a_{n+1} k^{2n+2} + a_{n+2} k^{2n+4} + \ldots$$

la limitation

$$r_n < k^{2n+1} (1 - a_1 - a_2 - \ldots - a_n).$$

Nous allons obtenir la même conclusion relativement aux coefficients, et un mode de calcul facile pour le polynome

$$F_n(k) = a_1 k^2 + a_2 k^4 + \ldots + a_n k^{2n}$$

en recourant de nouveau à la transformation du second ordre et changeant k en k_2 dans l'égalité

$$q = F_n(k) + k^{2n+2} S(k),$$

où $S(k)$ représente toujours une série entière. Ayant ainsi

$$q^2 = F_n(k_2) + k_2^{2n+2} S(k),$$

je remplace k_2 par son développement suivant les puissances de k, puis je détermine un polynome $\Phi(k)$ de degré $4n+2$ par la condition

$$\Phi(k) \equiv F_n(k_2) \pmod{k^{4n+4}},$$

ce qui permet d'écrire

$$q^2 = \Phi(k) + k^{4n+4} S_1(k)$$

et plus simplement

$$q^2 \equiv \Phi(k) \pmod{k^{4n+4}}.$$

Ce polynome contient le facteur k^4, il est de la forme

$$\Phi(k) = k^4(\alpha_1 + \alpha_2 k^2 + \ldots + \alpha_{2n} k^{4n-2});$$

en extrayant la racine carrée on en déduira un autre $\Pi(k)$ de degré $4n$ tel qu'on ait

$$\Phi(k) \equiv \Pi^2(k) \pmod{k^{4n+2}}$$

et par conséquent

$$q^2 \equiv \Pi^2(k) \pmod{k^{4n+2}}.$$

De là on conclut aisément

$$q \equiv \Pi(k) \pmod{k^{4n+2}};$$

c'est donc dire que $\Pi(k)$ représente le polynome $F_{2n}(k)$, dont on a ainsi la détermination par un procédé algébrique au moyen de $F_n(k)$. On remarquera que la loi de récurrence diffère de celle qui a été précédemment trouvée, où l'on passe de $F_n(k)$ à $F_{2n+1}(k)$.

Nous allons en faire l'application en partant de $F_1(k) = \frac{1}{2^4} k^2$ et $\Phi(k) = \frac{1}{2^8} k^4 + \frac{1}{2^9} k^6$, dont il faut prendre la racine carrée, ce qui donne immédiatement

$$F_2(k) = \frac{1}{2^4}k^2 + \frac{1}{2^5}k^4.$$

On trouve ensuite

$$\Phi(k) = \frac{1}{2^8}k^4 + \frac{1}{2^8}k^6 + \frac{29}{2^{13}}k^8 + \frac{13}{2^{12}}k^{10}$$

et, en extrayant de nouveau la racine carrée,

$$F_4(k) = \frac{1}{2^4}k^2 + \frac{1}{2^5}k^4 + \frac{21}{2^{10}}k^6 + \frac{31}{2^{11}}k^8.$$

Ce sont les recherches de M. Tisserand sur la libration des petites planètes, où les fonctions elliptiques sont appliquées avec succès à une question importante et difficile, qui ont été l'occasion du travail que j'expose dans cette Note. On les trouvera dans le quatrième volume du beau Traité de Mécanique céleste qui a mis son auteur au premier rang des astronomes de notre époque (¹). J'en avais donné communication à mon éminent Confrère et ami qui a poursuivi les calculs beaucoup plus loin que je ne l'avais fait, en y joignant des remarques intéressantes, comme on le verra dans cette lettre qu'il a bien voulu m'adresser.

Paris, 19 décembre 1895.

... En développant les calculs d'après votre méthode et posant

$$q = a_1 k^2 + a_2 k^4 + \ldots + a_{12} k^{24} + \ldots$$

j'ai trouvé, sans trop de peine,

$$\begin{aligned}
2^4 a_1 &= 1\\
2^5 a_2 &= 1\\
2^{10} a_3 &= 21\\
2^{11} a_4 &= 31\\
2^{19} a_5 &= 6\,257\\
2^{20} a_6 &= 10\,293\\
2^{25} a_7 &= 279\,025\\
2^{26} a_8 &= 483\,127\\
2^{36} a_9 &= 435\,506\,703\\
2^{37} a_{10} &= 776\,957\,575\\
2^{42} a_{11} &= 22\,417\,045\,555\\
2^{43} a_{12} &= 40\,784\,671\,953
\end{aligned}$$

(¹) *Voir* Chapitre XXV, p. 437.

On remarque, dans la suite des exposants de 2, qu'il y a, de deux en deux places, deux exposants consécutifs qui diffèrent seulement de 1. La chose est très facile à démontrer en suivant de près l'application de votre méthode. Tous mes nombres sont exacts : je les ai vérifiés par l'application de votre formule

$$a_n = (-1)^{n-1} \Delta^{n-1} a_1.$$

On a les rapports approchés suivants :

$$\begin{aligned}
a_4 &: a_3 = 0,738 \\
a_5 &: a_4 = 0,788 \\
a_6 &: a_5 = 0,822 \\
a_7 &: a_6 = 0,867 \\
a_8 &: a_7 = 0,866 \\
a_9 &: a_8 = 0,880 \\
a_{10} &: a_9 = 0,892 \\
a_{11} &: a_{10} = 0,902 \\
a_{12} &: a_{11} = 0,912
\end{aligned}$$

de sorte que la série converge très lentement lorsque k est voisin de l'unité; mais on a alors d'autres moyens plus faciles de se tirer d'affaire avec la relation

$$\log q \log q' = -\pi^2, \ldots.$$

La formule employée par M. Tisserand est la conséquence de ce théorème de Jacobi, qu'en changeant k en $\frac{ik}{k'}$ q se change en $-q$ (*Fundamenta*, § 37).

On tire en effet l'égalité

$$a_1\left(\frac{k}{k'}\right)^2 - a_2\left(\frac{k}{k'}\right)^4 + a_3\left(\frac{k}{k'}\right)^6 - \ldots = a_1 k^2 + a_2 k^4 + a_3 k^6 + \ldots$$

et, en posant $k^2 = x$,

$$a_1 \frac{x}{1-x} - a_2 \frac{x^2}{(1-x)^2} + a_3 \frac{x^3}{(1-x)^3} - \ldots = a_1 x + a_2 x^2 + a_3 x^3 + \ldots.$$

Il suffit donc, comme on le fait dans la démonstration d'une formule célèbre d'Euler, de remplacer les puissances de $\frac{x}{1-x}$ par leurs développements en série.

A l'égard des coefficients A_n, on parvient à un résultat analogue en changeant k en $\frac{ik}{k'}$, dans l'équation

$$\frac{\pi K'}{K} = \log\frac{16}{k^2} - \sum A_n k^{2n},$$

ce qui donne

$$\frac{\pi(K'+iK)}{K} = \log\frac{-16k'^2}{k^2} - \sum A_n\left(\frac{ik'}{k}\right)^{2n}$$

et, en égalant les parties réelles,

$$\frac{\pi K'}{K} = \log\frac{16k'^2}{k^2} - \sum A_n\left(\frac{ik'}{k}\right)^{2n}$$

ou bien

$$\frac{\pi K'}{K} = \log\frac{16}{k^2} + \log k'^2 - \sum A_n\left(\frac{ik'}{k}\right)^{2n}.$$

De là résulte, si l'on fait encore $k^2 = x$,

$$\sum A_n x^n = -\log(1-x) - \sum A_n \frac{x^n}{(1-x)^n},$$

et l'on conclut, au moyen du développement de $\log(1-x)$, les égalités

$$A_1 = 1 - A_1,$$

$$A_2 = \frac{1}{2} - A_1 + A_2,$$

$$A_3 = \frac{1}{3} - A_1 + 2A_2 - A_3,$$

$$\cdots\cdots\cdots\cdots,$$

$$A_n = \frac{1}{n} + (-1)^n \Delta^{n-1} A_1.$$

Les relations suivantes qui s'en déduisent

$$\frac{1}{12} = A_2 - A_3,$$

$$\frac{1}{60} = A_3 - 2A_4 + A_5,$$

$$\frac{1}{280} = A_4 - 3A_5 + 3A_6 - A_7,$$

$$\cdots\cdots\cdots\cdots,$$

ne suffisent pas pour la détermination des coefficients, mais on en tire une vérification facile des valeurs précédemment obtenues.

Je reviens maintenant à l'expression de q en fonction du module, afin d'établir qu'en introduisant la variable $\xi = \frac{k^2}{2^4}$ le nouveau développement en série auquel on parvient a tous ses coefficients entiers. Cette remarque rapproche des fonctions algébriques, d'après le théorème célèbre d'Eisenstein, la transcendante si complexe dont nous faisons l'étude, et j'observerai qu'elle s'applique aussi à la quantité

$$\frac{2K}{\pi} = 1 + \left(\frac{1}{2}\right)^2 k^2 + \left(\frac{1.3}{2.4}\right)^2 k^4 + \ldots + \left(\frac{1.3\ldots 2n-1}{2.4\ldots 2n}\right)^2 k^{2n} + \ldots.$$

Elle devient, en effet,

$$\frac{2K}{\pi} = 1 + 2^2\xi + 6^2\xi^2 + \ldots + \left(\frac{1.3\ldots 2n-1}{2.4\ldots 2n}\right)^2 2^{4n}\xi^n + \ldots,$$

le coefficient de ξ^n étant le carré du coefficient moyen dans la puissance $2n$ du binome, c'est ce qu'on reconnaît en écrivant

$$\frac{1.3\ldots 2n-1}{2.4\ldots 2n}2^{2n} = \frac{1.2\ldots 2n-1.2n}{(2.4\ldots 2n)^2}2^{2n} = \frac{1.2\ldots 2n}{(1.2\ldots n)^2}.$$

Pour la démonstration, je partirai de l'expression du module en fonction de q, qui est donnée dans les *Fundamenta*,

$$k = 4\sqrt{q}\left[\frac{(1+q^2)(1+q^4)(1+q^6)\ldots}{(1+q\;\,)(1+q^3)(1+q^5)\ldots}\right]^4.$$

En élevant les deux membres au carré, on en tire

$$q = \xi\left[\frac{(1+q\;\,)(1+q^3)(1+q^5)\ldots}{(1+q^2)(1+q^4)(1+q^6)\ldots}\right]^8,$$

et si l'on développe suivant les puissances de q, dans le second membre,

$$q = \xi(1 + \alpha_1 q + \alpha_2 q^2 + \ldots),$$

les coefficients $\alpha_1, \alpha_2, \ldots$ étant évidemment entiers. Cela étant, soit

$$q = \xi(1 + c_1\xi + c_2\xi^2 + \ldots),$$

puis, pour une puissance quelconque $m+1$,

$$q^{m+1} = \xi^{m+1}(1 + c_1^m\xi + c_2^m\xi^2 + \ldots);$$

on trouve, en substituant dans l'égalité précédemment posée,

$$\begin{aligned}\xi\,(1 + c_1\xi + c_2\xi^2 + \ldots) = \xi &+ \alpha_1\xi^2(1 + c_1\xi + c_2\xi^2 + \ldots)\\ &+ \alpha_2\xi^3(1 + c_1^1\xi + c_2^1\xi^2 + \ldots)\\ &+ \alpha_3\xi^4(1 + c_1^2\xi + c_2^2\xi^2 + \ldots)\\ &\ldots\ldots\ldots\ldots\ldots\ldots\end{aligned}$$

De là résulte, pour la détermination de $c_1, c_2, c_3, \ldots$, les équations

$$\begin{aligned}c_1 &= \alpha_1,\\ c_2 &= \alpha_1 c_1 + \alpha_2,\\ c_3 &= \alpha_1 c_2 + \alpha_2 c_1^1 + \alpha_3,\\ &\ldots\ldots\ldots\end{aligned}$$

et, en général,

$$c_{i+1} = \alpha_1 c_i + \alpha_2 c_{i-1}^1 + \alpha_3 c_{i-2}^2 + \ldots + \alpha_i c_1^{i-1} + \alpha_{i+1}.$$

Cela étant, il suffit d'observer que les quantités c_n^i s'expriment en fonctions entières et à coefficients entiers de $c_1, c_2, \ldots, c_n$, pour en conclure que le calcul donnera de proche en proche pour les inconnues des valeurs entières. On a, par exemple,

$$\begin{aligned}c_1 &= \alpha_1,\\ c_2 &= \alpha_1^2 + \alpha_2,\\ c_3 &= \alpha_1^3 + 3\alpha_1\alpha_2 + \alpha_3,\\ &\ldots\ldots\ldots ;\end{aligned}$$

mais si l'on veut obtenir une expression de c_n, il faut suivre une autre voie que j'indiquerai succinctement.

Soit, pour cela,

$$f(x) = 1 + \alpha_1 x + \alpha_2 x^2 + \ldots.$$

La solution de l'équation

$$x = \xi f(x)$$

est donnée par la série de Lagrange sous la forme

$$x = \sum \frac{D_x^{n-1} f^n(x)}{1.2\ldots n}\xi^n \qquad (n = 1, 2, 3, \ldots)$$

en convenant de faire, après les dérivations, $x = 0$. Désignant par N le coefficient de x^{n-1} dans le développement de $f^n(x)$ suivant les puissances croissantes de x, on aura dans cette hypothèse

$$D_n^{n-1} f^n(x) = 1.2\ldots n-1.N$$

et, par conséquent, pour l'expression cherchée

$$C_n = \frac{N}{n}.$$

Mais ce résultat ne peut servir à l'objet que nous avions en vue à cause du dénominateur n, et c'est ce qui a rendu nécessaire de recourir, comme nous l'avons fait, à la méthode élémentaire des coefficients indéterminés. Nous pouvons d'ailleurs énoncer la conclusion à en déduire sous cette forme un peu plus générale : en supposant que de la relation

$$x = \xi(\alpha_0 + \alpha_1 x + \alpha_2 x + \ldots)$$

on tire

$$x = \xi(C_0 + C_1 \xi + C_2 \xi^2 + \ldots),$$

les coefficients C_0, C_1, ... s'expriment en fonctions entières, à coefficients entiers de α_0, α_1, α_2, ... On a ainsi

$$\begin{aligned}
C_0 &= \alpha_0,\\
C_1 &= \alpha_0 a_1,\\
C_2 &= \alpha_0 a_1^2 + \alpha_1^2 a_2,\\
C_3 &= \alpha_0 a_1^3 + 3\alpha_0^2 a_1 a_2 + \alpha_0^3 a_3,\\
&\ldots\ldots\ \ldots\ldots\ldots\ldots\ \ldots\ldots\ldots
\end{aligned}$$

J'ajouterai sur les coefficients c_n une remarque que suggère la formule

$$\sqrt{k} = \frac{2\sqrt[4]{q} + 2\sqrt[4]{q^9} + 2\sqrt[4]{q^{25}} + \ldots}{1 + 2q + 2q^4 + \ldots}$$

en montrant qu'elle donne un moyen facile d'en obtenir la valeur prise suivant le module 2. Remarquons à cet effet que l'on a la relation

$$(a+b+c+\ldots)^2 \equiv a^2 + b^2 + c^2 + \ldots \pmod 2,$$

d'où

$$(a+b+c+\ldots)^4 \equiv a^4 + b^4 + c^4 + \ldots$$

et, en général,

$$(a+b+c+\ldots)^m \equiv a^m + b^m + c^m + \ldots,$$

lorsque m est une puissance de 2.

En élevant à la quatrième puissance, nous obtenons donc l'expression suivante

$$\xi \equiv q + q^9 + q^{25} + q^{49} + \ldots \qquad (\text{mod } 2).$$

Cela étant, je dis qu'on en tire

$$q \equiv \xi + \xi^9 + \xi^{17} + \xi^{33} + \xi^{49} + \xi^{55} + \xi^{57} + \xi^{71} + \ldots \qquad (\text{mod } 2).$$

Ce résultat se vérifie en formant les puissances q^9, q^{25} et q^{49} qu'on obtient facilement si l'on représente les exposants par une somme de puissances de 2. Ayant ainsi $9 = 8 + 1$, $25 = 16 + 8 + 1$, $49 = 32 + 16 + 1$, il suffit d'employer les expressions suivantes : $q^8 \equiv \xi^8 + \xi^{54}$, $q^{16} \equiv \xi^{16}$, $q^{32} \equiv \xi^{32}$, où l'on néglige successivement $\xi^{8.17}$, $\xi^{16.9}$, $\xi^{32.9}$, pour trouver sans peine,

$$\begin{aligned} q^9 &\equiv \xi^9 + \xi^{17} + \xi^{25} + \xi^{41} + \xi^{55} + \xi^{57} + \xi^{65} + \xi^{71} + \ldots, \\ q^{25} &\equiv \xi^{25} + \xi^{33} + \xi^{41} + \xi^{57} + \xi^{73} + \ldots, \\ q^{49} &\equiv \xi^{49} + \xi^{57} + \xi^{65} + \ldots. \end{aligned}$$

Substituons maintenant dans l'égalité

$$\xi \equiv q + q^9 + q^{25} + q^{49},$$

on voit immédiatement qu'elle est satisfaite si l'on supprime les puissances de ξ dont l'exposant est supérieur à 71.

En revenant de la série $q = \Sigma a_n k^{2n}$, j'ajouterai une remarque que suggèrent les valeurs des 12 premiers coefficients dont le calcul a été fait par M. Tisserand. Ils satisfont, si l'on excepte a_1 et a_2, à la condition

$$a_n \equiv n \qquad (\text{mod } 3) :$$

on aurait donc, si cette relation était vraie en général,

$$\begin{aligned} q &\equiv -k^2 + k^4 + \Sigma 2n k^{2n} \\ &\equiv -k^2 + k^4 + \frac{2k^2}{(1-k^2)^2} \qquad (\text{mod } 3). \end{aligned}$$

Un dernier point me reste à traiter qui concerne la formule de M. Weierstrass où figure, au lieu du module k, la quantité

$$l = \frac{1-\sqrt{k'}}{1+\sqrt{k'}}.$$

Je dois encore y ajouter la relation suivante donnée par M. Lindelöf, dans laquelle j'ai posé

$$\lambda = \frac{1-k'}{1+k'},$$

à savoir,

$$q = \frac{1}{2^2}\lambda + \frac{1}{2^4}\lambda^3 + \frac{17}{2^9}\lambda^5 + \frac{45}{2^{11}}\lambda^7 + \ldots$$

et qui a été employée par le savant géomètre dans son beau et important travail sur la trajectoire d'un corps assujetti à se mouvoir sur la surface de la Terre, sous l'influence de la rotation terrestre (¹). Ces résultats sont d'un grand intérêt, on peut les démontrer en les rattachant à une seule et même formule, comme je vais le faire voir.

Revenons à cet effet à l'expression de $\frac{\pi K'}{K}$ qui a été établie en premier lieu,

$$\frac{\pi K'}{K} = \log\frac{16}{k^2} - \frac{1}{2}k^2 - \frac{13}{2^6}k^4 - \frac{23}{2^6.3}k^6 - \ldots.$$

J'y remplace k par le module relatif à la transformation d'ordre n qui sera désigné par λ, et dont la propriété caractéristique consiste en ce que $\frac{K'}{K}$ devient, par changement, $\frac{nK'}{K}$.

Il vient ainsi

$$\frac{n\pi K'}{K} = \log\frac{16}{\lambda^2} - \frac{1}{2}\lambda^2 - \frac{13}{2^6}\lambda^4 - \frac{23}{2^6.3}\lambda^6 - \ldots$$

ou bien

$$\frac{\pi K'}{K} = \log\left(\frac{16}{\lambda^2}\right)^{\frac{1}{n}} - \frac{1}{n}\left(\frac{1}{2}\lambda^2 + \frac{13}{2^6}\lambda^4 + \frac{23}{2^6.3}\lambda^6 + \ldots\right),$$

et l'expression de q, au moyen du module λ, s'en déduit sous la forme suivante :

$$q = \left(\frac{\lambda^2}{16}\right)^{\frac{1}{n}} e^{\frac{1}{n}\left(\frac{1}{2}\lambda^2 + \frac{13}{2^6}\lambda^4 + \frac{23}{3.2^6}\lambda^6 + \ldots\right)}.$$

Cela étant, il suffit d'effectuer le développement en série de l'exponentielle pour en conclure le résultat que je me suis proposé d'obtenir. En poussant le calcul jusqu'à la huitième puissance de λ,

(¹) *Acta Societatis scientiarum Fennicæ*, t. XVI, p. 401.

on trouve

$$q = \left(\frac{\lambda^2}{16}\right)^{\frac{1}{n}} \left[1 + \frac{1}{2n}\lambda^2 + \frac{13n+8}{2^6 . n^2}\lambda^4 + \frac{46n^2+39n+8}{2^7.3.n^3}\lambda^6 + \frac{8103n^3+7916n^2+2496n+256}{2^{15}.3.n^4}\lambda^8 + \ldots \right].$$

Soit en premier lieu $n = 2$, on introduit le module relatif à la transformation du second ordre

$$\lambda = \frac{1-k'}{1+k'},$$

ce qui donne la formule de M. Lindelöf,

$$q = \frac{\lambda}{4}\left(1 + \frac{1}{2^2}\lambda^2 + \frac{17}{2^7}\lambda^4 + \frac{45}{2^9}\lambda^6 + \frac{4239}{2^{16}}\lambda^8 + \ldots\right).$$

Supposons ensuite $n = 4$; nous devrons prendre pour λ le module qui provient de la transformation du second ordre appliquée deux fois de suite; on a, par suite,

$$\lambda = \left(\frac{1-\sqrt{k'}}{1+\sqrt{k'}}\right)^2.$$

En posant, comme fait M. Weierstrass,

$$l = \frac{1-\sqrt{k'}}{1+\sqrt{k'}},$$

nous parvenons donc à la série

$$q = \frac{l}{2}\left(1 + \frac{1}{2^3}l^4 + \frac{15}{2^8}l^8 + \frac{75}{2^{11}}l^{12} + \frac{1707}{2^{16}}l^{16} + \ldots\right),$$

où les exposants des puissances de l sont $\equiv 1 \pmod 4$. Je remarquerai enfin que l'expression de q en fonction de λ peut être obtenue d'une manière directe, en recourant encore à la transformation du second ordre; je vais l'indiquer en peu de mots. Soit $F(\lambda)$ le polynome de degré $2m-2$, tel qu'on ait

$$q \equiv \left(\frac{\lambda^2}{16}\right)^{\frac{1}{n}} F(\lambda) \qquad \left(\operatorname{mod} \lambda^{2m+\frac{2}{n}}\right).$$

En désignant par λ_2 ce que devient λ lorsqu'on change q en q^2, nous en déduirons cette nouvelle relation

$$q^2 \equiv \left(\frac{\lambda_2^2}{16}\right)^{\frac{1}{n}} F(\lambda_2) \qquad \left(\bmod \lambda_2^{2m+\frac{2}{n}}\right),$$

où l'on a

$$\lambda_2 = \frac{1-\sqrt{1-\lambda^2}}{1+\sqrt{1-\lambda^2}}.$$

Cela étant, j'emploie d'une part les développements en λ des puissances entières de λ_2, puis de la puissance fractionnaire qui est donnée par la formule suivante :

$$\left(\frac{\lambda_2^2}{16}\right)^{\frac{1}{n}} = \left(\frac{\lambda^2}{16}\right)^{\frac{2}{n}} \left[1 + \frac{1}{n}\lambda^2 + \frac{3n+4}{2.2^2.n^2}\lambda^4 + \frac{(4n+4)(5n+4)}{2.3.2^4.n^3}\lambda^6 + \frac{(5n+4)(6n+4)(7n+4)}{2.3.4.2^6.n^4}\lambda^8 + \ldots\right],$$

et je pose afin d'abréger

$$\varphi(\lambda) = 1 + \frac{1}{n}\lambda^2 + \frac{3n+4}{2.2^2.n^2}\lambda^4 + \frac{(4n+4)(5n+4)}{2.3.2^4.n^3}\lambda^6 + \ldots.$$

Au moyen de ces expressions je détermine un polynome $\Phi(\lambda)$ par la condition

$$\Phi(\lambda) = \varphi(\lambda) F(\lambda_2) \qquad (\bmod \lambda^{4m})$$

et j'en conclus l'égalité

$$q^2 = \left(\frac{\lambda^2}{16}\right)^{\frac{2}{n}} \Phi(\lambda) \qquad \left(\bmod \lambda^{4m+\frac{4}{n}}\right).$$

Soit encore $\Pi(\lambda)$ un autre polynome qu'on obtient par l'extraction de la racine carrée de $\Phi(\lambda)$, nous aurons

$$\Phi(\lambda) \equiv \Pi^2(\lambda) \qquad (\bmod \lambda^{4m}),$$

d'où résulte immédiatement la relation

$$q \equiv \left(\frac{\lambda^2}{16}\right)^{\frac{1}{n}} \Pi(\lambda) \qquad (\bmod \lambda^{4m+2}).$$

C'est, en y changeant m en $2m$, la condition qui définit $F(\lambda)$; nous avons donc obtenu un algorithme permettant de calculer de proche en proche tous les termes jusqu'à un degré aussi élevé qu'on veut, dans l'expression en série de q en partant du cas le plus simple où l'on suppose $m = 1$.

On a alors, $F(\lambda) = 1$, $\Phi(\lambda) = 1 + \frac{1}{n}\lambda^2$, et, par conséquent, $\Pi(\lambda) = 1 + \frac{1}{2n}$; nous retrouvons comme il le fallait les deux premiers termes de l'expression précédemment obtenue

$$q = \left(\frac{\lambda^2}{16}\right)^{\frac{1}{n}}\left(1 + \frac{1}{2n}\lambda^2\right).$$

Il est clair que les opérations sont entièrement analogues à celles que nous avons précédemment données pour le cas de $\lambda = k$ (1).

(1) Qu'il me soit permis d'exprimer ma douleur de la perte cruelle de M. Tisserand, enlevé à la Science pendant l'impression de cette Note, en me joignant à tous ses amis et aux admirateurs de son talent, qui garderont à jamais le souvenir de l'homme de cœur et du savant illustre.

EXTRAIT D'UNE LETTRE ADRESSÉE A M. CRAIG.

PAR M. HERMITE.

American Journal of Mathematics,
t. XVII, 1895, p. 6.

.... Permettez-moi de vous offrir pour l'*American Journal of Mathematics* le résultat d'une recherche qui a fait le sujet d'une de mes Leçons, sur la valeur asymptotique de $\log\Gamma(a)$ lorsque a est supposé un grand nombre. En étudiant les diverses méthodes par lesquelles a été traitée cette question importante, j'avais déjà remarqué que l'intégrale de Raabe,

$$\int_0^1 \log\Gamma(a+x)\,dx = a\log a - a + \log\sqrt{2\pi},$$

peut y être introduite avec avantage, mais la considération de cette quantité s'offre plus naturellement que je ne l'avais encore vu, sous le point de vue nouveau que je vais vous indiquer.

Je pars de cette identité élémentaire où U et V sont deux fonctions quelconques de x,

$$\int \mathrm{UV}''\,dx = \mathrm{UV}' - \mathrm{VU}' + \int \mathrm{VU}''\,dx,$$

puis je fais

$$\mathrm{U} = x - x^2,$$
$$\mathrm{V} = \mathrm{F}(a+x),$$

a désignant une constante, et je prends les intégrales entre les limites $x = 0$ et $x = 1$.

On obtient ainsi la relation

$$\int_0^1 (x-x^2)\mathrm{F}''(a+x)\,dx = \mathrm{F}(a+1) + \mathrm{F}(a) - 2\int_0^1 \mathrm{F}(a+x)\,dx.$$

Cela étant, soit $F(x) = \log\Gamma(x)$, posons encore

$$J = \int_0^1 \log\Gamma(a+x)\,dx,$$

$$J(a) = \frac{1}{2}\int_0^1 (x-x^2)D_x^2\log\Gamma(a+x)\,dx;$$

au moyen de l'égalité

$$\log\Gamma(a+1) + \log\Gamma(a) = 2\log\Gamma(a) + \log a,$$

on trouve l'expression suivante :

$$\log\Gamma(a) = J - \frac{1}{2}\log a + J(a).$$

Elle met immédiatement en évidence que la quantité

$$J - \frac{1}{2}\log a = \left(a - \frac{1}{2}\right)\log a - a + \log\sqrt{2\pi}$$

est la valeur du premier membre, pour a très grand. Il est facile en effet d'obtenir une limite supérieure de $J(a)$, si l'on remarque que le facteur $D_x^2\log\Gamma(a+x)$ qui figure sous le signe d'intégration est toujours positif. C'est ce que montre la série

$$D_x^2\log\Gamma(a+x) = \frac{1}{(a+x)^2} + \frac{1}{(a+x+1)^2} + \ldots$$

ou encore la formule

$$D_x^2\log\Gamma(a+x) = \int_{-\infty}^0 \frac{y e^{(a+x)y}\,dy}{e^y - 1},$$

conséquence de l'expression de Cauchy,

$$\log\Gamma(a) = \int_{-\infty}^0 \left[\frac{e^{ay} - e^y}{e^y - 1} - (a-1)e^y\right]\frac{dy}{y},$$

la quantité $\frac{y}{e^y - 1}$ étant positive pour toutes les valeurs de y. Cette limite est donnée par la relation suivante où ξ est compris entre zéro et l'unité,

$$J(a) = \frac{1}{2}(\xi - \xi^2)\int_0^1 D_x^2\log\Gamma(a+x)\,dx = \frac{\xi - \xi^2}{2a}.$$

Le maximum de $\xi - \xi^2$ est $\frac{1}{4}$, on peut donc écrire en désignant par θ un nombre positif, inférieur à l'unité,

$$J(a) = \frac{\theta}{8a}.$$

Nous pouvons même aller plus loin et parvenir à la limite précise

$$J(a) = \frac{\theta}{12a},$$

comme je vais le faire voir.

Je tire pour cela de la relation générale

$$\int_0^1 F(x)\,dx = \int_0^{\frac{1}{2}} [F(x) + F(1-x)]\,dx,$$

cette nouvelle expression

$$J(a) = \frac{1}{2}\int_0^{\frac{1}{2}} (x - x^2) D_x^2 [\log\Gamma(a+x) + \log\Gamma(a+1-x)]\,dx,$$

et je remarque que les quantités

$$x - x^2 \quad \text{et} \quad D_x^2[\log\Gamma(a+x) + \log\Gamma(a+1-x)]$$

varient en sens contraire entre les limites de l'intégrale. La première est croissante tandis que la seconde, qui a pour valeur

$$\int_{-\infty}^0 \frac{y e^{ay}[e^{xy} + e^{(1-x)y}]}{e^y - 1}\,dy,$$

est au contraire décroissante, comme on le reconnaît au moyen de la dérivée

$$\int_{-\infty}^0 \frac{y^2 e^{ay}[e^{xy} - e^{(1-x)y}]\,dy}{e^y - 1}.$$

En effet, le dénominateur $e^y - 1$ est négatif, et si nous supposons $x < 1 - x$, c'est-à-dire $x < \frac{1}{2}$, on a, puisque la variable y est négative, $e^{xy} > e^{(1-x)y}$. Nous pouvons, en conséquence, appliquer le théorème de M. Tchebichef qui consiste en ce que les fonctions $\varphi(x)$ et $\psi(x)$ étant l'une croissante, l'autre décroissante, lorsque la variable croît de a à b, on a

$$(b-a)\int_a^b \varphi(x)\psi(x)\,dx < \int_a^b \varphi(x)\,dx \int_a^b \psi(x)\,dx.$$

Il vient ainsi

$$J(a) < \int_0^{\frac{1}{2}} (x - x^2)\, dx \int_0^{\frac{1}{2}} D_x^2 \log[\Gamma(a+x)\Gamma(a+1-x)]\, dx$$

et en employant la relation dont il a été déjà fait usage,

$$\int_0^1 F(x)\, dx = \int_0^{\frac{1}{2}} [F(x) + F(1-x)]\, dx,$$

nous trouvons, sous une forme plus simple,

$$J(a) < \int_0^{\frac{1}{2}} (x - x^2)\, dx \int_0^1 D_x^2 \log\Gamma(a+x)\, dx.$$

On en conclut la limitation à laquelle il s'agissait de parvenir

$$J(a) = \frac{\theta}{12a}.$$

La valeur de la quantité $J(a)$ que nous avons obtenue au moyen de l'intégrale d'une fonction uniforme, n'ayant que des discontinuités polaires, conduit à des conséquences analytiques importantes. Ayant, en effet,

$$D_x^2 \log\Gamma(a+x) = \frac{1}{(a+x)^2} + \frac{1}{(a+x+1)^2} + \ldots,$$

on voit que l'expression

$$\int_0^1 (x - x^2) D_x \log\Gamma(a+x)\, dx$$

sera finie et déterminée avec un sens unique, pour toutes les valeurs réelles ou imaginaires de a, à moins qu'on ne suppose

$$a + x = 0, \qquad -1, \qquad -2, \qquad \ldots.$$

La variable x croissant dans l'intégrale de zéro à l'unité, les valeurs négatives sont à exclure, nous excepterons par suite la partie illimitée à gauche de l'origine, de l'axe des abscisses, en représentant a par l'affixe d'un point rapporté à des axes rectangulaires dans un plan. J'ajoute que le long de cette ligne la différence

$$J(a + i\lambda) - J(a - i\lambda)$$

ne tend pas vers zéro, pour une valeur infiniment petite de λ que je supposerai réelle et positive; la partie négative de l'axe des abscisses sera ainsi une coupure pour la fonction $J(a)$.

Soit en effet $a = -n - \xi$, n étant un entier quelconque et ξ une quantité positive moindre que l'unité. J'envisage l'expression qu'on tire de la formule

$$J(a) = \frac{1}{2}\int_0^1 (x - x^2) D_x^2 \log\Gamma(a + x)\, dx,$$

au moyen de la série qui représente $D_x^2 \log\Gamma(a + x)$, et après avoir remplacé a par $a + i\lambda$, j'observe qu'entre les limites de l'intégrale, tous les termes seront finis pour $\lambda = 0$, sauf un seul qui correspond à la fraction $\frac{1}{(a+n+x)^2}$, c'est-à-dire $\frac{1}{(x-\xi)^2}$. Les termes finis disparaissent dans la différence de $J(a + i\lambda) - J(a - i\lambda)$ qui sera par conséquent donnée par l'intégrale

$$\frac{1}{2}\int_0^1 (x - x^2)\left[\frac{1}{(x - \xi + i\lambda)^2} - \frac{1}{(x - \xi - i\lambda)^2}\right] dx.$$

On la ramène d'abord si l'on intègre par parties à la suivante

$$\frac{1}{2}\int_0^1 (1 - 2x)\left[\frac{1}{x - \xi + i\lambda} - \frac{1}{x - \xi - i\lambda}\right] dx$$

et, en simplifiant,

$$i\int_0^1 \frac{\lambda(2x - 1)\, dx}{\lambda^2 + (x - \xi)^2}.$$

Cela étant, faisons $x - \xi = \lambda y$, et l'on trouvera

$$\begin{aligned}\int_0^1 \frac{\lambda(2x - 1)\, dx}{\lambda^2 + (x - \xi)^2} &= \int_{-\frac{\xi}{\lambda}}^{\frac{1-\xi}{\lambda}} \frac{(2\xi - 1 + 2\lambda y)\, dy}{1 + y^2} \\ &= (2\xi - 1)\left(\operatorname{arc\,tang}\frac{1 - \xi}{\lambda} + \operatorname{arc\,tang}\frac{\xi}{\lambda}\right) \\ &\quad + \lambda \log\frac{\lambda^2 + (1 - \xi)^2}{\lambda^2 + \xi^2}.\end{aligned}$$

La limite, pour λ infiniment petit et positif, est $(2\xi - 1)\pi$; on en conclut la relation

$$J(a + i\lambda) - J(a - i\lambda) = (2\xi - 1)i\pi,$$

que je me suis proposé d'obtenir; elle s'écrit habituellement sous la forme

$$\mathrm{J}(\overset{+}{a}) - \mathrm{J}(\overline{a}) = (2\xi - 1)i\pi,$$

et l'on remarquera le caractère arithmétique de la quantité ξ qui est l'excès de la quantité positive $-a$ sur le nombre entier le plus voisin par défaut.

C'est M. Stieltjes qui a le premier obtenu l'extension de la fonction $\mathrm{J}(a)$ à tout le plan, affecté d'une coupure, dans son beau Mémoire *Sur le développement de* $\log\Gamma(x)$ (*Journal de Mathématiques de M. Jordan*, t. V, p. 428). Le point de vue auquel je me suis placé est entièrement différent de celui de l'illustre géomètre, et conduit en suivant une marche inverse à conclure de la nouvelle expression de $\mathrm{J}(a)$ qui sert de la base et de point de départ, les formules précédemment obtenues par Binet et Gudermann. De l'intégrale

$$\frac{1}{2}\int_0^1 \frac{(x-x^2)\,dx}{(a+x+n)^2} = \left(a+n+\frac{1}{2}\right)\log\left(1+\frac{1}{a+n}\right) - 1,$$

je tire d'abord la série de Gudermann,

$$\mathrm{J}(a) = \sum\left[\left(a+n+\frac{1}{2}\right)\log\left(1+\frac{1}{a+n}\right) - 1\right] \qquad (n = 0, 1, 2, \ldots).$$

L'expression dont j'ai fait usage plus haut,

$$\mathrm{D}_x^2 \log\Gamma(a+x) = \int_{-\infty}^{0} \frac{y\,e^{(a+x)y}\,dy}{e^y - 1},$$

donne ensuite d'une manière facile, en remarquant que l'on a

$$\int (x-x^2)e^{xy}\,dx = e^{xy}\left(\frac{x-x^2}{y} - \frac{1-2x}{y^2} - \frac{2}{y^3}\right)$$

et, par conséquent,

$$\int_0^1 (x-x^2)e^{xy}\,dy = \frac{e^y(y-2)+y+2}{y^3},$$

la formule de Binet employée par Cauchy dans son Mémoire

célèbre sur la série de Stirling, à savoir :

$$J(a) = \int_{-\infty}^{0} \frac{e^{ay}[e^y(y-2)+y+2]\,dy}{2y^2(e^y-1)}.$$

En partant de cette expression et par diverses méthodes on parvient enfin à un autre résultat, dû encore à Binet,

$$J(a) = \frac{1}{\pi}\int_{0}^{-\infty} \frac{a\log(1-e^{2\pi x})\,dx}{x^2+a^2},$$

qui permet comme on sait d'arriver, par une voie plus facile et plus simple que celle de Cauchy, au reste de cette série de Stirling et à l'importante conclusion obtenue par le grand géomètre.

INTERMÉDIAIRE DES MATHÉMATICIENS,

TOME IV, 1897, p. 1.

Question 951.

La formule de Lagrange donne, pour la solution de l'équation

$$z = xf(z),$$

la série

$$z = \sum \frac{x^n D_z^{n-1} f(z)}{1.2\ldots n} \qquad (n = 1, 2, 3, \ldots)$$

en convenant de faire $z = 0$ dans la quantité $D_z^{n-1} f(z)$.

Supposons que l'on ait

$$f(z) = A_0 + A_1 z + A_2 z^2 + \ldots$$

et représentons par N le coefficient de z^{n-1} dans le développement de la puissance $f^{n-1}(z)$; on a aussi

$$z = \sum \frac{N x^n}{n}.$$

Cela étant, on demande de prouver que $\frac{N}{n}$, qui est une fonction entière de A_0, A_1, ..., a tous ses coefficients numériques entiers.

Pour $n = 3$, on trouve

$$\frac{N}{3} = A_0^2 A_2 + A_0 A_1^2;$$

pour $n = 4$, on trouve

$$\frac{N}{4} = A_0^3 A_3 + 3 A_0^2 A_1 A_2 + A_0 A_1^3$$

etc.

EXTRAIT DE DEUX LETTRES DE M. CH. HERMITE A M. ED. WEYR.

REMARQUE SUR LA DÉFINITION

DU

LOGARITHME DES QUANTITÉS IMAGINAIRES.

Casopis, t. XXII, 1892-1894, p. 225.

....

Il s'agit de la définition du logarithme des quantités imaginaires, qu'on fait résulter de l'équation suivante :

$$\log(a+ib) = \frac{1}{2}\log(a^2+b^2) + i(\varphi + 2k\pi)$$

où l'angle φ est déterminé par les égalités

$$\cos\varphi = \frac{a}{\sqrt{a^2+b^2}}, \qquad \sin\varphi = \frac{b}{\sqrt{a^2+b^2}},$$

de sorte qu'on obtient une infinité de valeurs. On arrive au contraire à une détermination unique, si l'on part de l'intégrale

$$\log(1+x) = \int_0^x \frac{dz}{1+z}$$

en faisant décrire une ligne droite à la variable, depuis l'origine jusqu'au point dont l'affixe est x. Soit en effet $z = tx$, ce qui donne

$$\log(1+x) = \int_0^1 \frac{x\,dt}{1+xt} = \int_0^1 \frac{dt}{\frac{1}{x}+t};$$

on aura, si l'on pose

$$x = a+ib,$$

puis, afin d'abréger,

$$\frac{1}{x} = \alpha + i\beta,$$

l'expression suivante :

$$\log(1 + a + ib) = \int_0^1 \frac{dt}{\alpha + i\beta + t}$$

$$= \int_0^1 \frac{(\alpha - i\beta + t)\,dt}{(\alpha + t)^2 + \beta^2}$$

$$= \frac{1}{2}\log\frac{(1+\alpha)^2 + \beta^2}{\alpha^2 + \beta^2} - i\left[\operatorname{arc\,tang}\frac{1+\alpha}{\beta} - \operatorname{arc\,tang}\frac{\alpha}{\beta}\right],$$

où les arcs tangentes, compris entre $-\frac{\pi}{2}$ et $+\frac{\pi}{2}$, ont une seule et unique détermination. On en conclut, par un calcul facile,

$$\log(1 + a + ib) = \frac{1}{2}\log[(1+a)^2 + b^2]$$
$$+ i\left[\operatorname{arc\,tang}\frac{a^2 + b^2 + a}{b} - \operatorname{arc\,tang}\frac{a}{b}\right],$$

et, en changeant a en $a - 1$,

$$\log(a + ib) = \frac{1}{2}\log(a^2 + b^2) + i\varphi,$$

si l'on fait pour abréger

$$\varphi = \operatorname{arc\,tang}\frac{a^2 + b^2 - a}{b} - \operatorname{arc\,tang}\frac{a - 1}{b}.$$

Cela étant, considérons a et b comme l'abscisse et l'ordonnée d'un point rapporté à des axes rectangulaires, je dis que la partie négative de l'axe des abscisses est, pour cette quantité, une ligne de discontinuité.

Supposons en effet b infiniment petit et positif, on aura sensiblement, a étant négatif,

$$\varphi = \frac{\pi}{2} + \frac{\pi}{2} = \pi;$$

il vient au contraire, pour b infiniment petit et négatif, $\varphi = -\pi$, de sorte qu'en deux points infiniment voisins en regard au-dessus et au-dessous de l'axe, dans sa portion négative, la différence des valeurs de φ est 2π. La notion de coupure apparaît donc naturellement et d'elle-même, à l'égard du logarithme lorsqu'il est devenu, par sa nouvelle définition, une expression à sens unique.

....

A ce que je vous ai écrit j'ajouterai que la formule bien connue

$$\log \frac{z+1}{z-1} = \int_{-1}^{+1} \frac{dx}{z-x}$$

donne l'expression que j'ai obtenue par la voie de l'intégration. Qu'on fasse en effet $z = \alpha + i\beta$, il vient

$$\begin{aligned}\int_{-1}^{+1} \frac{dx}{\alpha + i\beta - x} &= \int_{-1}^{+1} \frac{(\alpha - x)\,dx}{(\alpha - x)^2 + \beta^2} - i\int_{-1}^{+1} \frac{\beta\,dx}{(\alpha - x)^2 + \beta^2} \\ &= \frac{1}{2}\log\frac{(\alpha+1)^2+\beta^2}{(\alpha-1)^2+\beta^2} \\ &\quad - i\left[\operatorname{arc\,tang}\frac{1-\alpha}{\beta} + \operatorname{arc\,tang}\frac{1+\alpha}{\beta}\right].\end{aligned}$$

Posons ensuite

$$\frac{\alpha + i\beta + 1}{\alpha + i\beta - 1} = a + ib,$$

nous aurons immédiatement

$$\frac{(\alpha+1)^2+\beta^2}{(\alpha-1)^2+\beta^2} = a^2 + b^2,$$

et de l'égalité

$$\frac{a + ib + 1}{a + ib - 1} = \alpha + i\beta$$

on conclura

$$\alpha = \frac{a^2 + b^2 - 1}{(a-1)^2 + b^2},$$

$$\beta = -\frac{2b}{(a-1)^2 + b^2}.$$

Ces expressions donnant

$$\frac{1+\alpha}{\beta} = -\frac{a^2 - a + b^2}{b},$$

$$\frac{1-\alpha}{\beta} = \frac{a-1}{b},$$

nous nous trouvons ramené à la formule

$$\log(a + ib) = \frac{1}{2}\log(a^2 + b^2) + i\left[\operatorname{arc\,tang}\frac{a^2 - a + b^2}{b} - \operatorname{arc\,tang}\frac{a-1}{b}\right].$$

Je remarquerai encore qu'en faisant

$$x = \frac{a^2 - a + b^2}{b}, \qquad y = \frac{a-1}{b},$$

on a

$$\frac{x - y}{1 + xy} = \frac{b}{a},$$

de sorte que le coefficient de i est bien l'un des arcs ayant pour tangente $\frac{b}{a}$; on voit facilement qu'en supposant a positif, ce sera l'arc minimum compris entre $-\frac{\pi}{2}$ et $+\frac{\pi}{2}$.

EXTRAIT

D'UNE

LETTRE DE M. CH. HERMITE, ADRESSÉE A L. LINDELÖF.

Öfversigt af Finska Vetenskaps-Societetens Förhandlingar, t. XLII, 1899-1900, p. 88-90.

....

L'identité dont vous vous contentez de dire qu'elle vous semble assez curieuse pour mériter d'être signalée en passant, à savoir

$$\frac{(r-n)(r-n-1)\ldots(r-2n+1)}{r(r-1)\ldots(r-n+1)} = 1 - \frac{n^2}{r} + \frac{1}{1.2}\,\frac{n^2(n-1)^2}{r(r-1)}\ldots,$$

est liée étroitement à la théorie des polynomes $P_n(x)$ de Legendre, et ouvre une nouvelle voie pour parvenir à leurs propriétés fondamentales, que je me permets de vous indiquer en peu de mots. J'y apporte d'abord une modification légère, en changeant r en $r-1$ et divisant les deux membres par r, de sorte qu'elle prend cette nouvelle forme

$$(A)\qquad \frac{(r-n-1)(r-n-2)\ldots(r-2n)}{r(r-1)\ldots(r-n)} = \frac{1}{r} - \frac{n^2}{r(r-1)} + \frac{1}{1.2}\,\frac{n^2(n-1)^2}{r(r-1)(r-2)}\ldots.$$

Cela étant, on en tire aisément l'égalité

$$\frac{(r-n-1)(r-n-2)\ldots(r-2n)}{r(r-1)\ldots(r-n)}\,2^{r-n} = \int_{-1}^{+1} P_n(x)(1+x)^{r-n-1}\,dx$$

ou bien, si l'on pose $r = s+n+1$,

$$\frac{s(s-1)\ldots(s-n+1)}{(s+1)(s+2)\ldots(s+n+1)}\,2^{s+1} = \int_{-1}^{+1} P_n(x)(1+x)^s\,dx,$$

ce qui montre que l'intégrale du second membre est nulle en supposant $s = 0, 1, 2, \ldots, n-1$.

Je parviendrai à cette conséquence de la relation que vous avez donnée, au moyen de l'expression des polynomes de Legendre, indiquée par Dirichlet, avec plusieurs autres, au début de son célèbre Mémoire sur les séries dont le terme général dépend de deux angles,

$$P_n(\cos\gamma) = \cos^{2n}\frac{\gamma}{2}\left[1 - n_1^2 \operatorname{tang}^2\frac{\gamma}{2} + n_2^2 \operatorname{tang}^4\frac{\gamma}{2} - \ldots\right],$$

où n_k désigne le coefficient de x^k dans le développement de $(1+x)^n$. En posant $\cos\gamma = x$, on en tire

$$\begin{aligned} 2^n P_n(x) &= (1+x)^n \sum (-1)^k n_k^2 \left(\frac{1-x}{1+x}\right)^k \\ &= \sum (-1)^k n_k^2 (1+x)^{n-k}(1-x)^k \\ &\qquad (k = 0, 1, 2, \ldots, n); \end{aligned}$$

c'est la formule dont je vais faire usage. Elle s'offre comme d'elle-même, si l'on écrit l'équation (A) de cette manière

$$\frac{(r-n-1)(r-n-2)\ldots(r-2n)}{r(r-1)\ldots(r-n)} = \sum (-1)^n n_k^2 \frac{1.2\ldots k}{r(r-1)\ldots(r-k)},$$

et qu'on remplace le facteur

$$\frac{1.2\ldots k}{r(r+1)\ldots(r-k)}$$

par l'intégrale eulérienne

$$\int_0^1 x^{r-k-1}(1-x)^k\,dx,$$

ou plutôt par la transformation obtenue lorsqu'on met $\frac{1+x}{2}$ au lieu de x. Nous avons ainsi

$$\frac{1.2\ldots k}{r(r-1)\ldots(r-k)} = \frac{1}{2^r}\int_{-1}^{+1}(1+x)^{r-k-1}(1-x)^k\,dx,$$

et par conséquent cette nouvelle forme de l'égalité précédente, à savoir

$$\frac{(r-n-1)(r-n-2)\ldots(r-2n)}{r(r-1)\ldots(r-n)}$$
$$= \frac{1}{2^r}\int_{-1}^{+1}\sum(-1)^k n_k^2 (1+x)^{r-k-1}(1-x)^k\,dx.$$

Soit enfin, comme tout à l'heure, $r = s+n+1$; la quantité sous le signe d'intégration devenant le produit de $2^n\,P_n(x)$ par le facteur $(1+x)^s$, nous obtenons immédiatement la relation que je me suis proposé d'établir,

$$\frac{s(s-1)\ldots(s-n+1)}{(s+1)(s+2)\ldots(s+n+1)}\,2^{s+1} = \int_{-1}^{+1} P_n(x)(1+x)^s\,dx.$$

J'ai pensé que vous ne verriez pas sans quelque intérêt un rapprochement, une étroite liaison je puis dire, entre le problème du calcul des probabilités dont vous avez donné la solution, et une grande théorie de l'analyse, celle des fonctions sphériques....

Paris, 21 décembre 1899.

EXTRAIT D'UNE LETTRE DE M. CH. HERMITE,

SUR

LA SÉRIE $\frac{1}{(\log 2)^n}+\frac{1}{(\log 3)^n}+\ldots+\frac{1}{(\log x)^n}+\ldots$

Mathesis, t. I, 1881, p. 37.

Je me propose de faire voir que, pour toutes les valeurs de l'exposant n, cette série est divergente, bien que les termes paraissent décroître avec une grande rapidité, lorsque x augmente. Pour cela, je ferai usage de la règle de Raabe ([1]) dont je rappelle d'abord l'énoncé :

La série $u_1+u_2+\ldots+u_x+\ldots$, dont les termes sont supposés positifs, est divergente si, en posant

$$\frac{u_{x+1}}{u_x}=\frac{1}{1+\alpha},$$

la limite de $x\alpha$, pour x infini, est moindre que l'unité.

Nous avons, dans l'exemple proposé,

$$1+\alpha=\frac{u_x}{u_{x+1}}=\left[\frac{\log(x+1)}{\log x}\right]^n.$$

Or, on peut faire, au moyen de la série de Maclaurin,

$$\log\left(1+\frac{1}{x}\right)=\frac{\theta}{x},$$

θ désignant un nombre plus petit que l'unité, pour toute valeur de x, et écrire, par suite,

$$\left[\frac{\log(x+1)}{\log x}\right]^n=\left[1+\frac{\theta}{x\log x}\right]^n.$$

([1]) *Voir* Duhamel. *Calcul infinitésimal*, Note III, n° 37 (P. M.)

Nous obtenons donc, en développant la puissance,

$$\alpha = \frac{n\theta}{x \log x} + \frac{n(n-1)}{1.2}\left(\frac{\theta}{x \log x}\right)^2 + \ldots;$$

d'où

$$x\alpha = \frac{n\theta}{\log x} + \frac{n(n-1)}{1.2}\,\frac{\theta^2}{x \log^2 x} + \ldots.$$

On voit ainsi que la limite du produit $x\alpha$ est zéro, pour x infini, ce qui démontre le résultat annoncé.

SUR L'INTÉGRALE $\int_0^{2\pi} f(\sin x, \cos x)\, dx$,

PAR M. CH. HERMITE.

Jornal de Sciencias mathematicas e astronomicas
de Gomes Teixeira, t. II, 1880, p. 65.

Je supposerai que $f(\sin x, \cos x)$ soit une fonction rationnelle des quantités $\sin x$ et $\cos x$, de sorte qu'on ait, en décomposant en éléments simples, l'expression suivante :

$$f(\sin x, \cos x) = \Pi(x) + \Phi(x),$$

où $\Pi(x)$ représente la partie entière, et $\Phi(x)$ une somme de termes de la forme

$$D_x^n \cot \frac{1}{2}(x - \alpha).$$

Cette formule, donnée dans mon *Cours d'Analyse*, page 321, fait dépendre l'intégrale proposée de celle-ci :

$$\int_0^{2\pi} \cot \frac{1}{2}(x - \alpha)\, dx,$$

et, en recourant à une construction géométrique, j'ai montré qu'elle a pour valeur $\pm 2i\pi$; c'est ce résultat que je vais établir en suivant une méthode différente qui est entièrement élémentaire. Je pars à cet effet de la relation

$$n \cot nx = \cot x + \cot\left(x + \frac{\pi}{n}\right) + \ldots + \cot\left[x + \frac{(n-1)\pi}{n}\right],$$

où n désigne un nombre entier et qu'on tire des premiers principes de la Trigonométrie. Changeons d'abord x en $x - \alpha$, on aura

$$n\cot n(x-\alpha)=\cot(x-\alpha)+\cot\left(x-\alpha+\frac{\pi}{n}\right)+\ldots$$
$$+\cot\left[x-\alpha+\frac{(n-1)\pi}{n}\right];$$

soit ensuite $\frac{\pi}{n}=dx$, et elle prendra cette nouvelle forme

$$\pi\cot n(x-\alpha)=dx[\cot(x-\alpha)+\cot(x-\alpha+dx)+\ldots$$
$$+\cot(x-\alpha+(n-1)\,dx)].$$

Or, la limite du second membre, en supposant le nombre entier n infini, est précisément l'intégrale

$$\int_0^{2\pi}\cot(x-\alpha)\,dx;$$

le premier membre dans cette hypothèse est une quantité indéterminée, si l'on suppose la constante α réelle, mais si l'on fait

$$\alpha=a+ib,$$

nous avons

$$\cot n(x-\alpha)=i\,\frac{e^{2n(x-\alpha-ib)i}+1}{e^{2n(x-\alpha-ib)i}-1},$$

qui donne sur le champ $+1$ ou -1 pour limite, suivant que b est positif ou négatif. En désignant donc par (b) une quantité égale à l'unité en valeur absolue, et du signe de b, on a

$$\int_0^{\pi}\cot(x-\alpha-ib)\,dx=i(b)\pi,$$

et il suffit de remplacer x par $\frac{x}{2}$, puis $a+ib$ par $\frac{a+ib}{2}$, pour en conclure le résultat cherché, à savoir

$$\int_0^{2\pi}\cot\frac{1}{2}(x-\alpha-ib)\,dx=2\,i(b)\pi.$$

Je remarquerai enfin que l'expression de $\cot nx$ dont j'ai fait usage, résulte de la décomposition de cette quantité en éléments simples. En effet, cette fonction ayant pour période π, et devenant infinie pour les valeurs

$$x=0,\ \frac{\pi}{n},\ \frac{2\pi}{n},\ \ldots,\ \frac{(n-1)\pi}{n},$$

on peut faire

$$\cot nx = \text{const.} + \sum_0^{n-1}{}_k \mathrm{R} \cot\left(x - \frac{k\pi}{n}\right).$$

Or, on a

$$\mathrm{R} = h \cot n\left(\frac{k\pi}{n} + h\right) \quad \text{pour } h = 0,$$

c'est-à-dire $\mathrm{R} = \frac{1}{n}$; quant à la constante, c'est la demi-somme des valeurs de $\cot nx = i\frac{z^{2n}+1}{z^{2n}-1}$, en faisant $z = e^{ix}$, pour $z = 0$ et $z = \infty$, qui est nulle. L'équation ainsi obtenue

$$n \cot nx = \sum \cot\left(x - \frac{k\pi}{n}\right)$$

donne celle que j'ai employée en y changeant x en $-x$.

SUR

LES FORMULES DE M. FRENET,

PAR M. CH. HERMITE.

Jornal de Sciencias mathematicas e astronomicas
de Gomes Texeira. t. I, 1878, p. 65.

Une courbe dans l'espace étant représentée par les équations

$$x = \varphi(t), \qquad y = \psi(t), \qquad z = \theta(t),$$

je pose pour abréger

$$A = y'z'' - z'y'',$$
$$B = z'x'' - x'z'',$$
$$C = x'y'' - y'x''$$

et

$$D^2 = A^2 + B^2 + C^2.$$

Cela étant, les angles (α, β, γ), (λ, μ, ν), (ξ, η, ζ) de la tangente, de l'axe du plan osculateur et de la normale principale avec les axes coordonnés sont déterminés par les relations suivantes :

$$\cos\alpha = \frac{x'}{s'}, \qquad \cos\lambda = \frac{A}{D}, \qquad \cos\xi = \frac{Bz' - Cy'}{Ds'},$$

$$\cos\beta = \frac{y'}{s'}, \qquad \cos\mu = \frac{B}{D}, \qquad \cos\eta = \frac{Cx' - Az'}{Ds'},$$

$$\cos\gamma = \frac{z'}{s'}, \qquad \cos\nu = \frac{C}{D}, \qquad \cos\zeta = \frac{Ay' - Bx'}{Ds'}.$$

On sait aussi que le rayon de courbure R, et le rayon de torsion r, ont pour valeur

$$R = \frac{s'^3}{D}, \qquad r = \frac{D^2}{\Delta},$$

où

$$\Delta = A x''' + B y''' + C z'''.$$

Cela étant, l'identité

$$B z' - C y' = (x'' s' - x' s'') s'$$

donnant

$$\cos\xi = \frac{x'' s' - x' s''}{D} = \frac{s'^2}{D} \frac{d}{dt}\left[\frac{x'}{s'}\right],$$

on voit déjà qu'on a

$$\frac{d\cos\alpha}{dt} = \frac{D}{s'^2} \cos\xi = \frac{s'}{R} \cos\xi,$$

et, semblablement,

$$\frac{d\cos\beta}{dt} = \frac{s'}{R} \cos\eta, \qquad \frac{d\cos\gamma}{dt} = \frac{s'}{R} \cos\zeta.$$

Ces résultats conduisent à chercher les valeurs des dérivées par rapport à t de $\cos\lambda$, $\cos\mu$, $\cos\nu$, qui s'obtiennent facilement comme on va voir.

On a d'abord

$$\frac{d\cos\lambda}{dt} = \frac{A'D - AD'}{D^2} = \frac{A'D^2 - ADD'}{D^3};$$

remarquant ensuite que

$$\begin{aligned} A'D^2 - ADD' &= A'(A^2 + B^2 + C^2) - A(AA' + BB' + CC') \\ &= B(A'B - AB') + C(A'C - AC'), \end{aligned}$$

il suffit de se rappeler les relations bien connues

$$\begin{aligned} B'C - BC' &= \Delta x', \\ C'A - CA' &= \Delta y', \\ A'B - AB' &= \Delta z', \end{aligned}$$

pour en conclure

$$A'D^2 - ADD' = \Delta(C y' - B z').$$

Nous avons donc

$$\frac{d\cos\lambda}{dt} = \frac{\Delta(C y' - B z')}{D^3} = -\frac{s'\Delta}{D^2} \cos\xi.$$

et de même

$$\frac{d\cos\mu}{dt} = -\frac{s'\Delta}{D^2}\cos\eta, \qquad \frac{d\cos\nu}{dt} = -\frac{s'\Delta}{D^2}\cos\zeta.$$

Enfin la relation $\cos^2\alpha + \cos^2\beta + \cos^2\gamma = 1$ donne immédiatement

$$\cos\xi \frac{d\cos\xi}{dt} = -\cos\alpha\frac{d\cos\alpha}{dt} - \cos\lambda\frac{d\cos\lambda}{dt}$$

et, par suite,

$$\frac{d\cos\xi}{dt} = -\frac{D}{s'^2}\cos\alpha + \frac{s'\Delta}{D^2}\cos\lambda.$$

On aura de même

$$\frac{d\cos\eta}{dt} = -\frac{D}{s'^2}\cos\beta + \frac{s'\Delta}{D^2}\cos\mu,$$

$$\frac{d\cos\zeta}{dt} = -\frac{D}{s'^2}\cos\gamma + \frac{s'\Delta}{D^2}\cos\nu.$$

Ce sont les formules importantes dont la première découverte est due à M. Frenet, mais que M. Serret a obtenues de son côté presque en même temps. En introduisant les quantités R, r, et remplaçant s' par $\frac{ds}{dt}$, elles deviennent

$$\frac{d\cos\alpha}{ds} = \frac{\cos\xi}{R}, \qquad \frac{d\cos\beta}{ds} = \frac{\cos\eta}{R}, \qquad \frac{d\cos\gamma}{ds} = \frac{\cos\zeta}{R},$$

$$\frac{d\cos\lambda}{ds} = -\frac{\cos\xi}{r}, \qquad \frac{d\cos\mu}{ds} = -\frac{\cos\eta}{r}, \qquad \frac{d\cos\nu}{ds} = -\frac{\cos\zeta}{r};$$

$$\frac{d\cos\xi}{ds} = -\frac{\cos\alpha}{R} + \frac{\cos\lambda}{r},$$

$$\frac{d\cos\eta}{ds} = -\frac{\cos\beta}{R} + \frac{\cos\mu}{r},$$

$$\frac{d\cos\zeta}{ds} = -\frac{\cos\gamma}{R} + \frac{\cos\nu}{r}.$$

Je remarque enfin qu'en désignant par a, b, c trois constantes arbitraires, et faisant

$$u = (a-x)\cos\alpha + (b-y)\cos\beta + (c-z)\cos\gamma,$$

$$v = (a-x)\cos\xi + (b-y)\cos\eta + (c-z)\cos\zeta,$$

$$w = (a-x)\cos\lambda + (b-y)\cos\mu + (c-z)\cos\nu,$$

ces diverses relations sont comprises dans celles-ci :

$$\frac{du}{ds} = - s + \frac{v}{R},$$

$$\frac{dv}{ds} = - \frac{u}{R} - \frac{w}{r},$$

$$\frac{dw}{ds} = \frac{v}{r},$$

qui me semblent offrir, sous la forme la plus simple, les équations différentielles pour la détermination d'une courbe, dont on donne le rayon de courbure et le rayon de torsion.

SUR L'ADDITION DES ARGUMENTS

DANS

LES FONCTIONS ELLIPTIQUES,

PAR M. CH. HERMITE.

Jornal de Sciencias mathematicas e astronomicas
de Gomes Teixeira, t. XI, 1894, p. 65.

Soient $R(\xi)$ un polynome quelconque du quatrième degré en ξ et $\xi = \varphi(x)$ la fonction définie par l'égalité

$$x = \int \frac{d\xi}{\sqrt{R(\xi)}};$$

on a, en désignant par a une constante, la relation suivante :

$$\begin{aligned}\frac{2\varphi'(a)}{\varphi(x+y)-\varphi(a)} = {} & \frac{\varphi'(a+y)+\varphi'(a)}{\varphi(a+y)-\varphi(a)} + \frac{\varphi'(a-y)+\varphi'(a)}{\varphi(a-y)-\varphi(a)} \\ & - \frac{\varphi'(a+y)-\varphi'(x)}{\varphi(a+y)-\varphi(x)} - \frac{\varphi'(a-y)+\varphi'(x)}{\varphi(a-y)-\varphi(x)}.\end{aligned}$$

C'est le théorème pour l'addition des arguments dans la fonction $\varphi(x)$; j'indiquerai succinctement comment on en conclut les formules qui concernent les quantités $\operatorname{sn}(x+y)$, $\operatorname{cn}(x+y)$ et $\operatorname{dn}(x+y)$.

Supposons à cet effet que $\varphi(x)$ soit une fonction impaire et prenons $a = 0$: les deux premiers termes se détruisent, et l'on trouve ainsi

$$\begin{aligned}\frac{2\varphi'(0)}{\varphi(x+y)} &= -\frac{\varphi'(y)-\varphi'(x)}{\varphi(y)-\varphi(x)} + \frac{\varphi'(y)+\varphi'(x)}{\varphi(y)+\varphi(x)} \\ &= 2\,\frac{\varphi(x)\varphi'(y)-\varphi'(x)\varphi(y)}{\varphi^2(x)-\varphi^2(y)},\end{aligned}$$

d'où

$$\varphi(x+y) = \frac{\varphi'(0)[\varphi^2(x) - \varphi^2(y)]}{\varphi(x)\varphi'(y) - \varphi'(x)\varphi(y)}.$$

Cela étant, les résultats cherchés s'obtiennent par un calcul facile en faisant successivement

$$\varphi(x) = \operatorname{sn} x, \qquad \varphi(x) = \frac{\operatorname{sn} x}{\operatorname{cn} x}, \qquad \varphi(x) = \frac{\operatorname{sn} x}{\operatorname{dn} x}.$$

Pour parvenir à l'addition des arguments dans la fonction $p(x)$, il faut supposer a infiniment petit et employer l'expression

$$p(x) = \frac{1}{a^2},$$

en négligeant le carré et les puissances supérieures de a. On est de cette manière amené à la relation suivante :

$$\begin{aligned} p(x+y) = p(x) + p(y) &- \frac{1}{2} D_x^2 \log[p(x) - p(y)] \\ &- D_{xy}^2 \log[p(x) - p(y)] \\ &- \frac{1}{2} D_y^2 \log[p(x) - p(y)], \end{aligned}$$

d'où se conclut sans peine la formule habituelle

$$p(x+y) = -p(x) - p(y) + \frac{1}{4}\left[\frac{p'(x) - p'(y)}{p(x) - p(y)}\right]^2.$$

DE LA SOMMATION D'UNE SÉRIE

CONSIDÉRÉE PAR ABEL,

PAR M. CH. HERMITE.

Bulletin de la Société physico-mathématique de Kasan, 2e série, t. VIII, 1898, p. 107.

En désignant par $\varphi(x)$ un polynome en x de degré quelconque, cette série est représentée par la formule

$$\sum \varphi(n) x^n \qquad (n = 1, 2, 3, \ldots);$$

elle se ramène immédiatement au cas le plus simple où $\varphi(x) = x^n$ et la méthode d'Abel consiste alors à former la suite des quantités $y_1, y_2, \ldots, y_k$ où l'on fait

$$y = \frac{x}{1-x},$$
$$y_1 = xy',$$
$$y_2 = xy'_1,$$
$$\ldots\ldots\ldots\ldots$$

J'ai remarqué que la sommation s'obtient facilement dans le cas général au moyen de la relation célèbre d'Euler,

$$A_0 x + A_1 x^2 + A_2 x^3 + \ldots = A_0 \frac{x}{1-x} + \Delta A_0 \frac{x^2}{(1-x)^2} + \Delta^2 A_0 \frac{x^3}{(1-x)^3} + \ldots,$$

que je mettrai sous la forme suivante en changeant x en $\frac{1}{x}$:

$$\frac{A_0}{x} + \frac{A_1}{x^2} + \frac{A_2}{x^3} + \ldots = \frac{A_0}{x-1} + \frac{\Delta A_0}{(x-1)^2} + \frac{\Delta^2 A_0}{(x-1)^3} + \ldots.$$

Posons en effet $A_n = \varphi(n)$; on voit que si l'on suppose $\varphi(x)$ de degré k, la différence d'ordre supérieur à k étant nulle, le second membre ne contient qu'un nombre fini de termes et devient

$$\frac{A_0}{x-1} + \frac{\Delta A_0}{(x-1)^2} + \ldots + \frac{\Delta^k A_0}{(x-1)^{k+1}}.$$

Soit, en particulier, $A_n = (a+n)^k$; nous aurons ainsi

$$\begin{aligned}\frac{a^k}{x} + \frac{(a+1)^k}{x^2} + \ldots = \frac{a^k}{x-1} &+ \frac{(a+1)^k - a^k}{(x-1)^2} \\ &+ \frac{(a+2)^k - 2(a+1)^k + a^k}{(x-1)^3} + \ldots \\ &+ \frac{1.2\ldots k}{(x-1)^{k+1}}.\end{aligned}$$

Je saisirai cette occasion pour indiquer une nouvelle relation analogue à celle d'Euler; elle consiste dans l'égalité suivante

$$\frac{A_1 - A_0}{x-1} - \frac{A_2 - A_0}{2(x-1)^2} + \frac{A_3 - A_0}{3(x-1)^3} - \ldots = \frac{\Delta A_0}{x} - \frac{\Delta^2 A_0}{2x^2} + \frac{\Delta^3 A_0}{3x^3} - \ldots$$

et se démontre de la même manière.

Flanville (Lorraine), 21 septembre 1898.

EXTRAIT D'UNE LETTRE À M. BRIOSCHI.

SUR LES

ÉQUATIONS DIFFÉRENTIELLES LINÉAIRES

DU SECOND ORDRE.

Annali di Matematica, 2e série, t. X, 1881, p. 101.

... Dans votre récent article : *Di uno proprietà della equazioni differenziali lineari del secondo ordine* (*Ann. di Mat.*, 2e série, t. X, p. 1), vous avez montré, par un nouvel exemple qui m'a beaucoup intéressé, quel rôle important joue le produit de deux solutions d'une équation linéaire du second ordre. Permettez-moi de vous indiquer encore une circonstance où intervient ce produit qui m'a été suggérée par mes recherches sur l'équation de Lamé, mais que je présenterai en considérant l'équation générale

$$y'' + py' + qy = 0.$$

Supposons que l'intégrale étant

$$y = \mathrm{CU} + \mathrm{C'V},$$

on connaisse la quantité $\mathrm{UV} = \mathrm{F}(x)$; je dis que, au moyen de $\mathrm{F}(x)$ et des coefficients p et q, il sera aisé de former l'équation du second ordre, ayant pour intégrale l'expression

$$z = \mathrm{CU}^{\omega} + \mathrm{C'V}^{\omega},$$

quel que soit l'exposant ω.

Considérons, en effet, le déterminant

$$\begin{vmatrix} z & \mathrm{U}^{\omega} & \mathrm{V}^{\omega} \\ z' & (\mathrm{U}^{\omega})' & (\mathrm{V}^{\omega})' \\ z'' & (\mathrm{U}^{\omega})'' & (\mathrm{V}^{\omega})'' \end{vmatrix}$$

ou encore, après avoir supprimé dans la seconde et la troisième colonne les facteurs $U^{\omega-2}$, $V^{\omega-2}$, celui-ci

$$\begin{vmatrix} z & U^2 & V^2 \\ z' & \omega UU' & \omega VV' \\ z'' & \omega(\omega-1)U'^2+\omega UU'' & \omega(\omega-1)V'^2+\omega VV'' \end{vmatrix}.$$

Remplaçons maintenant U'' par $-pU'-qU$ et V'' par $-pV'-qV$, il sera possible de supprimer encore un nouveau facteur, à savoir, $\omega(UV'-U'V)$, de sorte que l'équation cherchée étant représentée par

$$Gz''-Hz'+Kz=0,$$

on aura

$$\begin{aligned} G &= UV, \\ H &= (\omega-1)(UV'+VU')-pUV, \\ K &= (\omega^2-\omega)U'V'+\omega qUV. \end{aligned}$$

Or, en différentiant deux fois l'équation $UV=F(x)$, on obtient facilement, comme vous l'avez remarqué,

$$U'V'=\frac{1}{2}F''(x)+\frac{1}{2}pF'(x)+qF(x);$$

les coefficients de l'équation ont donc ces valeurs très simples

$$\begin{aligned} G &= F(x), \\ H &= (\omega-1)F'(x)-pF(x), \\ K &= \frac{1}{2}(\omega^2-\omega)F''(x)+\frac{1}{2}(\omega^2-\omega)pF'(x)+\omega^2 F(x). \end{aligned}$$

Ce résultat, appliqué à l'équation de Lamé, donne, comme vous voyez, un type d'équations linéaires du second ordre dont les coefficients sont des fonctions doublement périodiques uniformes, l'intégrale cessant d'être uniforme lorsqu'on suppose ω fractionnaire ou incommensurable.

Et inversement dans le cas de l'équation

$$y''=\left[\frac{n(n+2)}{4}k^2\,\text{sn}^2x+h\right]y$$

dont vous avez obtenu le premier la solution [*Sopra una classe di equazioni differenziali del secondo ordine* (*Ann. di Mat.*, t. IX, p. 11]; pour n impair, la transformée en z, en supposant

$\omega = 2$, aurait une intégrale uniforme, tandis que votre solution contient les racines carrées de fonctions uniformes.

Ontrouverait en particulier, pour $\omega = 0$, l'équation

$$F(x)z'' + [F'(x) + pF(x)]z' = 0,$$

et en employant la relation

$$UV' - VU' = C e^{-\int p\,dx},$$

l'intégrale s'obtient aisément sous la forme

$$z = A + B \log \frac{U}{V},$$

A et B étant les deux constantes arbitraires. C'est bien en effet ce que donne l'expression dont je suis parti,

$$z = CU^{\omega} + C'V^{\omega},$$

si l'on introduit la supposition de ω infiniment petit.

Soit pour cela

$$U^{\omega} = 1 + \omega \log U + \frac{\omega^2}{2} \log^2 U + \ldots,$$

$$V^{\omega} = 1 + \omega \log V + \frac{\omega^2}{2} \log^2 V + \ldots,$$

et changeons les constantes en posant

$$\begin{aligned} C + C' &= A, \\ \omega(C - C') &= 2B; \end{aligned}$$

on verra, pour $\omega = 0$, l'expression de z se réduire immédiatement à la forme annoncée

$$z = A + B \log \frac{U}{V}.$$

Les Sables-d'Olonne (Vendée), 3 juillet 1880.

LETTRE DE M. CH. HERMITE.

ADRESSÉE

A M. B. ANISSIMOV.

Bulletin de la Société mathématique de Moscou,
t. XXI, 1900, p. 66.

« Vous m'avez fait l'honneur de m'adresser une Communication sur un sujet très intéressant concernant la manière dont la constante arbitraire entre dans la solution générale d'une équation différentielle du premier ordre, $\frac{dy}{dx} = f(x, y)$, et de me demander mon avis au sujet du résultat que vous avez obtenu, dans le cas spécial où l'on a

$$f(x+1, y) = f(x, y).$$

Je vais essayer, bien que cette question ne rentre pas dans l'ordre habituel de mes études, de répondre à votre intention.

Tout d'abord je dois vous dire que je m'associe entièrement à cette vue élevée, que vous exprimez si bien, de la grande importance attribuée par Lagrange à la recherche de l'intégrale d'une équation différentielle, envisagée comme fonction de la constante arbitraire. Un autre grand géomètre, Riemann, n'en jugeait pas autrement, et j'ai gardé le souvenir qu'il a beaucoup insisté sur cette question, en m'entretenant lorsqu'il a passé par Paris pour se rendre en Italie. Le cas particulier qui a été le sujet de votre étude, où la fonction $f(x, y)$ est périodique par rapport à la variable, est incontestablement important, et la conclusion à laquelle vous êtes parvenu est très élégante. Mais la voie que vous avez suivie, et les calculs que vous avez dû faire, ne sont-ils pas trop difficiles? Ne pourrait-on pas parvenir au but plus simplement, par un autre procédé que je viens vous soumettre, mais sous toutes réserves, m'engageant moins hardiment dans cette question que dans d'autres qui me sont plus familières et m'ont toujours occupé.

En écrivant l'équation différentielle, sous la forme

$$\frac{dy}{dx} = f[e^{2i\pi x}, y],$$

j'emploie le Calcul des limites de Cauchy, elle me donne l'expression suivante de l'intégrale :

$$\begin{aligned} y - y_0 &= (x - x_0)\,A_1(e^{2i\pi x_0}, y) + (x - x_0)^2\,A_2(e^{2i\pi x_0}, y_0) + \ldots \\ &= \varphi[x - x_0, \quad e^{2i\pi x_0}, y_0] \\ &= \varphi[x - x_0, \quad e^{2i\pi[(x_0 - x) + x]}, y_0] \\ &= \psi[x - x_0, \quad e^{2i\pi x}, y_0]. \end{aligned}$$

Donnons à y_0 une valeur numérique, zéro par exemple, nous obtiendrons la solution générale de l'équation proposée, sous la forme

$$y = F[x - x_0, \quad e^{2i\pi x}].$$

C'est votre résultat qui, ce me semble, pourrait être étendu par le même moyen, à des équations d'un ordre quelconque.... »

Paris, 10 mars 1889.

SUR

UNE FORMULE DE JACOBI

CONCERNANT

L'INTÉGRALE ELLIPTIQUE A MODULE IMAGINAIRE.

Mittheilungen der Hamburger Mathematischen Gesellschaft, Band III, 1891-1900, p. 23.

Le Cahier 103 du *Journal de MM. Kronecker et Weierstrass*, p. 87, contient un article bien intéressant de M. Woldemar Heymann où la relation célèbre de Jacobi,

$$\int_0^{\varphi} \frac{d\varphi}{\sqrt{1-(e+if)\sin^2\varphi}} = P + iQ,$$

dans laquelle on a

$$P = \frac{1}{\sqrt{2}\sqrt{\sqrt{(1-e)^2+f^2}-e+1}} \cdot \int_0^x \frac{dx}{\sqrt{x(1-x)(1+k\lambda x)(1+kx)(1-\lambda x)}},$$

$$Q = \frac{\sqrt{\sqrt{(1-e)^2+f^2}+e-1}}{\sqrt{2}\sqrt{\sqrt{(1-e)^2+f^2}-e+1}} \cdot \int_0^x \frac{\sqrt{x}\,dx}{\sqrt{(1-x)(1+k\lambda x)(1+kx)(1-\lambda x)}},$$

$$k = \frac{\sqrt{(1-e)^2+f^2}+e-1}{\sqrt{e^2+f^2}-e}, \qquad \lambda = \frac{\sqrt{(1-e)^2+f^2}+e-1}{\sqrt{e^2+f^2}+e},$$

est remplacée par la suivante qui est beaucoup plus simple :

$$\int_0^{\varphi} \frac{d\varphi}{\sqrt{1-(e+if)\sin^2\varphi}} = \frac{1}{\sqrt{2f}} \int_0^{\omega} \frac{(1+i\omega)\,d\omega}{\sqrt{\omega\left(1+\frac{2e}{f}\omega-\omega^2\right)\left(1+\frac{2e-2}{f}\omega-\omega^2\right)}},$$

les variables étant liées par l'équation

$$\frac{1}{\sin^2\varphi} = \frac{f}{2\omega}\left(1 + \frac{2e}{f}\omega - \omega^2\right).$$

On va voir que la question devient encore plus facile, si l'on part de l'intégrale

$$J = \int \frac{U\,dx}{\sqrt{X(x-a-ib)}}$$

où X est un polynome à coefficients réels de degré quelconque n, U désignant une fonction rationnelle de la variable. Il suffit alors d'employer la substitution élémentaire $x = \frac{t^2-1}{2t}$ qui ramène le radical $\sqrt{x^2+1}$ à la forme rationnelle $\frac{t^2+1}{2t}$. Qu'on fasse en effet $x - a = \frac{b(t^2-1)}{2t}$, ce qui donne $x - a - ib = \frac{b(t-i)^2}{2t}$; on aura aussi

$$\frac{dx}{\sqrt{x-a-ib}} = -\sqrt{\frac{b}{2}}\,\frac{(t+i)\,dt}{t\sqrt{t}}.$$

Désignant par $\frac{T}{t^n}$, où T est un polynome du degré $2n$ en t, la transformée de X par la substitution considérée, et par T_1 la transformée de U, qui sera une fonction rationnelle de t, nous aurons immédiatement

$$J = -\sqrt{\frac{b}{2}}\int \frac{T_1(t+i)t^{\frac{n-3}{2}}\,dt}{\sqrt{T}}.$$

Soit $n = 2$, ce qui donne l'intégrale elliptique, on pourra écrire

$$J = -\sqrt{\frac{b}{2}}\int \frac{T_1(t+i)\,dt}{\sqrt{tT}};$$

c'est bien la réduction aux intégrales hyperelliptiques de première classe, puisque T est un polynome de quatrième degré en t.

EDUCATIONAL TIMES.

(Questions proposées.)

TOME XLIV.

Question 8164. — Démontrer

$$\int_0^1 \frac{\sin\alpha\, dx}{1 + 2x\cos\alpha + x^2} = \frac{1}{2}\alpha - n\pi.$$

On désigne par n le plus grand nombre entier par excès ou par défaut dans $\frac{\alpha}{2\pi}$.

(Solution par Arthur Hill Curtis.)

TOME XLVI.

Question 8560. — Prouver que l'intégrale

$$A = \int_0^\infty \frac{dx}{x}\left[\frac{1}{(1+x)^n} - \frac{1}{\left(1+\frac{x}{a}\right)^n}\right]$$

a toujours la même valeur quel que soit l'exposant n, à savoir $\log a$.

(Solution par le professeur Catalan.)

Question 8510. — Trouver l'expression la plus générale d'un polynome $F(x)$, de degré $2m$, tel qu'on ait

(1) $\quad x^{2m}F\left(\frac{1}{x}\right) = F(x), \qquad$ (2) $\quad (x+1)^{2m}F\left(\frac{1-x}{1+x}\right) = 2^m F(x).$

(Solution par l'Auteur.)

1. $F(x)$ ne contient que des puissances paires de x. En effet,

changez dans (2) x en $\frac{1}{x}$, on a après avoir chassé le dénominateur

$$(x+1)^{2m} F\left(-\frac{1-x}{1+x}\right) = 2^m x^{2m} F\left(\frac{1}{x}\right),$$

donc

$$2^m F(x) = (x+1)^{2m} F\left(\frac{1-x}{1+x}\right);$$

et, si vous faites $\frac{1-x}{1+x} = z$, vous avez, en effet,

$$F(-z) = F(z).$$

2. Je dis que, si $F(x)$ s'annule avec x, il contient le facteur

$$x^2(1-x^2)^2.$$

En effet, soit dans (2) $x = 0$, vous en concluez $F(1) = 0$; par conséquent $F(x)$, qui ne contient que des puissances paires, admet le facteur $x^2(1-x^2)$.

Soit donc $F(x) = x^2(1-x^2)G(x)$, (1) vous donnera

$$x^{2m-6} G\left(\frac{1}{x}\right) = -G(x),$$

par conséquent $G(x)$ s'évanouit pour $x = 1$, et $x = -1$.

3. Soit

$$F(x) = x^2(1-x^2)^2 H(x);$$

le nouveau polynome $H(x)$, en vertu de (1) et (2), remplit les conditions

$$x^{2m-8} H\left(\frac{1}{x}\right) = H(x), \qquad (x+1)^{2m-6} H\left(\frac{1-x}{1+x}\right) = 2^{m-4} H(x);$$

par conséquent $H(x)$ reproduit les équations caractéristiques (1) et (2) en y changeant m en $m-4$.

4. Soit

$$F_1(x) = F(x) - A(x^2+1)^m.$$

A étant un coefficient constant arbitraire, on vérifie facilement qu'on a

$$x^{2m} F_1\left(\frac{1}{x}\right) = F_1(x), \qquad (x+1)^{2m} F_1\left(\frac{1-x}{1+x}\right) = 2^m F_1(x).$$

Disposant donc de A, de manière que $F_1(x)$ s'annule pour $x=0$, on le ramène ainsi au produit d'un polynome de même nature de degré $2(m-4)$, multiplié par le facteur $x^2(1-x^2)^2$. Donc de proche en proche vous parvenez à l'expression cherchée, à savoir

$$F(x) = A(x^2+1)^{2m} + x^2(1-x^2)^2 B(x^2+1)^{m-4}$$
$$+ x^4(1-x^2)^4 C(x^2+1)^{m-8} + \ldots + x^{2i}(1-x^2)^{2i} L(x^2+1)^{m-4i}.$$

Si l'on demande les polynomes qui satisfont aux conditions

$$x^{2m} F\left(\frac{1}{x}\right) = F(x), \qquad (x+1)^{2m} F\left(\frac{1-x}{1+x}\right) = -2^m F(x),$$

on remarque que ces polynomes s'annulent pour les valeurs qui donnent $\dfrac{1-x}{1+x} = x$, c'est-à-dire $x^2+2x-1=0$. Et comme dans ce second cas, comme dans le précédent, $F(-x)=F(x)$, vous avez aussi le facteur x^2-2x-1 ; on peut donc poser

$$F(x) = (x^2+2x-1)(x^2-2x-1)G(x);$$

cela étant, on obtient sans peine

$$x^{2m-4} G\left(\frac{1}{x}\right) = G(x), \qquad (1+x)^{2m-4} G\left(\frac{1-x}{1+x}\right) = 2^{m-2} G(x),$$

ce sont les conditions (1) et (2), en y changeant m en $m-2$.

Question 8588. — Déterminer la valeur de l'intégrale

$$J = \int_0^{\frac{\pi}{2}} \cot(x+ai)\,dx,$$

a désignant une quantité réelle.

(Solution par l'Auteur.)

On a

$$\cot x = \frac{\cos x}{\sin x} = D_x \log \sin x;$$

l'intégrale indéfinie est par conséquent

$$\log \sin(x+ai), \qquad \text{soit} \qquad \sin(x+ai) = R\,e^{i\theta},$$

R et θ étant des quantités réelles. Le module R est une fonction de x à sens unique, c'est la quantité positive, obtenue par la condition

$$\sin(x+ai)\sin(x-ai) = R^2.$$

Pour $x = \frac{\pi}{2}$ et $x = 0$, soit

$$\sin\left(\frac{\pi}{2}+ai\right)\sin\left(\frac{\pi}{2}-ai\right) = \cos(ai)\cos(-ai) = \cos^2 ai = R_1^2,$$

vous en concluez $R_1 = \cos ai$, quantité positive ; puis, pour $x = 0$,

$$\sin(ai)\sin(-ai) = R_0^2,$$

c'est-à-dire $R_0^2 = -\sin^2(ai)$; bref, la partie réelle de J est

$$\log\frac{R}{R_0} = \frac{1}{2}\log\frac{R_1^2}{R_0} = \frac{1}{2}\left\{-\cot^2 ai\right\}.$$

Le point intéressant est la détermination précise de θ. Voici comment il faut opérer.

La relation que je viens d'employer,

$$\log\sin(x+ai) = \log R_1 + i\theta,$$

me donne, en prenant les dérivées par rapport à x,

$$\cot(x+ai) = D_x \log R + i\frac{d\theta}{dx}.$$

Cela étant, le premier nombre peut s'écrire

$$\cot(x+ai) = \frac{2\cos(x+ai)\sin(x-ai)}{2\sin(x+ai)\sin(x-ai)} = \frac{\sin 2x - \sin(2ai)}{2 \operatorname{mod}^2 \sin(x+ai)}.$$

Ayant séparé ainsi la partie réelle et la partie imaginaire, j'obtiens

$$i\frac{d\theta}{dx} = -\frac{i\sin(2ai)}{2\operatorname{mod}^2(x+ai)}$$

ou plutôt sous forme réelle

$$\frac{d\theta}{dx} = \frac{i\sin(2ai)}{2\operatorname{mod}^2(2+ai)} = \frac{1}{2a}\left[\frac{2ai\sin(2ai)}{\operatorname{mod}^2\sin(x+ai)}\right].$$

La quantité entre crochets est *essentiellement positive;* donc l'angle θ croît avec x si a est > 0, et décroît si a est < 0. Or, on a

$$e^{2i\theta} = \frac{\sin(x+ai)}{\sin(x-ai)}.$$

Pour $x = 0$, $e^{2i\theta} = -1$, j'adopte la valeur $\theta = \frac{\pi}{2}$, cela étant et x croissant d'une manière continue de $x = 0$ à $x = \frac{\pi}{2}$, θ varie ainsi d'une manière continue, et en croissant, si je suppose pour fixer les idées que a soit > 0, jusqu'à la valeur θ', qui donne

$$e^{2i\theta'} = \frac{\sin\left(\frac{\pi}{2} + ai\right)}{\sin\left(\frac{\pi}{2} - ai\right)} = 1,$$

par conséquent $\theta' = \pi$.

La différence $\theta' - \theta = \frac{\pi}{2}$ prouve que

$$J = \frac{1}{2}\log[-\cot^2(ai)] + i\,\frac{\pi}{2},$$

pour $a > 0$, etc.

Question 8717. — Prouver que l'expression

$$e^{\frac{i\pi x}{2K}} \frac{H^2\left[x + \frac{1}{2}K'i\right]}{\Theta^2(x)}$$

se ramène à celle-ci

$$A \sin x + BD_x \operatorname{sn} x,$$

A et B étant des constantes.

Trouver les valeurs de ces constantes.

(Solution par le professeur Mathews, B. A.)

TOME XLVII.

Question 8863. — Déterminer les intégrales définies

$$\int_0^{\pi} \frac{dx}{\sin(x+p)}, \qquad \int_{-\frac{\pi}{2}}^{+\frac{\pi}{2}} \frac{dx}{\sin(x+p)},$$

en supposant que p soit une quantité imaginaire quelconque.

(Solution par l'Auteur.)

La détermination de ces intégrales définies s'obtient comme conséquence des résultats suivants auxquels conduisent finalement les méthodes élémentaires.

Soit a une quantité réelle, positive et différente de zéro, on a

$$(\mathrm{I}) \qquad \int_0^{\pi} \frac{dx}{\sin(x - ia)} = + \int_0^{\pi} \frac{dx}{\sin(x + ia)} = 2 \log \frac{1 + e^{-a}}{1 - e^{-a}};$$

$$(\mathrm{II}) \qquad \int_{-\frac{\pi}{2}}^{+\frac{\pi}{2}} \frac{dx}{\sin(x - ia)} = - \int_{-\frac{\pi}{2}}^{+\frac{\pi}{2}} \frac{dx}{\sin(x + ia)} = 4i \operatorname{arc\,tang} e^{-a}.$$

Remarquons ensuite qu'en remplaçant a par une variable imaginaire $\alpha + i\beta$ dont la partie réelle soit positive et différente de zéro, et par conséquent dans toute la région au-dessus de l'axe des abscisses, les diverses intégrales définies sont des fonctions holomorphes de cette variable. Observons maintenant que z étant à l'intérieur d'une circonférence de rayon égal à l'unité et dont le centre est à l'origine, la fonction $\log \frac{(1+z)}{(1-z)}$ et arc tang z sont aussi holomorphes. Or on obtient, en posant $z = e^{-a}$, des valeurs qui remplissent cette condition, et l'extension des relations (I) et (II) à toutes les quantités $a = \alpha + i\beta$, où α est positif et différent de zéro, est la conséquence immédiate de la proposition bien connue de Riemann : Deux fonctions, uniformes, holomorphes ou n'ayant dans une aire donnée que des discontinuités en nombre fini, sont égales en tous les points de cette aire, si elles coïncident le long d'une ligne de grandeur finie.

TOME XLVIII.

Question **9072**. — On demande de prouver que l'équation transcendante

$$e^{2x} = \frac{\{(x + a + 1)^2 + 1\}}{\{(x + a - 1)^2 + 1\}},$$

où a désigne une constante réelle quelconque, n'admet qu'une seule et unique racine réelle de même signe que a, et moindre en valeur absolue que le logarithme népérien de $\sqrt{2} + 1$.

(Solution par A.-R. Johnson et D. Edwardes.)

EXTRAITS

DE

QUELQUES LETTRES DE M. CH. HERMITE

A M. S. PINCHERLE.

Annali di Matematica, 3ᵉ série, t. V, 1901, p. 57-72.

Paris, le 10 mai 1900.

... mon travail touche de près au vôtre, puisqu'il concerne la relation

$$f(a+x)=f(a)+\frac{x}{1}\Delta f(a)+\frac{x(x-1)}{1.2}\Delta^2 f(a)+\ldots$$

dans les cas où elle a lieu, et où je suppose $\Delta a = 1$. Elle donne le type de ces fonctions qui sont complètement définies par les seules valeurs entières de la variable et vous remarquerez son caractère essentiel de conserver la même forme, lorsqu'on prend soit les dérivées, soit les différences finies, par rapport à a, de sorte qu'une seule égalité donne naissance à une infinité d'autres. Voici celle que j'ai obtenue; elle se rapporte à la fonction gamma et fournit une expression de son logarithme, d'une tout autre nature que la formule classique

$$\log\Gamma(1+x) = -Cx+\frac{S_2 x^2}{2}-\frac{S_3 x^3}{3}+\ldots$$

qui suppose le module de la variable inférieur à l'unité, et où les coefficients $S_n = 1+\frac{1}{2^n}+\frac{1}{3^n}+\ldots$ sont des transcendantes numériques. La méthode, comme vous allez voir, est on ne peut plus facile; elle a son point de départ dans la formule

$$\log\Gamma(x)=\int_{-\infty}^{0}\left[\frac{e^{xy}-e^y}{e^y-1}-(x-1)e^y\right]\frac{dy}{y}.$$

J'en tire d'abord la relation

$$\log \Gamma(a+x) - \log \Gamma(a) = \int_{-\infty}^{0} \left[\frac{e^{ay}(e^{xy}-1)}{e^{y}-1} - x\, e^{y} \right] \frac{dy}{y}$$

et je remarquerai que, pour $x = 1$, on a

$$\Delta \log \Gamma(a) = \int_{-\infty}^{0} (e^{ay} - e^{y}) \frac{dy}{y},$$

puis, par un calcul facile,

$$\Delta^{n} \log \Gamma(a) = \int_{-\infty}^{0} e^{ay}(e^{y}-1)^{n-1} \frac{dy}{y},$$

en prenant

$$\Delta a = 1.$$

Cela étant, j'écris

$$e^{xy} = [1 + (e^{y}-1)]^{x} = 1 + \frac{x}{1}(e^{y}-1) + \frac{x(x-1)}{1.2}(e^{y}-1)^{2} + \ldots,$$

série convergente, la quantité $1 - e^{y}$ étant moindre que l'unité, puisque la variable est toujours négative dans l'intégrale. Nous avons ainsi

$$\frac{e^{xy}-1}{e^{y}-1} = x + \frac{x(x-1)}{1.2}(e^{y}-1) + \ldots$$
$$+ \frac{x(x-1)\ldots(x-n+1)}{1.2\ldots n}(e^{y}-1)^{n-1} + \ldots$$

et, par conséquent,

$$\log \Gamma(a+x) - \log \Gamma(a)$$
$$= x \int_{-\infty}^{0} (e^{ay} - e^{y}) \frac{dy}{y} + \frac{x(x-1)}{1.2} \int_{-\infty}^{0} e^{ay}(e^{y}-1) \frac{dy}{y} + \ldots$$
$$+ \frac{x(x-1)\ldots(x-n+1)}{1.2\ldots n} \int_{-\infty}^{0} e^{ay}(e^{y}-1)^{n-1} \frac{dy}{y} + \ldots$$

et enfin, d'après la remarque précédente,

$$\log \Gamma(a+x) - \log \Gamma(a)$$
$$= x \Delta \log \Gamma(a) + \frac{x(x-1)}{1.2} \Delta^{2} \log \Gamma(a) + \ldots$$
$$+ \frac{x(x-1)\ldots(x-n+1)}{1.2\ldots n} \Delta^{n} \log \Gamma(a) + \ldots$$

ou bien

$$\log\Gamma(a+x)-\log\Gamma(a)=x\log a+\frac{x(x-1)}{1.2}\Delta\log a+\ldots$$
$$+\frac{x(x-1)\ldots(x-n+1)}{1.2\ldots n}\Delta^{n-1}\log a+\ldots.$$

Il est clair que a doit être supposé positif pour que les intégrales aient un sens; cette condition admise, la convergence est démontrée comme conséquence de la formule du binome pour toutes les valeurs positives de x. Vous voyez qu'en faisant $a=1$ afin d'obtenir $\log\Gamma(1+x)$, le calcul des coefficients se fait bien aisément et par de simples soustractions avec une table de logarithmes. Sous forme explicite, on peut écrire

$$\log\Gamma(1+x)=\frac{x(x-1)}{1.2}\log 2+\frac{x(x-1)(x-2)}{1.2\ldots3}(\log 3-2\log 2)$$
$$+\frac{x(x-1)(x-2)(x-3)}{1.2.3.4}(\log 4-3\log 3+3\log 2)+\ldots$$

et j'observe surtout qu'ils sont tous de même nature, tandis que les quantités S_n s'expriment par les puissances de π si n est pair et représentent pour n impair des transcendantes plus complexes. Je n'écris pas les égalités semblables qu'on obtient en prenant les dérivées par rapport à a; je remarque seulement que la différence finie donne

$$\log(a+x)=\log a+\frac{x}{1}\Delta\log a+\frac{x(x-1)}{1.2}\Delta^2\log a+\ldots$$

et que, en prenant les dérivées, on obtient les éléments simples des fonctions uniformes d'une variable. Mais leur expression, par la formule d'interpolation à laquelle on serait ainsi amené, n'a lieu qu'en supposant la variable positive et sous la restriction que les pôles soient représentés par des quantités réelles négatives, ou par des imaginaires ayant leur partie réelle négative, c'est-à-dire que les pôles se trouvent tous dans le demi-plan, à gauche de l'axe des ordonnées.

Paris, 19 mai 1900.

... Voici une généralisation qui va faire disparaître, s'il existe, tout le prestige du cas particulier de $\log\Gamma(x)$. Je considère, avec

Laplace et Abel, les fonctions définies par l'égalité suivante

$$\Phi(x) = \int_{-\infty}^{0} \varphi(y) e^{xy} \, dy, \tag{1}$$

et je remarque qu'on en tire

$$\Phi(a+x) - \Phi(a) = \int_{-\infty}^{0} \varphi(y)(e^{xy}-1) e^{ay} \, dy,$$

ce qui donne, pour $x = 1$,

$$\Delta\, \Phi(a) = \int_{-\infty}^{0} \varphi(y)(e^{y}-1)\; e^{ay} \, dy, \tag{2}$$

puis

$$\Delta^n \Phi(a) = \int_{-\infty}^{0} \varphi(y)(e^{y}-1)^n e^{ay} \, dy. \tag{3}$$

J'admettrai que la première relation ait lieu pour toutes les valeurs positives de x; il en sera de même de celles qui suivent sous la condition de $a > 0$. Cela étant, on aura cette expression par la formule d'interpolation de Newton

$$\Phi(a+x) = \Phi(a) + \frac{x}{1} \Delta\, \Phi(a) + \frac{x(x-1)}{1.2} \Delta^2 \Phi(a) + \ldots.$$

Elle s'établit, en effet, en partant encore de l'identité

$$e^{xy} = (1 + e^{y} - 1)^{x},$$

et de la série convergente qui en résulte

$$e^{xy} = 1 + \frac{x}{1}(e^{y}-1) + \frac{x(x-1)}{1.2}(e^{y}-1)^2 + \ldots \tag{4}$$

si l'on suppose x positif et y négatif, en sorte que $e^{y} - 1$ soit en valeur absolue inférieur à l'unité. Nous pouvons ainsi l'employer dans l'intégrale

$$\int_{-\infty}^{0} \varphi(y)(e^{xy}-1) e^{ay} \, dy$$

et, au moyen des égalités (2) et (3), en conclure sur le champ le résultat annoncé.

Une conclusion semblable a lieu si l'on considère la fonction

$$\Phi(x) = \int_{-\infty}^{0} [\varphi(y) e^{xy} + \varphi_1(y)] \, dy,$$

car on a comme tout à l'heure

$$\Phi(a+x)-\Phi(a)=\int_{-\infty}^{0}\varphi(y)(e^{xy}-1)\,e^{ay}\,dy.$$

Soit encore

$$\Phi(x)=\int_{-\infty}^{0}[\varphi(y)\,e^{xy}+x\,\varphi_1(y)+\varphi_2(y)]\,dy\,;$$

nous trouverons dans ce cas

$$\Phi(a+x)-\Phi(a)=\int_{-\infty}^{0}\varphi(y)\,[(e^{xy}-1)\,e^{ay}+x\,\varphi_1(y)]\,dy.$$

Il vient par suite

$$\Delta\,\Phi(a)=\int_{-\infty}^{0}\varphi(y)\,[(e^{y}-1)\,e^{ay}+\varphi_1(y)]\,dy,$$

puis, à partir de $n=2$,

$$\Delta^n\,\Phi(a)=\int_{-\infty}^{0}\varphi(y)\,(e^{y}-1)^n\,e^{ay}\,dy.$$

Cela étant, l'emploi de la série (4) donne de nouveau

$$\Phi(a+x)=\Phi(a)+\frac{x}{1}\Delta\,\Phi(a)+\frac{x(x-1)}{1.2}\Delta^2\,\Phi(a)+\ldots.$$

Cette formule s'applique au terme complémentaire $J(x)$ de la série de Stirling, dans la relation

$$\log\Gamma(x)=\left(x-\frac{1}{2}\right)\log x-x+\log\sqrt{2\pi}+J(x),$$

puisqu'on a

$$J(x)=\int_{-\infty}^{0}e^{xy}\,\frac{e^{y}(y-2)+y+2}{2y^2(e^{y}-1)}\,dy.$$

Mais alors s'introduisent les différences successives de la quantité

$$J(a+1)-J(a)=\left(a+\frac{1}{2}\right)\log(a+1)-\left(a-\frac{1}{2}\right)\log a.$$

On peut aussi l'employer pour $\log\Gamma(x)$, d'après la formule

$$\log\Gamma(x)=\int_{-\infty}^{0}\left[\frac{e^{xy}-e^{y}}{e^{y}-1}-(x-1)\,e^{y}\right]\frac{dy}{y},$$

et retrouver l'expression plus simple à laquelle j'étais parvenu, où entrent seulement les différences de $\log a$.

Saint-Jean-de-Luz, le 8 juin 1900.

... J'ajouterai une remarque concernant la fonction $\Phi(x)$, définie en posant

$$\Phi(x) = \int_{-\infty}^{0} [e^{xy}\,\varphi(y) + x\,\varphi_1(y) + \varphi_2(y)]\,dy,$$

et pour laquelle on a la relation

$$\Phi(a+x) = \Phi(a) + \frac{x}{1}\Delta\,\Phi(a) + \frac{x(x-1)}{1.2}\Delta^2\,\Phi(a) + \ldots.$$

Je pose

$$I = \int_0^1 \Phi(a+x)\,dx,$$

ce qui sera l'intégrale de Raabe généralisée, et j'établis que pour a très grand la valeur asymptotique de $\Phi(a)$ est donnée par l'expression

$$I - \frac{1}{2}\Delta\,\Phi(a).$$

Soit, à cet effet,

$$\Phi(a) = I - \frac{1}{2}\Delta\,\Phi(a) + I(a);$$

les égalités suivantes

$$\int_0^1 \Phi(a+x)\,dx = \int_{-\infty}^{0}\left[e^{ay}\,\varphi(y)\frac{e^y-1}{y} + \left(a+\frac{1}{2}\right)\varphi_1(y) + \varphi_2(y)\right]dy,$$

$$\Phi(a) = \int_{-\infty}^{0} [e^{ay}\,\varphi(y) + a\,\varphi_1(y) + \varphi_2(y)]\,dy,$$

$$\Delta\,\Phi(a) = \int_{-\infty}^{0} [e^{ay}\,\varphi(y)\ (e^y-1)\ + \varphi_1(y)]\,dy,$$

conduisent, pour ce terme complémentaire à $I(a)$, à la formule

$$I(a) = \int_{-\infty}^{0} e^{ay}\,\varphi(y)\,\frac{e^y(y+2)+y-2}{2y}\,dy.$$

La variable y étant négative dans le champ de l'intégration, vous voyez que $I(a)$ s'annule en supposant a infini; ce qui démontre la proposition énoncée, si connue dans le cas de

$$\Phi(a) = \log\Gamma(a).$$

Je dois à M. Lerch la remarque importante que, si l'on intègre entre les limites $x = 0$ et $x = 1$ les deux membres de l'égalité dont je lui avais donné communication

$$\log\Gamma(a+x) = \log\Gamma(a) + \frac{x}{1}\log a + \frac{x(x-1)}{1.2}\Delta\log a + \ldots,$$

et qu'on pose

$$\alpha_n = \int_0^1 \frac{x(x-1)\ldots(x-n+1)}{1.2\ldots n}\,dx,$$

on en tire, en remarquant que $\alpha_1 = \frac{1}{2}$,

$$\log\Gamma(a) = J - \frac{1}{2}\log a - \alpha_2\Delta\log a - \alpha_3\Delta^2\log a - \ldots.$$

Ce résultat est fort remarquable; il met en évidence la valeur asymptotique de $\log\Gamma(a)$ représentée par la quantité

$$J - \frac{1}{2}\log a = \left(a - \frac{1}{2}\right)\log a - a + \log\sqrt{2\pi},$$

et le terme complémentaire

$$J(a) = -\alpha_3\Delta\log a - \alpha_3\Delta^2\log a - \ldots,$$

s'exprime par les différences de $\log a$, au lieu des différences de

$$\left(a+\frac{1}{2}\right)\log(a+1) - \left(a-\frac{1}{2}\right)\log a,$$

auxquelles j'avais été amené.

Il ouvre de plus, m'a écrit l'éminent géomètre, la voie pour obtenir la composition des nombres de Bernoulli avec les quantités α_n.

Mais j'ai cherché autre chose, je suis revenu à la fonction plus générale

$$\Phi(x) = \int_{-\infty}^{0} [e^{xy}\varphi(y) + x\varphi_1(y) + \varphi_2(y)]\,dy$$

et à la relation

$$\Phi(a) = I - \frac{1}{2}\Delta\Phi(a) + I(a).$$

En écrivant le terme complémentaire de cette manière

$$I(a) = \int_{-\infty}^{0} e^{ay}\varphi(y)\left[\frac{e^y-1}{2} - \left(\frac{e^y-1}{y} - 1\right)\right]dy,$$

j'ai recours à la série suivante

$$\frac{z}{\log(1+z)} = 1 + \omega_1 z + \omega_2 z^2 + \ldots$$

qui est convergente lorsqu'on suppose le module de z inférieur à l'unité. Soit $1 + z = e^y$, on en tire l'égalité

$$\frac{e^y - 1}{y} - 1 = \omega_1(e^y - 1) + \omega_2(e^y - 1)^2 + \ldots,$$

valable par conséquent pour y négatif; en remarquant que le coefficient ω_1 est égal à $\frac{1}{2}$, il vient ensuite

$$\frac{e^y - 1}{2} - \left(\frac{e^y - 1}{y} - 1\right) = -\omega_2(e^y - 1)^2 - \omega_3(e^y - 1)^3 - \ldots,$$

et l'on en conclut

$$I(a) = -\sum \omega_n \int_{-\infty}^{0} e^{ay}(e^y - 1)^n \varphi(y)\,dy.$$

Il faut prendre dans la somme du second membre $n = 2, 3, \ldots$ en excluant la valeur $n = 1$, nous avons donc

$$\begin{aligned} I(a) &= -\omega_2 \Delta^2 \Phi(a) - \omega_3 \Delta^3 \Phi(a) - \ldots \\ &= \frac{\Delta^2 \Phi(a)}{12} - \frac{\Delta^3 \Phi(a)}{24} + \frac{19 \Delta^4 \Phi(a)}{720} - \frac{3 \Delta^5 \Phi(a)}{160} + \ldots. \end{aligned}$$

Cette formule généralise la relation de M. Lerch, elle a lieu pour toutes les valeurs positives de a et j'observerai que les coefficients ω_n se ramènent à α_n, au moyen de l'égalité

$$\int_0^1 (1+z)^x\,dx = \frac{z}{\log(1+z)},$$

en développant les deux membres suivant les puissances de z.

Je sors ainsi de la question d'interpolation que j'avais en vue, mais en restant dans le domaine des séries où entrent les différences finies d'une même fonction. Bientôt j'y reviendrai....

Saint-Jean-de-Luz, le 10 août 1900.

Je viens vous mentionner une application de la formule d'interpolation à la fonction $\zeta(s)$ de Riemann, ou même à l'expression plus générale qui a été l'objet des beaux travaux de M. Lerch et de M. Mellin, à savoir

$$R(a, s) = \frac{1}{a^s} + \frac{1}{(a+1)^s} + \frac{1}{(a+2)^s} + \ldots$$

On a, comme vous savez,

$$R(a, s) = \frac{1}{\Gamma(s)} \int_0^\infty \frac{e^{-ax} x^{s-1}\, dx}{1 - e^{-x}},$$

mais il existe une autre formule dont je fais usage, et que je tire de la relation donnée par Abel

$$f(a) + f(a+1) + \ldots$$
$$= \int_a^\infty f(x)\, dx + \frac{1}{2} f(a) + \int_0^\infty \frac{f(a - ix) - f(a + ix)}{i(e^{2\pi x} - 1)} dx.$$

Soit

$$f(x) = \frac{1}{x^s};$$

on en conclut l'expression suivante, qui est d'une grande importance,

$$(1) \quad R(a, s) = \frac{1}{(s-1) a^{s-1}} + \frac{1}{2 a^s} + \int_0^\infty \frac{(a - ix)^{-s} - (a + ix)^{-s}}{i(e^{2\pi x} - 1)} dx.$$

Elle conduit, en effet, à l'extension à tout le plan de la série qui n'a d'existence qu'autant que la variable s est supérieure à l'unité. Elle montre que cette série donne naissance à une fonction uniforme, si l'on convient de prendre dans l'intégrale, pour toute valeur de s, ce que l'on nomme *la détermination principale des puissances* $(a - ix)^{-s}$ et $(a + ix)^{-s}$. Elle fait voir encore que cette fonction uniforme a un seul pôle $s = 1$ provenant du terme $\frac{1}{(s-1)a^{s-1}}$; le développement en série

$$\frac{1}{(s-1) a^{s-1}} = \frac{1}{s-1} - \log a + \frac{s-1}{2} \log^2 a + \ldots$$

suffit ensuite pour établir que la différence $R(a, s) - \frac{1}{s-1}$ est une fonction holomorphe. J'observerai en dernier lieu qu'ayant

$$\frac{1}{e^{2\pi x} - 1} = \frac{1}{2\pi} D_x \log(1 - e^{-2\pi x}),$$

on peut écrire au moyen d'une intégration par parties

$$\int_0^\infty \frac{(a-ix)^{-s}-(a+ix)^{-s}}{i(e^{2\pi x}-1)}\,dx$$
$$= -\frac{s}{2\pi}\int_0^\infty [(a-ix)^{-s-1}+(a+ix)^{-s-1}]\log(1-e^{-2\pi x})\,dx,$$

et conclure de cette nouvelle expression

$$R(a,s) = \frac{1}{(s-1)a^{s-1}} + \frac{1}{2a^s}$$
$$-\frac{s}{2\pi}\int_0^\infty [(a-ix)^{-s-1}-(a+ix)^{-s-1}]\log(1-e^{-2\pi x})\,dx,$$

les deux premiers termes, trouvés par M. Lerch, du développement de $R(a, s)$ suivant les puissances croissantes de s. Nous avons, en effet,

$$\frac{1}{(s-1)a^{s-1}} + \frac{1}{2a^s} = \frac{1}{2} - a + s\left[\left(a-\frac{1}{2}\right)\log a - a\right] + \ldots,$$

en négligeant le carré et les puissances supérieures.

Remarquant ensuite que l'intégrale

$$\frac{1}{2\pi}\int_0^\infty [(a-ix)^{-1}+(a+ix)^{-1}]\log(1-e^{-2\pi x})\,dx,$$

revient à la suivante

$$\frac{1}{\pi}\int_0^\infty \frac{a\log(1-e^{-2\pi x})}{a^2+x^2}\,dx,$$

qui est précisément le terme complémentaire changé de signe de la série de Stirling, nous avons l'égalité

$$R(a,s) = \frac{1}{2} - a + s\left[\left(a-\frac{1}{2}\right)\log a - a\right]$$
$$+ s\left[\log\Gamma(a) - \left(a-\frac{1}{2}\right)\log a - a - \log\sqrt{2\pi}\right],$$

et en réduisant

$$R(a,s) = \frac{1}{2} - a + s[\log\Gamma(a) - \log\sqrt{2\pi}].$$

A ce résultat il convient de joindre celui qu'on tire de la formule

$$R(a, s+1) = -\frac{1}{s}D_a R(a,s),$$

en différentiant la relation précédente par rapport à a. Nous obtenons ainsi

$$R(a, s+1) = \frac{1}{s} - \frac{\Gamma'(a)}{\Gamma(a)},$$

ou bien en changeant s en $s-1$, et par conséquent pour des valeurs de la variable voisines de l'unité

$$R(a, s) = \frac{1}{s-1} - \frac{\Gamma'(a)}{\Gamma(a)},$$

comme l'a encore trouvé M. Lerch.

Après ces remarques, j'arrive à la conséquence à tirer de l'équation (1) relativement à la formule d'interpolation. Elle découle de la transformée de l'intégrale

$$\int_0^\infty \frac{(1-ix)^{-s}-(1+ix)^{-s}}{i(e^{2\pi x}-1)}\,dx,$$

qui s'obtient en faisant $x = a \operatorname{tang}\varphi$, et au moyen des égalités

$$1 + i \operatorname{tang}\varphi = \frac{2}{1+e^{-2i\varphi}},$$

$$1 - i \operatorname{tang}\varphi = \frac{2}{1+e^{2i\varphi}}.$$

Cette transformée est, en effet,

$$\frac{1}{2^s a^{s-1}} \int_0^{\frac{\pi}{2}} \frac{(1+e^{2i\varphi})^s - (1+e^{-2i\varphi})^s}{i(e^{2\pi a \operatorname{tang}\varphi}-1)}\,d\varphi,$$

de sorte qu'en faisant pour abréger

$$J_n = \int_0^{\frac{\pi}{2}} \frac{\sin 2n\varphi\, d\varphi}{\cos^2\varphi\,(e^{2\pi a \operatorname{tang}\varphi}-1)},$$

on est amené à la relation suivante

$$(2)\quad R(a, s) = \frac{1}{(s-1)a^{s-1}} + \frac{1}{2a^s} + \frac{1}{2^{s-1}a^{s-1}}\left[\frac{s}{1}J_1 + \frac{s(s-1)}{1.2}J_2 + \ldots\right].$$

C'est l'expression par la formule d'interpolation que j'avais en vue d'obtenir, mais elle suppose essentiellement la convergence du développement de $(1+e^{2i\varphi})^s$, et n'est démontrée que pour des valeurs positives de la variable.

Permettez-moi encore une remarque sur cette question difficile autant qu'importante de la représentation analytique de la fonction R(a, s).

Revenant à la formule

$$R(a, s) = \frac{1}{\Gamma(s)} \int_0^\infty \frac{e^{-ax} x^{s-1}\, dx}{1 - e^{-x}};$$

j'en tire, en y joignant les égalités

$$\frac{1}{(s-1)a^{s-1}} = \frac{1}{\Gamma(s)} \int_0^\infty e^{-ax} x^{s-2}\, dx,$$

$$\frac{1}{a^s} = \frac{1}{\Gamma(s)} \int_0^\infty e^{-ax} x^{s-1}\, dx,$$

la relation suivante

$$R(a, s) - \frac{1}{(s-1)a^{s-1}} - \frac{1}{2a^s} = \frac{1}{\Gamma(s)} \int_0^\infty e^{-ax} x^{s-1} \left(\frac{1}{1-e^{-x}} - \frac{1}{x} - \frac{1}{2} \right) dx.$$

Cela étant, j'emploie en y changeant x en $-x$, la série dont j'ai déjà fait usage, elle devient ainsi

$$\frac{1}{1-e^{-x}} = \frac{1}{x} + \frac{1}{2} + \omega_1(e^{-x} - 1) + \ldots + \omega_n(e^{-x} - 1)^n + \ldots,$$

et au moyen de l'égalité

$$\Delta^n \frac{1}{a^s} = \frac{1}{\Gamma(s)} \int_0^\infty e^{-ax}(e^{-x} - 1)^n x^{s-1}\, dx,$$

j'en conclus immédiatement le nouveau développement

$$\begin{aligned} R(a, s) &= \frac{1}{(s-1)a^{s-1}} + \frac{1}{2a^s} + \omega_1 \Delta \frac{1}{a^s} + \omega^2 \Delta^2 \frac{1}{a^s} + \ldots \\ &= \frac{1}{(s-1)a^{s-1}} + \frac{1}{2a^s} + \frac{1}{2} \Delta \frac{1}{a^s} - \frac{1}{12} \Delta^2 \frac{1}{a^s} \\ &\quad + \frac{1}{24} \Delta^3 \frac{1}{a^s} - \frac{19}{720} \Delta^4 \frac{1}{a^s} + \frac{3}{160} \Delta^5 \frac{1}{a^s} - \ldots \end{aligned}$$

24 août 1900.

Je viens de remarquer qu'une généralisation bien facile de l'intégrale

$$\int_0^\infty \frac{(a - ix)^{-s} - (a + ix)^{-s}}{i(e^{2\pi x} - 1)} dx$$

conduit encore à une application de la formule d'interpolation de Newton. Ne m'étant pas servi, en effet, de la forme particulière de la quantité $\frac{1}{e^{2\pi x}-1}$, il est clair qu'on peut traiter de même l'expression

$$\int_0^\infty \theta(x)[(a-ix)^{-s}-(a+ix)^{-s}]\,dx.$$

Mais afin de ne pas complètement me répéter, je poserai

$$\Theta(s)=\int_0^\infty \theta(x)(a+ix)^{-s}\,dx,$$

et la substitution $x = a \operatorname{tang}\varphi$ donnera

$$\Theta(s)=\frac{1}{2^s a^{s-1}}\int_0^{\frac{\pi}{2}}\frac{\theta(a\operatorname{tang}\varphi)(1+e^{-2i\varphi})^s}{\cos^2\varphi}\,d\varphi,$$

cela étant si l'on écrit

$$J_n = a\int_0^{\frac{\pi}{2}}\frac{\theta(a\operatorname{tang}\varphi)e^{-2ni\varphi}}{\cos^2\varphi}\,d\varphi,$$

nous avons l'égalité

$$(2a)^s\,\Theta(s)=J_0+\frac{s}{1}J_1+\frac{s(s-1)}{1.2}J_2+\ldots$$

qui se trouve établie avec la restriction de s positif. Une remarque maintenant sur les coefficients J_n qui figurent dans cette formule. Le premier J_0 est seul indépendant de a, si l'on suppose, ce que j'admettrai, que la fonction $\theta(x)$ ne contienne pas cette quantité. Nous avons, en effet,

$$\begin{aligned}J_0 &= a\int_0^{\frac{\pi}{2}}\frac{\theta(a\operatorname{tang}\varphi)\,d\varphi}{\cos^2\varphi}\\ &= \int_0^\infty \theta(x)\,dx.\end{aligned}$$

Les autres, comme je vais le faire voir, s'expriment tous explicitement, sous une formule simple, au moyen de

$$\begin{aligned}\Theta(1) &= \int_0^\infty \theta(x)(a+ix)^{-1}\,dx\\ &= \frac{1}{2}(J_0+J_1).\end{aligned}$$

Qu'on fasse en effet pour un moment,

$$\varphi(s) = (2a)^s\,\Theta(s),$$

il est clair que J_n sera la différence finie d'ordre n de cette fonction, pour $s = 0$, en prenant $\Delta s = 1$. Désignant par $n_1, n_2, \ldots$ les coefficients binomiaux, nous aurons donc

$$J_n = \varphi(n) - n_1\,\varphi(n-1) + n_2\,\varphi(n-2) - \ldots + (-1)^n\,\varphi(0),$$

ou bien, si nous renversons l'ordre des termes,

$$(-1)^n J_n = \varphi(0) - n_1\,\varphi(1) + n_2\,\varphi(2) - \ldots + (-1)^n\,\varphi(n).$$

Cela étant, soit

$$\begin{aligned}\Phi(a) &= \int_0^\infty \theta(x)(a+ix)^{-1}\,dx\\ &= \Theta(1);\end{aligned}$$

on en conclura, pour un entier k quelconque,

$$\frac{(-1)^{k-1} D_a^{k-1}\,\Phi(a)}{\Gamma(k)} = \Theta(k)$$

de sorte que nous pourrons écrire

$$\begin{aligned}&n_1\,\varphi(1) - n_2\,\varphi(2) + \ldots + (-1)^{n-1}\,\varphi(n)\\ &\quad = n_1(2a)\,\Phi(a) + n_2(2a)^2\,\frac{D_a\,\Phi(a)}{\Gamma(2)} + \ldots + (2a)^n\,\frac{D_a^{n-1}\,\Phi(a)}{\Gamma(n)}.\end{aligned}$$

J'observerai que le second membre de cette égalité est le coefficient du terme en $\frac{1}{x}$ dans le produit des deux facteurs

$$\Phi(a+x) = \Phi(a) + x\,\frac{D_a\,\Phi(a)}{\Gamma(2)} + \ldots + x^{n-1}\,\frac{D_a^n\,\Phi(a)}{\Gamma(n)},$$

$$\left(1+\frac{2a}{x}\right)^n = 1 + n_1\left(\frac{2a}{x}\right) + n_2\left(\frac{2a}{x}\right)^2 + \ldots + \left(\frac{2a}{x}\right)^n.$$

Nous avons donc la formule

$$(-1)^n J_n = \Phi(0) - F(a),$$

où $F(a)$ représente le résidu correspondant à la valeur $x = 0$, de l'expression

$$\left(1+\frac{2a}{x}\right)^n \Phi(a+x);$$

c'est le résultat auquel je voulais parvenir. En revenant ensuite à $R(a, s)$ et aux coefficients J_n qui figurent dans l'équation (2), on trouve que $(-1)^n J_n$ est le résidu de

$$\left(1+\frac{2a}{x}\right)^n D_x J(a+x),$$

où $J(a)$ est le terme complémentaire de la série de Stirling.

EXTRAIT

D'UNE

LETTRE A M. E. JAHNKE;

PAR M. CH. HERMITE.

Archiv der Mathematik und Physik,
3e s., t. I, 1901, p. 20.

... Vous me permettez peut-être de vous dire dans quel sens je désirerais voir se diriger l'influence, l'action de votre nouvelle publication. L'enseignement, même très élémentaire, peut mettre à profit les œuvres de génie lorsqu'il arrive qu'elles concernent directement son objet.

Prenez, par exemple, l'idée de Dirichlet, à la fois si simple et si profonde, concernant les minima des fonctions linéaires à indéterminées entières, n'est-elle pas exposée avec la théorie des fractions continues?

Bacon de Verulam a dit que l'admiration est le principe du savoir; sa pensée qui est juste en général, l'est surtout à l'égard de notre science, et je m'en autoriserai pour exprimer le désir qu'on fasse, pour les étudiants, la part plus large aux choses simples et belles qu'à l'extrême rigueur, aujourd'hui si en honneur, mais bien peu attrayante, souvent même fatigante, sans grand profit pour le commençant qui n'en peut comprendre l'intérêt. Nos professeurs de lycée consacrent beaucoup de temps à définir laborieusement, péniblement, les racines carrées, cubiques, etc., des nombres entiers, et ne disent rien, parce qu'ils ne peuvent rien dire des racines des équations du troisième, du quatrième degré, etc., à coefficients entiers, qui réclament aussi le droit à l'existence.

Le luxe et la misère sont ici qui se touchent de trop près, et à l'égard des irrationnelles numériques, j'aimerais bien mieux apprendre aux commençants, ce qui agrandirait leur horizon, sans leur demander d'efforts, la démonstration aussi simple qu'élégante de Wantzel que la somme d'un nombre quelconque de radicaux carrés, cubiques, etc., est incommensurable, comme chacun de ses termes.

Je pourrais invoquer bien d'autres exemples, à l'appui de la préférence que je donnerais, en principe et surtout au début, à la science attrayante sur la rigueur, mais en ce moment il me faut vous dire un mot du prochain article auquel j'ai songé, et que, sans mon indisposition, j'aurais rédigé pour vous l'envoyer.

Il aura pour titre : *Sur une équation transcendante*. Il concerne l'équation

$$\tan x = x$$

traitée par Cauchy dans ses anciens exercices, et aura pour objet de démontrer ce que le grand géomètre se borne à énoncer, que toutes les racines sont données par la formule

$$x = \left(n + \frac{1}{2}\right)\pi - \frac{1}{\left(n+\frac{1}{2}\right)\pi} - \frac{2}{3}\frac{1}{\left[\left(n+\frac{1}{2}\right)\pi\right]^3} - \dots,$$

en supposant $n = 0, \pm 1, \pm 2$, etc. Je le généraliserai un peu, en considérant, au lieu de $\tan x = x$, l'équation

$$D_x \frac{\operatorname{sn} x}{x} = 0;$$

ce sera pour répondre à votre bienveillante demande, en attendant mieux....

Paris, 25 novembre 1900.

SUR

UNE ÉQUATION TRANSCENDANTE

PAR M. CH. HERMITE.

Archiv der Mathematik und Physik,
3° s. t. I, 1901, p. 22.

On trouve, dans le premier Volume des *Exercices mathématiques* de Cauchy, un Mémoire d'une grande importance, ayant pour titre : *Sur la nature des racines de quelques équations transcendantes* (*Œuvres*, 2e série, t. VI, p. 354), contenant ce beau résultat que les racines de l'équation $\operatorname{tang} z = z$ sont représentées par la formule

$$z = \frac{(2n+1)\pi}{2} - \frac{2}{(2n+1)\pi} - \frac{2}{3}\left[\frac{2}{(2n+1)\pi}\right]^3 - \frac{13}{15}\left[\frac{2}{2(n+1)\pi}\right]^5 - \frac{146}{105}\left[\frac{2}{(2n+1)\pi}\right]^7 - \ldots,$$

en attribuant à n toutes les valeurs entières positives et négatives. Le rôle de cette équation dans la théorie de la chaleur m'a engagé à en chercher la démonstration, et j'ai remarqué qu'une méthode entièrement élémentaire conduit à une conclusion toute semblable sur la relation plus générale

$$\frac{\operatorname{sn} z}{\operatorname{cn} z \operatorname{dn} z} = z,$$

ou bien

$$\operatorname{sn} z - z D_z \operatorname{sn} z = 0.$$

Je vais l'indiquer en peu de mots dans cette Note.

Soit, à cet effet,

$$F(z) = \operatorname{sn} z - z D_z \operatorname{sn} z;$$

nous aurons, pour la dérivée, l'expression suivante,

$$F'(z) = -zD_z^2 \operatorname{sn} z,$$

qu'on peut mettre sous cette forme,

$$F'(z) = z \operatorname{sn} z(k^2 \operatorname{cn}^2 z + \operatorname{dn}^2 z).$$

Elle fait voir que les racines réelles de la dérivée sont uniquement $z = 0$, qui est racine double, et $z = 2nK$, où $n = \pm 1, \pm 2, \ldots$. J'ajoute qu'ayant

$$F(z + 2nK) = (-1)^n[\operatorname{sn} z - (z + 2nK) D_z \operatorname{sn} z],$$

et, par conséquent, si l'on fait $z = 0$,

$$F(2nK) = (-1)^{n+1} 2nK,$$

il est prouvé que la substitution de deux racines consécutives de la dérivée, dans le premier membre $F(z)$, donne des résultats de signes contraires. L'équation proposée, en outre d'une racine triple qui est nulle, en admet donc une infinité d'autres, toutes réparties entre les deux limites $2nK$ et $(2n+2)K$; ce sont leurs valeurs sous forme de développements en séries, que je me propose maintenant d'obtenir.

Soit, pour cela,

$$z = (2n+1)K - \zeta,$$

on trouve l'équation

$$\frac{\operatorname{cn} \zeta}{\operatorname{dn} \zeta} - [(2n+1)K - \zeta] \frac{k'^2 \operatorname{sn} \zeta}{\operatorname{dn}^2 \zeta} = 0.$$

Cette nouvelle égalité peut encore s'écrire

$$(2n+1)K = \zeta + \frac{\operatorname{cn} \zeta \operatorname{dn} \zeta}{k'^2 \operatorname{sn} \zeta},$$

et nous pouvons alors lui appliquer la série de Lagrange concernant la relation générale

$$\zeta = a + \alpha f(\zeta),$$

lorsqu'on fait la supposition de $a = 0$. Pour cela nous poserons

$$\alpha = \frac{1}{(2n+1)K},$$

nous multiplierons les deux membres par ζ et, en faisant

$$f(\zeta) = \zeta^2 + \frac{\zeta \operatorname{cn}\zeta \operatorname{dn}\zeta}{k'^2 \operatorname{sn}\zeta},$$

nous obtiendrons précisément cette forme analytique, d'où l'on tire

$$\zeta = \alpha f(a) + \frac{\alpha^2 D_a[f^2(a)]}{1.2} + \frac{\alpha^3 D_a^2[f^3(a)]}{1.2.3} + \dots$$

On observera, en en faisant l'application, que la fonction $f(\zeta)$ étant paire, les dérivées d'ordre impair des puissances de $f(a)$ disparaissent pour $a = 0$; la série ne contient donc que des puissances impaires de a, et ses divers termes se calculent sans peine, en partant de l'expression

$$f(a) = a^2 + \frac{a D_a \log \operatorname{sn} a}{k'^2}.$$

Ayant, en effet,

$$\log \operatorname{sn} a = \log a - \frac{(1+k^2)a^2}{2.3} - \frac{(1-16k^2+k^4)a^4}{2^2.3^2.5} - \frac{(1+30k^2+30k^4+k^6)a^6}{3^4.5.7} - \dots,$$

nous en concluons

$$k'^2 f(a) = 1 + \frac{(2-4k^2)a^2}{3} - \frac{(1-16k^2+k^4)a^4}{3^2.5} - \frac{(2+60k^2+60k^4+k^6)a^6}{3^3.5.7} + \dots,$$

et l'on en tire

$$\zeta = \frac{\alpha}{k'^2} + \frac{(2-4k^2)\alpha^3}{3k'^6} + \frac{(13-48k^2+53k^4)\alpha^5}{15k'^{10}} + \dots$$

Il en résulte, pour l'expression des racines de l'équation considérée,

$$\operatorname{sn} z - z \operatorname{cn} z \operatorname{dn} z = 0,$$

la formule

$$z = (2n+1)K - \frac{1}{(2n+1)k'^2K} - \frac{2-4k^2}{3[(2n+1)k'^2K]^3} - \frac{13-48k^2+53k^4}{15[(2n+1)k'^2K]^5} - \frac{2(219-1642k^2+1328k^4-1839k^6)}{315[(2n+1)k'^2K)^7} - \dots,$$

qui donne bien, lorsqu'on fait $k = 0$ et $K = \frac{\pi}{2}$, le résultat de

Cauchy concernant l'équation

$$\operatorname{tang} z = z.$$

C'est dans le problème du refroidissement d'une sphère qu'on la rencontre; elle s'offre aussi dans une question plus élémentaire; quand on cherche les maxima et minima de la fonction $\frac{\sin x}{x}$, et donne lieu alors à une remarque à laquelle je m'arrêterai un moment.

Nous avons, en effet,

$$D_x \frac{\sin x}{x} = \frac{x \cos x - \sin x}{x^2},$$

et l'on voit facilement que les maxima et les minima correspondent aux racines pour lesquelles $\frac{\sin x}{x}$ est positif ou négatif. En désignant les premières par a et les autres par b, on aura ainsi

$$\frac{\sin a}{a} = \frac{1}{\sqrt{a^2+1}},$$

$$\frac{\sin b}{b} = \frac{-1}{\sqrt{b^2+1}}.$$

Nous observerons encore que les maxima formant une suite décroissante, on a, pour des valeurs positives de x, l'inégalité

$$\frac{\sin a}{a} > \frac{\sin(a+x)}{a+x},$$

et l'on trouverait semblablement la relation

$$\frac{\sin b}{b} < \frac{\sin(b+x)}{b+x}.$$

Nous pouvons aussi poser

$$\frac{\sin x}{x} > \frac{\sin \xi}{\xi}$$

entre les limites $x = 0$ et $x = \xi$, cette quantité ξ ne dépassant pas la valeur à laquelle correspond le premier minimum. On peut donc prendre $\xi = \frac{\pi}{2}$, d'où cette limitation

$$\sin x > \frac{2x}{\pi},$$

qu'il n'est pas inutile de joindre à la relation $\sin x < x$, dont il est continuellement fait usage.

J'en donnerai une application en cherchant l'expression du terme complémentaire R_n dans la série élémentaire

$$\sin x = x - \frac{x^3}{\Gamma(4)} + \ldots + (-1)^{n-1} \frac{x^{2n-1}}{\Gamma(2n)} + (-1)^n R_n,$$

où l'on a

$$R_n = \frac{1}{\Gamma(2n)} \int_0^x (x-y)^{2n-1} \sin y \, dy.$$

Attribuons à x une valeur positive quelconque, mais moindre que π, afin que $\sin x$ soit aussi positif; nous pouvons écrire, avec un facteur $\theta < 1$,

$$\int_0^x (x-y)^{2n-1} \sin y \, dy = \theta \int_0^x (x-y)^{2n-1} y \, dy = \theta \frac{x^{2n+1}\,\Gamma(2n)}{\Gamma(2n+2)},$$

et l'on en conclut

$$R_n < \frac{x^{2n+1}}{\Gamma(2n+2)}.$$

Limitons davantage la valeur de x, et supposons $x < \frac{\pi}{2}$; l'inégalité précédente

$$\sin x > \frac{2x}{\pi}$$

donnera la relation

$$\int_0^x (x-y)^{2n-1} \sin y \, dy > \frac{2}{\pi} \int_0^x (x-y)^{2n-1} y \, dy,$$

et l'on en conclut

$$R_n > \frac{2}{\pi} \frac{x^{2n+1}}{\Gamma(2n+2)}.$$

Pour obtenir un résultat semblable à l'égard de $\cos x$, nous partirons de l'égalité

$$\cos x = 1 - \frac{x^2}{\Gamma(3)} + \ldots + (-1)^{n-1} \frac{x^{2n-2}}{\Gamma(2n-1)} + (-1)^n R_n$$

et de la formule

$$R_n = \frac{1}{\Gamma(2n-1)} \int_0^x (x-y)^{2n-2} \cos y \, dy.$$

Nous aurons ainsi

$$R_n < \frac{x^{2n}}{\Gamma(2n+1)}$$

et

$$R_n > \frac{2}{\pi} \frac{x^{2n}}{\Gamma(2n+1)},$$

limitations assez voisines, en remarquant que le facteur $\frac{2}{\pi}$ est peu différent de l'unité.

Je remarquerai, en dernier lieu, qu'aux conditions dont je viens de faire usage,

$$\sin x < x,$$

$$\sin x > \frac{2x}{\pi},$$

on peut encore joindre les suivantes :

$$\operatorname{tang} x > x,$$

$$\operatorname{tang} x < \frac{4x}{\pi},$$

la seconde supposant $x < \frac{\pi}{4}$.

Paris, 17 décembre 1900.

SULLE FRAZIONI CONTINUE

NOTA DI CH. HERMITE (PARIGI).

Le Matematiche pure ed applicate, t. I, 1901, p. 1.

... Oggetto della teoria delle *Frazioni continue* di è lo stabilire che il processo Euclideo per ottènere la massima commune misuro di due grandezze, conduce ad una rappresentazione approssimata del loro rapporto mediante una serie di frazioni $\frac{m}{n}$, e tale che l'errore sia, in valore assoluto, minore di $\frac{h}{n^2}$.

Questo risultato, che è della massima importanza nell'analisi, richiede lo studio dell'algoritmo dedotto dal processo Euclideo, della lege di formazione delle ridotte e loro proprietà, e ci si offre quale conclusione della teoria.

Devesi peró al *Dirichelet* un metodo semplice ed elegante per giungervi direttamente, *a priori*, e che schiude la via ad altri metodi di approssimazione delle grandezze irrazionali.

Tale metodo è di un cosi alto interesse sotto questo titolo, che mi sembra necessario introdurlo nell'insegnamento; tanto più che la questione si troverà illuminata da luce più viva si sarà trattata sotto due punti di vista. È con questo scopo che io presenteró con qualche leggiera modificazione il metodo del grande Geometra.

Sia a una grandezza qualunque, reale e positiva, n, un numero arbitrario. Indicando con $\mathrm{E}(x)$ il più grande numero intero contenuto in x, considero le n espressioni,

$$n[a - \mathrm{E}(a)], \quad n[2a - \mathrm{E}(2a)], \quad \ldots, \quad n[na - \mathrm{E}(na)],$$

che sono tutte minori di n. Si potranno presentare due casi : la parte intera di una di tali grandezze è nulla; due fra di esse hanno parte intera.

Nel primo caso si ha

$$n[ka - E(ka)] = \varepsilon,$$

essendo $k < n$ ed ε positivo minore dell'unità.

Se poniamo $k' = E(ka)$, ne concludiamo l'approssimazione

$$a = \frac{k'}{k} + \frac{\varepsilon}{kn}.$$

Nel secundo caso tale approssimazione è differenza delle due espressioni

$$n[ga - E(ga)], \quad \text{ed} \quad n[ha - E(ha)],$$

ed è, in valore assoluto, minore dell'unità.

Supponiamo $g > h$ e facciamo,

$$k = g - h, \qquad k' = E(ga) - E(ha).$$

Otteniamo la seguente eguaglianza :

$$n[ka - k'a] = \eta.$$

Ma allora η è necessariamente negativo, giacchè altrimenti si ritrova appunto la condizione che si è esclusa, assendo $g - h$ minore di n.

Sia $\varepsilon = -\eta$; se ne deduce

$$a = \frac{k'}{k} - \frac{\varepsilon}{kn}.$$

Al primo caso appartiene dunque l'approssimazione per diffetto, al secondo l'approssimazione per eccesso, sotto la forma analitica che dà la teoria delle frazioni continue.

Gennaio, 1901.

N. B. — Prochainement (¹) je vous enverrai quelques remarques complémentaires, et une petite Note sur le *Produit d'une série quelconque par l'exponentielle* e^{-x}.

(¹) Hermite est mort le 14 janvier 1901. L'article qui précède paraît être le dernier qu'il ait écrit. E. P.

EXTRAIT D'UNE LETTRE DE M. HERMITE A M. LERCH.

SUR LA FONCTION $\Gamma(x)$.

Bulletin international de Prague, 1895, p. 214-219.

Paris, le 7 novembre 1894.

... J'ai vérifié comme il suit la formule de développement de $D_x \log \Gamma(x)$ que vous avez obtenue à ma grande joie,

$$D_x \log \Gamma(x) \sin \pi x + \frac{\pi}{2} \cos \pi x + [\log 2\pi - \Gamma'(1)] \sin \pi x$$
$$= \sum \log \frac{n}{n+1} \sin(2n+1)\pi x.$$

Et d'abord en multipliant par $2 \sin(2n+1)\pi x$, j'observe que l'intégrale du premier membre, de $x = 0$ à $x = 1$, se réduit à la quantité

$$(1) \qquad \int_0^1 2 \sin \pi x \sin(2n+1)\pi x \, d \log \Gamma(x)$$
$$= \int_0^1 \cos 2n\pi x \, d \log \Gamma(x) - \int_0^1 \cos(2n+2)\pi x \, d \log \Gamma(x).$$

Mais on a la formule

$$D_x \log \Gamma(x) = \int_{-\infty}^0 \left(\frac{e^{xy}}{e^y - 1} - \frac{e^y}{y} \right) dy$$

et il suffit d'employer l'expression suivante

$$\int_0^1 \frac{\cos 2n\pi x \, e^{xy}}{e^y - 1} dx = \frac{y}{y^2 + (2n\pi)^2}$$

et celle qui en résulte en changeant n en $n+1$, pour voir que le second membre de l'équation (1) est simplement

$$\int_{-\infty}^{0}\left[\frac{y}{y^2+(2n\pi)^2}-\frac{y}{y^2+(2n+2)^2\pi^2}\right]dy$$

Cela étant je remarque que l'on a

$$\int_{-\lambda}^{0}\frac{y\,dy}{y^2+(2n\pi)^2}=\frac{1}{2}\log\frac{(2n\pi)^2}{\lambda^2+(2n\pi)^2},$$

de sorte qu'en définitive il ne reste qu'à supposer λ infini, dans l'expression

$$\frac{1}{2}\log\left[\frac{\lambda^2+(2n+2)^2\pi^2}{\lambda^2+(2n\pi)^2}\,\frac{(2n\pi)^2}{(2n+2)^2\pi^2}\right],$$

et la limite donne bien votre résultat $\log\dfrac{n}{n+1}$.

On doit exclure le cas de $n=0$ dans ce qui précède, mais ce cas m'a particulièrement intéressé et je vais y revenir. Nous avons alors

$$2\int_{0}^{1}\sin^2\pi x\,d\log\Gamma(x)=\Gamma'(1)-\log 2\pi,$$

puis si l'on remplace $2\sin^2\pi x$ par $1-\cos 2\pi x$,

$$\int_{-\infty}^{0}\left[\frac{1-e^y}{y}-\frac{y}{y^2+4\pi^2}\right]dy=\Gamma'(1)-\log 2\pi.$$

C'est une valeur de la constante d'Euler tout autre que l'intégrale

$$\int_{-\infty}^{0}\left[\frac{e^y}{e^y-1}-\frac{e^y}{y}\right]dy,$$

et qui se rattache au logarithme intégral.

PRÉFACE D'HERMITE

A L'OUVRAGE DE VALSON :

LA VIE ET LES TRAVAUX DU BARON CAUCHY.

Nous espérons que les amis des sciences mathématiques n'accueilleront point sans intérêt ce long et consciencieux travail, consacré à une révision générale des travaux de Cauchy. La place si considérable qu'occupe l'illustre Géomètre dans la science de notre temps et l'importance des découvertes qui doivent sortir encore des méthodes et des théories qu'il a fondées, feraient sans doute désirer vivement une publication intégrale de ses Œuvres, éparses dans les *Comptes rendus de l'Académie des Sciences* et autres Recueils. Mais en attendant que le nom de Cauchy, l'immortel honneur de la science française, revive dans une telle publication, comme ceux de Laplace et de Lagrange, M. Valson aura rendu un important service, en donnant un guide qui permette ou facilite les recherches dans la multitude de ses écrits. Le dévouement à la mémoire du grand Géomètre pouvait seul inspirer un tel travail; nous ne doutons point qu'il ne soit reçu avec reconnaissance par tous ceux auxquels cette mémoire est restée chère.

PRÉFACE D'HERMITE

A L'OUVRAGE DE MM. APPELL ET GOURSAT :

THÉORIE DES FONCTIONS ALGÉBRIQUES.

Le Mémoire de Puiseux sur les fonctions algébriques, publié en 1854, a ouvert le champ de recherches qui a conduit aux grandes découvertes mathématiques de notre époque. Ces découvertes ont donné à la science du Calcul des principes nécessaires et féconds qui, jusqu'alors, lui avaient manqué ; elles ont remplacé la notion de fonction, restée obscure et incomplète, par une conception précise qui a transformé l'Analyse en lui donnant de nouvelles bases. Puiseux a le premier mis en complète lumière l'insuffisance et le défaut de ce point de vue où l'on se représentait, à l'image des polynomes et des fractions rationnelles, les irrationnelles algébriques et toutes les quantités en nombre infini qui ont leur origine dans le Calcul intégral. En suivant la voie de Cauchy, en considérant la succession des valeurs imaginaires, les chemins décrits simultanément par la variable et les racines d'une équation, l'éminent géomètre a fait connaître, dans ses caractères essentiels, leur nature analytique. Il a découvert le rôle des points critiques, et les circonstances de l'échange des valeurs initiales des racines, lorsque la variable revient à son point de départ, en décrivant un contour fermé comprenant un ou plusieurs de ces points. Il a poursuivi les conséquences de ces résultats dans l'étude des intégrales de différentielles algébriques. Il a reconnu que les divers chemins d'intégration donnent naissance à des déterminations multiples, ce qui l'a conduit à l'origine, jusqu'alors restée entièrement cachée, de la périodicité des fonctions circulaires, des fonctions elliptiques, des transcendantes à plusieurs variables définies par Jacobi comme fonctions inverses des intégrales hyperelliptiques.

Aux travaux de Puiseux succèdent, en 1857, ceux de Riemann accueillis par une admiration unanime, comme l'événement le plus considérable dans l'Analyse de notre temps. C'est à l'exposition de l'œuvre du grand géomètre, des recherches et des découvertes auxquelles elle a donné lieu qu'est consacré cet Ouvrage.

Une conception singulièrement originale leur sert de fondement, celle des surfaces auxquelles est attaché le nom de l'inventeur, formées de plans superposés, en nombre égal au degré d'une équation algébrique, et reliés par des lignes de passage, qu'on obtient en joignant d'une certaine manière les points critiques. L'établissement de ces lignes est une première question de grande importance, rendue depuis, beaucoup plus simple et plus facile par un beau théorème de M. Luroth. S'offre ensuite la notion des surfaces connexes, de leurs ordres de connexion, les théorèmes sur l'abaissement par des coupures des ordres de connexion, puis la formation du système canonique des coupures qui ramènent la surface à être simplement connexe. De ces considérations profondes et délicates résulte une représentation géométrique, qui est un instrument de la plus grande puissance pour l'étude des fonctions algébriques. Il serait trop long de rappeler toutes les découvertes portant l'empreinte du plus grand génie mathématique, auxquelles elle conduit Riemann; j'en indiquerai seulement quelques-unes.

Longtemps avant les travaux de Puiseux, les points critiques s'étaient offerts dans la théorie des courbes algébriques, leur nombre déterminant la classe, ou bien le degré de l'équation de la polaire réciproque. On avait reconnu que la classe d'une courbe s'abaisse lorsqu'elle a des points multiples et qu'alors des points d'inflexion disparaissent, mais ces résultats si intéressants restaient dans le domaine de la géométrie. Riemann joint la Géométrie à l'Analyse, en leur donnant une notion nouvelle et féconde, celle des substitutions où les coordonnées s'expriment en fonctions rationnelles de deux variables, ces variables étant aussi des fonctions rationnelles des coordonnées. Tantôt on a égard à l'équation de la courbe, on les nomme alors *substitutions birationnelles;* tantôt on en fait abstraction, on les appelle dans ce cas *substitutions de Cremona*, pour rappeler les beaux travaux que leur a consacrés l'illustre géomètre. Les équations en nombre infini qui se déduisent de l'une d'elles par ces transformations sont regardées comme équivalentes, leur ensemble forme une classe, et elles ont toutes un élément commun ayant le rôle d'invariant. C'est un nombre entier que Riemann nomme le *genre* de la courbe et désigne par p; il est lié au nombre des points critiques n, et au degré m, par l'égalité $n = 2(m + p - 1)$.

La conception de classe des équations algébriques, celle du genre et la relation qu'on vient de donner comptent parmi ses plus mémorables découvertes; elles ont conduit à ce résultat imprévu, que les points multiples, qu'on n'avait encore considérés qu'en géométrie, ont en Analyse un rôle capital, comme éléments caractéristiques des propriétés fondamentales des fonctions algébriques. On a, en effet, ce beau théorème, que les équations d'une même classe se ramènent à une équation normale de degré $p + 2$, ayant un nombre de points doubles égal à $\frac{1}{2}p(p - 1)$. En prenant l'énoncé sous la forme simple qui est due à M. Nöther, et où n'entrent que des points doubles à tangentes séparées, j'en rappelle quelques conséquences.

Supposons que p soit nul, l'équation normale est du second degré, ses coordonnées sont des fonctions rationnelles d'un paramètre : il en est donc de même pour toutes les courbes du genre zéro, qui ont le plus grand nombre possible de points doubles pour un degré donné. Ce sont les courbes antérieurement étudiées par M. Cayley, et auxquelles l'illustre géomètre a donné le nom, généralement adopté, d'*unicursales*. Supposons ensuite $p = 1$ et $p = 2$, ce nombre maximum sera successivement diminué d'une ou de deux unités; il faudra alors s'adjoindre la racine carrée d'un polynome du quatrième ou du sixième degré par rapport à la variable auxiliaire. Les expressions obtenues par cette voie s'appliquent d'abord à l'intégration des fonctions algébriques de genre p, c'est-à-dire de fonctions rationnelles de la variable et de la racine d'une équation de ce genre. Pour $p = 0$, ces quantités s'obtiennent sous forme finie; pour $p = 1$, elles se ramènent aux intégrales elliptiques; on voit ainsi quelle extension prend la méthode fondée sur l'emploi des substitutions, dont l'usage était auparavant si restreint. Mais c'est dans un autre ordre de questions, dans le théorème d'Abel tout d'abord, que la notion du genre se montre avec toute sa portée et sa puissance.

Abel avait fait la découverte capitale qu'une somme d'un nombre quelconque d'intégrales à limites arbitraires, de la même fonction algébrique, s'exprime par un nombre fixe d'intégrales semblables auxquelles s'ajoute une quantité algébrique et logarithmique.

Riemann établit que ce nombre est le genre de la fonction; il complète ainsi l'œuvre d'Abel et donne à son théorème sa forme définitive par un énoncé d'un simplicité frappante. En même temps et au moyen de considérations géométriques, il parvient à la définition des intégrales de première, de deuxième et de troisième espèce, sous un point de vue entièrement nouveau, qui n'est plus celui de la théorie des fonctions elliptiques et démontre qu'il existe p intégrales de première espèce et p intégrales de seconde espèce, linéairement indépendantes. On sait que ce mémorable théorème d'Abel a ouvert, avec la théorie des fonctions elliptiques, le champ de l'Analyse moderne. Jacobi lui découvre, comme il le dit, son véritable sens, en généralisant le problème de l'inversion de l'intégrale elliptique, et definissant les fonctions de plusieurs variables à périodicité multiple qui ont un théorème d'addition comme les fonctions elliptiques. Göpel et Rosenhain résolvent les premiers la question de l'inversion dans le cas de l'intégrale hyperelliptique du premier ordre; M. Weierstrass ensuite la traite pour les intégrales d'ordre quelconque et obtient l'expression générale des nouvelles transcendantes. Les découvertes de l'illustre analyste, dans une question hérissée des difficultés ardues propres aux fonctions de plusieurs variables, se placent parmi les plus importantes et les plus belles qui aient été faites en Analyse. A ses travaux succèdent ceux de Riemann : le problème de l'inversion des intégrales de fonctions algébriques est alors traité dans toute sa généralité, et ce sont de nouveau les fonctions holomorphes à un nombre quelconque de variables, analogues à la transcendante Θ de Jacobi, qui en donnent la solution. Mais le grand géomètre part d'autres principes et suit la voie qui lui est propre; il emploie la marche de la variable sur la surface formée de plans multiples superposés, les lignes de passage entre ces plans, le système des coupures par lesquelles elle est rendue simplement connexe; il tire de ces méthodes originales et profondes d'admirables découvertes.

Les auteurs de ce Livre ont eu pour but d'enseigner ces découvertes : ils se sont proposé d'ouvrir un accès facile aux considérations nouvelles qui en sont le principe; ils se sont attachés à donner des explications détaillées sur la construction des surfaces de Riemann, sur la notion de connexion, à familiariser avec l'emploi des coupures, qui ont remplacé les lacets de Puiseux, dans l'intégration des fonctions algébriques.

Les plus simples de ces fonctions, qui dépendent de la racine carrée d'un polynome, et la surface à deux feuillets correspondant à cette racine sont considérées en premier lieu; leur étude sert de préparation aux théories générales. En suivant cette marche et commençant par un cas particulier, on demande moins d'efforts pour acquérir l'intelligence de méthodes abstraites et délicates, et la difficulté est diminuée pour les aborder ensuite dans toute leur étendue. Dès le début, la notion du genre est donnée sous le point de vue entièrement élémentaire où s'est placé M. Weierstrass, la relation simple entre le genre et le nombre des lignes de passage s'offre alors comme d'elle-même; puis le théorème que sur cette surface les fonctions algébriques considérées sont uniformes avec des discontinuités polaires en nombre fini, et sa réciproque qui est du plus haut intérêt; enfin, en passant de l'Algèbre au Calcul intégral, la définition et les caractères essentiels des intégrales hyperelliptiques des trois espèces. Les mémorables découvertes de Riemann sur ces quantités sont exposées en détail, elles montrent avec éclat la puissance des méthodes qu'il a introduites dans l'Analyse.

Le but essentiel de cet Ouvrage est donc d'initier à ces créations de génie, en exposant avec clarté les questions complexes de connexion, la transformation par des coupures de la surface à deux feuillets en surface simplement connexe, le rôle des coupures comme lignes de discontinuité, cette discontinuité donnant une origine nouvelle aux périodes de Puiseux, nommées *modules de périodicité de l'intégrale*, enfin les relations entre ces modules sur lesquelles se fondent la solution du problème de l'inversion et la définition des intégrales normales. Cette étude des intégrales hyperelliptiques, où se succèdent tant d'idées profondes et fécondes, tant de beaux et importants résultats, est l'enseignement d'un nouvel Art analytique qui se poursuit dans un ordre de questions plus élevées où l'on considère les fonctions algébriques sous le point de vue le plus général. La voie a été éclairée d'avance et s'ouvre plus facile pour le lecteur ; il retrouvera sous un jour plus étendu les mêmes recherches, et l'originalité de la méthode ne sera plus un aussi grand obstacle. Il acquerra aussi la connaissance des recherches récentes, des beaux travaux auxquels s'attachent les noms illustres de Klein, de Clebsch et Gordan, de Brill et Nöther, de Luroth, d'autres encore, qui ont ajouté aux découvertes de Riemann et les ont complétées dans des points essentiels.

Un de ces points consiste à ramener, par une transformation birationnelle, une courbe algébrique, quels que soient ses points multiples, à une autre n'ayant que des points doubles, à tangentes distinctes. Il est traité, d'après une indication recueillie d'Halphen, avec les développements que demande son importance. La recherche des intégrales hyperelliptiques s'exprimant sous forme logarithmique, qui a été aussi le sujet des travaux d'Halphen et de M. Picard, les applications à la Géométrie du théorème d'Abel, si fécondes et si intéressantes, celles qui concernent spécialement les quartiques planes, bien d'autres encore que je ne puis signaler, appellent l'attention du lecteur.

Ce Livre rendra un grand et signalé service aux élèves des Facultés des Sciences, aux jeunes géomètres auxquels il s'adresse, en leur donnant, sans trop d'efforts, la claire vue, l'intelligence complète de l'œuvre mathématique la plus belle de notre époque par la puissance de l'invention. Il les conviera à s'en inspirer et à suivre la trace des auteurs, M. Appell, M. Goursat, et de tant d'autres disciples de Riemann, dont les travaux, qui occupent une place considérable dans l'Analyse de notre époque, sont une application directe et immédiate des méthodes du grand géomètre.

PRÉFACE D'HERMITE

A LA TRADUCTION

DES ŒUVRES DE RIEMANN.

(Paris, Gauthier-Villars, 1898.)

L'œuvre de Bernhard Riemann est la plus belle et la plus grande de l'Analyse à notre époque : elle a été consacrée par une admiration unanime, elle laissera dans la Science une trace impérissable. Les géomètres contemporains s'inspirent dans leurs travaux de ses conceptions, ils en révèlent chaque jour par leurs découvertes l'importance et la fécondité. L'illustre géomètre a ouvert dans l'Analyse comme une ère nouvelle qui porte l'empreinte de son génie. Elle s'ouvre avec un vif éclat par la dissertation inaugurale si célèbre qui porte pour titre : *Principes fondamentaux pour la Théorie générale des fonctions d'une grandeur variable complexe*. Riemann a été, dans cet ordre de recherches, le continuateur de Cauchy; il l'a dépassé, mais la reconnaissance des analystes associe étroitement à ses travaux ceux du premier élaborateur de la Théorie des fonctions, qui avait ouvert la voie et surmonté des obstacles longtemps infranchissables dont l'histoire de la Science a conservé la trace. Les principes de Riemann sont d'une originalité saisissante; ils donnent, comme instrument à l'Analyse, ces surfaces, auxquelles est attaché le nom de l'inventeur, qui sont à la fois une représentation et une force nouvelles; ils mettent en pleine lumière, par les notions profondes de classes et de genres, la nature intime, restée jusqu'alors inconnue, des fonctions algébriques ; ils conduisent à ce nombre extrêmement caché des modules ou des constantes qui appartiennent essentiellement à chaque classe; ils définissent, dans le sens le plus général, les intégrales de première, de deuxième et de troisième espèce. Puis, une éclatante découverte : la solution, au moyen des fonctions Θ généralisées, du problème général de l'inversion de ces intégrales, problème résolu seulement dans des cas particuliers, et au prix des plus grands efforts, par Göpel et Rosenhain, pour les intégrales hyperelliptiques de première classe, et par Weierstrass, pour les intégrales hyperelliptiques d'ordre quelconque. Jamais, dans aucune publication mathématique, le don de l'invention n'était apparu avec plus de puissance, jamais on n'avait admiré autant de belles conquêtes dans les plus difficiles questions de l'Analyse. Ces découvertes ont eu sur le mouvement de la Science une influence qui ne s'est pas fait attendre; par une heureuse fortune, qui a manqué à Cauchy, nos plus éminents géomètres contemporains se sont efforcés à l'envi de développer les principes de Riemann, d'en poursuivre les conséquences et d'appliquer ses méthodes. La notion de l'intégration le long d'une courbe avait été exposée, sous la forme la plus simple et la plus facile, avec de nombreuses et importantes applications qui en montraient la portée, dès 1825, dans un Mémoire de Cauchy ayant pour titre : *Sur les intégrales définies prises entre des limites imaginaires;* mais elle reste dans les mains de l'illustre Auteur; elle n'est connue ni de Jacobi, ni d'Eisenstein, et l'on constate avec regret maintenant combien elle leur a fait défaut; il faut attendre vingt-cinq ans, jusqu'aux travaux de Puiseux, de Briot et Bouquet, pour qu'elle prenne son essor et rayonne dans l'Analyse. La notion profonde des surfaces de Riemann, qui est d'un accès difficile, s'introduit sans retard et domine bientôt dans la Science pour y rester à jamais. Un instant, je me suis arrêté à la *Dissertation inaugurale* et à la *Théorie des fonctions abéliennes* qui suffiraient à immortaliser leur Auteur; mais sur combien d'autres sujets, pendant sa trop courte carrière, se porte le génie du grand géomètre. Dans le Travail *Sur la Théorie des fonctions représentées par la série de Gauss*, il fait connaître, pour la première fois, comment se comportent les solutions d'une équation différentielle linéaire du second ordre, lorsque la variable décrit un contour fermé comprenant une discontinuité, et il parvient comme conséquence à la notion de groupe pour une telle équation. Le Mémoire *Sur le nombre des nombres premiers inférieurs à une grandeur donnée* traite, sous un point de vue tout différent et du plus haut intérêt, une question célèbre qui avait occupé Legendre et Dirichlet. L'idée, entièrement nouvelle, de l'extension à tout le plan d'une quantité qui n'a d'existence que dans une région limitée se trouve déjà dans le précédent Travail; elle sert de fondement, elle joue le principal rôle dans cette recherche arithmétique sur les nombres premiers. Riemann l'applique à une série depuis longtemps considérée par Euler, qui est soumise à une condition déterminée de convergence. La série devient l'origine d'une fonction uniforme, elle donne naissance à une nouvelle transcendante se rapprochant à certains égards de la fonction gamma. C'est un nouveau Chapitre qui s'ajoute ainsi aux théories de l'Analyse et où M. Hadamard et M. von Mangoldt ont trouvé l'origine de leurs belles recherches. Le Mémoire *Sur la propagation d'ondes aériennes planes, ayant une amplitude de vibration finie*, concerne les questions délicates et difficiles auxquelles ont donné naissance les célèbres découvertes de von Helmholtz en Acoustique. Le grand géomètre était aussi un physicien, il connaissait les nouvelles méthodes expérimentales et les plus récents progrès de la Science; il dit cependant, avec cette modestie qui est le fond de son caractère, avoir surtout en vue une question de Calcul concernant les équations aux dérivées partielles. A cet égard, on doit signaler des résultats qui sont toujours de grande importance, une méthode pour la recherche des intégrales des équations linéaires du second ordre, sous la condition qu'elles passent par une courbe donnée, en ayant des plans tangents donnés, puis aussi la notion de l'équation adjointe qui joue un rôle essentiel dans beaucoup de questions intéressantes.

Je m'étendrais trop en voulant encore passer en revue les Mémoires *Sur l'évanouissement des fonctions* Θ, *Sur les surfaces d'aire minima pour un contour donné*, *Sur la possibilité de représenter une fonction par une série trigonométrique;* il serait trop long de faire ressortir la grandeur et la beauté des découvertes, d'en montrer la portée, de parler des nombreux travaux auquels elles ont donné lieu. Je ne ferai que mentionner en quelques mots l'admirable Travail *Sur les hypothèses qui servent de fondement à la Géométrie.*

L'Auteur dépasse infiniment la question du postulatum d'Euclide qui, après des siècles de vaines tentatives, avait trouvé une solution dans les recherches de Lobatscheffsky, de Bolyai, et qu'on a appris, par une publication du plus grand intérêt due à M. Stäckel, avoir été, pendant toute sa vie, l'objet des méditations de Gauss. Riemann aborde la considération de l'espace ou d'une multiplicité à un nombre quelconque de dimensions, il en établit le caractère essentiel consistant en ce que la position d'un point dépend de ce même nombre de variables, et il étudie les mesures dont cet espace est susceptible. C'est tout un monde inconnu, intéressant à la fois le philosophe et le géomètre, que s'ouvre avec une extraordinaire puissance d'abstraction le merveilleux inventeur. Un domaine particulier s'y trouve qui se rapproche des réalités accessibles à notre existence, dans ce sens qu'on y peut déplacer une figure sans altérer ses dimensions et fonder des démonstrations sur la méthode de superposition. Et c'est là que vient s'offrir, pour le cas de deux dimensions, en même temps que la Géométrie de Lobatscheffsky et de Bolyai, où la somme des angles d'un triangle est inférieure à deux droits, celle de Riemann où elle lui est supérieure.

Mettre à la disposition des lecteurs français le riche trésor sur lequel j'ai jeté un coup d'œil a été le but de cet Ouvrage. Il paraît avec l'autorisation de Mme Riemann et de l'éditeur allemand M. B.-G. Teubner. Il est offert à Mme Riemann comme un hommage à une mémoire immortelle et le témoignage de la plus respectueuse, de la plus profonde sympathie.

L'impression s'est faite avec les soins consciencieux que la maison Gauthier-Villars consacre à ses publications mathématiques, et les épreuves ont été revues avec la plus grande obligeance par M. Goursat.

D'illustres disciples du grand géomètre, M. Klein, MM. Weber et Dedekind, M. Minkowski ont encouragé et secondé par leur bienveillant concours le travail du traducteur, M. Laugel. Qu'ils reçoivent l'assurance d'une bien sincère gratitude, et le vœu que les *Œuvres de Riemann* servent de plus en plus, en propageant la gloire du Maître, au progrès, à la marche en avant de la Science !

DISCOURS D'HERMITE

DANS

LA SÉANCE PUBLIQUE DE L'ACADÉMIE DES SCIENCES EN 1889 (¹).

MESSIEURS,

Avant que vous entendiez proclamer les lauréats des prix décernés par l'Académie, j'ai le devoir de rappeler le souvenir de l'illustre doyen de la Section de Chimie, Michel-Eugène Chevreul, que nous avons eu la douleur de perdre le 23 avril.

Il y a trois ans, notre vénéré Confrère célébrait son centenaire. et l'amiral Jurien de la Gravière, digne interprète de nos sentiments, lui avait offert, dans un langage élevé, les félicitations de l'Académie et l'expression de notre respectueuse et profonde sympathie. A cet hommage s'associaient les savants du monde entier pour en faire le couronnement d'une vie d'honneur, illustrée par des découvertes capitales et des travaux que je rappellerai en peu de mots.

C'est de 1813 à 1822 que Chevreul présente à l'Académie ses recherches sur les corps gras d'origine animale, suivies des considérations générales sur l'analyse organique et ses applications. Cet Ouvrage suffirait seul à immortaliser le nom de son auteur. Je rappellerai l'éloge qu'en a fait J.-B. Dumas dans la séance solennelle de la Société d'Encouragement du 10 décembre 1851, en s'adressant dans ces termes à notre Confrère : « Jamais la » puissance de la Science pure, la grandeur des résultats qu'il est » permis d'obtenir par un travail persévérant, n'ont été mises » dans une plus complète évidence.... C'est par centaines de » millions qu'il faudrait compter les produits auxquels vos décou- » vertes ont donné naissance ; la France, l'Angleterre, la Russie, » la Suède, l'Espagne, le monde entier se livre à leur fabrication

(¹) Hermite était en 1889 Vice-Président de l'Académie des Sciences. E. P.

» et trouve dans leur emploi une source nouvelle de bien-être et » de salubrité. » Je n'ajouterai rien aux paroles du grand chimiste, si ce n'est que notre Confrère M. Berthelot a suivi avec éclat la voie nouvelle et féconde qu'ouvraient dans la Science les découvertes de Chevreul.

En 1839 paraît l'Ouvrage sur le contraste simultané des couleurs, entrepris dans une direction bien différente, dont l'auteur indique ainsi l'origine : « Il me fut démontré, dit-il dans la Préface, que » j'avais deux sujets absolument distincts à traiter, pour remplir » le devoir du directeur des teintures de la Manufacture des » Gobelins. Le premier était le contraste des couleurs considéré » dans toute sa généralité, soit sous le rapport scientifique, soit » sous celui des applications; le second, concernant la partie chi- » mique de la teinture. » Ces deux sujets ont été la constante préoccupation de l'illustre savant pendant sa longue carrière. Les recherches chimiques sur la teinture ont donné lieu à quatorze Mémoires, dont le dernier a été publié en 1864, et c'est en 1852 qu'a paru l'exposé d'un moyen de définir et de nommer les couleurs d'après une méthode rationnelle.

Mais ces questions sont bien loin d'être les seules qui aient occupé notre Confrère. Son infatigable activité se portait sur les points les plus variés de la Chimie, sur l'Agriculture, la Physiologie et la Médecine, en faisant une égale part de ses efforts aux applications pratiques et à la plus haute science. A de nombreux Rapports sur les concours du prix des Arts insalubres, les procédés de panification de M. Mège-Mouriès, les allumettes chimiques dites *hygiéniques et de sûreté*, etc., s'ajoutent des travaux qui, ayant la Science pour origine, franchissent ses limites et pénètrent dans le domaine de la Psychologie et de la Philosophie. Ce côté si caractéristique de l'esprit élevé de Chevreul se manifeste déjà dans l'Ouvrage sur la loi du contraste simultané des couleurs, dont les dernières pages contiennent un paragraphe ayant pour titre : « Du jour que l'étude du contraste me paraît susceptible de » répandre dans plusieurs phénomènes de l'entendement. » Qu'on ne s'attende pas à trouver dans le grand chimiste des aperçus ingénieux et brillants qui charment par leur éclat; c'est avec la sévère et froide raison de l'homme de Science que Chevreul parle de l'influence des organes sur l'entendement, des discussions entre deux personnes, des travaux faits solitairement, etc. On voit ensuite s'agrandir et s'élever son élaboration philosophique dans les Ouvrages dont je rappelle les titres : *Lettres à M. Villemain sur la méthode en général et la définition du mot* FAIT ; *Distribution des connaissances humaines du ressort de la Philosophie naturelle; De la méthode* A POSTERIORI *expérimentale et de la généralité des ses applications; De la baguette divinatoire, du pendule explorateur et des tables tournantes*, etc. Le labeur scientifique approfondi contient, il faut le dire, un secret enseignement qui dépasse l'objet de la Science; il a été donné à notre Confrère de le recueillir et de s'en inspirer dans ces études auxquelles il a consacré tant d'efforts. L'Ouvrage sur la baguette divinatoire, le pendule explorateur et les tables tournantes est extrêmement digne d'attention par le bon sens supérieur, la rigoureuse logique avec lesquels sont traitées et jugées des questions obscures et délicates. Chevreul a été l'ami de Guizot, de Villemain et d'Ampère, dont le nom revient souvent dans ses Ouvrages avec le témoignage de l'affection qu'il lui portait. Poinsot, le géomètre philosophe qui écrivait sur les plus importants sujets de la Mécanique dans un langage d'une inimitable clarté, dont il n'a point légué le secret, est l'objet d'une citation tirée du Mémoire célèbre sur la rotation d'un corps autour d'un point fixe. Lagrange revenait aussi dans les entretiens de notre vénéré Confrère; il se plaisait à rappeler que le grand mathématicien, l'emmenant dans sa voiture à une séance de l'Académie, lui montrait avec complaisance les formules régulières d'un de ses Mémoires et leur arrangement symétrique, en lui apprenant que le sentiment de l'art n'est point étranger aux géomètres, et que l'Algèbre a son élégance. Combien de souvenirs d'un temps si éloigné de nous dont un dernier écho nous parvenait dans les conversations de Chevreul, et qu'il a emportés dans la tombe!

Que le savant illustre, le Confrère excellent qui a été si longtemps l'honneur de l'Académie, et dont la Science gardera à jamais la mémoire, reçoive l'hommage de nos regrets et de notre respectueuse affection!

La perte de M. Halphen, qui nous a été enlevé à 44 ans, dans toute la force et l'éclat de son talent, a été un autre coup bien cruel pour l'Académie et pour la Science. Une admiration unanime avait accueilli les travaux qui ont rempli la carrière de notre Confrère et laisseront dans la Science une trace impérissable. Halphen a publié plus de cent Mémoires sur la Géométrie supérieure, l'Algèbre, le Calcul intégral, la Théorie des fonctions elliptiques, la Théorie des nombres. L'un d'eux a remporté le grand prix des Sciences mathématiques en 1880, il a pour objet la réduction des équations différentielles linéaires aux formes intégrables. Un autre, concernant la classification des courbes gauches algébriques, a été couronné par l'Académie des Sciences de Berlin qui, en doublant le prix Steiner, l'a partagé entre notre Confrère et l'un des plus éminents géomètres de l'Allemagne, M. Noëther. Ces travaux, récompensés par d'éclatantes distinctions, sont loin d'être les seuls où brille un talent hors ligne. Je mentionnerai particulièrement, à cause de sa grande importance, le Mémoire sur les points singuliers des courbes algébriques. L'attention s'était portée depuis longtemps sur les particularités qu'offrent ces courbes et qui frappent l'œil, lorsque deux ou plusieurs branches passent par un même point, mais sans qu'on soupçonnât qu'elles se liaient étroitement aux propriétés analytiques les plus essentielles de leurs équations. C'est Riemann qui a reconnu le rôle important des points multiples, et révélé par ses profondes découvertes une correspondance imprévue et du plus haut intérêt entre la Géométrie et les théories abstraites de l'Algèbre et du Calcul intégral. De nombreuses recherches se sont produites dans la voie ouverte par le grand analyste, pour approfondir et élucider beaucoup de points difficiles ; mais la part la plus considérable dans les progrès accomplis appartient au Mémoire de notre Confrère. On y remarque, avec le génie de l'invention, le don si précieux de la clarté, et une conscience scrupuleuse qui ne laisse jamais rien d'incomplet et d'inachevé dans les sujets qu'il traite. Ce mérite des travaux d'Halphen, ce fini dont les œuvres de Gauss et de Jacobi donnent l'admirable exemple, nous le trouvons dans tous ses Mémoires, dont je ne puis faire l'énumération, et qui l'ont mis au rang le plus élevé parmi les géomètres de notre temps. Je laisse à regret de côté ceux qui ont pour objet la Théorie des caractéristiques pour les coniques, les courbes analogues aux développées, les invariants différentiels, la Théorie des fonctions elliptiques et la Théorie des nombres. Mais je dois rappeler le Traité des fonctions elliptiques et de leurs applications, l'œuvre à laquelle il a consacré les plus grands efforts et dont les deux premiers Volumes ont paru en 1886 et 1888. La mort l'a frappé lorsqu'il travaillait avec ardeur à exposer la théorie de la transformation et des équations modulaires, la multiplication complexe et les applications arithmétiques qui devaient former le troisième Volume. Cet Ouvrage et les nombreux travaux qui ont illustré le nom d'Halphen laisseront à jamais leur trace dans la Science. La Science n'a point seule rempli la vie de notre Confrère. En 1871, quelques années après sa sortie de l'École Polytechnique, il a combattu comme lieutenant d'artillerie à l'armée du Nord. A peine rétabli d'une fracture de la clavicule, causée par une chute de cheval, il part malgré son médecin ; il est au feu à Pont-Noyelles où il est décoré, puis à Bapaume, à Saint-Quentin. Il prend part, avec le grade de capitaine, au second siège de Paris ; il a l'honneur d'être mentionné dans le récit qui a été fait de la campagne de l'armée du Nord par son héroïque commandant en chef : « La batterie Halphen, » dit le général Faidherbe, avait pris une excellente position à la » gauche de Francilly, et y a combattu d'une manière remarquable » pendant toute la journée. » Le mérite du savant, le don mathématique n'excluent donc point l'esprit militaire, et depuis l'époque où Laplace disait à Napoléon : « Sire, un des plus beaux examens » que j'aie jamais vu passer dans ma vie est celui de votre aide de » camp, le général Drouot », Halphen, Faidherbe, après tant d'autres, ont été fidèles à la double mission de l'École Polytechnique et ont continué ses glorieuses traditions. N'y a-t-il pas effectivement, dans les habitudes de l'intelligence, dans cette nature particulière que crée l'enseignement de notre grande École, une liaison morale, une concordance avec les qualités du soldat? Une rigoureuse discipline de l'esprit prépare aux devoirs militaires, et l'on ne peut douter que les études mathématiques contribuent à former cette faculté d'abstraction indispensable au chef pour se faire une représentation intérieure, une image de l'action par laquelle il se dirige en oubliant le danger, dans le tumulte et l'obscurité du combat.

La mort si prématurée d'Halphen, qui a succombé le 23 mai à une maladie causée par l'excès du travail, a produit une émotion générale et profonde, et nos regrets, qui étaient un hommage à ses rares et belles qualités autant qu'à son mérite de savant, ont été partagés par le monde mathématique. M. Brioschi, président de l'Académie royale des Lincei à Rome, s'est fait l'interprète de nos sentiments en annonçant à l'illustre Société la perte de la Science française, et en rappelant avec sympathie les travaux de notre Confrère ainsi que les principales circonstances de sa vie. A Versailles, au jour de ses obsèques, M. le colonel Brunet du 11e régiment d'artillerie, où Halphen était chef d'escadron, a retracé sa carrière et exprimé dans une allocution touchante les regrets qu'il a laissés à ses compagnons d'armes, à ses amis, à tous les admirateurs de son talent.

Un nouveau deuil, qui est bien récent, vient encore d'impressionner douloureusement l'Académie. M. Phillips, pour qui nous avions autant d'affection que d'estime, nous a été enlevé, après une courte maladie, le 13 de ce mois.

La carrière scientifique de notre Confrère s'était ouverte par un Mémoire sur un nouveau traitement métallurgique des minerais de cuivre, fait en commun avec Rivot, et qui a été l'objet d'un Rapport favorable de Pelouse et Dufrénoy en 1847. Rivot devait occuper avec une grande supériorité la chaire de Docimasie de l'École des Mines, et consacra sa trop courte vie à cette Science; son collaborateur, abandonnant le laboratoire, s'est ouvert une autre voie et a entrepris avec ardeur les recherches de Mécanique appliquée qui l'ont conduit à l'Académie des Sciences. La clarté, la précision, le sens pratique sont les éminentes qualités de tous les travaux de notre Confrère. Phillips est surtout un éminent ingénieur. Je rappellerai, parmi ses nombreux Mémoires, ceux qui concernent les ressorts en acier employés dans la construction des voitures et wagons, la coulisse de Stephenson, le calcul de la résistance des solides soumis à l'action d'une charge en mouvement, le spiral réglant des chronomètres. Le travail relatif à la coulisse de Stephenson, qui sert à conduire le tiroir de distribution des machines locomotives, montre un talent mathématique extrêmement distingué. L'auteur tire de la théorie des centres instantanés de rotation une méthode graphique simple et élégante, puis des formules devenues d'un emploi continuel, pour déterminer la position de la coulisse correspondant à celle des excentriques. Il évite ainsi, en obtenant une approximation très suffisante, les insurmontables difficultés des équations différentielles dont dépend le mouvement d'un organe de machine conduit par plusieurs pièces articulées. Mais il aborde avec hardiesse l'intégration d'un système d'équations simultanées aux dérivées partielles, dans la question du calcul de la résistance des solides prismatiques soumis à l'action d'une charge en mouvement, et parvient par cette voie ardue à des résultats pratiques pour le calcul des dimensions de pièces qui entrent dans un grand nombre de constructions modernes. Phillips n'est pas moins habile analyste dans ses recherches sur le spiral réglant des chronomètres et des montres, qui sont sans doute son œuvre la plus remarquable et la plus importante. On sait que l'emploi d'un ressort pour déterminer les oscillations du balancier est dû à Huygens, qui lui a donné la forme d'une spirale plate. Pierre Leroy a ensuite employé dans les chronomètres le spiral cylindrique, et c'était par le tâtonnement que les constructeurs obtenaient les courbes finales de ces ressorts, de manière à assurer autant que possible l'isochronisme des oscillations. Notre Confrère, par une application savante des théories de la Mécanique rationnelle, a substitué à ces tâtonnements des règles précises, maintenant consacrées par l'expérience, en réalisant ainsi un des plus grands progrès obtenus à notre époque dans la Chronométrie. Je ne m'étendrai pas davantage sur tous les travaux qui ont honoré le nom de Phillips, je ne fais que rappeler sa carrière d'ingénieur et son enseignement qui, pendant tant d'années, a rendu les plus éminents services à l'École Centrale et à l'École Polytechnique. Notre Confrère joignait la bonté et les plus aimables qualités au mérite scientifique : son souvenir nous reste, environné d'affection et de regrets.

L'Académie a reçu, dans sa séance du 25 février, une Communication qui l'a vivement intéressée et que je dois rappeler en ce moment. Nous apprenions de M. Mittag-Leffler, membre de l'Académie des Sciences de Stockholm et rédacteur en chef des *Acta mathematica*, que notre Confrère M. Poincaré avait obtenu le prix institué par S. M. le Roi de Suède et de Norvège, auquel tous les géomètres de l'Europe étaient appelés à concourir, pour être décerné à l'occasion du soixantième anniversaire de sa naissance. Nous étions aussi informés qu'une seconde récompense, consistant en une médaille d'or, avec l'inscription : *In mi memoriam*, était accordée par le Roi à M. Appell, professeur à la Sorbonne.

Le Mémoire de M. Poincaré, qui a pour titre : *Sur le problème des trois corps et les équations de la Dynamique*, est d'une importance capitale pour la Mécanique céleste et ajoutera encore à l'estime de tous les géomètres que notre Confrère s'est acquise par de grandes et belles découvertes. Voici tout d'abord un résultat qui appelle au plus haut point l'attention. Il a été rigoureusement établi par M. Poincaré que les séries dont on a fait usage jusqu'ici dans le calcul des perturbations sont divergentes et ne peuvent être employées pour un temps illimité. Ces développements présentent en effet le caractère analytique singulier dont la série de Stirling a donné le premier exemple, et qu'un travail classique de Cauchy a mis en pleine lumière. De même que cette série célèbre, les premiers termes forment une suite convergente dont on tire des résultats numériques suffisamment exacts dans la pratique, mais il faut renoncer à s'en servir dans les questions où le temps doit recevoir de grandes valeurs comme celle de la stabilité du système du monde. La confiance donnée à tort aux développements en série de la Mécanique céleste a été néanmoins extrêmement utile, on pourrait même dire nécessaire, et ce n'est pas le seul exemple à citer du rôle bienfaisant de l'erreur dans les Mathématiques. Mais, l'erreur reconnue, il fallait ouvrir une voie nouvelle dans l'étude du problème des trois corps, et c'est là que le talent de M. Poincaré s'est montré avec éclat. En poursuivant des recherches antérieures, notre Confrère a appliqué à cette question fondamentale de la Mécanique céleste les méthodes originales et fécondes qui lui avaient servi à construire les courbes définies par les équations différentielles. Il parvient ainsi à démontrer rigoureusement l'existence de deux genres de solutions d'une nature bien différente. Sous certaines conditions, le mouvement sera périodique ; dans d'autres cas, les trajectoires des trois corps, d'abord très peu différentes d'une orbite périodique, s'en éloignent de plus en plus, et il peut arriver qu'après s'en être écartées beaucoup elles s'en rapprochent ensuite de plus en plus. Enfin, sous des conditions qu'il serait trop long d'énoncer, on peut affirmer que les trois corps repassent une infinité de fois, aussi près qu'on le veut de leurs positions initiales. Je n'arrêterai pas l'attention plus longtemps sur ces profondes recherches qui ouvrent les perpectives les plus étendues à la Mécanique céleste et appelleront longtemps encore les efforts des géomètres.

Le Mémoire de M. Appell, sur les intégrales des fonctions à multiplicateurs et leurs applications au développement des fonctions abéliennes en série, est également digne du plus haut intérêt. M. Appell a ouvert un champ nouveau dans la théorie des fonctions d'une variable, en donnant l'origine d'une catégorie de transcendantes, douées de propriétés extrêmement remarquables, dont il a fait une étude approfondie et qui sont appelées à jouer un grand rôle. C'est, à notre époque, un des plus importants résultats de l'Analyse que ces découvertes de nouvelles fonctions auxquelles s'attachent les noms illustres d'Abel et de Jacobi, de Göpel, de Rosenhaim, de Weierstrass et Riemann. M. Appell s'est surtout inspiré de Riemann; son beau Mémoire, ceux de M. Poincaré sur les fonctions fuchsiennes, d'autres travaux français encore continuent l'œuvre de ces grands géomètres.

DISCOURS D'HERMITE

DANS

LA SÉANCE PUBLIQUE DE L'ACADÉMIE DES SCIENCES EN 1890 (¹).

Messieurs,

La Science crée entre ceux qui s'y consacrent des sentiments d'estime et d'affection qui nous imposent le devoir de rappeler en ce moment la mémoire de nos Confrères dont la mort nous a séparés, les souvenirs qu'ils nous laissent, les travaux qui ont rempli et honoré leur carrière.

M. Peligot, que nous avons eu le malheur de perdre le 15 avril, appartenait à l'Académie depuis trente-huit ans, comme Membre de la Section d'Économie rurale : il était l'un des plus anciens et des plus aimés parmi nous. Nous honorions en lui le rare exemple de l'illustration scientifique acquise par d'importantes découvertes et de services éminents rendus dans de hautes fonctions administratives. Peligot a été l'un des principaux chimistes de son temps, et il a occupé à la Monnaie les emplois de vérificateur, d'administeur et de directeur des essais. C'est là que, après Gay-Lussac et Pelouze, il a passé de longues années, partageant son temps entre le service journalier du laboratoire, et de difficiles recherches sur de nouveaux alliages, destinés à une refonte éventuelle de nos monnaies d'or et d'argent. Les plus hautes distinctions ont été la récompense des études de notre Confrère sur ces questions d'une importance capitale, et jamais elles n'ont été mieux méritées. Mais ces travaux étaient loin de suffire à son activité : Peligot occupait en même temps, avec le plus grand éclat, les chaires de Chimie du Conservatoire des Arts et Métiers et de l'École Centrale. Pendant quarante-deux ans à l'École Centrale et quarante-cinq ans au Conservatoire des Arts et Métiers, notre Confrère a enseigné sans

(¹) Hermite était en 1890 Président de l'Académie des Sciences. E. P.

interruption tous les principes sur lesquels reposent la Métallurgie, la Verrerie, la fabrication des produits chimiques, en répandant une foule de notions utiles et fécondes pour l'Industrie.

Il laisse dans ces grands établissements le souvenir impérissable de ses leçons, où le sentiment profond du devoir s'unissait au talent d'un maître de la Science, et d'une bonté qui lui gagnait la reconnaissance et l'affection de ses élèves.

Peligot a rempli aussi un rôle important et considérable au Conseil d'hygiène et de salubrité du département de la Seine. On lui doit une étude approfondie du plomb dans les vases qui servent aux usages domestiques, et il a contribué pour une grande part à en prévenir les dangers. Il s'est occupé de la composition des eaux de Paris et a découvert un procédé simple de séparation des impuretés organiques qui s'y rencontrent. Les questions d'incommodité ou d'insalubrité qu'amène le voisinage des fabriques de produits chimiques ont été pour lui le sujet d'une foule de Rapports, et pendant plus de vingt-cinq ans son zèle éclairé n'a fait défaut à aucun des intérêts de la population parisienne.

Nous retrouvons encore à la Société nationale d'Agriculture et à la Société d'Encouragement pour l'Industrie nationale le savant illustre, l'homme excellent qui leur a donné pendant un demi-siècle le concours le plus dévoué et le plus utile. Il y était associé à J.-B. Dumas et continuait avec le grand chimiste une collaboration intime et affectueuse que la mort seule a interrompue. Cette collaboration avait commencé avec la carrière scientifique de Peligot, sur laquelle je jetterai un rapide coup d'œil.

Les premières publications de notre Confrère ont pour objet les combinaisons de l'acide chromique avec les chlorures métalliques, les phénomènes auxquels donne lieu le contact de l'acide azoteux avec les protosels de fer, les circonstances remarquables que présente la distillation du benzoate de chaux. Elles révèlent déjà ces rares qualités, si frappantes dans tous ses travaux, de conscience et d'absolue sincérité qui lui interdisent d'exagérer l'importance d'un résultat et de passer sous silence les points demandant de nouvelles recherches.

Vient ensuite ce Mémoire célèbre sur l'esprit-de-bois que Peligot a l'insigne honneur de faire paraître en collaboration avec Dumas, où se trouve pour la première fois, formulée avec la généralité qu'elle comporte, la notion de fonction alcoolique. Il y est établi que l'alcool ordinaire, l'esprit-de-bois et l'éthal que Chevreul venait de tirer du blanc de baleine, possèdent un ensemble de propriétés communes qui résultent du mode de groupement de leurs molécules constituantes, résultat d'une importance capitale ouvrant une voie féconde où se sont multipliées les découvertes. L'alcool amylique de M. Cahours, l'alcool benzylique de M. Cannizaro, la glycérine ou l'alcool triatomique de M. Berthelot sont venus successivement se ranger dans le groupe des alcools homologues, peut-être le plus naturel et le mieux défini que présente encore la Chimie organique. Je renonce à énumérer tous les autres travaux de notre Confrère ; je rappelle seulement ses recherches sur l'acide hypoazotique, qu'il a isolé pour la première fois à l'état de pureté, ses études sur les vers à soie, ses Mémoires sur les matières minérales que les plantes empruntent au sol et aux engrais, sur la composition du thé et du blé, sur la betterave et les procédés industriels d'extraction du sucre. C'est à Peligot qu'est dû l'emploi, dans les raffineries, des sucrates de calcium, de baryum et de strontium, dont nous avons peut-être moins profité qu'un pays voisin, où s'est fondée, sur ces nouveaux procédés, l'industrie prospère de la sucraterie, qui réussit à extraire, à l'état cristallisé, le sucre des mélasses.

Dans ce champ si étendu des travaux de notre Confrère, les plus hautes questions de théorie se lient étroitement aux recherches qui ont pour but la pratique et l'industrie.

En 1842, il fait la découverte mémorable de l'isolement d'un corps simple ; l'uranium ajoute un nouveau terme à cette suite des éléments chimiques, qui ne cesse de s'accroître, et si on les range d'après la valeur croissante de leurs poids atomiques, il prend une place à part dans la série, la dernière.

Le travail de Peligot a été admiré comme un modèle d'habileté et de pénétration, et ses résultats demeurent sans qu'il y ait été apporté aucune modification. Il en a poursuivi les conséquences dans la pratique en s'occupant ensuite du verre d'urane et de l'art du verrier auquel il a consacré l'Ouvrage excellent qui a pour titre : « Le Verre, son histoire, sa fabrication ».

Je viens de rappeler rapidement les travaux qui ont illustré le nom de notre Confrère ; sa vie si pure, si complètement remplie par le dévouement au devoir et à la Science, restera dans nos souvenirs avec le sentiment de respectueuse affection que nous ont inspiré la droiture et l'élévation de son caractère.

L'Académie a encore à regretter la perte de M. Hébert qui avait remplacé Charles Sainte-Claire Deville, en 1877, dans la Section de Minéralogie.

Notre éminent Confrère a commencé ses études de Géologie à l'époque où les grands travaux d'Élie de Beaumont semblaient avoir fait entrer la Science dans une phase nouvelle. Aux yeux de ses disciples enthousiastes, les lois de l'ordonnance générale du globe venaient d'être devinées par un effort du génie ; le plan de l'édifice à reconstruire était définitivement connu, l'ambition du géologue devenait désormais de prévoir les faits au lieu de les constater. Témoin attentif des débats qui passionnaient alors les esprits, Hébert resta persuadé que la Géologie est avant tout une science d'observation ; il choisit volontairement la voie qui paraissait alors la plus humble et qui semblait promettre le moindre avenir ; il l'a suivie sans défaillance jusqu'à sa mort, et les honneurs qui ont couronné sa carrière scientifique, la célébrité toujours croissante de son nom, la considération dont il s'est vu entouré, lui ont suffisamment prouvé qu'il ne s'était pas trompé. Il a été à son tour, comme Élie de Beaumont, le maître incontesté de la Géologie en France, et il restera à nos yeux le représentant des progrès accomplis pendant une période de quarante années ; pour une science qui date d'un siècle à peine, c'est près de la moitié de son histoire à laquelle le nom de notre Confrère se trouve associé.

Ces progrès ne peuvent se résumer en quelques mots ; Hébert s'est d'ailleurs toujours interdit les généralisations brillantes qui peuvent frapper les esprits. Le géologue doit reconstituer l'histoire de la Terre, son rôle est d'apprendre à connaître cette histoire et non de la raconter prématurément. Pour le bassin de Paris seulement, après avoir complété l'œuvre de Cuvier et de Brongniart, notre Confrère a esquissé les transformations du golfe qui pénétrait autrefois jusqu'au sud de notre capitale ; il a montré les oscillations répétées qui déplaçaient ses rivages, les lagunes qui le prolongeaient, les lacs qui se sont succédé sur son emplacement, les faunes sans cesse modifiées qui l'ont habité. Pour le reste de la

France et pour l'Europe, que, dans des voyages répétés de l'Angleterre à la Russie, de la Suède à l'Italie, il a parcourue avec une ardeur infatigable, il s'est contenté d'amasser les documents et nul n'en a réuni d'un plus grand intérêt. La signification d'un fossile, l'identité de deux espèces ou le synchronisme de deux assises, tels étaient les problèmes qu'il s'attachait à résoudre et dont il a su faire comprendre l'importance : sous son influence les débats géologiques sont redescendus des hauteurs où on les avait portés, pour se borner aux questions où la discussion et le contrôle peuvent amener la certitude.

C'est là l'importance et l'originalité de l'influence exercée par notre Confrère : il n'a pas craint de sembler diminuer, aux yeux des indifférents, le rôle de la Science à laquelle il a consacré sa vie ; il n'a pas cherché à grandir le but, mais à le préciser.

La discussion des problèmes plus vastes, celle des lois cachées de la Nature, s'imposera d'elle-même, quand elle sera préparée par des observations suffisantes : ce n'est pas un progrès que d'en devancer l'heure.

Il a fait comprendre à ses élèves l'intérêt d'une tâche en apparence ingrate ; il leur a fait aimer la Géologie telle qu'elle est aujourd'hui et non pas telle qu'elle sera un jour ; il les a intéressés aux progrès qu'ils peuvent eux-mêmes réaliser et non pas à ceux que verra l'avenir. C'est la Géologie des résultats, et en prêchant d'exemple, en allant étudier sur place tous les problèmes discutés, en traçant la voie aux débutants, il a su, à la Faculté des Sciences, grouper et faire grandir à ses côtés toute une école de géologues qui, désintéressés et passionnés comme lui pour la vérité, continueront son œuvre et assureront de nouveaux progrès. Le jour viendra sans doute où des lois générales remplaceront la complication des faits, où tous les détails s'enchaîneront dans un ensemble régulier ; mais les ouvriers de la première heure garderont leurs noms inscrits sur l'assise qu'ils ont édifiée, et celui d'Hébert restera parmi les plus grands et les plus honorés.

M. Ernest Cosson nous a été enlevé le 31 décembre de l'année dernière ; il laisse des regrets unanimes et je serai l'interprète de l'Académie en rappelant les sentiments d'affection et de haute estime que nous avaient inspirés le caractère plein de bonté et le talent de notre éminent Confrère. Tout à l'heure on entendra une voix amie, celle de notre illustre Secrétaire perpétuel, M. Bertrand, retracer la carrière du savant botaniste, l'un des premiers explorateurs de l'Algérie, qui a été consacrée tout entière à la Science et au bien.

Les Concours aux prix dont l'Académie dispose ont toujours le privilège de provoquer des découvertes et des travaux qui ajoutent au domaine de la Science, dans toutes les directions, et sont le témoignage d'une activité qui n'a jamais été plus féconde. Deux de nos Correspondants à l'étranger se trouvent cette année au nombre des savants qui ont obtenu nos récompenses et dont les noms vont être proclamés.

Le prix Lalande est donné à M. Schiaparelli, Correspondant de la Section d'Astronomie, en témoignage de l'admiration de l'Académie pour ses découvertes de la durée de la rotation de Vénus et de Mercure, succédant à d'autres, qui ont eu tant de retentissement, sur les canaux de Mars, et à des travaux de la plus haute importance sur les orbites des étoiles filantes.

A M. le général Ibañez de Ibero, marquis de Mulhacén, Correspondant de la Section de Géographie et de Navigation, l'Académie décerne la médaille de Poncelet. Elle a voulu témoigner son estime pour le mérite éminent du savant Espagnol qui a fait, avec notre regretté Confrère le général Perrier, la jonction au-dessus de la mer entre une des plus hautes montagnes de l'Espagne et l'Algérie, et aussi pour les grands travaux qui ont rempli sa carrière et l'ont mis à la tête de la Géodésie de son pays.

C'est aux *Comptes rendus* qu'on lira dans leur entier les Rapports des Commissions où sont exposées les découvertes et les recherches honorées de nos récompenses ; les noms seulement des lauréats, suivant notre usage, seront proclamés par M. Berthelot, Secrétaire perpétuel, à qui je donne la parole.

DISCOURS

PRONONCÉ

PAR HERMITE A SON JUBILÉ (¹).

MONSIEUR LE MINISTRE,

MESSIEURS,

Je serai bien inégal à remplir la tâche qui m'est imposée en ce moment, à exprimer toute ma reconnaissance aux géomètres de la France et de l'étranger, aux amis que je dois à la communauté du travail mathématique, à mes élèves, à tous ceux dont le généreux concours m'a valu cette médaille, l'œuvre d'un illustre artiste, qui récompense bien au delà de leur mérite les efforts de ma vie d'étude. Vous avez bien voulu, Monsieur le Ministre de l'Instruction publique, présider cette réunion, entendre M. Camille Jordan, membre de l'Institut, me présenter les adresses des Sociétés savantes, que je reçois avec une respectueuse gratitude comme le couronnement de ma carrière, M. le Doyen de la Faculté des Sciences, M. Poincaré, M. le Président de la Société mathématique, exposer avec trop de bienveillance les recherches, les questions qui m'ont occupé. L'honneur insigne de votre présence me pénètre de la plus vive reconnaissance; Monsieur le Recteur, Messieurs les membres du Conseil général des Facultés, mes chers collègues de la Sorbonne, qui me donnez en ce moment le témoignage si précieux de votre sympathie, recevez aussi mes bien sincères remercîments.

(¹) Le 24 décembre 1892, les amis et admirateurs d'Hermite se sont réunis à la Sorbonne pour lui offrir, à l'occasion de son soixante-dixième anniversaire, un médaillon dû à Chaplain reproduisant ses traits. Nous donnons ici la réponse faite par Hermite aux félicitations qui lui furent adressées. On trouvera au début de ce Volume une photographie de la médaille de l'illustre graveur. E. P.

Monsieur le Ministre, ce sont des maîtres de la Science qui ont parlé devant vous; leurs travaux ont dépassé les miens et ont enrichi des régions de l'Analyse où je n'ai jamais pénétré. M. Camille Jordan a été bien au delà de mes premières tentatives, dans la question arithmétique de la réduction des formes, dans l'étude des équations algébriques et la théorie des substitutions qui en est le fondement. A ses découvertes, à ses savants travaux sont dus les plus importants progrès de cette partie extrêmement difficile de l'Analyse, depuis Abel et Galois. M. Darboux a été le continuateur de Monge, en unissant les théories élevées du Calcul intégral à la Géométrie, dans des Mémoires et des Ouvrages qui honorent les Mathématiques françaises. M. Poincaré s'est mis au premier rang dans la Science de notre époque par ses découvertes dans la Théorie des nombres, l'Analyse et la Mécanique céleste, où son génie a ouvert des voies entièrement nouvelles et un champ immense à explorer. Je dois beaucoup restreindre les éloges qu'ils m'ont donnés, mais je me sens heureux de leur bonne affection, comme de l'éclat de leurs travaux et mes vœux ne cesseront de seconder et d'accompagner leurs efforts.

Monsieur le Président de l'Académie des Sciences, je suis on ne peut plus touché des sentiments de mes honorés Confrères et de l'Académie pontificale des Nuovi Lincei dont vous avez été le bienveillant organe; permettez-moi de joindre à mes remercîments l'expression de ma respectueuse sympathie pour votre personne, pour les travaux qui ont rempli votre carrière, pour votre vie d'honneur et de dévouement à la Science.

Monsieur le Général commandant l'École Polytechnique, Monsieur le Directeur des Études, combien je suis heureux de votre présence! Les élèves qui vous accompagnent me rappellent de longues années de service, et vous, Monsieur le Général, une autorité toujours bienveillante et amicale, dont j'évoquerai un souvenir. Poncelet commandait l'École, quand j'étais répétiteur; après une interrogation, il me fait venir et, dans un long entretien que je ne puis oublier, il s'attache à me convaincre, et il y réussit pleinement, que le chef militaire met en œuvre, dans les redoutables combinaisons du champ de bataille, plusieurs des facultés élevées du géomètre, et devient son égal. C'était le combattant de 1812, le prisonnier de Saratoff que j'écoutais, recueillant l'écho d'un passé héroïque, que l'École a toujours continué, qui embrasse maintenant tout un siècle, et lègue à mes jeunes camarades un héritage glorieux qu'ils ne laisseront pas déchoir.

J'ai d'autres élèves encore, à l'École Normale et à la Faculté des Sciences, qui suivent mes leçons de la Sorbonne.

L'École Normale et l'École Polytechnique sont deux branches d'une même famille, étroitement unies par le sentiment absolu de la justice et du devoir, sentiment lié d'une manière secrète à l'enseignement mathématique, mais si certaine, que sans en avoir aucunement le privilège, il semble passer de l'intelligence à la conscience, et s'imposer comme les vérités absolues de la Géométrie.

Monsieur le Directeur de l'École, mon cher et éminent Confrère de l'Académie des Inscriptions et Belles-Lettres, Monsieur le Sous-Directeur des Études scientifiques, permettez-moi, en vous remerciant de votre présence, de rappeler les succès dont l'honneur vous revient, ces nombreuses thèses de doctorat sur les questions les plus difficiles, qui ont pris place dans la Science et sont recherchées par toutes les Universités de l'Europe, ces prix multipliés que l'Institut décerne chaque année à vos élèves, enfin tant de travaux admirés des analystes, dont les auteurs se trouvent ici, près de moi. Ils siègent à l'Académie des Sciences, leur carrière scientifique s'y développe avec éclat, ils y représentent avec honneur l'École Normale !

Monsieur le professeur Schwarz, vous êtes le bienvenu dans cette réunion. Votre nom se joint à ceux des maîtres de la science allemande qui ont le plus contribué aux progrès de l'Analyse à notre époque. Nous connaissons vos beaux travaux et nous les enseignons. Vous avez une grande part dans plusieurs des meilleures thèses présentées à la Faculté des Sciences, et les élèves de l'École Normale vous ont accueilli par des applaudissements chaleureux, lorsque vous leur avez exposé, dans une brillante conférence, vos belles découvertes sur les surfaces d'aire minima. Je vous offre mes affectueux remercîments pour l'honneur que vous m'avez fait en me dédiant la traduction française des leçons célèbres de M. Weierstrass sur les fonctions elliptiques, pour les sentiments d'amitié du grand géomètre et de MM. Fuchs et Fröbenius que vous avez bien voulu m'exprimer. Ces sentiments sont réciproques; ils se joignent à ma plus haute estime pour les travaux de M. Fuchs et de M. Fröbenius et à mon admiration pour les grandes découvertes de votre illustre maître, que je ne cesse d'enseigner depuis plus de vingt ans.

C'est aux mathématiciens que j'ai offert jusqu'ici l'expression de ma reconnaissance ; je la dois encore à d'autres, à mes concitoyens lorrains, qui m'ont fait parvenir un témoignage de sympathie dont je suis touché on ne peut plus. Qu'ils reçoivent l'assurance de la vive affection que je conserve pour la ville où s'est passée mon enfance, où ma famille a si longtemps habité, où demeurent des parents affectionnés! J'offre mes plus sincères remercîments à M. Bichat, le mandataire du Conseil municipal ; j'adresse mes vœux à la Faculté des Sciences, pour qu'elle contribue de plus en plus, en poursuivant sa mission, à la prospérité et à l'honneur de la ville de Nancy.

Monsieur le Ministre de Suède et de Norvège, la haute distinction que je dois à la bonté de votre auguste Souverain me pénètre de la plus profonde reconnaissance ; que Sa Majesté en reçoive le témoignage par Votre Excellence ! Qu'Elle daigne agréer l'assurance d'une respectueuse sympathie, due à la protection qu'Elle accorde aux Sciences, que tous nous partageons ici et qui dépasse les étroites limites de la Sorbonne !

Messieurs, la Science donne en retour des efforts qu'elle impose des relations d'amitié qui en sont la meilleure récompense. Ce prix si précieux du travail, je le reçois de vous en ce moment ; je vous en remercie avec émotion : j'en conserverai le reconnaissant souvenir jusqu'à mon dernier jour.

SUR

L'OBSERVATION EN MATHÉMATIQUES.

NOTE INSÉRÉE DANS UN MÉMOIRE DE CHEVREUL.

(*Mémoires de l'Académie des Sciences*, 2e série, t. XXXV, 1866, p. 528.)

Il sera toujours difficile, dans toute branche de nos connaissances, de rendre compte, avec quelque fidélité, de la méthode suivie par les inventeurs; *il faut même croire que l'auteur d'une découverte pourrait seul apprendre comment, avec les moyens toujours faibles de notre esprit, une vérité nouvelle a été obtenue*. Mais c'est peut-être à l'égard des mathématiques que le fait intellectuel de l'invention semble plus mystérieux, car la série de ces transitions, où l'on reconnaîtrait la voie réellement suivie dans la recherche, le plus souvent n'apparaît pas d'une manière sensible dans la démonstration. Cette facilité d'isoler ainsi la preuve et d'ajouter à la concision du raisonnement, sans rien lui ôter de sa rigueur et de sa clarté, explique toute la difficulté de l'analyse des méthodes en mathématiques. On peut néanmoins, à l'égard des procédés intellectuels propres aux géomètres, faire cette remarque fort simple, que justifiera l'histoire même de la science, *c'est que l'observation y tient une place importante et y joue un grand rôle*.

Toutes les branches des mathématiques fournissent des preuves à l'appui de cette assertion, mais je les choisirai de préférence dans l'une de celles qu'on regarde comme plus abstraites, je veux parler de la théorie des nombres.

Je citerai ainsi pour exemples :

La périodicité du développement en fraction continue des

racines d'une équation du second degré à coefficients commensurables;

La loi de réciprocité pour les résidus quadratiques;

La loi de réciprocité pour les résidus cubiques, qu'on voit dans les œuvres posthumes d'Euler, déduite par l'observation dans les termes mêmes où elle a été découverte et démontrée par Jacobi (Euler avait à un tel degré le sentiment de l'importance et de la vérité de cette loi, qu'il l'a placée dans le recueil de ses Mémoires, destiné à être publié cent ans après sa mort);

L'expression approchée du nombre des nombres premiers jusqu'à une limite donnée.

Enfin et plus récemment, Jacobi a demandé à l'observation de révéler la loi de la représentation des nombres par une somme de cubes, en faisant construire, par un calculateur habile, les Tables qui ont été publiées sur cette question dans le *Journal de Crelle*.

Mais les résultats qui précèdent, si remarquables et importants qu'ils soient, ne suffisent point à donner l'idée complète du rôle qu'on peut attribuer à l'observation; en analysant les procédés de démonstration d'un certain nombre de théorèmes, on s'en rendra mieux compte, comme je vais essayer de le faire voir par un seul exemple. La proposition que je choisis est celle-ci : la suite des nombres premiers est illimitée, et l'on commence la démonstration en supposant qu'il n'en existe qu'un nombre fini et limité. Or, en formant leur produit et y ajoutant une unité, on obtient un nouveau nombre, premier dans l'hypothèse admise, et supérieur aux précédents, d'où résulte que l'hypothèse doit être rejetée puisqu'elle amène une contradiction. Le point essentiel ici consiste évidemment dans la considération de ce produit de tous les nombres premiers admis, auquel on ajoute l'unité, et l'on accordera sans peine que cette considération ne résulte pas du seul raisonnement, mais qu'on y doit reconnaître le fruit de l'observation d'un fait très simple, relatif à la divisibilité, fait déjà acquis et utilisé par le raisonnement, auquel il sert de point d'appui pour arriver à la démonstration.

St Jean-de-Luz, Villa Bel-air

24 Septembre 1900

Mon cher ami,

Je viens dégager ma parole et m'acquitter bien tardivement, il me faut l'avouer, de ma promesse de vous démontrer les formules concernant les quantités $\varphi\left(\frac{c+d\omega}{a+b\omega}\right)$ données dans mon ancien article sur l'équation du 5me degré. Le bon air de la mer m'a aidé à surmonter la torpeur qui faisait obstacle à mon travail, j'en profite pour échapper aux remords de ma conscience et en pensant que vous avez sous les yeux cet article, j'aborde comme il suit la question.

Mon point de départ se trouve dans les formules de la page 2 et de la page 3, qui donnent les expressions de $\sqrt[4]{k}$ et $\sqrt[4]{k'}$, comme fonctions uniformes de q ou plutôt de ω en posant $\omega = \frac{iK'}{K}$ et parmi ces formules d'une extrême importance dont la découverte à Jacobi, j'envisagerai pour mon objet la suivante à savoir :

$$\sqrt[4]{k'} = \frac{1 - 2q + 2q^4 - \ldots}{1 - 2q^2 + 2q^8 \ldots} = \frac{\Sigma(-1)^n q^{n^2}}{\Sigma(-1)^n q^{2n^2}}$$

$$(n = 0, \pm 1, \pm 2, \ldots)$$

$$(\mathrm{V})\qquad \varphi\left(\frac{a+b\omega}{c+d\omega}\right)=\frac{\varphi(\omega)}{\psi(\omega)}\,e^{-\frac{i\pi}{8}cd}$$

$$(\mathrm{VI})\qquad \varphi\left(\frac{a+b\omega}{c+d\omega}\right)=\frac{\psi(\omega)}{\varphi(\omega)}\,e^{-\frac{i\pi}{8}cd}$$

Avec une rectification pour les équations (III) et (IV), d'une inadvertance qui me sera échappée, ce sont bien les résultats que j'ai établis, et dont je me reproche d'avoir tant tardé à vous donner la démonstration que vous m'avez demandée. Mais cette démonstration, je dois le reconnaître, opere peracto, ne me contente point; elle est longue, indirecte surtout, elle repose en entier sur le hasard d'une formule de Jacobi, oubliée et comme perdue, parmi tant de découvertes dues à son génie. Je vous l'envoie mon cher ami, valeat quantum, en vous informant que je serai revenu dans quelques jours, et à votre disposition pour tout ce que vous aurez à me demander. Et nous causerons aussi d'autre chose que d'analyse; nous augmenterons [illegible]. De ma proximité de l'Espagne, je rapporte des cigarettes d'Espagnoles; si vous ne voulez pas en fumer avec votre collaborateur d'aujourd'hui, votre professeur d'autrefois, c'est que vous avez le cœur d'un tigre.

Totus tuus et toto corde. Ch. Hermite

TABLE DES MATIÈRES.

FIN DE LA TABLE DES MATIÈRES DU TOME IV.

ERRATA DU TOME III.

Page 118, ligne 7 (en remontant), *au lieu de* $a = n(n+1)K''$, *lire* $a = n(n+1)K^2$.

Page 236, ligne 6 (en descendant), *au lieu de* u, *lire* x au premier terme du second membre.

Page 522 (Table des matières), ligne 3 (en remontant), *au lieu de* Sur les équations linéaires, *lire* Sur l'indice des fractions rationnelles.

Printed in the United States
By Bookmasters